北大社·“十三五”普通高等教育本科规划教材
高等院校机械类专业“互联网+”创新规划教材

SolidWorks 2016 基础教程与上机指导

主　编　刘萍华

内 容 简 介

本书是编者结合 SolidWorks 课程的教学经验，组织 CSWA（SolidWorks 认证助理工程师）考试的经验，以及利用 SolidWorks 软件解决工程设计、空间测量问题的经验编写而成的。全书共分 15 章，第 1～11 章结合 CSWA 考试的特点，以启发、引导并突出命令技巧性的方式介绍了软件造型的方法、步骤；第 12 章重点介绍了零件渲染及如何利用 eDrawings 软件进行交流输出；第 13 章通过工程构件、桁架、梁等的受力分析，由浅入深详细介绍了 Simulation 插件的使用方法、步骤；第 14 章介绍了利用软件强大的测量功能及造型功能，帮助解决在工程实际中遇到的空间测量问题，以及在冲压工艺设计过程中的复杂计算问题；第 15 章重点介绍了如何利用该软件帮助解决在钣金行业展开放样过程中的复杂计算，以工程中常见的各类弯头、方圆连接管等构件为例，阐述了其放样方法。

本书可作为大中专院校 CAD/CAE 上机指导教材，以及学生参加 CSWA 考试的参考辅导用书，也可作为学习 CAE 软件的各类人员的入门教程，还可以作为工程技术人员利用 SolidWorks 软件解决工程实际中的测量、钣金构件展开等问题的参考用书。

图书在版编目(CIP)数据

SolidWorks 2016 基础教程与上机指导 / 刘萍华主编. —北京：北京大学出版社，2018.1

高等院校机械类专业“互联网+”创新规划教材

ISBN 978-7-301-28921-1

Ⅰ. ①S… Ⅱ. ①刘… Ⅲ. ①计算机辅助设计—应用软件—高等学校—教材 Ⅳ. ①TP391.72

中国版本图书馆 CIP 数据核字(2017)第 262013 号

书　　名　**SolidWorks 2016 基础教程与上机指导**
SolidWorks 2016 Jichu Jiaocheng yu Shangji Zhidao

著作责任者　刘萍华　主编

策 划 编 辑　童君鑫

责 任 编 辑　黄红珍

数 字 编 辑　刘　蓉

标 准 书 号　ISBN 978-7-301-28921-1

出 版 发 行　北京大学出版社

地　　址　北京市海淀区成府路 205 号　100871

网　　址　http: //www.pup.cn　新浪微博：@北京大学出版社

电 子 信 箱　pup_6@163.com

电　　话　邮购部 010- 62752015　发行部 010-62750672　编辑部 010-62750667

印 刷 者　河北滦县鑫华书刊印刷厂

经 销 者　新华书店

787 毫米×1092 毫米　16 开本　22.25 印张　516 千字

2018 年 1 月第 1 版　2022 年 1 月第 3 次印刷

定　　价　54.00 元

前　言

目前 SolidWorks 已经成为部分大中专院校的必修课程，同时，随着我国政府《中国制造 2025》计划的出台，工业企业越来越广泛地利用 SolidWorks 软件进行工业设计。在这种形势下，出版一本既适合学生学习 CAD/CAE 软件又助于通过原厂认证考试，同时也能为工程设计人员学习 CAD/CAE 提供帮助并能帮助解决工程实际问题的书是非常必要的。目前市场上的各类针对该软件的参考书，大部分突出了 CAD 的造型功能，对 CAE 的介绍相对较少，但随着三维 CAD 设计手段应用的普及，人们了解、掌握 CAE 软件的愿望日益增强。而 CAE 分析软件 Simulation 作为一个插件结合在 SolidWorks 软件中，该插件易学、易用的特点大大提升了 CAE 软件学习的方便性。

本书特色如下：

(1) 采用启发、引导式教学方式，结合典型上机指导实例及综合练习实例，使读者快速上手，掌握软件的操作步骤和方法，突出命令的使用技巧。大部分实例结合 CSWA (SolidWorks 认证助理工程师) 考试的内容，使学生在掌握软件的同时为顺利通过 CSWA 的考核打下良好基础，为就业提供有力支持。

(2) CAE 分析软件 Simulation 作为一个插件，结合在 SolidWorks 软件中，为人们学习、掌握其使用方法带来了极大的便利。Simulation 的强大分析验证、优化设计功能，为新产品的开发提供了强大支持。

① 从基础的工程构件、桁架、梁入手，由浅入深介绍了如何正确地添加约束、正确地施加载荷，以及如何正确地分析其结果，步骤清晰。同时，所有实例的分析结果，均可以通过工程力学的传统计算方法得到验证。在此基础上，读者可以完成各类工程问题分析。

② 在分析验证的基础上，对产品的设计优化是设计的目的，通过实例介绍了如何使用软件的优化功能，完成产品的优化设计，从而达到降低产品开发成本的目的。

(3) 如何借助 SolidWorks 软件的强大测量功能，解决工程实际中的各类相关问题，第 14、15 章给出了答案。

① 各类空间角度的测量、冲裁零件的压力中心计算、拉深件的展开尺寸计算，在 14 章给出了详细的方法、步骤，所有结果均已验证。读者可以此类推完成各类工程问题。

② 三维 CAD 软件用于钣金行业的展开放样，目前鲜有介绍，对于常见复杂工程构件天圆地方、牛角弯头等放样，传统方法计算复杂，效率低，容易出错，而利用 SolidWorks 软件则简单、快速、准确，第 15 章通过各类构件展开放样实例，给出了具体的方法、步骤。读者可以参照实例，解决类似工程问题。

本书紧跟信息时代步伐，以“互联网+”思维在相关知识点处通过二维码的形式增加了一些操作视频资源，读者可以通过扫描二维码来获得更多的学习资料。

本书由刘萍华担任主编并负责统稿。

在本书的编写过程中，编者得到了耿桂宏、王睿鹏、陈炜晔、杨光照、刘栋和韩霄的大力支持，在此表示衷心感谢！

由于编者水平有限，书中难免存在疏漏和不妥之处，恳请广大读者批评指正。

编　者

2017年10月

目　　录

第 1 章

SolidWorks 设计基础

1.1　SolidWorks 2016 软件概述

SolidWorks 是创新的易学易用的标准三维机械设计软件，功能强大、易学易用、技术创新，广泛应用于机械、电子、航空、化工、建筑行业，主要用于工业产品的造型设计、装配、生成二维图纸，利用它的插件还可以进行模拟运动、力学分析、模具设计等，目前全国许多高校选用该软件进行教学，如清华大学、西安交通大学、上海工业大学等。

SolidWorks 2016 根据用户需求，进行了许多加强和改进，加入了多项新特性、新功能，无论是界面还是功能方面都有了新的飞跃。SolidWorks 2016 的启动界面如图 1.1 所示。

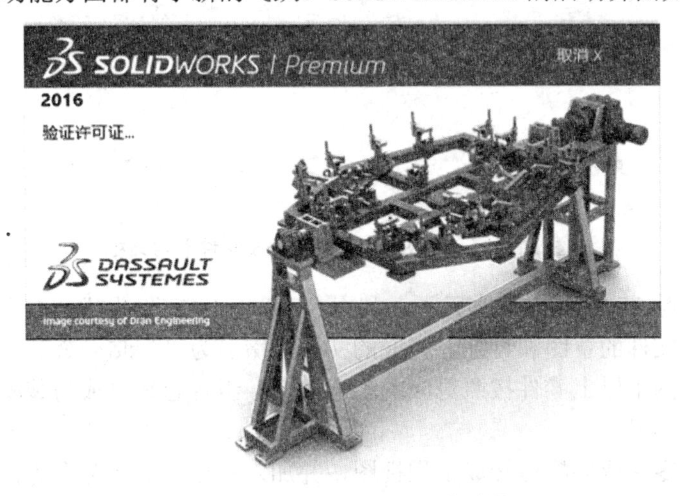

图 1.1　SolidWorks 2016 的启动界面

SolidWorks 2016 的界面风格由以前版本的鲜明色彩变成了较为暗淡的蓝白色。功能上支持装配体文件在装配树上直接修改零部件名称，并保证所有参考引用的零件文件的名称也同时被修改，还增加了真实螺纹、测量中空模型的内部体积等。SolidWorks 2016 版相较之前的版本，更注重用户之间的交流，3D ContentCentral 已针对用户和供应商社区进行更新，其中包含数以百万计的模型，并增强了搜索功能。

1.2 文件的基本操作

1.2.1 启动 SolidWorks

（1）进入 SolidWorks 后，标准工具栏中只有【新建】和【打开】两种命令，如图 1.2 所示。

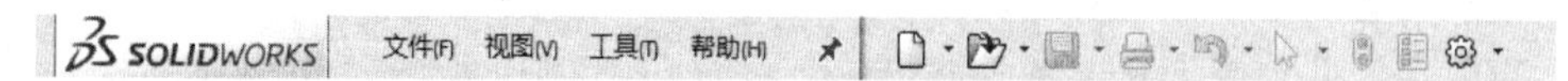

图 1.2 SolidWorks 开启后的标准工具栏

（2）选择【新建】命令，出现【新建 SOLIDWORKS 文件】对话框，新建 SolidWorks 文件包括【零件】、【装配体】、【工程图】，如图 1.3 所示。

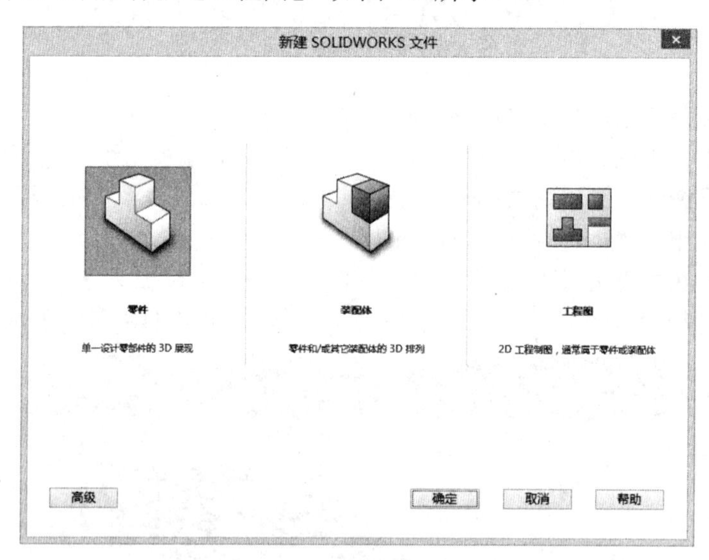

图 1.3 【新建 SOLIDWORKS 文件】对话框

零件：零件是 3D 设计的基本元素，利用 SolidWorks 首先生成的是立体零件，零件文件中包含组成该文件的草图和特征，完成的文件后缀名为“*.sldprt”。

装配体：将两个以上零件按照对应的配合关系、组合起来可成为装配体，完成的文件后缀名为“*.sldasm”。

工程图：将零件或装配体转成工程视图，并加入尺寸、公差配合等，完成的文件后缀名为“*.slddrw”。

(3) 打开一个【零件】、【装配体】或【工程图】文件后，进入了用户界面。图 1.4 所示为一个【零件】界面。

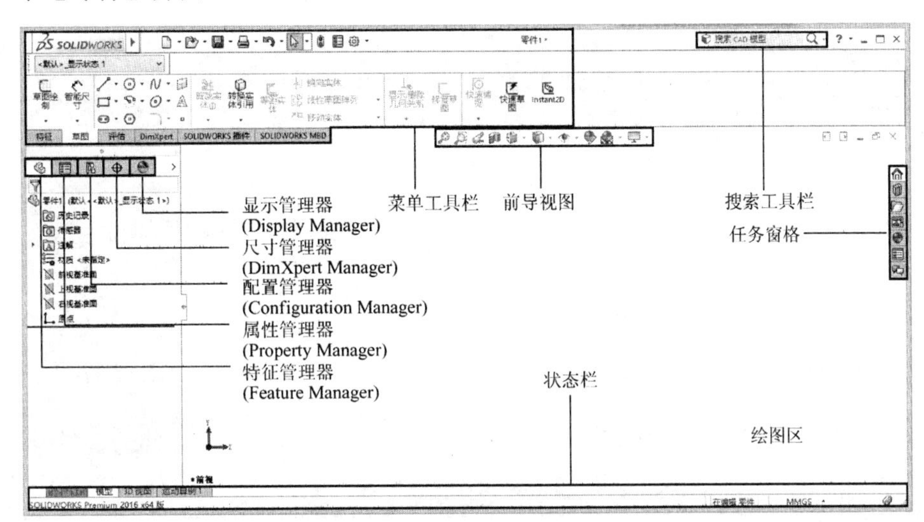

图 1.4 【零件】界面

菜单工具栏：零件、装配体和工程图的文件都有相同的菜单标题，但菜单项目会根据不同的文件自动改变。

任务窗格：任务窗格带有 SolidWorks 资源、设计库和文件探索器等标签。

搜索工具栏：包括标准、查看、特征、草图绘制工具等命令。

特征管理器(Feature Manager)：因其呈树状，故又称设计树。详细记录草图、零件、装配体的整个设计过程。

属性管理器(Property Manager)：当要编辑、修改某一特征时，选中这一特征就会自动弹出属性管理器，以便进行更改。

配置管理器(Configuration Manager)：用以生成、选择和查看零件和装配体配置。

尺寸管理器(DimXpert Manager)：用于管理、使用零件的 DimXpert 所生成的尺寸和公差的工具。

显示管理器(Display Manager)：可以查看和编辑应用到当前模型的外观、贴图、光源、布景及相机。

前导视图：用于调整零件视图形式及方位的工具栏。

状态栏：包括操作提示、警告信息、出错信息等。

1.2.2 菜单命令介绍

1. 鼠标功能键

1) 左键

单击左键：用于选择对象，如几何体、菜单键和设计树中的内容。

双击左键：激活对象常用属性，以便修改。

Ctrl+单击左键：选择多个对象。

拖动左键：移动草图等。

Ctrl+拖动左键：复制所选对象。

Shift+拖动左键：移动所选实体。

2）右键

单击右键：弹出快捷菜单。

拖动右键：选择视图方向。

3）中键

拖动中键：用于动态地旋转、平移和缩放零件或装配体，平移工程图。

Ctrl+中键：平移画面。

Shift+中键：缩放画面。

2. 快捷键键位

SolidWorks 中内置了一些快捷键，其与 Windows 操作系统中的用法相同，具体见表 1-1。

表 1-1　SolidWorks 的快捷键

命令	快捷键
新建	Ctrl+N
打开	Ctrl+O
平移模型	Ctrl+方向键
剪切	Ctrl+X
复制	Ctrl+C
粘贴	Ctrl+V
视图定向菜单	空格键
切换选择过滤器工具栏	F5

SolidWorks 中也可自定义快捷键，选择【工具】下拉菜单中的【自定义】选项，弹出【自定义】对话框，如图 1.5 所示，在此，可自定义工具栏、快捷方式栏、命令、菜单、键盘、鼠标笔势等。

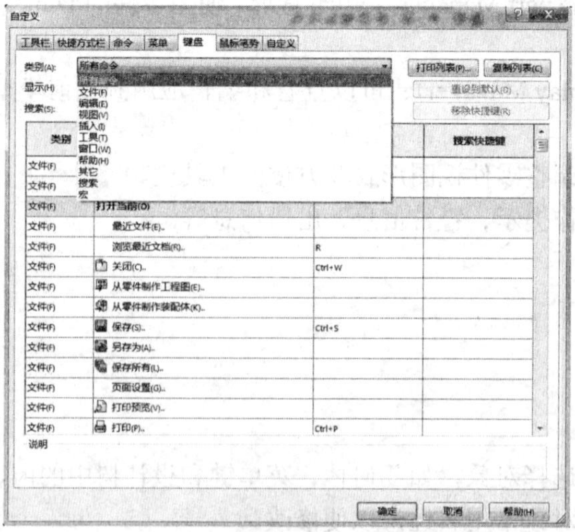

图 1.5　【自定义】对话框

1.3 建立简单模型

前视基准面、上视基准面和右视基准面是三个互相垂直的空间平面，如图 1.6 所示。

零件进行立体造型时，首先要根据零件的几何尺寸，选择其中一个基准面生成【平面草图】。图 1.7 所示为一个立体零件，外形几何尺寸长×宽×高=200mm×130mm×70mm，生成该立体零件可有以下三种平面草图绘制方式。

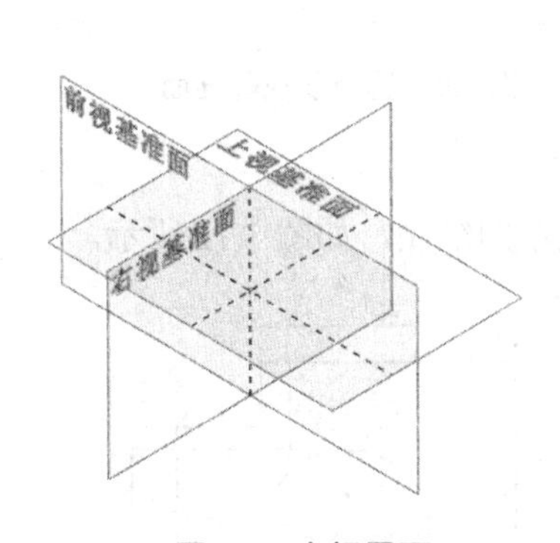

图 1.6 空间平面

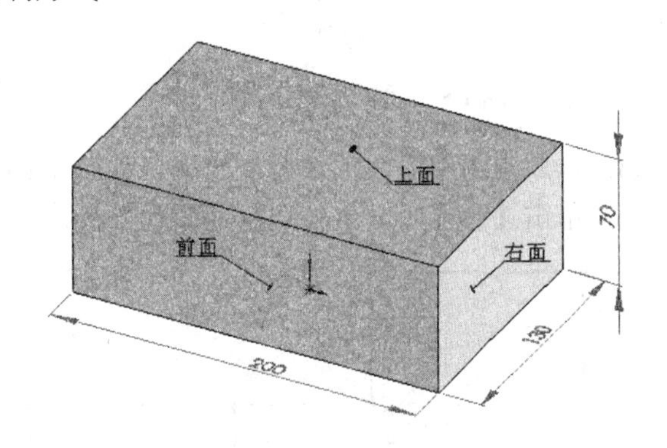

图 1.7 立体零件

(1) 选择前视基准面绘制矩形 200mm×70mm，选择【特征】|【拉伸凸台/基体】命令，设置拉伸深度为 130mm。

(2) 选择右视基准面绘制矩形 130mm×70mm，选择【特征】|【拉伸凸台/基体】命令，设置拉伸深度为 200mm。

(3) 选择上视基准面绘制矩形 200mm×130mm，选择【特征】|【拉伸凸台/基体】命令，设置拉伸深度为 70mm。

上 机 指 导

上机指导 1

在 SolidWorks 中绘制零件图时大致可分两步：

(1) 选取平面，绘制草图。

(2) 选用特征，生成模型。

下面以图 1.8 所示零件为例介绍具体绘制步骤。

(1) 单击【新建】按钮，选择【零件】命令，进入零件图绘制界面。

(2) 单击【草图绘制】按钮，选择前视基准面，准备开始草图绘制，如图 1.9 所示。

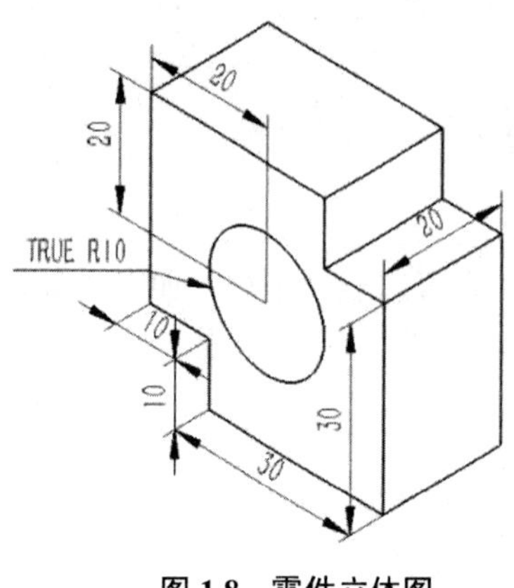

图 1.8　零件立体图

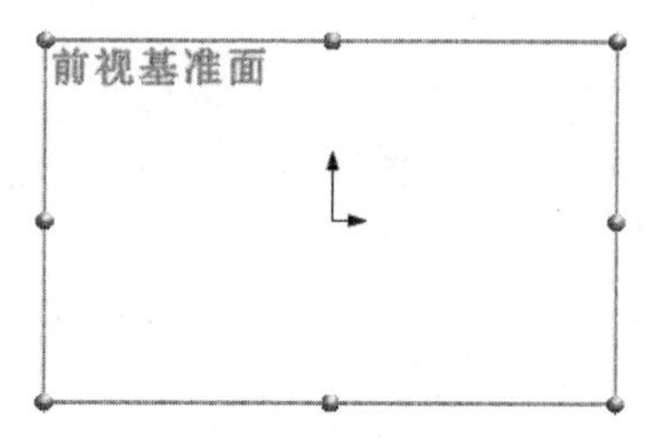

图 1.9　选择前视基准面

（3）以原点为中心，大致绘制轮廓，如图 1.10 所示。

（4）单击【智能尺寸】按钮，完成尺寸标注，完成草图绘制，如图 1.11 所示。

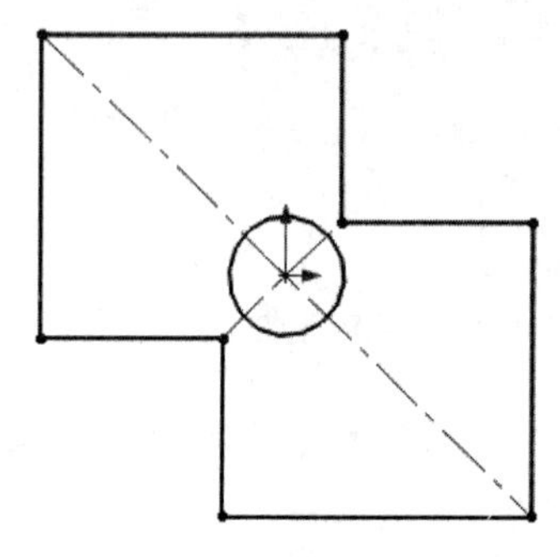

图 1.10　绘制轮廓

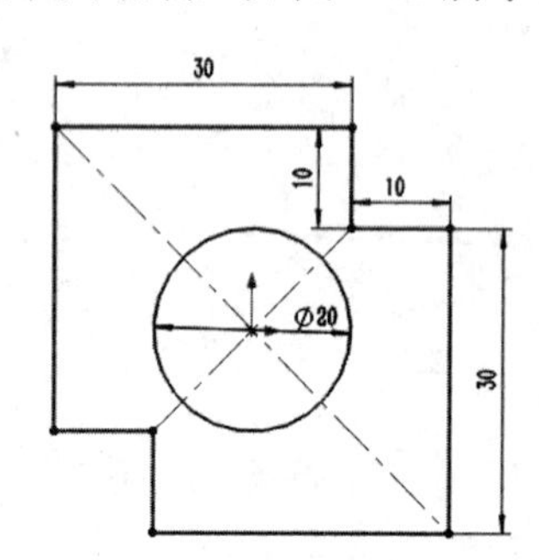

图 1.11　标注尺寸

（5）完成草图绘制后，单击【退出草图】按钮，退出草图绘制。选择【特征】|【拉伸凸台/基体】命令，出现拉伸属性管理器，在深度文本框中输入 20mm，如图 1.12 所示，确认完成零件。

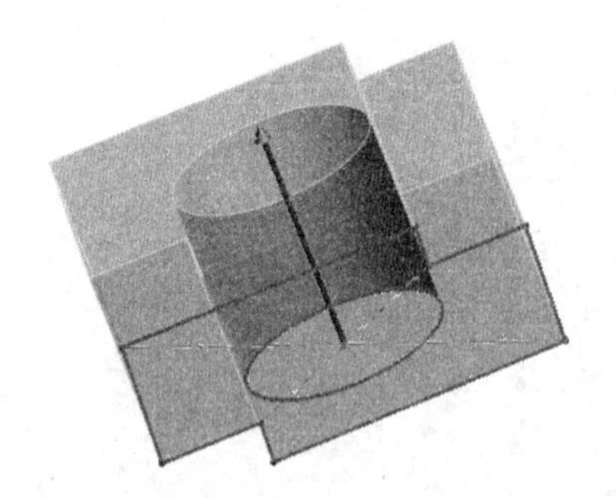

图 1.12　凸台拉伸

(6) 选择【评估】|【质量属性】命令，弹出【质量属性】对话框，如图1.13所示。由此对话框可知如下信息：

质量 =21.72克

体积 =21716.81立方毫米

表面积 =6628.32平方毫米

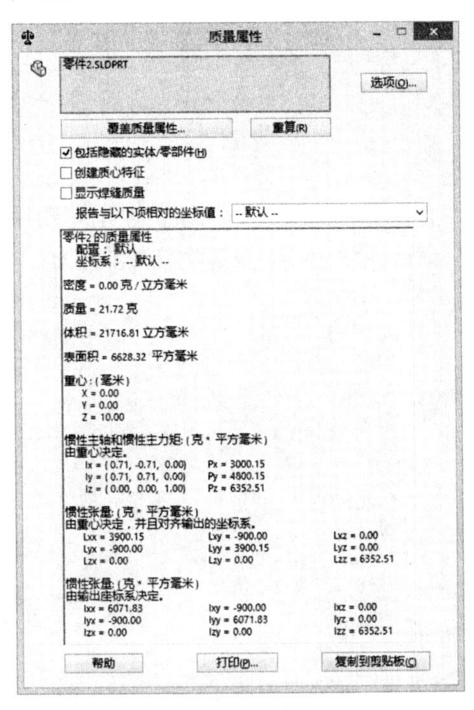

图1.13 【质量属性】对话框

上机指导2

根据图1.14所示的零件图在SolidWorks中完成零件图的绘制。

(1) 单击【新建】按钮，选择【零件】命令，进入零件图绘制界面。

(2) 单击【草图绘制】按钮，选择上视基准面，准备开始草图绘制，如图1.15所示。

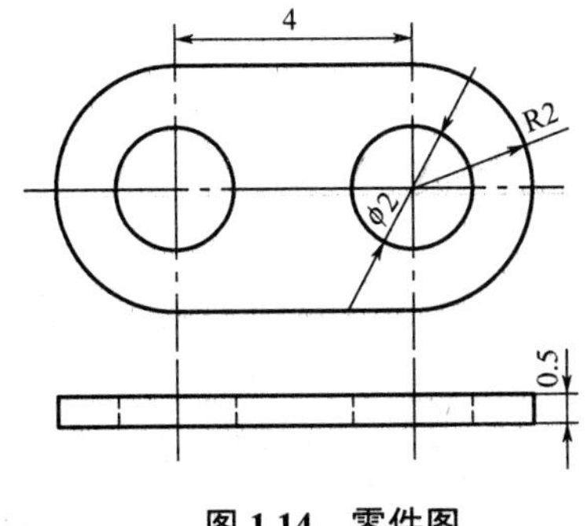

图1.14 零件图

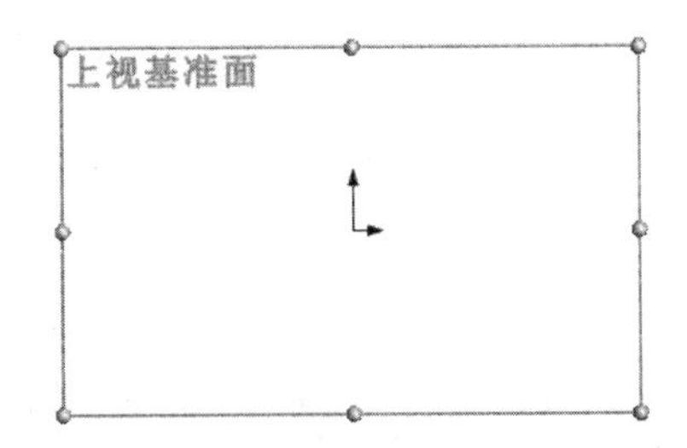

图1.15 选择【上视基准面】

(3) 以原点为中心，大致绘制轮廓，如图1.16所示。

(4) 单击【智能尺寸】按钮，完成尺寸标注，完成草图绘制，如图 1.17 所示。

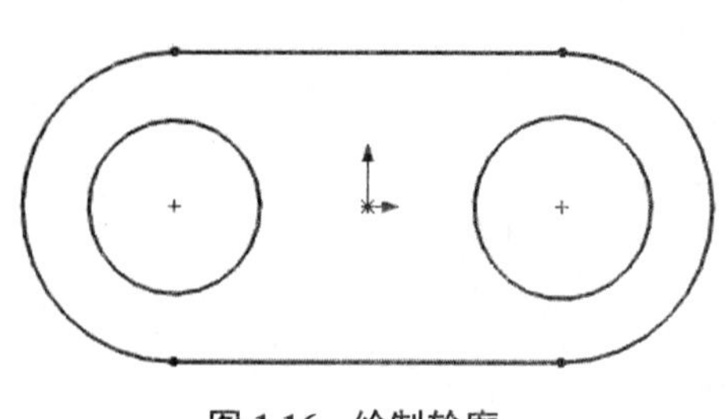

图 1.16　绘制轮廓

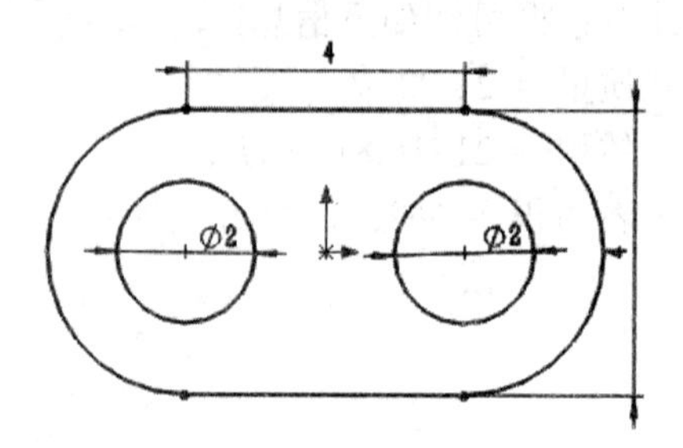

图 1.17　标注尺寸

(5) 完成草图绘制后，单击【退出草图】按钮，退出草图绘制。选择【特征】|【拉伸凸台/基体】命令，出现拉伸属性管理器，在深度文本框中输入 0.50mm，如图 1.18 所示，确认完成零件。

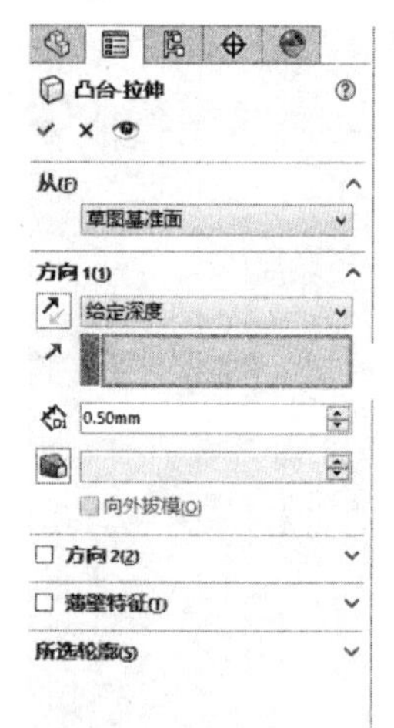

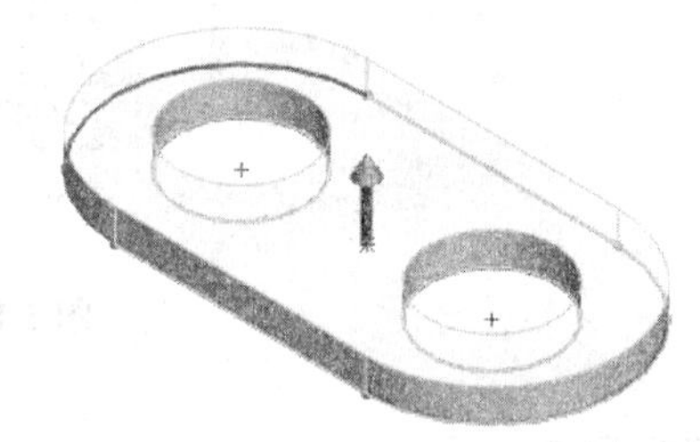

图 1.18　拉伸完成零件

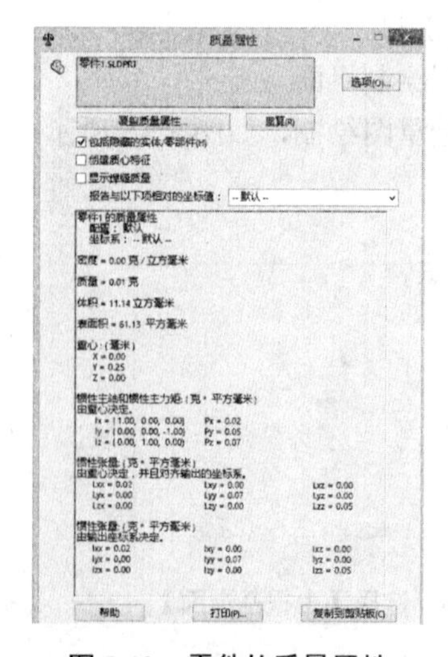

图 1.19　零件的质量属性

(6) 选择【评估】|【质量属性】命令，弹出【质量属性】对话框，如图 1.19 所示。由此对话框可知如下信息：

质量 ＝0.01 克

体积 ＝11.14 立方毫米

表面积 ＝61.13 平方毫米

上机指导 3

根据图 1.20 所示零件图在 SolidWorks 中完成零件的绘制。

(1) 单击【新建】按钮，选择【零件】命令，进入零件图绘制界面。

(2) 单击【草图绘制】按钮，选择上视基准面，准备开始草图绘制，如图 1.21 所示。

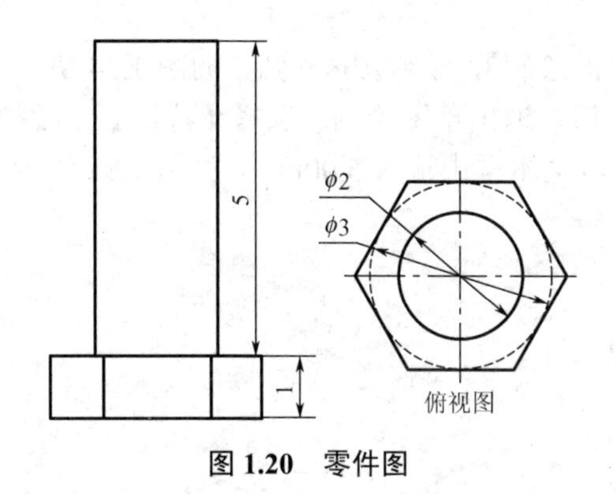

图 1.20 零件图

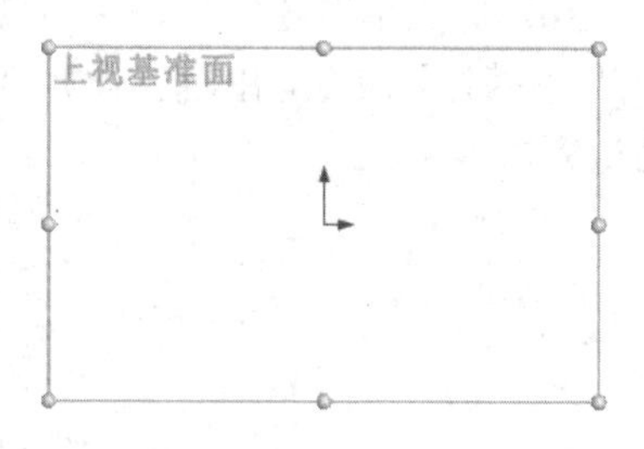

图 1.21 选择上视基准面

（3）以原点为中心，绘制六边形，其内接圆ϕ3mm，并对其中一条边添加水平关系，如图 1.22 所示。

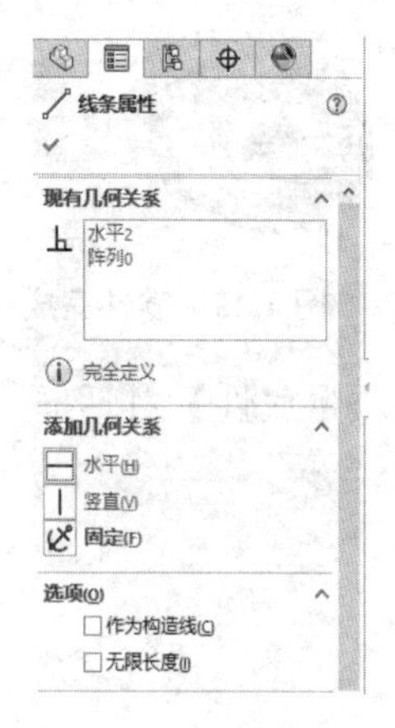

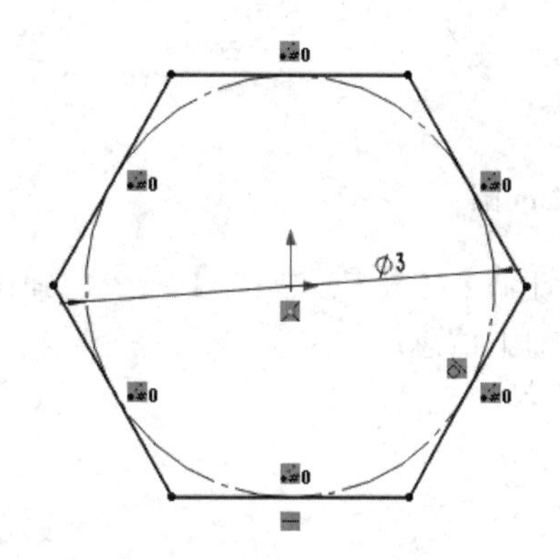

图 1.22 绘制六边形

（4）完成草图绘制后，单击【退出草图】按钮，退出草图绘制，选择【特征】|【拉伸凸台/基体】命令，出现拉伸属性管理器，在深度文本框中输入 1.00mm，如图 1.23 所示，确认完成零件。

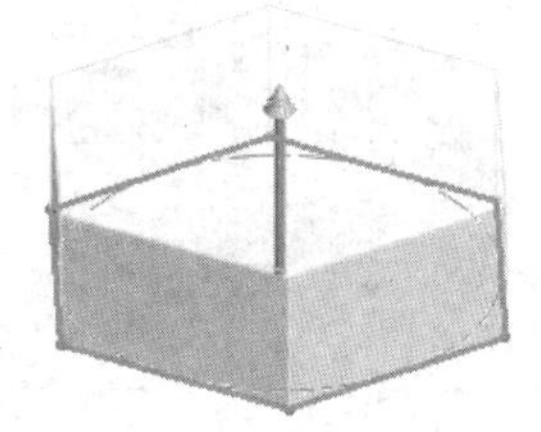

图 1.23 拉伸六边形

(5) 完成拉伸后，选择基体上表面进行【草图绘制】，绘制ϕ2mm 圆，如图 1.24 所示。

(6) 完成草图绘制后，单击【退出草图】按钮，退出草图绘制。选择【特征】|【拉伸凸台/基体】命令，出现拉伸属性管理器，在深度文本框中输入 5.00mm，如图 1.25 所示，确认完成零件。

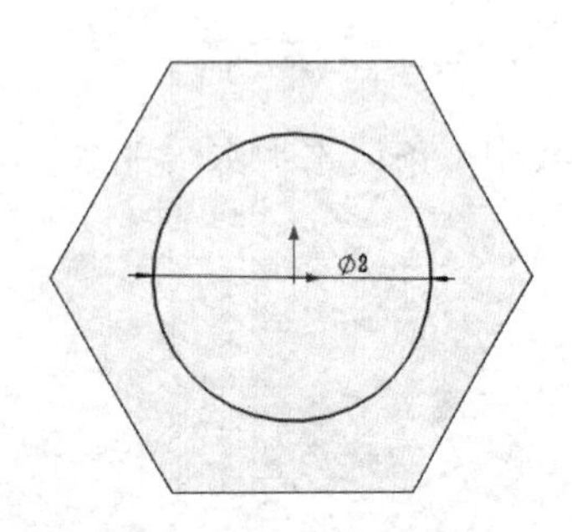

图 1.24　绘制ϕ2mm 圆

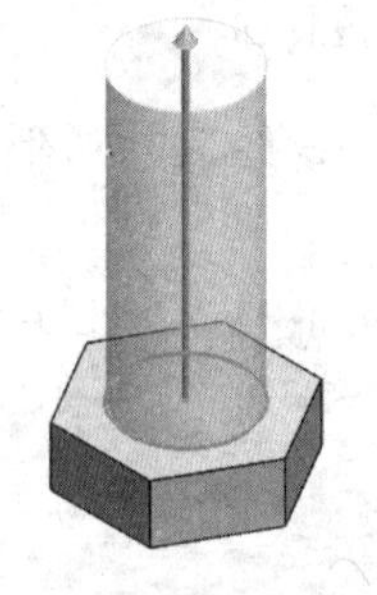

图 1.25　零件完成

(7) 选择【评估】|【质量属性】命令，弹出【质量属性】对话框，如图 1.26 所示。由此对话框可知如下信息：

质量 ＝0.02 克

体积 ＝23.50 立方毫米

表面积 ＝57.40 平方毫米

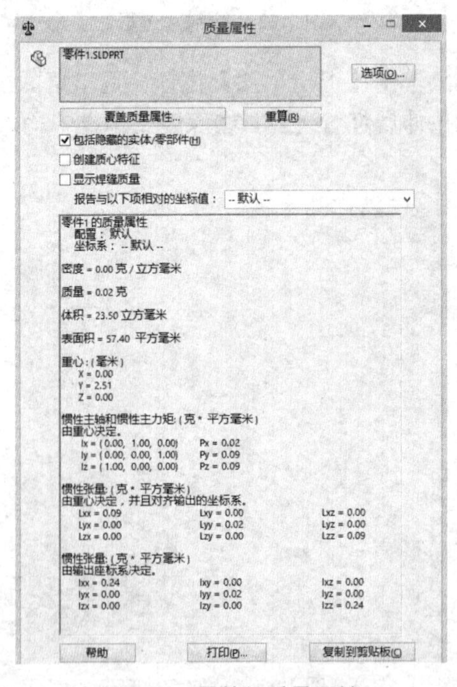

图 1.26　零件的质量属性

第2章

绘制草图

2.1 草图概述

2.1.1 草图的概念

草图是由点、直线、圆弧等基本几何元素构成的封闭的或不封闭的平面几何图形。

草图绘制有两种：二维草图绘制和三维草图绘制。两者之间的区别主要在于二维草图必须选择草图绘制平面才能绘制，而三维草图不需选择草图绘制平面就可以绘制出空间草图轮廓。

2.1.2 草图绘制的过程

1. 进入草图绘制模式选择草图绘制平面

（1）选择系统基准面，如图 2.1(a)所示。
（2）选择实体面，如图 2.1(b)所示。
（3）选择用户自定义基准，如图 2.1(c)所示。

2. 绘制草图

（1）在草图工具栏中单击【草图绘制】按钮，进入草图绘制模式。为了方便可在前导视图工具条的视图定向中单击【正视于】按钮，使草图绘制平面平行于屏幕。

（2）使用草图绘制工具栏中的草图绘制工具进行草图绘制。

(3) 草图绘制完后，单击【退出草图】按钮，结束草图绘制模式。

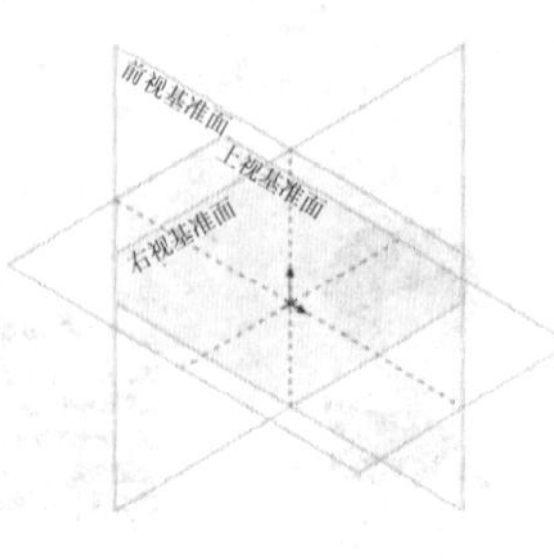

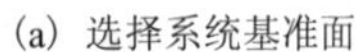
(a) 选择系统基准面

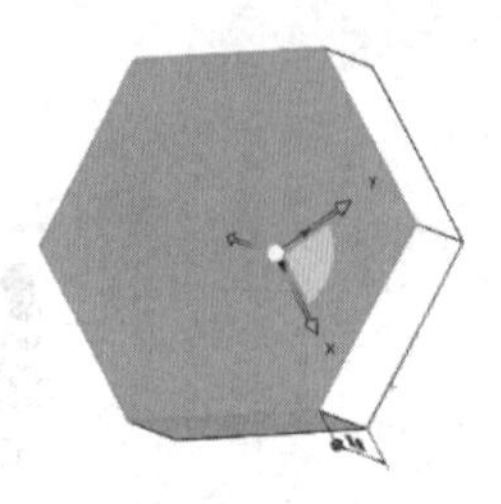
(b) 选择实体面

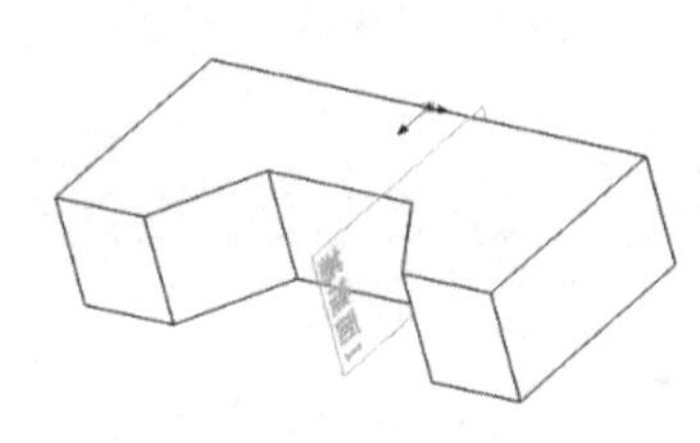
(c) 选择自定义基准面

图 2.1　草图绘制

2.1.3　草图绘制的方式

在 SolidWorks 中草图绘制的方法有以下两种：

(1) 单击-拖动：单击起点→拖动鼠标→释放鼠标生成直线，同时结束当前草图命令。

(2) 单击-单击：单击起点→单击终点(绘制结束后，草图命令仍处于激活状态，按 Esc 键可结束当前命令)。

2.1.4　草图状态

当草图处于激活状态时，在屏幕底部的状态栏会显示出有关草图状态的信息(图 2.2)，在草图完成之前应该完全定义草图。

110.37mm　56.93mm　0mm 欠定义　自定义

图 2.2　草图状态的信息

草图绘制过程中常见的几种草图状态如下：

欠定义：草图中缺失尺寸或几何关系，此时草图实体为蓝色，草图形状会随鼠标的拖动而改变。

完全定义：草图中的尺寸和几何关系完整，所以实体为黑色。

过定义：在对完全定义的草图进行尺寸标注时，系统会弹出【将尺寸设为从动】和【保留此尺寸为驱动】的对话框，当选择【保留此尺寸为驱动】后，草图过定义。

没有找到解：草图无法解出尺寸和几何关系。

发现无效的解：草图中存在无效几何实体，如零长度的直线等。

2.2　平面草图绘制

2.2.1　平面草图的概念

平面草图或 2D 草图(简称草图或草图实体)是指在空间某一个平面上绘制的由点、直线、圆弧等基本几何元素构成的封闭的或不封闭的平面几何图形。

2.2.2 平面草图绘制工具

1. 平面草图绘制常用的命令

平面草图绘制常用的命令见表2-1。

表2-1 平面草图绘制常用的命令

序　号	名　称	使用方法
1	直线	单击直线的起点、中间点和终点生成直线，或单击起点、终点生成直线，双击或者按Esc键结束直线绘制
2	矩形	选择确定矩形的两个对角，如左上角和右下角生成矩形
3	多边形	选择多边形的中心点和一个角点，决定一个等边多边形，多边形的边数、角度、内接圆的直径都可以进行修改
4	圆	选择确定圆的中心和圆周上的一点生成圆
5	圆弧(三点圆弧)	首先通过两点定义出圆弧的端点，然后选择圆弧上的第三点
6	椭圆	首先确定椭圆圆心，然后确定椭圆的长半轴和短半轴
7	中心线	绘制方法同直线，而中心线作为构造几何线使用，相当于几何绘图中的辅助线，不参与其后特征的生成
8	点	选择点的位置，生成点

2. 平面草图绘制常用的编辑命令

平面草图绘制常用编辑命令见表2-2。

表2-2 平面草图绘制常用的编辑命令

名　称	使用方法
剪裁	剪裁草图实体
等距	生成封闭边界或者单元线条的偏距线
镜像	生成相对中心线对称的草图实体
移动或复制	生成新的草图
线性阵列	按照X轴或Y轴方向阵列生成新的草图
圆周阵列	围绕某中心点，生成圆周方向的新的草图
转换实体引用	在某一基准面上生成与该边界一致的草图
构造几何线	将草图转化为辅助线，不参与特征的生成

3. 添加几何关系

添加几何关系是草图绘制中的一个非常重要的命令，按住Ctrl键，同时选择两个实体，然后使用该命令，可强制限定草图的几何关系。常用的几何约束关系见表2-3。

表2-3 常用的几何约束关系

类　型	几何约束关系	选择方式
直线与直线	两条直线平行	选择两条直线
	两条直线垂直	选择两条直线
	两条直线等长	选择两条直线

（续）

类　　型	几何约束关系	选 择 方 式
圆与圆	两圆等径	选择两圆
	两圆相切	选择两圆
	两圆同心	选择两圆
直线与圆	直线与圆相切	选择一条直线与圆

4. 智能尺寸

智能尺寸是用来限定草图几何图形的另一种形式，该命令是在钣金件立体造型过程中使用最频繁且最重要的命令，该命令的主要作用如下：

(1) 选择【智能尺寸】命令，单击目标实体可以在草图绘制状态下对该实体的尺寸进行修改。

(2) 在退出草图或重建模型状态下，选择【标示或测量】命令标示或测量草图尺寸，利用该命令，可快速测量出构件平面展开所需的相关尺寸。

智能尺寸标注常用形式见表 2-4：

表 2-4　智能尺寸标注常用形式

类　　型	尺 寸 类 型	标 注 示 例
直线	直线长度	
	直线高度	
	直线宽度	
	平行线距离	
	点到直线距离	
直线夹角	角度	
圆	圆直径	
圆弧	圆弧半径	
	圆弧长度	

上 机 指 导

上机指导 1

平面草图中包括形状、几何关系和尺寸标注三方面的信息。图 2.3 为一平面草图，该草图绘制步骤如下：

【上机指导 1 源文件】

(1) 启动 SolidWorks2016 软件，单击【标准】工具栏中的【新建】按钮，弹出【新建 SOLIDWORKS 文件】对话框，单击【零件】按钮，再单击【确定】按钮，生成新文件。选择【前视基准面】，进入草图绘制。

(2) 选择【直线】命令，大致绘制草图轮廓，如图 2.4 所示。

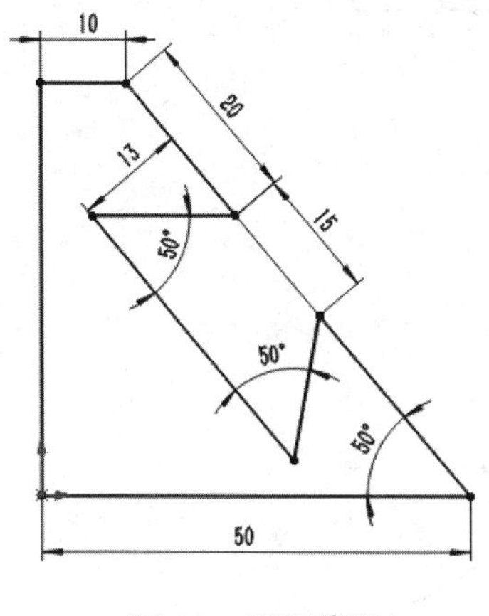

图 2.3 平面草图

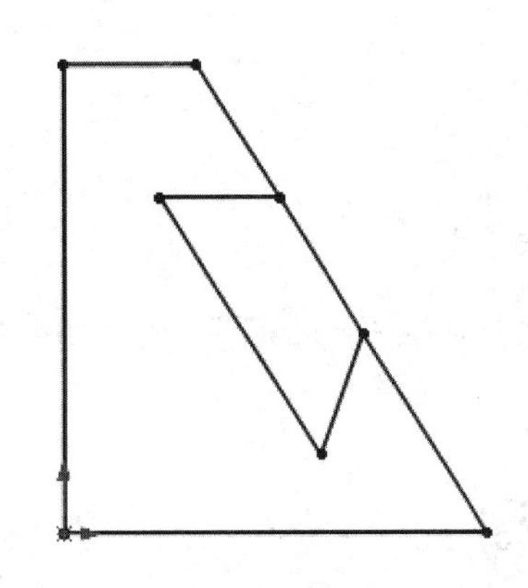
图 2.4 绘制草图轮廓

(3) 选择【智能尺寸】命令，分别标注长度尺寸 50mm、10mm、20mm、15mm，角度尺寸 50°，如图 2.5 所示。

(4) 选择【剪裁实体】命令，在左侧弹出的【裁剪】面板中选择【裁剪到最近段】命令，并确定，剪掉多余部分，完成草图绘制，如图 2.6 所示。

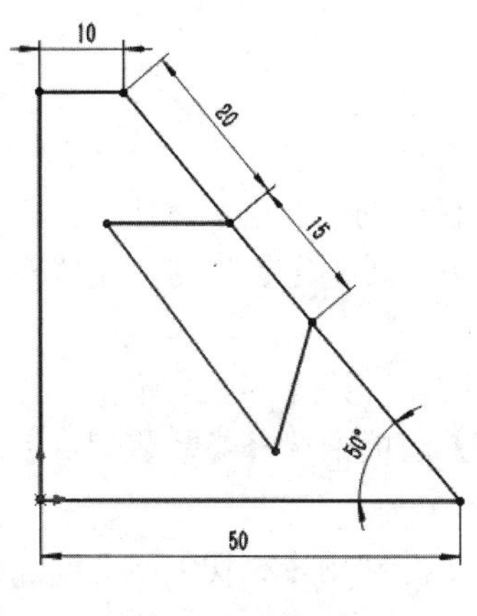

图 2.5 标注尺寸 1

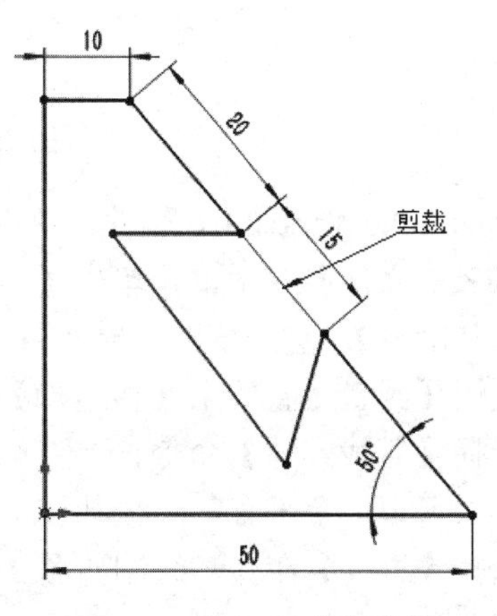

图 2.6 剪裁实体

（5）选择【智能尺寸】命令，分别标注长度尺寸 13mm，角度尺寸 50°、50°，如图 2.7 所示。

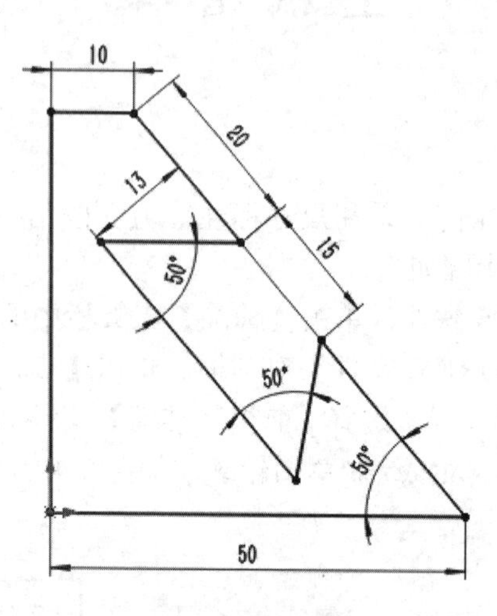

图 2.7　标注尺寸 2

上机指导 2

图 2.8 为一平面草图，该草图绘制步骤如下：

【上机指导 2 源文件】

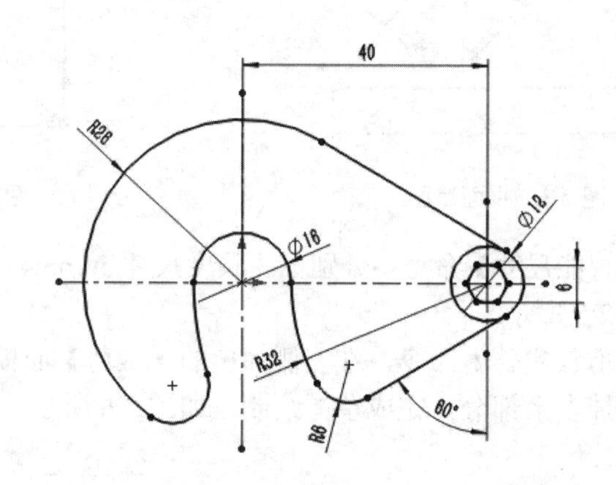

图 2.8　平面草图

（1）启动 SolidWorks2016 软件，单击【标准】工具栏中的【新建】按钮，弹出【新建 SOLIDWORKS 文件】对话框，单击【零件】按钮，再单击【确定】按钮，生成新文件。选择【前视基准面】，进入草图绘制。

（2）使用【圆】、【直线】、【多边形】命令，绘制草图轮廓，如图 2.9 所示。

（3）选择【剪裁实体】命令，在左侧弹出的【裁剪】面板中选择【裁剪到最近段】命令，并确定，剪掉多余部分，绘制如图 2.10 所示的草图。

（4）选择【直线】命令，绘制如图 2.11 所示的直线，并利用【相切】命令添加几何关系——相切。

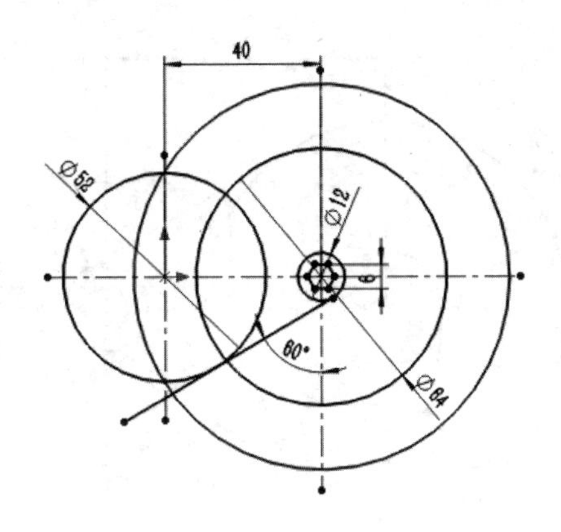

图 2.9 绘制草图轮廓

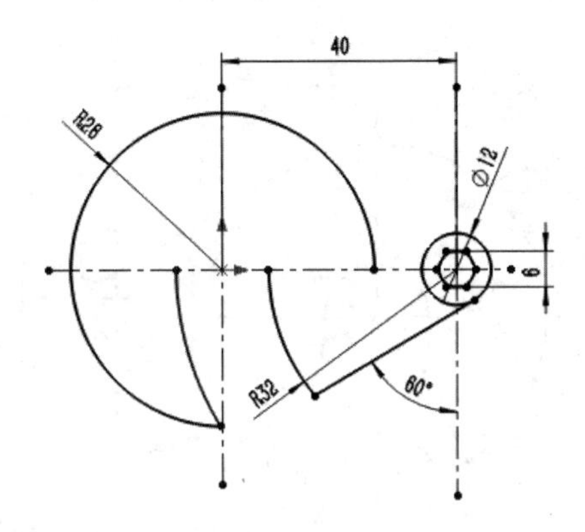

图 2.10 剪裁实体

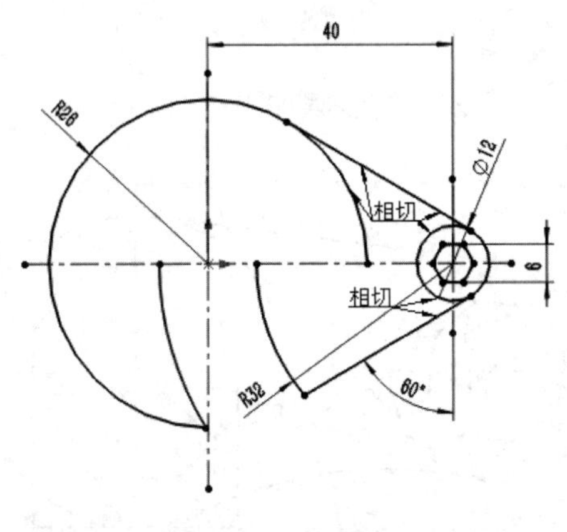

图 2.11 绘制直线

(5) 使用【圆角】和【圆】命令绘制草图，如图 2.12 所示，半径为 *R*6 的圆角，以及直径为ϕ16 的圆，并利用【水平】命令添加几何关系——水平，使草图完全定义。

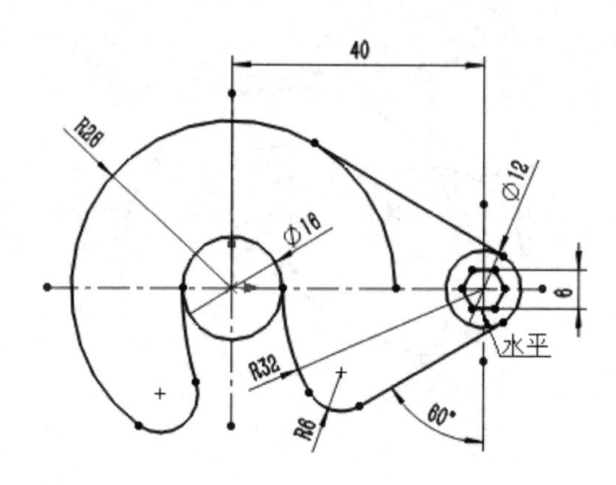

图 2.12　绘制圆角

(6) 选择【剪裁实体】命令，剪掉多余部分，完成如图 2.13 所示的草图。

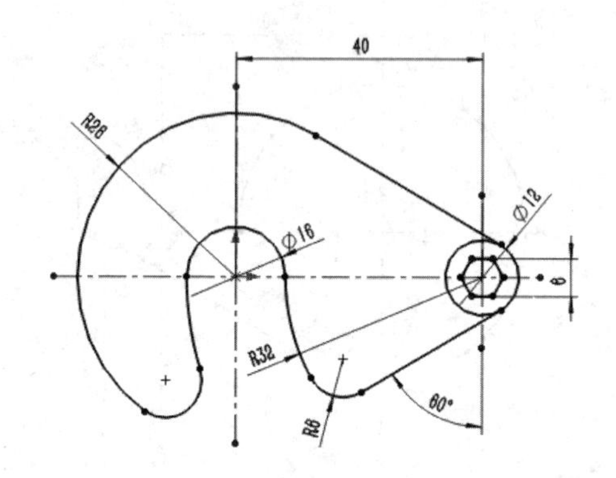

图 2.13　剪裁实体

上机指导 3

图 2.14 为一平面草图，该草图绘制步骤如下：

【上机指导 3 源文件】

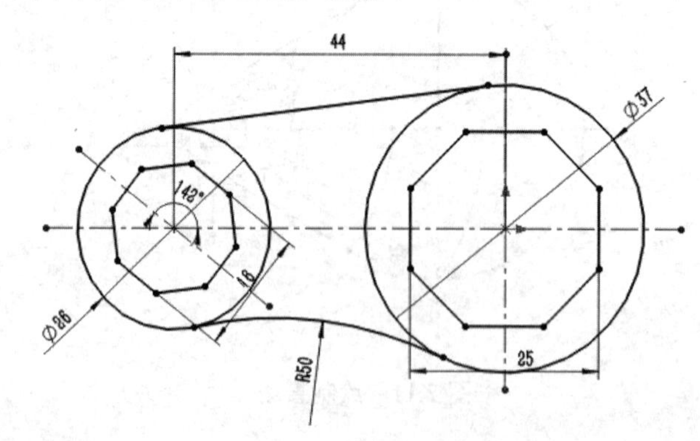

图 2.14　平面草图

(1) 启动 SolidWorks 2016 软件，单击【标准】工具栏中的【新建】按钮，弹出【新建

SOLIDWORKS 文件】对话框，单击【零件】按钮，再单击【确定】按钮，生成新文件。选择【前视基准面】进入草图绘制。

(2) 单击【草图】工具栏中的【中心线】按钮，在屏幕左侧将弹出【插入线条】属性管理器，在屏幕右侧的绘图区移动鼠标，当鼠标与屏幕中的原点处于同一水平线时，屏幕中将出现一条水平虚线，在原点的左侧单击，将产生中心线的第一个端点，水平移动鼠标，屏幕将出现一条中心线，移动鼠标到原点的右侧并再次单击，将产生中心线的第二个端点，双击，则水平的中心线绘制完毕。按同样方法，绘制其余的中心线，如图 2.15 所示。

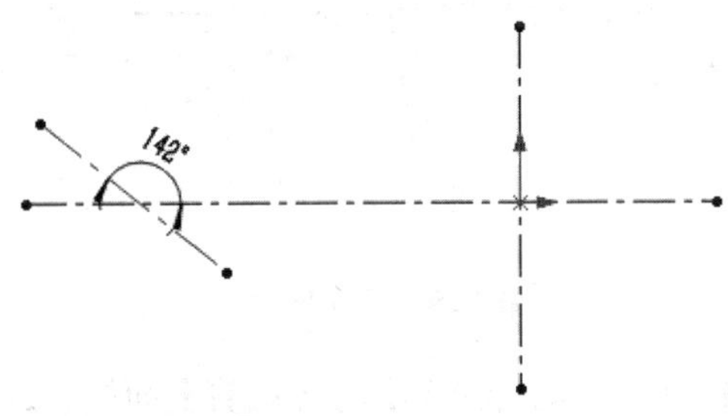

图 2.15 绘制中心线

(3) 选择【多边形】和【圆】命令，在多边形面板的参数栏中输入 8，并添加如图 2.16 所示的几何关系，同时使圆心与对称轴线重合。

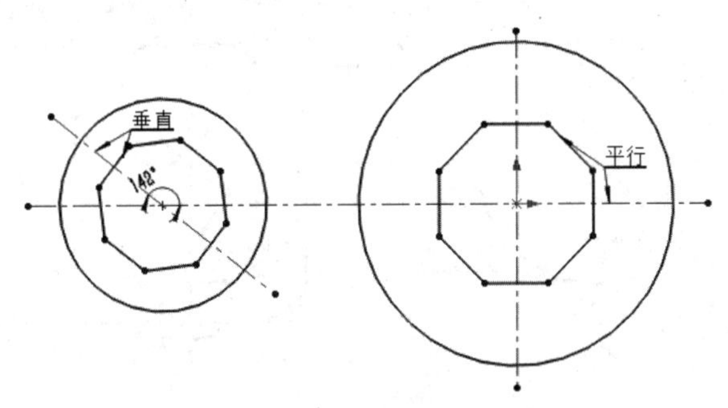

图 2.16 绘制多边形和圆

(4) 选择【直线】和【圆】命令，绘制草图，并添加如图 2.17 所示的几何关系。

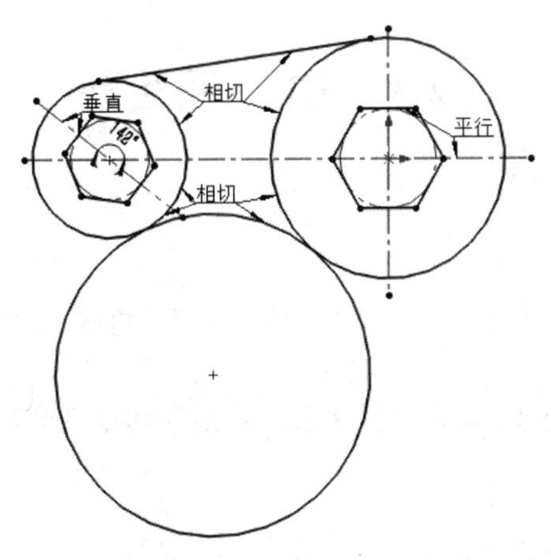

图 2.17 绘制草图

(5) 选择【智能尺寸】命令，分别标注如图 2.18 所示的尺寸。

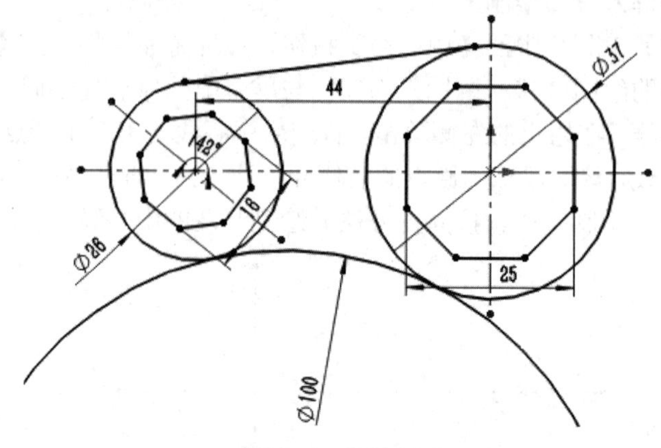

图 2.18　标注尺寸

(6) 选择【剪裁实体】命令，在左侧弹出的【裁剪】面板中选择【裁剪到最近段】命令，并确定，剪掉多余部分，完成草图绘制，如图 2.19 所示。

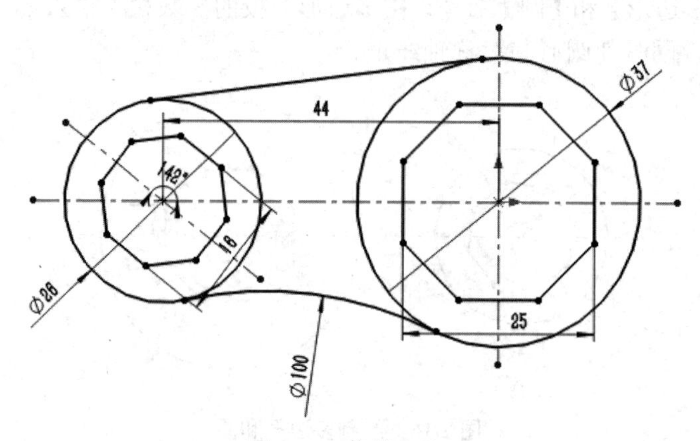

图 2.19　剪裁实体

2.3　3D 草图绘制

2.3.1　3D 草图的概念

3D 草图或立体草图是指在三维空间绘制的由点、直线、圆弧等基本几何元素构成的封闭的或不封闭的几何图形。

SolidWorks 软件中的【3D 草图】命令，就是立体草图绘制命令。

2.3.2　3D 空间控标

绘制 3D 草图时，空间控标可以帮助用户在数个基准面上绘制时保持方位。

在所选基准面上绘制第一个点时，空间控标就会出现。使用空间控标，可以选择轴线以便沿该轴线绘制图形。

在 3D 草图模式下，当绘制第一个点后，将显示空间控标，同时指针由变为，如图 2.20 所示。

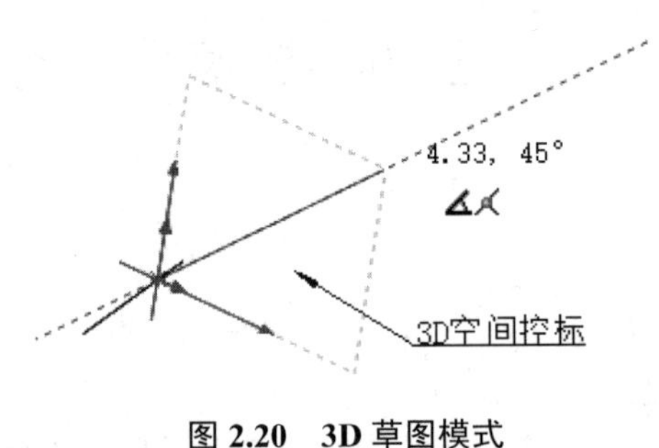

图 2.20　3D 草图模式

2.3.3　3D 草图绘制工具

平面草图和 3D 草图之间既有不同之处，也有相似之处，在基准面上绘制 3D 草图与绘制平面草图基本相同，如圆、矩形等，但如果绘制直线，立体草图中的直线可以是空间直线，而平面草图中的直线是平面直线。3D 草图绘制具体命令如下。

1. 3D 草图绘制常用的命令

3D 草图绘制常用的命令见表 2-5。

表 2-5　3D 草图绘制常用的命令

名　称	使用方法
直线	在三维空间绘制任意直线，单击直线的起点、中间点和终点生成直线，或单击起点、终点生成直线，双击或者按 Esc 键结束直线绘制
矩形	基准面上绘制立体图，选择确定矩形的两个对角，如左上角和右下角生成矩形
圆	基准面上绘制立体图，选择确定圆的中心和圆周上的一点生成圆
圆弧(三点圆弧)	基准面上绘制立体图，首先通过两点定义出圆弧的端点，然后选择圆弧上的第三点
中心线	在三维空间绘制任意直线，绘制方法同直线，中心线作为构造几何线使用
点	在三维空间选择点的位置，生成点

2. 立体草图常用编辑命令

立体草图常用编辑命令见表 2-6。

表 2-6　立体草图常用编辑命令

名　称	使用方法
剪裁	剪裁 3D 草图实体
转换实体引用	通过投影边线、面、轮廓线生成 3D 草图实体
构造几何线	将 3D 草图转化为构造几何线

3．添加几何关系

平面草图中的许多几何关系都可用于3D草图。

上 机 指 导

上机指导1

绘制如图2.21所示的五棱线架，中心高为30mm，五边形的内切圆直径ϕ100mm，绘制该图形，并求出棱边长L和底边长H。

（1）选择【上视基准面】|【草图绘制】|【多边形】命令，确定边数为5，大致绘制五边形，选择【智能尺寸】命令，选择内切圆，标注尺寸ϕ100，如图2.22所示。

【上机指导1源文件】

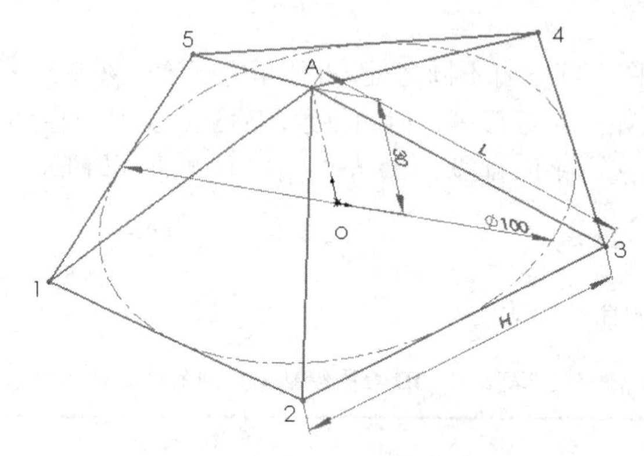

图2.21 五棱线架

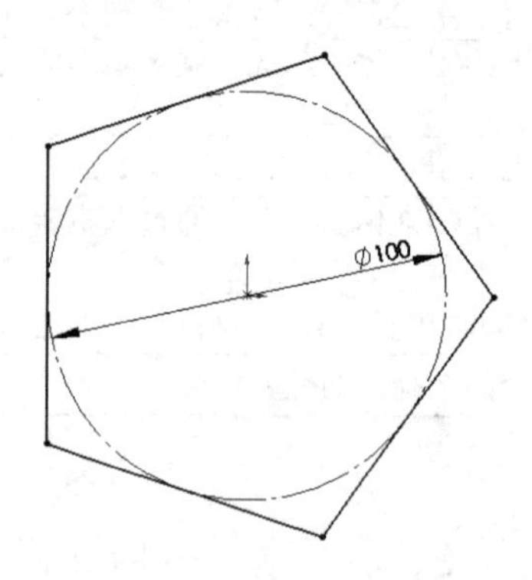

图2.22 绘制五边形

（2）选择【退出草图】|【等轴测】|【3D草图】|【中心线】命令，由坐标原点O沿Y轴方向绘制直线OA，选择【智能尺寸】命令，选择OA标注长度尺寸30mm，如图2.23所示。

（3）选择【智能尺寸】命令，由A点分别向1、2、3、4、5点连线，选择【重建模型】

命令，并使用【智能尺寸】命令分别选择棱边和底边，标注测量为：L=68.7mm，H=72.65mm，如图 2.24 所示。

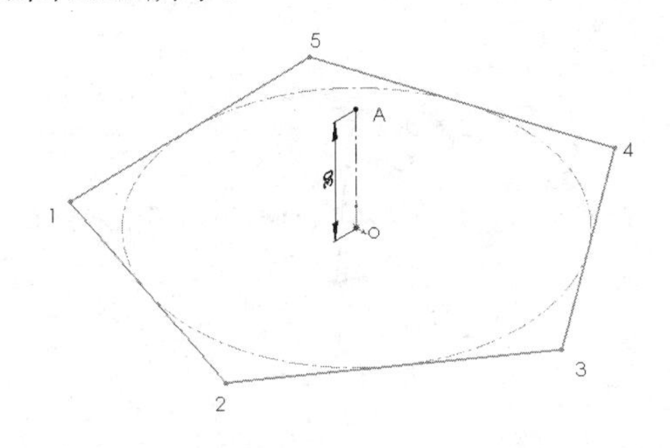

图 2.23　标注长度尺寸

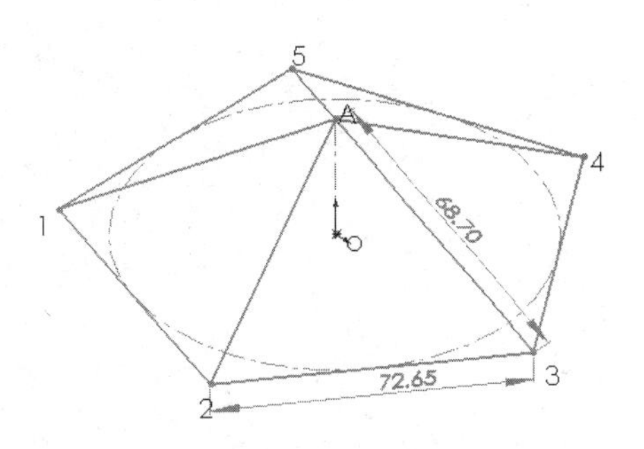

图 2.24　标注尺寸

(4) 完成草图绘制并退出。

上机指导 2

绘制空间线段 *OABCD*，如图 2.25 所示。

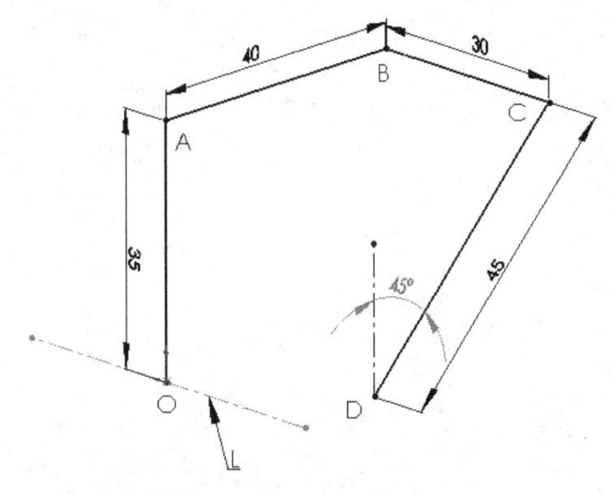

【上机指导 2 源文件】

图 2.25　空间线段 ***OABCD*** 绘制

(1) 选择【前视基准面】|【草图绘制】|【中心线】命令，通过坐标原点绘制中心线，如图 2.26 所示。

(2) 选择【退出草图】|【特征】|【基准面】|【两面夹角】命令，选择中心线 L 和前视基准面，在角度文本框内输入 45°，创建基准面 1，如图 2.27 所示。

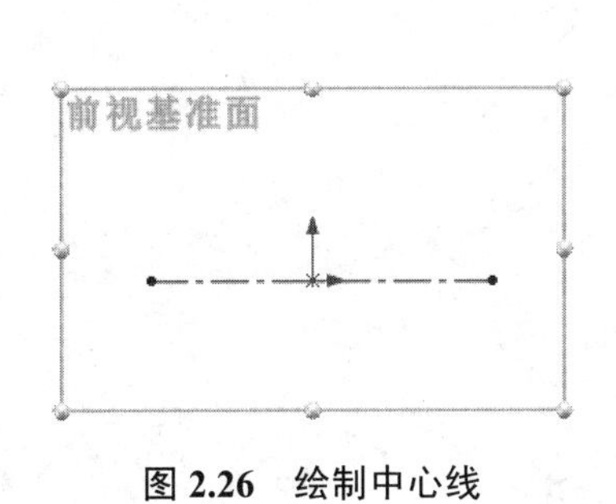

图 2.26　绘制中心线

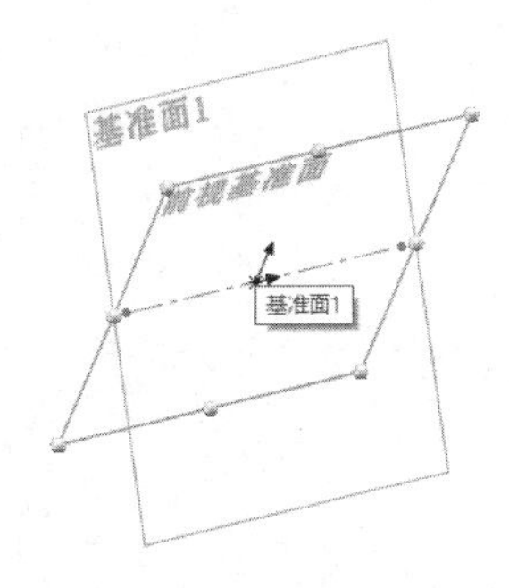

图 2.27　创建基准面

（3）选择【3D 草图】|【直线】命令，沿 *Y* 轴正向绘制线段 *OA*，如图 2.28 所示。

（4）按 Tab 键，从 *A* 点绘制沿 *Z* 轴方向、远离屏幕的线段 *AB*，如图 2.29 所示。

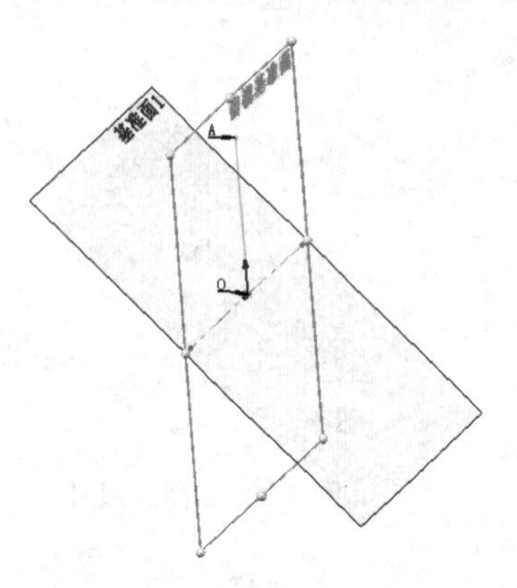

图 2.28　绘制线段 *OA*

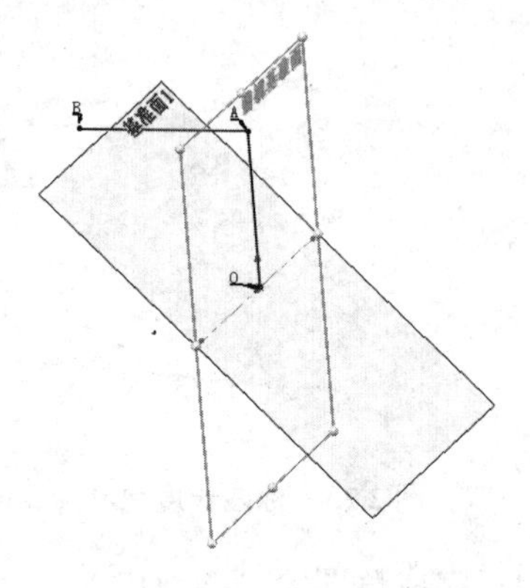

图 2.29　绘制线段 *AB*

（5）按 Tab 键，从 *B* 点绘制沿 *X* 轴方向的线段 *BC*，如图 2.30 所示。

（6）按 Ctrl 键并选择基准面 1，转换到基准面 1，绘制线段 *CD*，如图 2.31 所示。

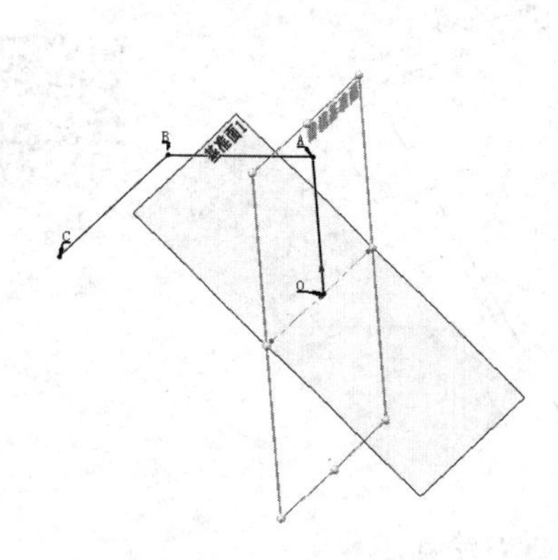

图 2.30　绘制线段 *BC*

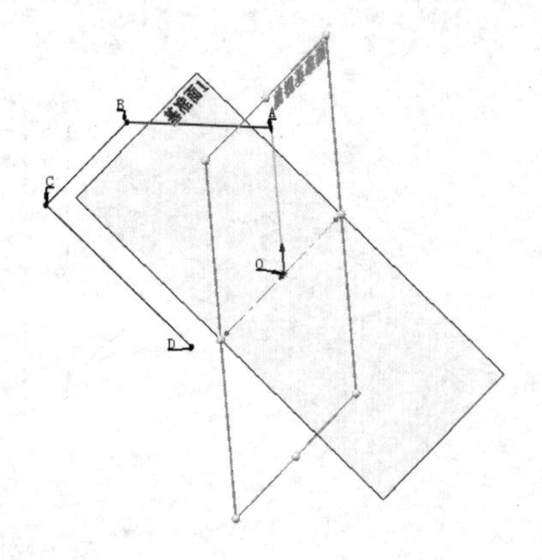

图 2.31　绘制线段 *CD*

（7）选择【智能尺寸】命令，分别选择各线段，标注 *OA* 为 35mm，*AB* 为 40mm，*BC* 为 30mm，*CD* 为 45mm，完成 *OABCD* 空间线段的绘制，如图 2.32 所示。

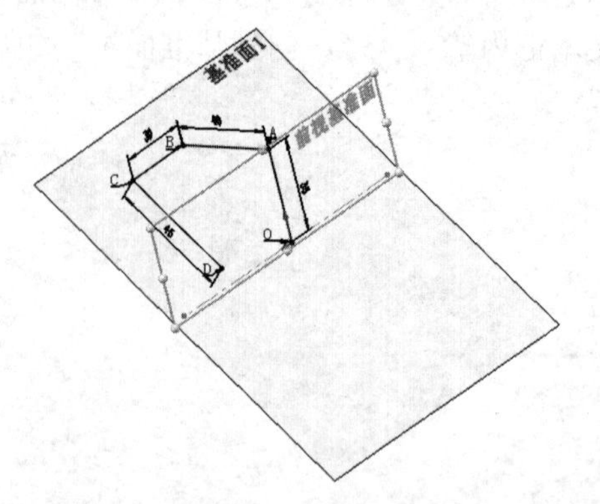

图 2.32　尺寸标注

上机指导 3

完成图 2.33 所示 3D 图形的绘制。

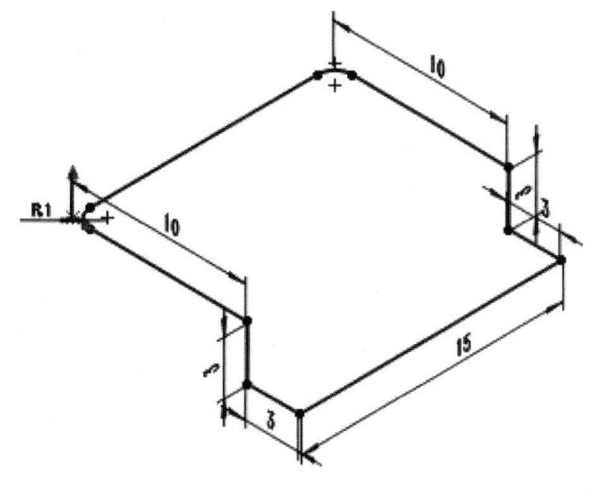

图 2.33 3D 图形

(1) 选择【智能尺寸】|【3D 草图】|【直线】命令，按 Tab 键，通过坐标原点沿 X 轴绘制长度为 10mm 的直线，并用智能尺寸标注，如图 2.34 所示。

(2) 按 Tab 键，通过端点沿 Y 轴反向绘制长度为 3 的直线，并用智能尺寸标注，如图 2.35 所示。

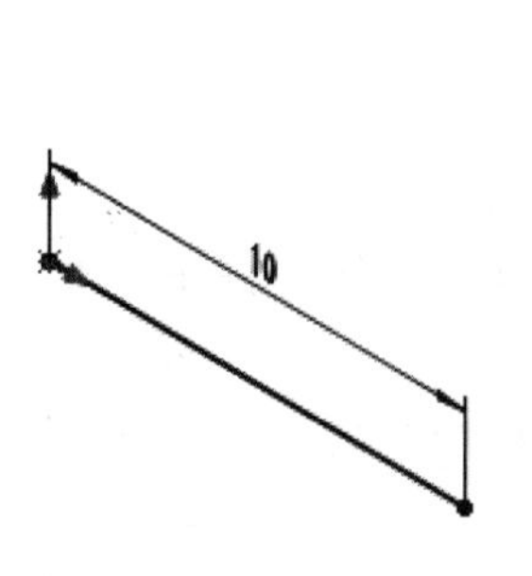

图 2.34 尺寸标注 1

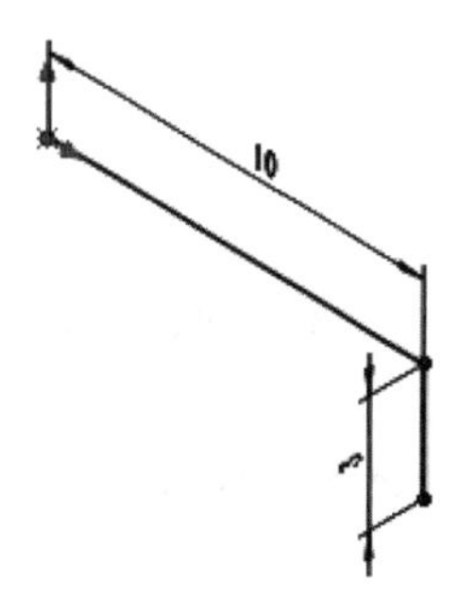

图 2.35 尺寸标注 2

(3) 按 Tab 键，通过端点沿 X 轴绘制长度为 3mm 的直线，并用智能尺寸标注，如图 2.36 所示。

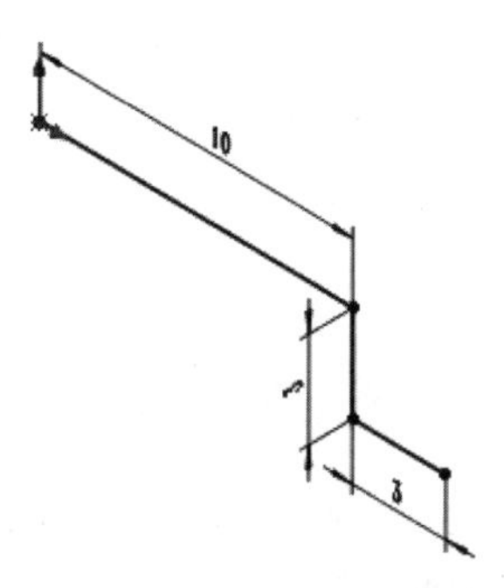

图 2.36 尺寸标注 3

(4) 按 Tab 键，通过端点沿 Z 轴反向绘制长度为 15mm 的直线，并用智能尺寸标注，如图 2.37 所示。

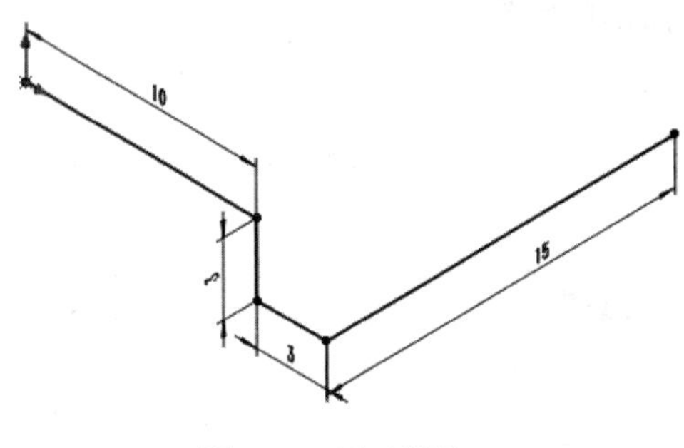

图 2.37 尺寸标注 4

(5) 按 Tab 键，通过端点沿 X 轴反向绘制长度为 3mm 的直线，并用智能尺寸标注，如图 2.38 所示。

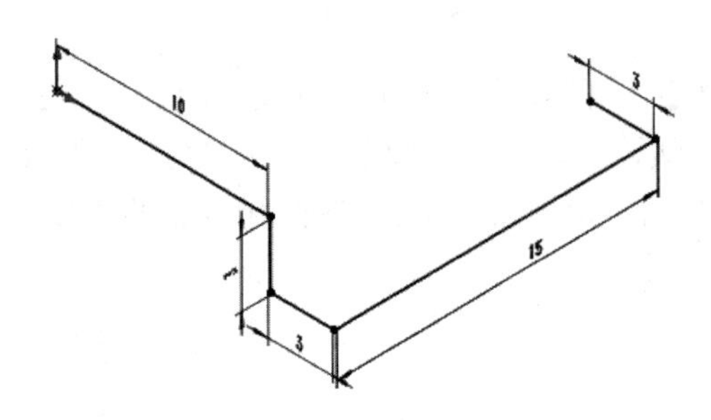

图 2.38 尺寸标注 5

(6) 按 Tab 键，通过端点沿 Y 轴绘制长度为 3mm 的直线，并用智能尺寸标注，如图 2.39 所示。

(7) 按 Tab 键，通过端点沿 X 轴反向绘制长度为 10mm 的直线，并用智能尺寸标注，如图 2.40 所示。

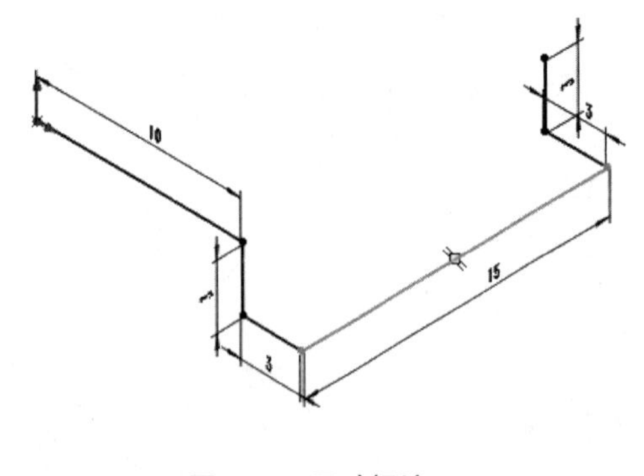

图 2.39 尺寸标注 6

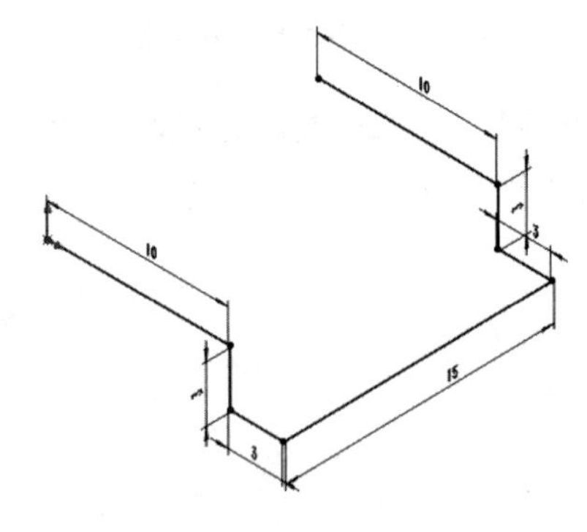

图 2.40 尺寸标注 7

(8) 沿 Z 轴方向连接两端点，并将两端点用半径为 1mm 的圆角连接，如图 2.41 所示。

(9) 完成草图的绘制，退出草图绘制。

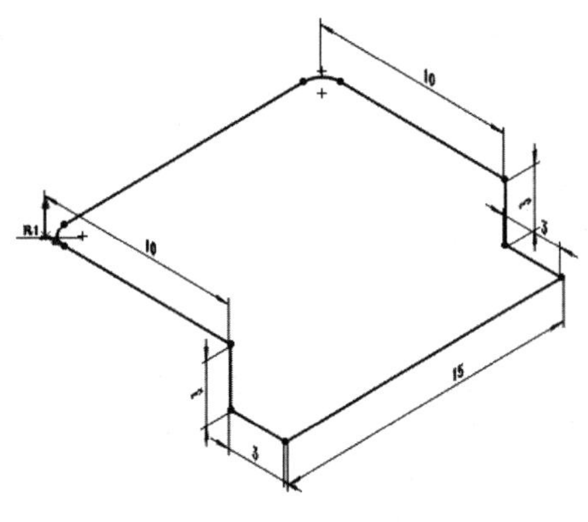

图 2.41　圆角连接

综 合 练 习

综合练习 1

新建零件文件，进入草图绘制模式，选择前视基准面，以图 2.42 所示的位置为参考原点，使用【中心线】命令绘制中心线，用【直线】、【圆弧】、【圆】命令绘制如图所示的草图，并用【智能尺寸】命令进行尺寸标注，添加几何关系，使草图完全定义，最后保存文件。

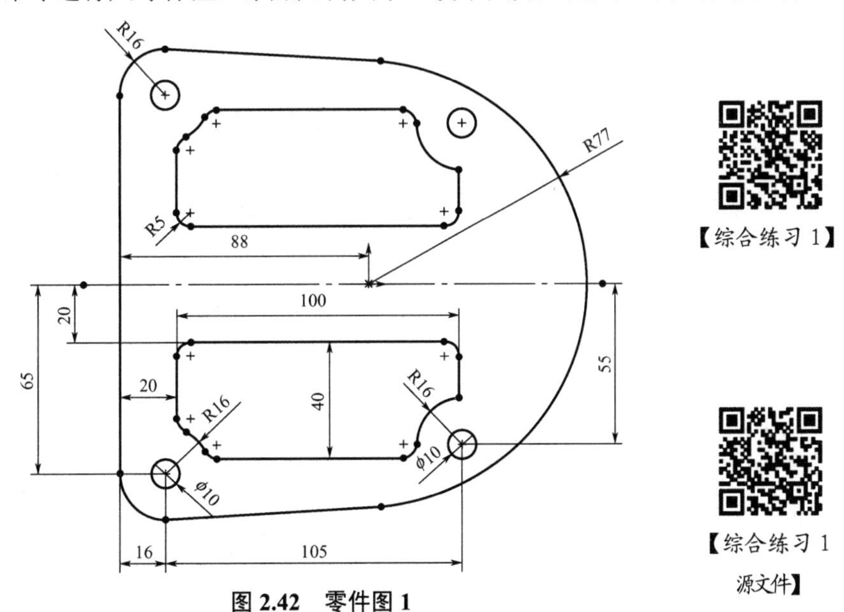

图 2.42　零件图 1

综合练习 2

新建零件文件，进入草图绘制模式，选择右视基准面，以图 2.43 所示的位置为参考原点，使用【直线】、【圆弧】、【圆】命令绘制如图所示的草图，并用【智能尺寸】命令进行尺寸标注，添加几何关系，使草图完全定义，最后保存文件。

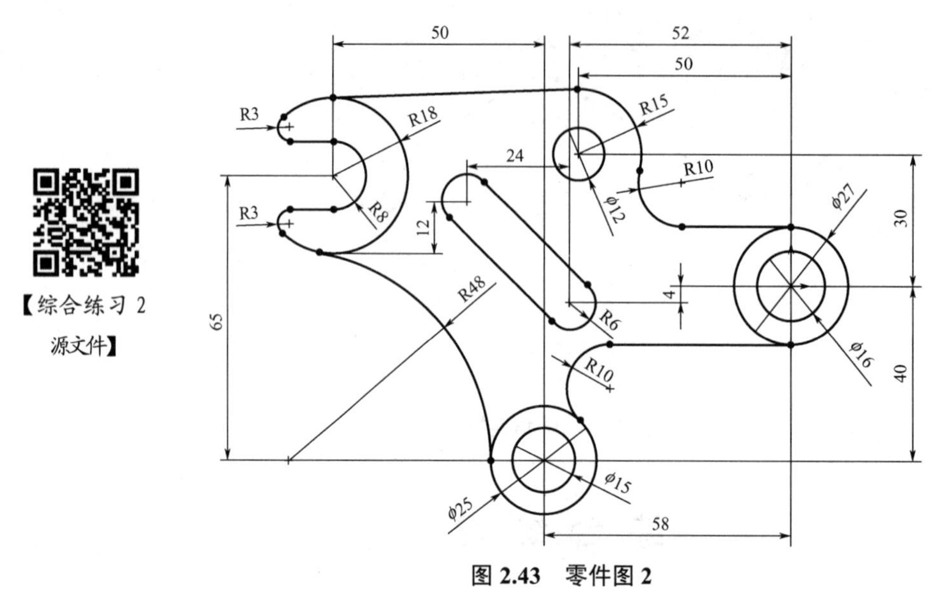

图 2.43　零件图 2

综合练习 3

新建零件文件，进入草图绘制模式，选择上视基准面，以图 2.44 所示的位置为参考原点，使用【中心线】命令绘制两条中心线，用【直线】、【圆弧】、【圆】命令绘制如图所示的草图，并用【智能尺寸】命令进行尺寸标注，添加几何关系，使草图完全定义，最后保存文件。

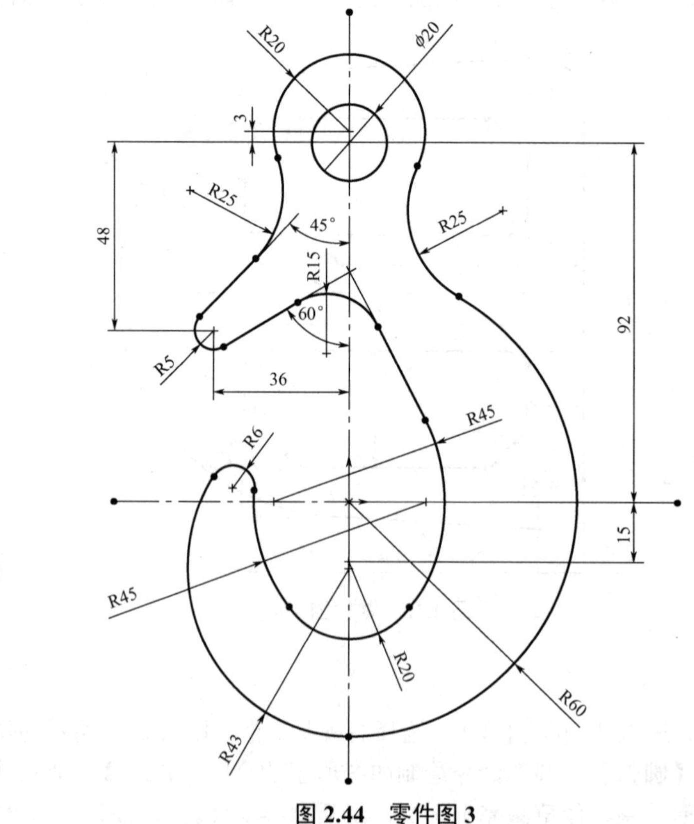

【综合练习 3
源文件】

图 2.44　零件图 3

第3章

拉伸特征

3.1 拉伸特征的定义与分类

拉伸是将实体某一截面用一个平面草图来描述，在参考方向上，以一指定深度拉伸截面形成的立体特征。拉伸特征是最常用的实体创建类型，适用在拉伸方向上比较规则的实体造型。

拉伸特征包括拉伸凸台/基体和拉伸切除。拉伸凸台/基体是拉伸增材成型，而拉伸切除是在现有模型的基础上拉伸除料成型，两者成型方式相反。

1. 拉伸凸台/基体

拉伸凸台/基体以一个或两个方向拉伸平面草图，来生成一实体，如图3.1所示。

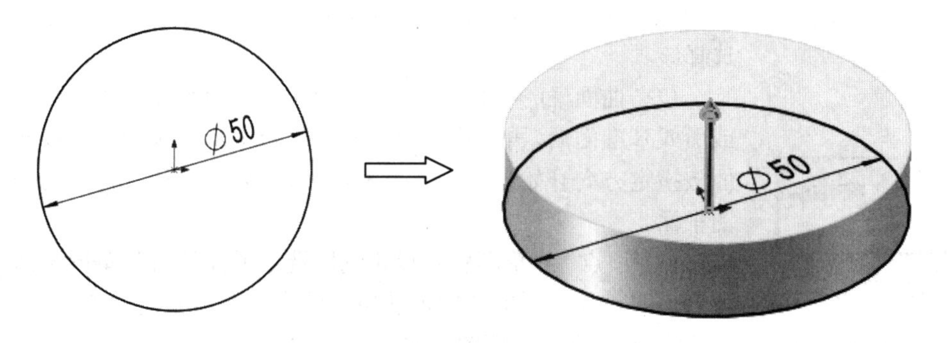

图3.1　拉伸凸台/基体

2. 拉伸切除

拉伸切除以一个或两个方向拉伸所绘制的草图轮廓，来切除一实体模型，如图 3.2 所示。

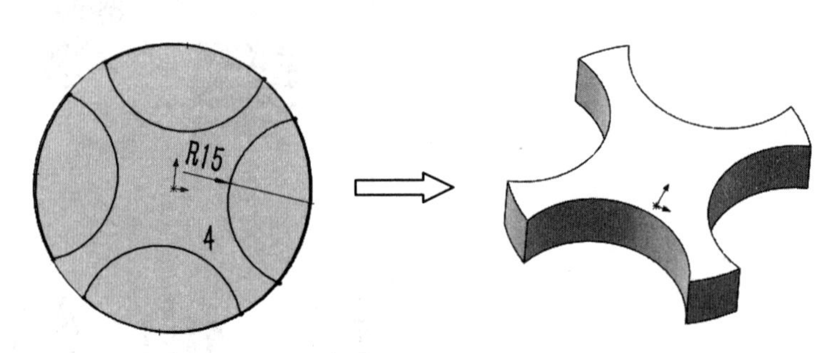

图 3.2　拉伸切除

3.2　拉伸特征的基本要素

拉伸特征的基本要素指零件造型的一个拉伸步骤里，涉及起构建或支撑作用、能完成拉伸的所有元素，包括平面草图要素、拉伸方向、开始条件和终止条件。

(1) 平面草图要素：正确绘制平面草图是拉伸特征的基础。

(2) 拉伸方向：与草图平面有一定夹角的方向。拉伸一般在一个或两个相反的方向同时拉伸，默认拉伸方向垂直于草图平面。

(3) 开始条件和终止条件：开始条件限制拉伸的开始位置，终止条件限制拉伸结束类型及距离。

3.2.1　拉伸的开始条件

开始条件有 4 种不同的形式，如图 3.3 所示。

(1) 草图基准面：从基准面上开始拉伸，如图 3.4 中 a 所示。此项为默认选项，一般选择该项。

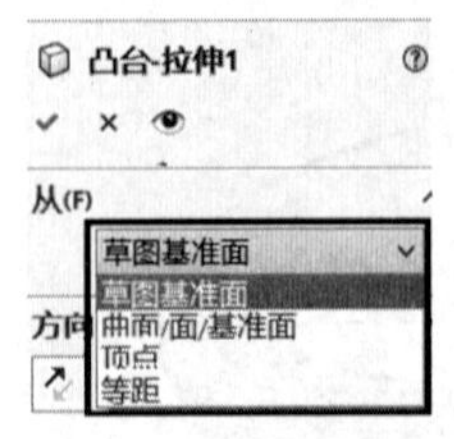

图 3.3　开始条件

(2) 曲面/面/基准面：将草图轮廓从草图平面投影到所选的曲面或面或基准面后，再将投影后的轮廓等距地从所选的曲面或面或基准面按指定方向开始拉伸，如图 3.4 中 b 所示。默认拉伸方向垂直于草图平面。

(3) 顶点：将草图轮廓投影到所选点所在的且与草图平面平行的面后，再将投影后的轮廓地从所选的点平面按指定的方向开始拉伸，如图 3.4 中 c 所示。默认拉伸方向垂直于草图平面。

(4) 等距：从与当前草图基准面等距的基准面上开始拉伸，如图 3.4 中 d 所示。

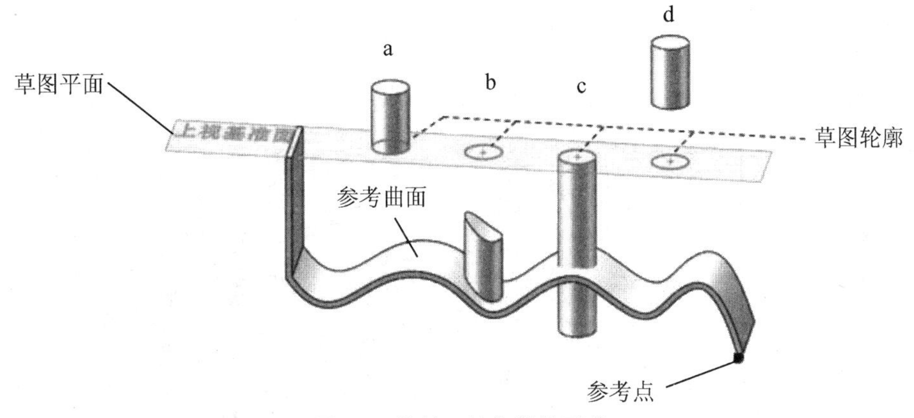

图 3.4　拉伸开始条件的形式

3.2.2　拉伸的终止条件

终止条件共有 17 种形式，其中拉伸凸台/基体有 8 种，拉伸切除有 9 种，如图 3.5 所示。

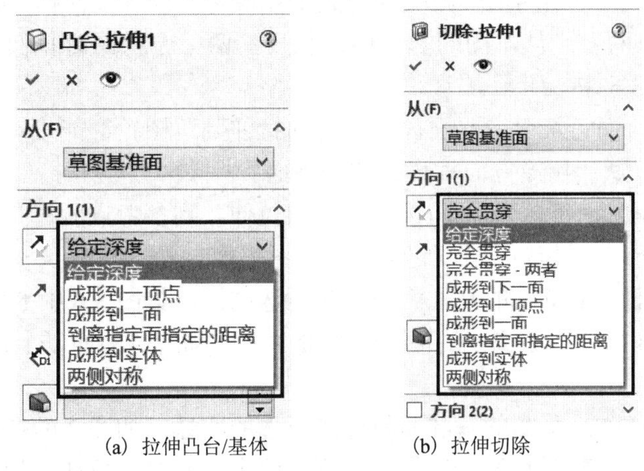

(a) 拉伸凸台/基体　　(b) 拉伸切除

图 3.5　终止条件

(1) 给定深度：从草图的基准面以指定的距离延伸实体，如图 3.6 中 a 所示。

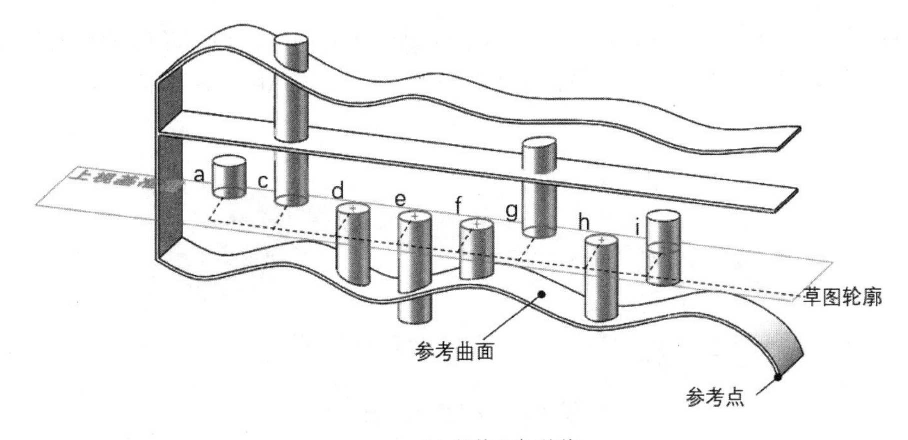

(a) 拉伸凸台/基体

图 3.6　拉伸终止条件的形式

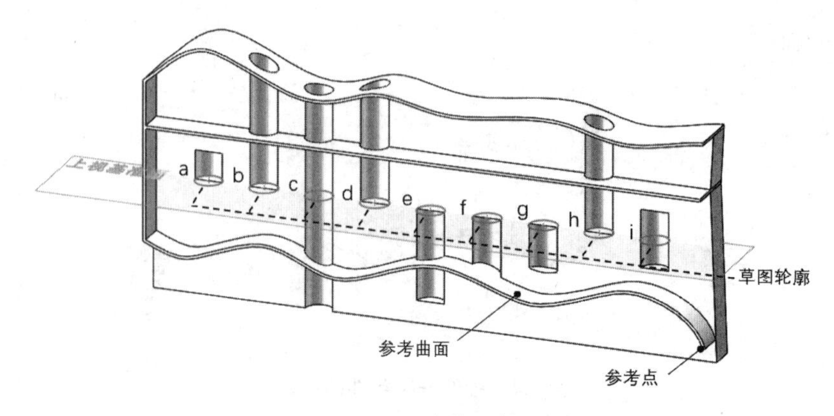

(b) 拉伸切除

图 3.6　拉伸终止条件的形式(续)

(2) 完全贯穿：从草图的基准面拉伸直到贯穿现有的全部几何体，如图 3.6 中 b 所示。

(3) 完全贯穿-两者：从草图的基准面向相反的两个方向同时拉伸，直到贯穿现有的全部几何体，如图 3.6 中 c 所示。

(4) 成形到下一面：从草图平面向参考方向拉伸到草图轮廓能投影到的所有实体面，如图 3.6 中 d 所示。默认拉伸方向垂直于草图平面。

(5) 成形到一顶点：从草图平面按指定方向拉伸，到参考点所在且与草图平面平行的面，如图 3.6 中 e 所示。默认拉伸方向垂直于草图平面。

(6) 成形到一面：从草图的基准面拉伸到所选的面，如图 3.6 中 f 所示。

(7) 到离指定面指定的距离：从草图的基准面拉伸到所选的面以上指定距离，如图 3.6 中 g 所示。

(8) 成形到实体：从草图的基准面拉伸到所选的实体，如图 3.6 中 h 所示。

(9) 两侧对称：从草图基准面按指定长度向两个方向对称拉伸，如图 3.6 中 i 所示。

3.2.3　其他拉伸条件

(1) 拔模斜度拉伸：把草图轮廓从草图基准面拉伸的同时按指定角度缩小或放大，即向内或向外拔模。如图 3.7(a)所示为默认的向内拔模，图 3.7(b)所示为向外拔模。

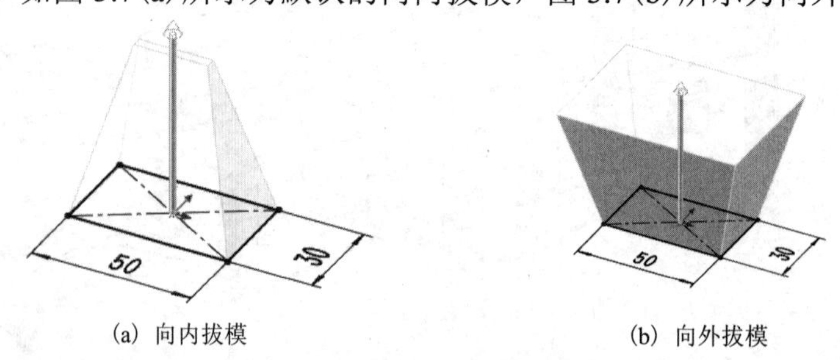

(a) 向内拔模　　(b) 向外拔模

图 3.7　拔模斜度拉伸

(2) 所选轮廓拉伸：选择草图中的部分轮廓拉伸，如图 3.8 所示。

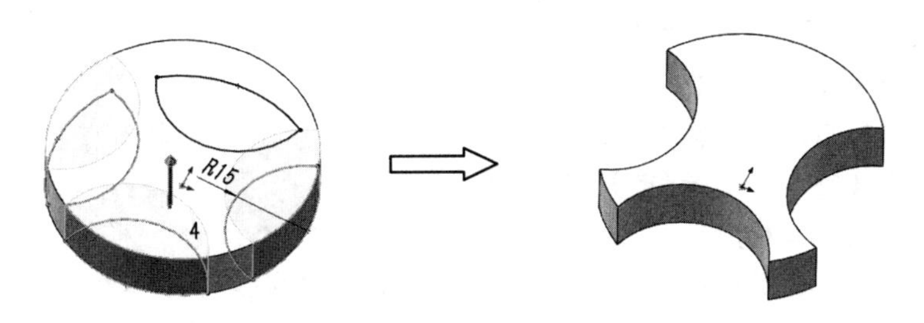

图 3.8　所选轮廓拉伸

(3) 薄壁特征拉伸：把草图轮廓按指定的宽度虚拟等距后拉伸(轮廓线可以是封闭或开环的)，如图 3.9 所示。

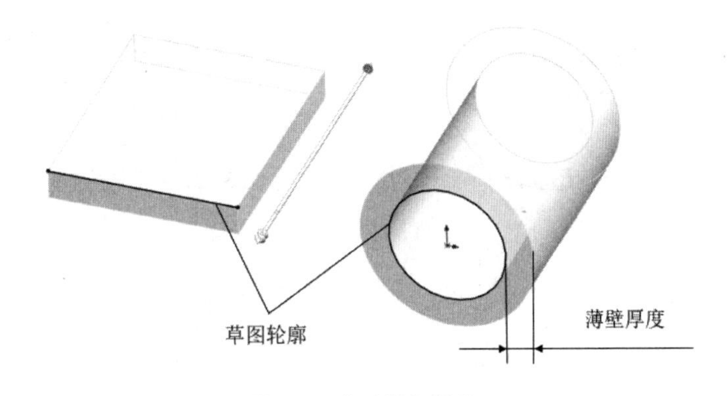

图 3.9　薄壁特征拉伸

上 机 指 导

上机指导 1

建立如图 3.10 所示的模型。

(1) 选择上视基准面，绘制如图 3.11 所示的草图轮廓，选择特征【拉伸凸台/基体】命令，向上拉伸高度为 35mm。

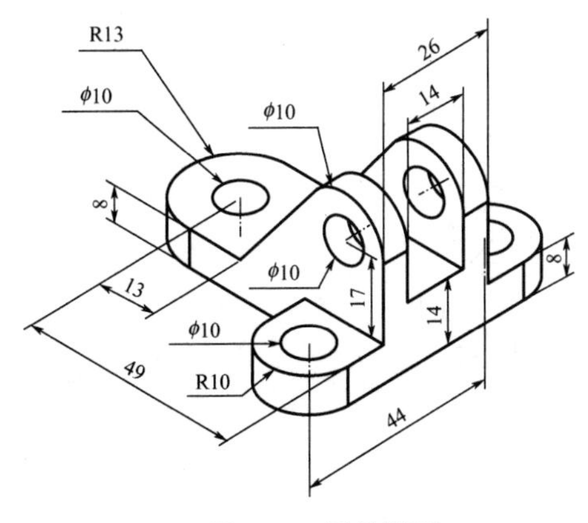

图 3.10　零件模型

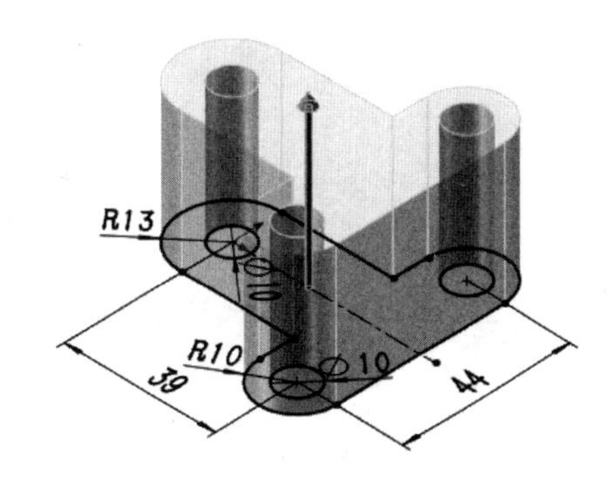

图 3.11　绘制草图轮廓

(2) 选取实体模型右端面绘制如图 3.12 所示的草图轮廓，选择特征【拉伸切除】命令，设置终止条件为【完全贯穿】。

(3) 选择前视基准面，绘制如图 3.13 所示的草图轮廓，选择特征【拉伸切除】命令，设置终止条件为【完全贯穿-两者】。

完成建模后按住鼠标滚轮并拖动鼠标查看零件(图 3.14)。

注意：步骤(2)与(3)中绘制的草图外轮廓要超出模型除料部分。

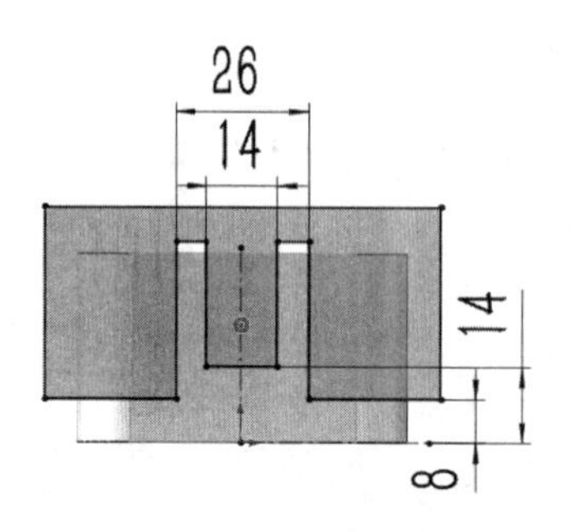

图 3.12　绘制拉伸草图轮廓 1

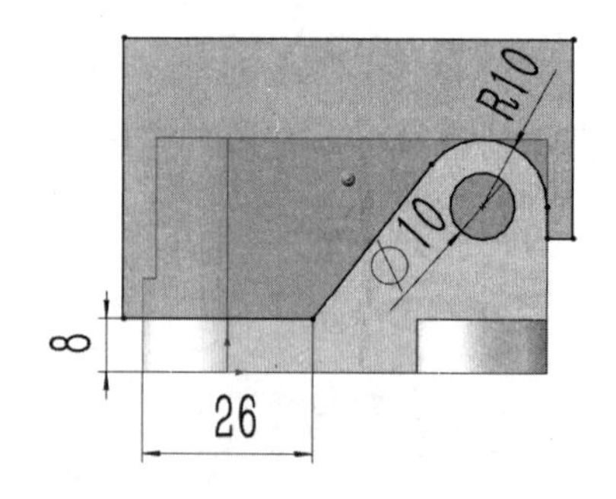

图 3.13　绘制拉伸草图轮廓 2

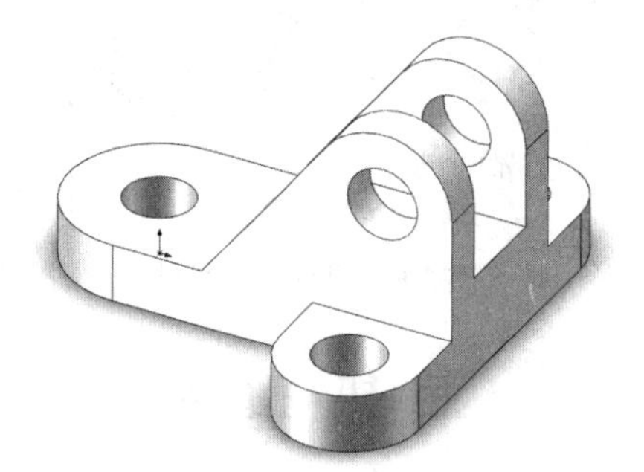

图 3.14　完成的零件

上机指导 2

建立如图 3.15 所示的模型。

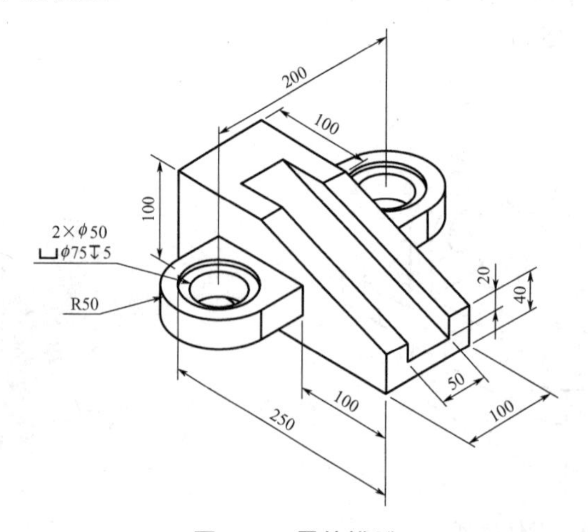

图 3.15　零件模型

(1) 选择上视基准面，绘制如图 3.16 的草图轮廓，选择特征【拉伸凸台/基体】命令，向上拉伸高度为 30mm。

(2) 选取实体模型上端面绘制两个ϕ70 的同心圆，如图 3.17 所示，选择特征【拉伸切除】命令，向下拉伸高度为 5mm。

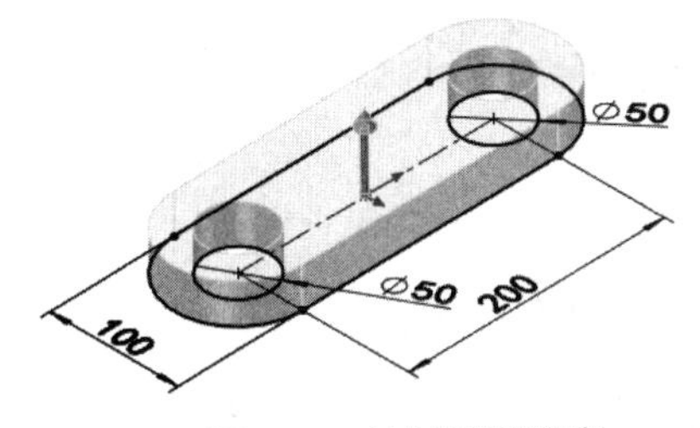

图 3.16　绘制草图轮廓

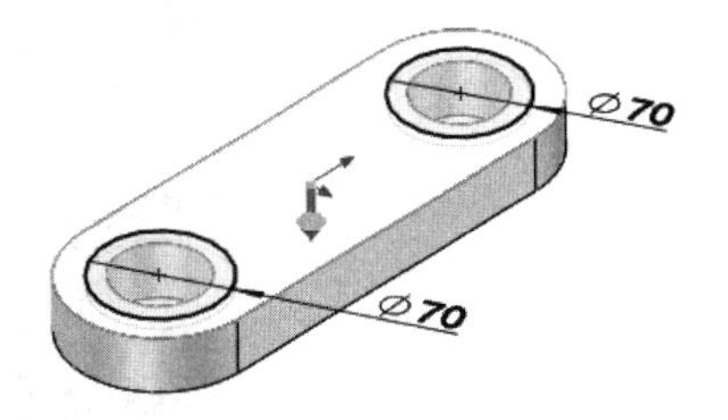

图 3.17　绘制同心圆

(3) 选择前视基准面，绘制如图 3.18(a)所示的草图轮廓，选择特征【拉伸凸台/基体】命令，设置拉伸终止条件为【两侧对称】，拉伸高度为 100mm，如图 3.18(b)所示。

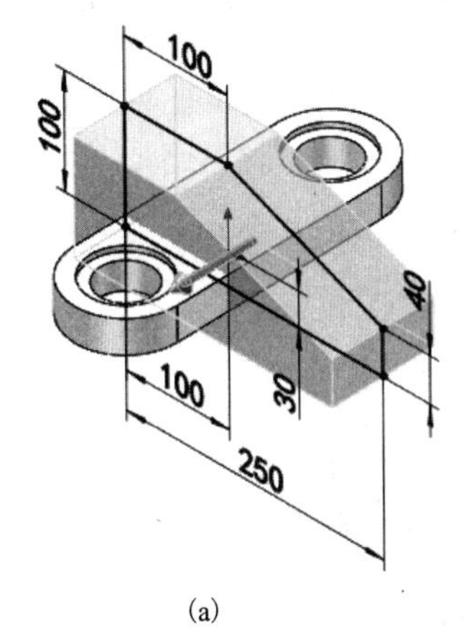

(a)

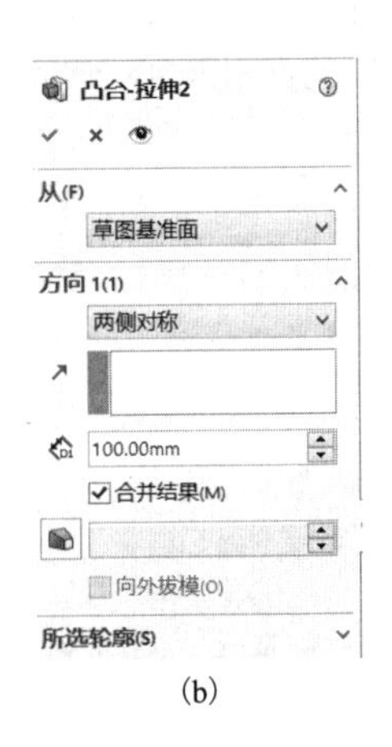

(b)

图 3.18　两侧对称拉伸

(4) 选取实体模型右端面，绘制如图 3.19(a)所示的草图轮廓，选择特征【拉伸切除】命令，设置拉伸终止条件为【完全贯穿】，并选择斜面边线【边线<1>】作为拉伸方向，如图 3.19(b)所示。

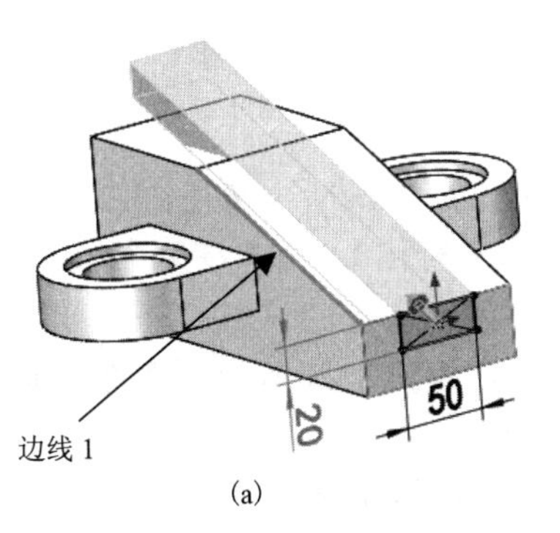

(a)

从(F)
草图基准面
方向 1(1)
完全贯穿
边线<1>
反侧切除(F)
向外拔模(O)
方向 2(2)
所选轮廓(S)

(b)

图 3.19　完全贯穿拉伸

完成建模后按住鼠标滚轮并拖动鼠标查看零件(图 3.20)。

图 3.20　完成的零件

注意：草图中所隐藏的几何关系，步骤(1)中的中心线中点与原点重合，步骤(2)中的两圆与步骤(1)的两孔同心，步骤(4)中的矩形中心与原点重合。

上机指导 3

零件图如图 3.21 所示，建立其模型，并求出其表体积和面积。

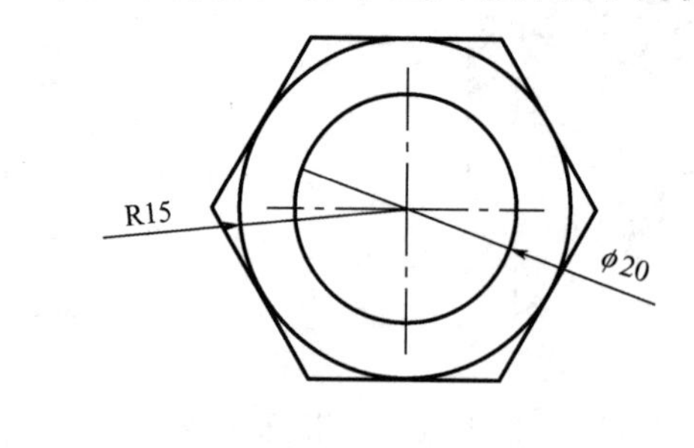

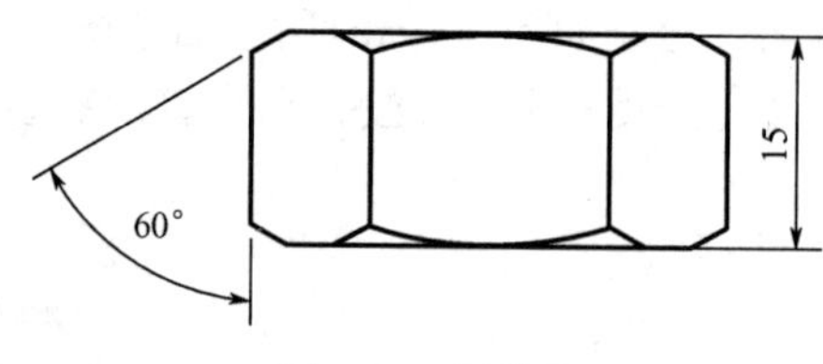

图 3.21　零件图

(1) 选择上视基准面，绘制内切圆为ϕ30 的正六边形，如图 3.22(a)所示，选择特征【拉伸凸台/基体】命令，设置终止条件为【两侧对称】，拉伸高度为 15mm，如图 3.22(b)所示。

(2) 选取实体模型上表面，绘制ϕ20 的圆，如图 3.23 所示，选择特征【拉伸切除】命令，设置终止条件为【完全贯穿】，拉伸方向向下。

(3) 重复选取模型上表面，绘制一同心并于边线相切的圆，如图 3.24(a)所示，设置拔模角度为 60°，选取反侧切除，如图 3.24(b)所示。

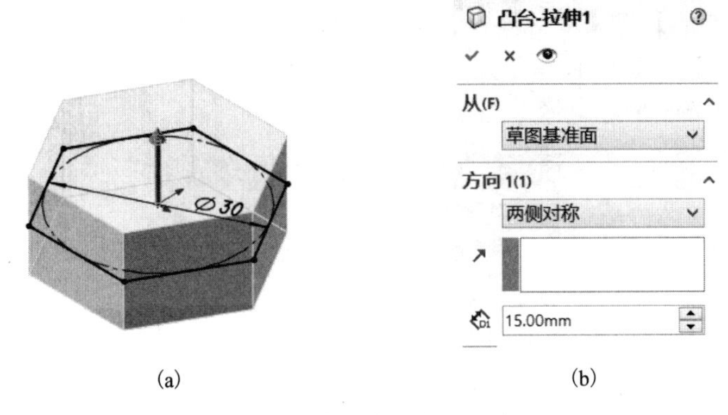

(a) (b)

图 3.22 两侧对称拉伸正六边形

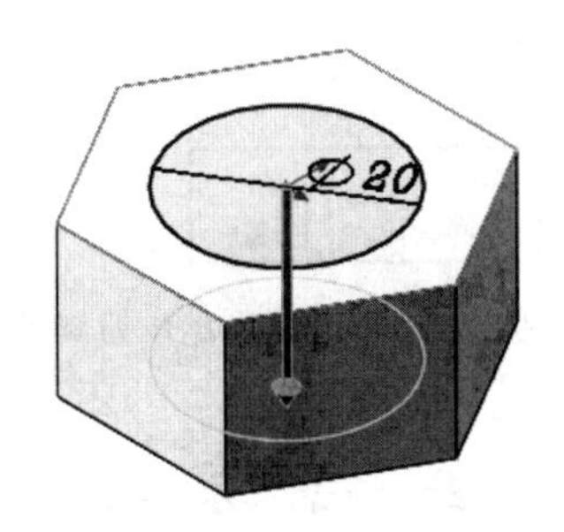

图 3.23 完全贯穿拉伸

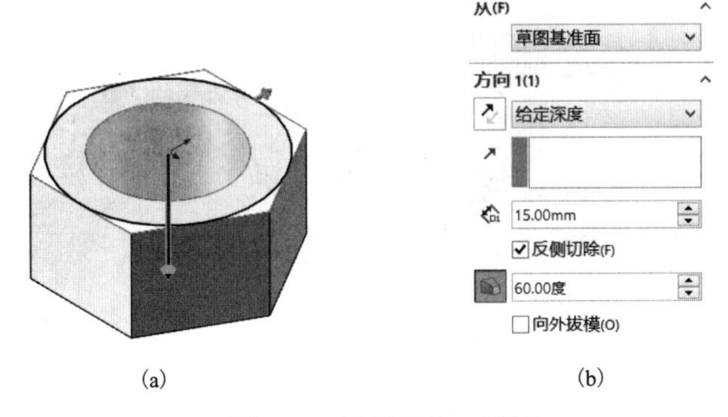

(a) (b)

图 3.24 拔模斜度 60°拉伸

(4) 选取模型下端面作为草图平面，重复步骤(3)的操作。完成建模后按住鼠标滚轮并拖动鼠标查看零件(图 3.25)。

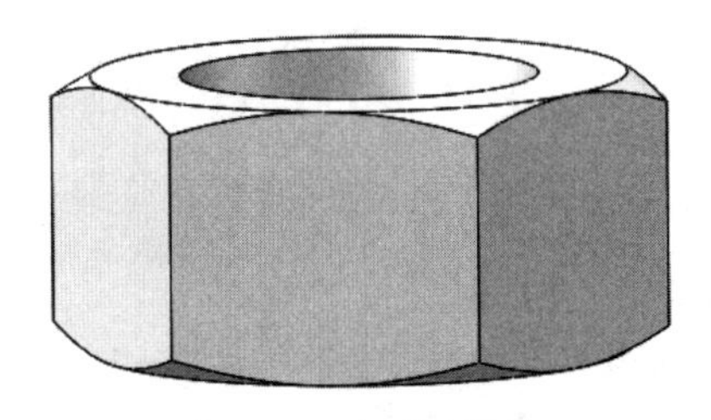

图 3.25 完成的零件

(5) 选择【评估】|【质量属性】命令，计算零件模型的质量属性，如图 3.26 所示。
体积=6920.347 立方毫米
表面积=3358.791 平方毫米

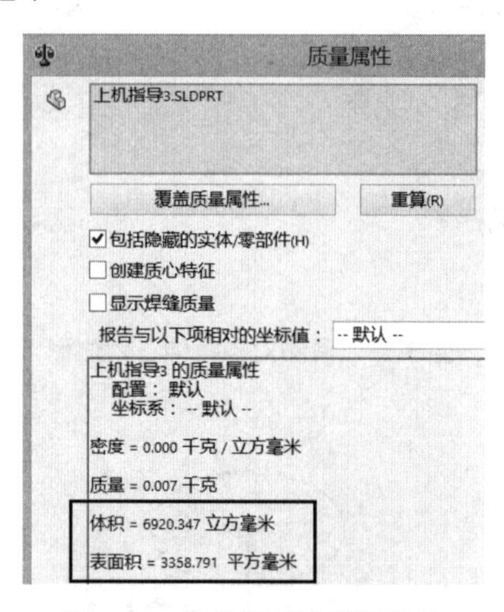

图 3.26　零件模型的质量属性

综 合 练 习

综合练习 1

建立一个如图 3.27 所示的模型。

【综合练习 1】

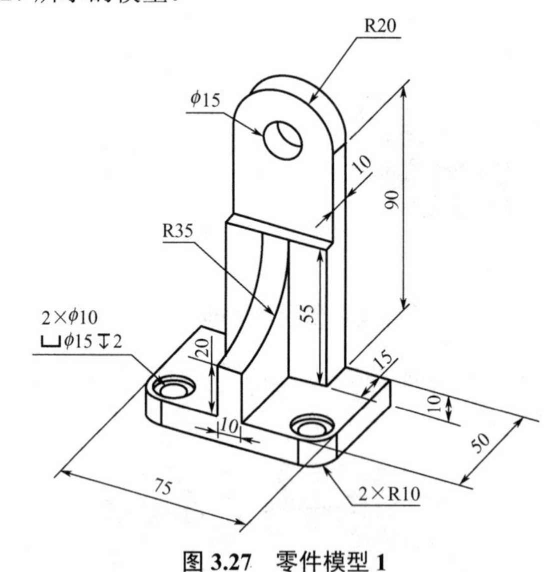

图 3.27　零件模型 1

建模完成后，零件的质量属性如下：
体积 =96252.21 立方毫米
表面积 =23133.63 平方毫米

综合练习 2

建立如图 3.28 所示的模型，材料为 1060 铝合金，并求出其质量(0.01 克)、体积(0.01 立方毫米)和表面积(0.01 平方毫米)。

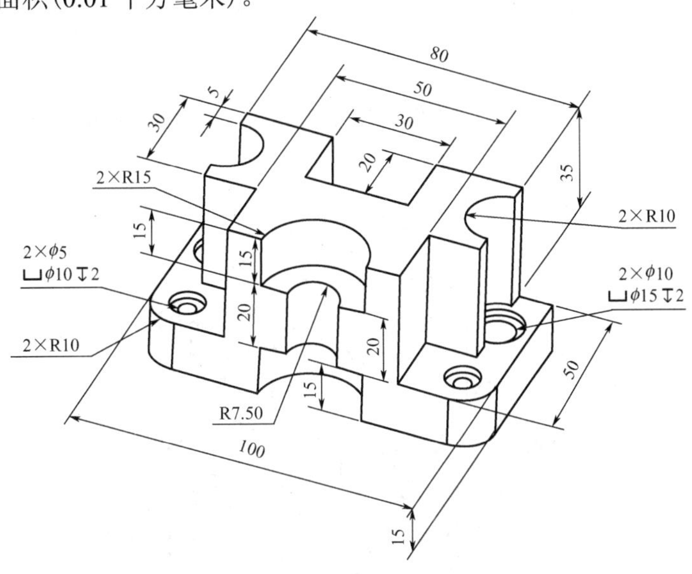

图 3.28　零件模型 2

零件的质量属性如下：

质量 ＝368.33 克

体积 ＝136417.04 立方毫米

表面积 ＝26639.44 平方毫米

综合练习 3

建立如图 3.29 所示的模型，给定材料为普通碳钢，并求出其质量(0.01 克)、体积(0.01 立方毫米)和表面积(0.01 平方毫米)。

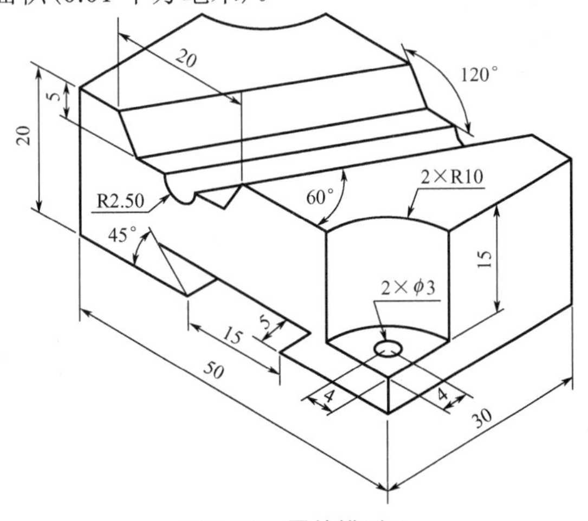

图 3.29　零件模型 3

零件的质量属性如下：
质量 = 169.35 克
体积 = 21711.61 立方毫米
表面积 = 6788.97 平方毫米

综合练习 4

建立如图 3.30 所示的模型，设定材质为红铜，并求出其质量(0.01 克)、体积(0.01 立方毫米)和表面积(0.01 平方毫米)。

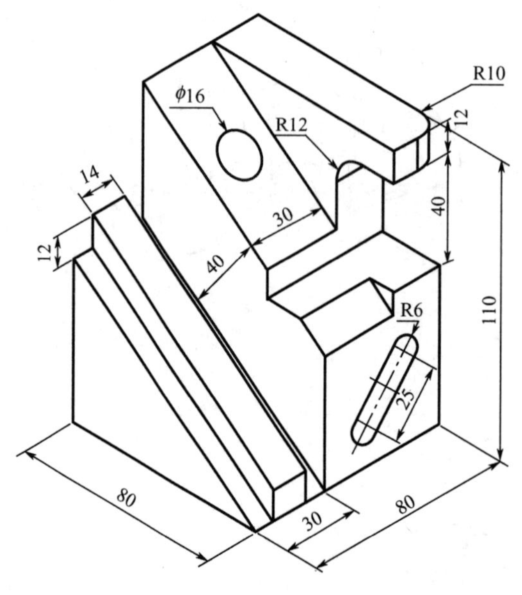

图 3.30 零件模型 4

零件的质量属性如下：
质量 = 3464.00 克
体积 = 389213.47 立方毫米
表面积 = 51891.79 平方毫米

第 4 章 参考几何体及评估

4.1　参考几何体的概念

使用参考几何体是为了绘制平面（2D）草图或立体（3D）草图，而利用现有作图环境中的条件，生成的各种基准面、基准轴、坐标系、点等。借助参考几何体可以生成复杂的立体零件。

参考几何体主要包括基准面、基准轴、坐标系、点四类，还包括活动剖切面、质心、配合参考、网格系统等。选择【特征】|【参考几何体】或选择【插入】|【参考几何体】命令，均可打开【参考几何体】。

4.1.1　基准面的主要类型

选择【参考几何体】|【基准面】命令，弹出【基准面】属性管理器，如图 4.1 所示，通过选取参考点、线、面来确定基准面的位置。

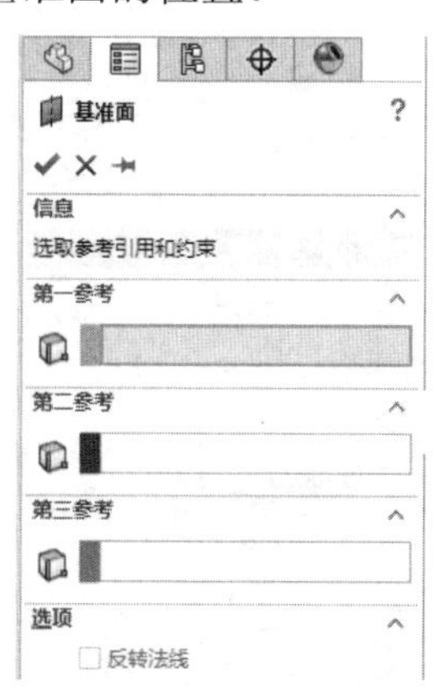

图 4.1　【基准面】属性管理器

(1) 通过【直线/点】命令创建基准面，利用一条直线和直线外一点或通过选择三个点创建基准面，如图 4.2 所示。

(2) 通过【点和平面】命令创建基准面，生成一个通过平行于基准面并过指定一点的基准面，如图 4.3 所示。

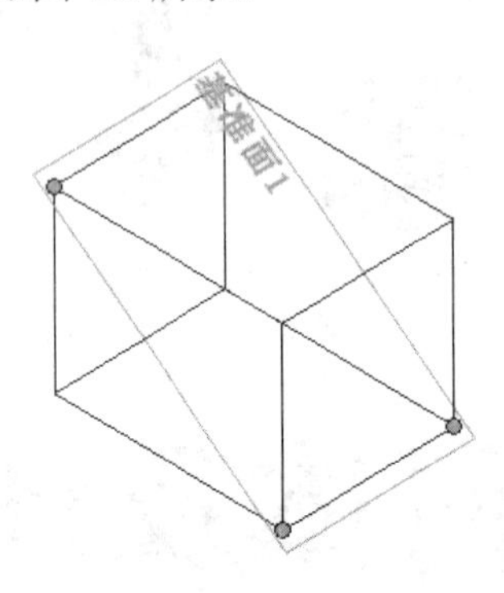

图 4.2　利用【直线/点】命令创建基准面

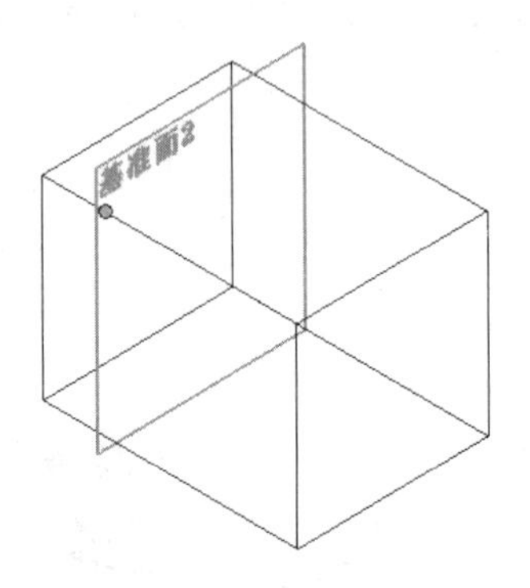

图 4.3　利用【点和平面】命令创建基准面

(3) 通过【两面夹角】命令创建基准面，利用一条边线、轴线或草图线，并与一个面成一定角度生成基准面，如图 4.4 所示。

(4) 通过【等距距离】命令创建基准面，生成平行于一个面，并与其指定距离的基准面，如图 4.5 所示。

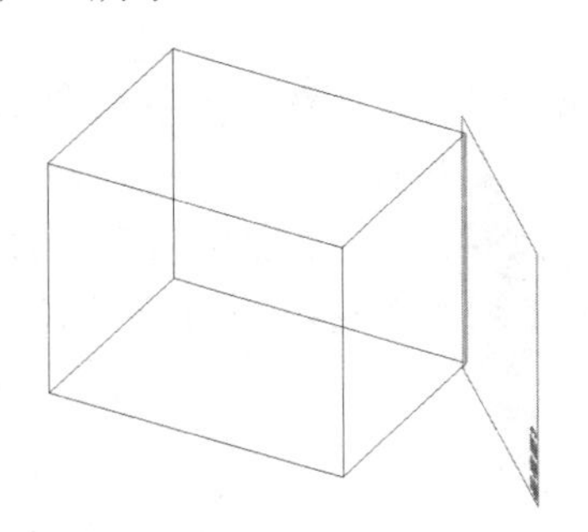

图 4.4　利用【两面夹角】命令创建基准面

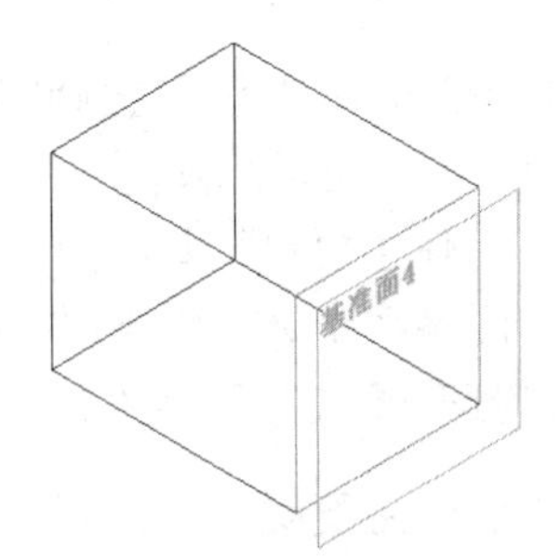

图 4.5　利用【等距距离】命令创建基准面

(5) 通过【垂直于曲线】命令创建基准面，生成通过一个点且垂直于一边线或曲线的基准面，如图 4.6 所示。

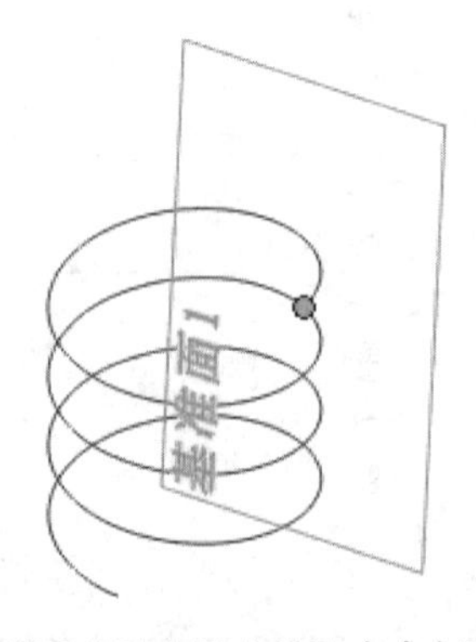

图 4.6　利用【垂直于曲线】命令创建基准面

4.1.2 基准轴的主要类型

选择【参考几何体】|【基准轴】命令，弹出【基准轴】属性管理器，如图4.7所示，通过选取参考点、线、面来确定基准轴的位置。

(1) 通过【一直线/边线/轴】命令创建基准轴，选择一直线或边线生成基准轴，如图4.8所示。

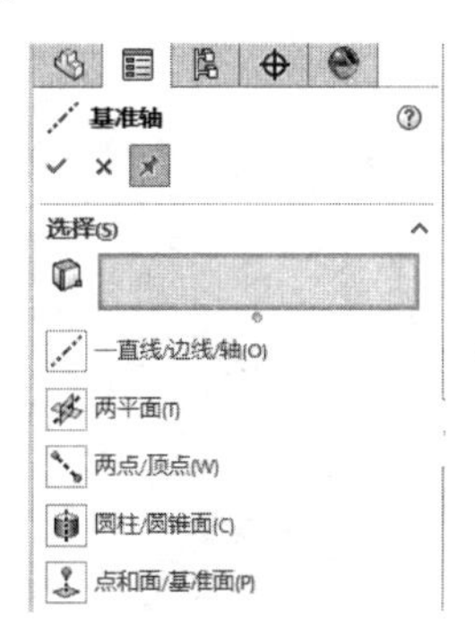

图4.7 【基准轴】属性管理器

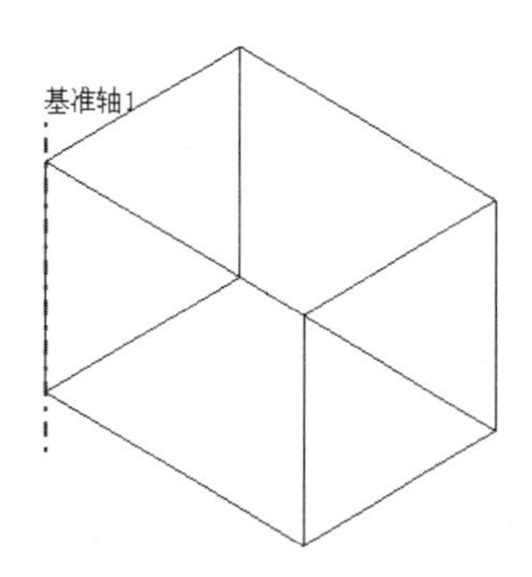

图4.8 利用【一直线/边线/轴】命令创建基准轴

(2) 通过【两平面】命令创建基准轴，选择两相交平面生成基准轴，如图4.9所示。

(3) 通过【圆柱/圆锥面】命令创建基准轴，选择圆柱面、圆锥面生成基准轴，如图4.10所示。

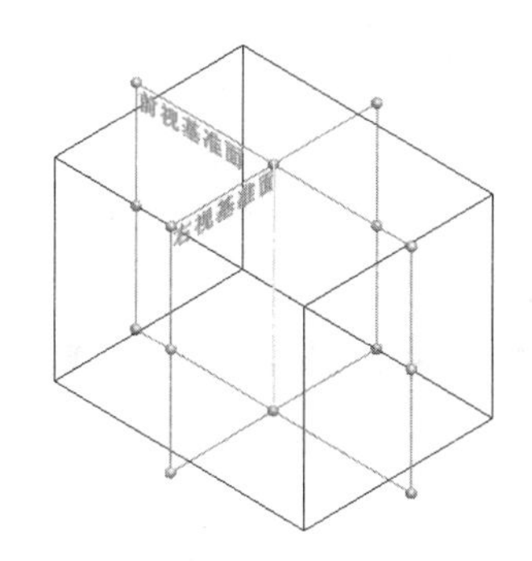

图4.9 利用【两平面】命令创建基准轴

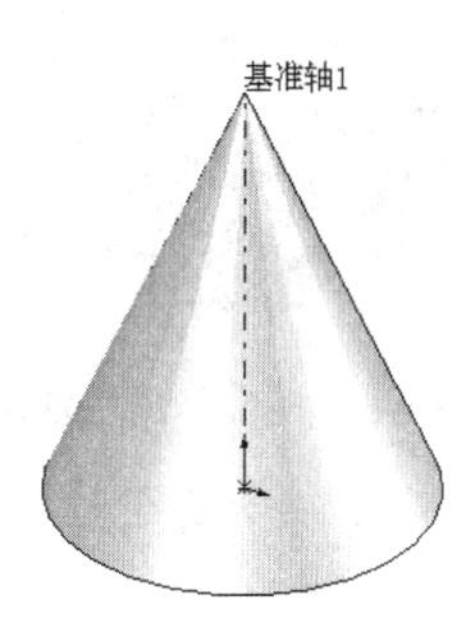

图4.10 利用【圆柱/圆锥面】命令创建基准轴

(4) 通过【点和面/基准面】命令创建基准轴，选择面与面外一点生成基准轴，如图4.11所示。

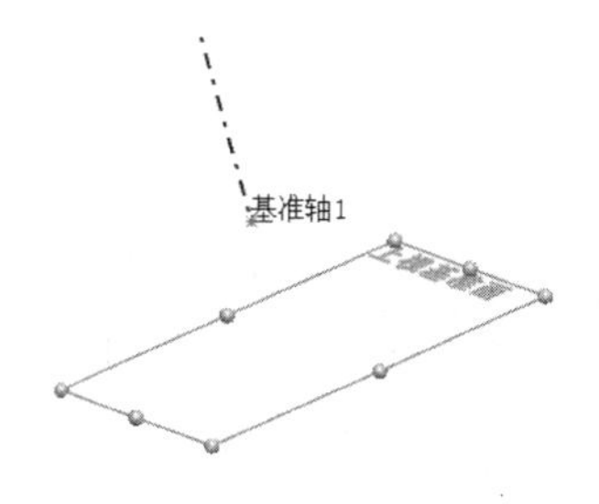

图4.11 利用【点和面/基准面】命令创建基准轴

4.1.3 点的主要类型

选择【参考几何体】|【基准点】命令，弹出【基准点】属性管理器，如图 4.12 所示。参考点主要用来空间定位，作为其他实体创建的参考元素。

(1) 通过【圆弧中心】命令创建基准点，选择圆弧生成基准点，如图 4.13 所示。

图 4.12 【基准点】属性管理器

图 4.13 利用【圆弧中心】命令创建基准点

(2) 通过【面中心】命令创建基准点，选择平面、球面等生成基准点，如图 4.14 所示。

(3) 通过【交叉点】命令创建基准点，选择两条相交的线生成基准点，如图 4.15 所示。

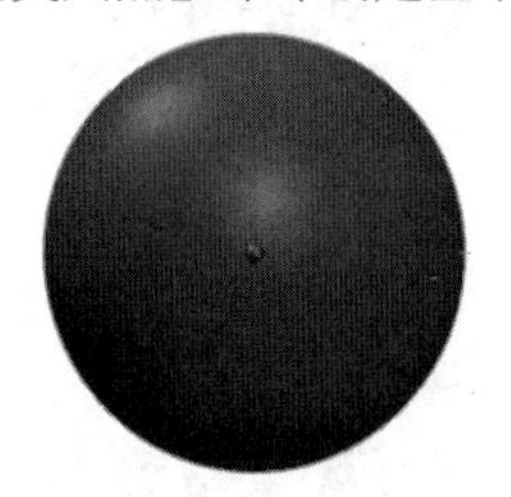

图 4.14 利用【面中心】命令创建基准点

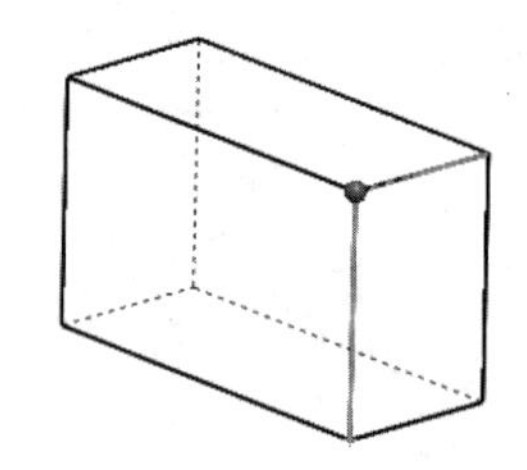

图 4.15 利用【交叉点】命令创建基准点

(4) 通过【投影】命令创建基准点，可将点、端点、顶点垂直投影到平面或非平面上，如图 4.16 所示。

(5) 通过【在点上】命令创建基准点，选择点、端点、顶点等生成基准点，如图 4.17 所示。

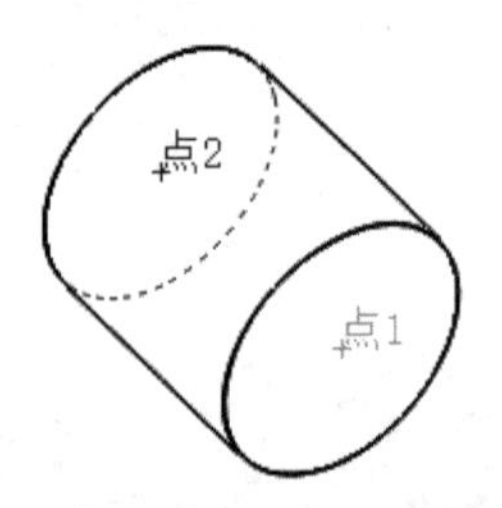

图 4.16 利用【投影】命令创建基准点

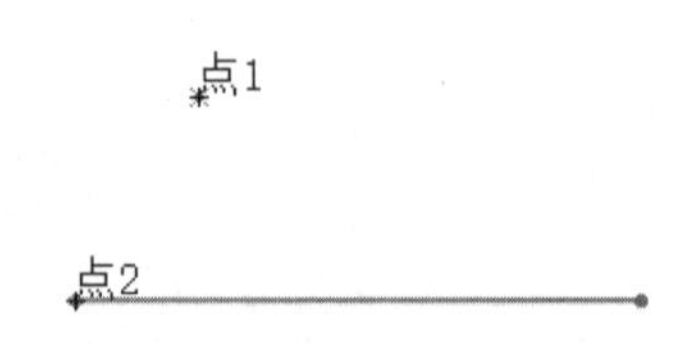

4.17 利用【在点上】命令创建基准点

4.1.4 坐标系的建立

选择【参考几何体】|【坐标系】命令，弹出【坐标系】属性管理器，如图 4.18 所示。

坐标系的建立必须有一个点作为原点，其可以是生成的基准点，也可是已存在的点，如实体的顶点。等轴线的参考方向可以是直线或平面，选择直线作为参考时，轴线与直线平行或共线，选择平面作为参考时，轴线垂直于平面。轴线的方向可以反转，当其中两个坐标轴的方向确定后，第三个坐标轴就固定了，如图4.19所示。

图 4.18 【坐标系】属性管理器

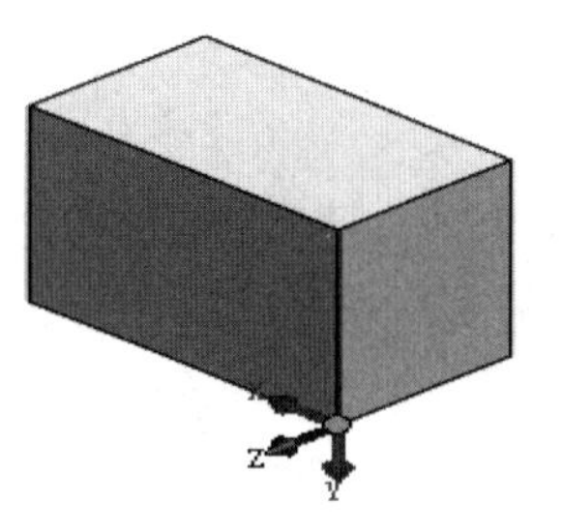

图 4.19 坐标系的建立

4.2 评 估

4.2.1 单位系统

使用 SolidWorks 绘制零件图时，必须选择单位系统，SolidWorks 默认的单位系统为MMGS(毫米、克、秒)。需要编辑文档单位时可在状态栏中选择 SolidWorks 提供的其他单位系统或自定义单位系统。可利用【工具】|【选项】|【文档属性】命令，选择或自定义单位系统。在文档属性面板内还能选择保留小数位数，如图4.20所示。

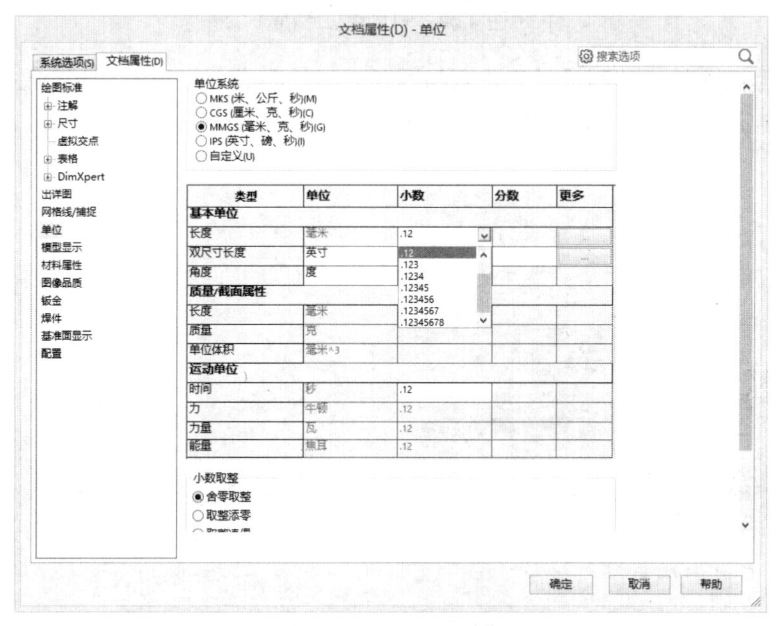

图 4.20 单位系统

4.2.2 测量

SolidWorks 的测量工具可对草图、零件、装配体、工程图进行测量。测量内容包括点、线、面的距离、长度、面积等。以第 3 章的零件支座为例，选择【评估】|【测量】命令，弹出的测量工具栏如图 4.21 所示。

图 4.21　测量工具栏

(1) 测量单位/精度：在此可选择初始文档属性，也可自定义单位和精度，设置小数位数为 4，如图 4.22 所示。

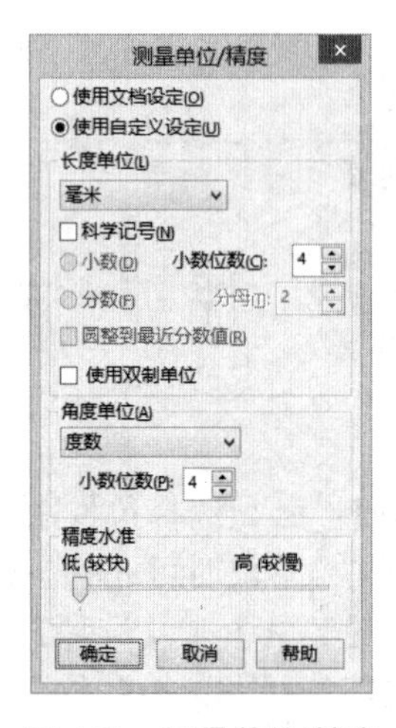

图 4.22　测量单位/精度

(2) 圆弧/圆测量：其测量类型是圆与圆弧之间的距离，包括中心到中心、最大距离、最小距离、自定义距离四种，如图 4.23 所示。

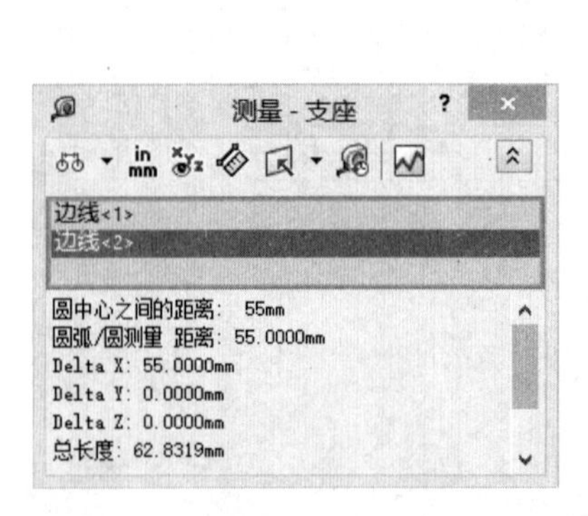

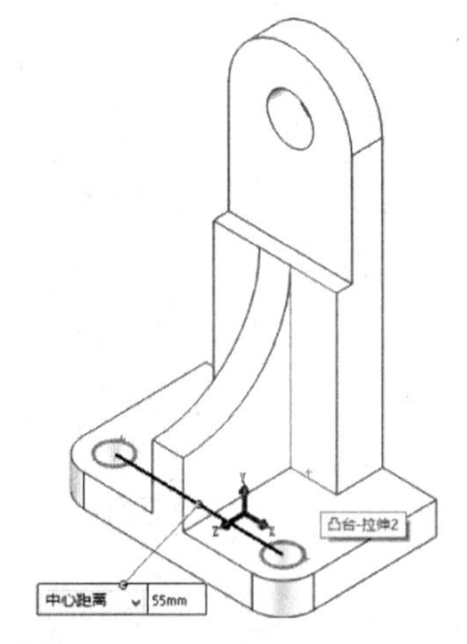

图 4.23　圆弧/圆测量

(3) 显示 XYZ 测量：其测量类型是实体之间的 dX、dY、dZ 的距离。选择时将会自动显示其实测距离，如图 4.24 所示。

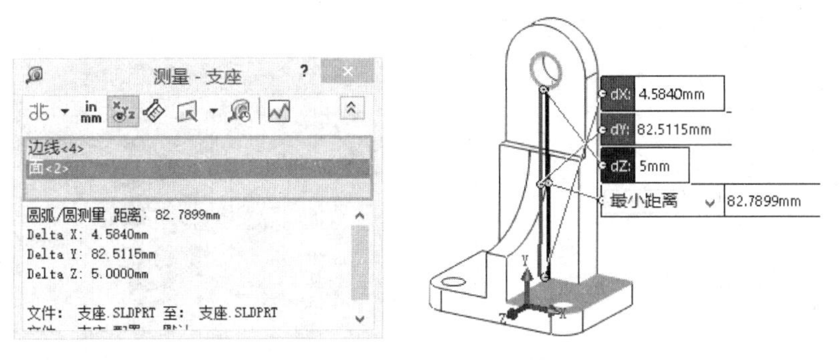

图 4.24 显示 XYZ 测量

4.2.3 质量属性

质量属性的测量都是在指定材质的基础上进行的，在没有指定材质的情况下，系统会选择默认材质来提供质量属性。指定材料时选择设计树中【材质〈未指定〉】选项，右击选择【编辑材料】选项，弹出【材料】编辑窗口，在此可选择或自定义材料。以零件支座为例，选择材料【1023 碳钢板(SS)】，如图 4.25 所示。

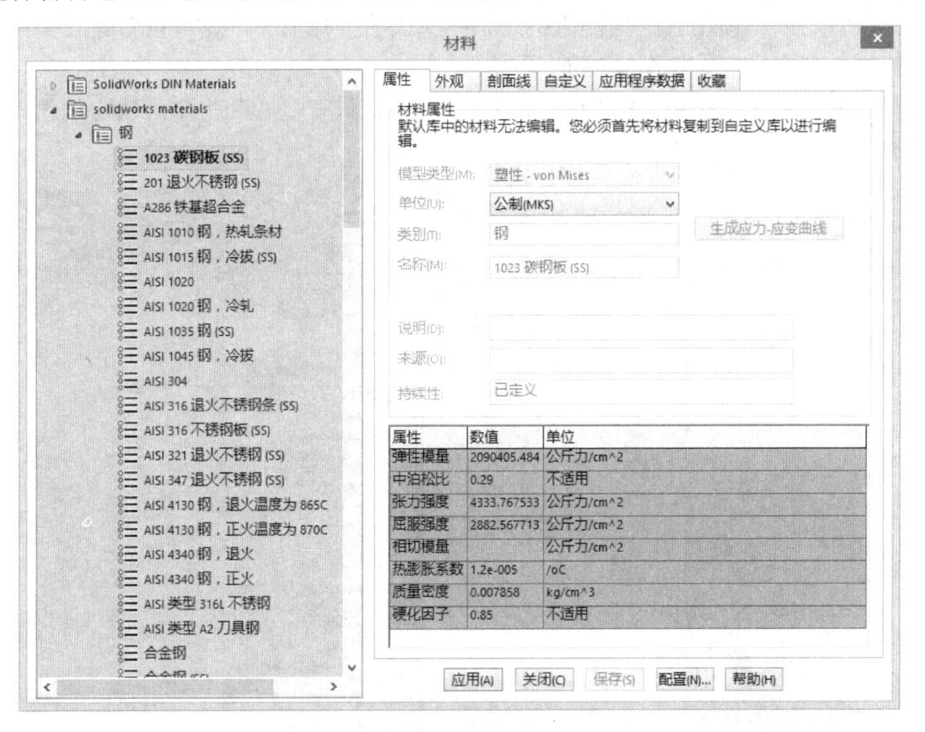

图 4.25 【材料】编辑窗口

指定材质后，选择【评估】|【质量属性】命令，弹出【质量属性】对话框，其内容包括密度、质量、体积、表面积、重心等，如图 4.26 所示。

(1) 选项：单击【选项】按钮，弹出【质量/剖面属性选项】对话框，与【测量】中【测量单位/精度】类似，可自定义单位和精度等，如图 4.27 所示。

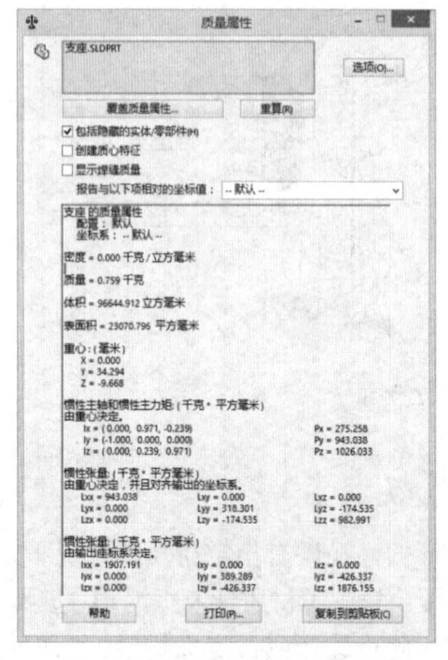

图 4.26 【质量属性】对话框

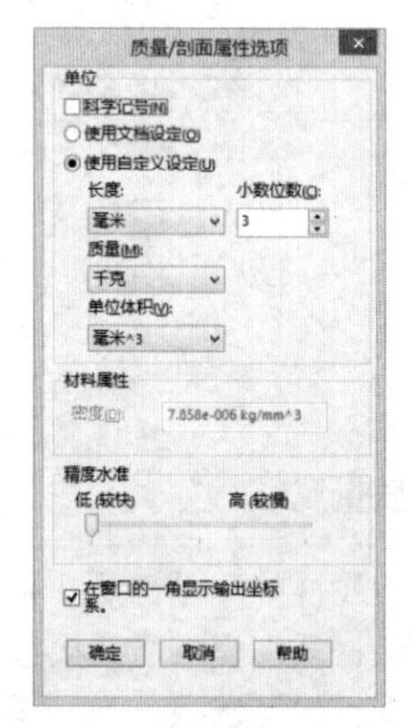

图 4.27 质量/剖面属性选项

(2) 报告与以下项相对的坐标值：除系统默认的坐标值外，还可重新建立坐标系作为输出坐标系，建立坐标系如图 4.28 所示。

选择坐标系为【坐标系 1】，得到新的质量属性，只有重心和由重心决定的值改变，如图 4.29 所示。

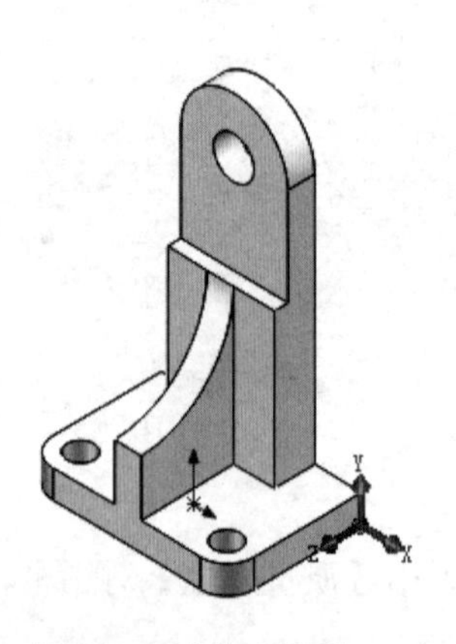

图 4.28 建立坐标系

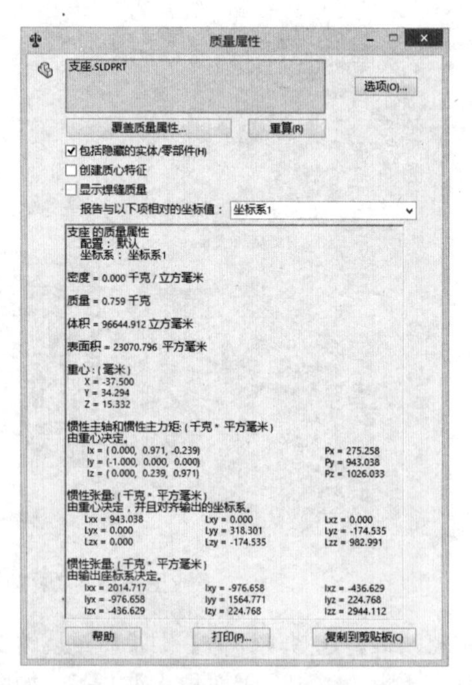

图 4.29 选择坐标系得到新的质量属性

上 机 指 导

上机指导 1

建立如图 4.30 所示的模型，设置文档属性，识别正确的草图平面，应用正确的草图与特征工具。根据提供的信息计算零件的质量、体积、表面积和重心的位置。

材料：1023 碳钢板(SS)

单位：MMGS

(1) 选择上视基准面，选择【草图绘制】命令，绘制草图，如图 4.31 所示。

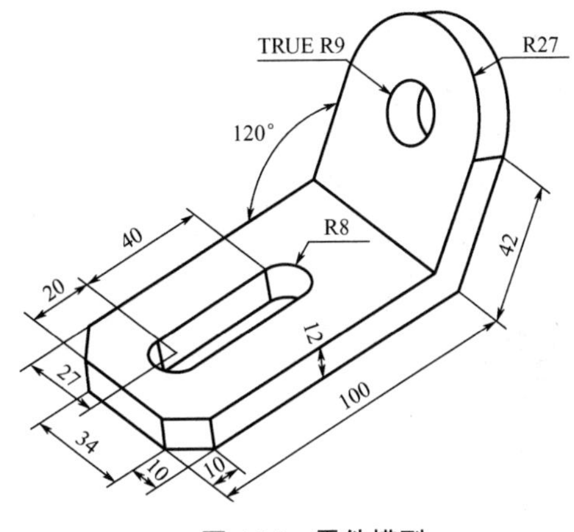

图 4.30 零件模型

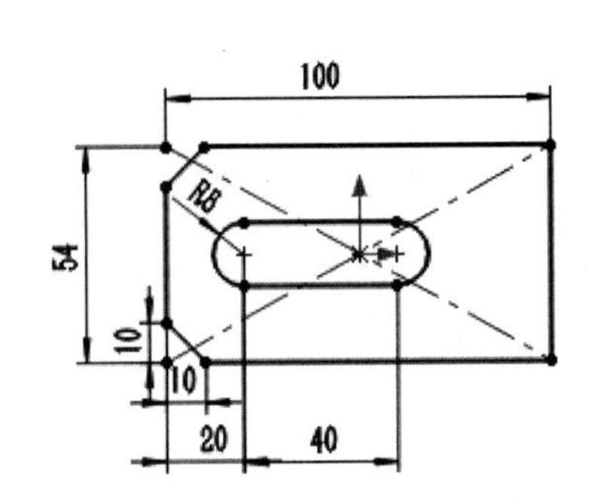

图 4.31 在上视基准面绘制草图

(2) 退出草图，选择【拉伸凸台 | 基体】命令，拉伸距离为 12mm，完成凸台造型，如图 4.32 所示。

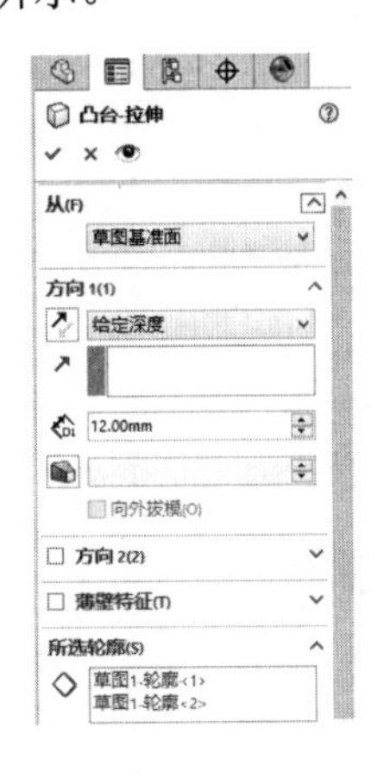

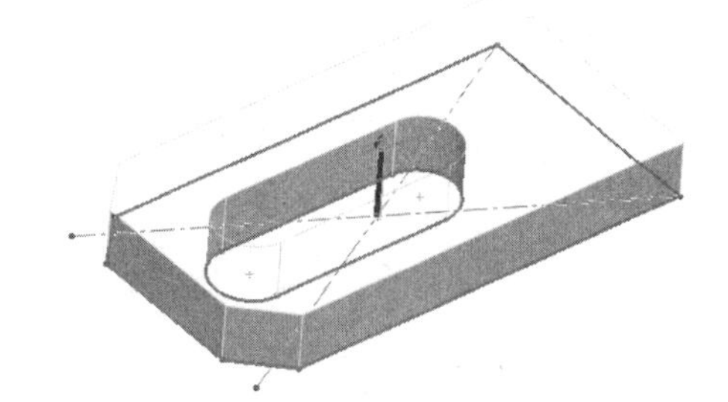

图 4.32 拉伸凸台 1

(3) 选择【参考几何体】 | 【基准面】命令，生成基准面 1，基准面 1 与上视基准面的夹角为 60°，且与上视基准面相交于草图 1 的一条边，如图 4.33 所示。

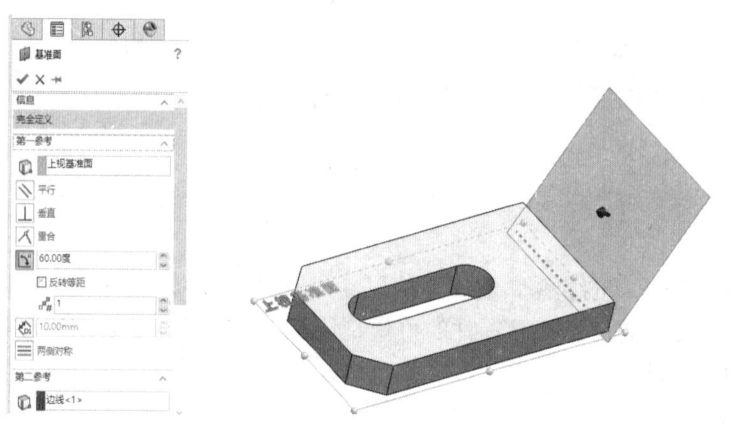

图 4.33　创建基准面 1

（4）选择基准面 1，选择【草图绘制】命令，绘制草图，如图 4.34 所示。

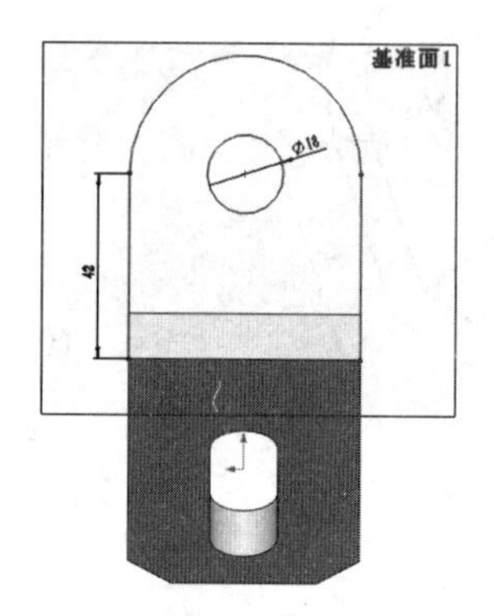

图 4.34　在基准面 1 绘制草图

（5）退出草图，选择【拉伸凸台 | 基体】命令，拉伸距离为 12mm，完成凸台造型，如图 4.35 所示。

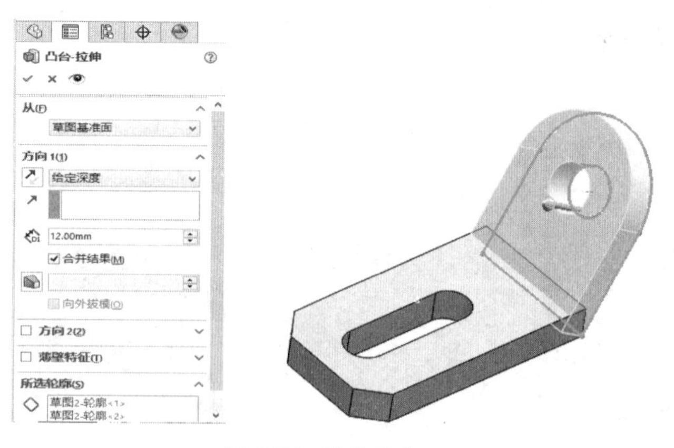

图 4.35　拉伸凸台 2

（6）选择【特征】|【参考几何体】|【基准点】命令，新建基准点 1，其是顶点 1 在基准面 1 上的投影，如图 4.36 所示。

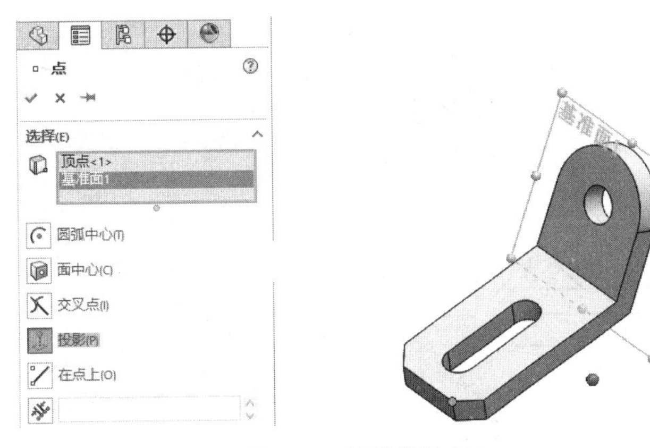

图 4.36 创建基准点 1

(7) 选择【特征】|【参考几何体】|【坐标系】命令，在基准点 1 上建立坐标系 1，使 X 轴正方向垂直于上视基准面向上，如图 4.37 所示。

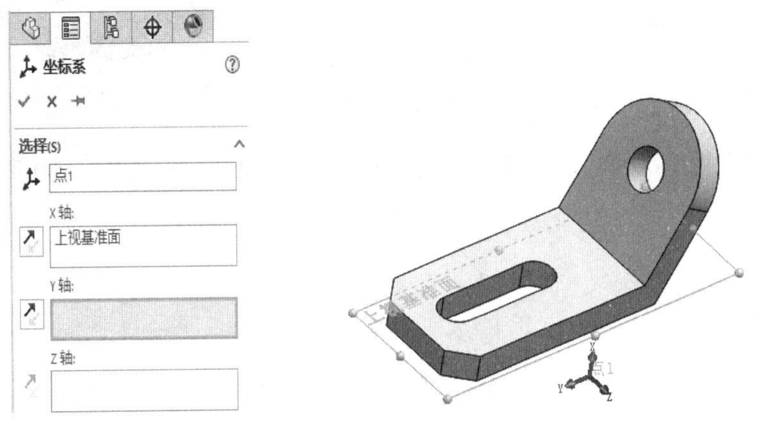

图 4.37 创建坐标系 1

(8) 在【设计树】|【材质】中右击，选择【编辑材料】选项，选择【1023 碳钢板（SS)】，选择【评估】|【质量属性】命令，选择【坐标系 1】，得到参数如下。

上机指导 1 零件的质量属性(配置：默认；坐标系：坐标系 1)：

密度 = 0.01 克/立方毫米

质量 = 683.03 克

体积 = 86921.48 立方毫米

表面积 = 21495.69 平方毫米

重心：(毫米) X = 50.68 Y = 4.45 Z = –17.00

上机指导 2

建立如图 4.38 所示的模型，设置文档属性，识别正确的草图平面，应用正确的草图与特征工具。根据提供的信息计算零件的质量、体积、表面积和重心的位置。

材料：普通碳钢

单位：MMGS

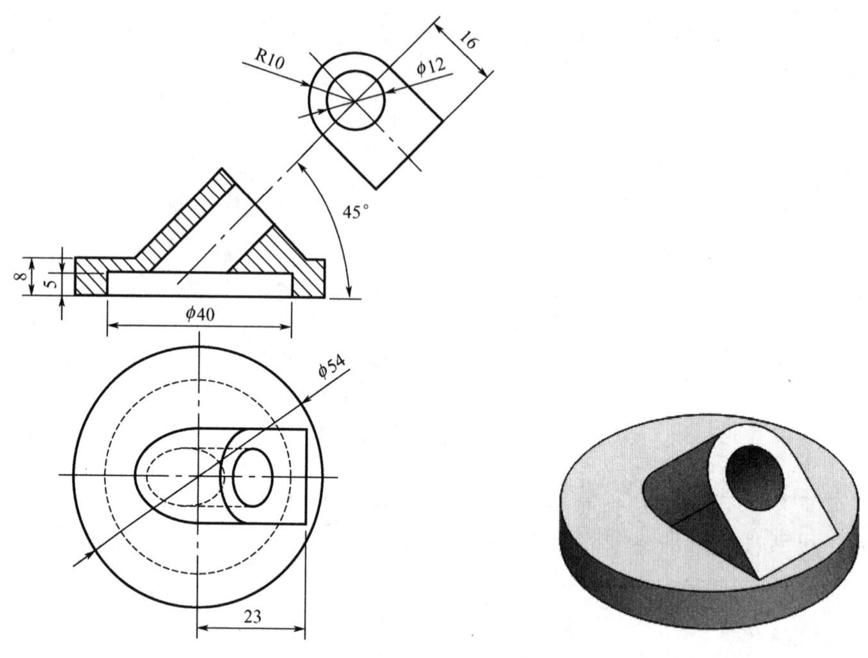

图 4.38　零件图

（1）选择上视基准面，选择【草图绘制】命令，绘制草图，如图 4.39 所示。

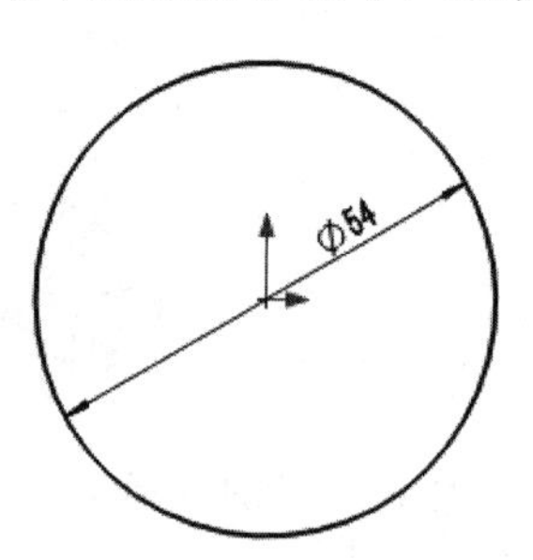

图 4.39　在上视基准面绘制草图

（2）选择【特征】|【拉伸凸台/基体】命令，设置拉伸距离为 8mm，如图 4.40 所示。

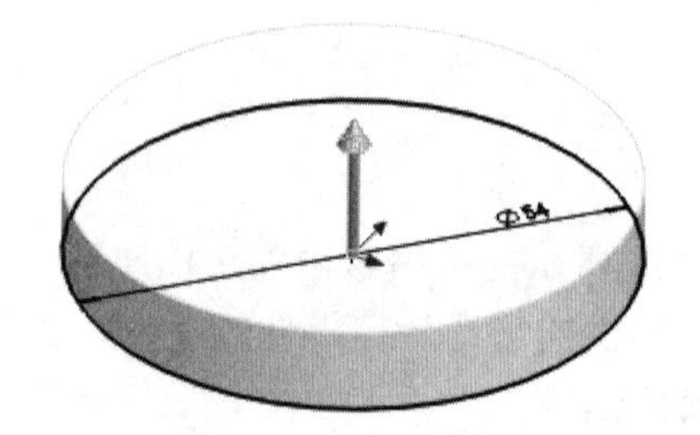

图 4.40　拉伸凸台

(3) 选择圆柱的上表面，选择【草图绘制】命令，绘制一条构造线竖直且与原点相距23mm，如图 4.41 所示。

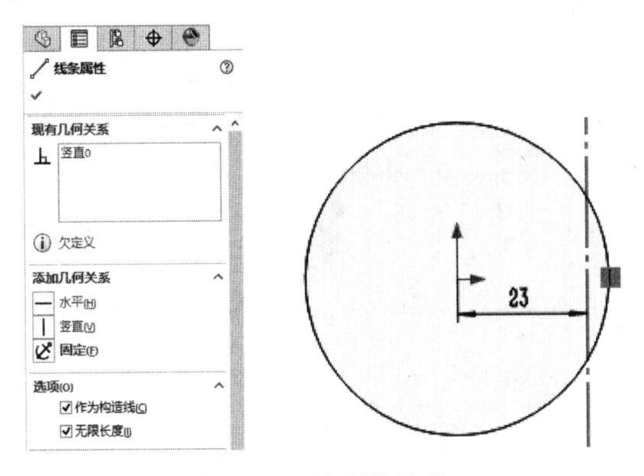

图 4.41 绘制构造线

(4) 选择【特征】|【参考几何体】|【基准面】命令，绘制基准面 1，其与上视基准面夹角为 135° 且经过构造线 1，如图 4.42 所示。

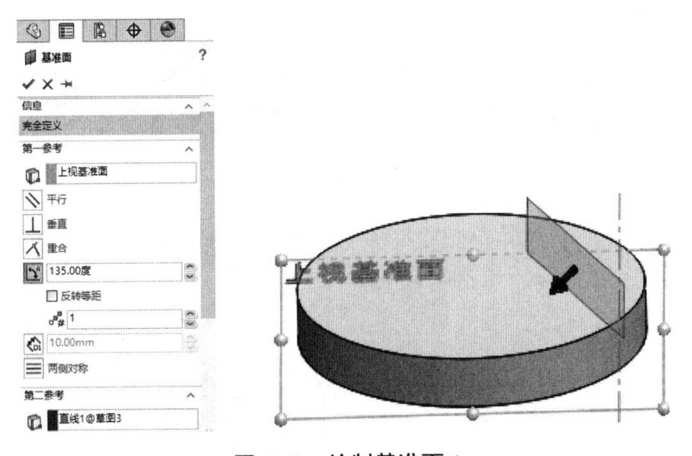

图 4.42 绘制基准面 1

(5) 选择基准面 1，选择【草图绘制】命令，绘制草图，如图 4.43 所示。

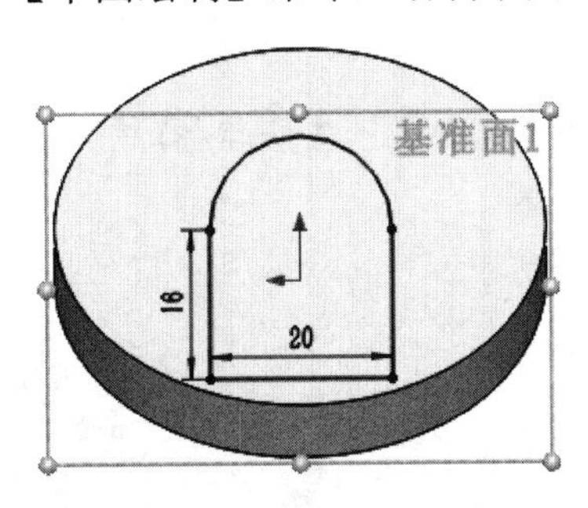

图 4.43 在基准面 1 绘制草图

(6) 选择【特征】|【拉伸凸台/基体】命令，选择方向为【成形到一面】，使凸台成形到圆柱的上表面，如图 4.44 所示。

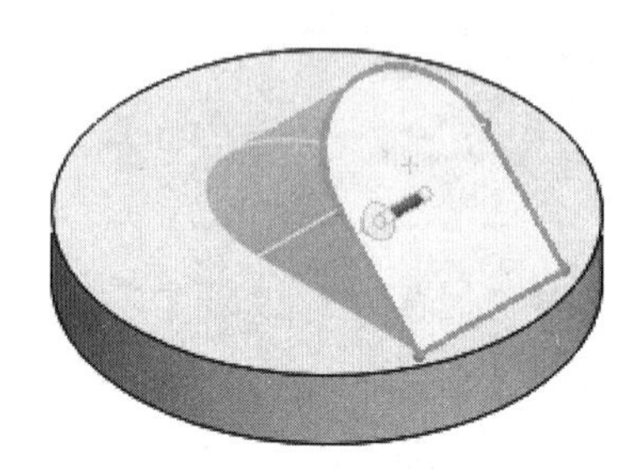

图 4.44　拉伸凸台到圆柱的上表面

(7) 选择圆柱底面，选择【草图绘制】命令，绘制ϕ40 的圆，并选择【拉伸切除】命令，设置切除深度为 5mm，如图 4.45 所示。

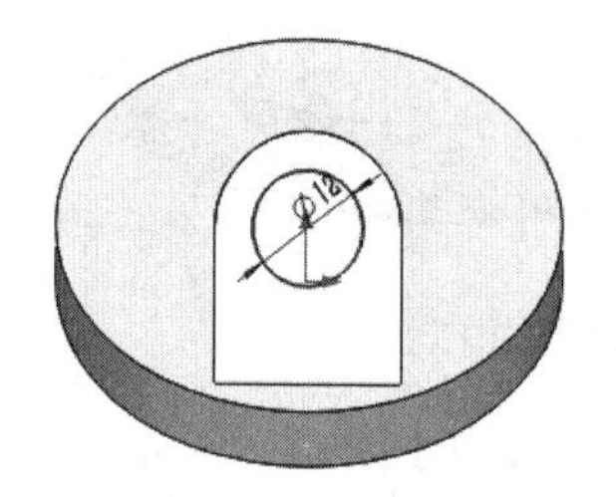

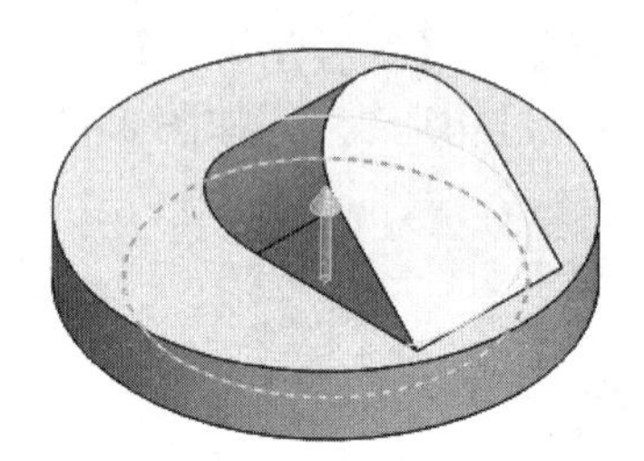

图 4.45　拉伸切除 1

(8) 选择基准面 1，选择【草图绘制】命令，绘制ϕ12 的圆，并选择【拉伸切除】命令，设置深度为【完全贯穿】，如图 4.46 所示。

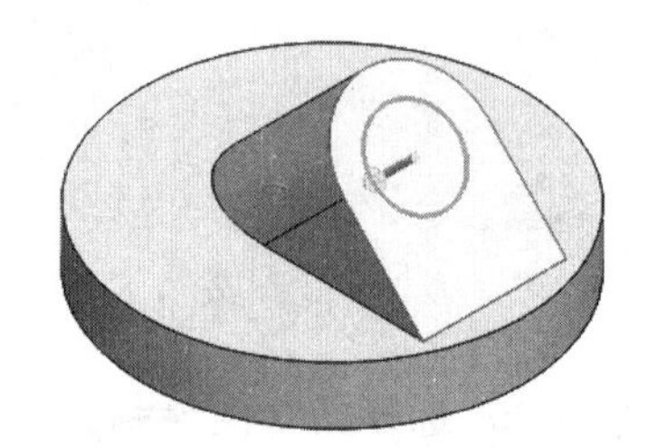

图 4.46　拉伸切除 2

(9) 选择【特征】|【参考几何体】|【基准点】命令，新建基准点 1，如图 4.47 所示。

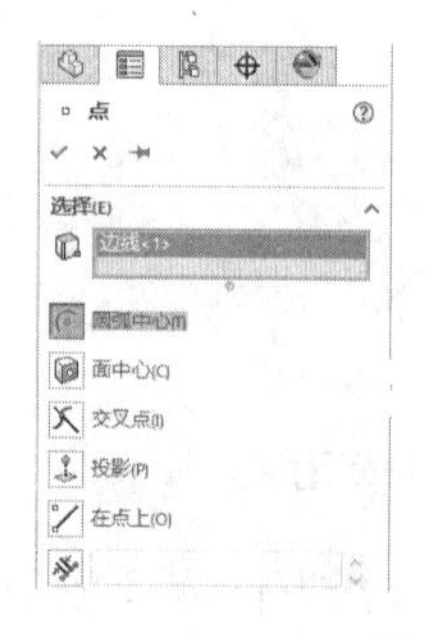

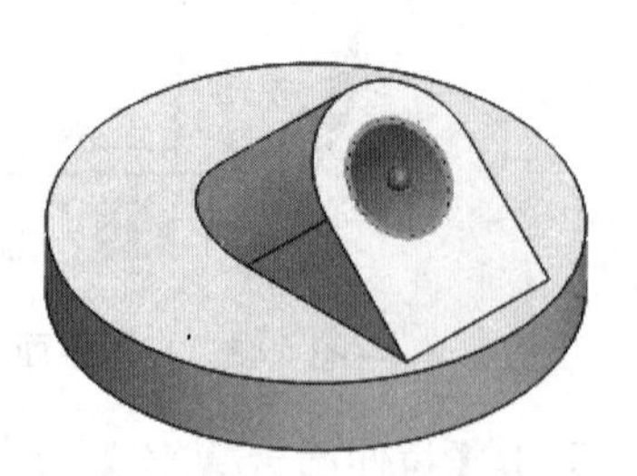

图 4.47　创建基准点 1

(10) 选择【特征】|【参考几何体】|【坐标系】命令，在基准点1上建立坐标系1，使X轴垂直于前视基准面，如图4.48所示。

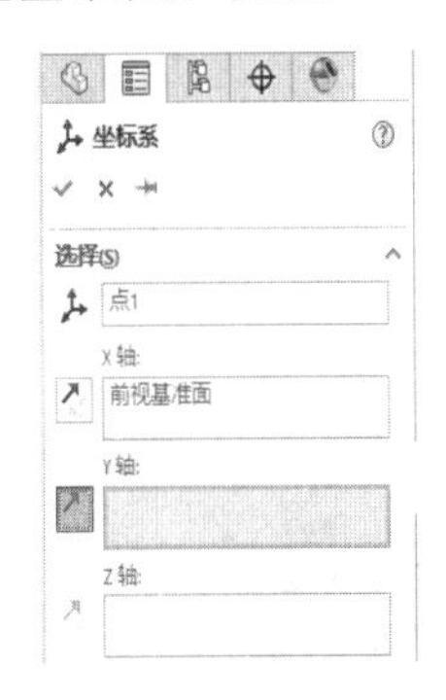

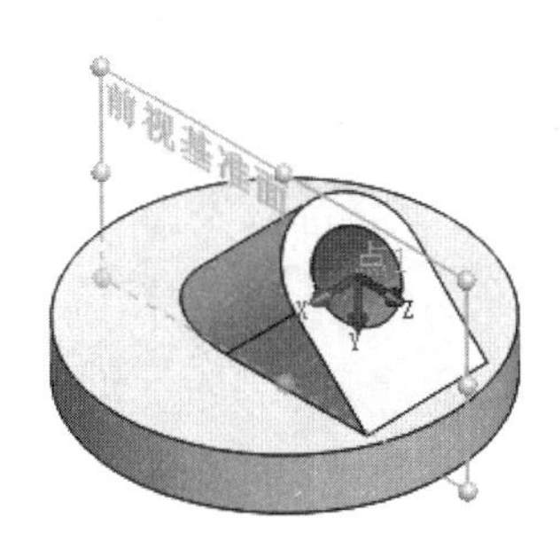

图4.48 创建坐标系1

(11) 在【设计树】|【材质】中右击，选择【编辑材料】选项，选择【普通碳钢】，选择【评估】|【质量属性】命令，选择【坐标系1】，得到参数如下。

上机指导2零件的质量属性（配置：默认；坐标系：坐标系1）：

密度 =0.01克/立方毫米

质量 =120.81克

体积 =15488.97立方毫米

表面积 =7816.91平方毫米

重心：（毫米） X=0.00 Y=12.33 Z=−10.12

上机指导3

建立如图4.49所示的模型，设置文档属性，识别正确的草图平面，应用正确的草图与特征工具。根据提供的信息计算零件的质量、体积、表面积和重心的位置。

材料：1023碳钢板(SS)

单位：MMGS

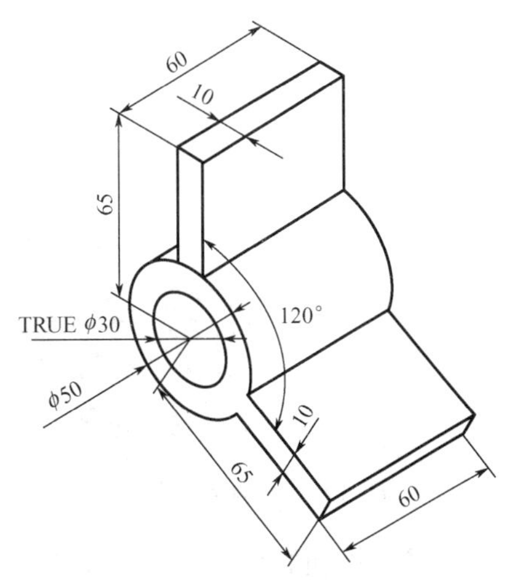

图4.49 零件模型

(1) 选择前视基准面，选择【草图绘制】命令，绘制ϕ50 和ϕ30 的同心圆。

(2) 退出草图，选择【拉伸凸台 | 基体】命令，拉伸距离为 60mm，完成圆筒造型，如图 4.50 所示。

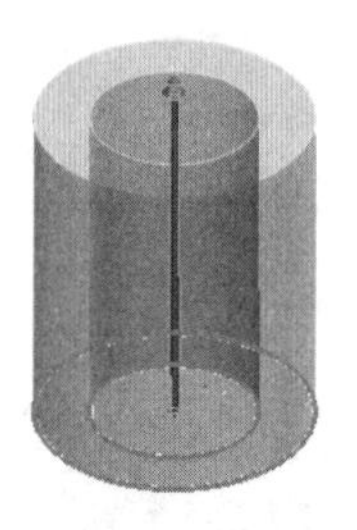

图 4.50　圆筒造型

(3) 选择【参考几何体】|【基准轴】命令，生成基准轴 1，如图 4.51 所示。

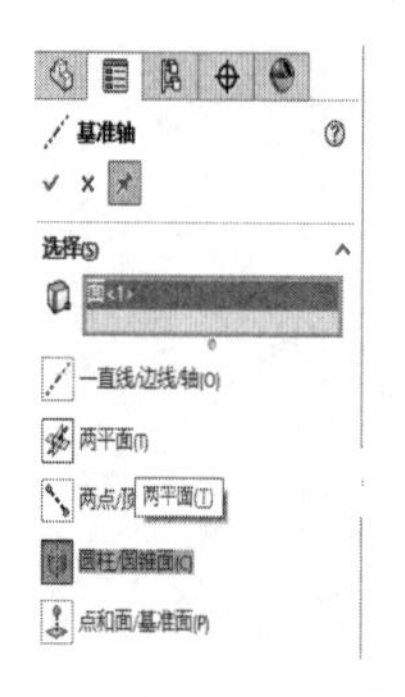

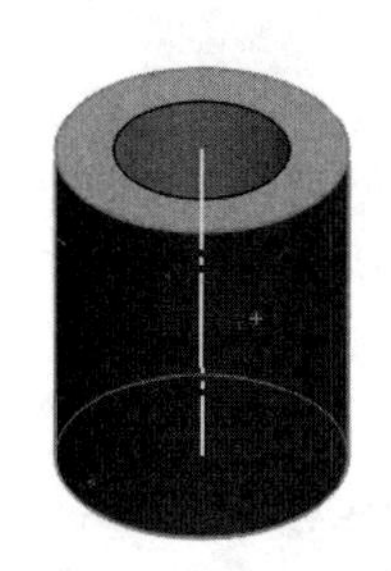

图 4.51　创建基准轴 1

(4) 选择【参考几何体】|【基准面】命令，生成基准面 1，基准面 1 与右视基准面成 120°，与基准轴 1 重合，如图 4.52 所示。

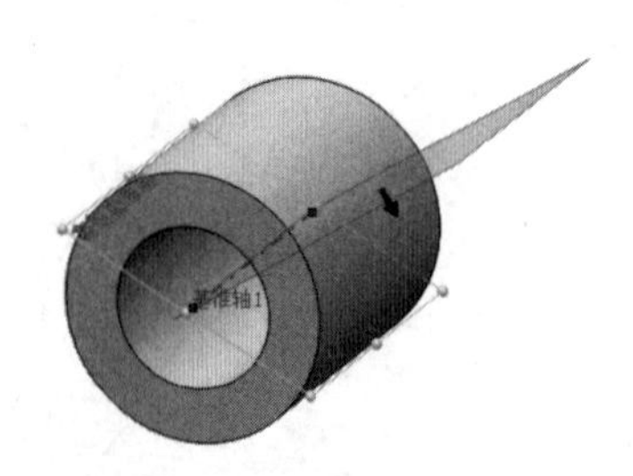

图 4.52　创建基准轴 1

(5) 选择【参考几何体】|【基准面】命令，生成基准面 2、基准面 3，基准面 2 与基准面 3 分别与右视基准面与基准面 1 垂直且与基准轴 1 相距 65mm，如图 4.53 所示。

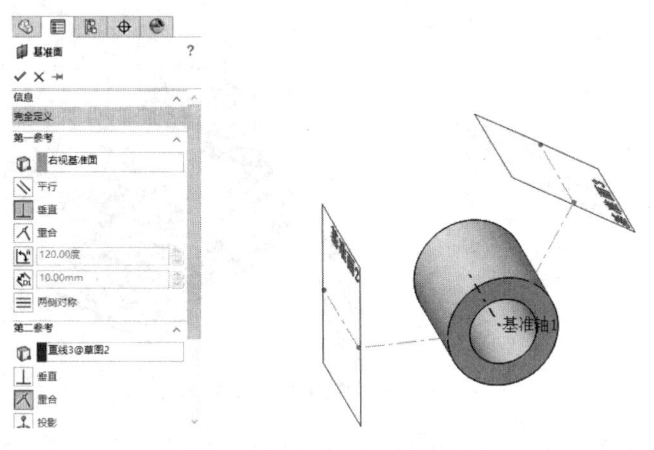

图 4.53　创建基准面 2 和基准面 3

(6) 在基准面 2 和基准面 3 上绘制长为 60mm，宽为 10mm 的矩形 1、2，以在右视基准面与基准面 1 上的线为中心线，如图 4.54 所示。

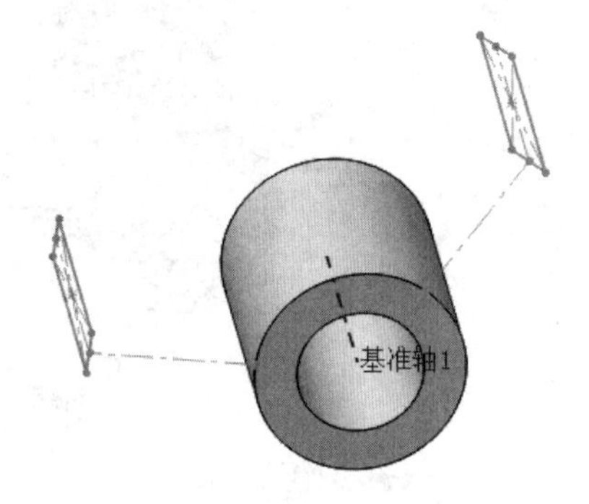

图 4.54　绘制矩形

(7) 选择【特征】|【拉伸凸台/基体】命令，选择方向为【成形到下一面】，如图 4.55 所示。

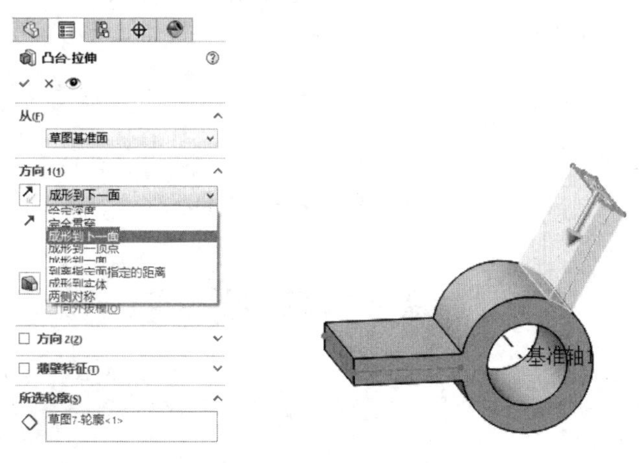

图 4.55　拉伸凸台

(8) 选择【特征】|【参考几何体】|【基准点】命令，新建基准点 1，如图 4.56 所示。

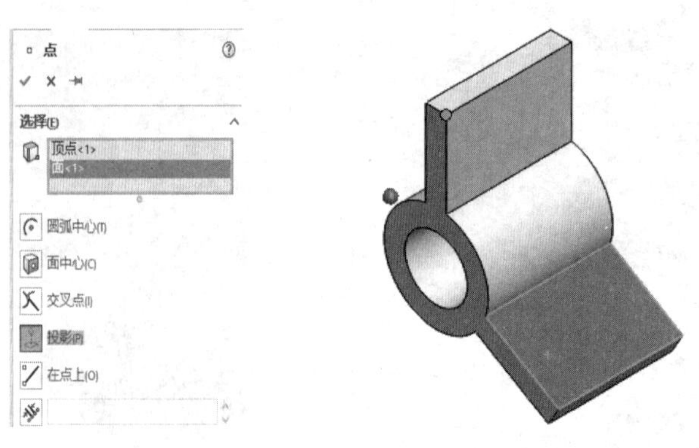

图 4.56　创建基准点 1

(9) 选择【特征】|【参考几何体】|【坐标系】命令，在基准点 1 上建立坐标系 1，使 *X* 轴垂直于上视基准面，如图 4.57 所示。

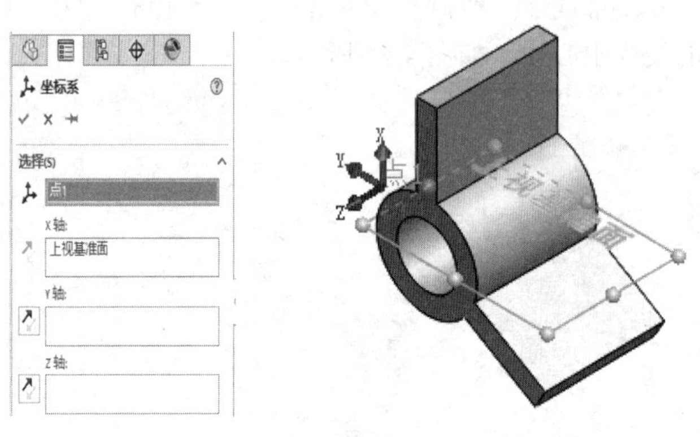

图 4.57　创建坐标系 1

(10) 在【设计树】|【材质】中右击，选择【编辑材料】选项，选择【1023 碳钢板(SS)】，选择【评估】|【质量属性】命令，选择【坐标系 1】，得到参数如下。

上机指导 3 零件的质量属性(配置：默认；坐标系：坐标系 1)：

密度 = 0.01 克/立方毫米

质量 = 971.24 克

体积 = 123599.44 立方毫米

表面积 = 28912.70 平方毫米

重心：(毫米)　X = –14.04　Y = –29.48　Z = –30.00

综 合 练 习

综合练习 1

建立如图 4.58 所示的模型，设置文档属性，识别正确的草图平面，应用正确的草图与特征工具，并指定材料。根据提供的信息计算零件的总质量、体积和表面积。

材料：1060 铝合金

单位：MMGS

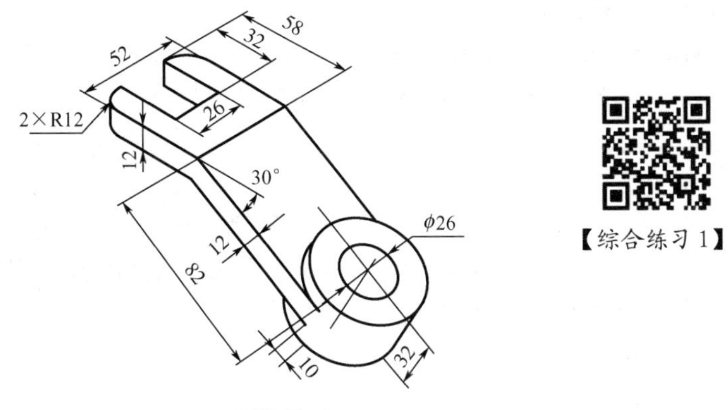

图 4.58 零件模型 1

零件的质量属性如下：

质量 = 304.71 克

体积 = 112854.83 立方毫米

表面积 = 24912.31 平方毫米

综合练习 2

建立如图 4.59 所示的模型，设置文档属性，识别正确的草图平面，应用正确的草图与特征工具，并指定材料。根据提供的信息计算零件的总质量、体积、表面积和重心的位置。

材料：6061 铝合金

单位：MMGS

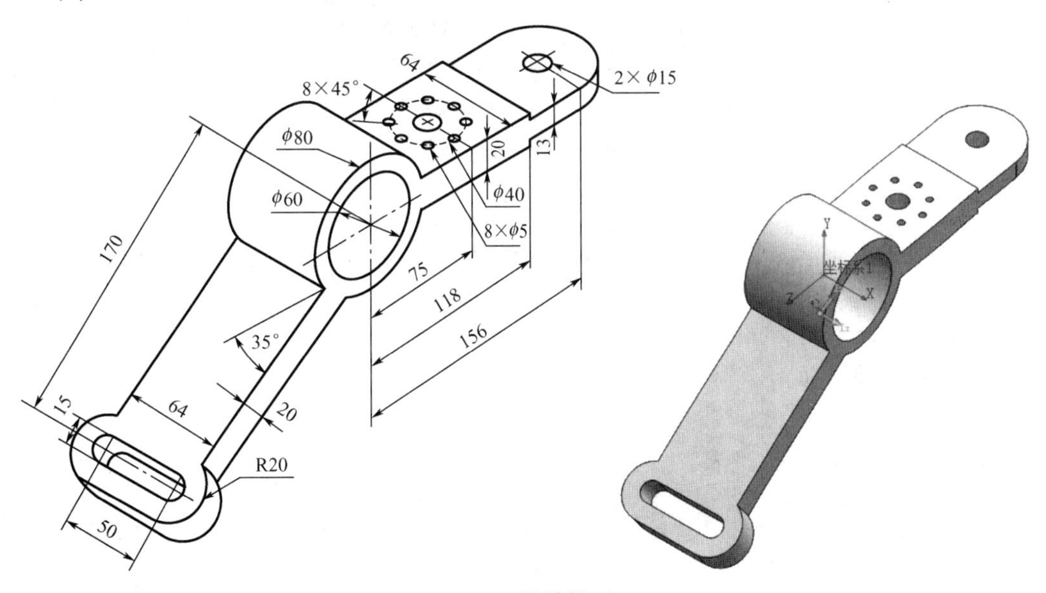

图 4.59 零件模型 2

零件的质量属性如下：
质量 = 1280.91 克
体积 = 474411.54 立方毫米
表面积 = 86851.60 平方毫米
重心：（毫米） X = 0.00　Y = –29.17　Z = 3.18

综合练习 3

建立如图 4.60 所示的模型，设置文档属性，识别正确的草图平面，应用正确的草图与特征工具，并指定材料。根据提供的信息计算零件的质量和体积。

材料：普通碳钢
单位：MMGS

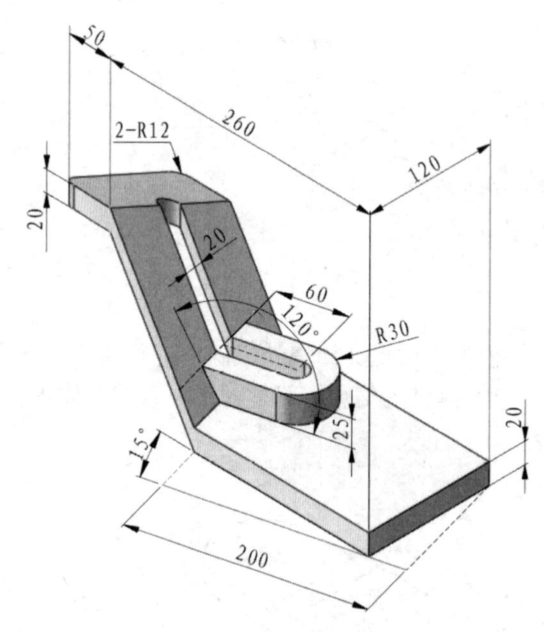

图 4.60　零件模型 3

说明：

1．图中槽为通槽。其上侧端点位于上方边线的中央，其下侧端点位于圆柱的圆心。转折位置为图中虚线所示的中点。

2．120°为两个面之间的角度。

零件的质量属性如下：
质量=6045.38 克
体积=775048.71 立方毫米

第 5 章

旋 转 特 征

5.1　旋转特征的概念

旋转特征是指由平面草图绕一条中心轴线转动扫过的轨迹形成的特征，适合回转体造型。旋转特征主要有旋转凸台/基体、旋转切除两大类。

（1）旋转凸台/基体：由草图轮廓绕旋转轴线旋转而形成的实体；草图轮廓可封闭，也可不封闭；封闭的草图轮廓绕旋转轴线旋转，轮廓所扫过的空间，均成为实体；不封闭的草图轮廓绕旋转轴线旋转，可设置薄壁特征，这是值得注意的地方。

（2）旋转切除：由草图轮廓绕旋转轴线旋转，草图轮廓扫过的空间均被切除。

对于部分钣金构件，其实体造型既可以利用拉伸特征也可以采用旋转特征，在这种情况下，哪一种方法更为简单、快捷，就采用哪一种方法。

5.2　旋转特征的基本要素

5.2.1　旋转轴

（1）草图轮廓边线：平面草图轮廓边线可以作为旋转轴。

（2）中心线：中心线可以作为旋转轴。

（3）圆柱/圆锥面中心线：已有实体的圆柱面、圆锥面的中心线可以作为旋轴。

（4）两平面交线：任意两平面的交线可以作为旋转轴。

5.2.2　方向

（1）反向：切换旋转的方向。

(2) 给定深度：二维草图轮廓绕旋转轴线单一方向旋转。
(3) 角度：二维草图轮廓绕旋转轴线旋转的角度。
(4) 成形到一顶点：从草图基准面生成旋转到指定顶点。
(5) 成形到一面：从二维草图轮廓所在的基准面生成旋转到指定面。
(6) 到离指定面指定的距离：从二维草图轮廓基准面生成旋转到指定面的指定距离。
(7) 两侧对称：从二维草图轮廓的基准面以顺时针和逆时针方向生成旋转。

5.2.3 薄壁特征

薄壁特征包括反向、单向、两侧对称、双向和厚度。
(1) 反向：切换薄壁生成方向。
(2) 单向：朝所指定的单一方向生成薄壁特征。
(3) 两侧对称：生成的薄壁特征的厚度平分于二维草图轮廓两侧。
(4) 双向：生成的薄壁特征的厚度关于二维草图轮廓对称。
(5) 厚度：指定生成的薄壁特征的厚度值。

5.2.4 所选轮廓

正确绘制所选轮廓是旋转特征的基础。
旋转特征的基本要素如图 5.1 所示。

图 5.1 旋转特征

上机指导

上机指导1

利用【旋转凸台/基体】及【拉伸切除】命令完成图5.2所示阀芯的造型。

材料：合金钢

密度：0.0077g/mm^3

单位系统：MMGS

小数位数：4

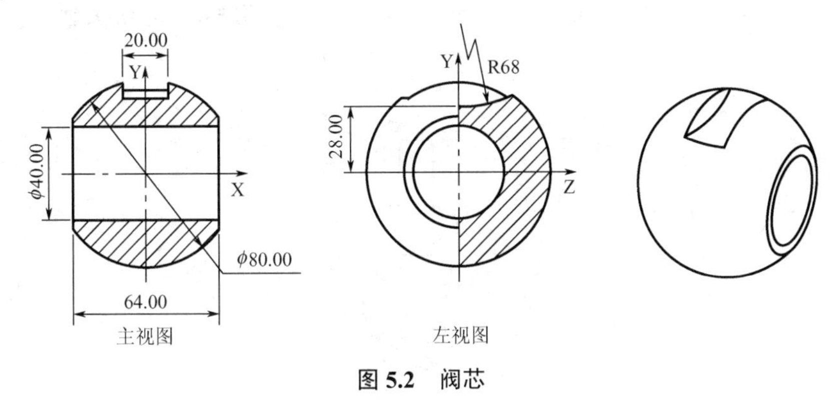

图5.2 阀芯

(1) 选择前视基准面作为草图绘制平面(图5.3)，绘制阀芯的旋转草图轮廓，如图5.4所示。

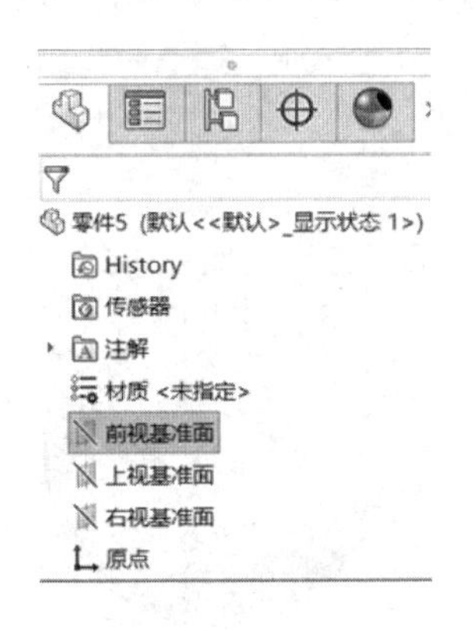

图5.3 选择前视基准面

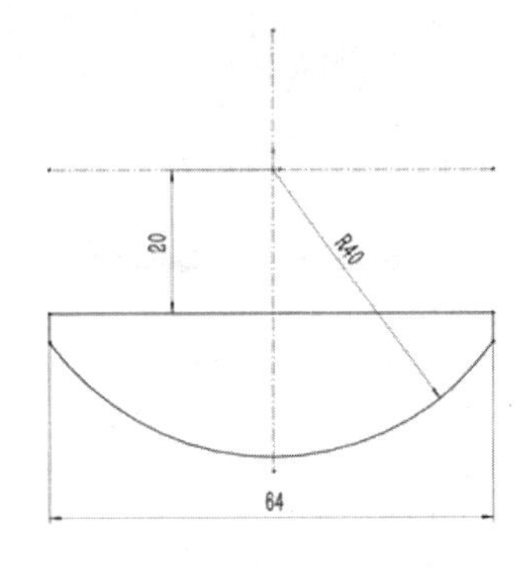

图5.4 绘制阀芯的旋转草图轮廓

(2) 选择【旋转凸台/基体】命令，指定旋转轴，如图5.5、图5.6所示，单击【确定】按钮完成旋转。

(3) 选择前视基准面作为草图绘制平面，绘制旋转切除部分的草图轮廓，如图5.7所示。

图 5.5　旋转凸台

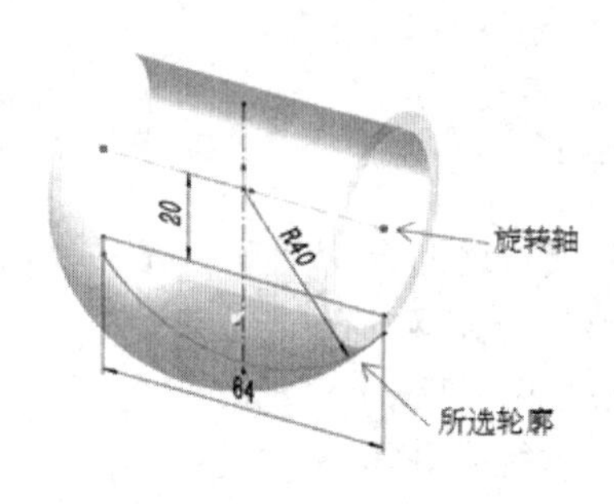

图 5.6　确定旋转轴

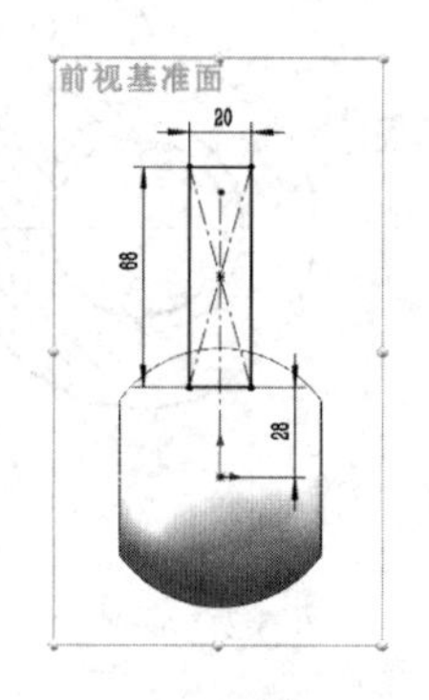

图 5.7　绘制草图

(4) 选择【旋转切除】命令，选择旋转轴，方向 1 设为 360°，如图 5.8 和图 5.9 所示。

图 5.8　设定【旋转切除】特征

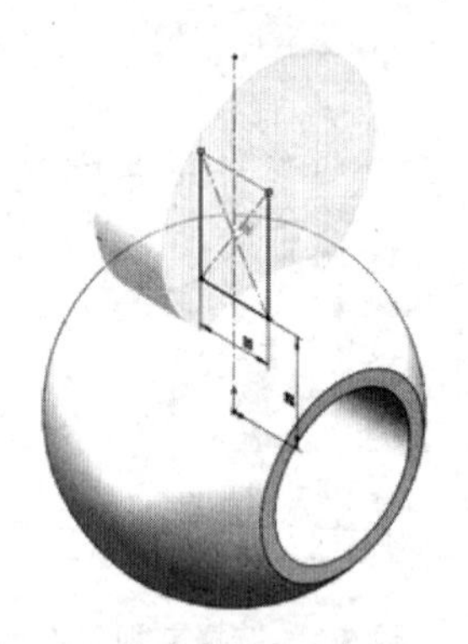

图 5.9　旋转切除

(5) 选择单位系统：单击绘图区的右下角的【自定义】按钮，在下拉选项中选择【MMGS(毫米、克、秒)】，如图 5.10 所示。

(6) 给定材质，计算阀芯的质量、体积、表面积、重心。在左侧设计树窗口右击【材质】按钮，选择【编辑材料】选项，如图 5.11 所示。在弹出的【材质】对话窗，找到合金钢，将其设定为阀芯的材质，单位选择【公制】，单击【应用】按钮，选择【关闭】命令，退出对话框。材质的属性如图 5.12 所示。

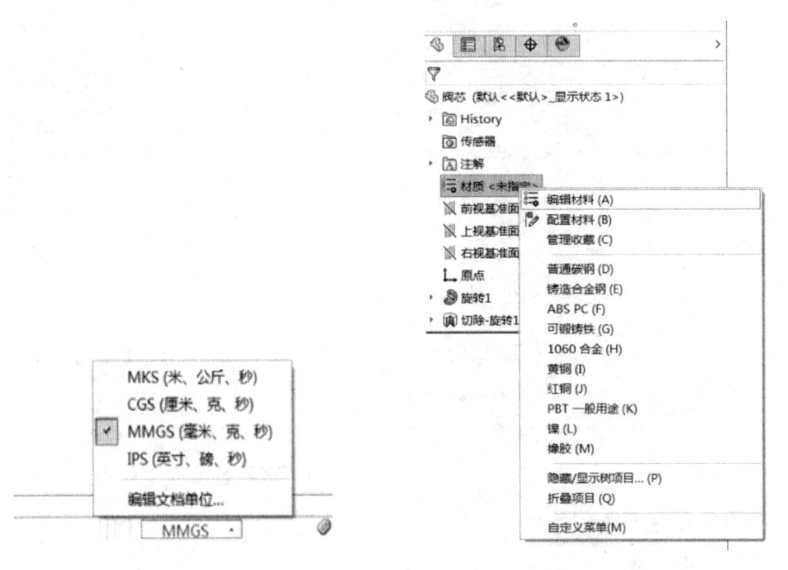

图 5.10　确定单位系统　　　　图 5.11　编辑材料

图 5.12　阀芯的材质属性

(7) 评估阀芯的质量属性：在工具栏区选择【评估】命令，如图 5.13 所示。选择【质量属性】选项，在【质量属性】对话框单击【选项】按钮设置小数位数，查看各项质量属性，如图 5.14 所示。

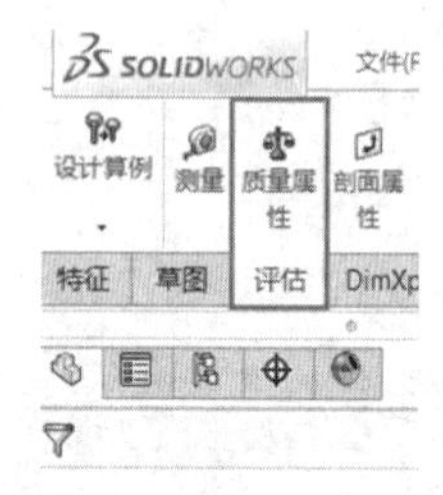

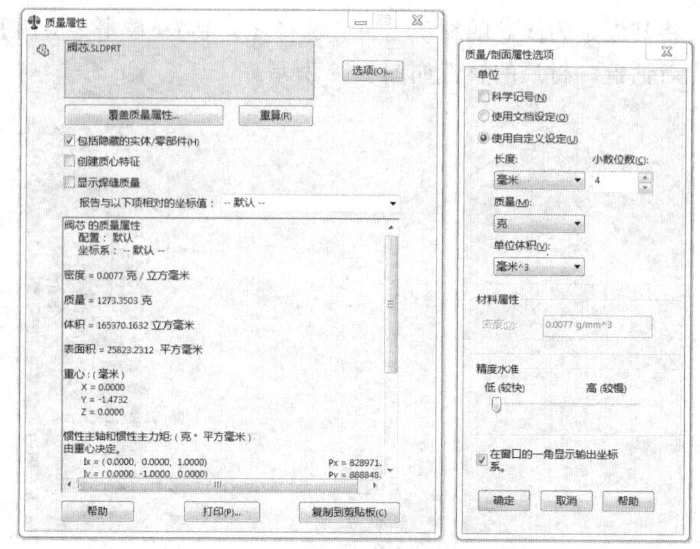

图 5.13　质量属性评估　　　　　　　　　　图 5.14　查看各项质量属性

（8）阀芯的质量属性如下。

质量：1273.3503 克

体积：165370.1632 立方毫米

表面积：25823.2312 平方毫米

重心：（毫米）　X　= 0.0000　Y = –1.4732　Z = 0.000

上机指导 2

利用【旋转凸台/基体】、【旋转切除】、【拉伸凸台/基体】、【拉伸切除】等特征命令完成图 5.15 所示双法兰 90° 鸭掌弯管的造型。

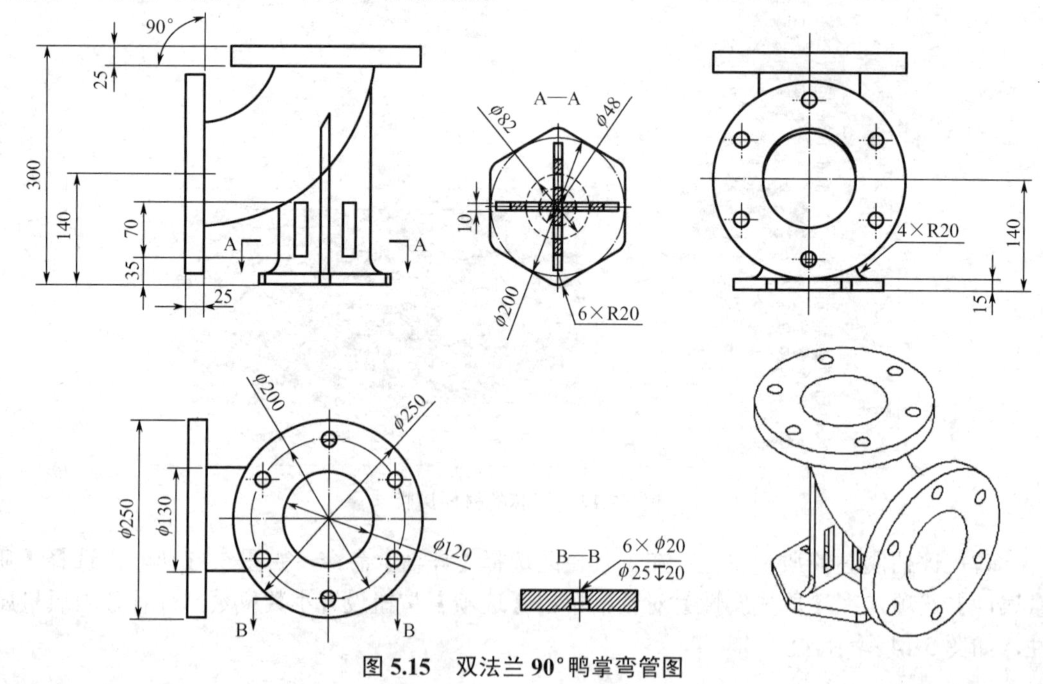

图 5.15　双法兰 90° 鸭掌弯管图

材料：铸造合金钢

密度：0.0073g/mm^3

单位系统：MMGS

小数位数：4

(1) 选择上视基准面，绘制如图 5.16 所示的草图，选择【拉伸凸台/基体】命令，向上进行拉伸，设置拉伸距离为 25mm，完成凸台造型，如图 5.17 所示。

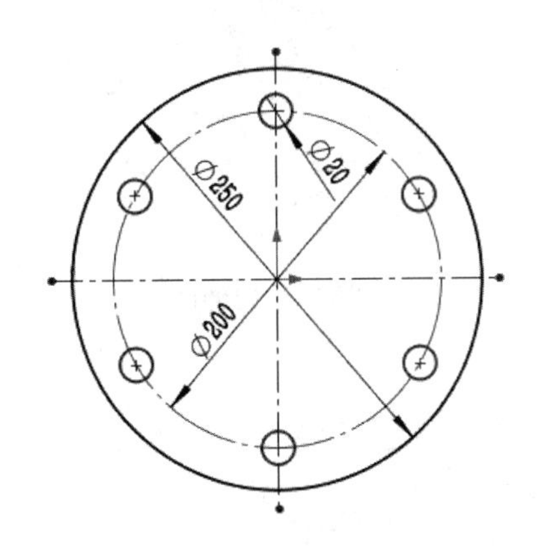

图 5.16 绘制草图 1

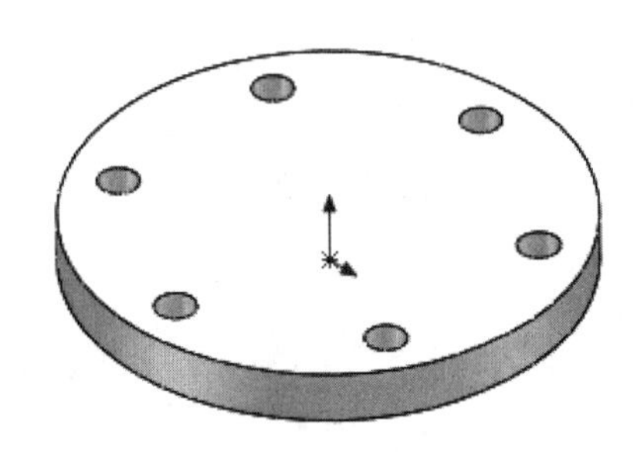

图 5.17 拉伸凸台 1

(2) 选择图 5.17 所示零件的上表面，绘制如图 5.18 所示的草图，选择【旋转凸台/基体】命令，设定方向为反向旋转 90°，如图 5.19 所示。

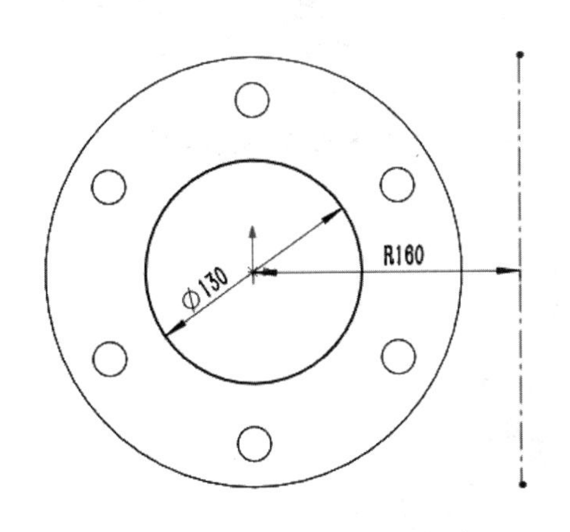

图 5.18 绘制草图 2

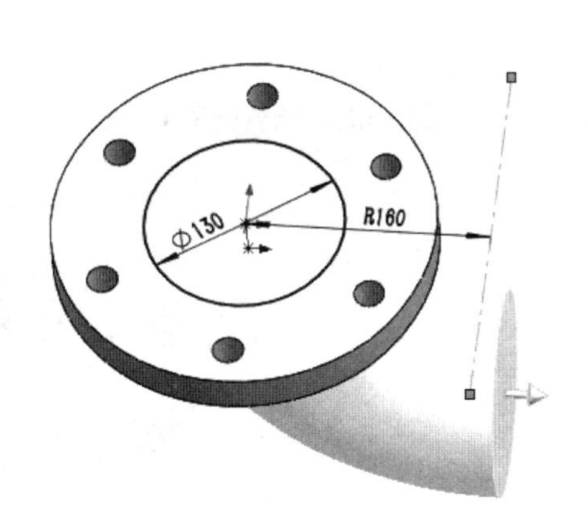

图 5.19 旋转凸台

(3) 在如图 5.20 所示的旋转端面绘制草图，选择【拉伸凸台/基体】命令，在默认的拉伸方向进行拉伸，设置拉伸距离为 25mm，如图 5.21 所示。

(4) 选择图 5.17 所示零件的上表面绘制如图 5.22 所示的草图，选择【旋转切除】命令，设定旋转方向为 360°，如图 5.23 所示。

(5) 沉孔：给两个法兰上的 12 个孔创建沉孔，直径为 25mm，深度为 10mm，如图 5.24 所示。

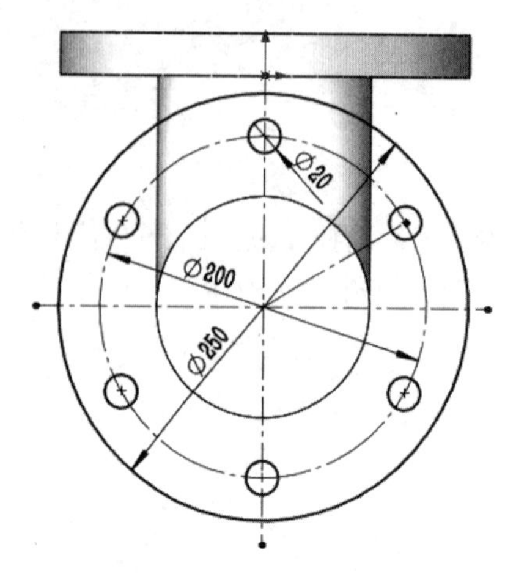

图 5.20　绘制草图 3

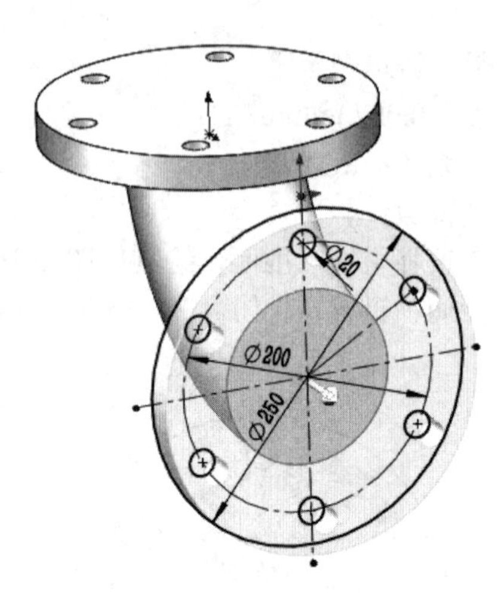

图 5.21　拉伸凸台 2

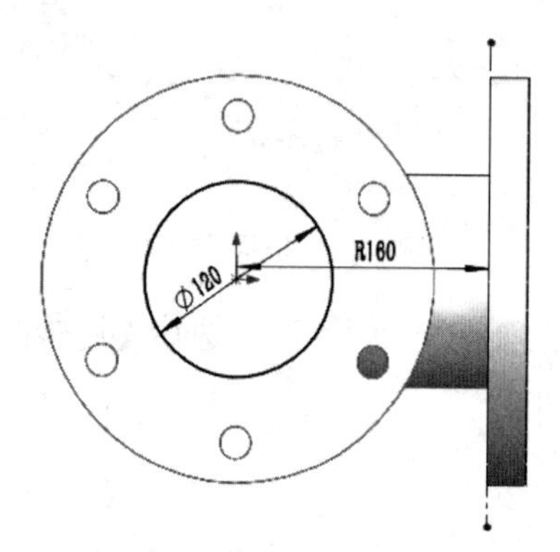

图 5.22　绘制草图 4

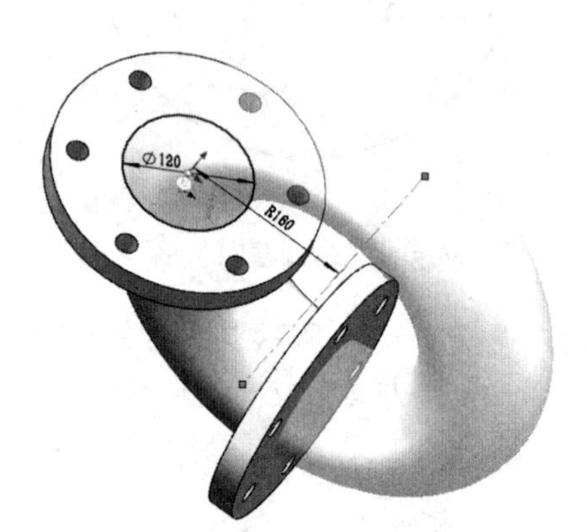

图 5.23　旋转切除

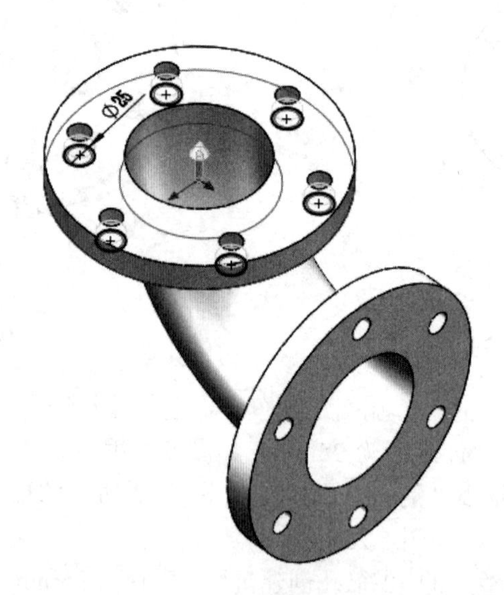

图 5.24　创建沉孔

(6) 创建基准面：选择图 5.17 所示零件的上表面作为参考平面，设置偏移距离为 300mm，选择【反转等距】，如图 5.25 所示，创建的基准面如图 5.26 所示。

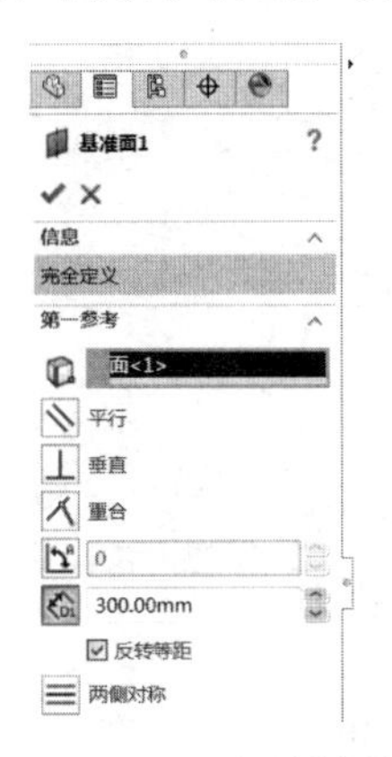

图 5.25 创建基准面

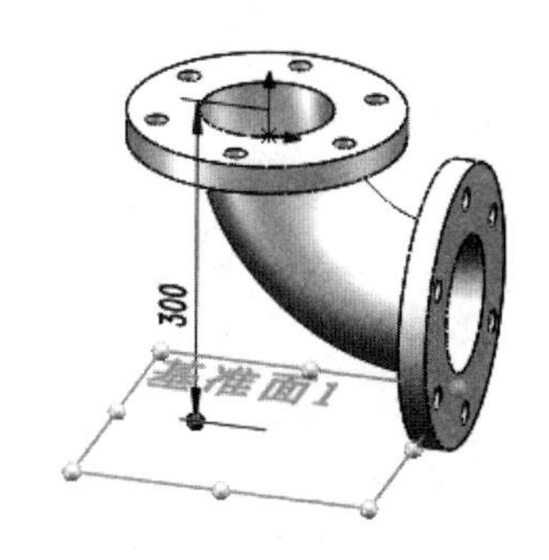

图 5.26 创建的基准面 1

(7) 基座的创建：选择基准面 1 作为草图绘制平面，绘制内切圆ϕ180 的六边形，如图 5.27 所示，选择【拉伸凸台/基体】命令，对该草图进行拉伸，设置拉伸距离为 15mm，如图 5.28 所示。

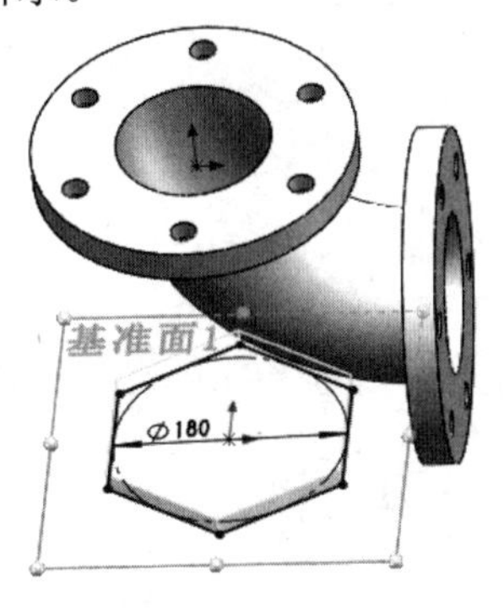

图 5.27 绘制六边形

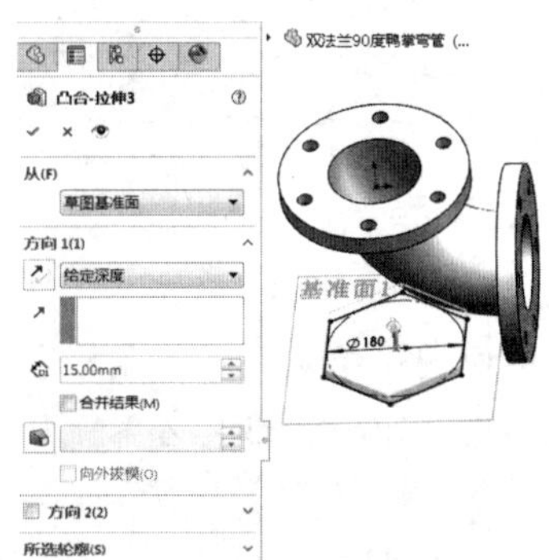

图 5.28 六边形拉伸

(8) 鸭掌支架的创建：选择基准面 1 作为草图绘制平面，绘制如图 5.29 所示的草图，并选择【拉伸凸台/基体】命令，对该草图进行拉伸，选择【成形到下一面】，如图 5.30 所示。

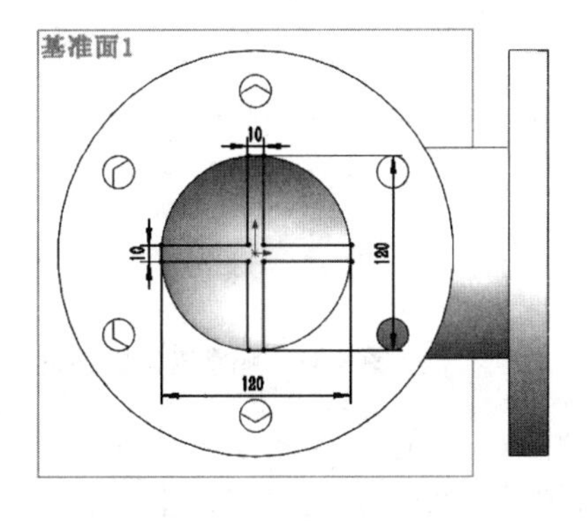

图 5.29 绘制草图

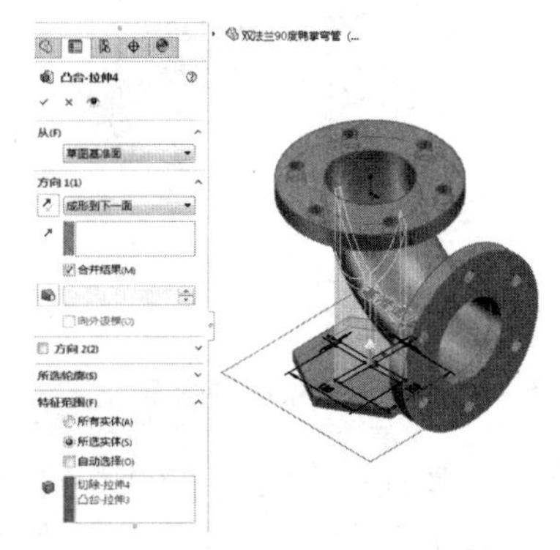

图 5.30 拉伸凸台

(9) 减重孔的创建：绘制旋转切除的草图轮廓，并选择【旋转切除】命令，插入【观阅临时轴】，以其作为旋转轴，如图 5.31 所示。

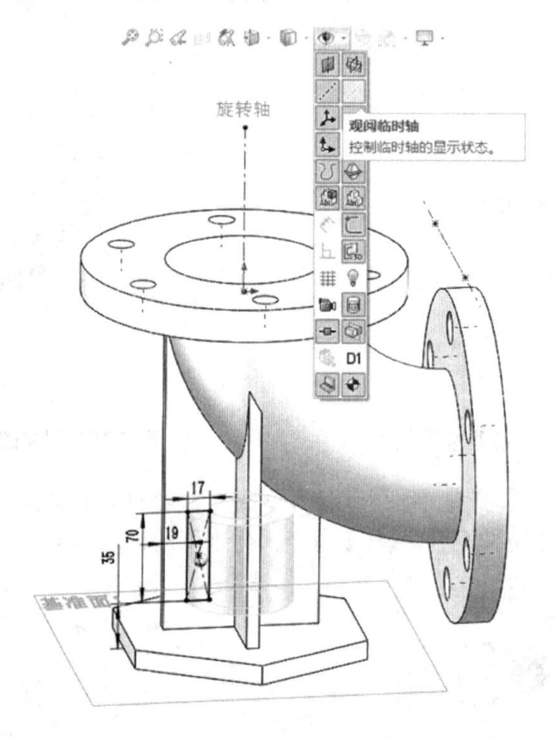

图 5.31 设置旋转轴

(10) 倒圆角：给基座的六条棱倒 $R15$mm 的圆角，如图 5.32 所示，并给鸭掌支架倒 $R20$mm 的圆角，如图 5.33 所示。

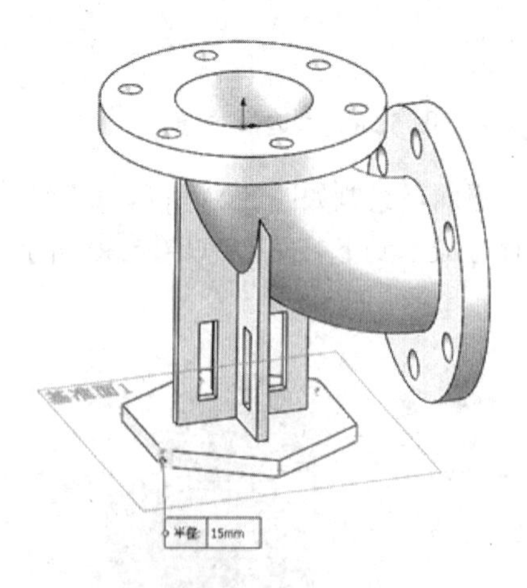

图 5.32 基座的六条棱倒圆角

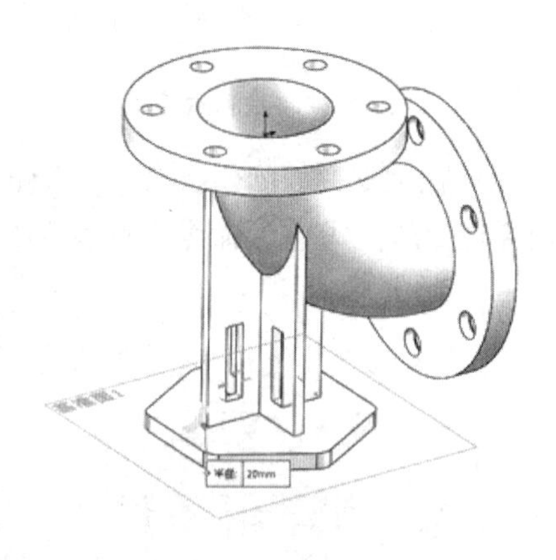

图 5.33 鸭掌支架倒圆角

(11) 质量属性：将双法兰 90° 鸭掌弯管的材质设为铸造合金钢，在工具栏区选择【评估】命令，选择【质量属性】选项，在【质量属性】对话框单击【选项】按钮，将小数位数设为 4，查看其质量属性，如图 5.34 所示。

图 5.34 双法兰 90° 鸭掌弯管的质量属性

(12) 双法兰 90°鸭掌弯管的质量属性如下。

质量 = 21269.4300 克

体积 = 2913620.5449 立方毫米

表面积 = 521454.6255 平方毫米

重心：(毫米) X = 60.3262 Y = –107.9425 Z = 0.0022

上机指导 3

利用【旋转凸台/基体】、【旋转切除】、【拉伸切除】等特征命令完成图 5.35 所示六角骨头扳手的造型。

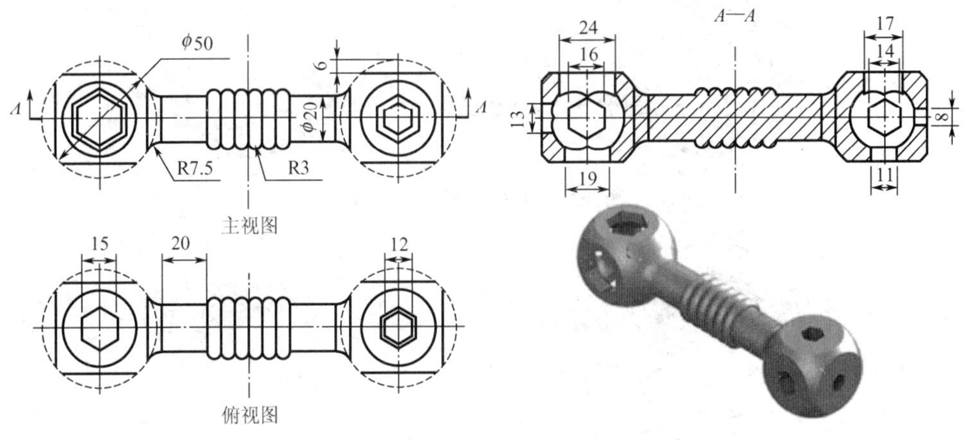

图 5.35 六角骨头扳手

材料：锻制不锈钢

密度：0.0080g/mm^3

单位系统：MMGS

小数位数：4

（1）旋转草图轮廓的绘制：选择上视基准面绘制如图 5.36 所示草图轮廓。

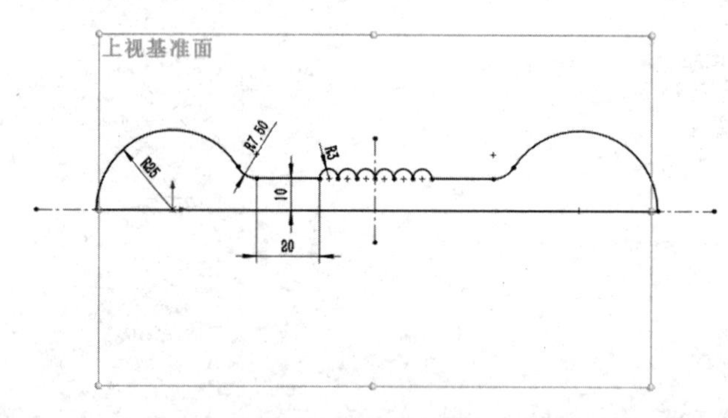

图 5.36　绘制草图

（2）旋转凸台/基体：指定旋转轴，生成旋转实体，如图 5.37 所示。

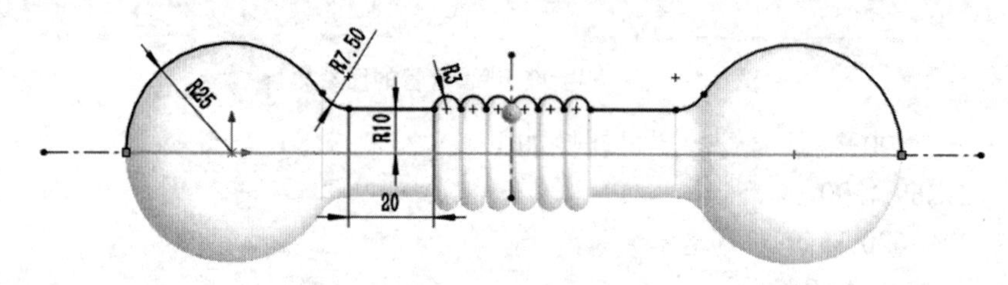

图 5.37　生成旋转实体

（3）旋转切除实体：依次采用【旋转切除】命令对两个实体球进行掏空，先选择前视基准面绘制用作旋转切除的草图轮廓，旋转切除的直径为 33mm，如图 5.38 所示，旋转切除后的剖视图如图 5.39 所示。

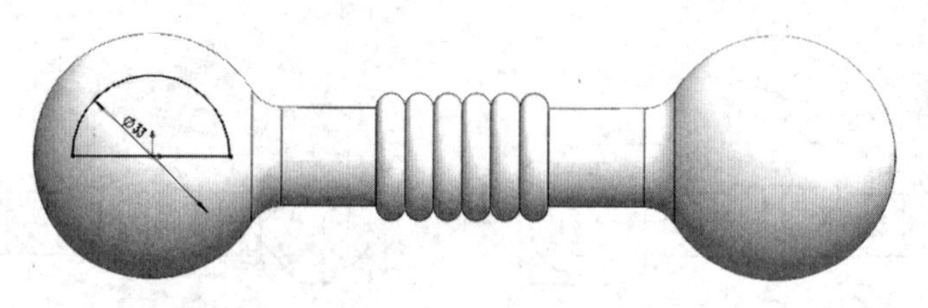

图 5.38　旋转切除部分草图

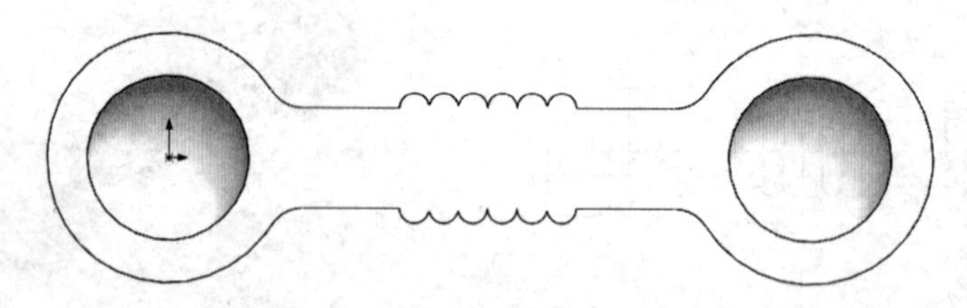

图 5.39　旋转切除后的剖视图

(4) 拉伸切除实体：利用【拉伸切除】命令切出六角骨头扳手的 10 个平面。拉伸切除的草图轮廓(尺寸一致)如图 5.40 所示，切除后如图 5.41 所示。

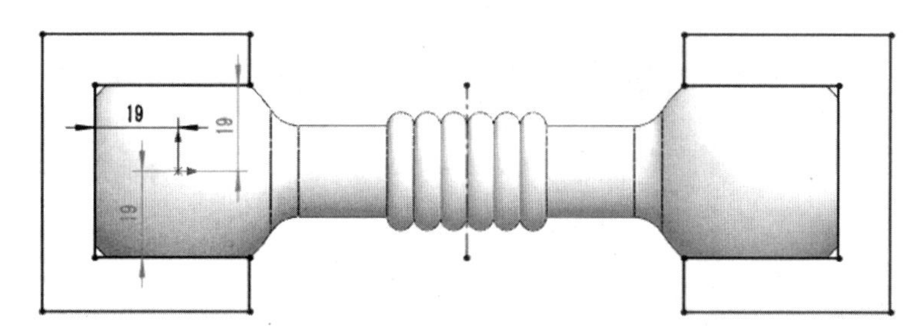

图 5.40 拉伸切除部草图

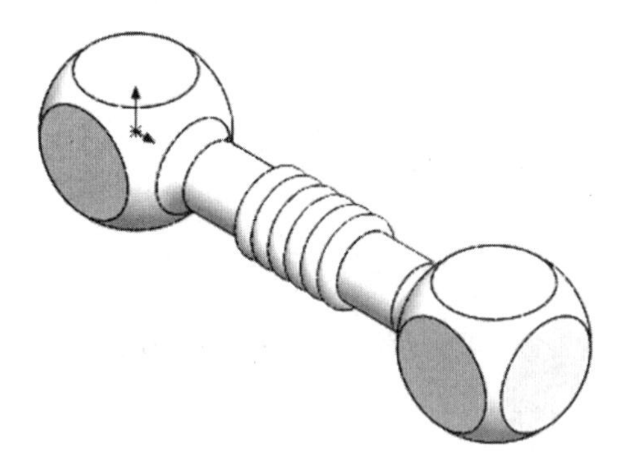

图 5.41 拉伸切除得平面

(5) 拉伸切除 12 个六角孔：依次在切出的各个球平面上绘制六边形，各球平面的六边形内切圆直径为：在正视于前基准面时，左球(上：16mm、下：15mm、左：13mm、前：24mm、后：19mm)，右球(上：14mm、下：12mm、右：8mm、前：17mm、后：11mm)，然后进行拉伸切除，拉伸距离均为 10mm。全部完成切除后，如图 5.42 所示。

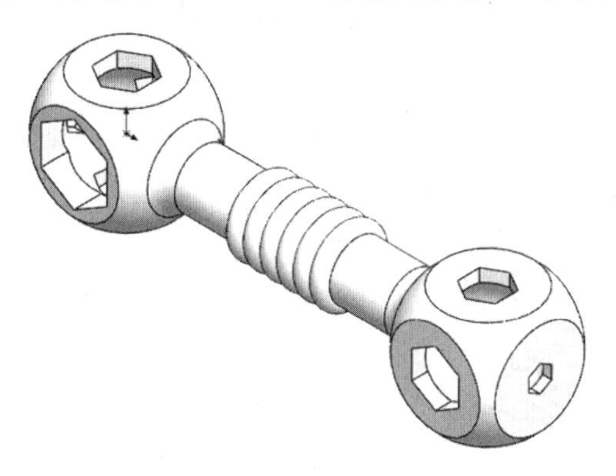

图 5.42 拉伸切除 12 个六角孔

(6) 质量属性：将单位系统设为 MMGS，材质设为锻制不锈钢，在工具栏区选择【评估】命令，选择【质量属性】选项，在【质量属性】对话框单击【选项】按钮，将小数位数设为 4，查看其质量属性，如图 5.43 所示。

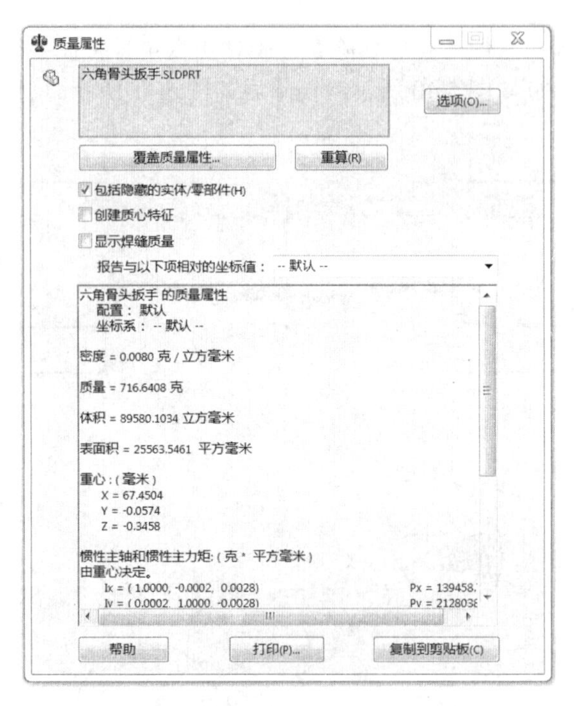

图 5.43　六角骨头扳手的质量属性

(7) 六角骨头扳手的质量属性如下。

质量 = 716.6408 克

体积 = 89580.1034 立方毫米

表面积 = 25563.5461 平方毫米

重心：(毫米)　X = 67.4504　Y = –0.0574　Z = –0.3458

综 合 练 习

综合练习 1

完成图 5.44 所示的手柄造型，计算手柄的质量、体积、表面积及重心的坐标。

材料：镀铬不锈钢

密度：0.0078g/mm^3

单位系统：MMGS

小数位数：4

【综合练习 1】

手柄的质量属性如下：

质量 = 1799.3964 克

体积 = 230691.8522 立方毫米

表面积 = 24418.0030 平方毫米

重心：(毫米)　X = 118.5650　Y = 0.0000　Z = 0.0000

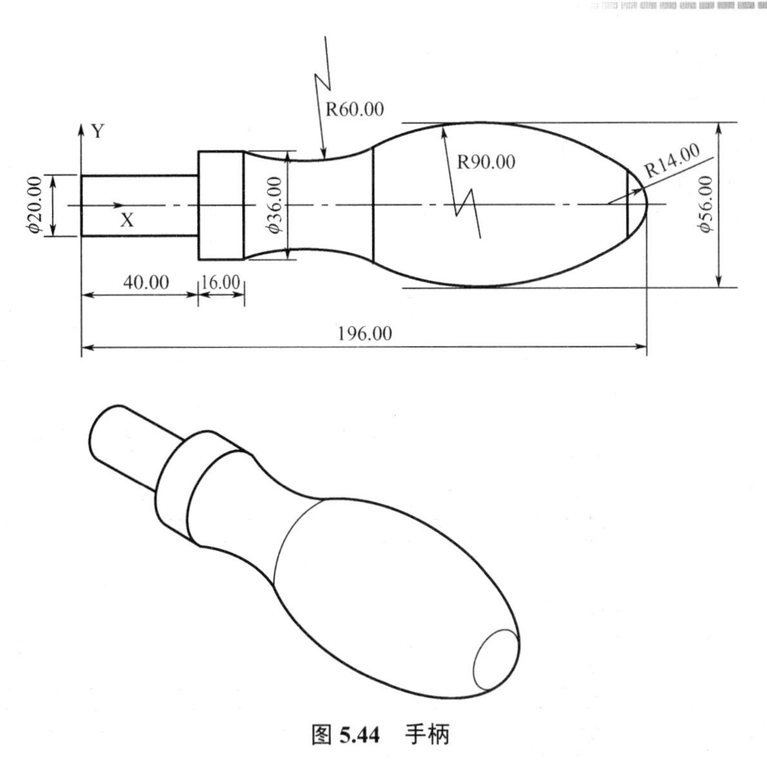

图 5.44 手柄

综合练习 2

完成图 5.45 所示的带轮造型，计算该零件的质量、体积、表面积及重心的坐标。

作图基准面：前视基准面。

材料：2018 铝合金

密度：0.0028g/mm^3

单位系统：MMGS

小数位数：4

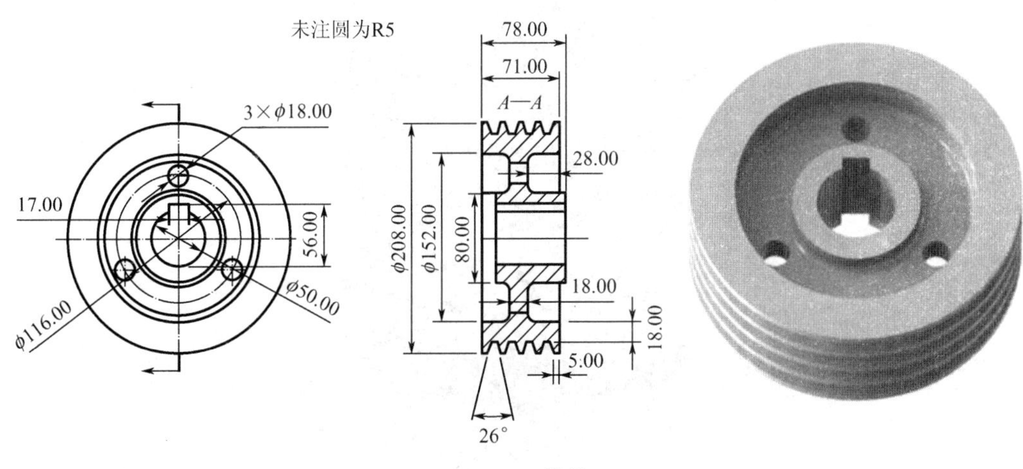

图 5.45 带轮

带轮的质量属性如下：

质量 = 3686.7056 克

体积 = 1316680.5599 立方毫米

表面积 = 194160.3565 平方毫米

综合练习 3

完成图 5.46 所示的陀螺造型，依据题意计算手柄的质量、体积、表面积及重心的坐标。

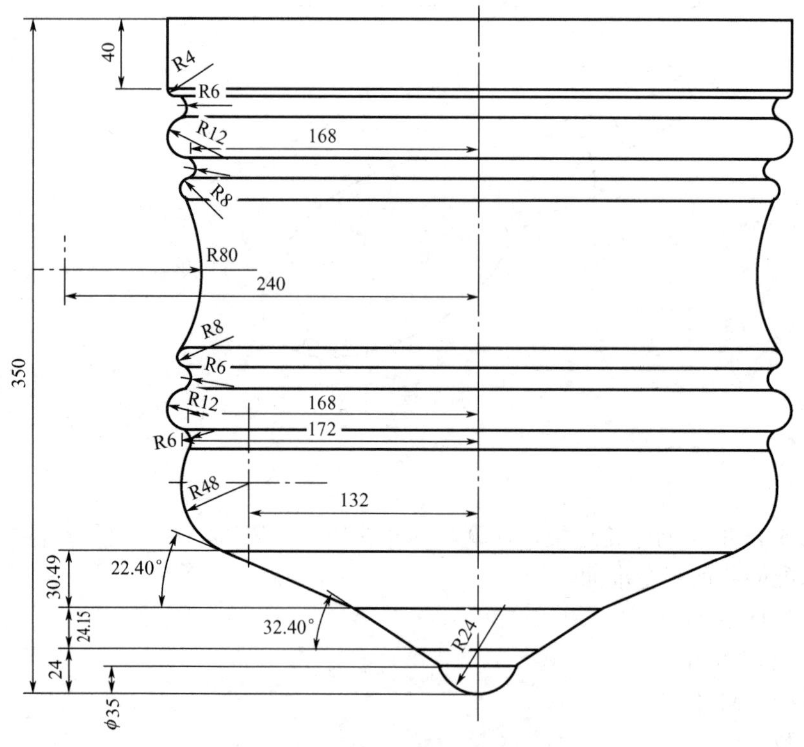

图 5.46　陀螺

作图基准面：前视基准面

材料：合金钢(SS)

密度：0.0077g/mm^3

单位系统：MMGS

小数位数：4

陀螺的质量属性如下：

质量 = 3432.8257 6 克

体积 = 445821.5068 立方毫米

表面积 = 34815.1140 平方毫米

重心：（毫米） X = 0.0000 Y = –38.57690.0000 Z = 0.0000

第 6 章

附加特征及操作特征

附加特征是在不改变基本特征主要形状的前提下，对已有特征进行局部修饰的建模方法，如圆角、倒角、筋、抽壳、孔等特征造型方法。

6.1　附加特征的概念

6.1.1　边界凸台/基体

单击工具栏上的【边界凸台/基体】按钮或者在菜单栏执行【插入】|【凸台/基体】|【边界】命令，这两种方式均可执行【边界凸台/基体】命令，弹出【边界】属性管理器，如图 6.1 所示。

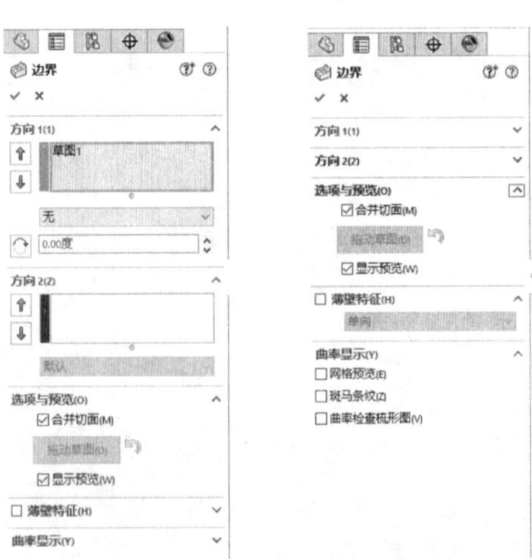

图 6.1　【边界】属性管理器

1. 方向1选项组

(1) 曲线：确定用于以此方向建立边界特征的曲线。
(2) 上移：选择曲线向上移动。
(3) 下移：选择曲线向下移动。
(4) 相切类型：设置边界特征的相切类型。
(5) 无：没应用相切约束(曲率为0)。
(6) 方向向量根据用户所选实体应用相切约束。
(7) 默认：近似在第一个和最后一个轮廓之间刻画的抛物线。
(8) 垂直于轮廓：垂直曲线应用相切约束。

2. 方向2选项组

该选项组中的参数用法和方向1选项组中的基本相同。

3. 选项与预览选项组

(1) 合并切面：如果对应的线段相切，则会使所建立的边界特征中的曲面保持相切。
(2) 合并结果：沿边界特征方向建立一闭合实体。
(3) 拖动草图：激活拖动模式。
(4) 撤销草图拖动：撤销先前的草图拖动并将预览返回到其先前的状态。
(5) 显示预览：对边界进行预览。

4. 显示选项组

(1) 网格预览：对边界进行预览。
(2) 网格密度：调整网格的行数。
(3) 斑马条纹：斑马条纹可查看曲面中标准显示难以分辨的微小变化。斑马条纹模仿在光泽表面上反射的长光纤条纹。
(4) 曲率检查梳形图：按照不同方向显示曲率梳形图。
(5) 方向1：切换沿方向1的曲率检查梳形图显示。
(6) 方向2：切换沿方向2的曲率检查梳形图显示。
(7) 比例：调整曲率检查梳形图的大小。
(8) 密度：调整曲率检查梳形图的显示行数。

6.1.2 圆角

绘制圆角工具可以在可以在两个草图交叉处将角度连接改为圆弧过渡。此工具经常出现在2D草图和3D草图的绘制过程中。

经常用来绘制圆角的方式有以下几种：

(1) 在命令管理器的【草图】工具栏上单击【绘制圆角】按钮。
(2) 在【草图】工具条上单击【绘制圆角】按钮。

(3) 在菜单栏执行【工具】|【草图工具】|【绘制圆角】命令。

(4) 用鼠标笔势中的【圆角】命令绘制。

(5) 执行【绘制圆角】命令后，弹出【绘制圆角】属性管理器，如图 6.2 所示。

图 6.2 【绘制圆角】属性管理器

绘制圆角属性管理器中各选项的含义如下：

(1) 要圆角化的实体：当选取一个草图实体时，它出现在该列表中。

(2) 圆角参数：输入值以控制圆角半径。

(3) 保持拐角处约束条件：如果顶点具有尺寸或几何关系，将保留虚拟交点。如果取消勾选，且如果顶点具有尺寸或几何关系，将询问用户是否想在生成圆角时删除这些几何关系。

(4) 标注每个圆角的尺寸：将尺寸添加到每个圆角，当取消勾选时，在圆角之间添加相等几何关系。

绘制圆角时，可以通过选择边或选择交点来完成圆角的绘制。

6.1.3 倒角

绘制倒角工具可以在两个草图交叉处将角度连接改为倒角过渡。此工具也经常出现在 2D 草图和 3D 草图的绘制过程中。

经常用来绘制倒角的方式有以下几种：

(1) 在命令管理器的【草图】工具栏上单击【绘制倒角】按钮。

(2) 在【草图】工具条上单击【绘制倒角】按钮。

(3) 在菜单栏执行【工具】|【草图工具】|【绘制倒角】命令。

执行【绘制倒角】命令后，弹出【绘制倒角】属性管理器。

绘制倒角面板的【倒角参数】选项区中包括角度-距离和距离-距离两种参数选项，如图 6.3 所示。

两种参数选项设置中的选项含义如下：

(1) 角度-距离：将按角度参数和距离参数来定义倒角，如图 6.4(a)所示。

(2) 距离-距离：将按距离参数和距离参数来定义倒角，如图 6.4(b)所示。

注意：相等距离是在距离-距离的基础上，按相等的距离来定义倒角，如图 6.4(c)所示。

图 6.3 【绘制倒角】属性管理器

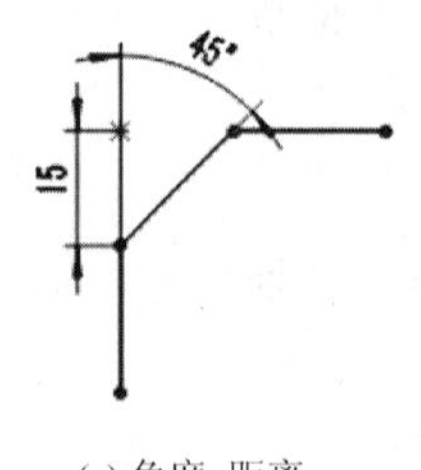

(a) 角度-距离

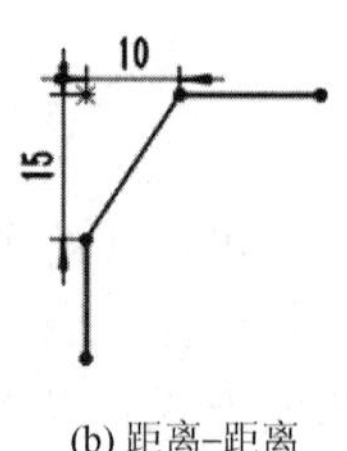

(b) 距离-距离

(c) 相等距离

图 6.4 定义倒角

绘制倒角属性管理器中各选项的含义如下：

(1) 距离：设置角度-距离的距离参数。

(2) 角度：设置角度-距离的角度参数。

(3) 距离1：设置角-度距离的距离1参数。

(4) 距离2：设置角-度距离的距离2参数。

与绘制圆角的方法一样，可以通过选择边或选择点来完成倒角绘制。

6.1.4 拔模

拔模特征是用指定的角度斜削模型中所选的面，使型腔零件更容易脱出模具，可以在现有的零件中插入拔模，或者在进行拉伸特征时拔模，也可以将拔模应用到实体或曲面模型中。

在手工模式中，可以指定拔模类型，包括中性面、分型线和阶梯拔模。

1. 中性面

选择【插入】|【特征】|【拔模】命令，弹出【拔模】属性管理器。在【拔模类型】选项组中，选中【中性面】单选按钮，如图6.5所示。

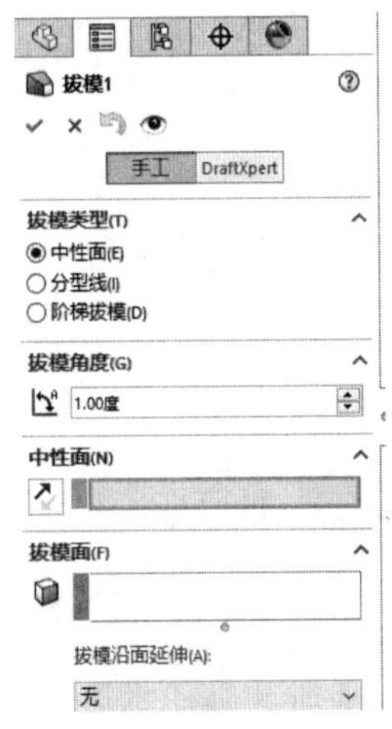

图6.5 中性面拔模

1) 拔模角度选项组

拔模角度：垂直于中性面进行测量的角度。

2) 中性面选项组

中性面：选择一个面或基准面。

3) 拔模面选项组

(1) 拔模面：在图形区域中选择要拔模的面。

(2) 拔模沿面延伸：可以将拔模延伸到额外的面。

(3) 无：只在所选的面上进行拔模。

(4) 沿切面：将拔模延伸到所有与所选面相切的面。

(5) 所有面：将拔模延伸到所有从中性面拉伸的面。

(6) 内部的面：将拔模延伸到所有从中性面拉伸的内部面。

(7) 外部的面：将拔模延伸到所有在中性面旁边的外部面。

2. 分型线

选中【分型线】单选按钮，可以对分型线周围的曲面进行拔模。

选择【插入】|【特征】|【拔模】命令，弹出【拔模】属性管理器，在【拔模类型】选项组中，选中【分型线】单选按钮，如图6.6所示。

1) 拔模角度选项组

拔模角度：垂直于中性面进行测量的角度。

2) 拔模方向选项组

拔模方向：在图形区域中选择一条边线或者一个面指示拔模的方向。

3) 分型线选项组

(1) 分型线：在图形区域中选择分型线。

(2) 拔模沿面延伸：可以将拔模延伸到额外的面。

（3）无：只在所选的面上进行拔模。

（4）沿切面：将拔模延伸到所有与所选面相切的面。

3．阶梯拔模

阶梯拔模是分型线拔模的变体，阶梯拔模围绕作为拔模方向的基准面旋转而建立一个面。

选择【插入】|【特征】|【拔模】命令，弹出【拔模】属性管理器。在【拔模类型】选项组中，选中【阶梯拔模】单选按钮，如图 6.7 所示。

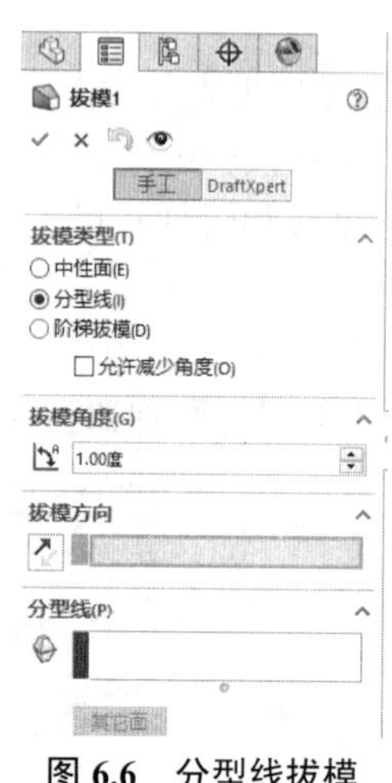

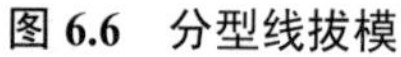

图 6.6　分型线拔模

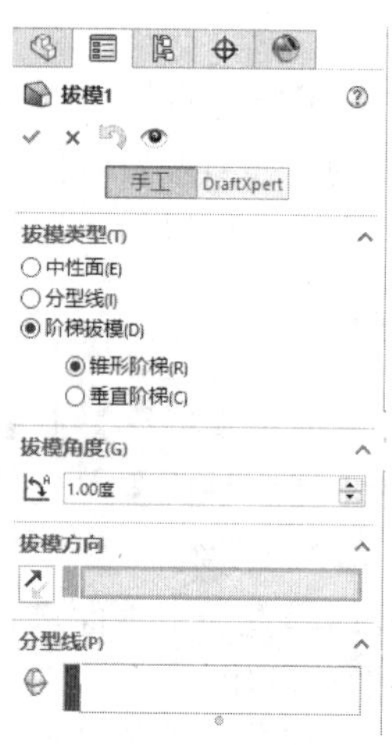

图 6.7　阶梯拔模

选中【阶梯拔模】单选按钮后的属性管理器与选中【分型线】单按按钮后的属性管理器基本相同。

6.1.5　抽壳

抽壳是从实体移除材料来生成一个薄壁特征。抽壳工具会掏空零件，使所选择的面敞开，在剩余的面上生成薄壁特征。如果没选择模型上的任何面，可抽壳一实体零件，生成一闭合、掏空的模型，也可使用多个厚度来抽壳模型。

用户可通过以下方式执行【抽壳】命令：

（1）单击【特征】工具栏上的【抽壳】按钮。

（2）在菜单栏执行【插入】|【特征】|【抽壳】命令。

执行【抽壳】命令后，弹出【抽壳】属性管理器，如图 6.8 所示。

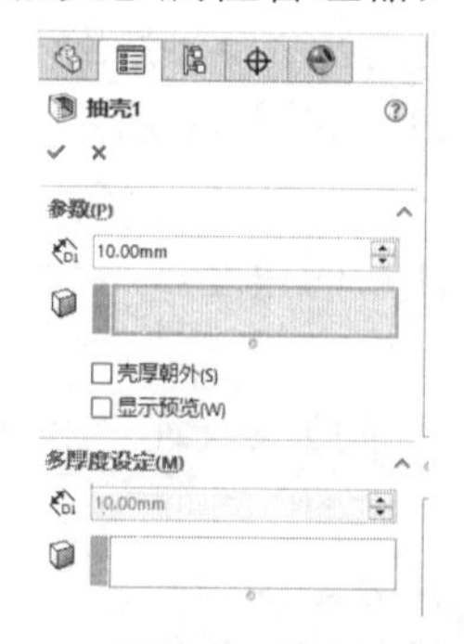

图 6.8　【抽壳】属性管理器

抽壳属性管理器中各选项设定含义如下：

(1) 设定厚度：设定保留的面的厚度。

(2) 要移除的面：在图形区域中选择一个或多个要去除的面。

(3) 壳厚朝外：增加零件的外部尺寸。

(4) 显示预览：显示出抽壳特征的预览。

(5) 多厚度设定：在图形区域中选择想要设定不同厚度的面，然后单独设定厚度。

如果需要圆角处理，在生成抽壳之前对零件应用任何圆角处理。

实体模型上生成抽壳的一般过程，如图 6.9 所示。

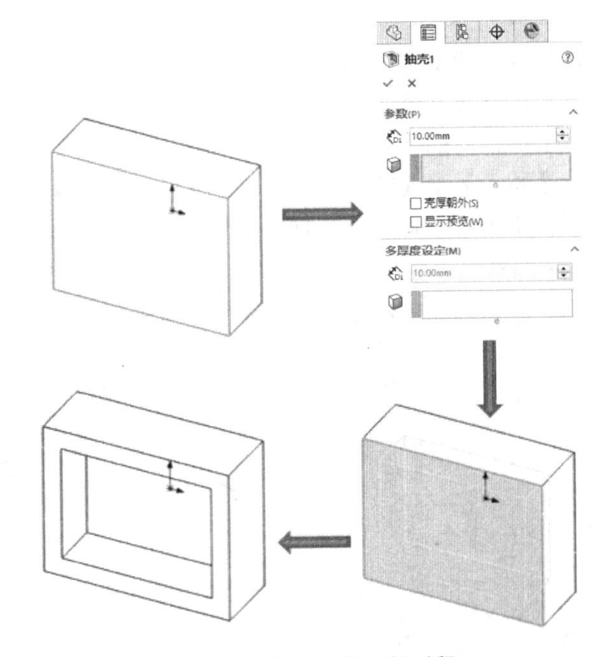

图 6.9 实体抽壳的一般过程

6.1.6 圆顶

圆顶特征可以在同一模型上同时建立一个或者多个圆顶。

选择【插入】|【特征】|【圆顶】命令，弹出【圆顶】属性管理器，如图 6.10 所示。

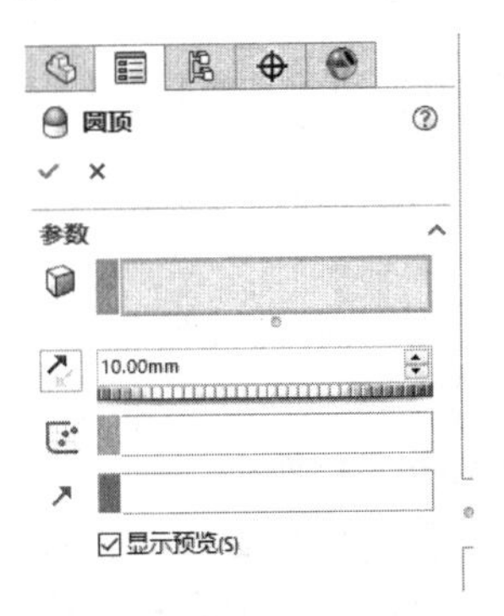

图 6.10 【圆顶】属性管理器

圆顶属性管理器中各选项设定含义如下：

(1) 到圆顶的面：选择一个或者多个平面或者非平面。

(2) 距离：设置圆顶扩展的距离。

(3) 反向：单击该按钮，可以建立凹陷圆顶(默认为凸起)。

(4) 约束点或草图：选择一个点或者草图，通过对其形状进行约束以控制圆顶。

(5) 方向：从图形区域选择方向向量以垂直于面以外的方向拉伸圆顶，可以使用线性边线或者由两个草图点所建立的向量作为方向向量。

6.1.7 异型孔

异形孔向导是用预先定义的剖曲插入孔。

用户可通过以下方式执行【异性孔向导】命令：

(1) 单击【特征】工具栏上的【异性孔向导】按钮。

(2) 在菜单栏执行【插入】|【特征】|【插入】|【向导】命令。

执行【异性孔向导】命令后，弹出【孔规格】属性管理器，如图 6.11 所示。

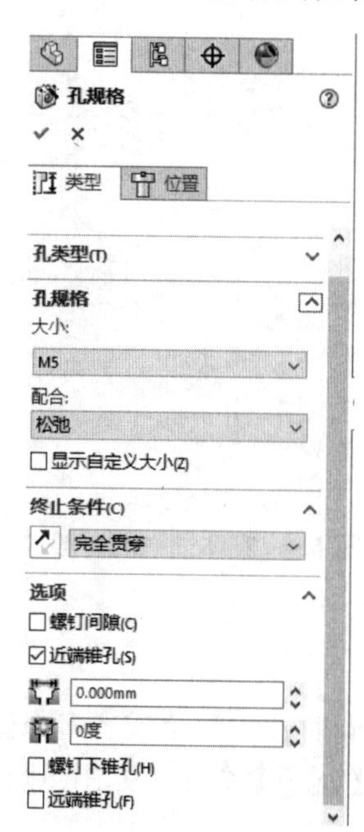

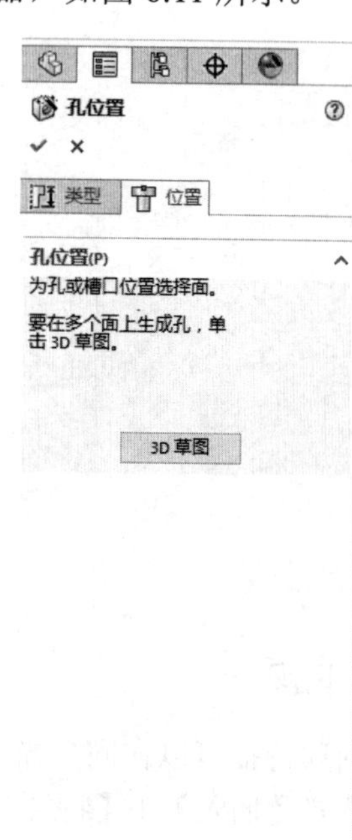

图 6.11 【孔规格】属性管理器

孔规格属性管理器中选项区各选项的含义如下：

(1) 类型(默认)：设定孔类型参数。

(2) 位置：在平面或非平面上找出异性孔向导。使用尺寸和其他草图工具来定位孔中心。

(3) 收藏：管理用户可在模型中重新使用的异形孔向导孔的样式清单。

(4) 孔类型和孔规格：设定孔类型和孔规格，孔规格选项区会根据孔类型的不同而有所不同。使用属性管理器图像和描述性文字来设置选项。

(5) 终止条件：类型决定孔特征延伸的距离。终止条件选项区会根据孔类型的不同而有所不同。

(6) 选项：该选项区根据孔类型更改而发生变化。

6.1.8 弯曲

选择【插入】|【特征】|【弯曲】菜单命令，弹出【弯曲】属性管理器，在【弯曲输入】选项组中选中【扭曲】单选按钮，如图 6.12 所示。

角度：设置扭曲角度。

图 6.12 【弯曲】属性管理器

6.1.9 包覆

包覆是将草图轮廓闭合到面上。包覆特征将草图包裹到平面或非平面，可从圆柱、圆锥或拉伸的模型生成一平面，也可选择一平面轮廓来添加多个闭合的样条曲线草图。包覆特征支持轮廓选择和草图再用，可以将包覆特征投影至多个面上。

注意：包覆的草图只可包含多个闭合轮廓。

用户可通过以下方式执行【包覆】命令：

(1) 单击【特征】工具栏上的【包覆】按钮

(2) 在菜单栏执行【插入】|【特征】|【包覆】命令。

执行【包覆】命令后，弹出【包覆】属性管理器，如图 6.13 所示。

图 6.13 【包覆】属性管理器

包覆属性管理器中各选项设定如下：

(1) 包覆参数：选择包覆类型。

（2）选定单选按钮：浮雕，在面上生成以突起特征。浊雕，在上面生成以缩进特征。刻划，在面上生成一草图轮廓的压印。

（3）包覆面：在图形区域为包覆草图的面选择一非平面的面。

（4）距离：设定厚度。

如果用户选择浮雕或浊雕，可以选择一直线，线性边线或基准面来设定拔模方向。对于直线或线性边线，拔模方向是选定实体的方向；对于基准面，拔模方向与基准面正交。

实体模型生成包覆特征的操作过程如图 6.14 所示。

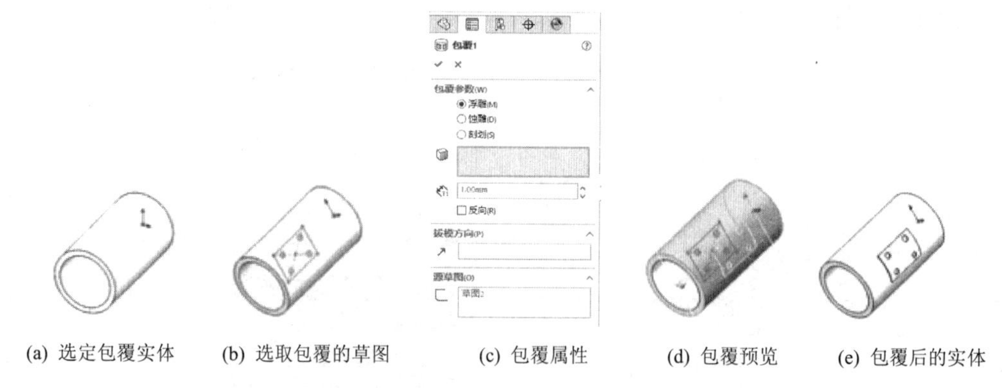

(a) 选定包覆实体　(b) 选取包覆的草图　(c) 包覆属性　(d) 包覆预览　(e) 包覆后的实体

图 6.14　生成包覆特征的操作过程

6.2　操作特征的概念

6.2.1　线性阵列

特征的线性阵列是在一个或者几个方向上建立多个指定的源特征。

单击【特征】工具栏中的【线性阵列】按钮或者选择【插入】|【阵列|镜像】|【线性阵列】命令，均可弹出【线性阵列】属性管理器，如图 6.15 所示。

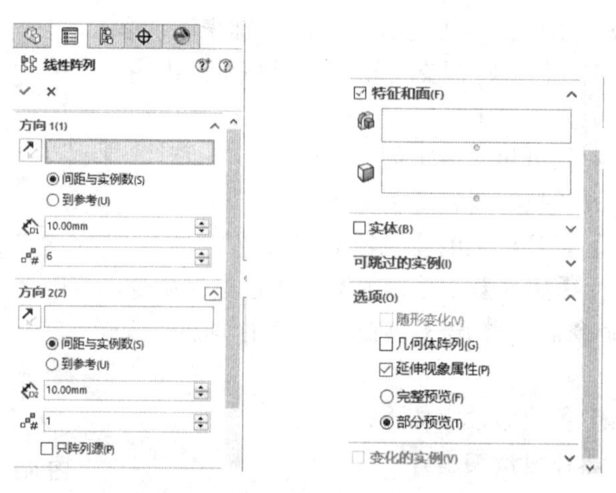

图 6.15　【线性阵列】属性管理器

线性阵列属性管理器中各选项设定如下：

1. 方向1、方向2选项组

(1) 阵列方向：设置阵列方向，可以选择线性边线、直线、轴或者尺寸。
(2) 反向：改变阵列方向。
(3) 间距：设置阵列实例之间的间距。
(4) 实例数：设置阵列实例之间的数量。
(5) 只阵列源：只使用源特征而不复制方向1选项组的阵列实例在方向2选项组中建立的线性阵列。

2. 要阵列的特征选项组

可以使用所选择的特征作为源特征以建立线性阵列。

3. 要阵列的面选项组

可以使用构成源特征的面建立阵列。在图形区域中选择源特征的所有面，这对于只输入构成特征的面而不是特征本身的模型很有用。

4. 要阵列的实体选项组

可以使用在多实体零件中选择的实体建立线性阵列。

5. 可跳过的实例选项组

可以在建立线性阵列时跳过在图形区域中选择的阵列实例。

6. 选项选项组

(1) 随形变化：允许重复时更改阵列。
(2) 几何体阵列：只使用特征的几何体建立线性阵列，而不阵列和求解特征的每个实例。
(3) 延伸视象属性：将 SolidWorks 的颜色、纹理和装饰螺纹数据延伸到所有阵列实例。

6.2.2 圆形阵列

特征的圆周阵列是将源特征围绕指定的轴线复制多个特征。

单击【特征】工具栏中的【圆周阵列】按钮或者选择【插入】|【阵列/镜像】|【圆周阵列】命令，均可弹出【圆周阵列】属性管理器，如图6.16所示。

线性阵列属性管理器中各选项设定如下：

(1) 阵列轴：在图形区域中选择轴或者模型边线作为建立圆周阵列所围绕的轴。
(2) 反向：改变圆周阵列的方向。
(3) 角度：设置每个实例之间的角度。
(4) 实例数：设置源特征的实例数。
(5) 等间距：自动设置总角度为360°。

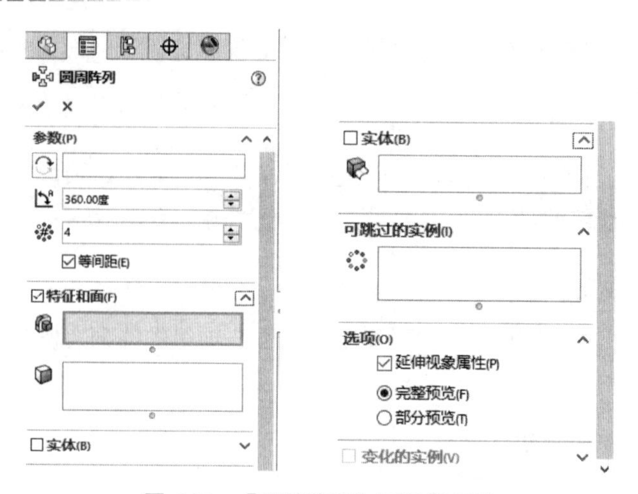

图 6.16 【圆周阵列】属性管理器

6.2.3 镜像

镜像特征是沿面或者基准面镜像以建立一个特征(或者多个特征)的复制操作。

单击【特征】工具栏中的【镜像】按钮或者选择【插入】|【阵列/镜像】|【镜像】命令，均可弹出【镜像】属性管理器，如图 6.17 所示。(注：按术语应为镜像，软件中为镜向。)

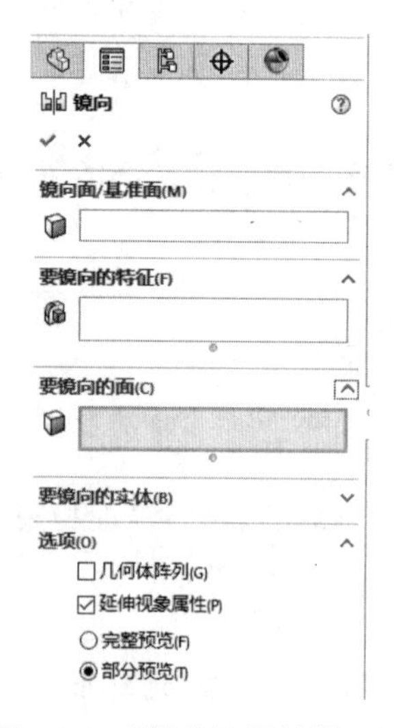

图 6.17 【镜像】属性管理器

镜像属性管理器中各选项设定如下：

(1) 镜像面/基准面：在图形区域中选择一个面或基准面作为镜像面。

(2) 要镜像的特征：单击选择模型中的一个或者多个特征，也可以在特征管理器设计树中选择要镜像的特征。

(3) 要镜像的面：在图形区域单击选择构成要镜像的特征的面，此选项组参数对于在输入的过程中仅包括特征的面且不包括特征本身的零件很有用。

镜像零部件时选择一个对称基准面及零部件以进行镜像操作。

在装配体窗口中，选择【插入】|【镜像零部件】命令，弹出【镜像零部件】属性管理器，如图 6.18 所示。

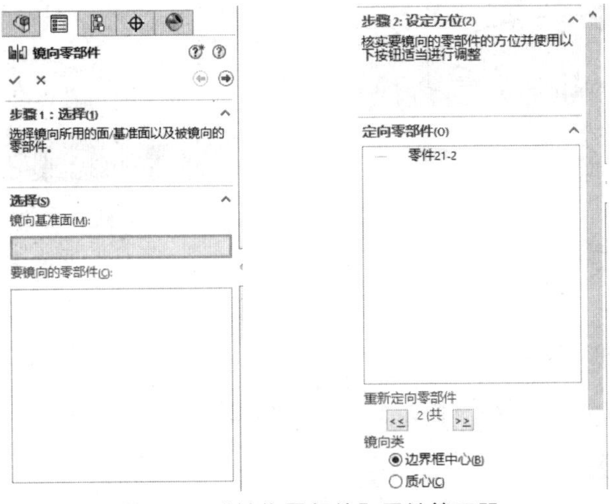

图 6.18 【镜像零部件】属性管理器

右击要镜像的零部件的名称，在弹出的快捷菜单中可以进行以下操作。

镜像所有子关系：镜像子装配体及其所有子关系。

镜像所有实例：镜像所选零部件的所有实例。

复制所有子实例：复制所选零部件的所有实例。

镜像所有零部件：镜像装配体中所有的零部件。

复制所有零部件：复制装配体中所有的零部件。

上 机 指 导

上机指导 1

建立如图 6.19 所示的模型，设置文档属性，选择正确的草图绘制平面，应用正确的草图与特征工具。根据提供的信息计算零件的质量、体积、表面积和重心的位置。

材料：1060 铝合金

单位系统：MMGS

【上机指导 1 源文件】

图 6.19 立体模型

（1）绘制如图 6.20 所示的草图轮廓。

（2）创建深度为 30mm 的拉伸特征，如图 6.21 所示。

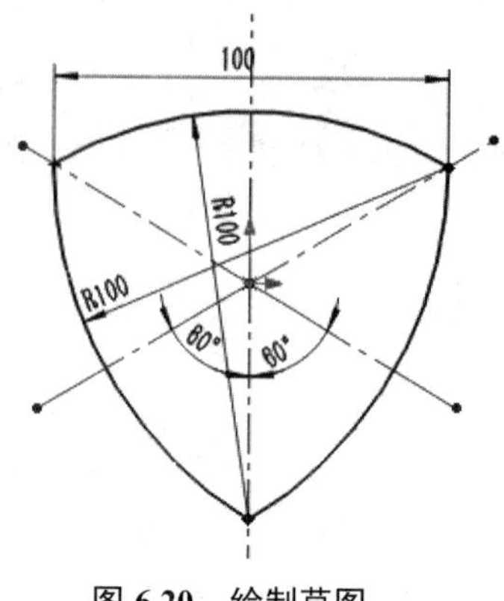

图 6.20 绘制草图

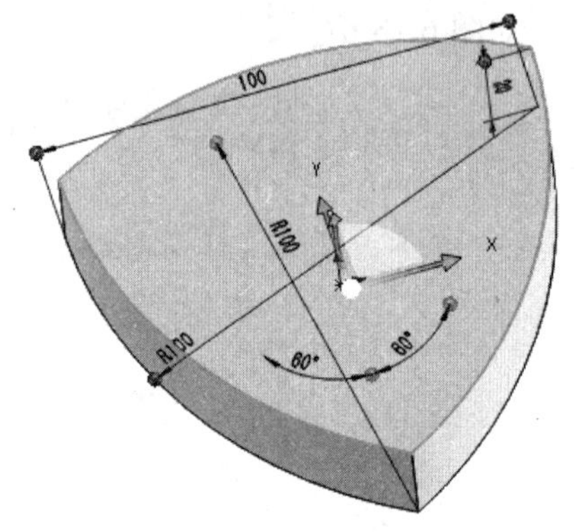

图 6.21 创建拉伸特征

（3）创建拔模特征，拔模角度为 10°，如图 6.22 所示。

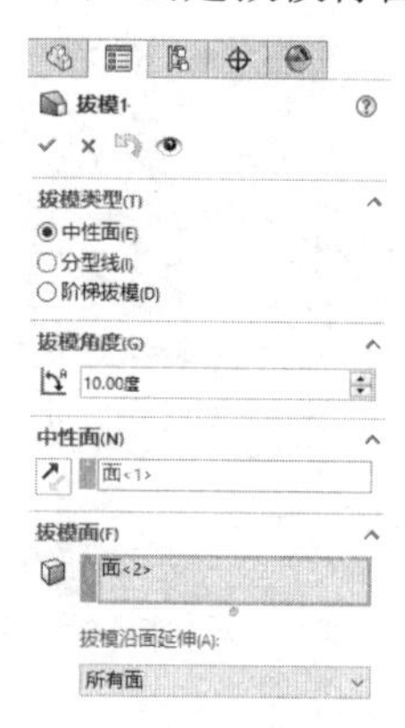

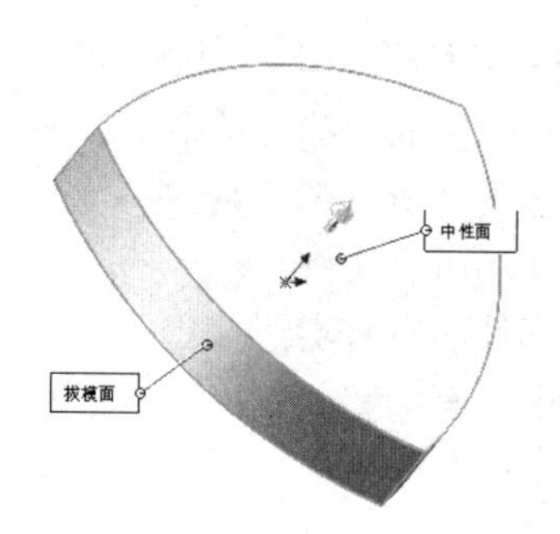

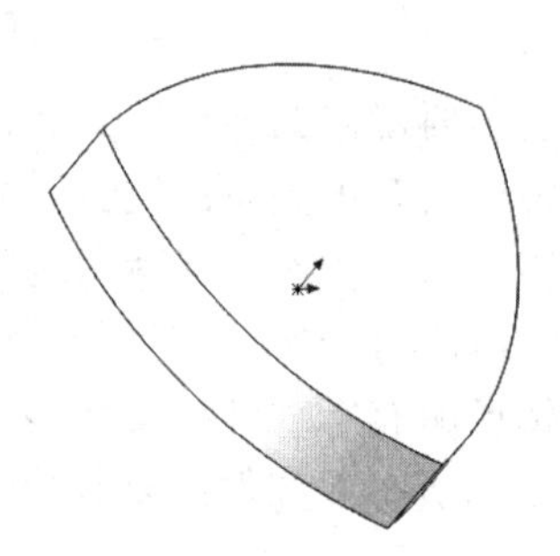

图 6.22 创建拔模特征

（4）创建圆角特征，半径为 20mm，如图 6.23 所示。

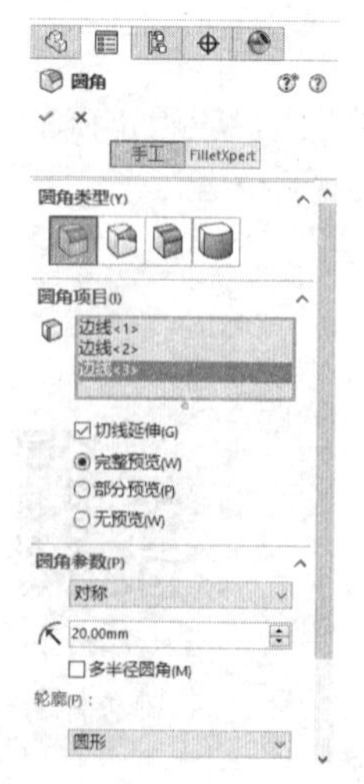

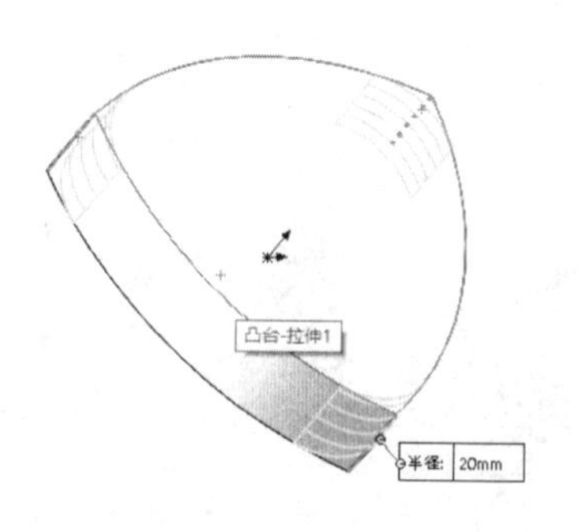

图 6.23 创建圆角特征 1

（5）绘制如图 6.24(a)所示的草图，半径为 28mm，高度为 30mm，并创建旋转切除特征，两侧对称切除，如图 6.24(b)所示。

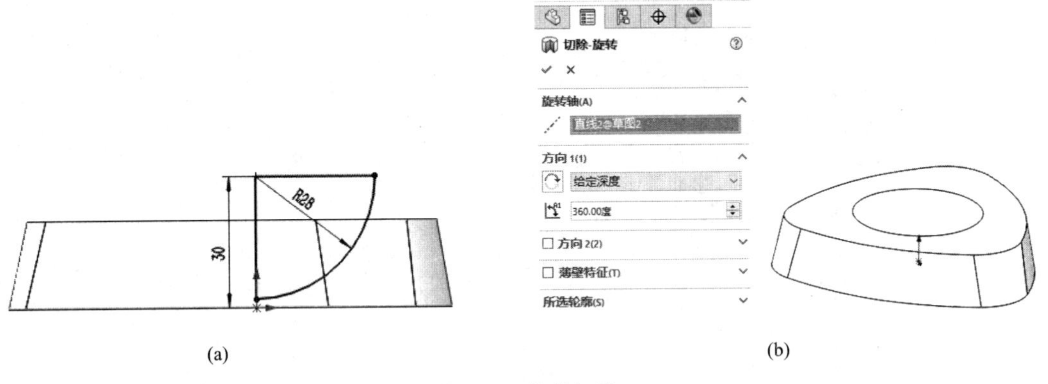

图 6.24　旋转切除

（6）绘制如图 6.25(a)所示的草图，直径为 16mm，高度为 3mm，创建拉伸切除特征，如图 6.25(b)所示。

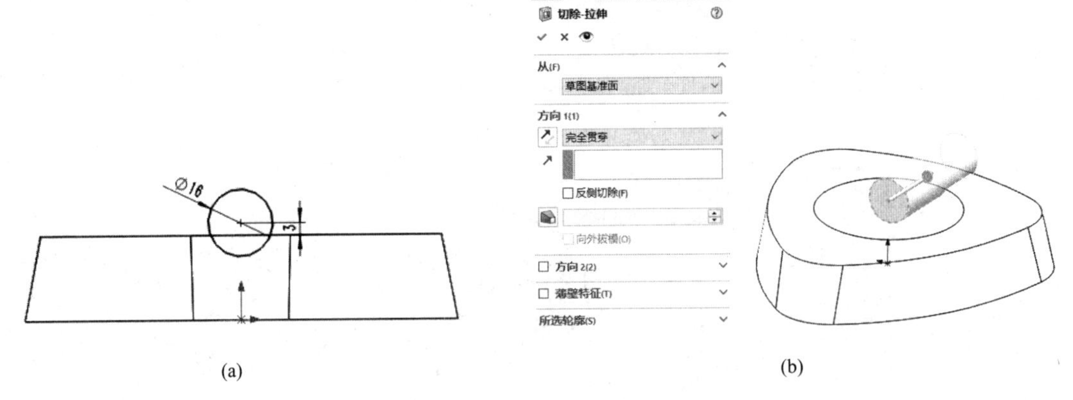

图 6.25　创建拉伸切除特征

（7）创建圆周阵列特征，角度为 360°，等间距，阵列数为 3，如图 6.26 所示。

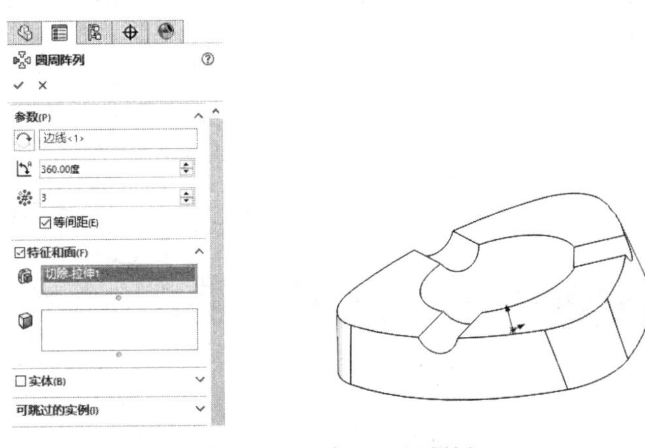

图 6.26　创建圆周阵列特征

(8) 创建圆角特征，圆角半径为 5mm，如图 6.27 所示。

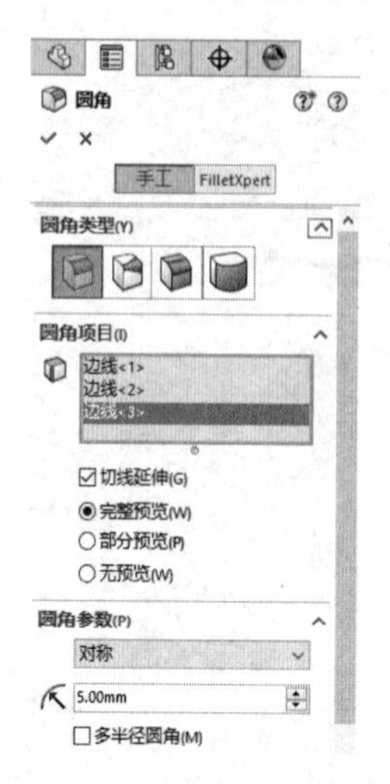

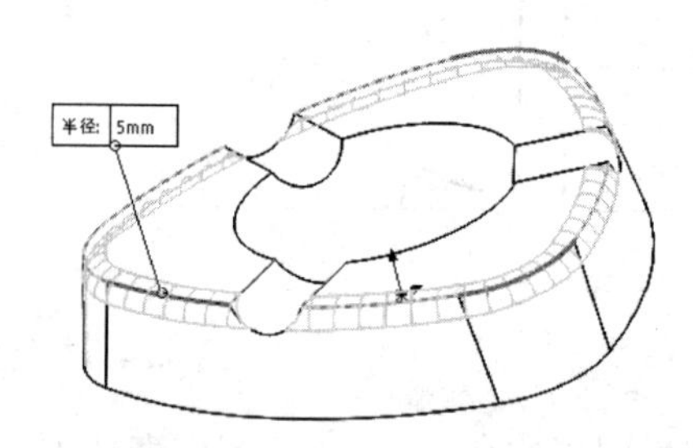

图 6.27 创建圆角特征 2

(9) 创建厚度为 2mm 的抽壳特征，如图 6.28 所示。

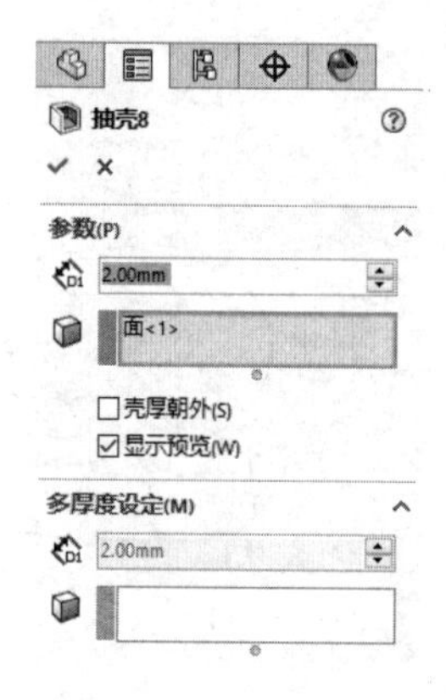

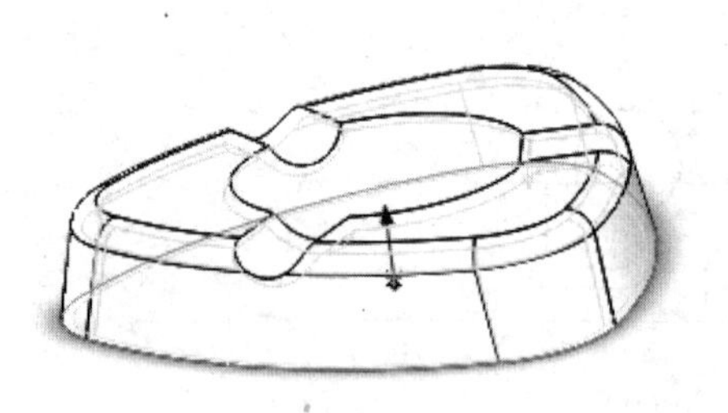

图 6.28 创建抽壳特征

(10) 选择【参考几何体】|【坐标系】命令，建立如图 6.29 所示的坐标系。

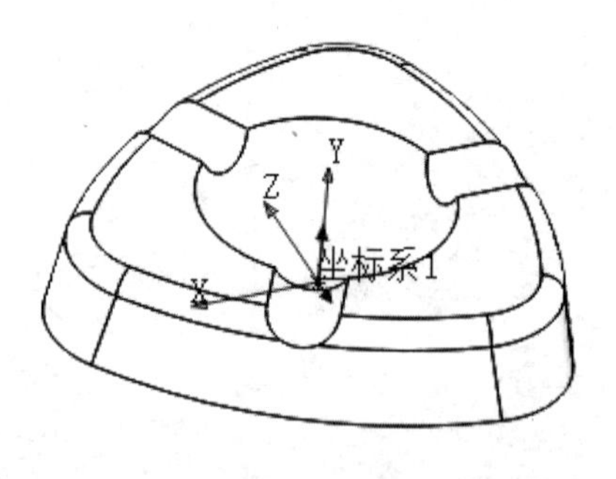

图 6.29 创建坐标系

零件的质量属性如下：

坐标系：坐标系 1

密度 = 0.003 克/立方毫米

质量 = 72.153 克

体积 = 26723.416 立方毫米

表面积 = 27389.654 平方毫米

重心：（毫米） X = 0.000 Y = 12.257 Z = 0.000

上机指导 2

建立如图 6.30 所示的模型，设置文档属性，正确选择草图绘制平面，应用正确的草图与特征工具。根据提供的信息计算零件的质量、体积、表面积和重心的位置。

材料：2014 铝合金

单位系统：MMGS

【上机指导 2 源文件】

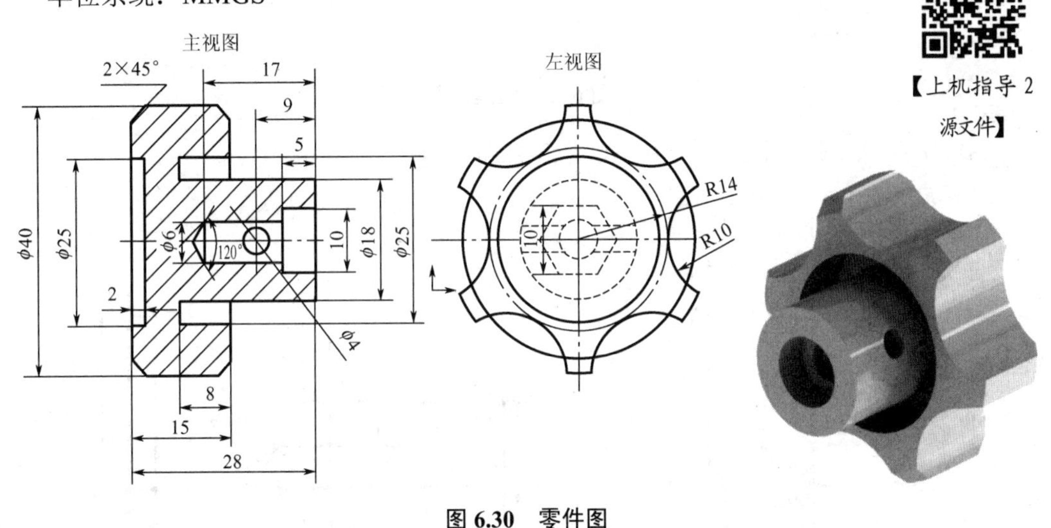

图 6.30 零件图

(1) 在前视基准面绘制如图 6.31 所示的草图轮廓，直径依次为 18mm、25mm、40mm，并创建拉伸特征，拉伸深度依次为 7mm、15mm、28mm。

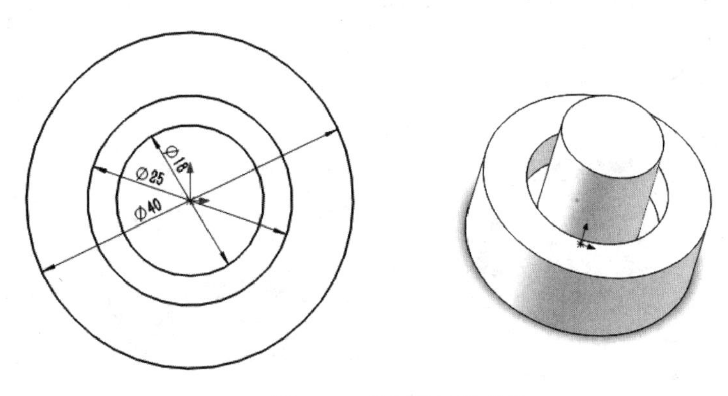

图 6.31 绘制草图并拉伸

(2) 添加倒角特征，选择角度-距离，输入距离为 2mm，角度为 45°，如图 6.32 所示

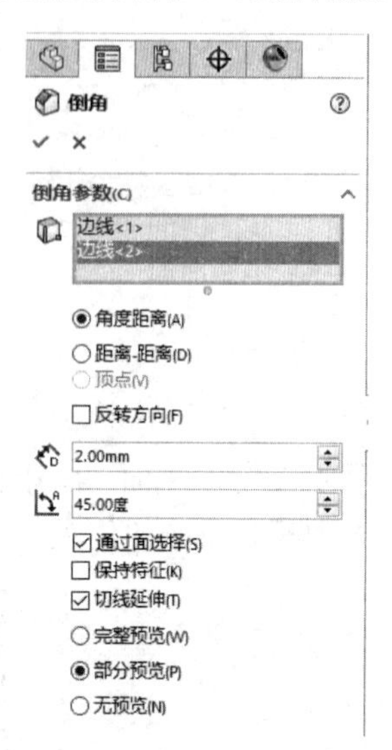

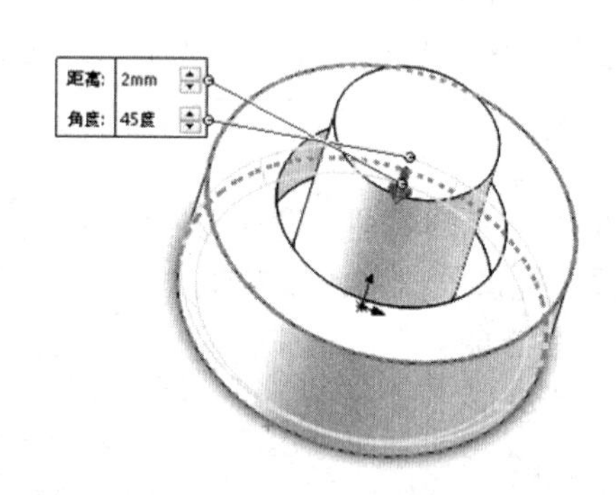

图 6.32　创建倒角

(3) 在右视基准面上绘制如图 6.33 所示的草图轮廓。

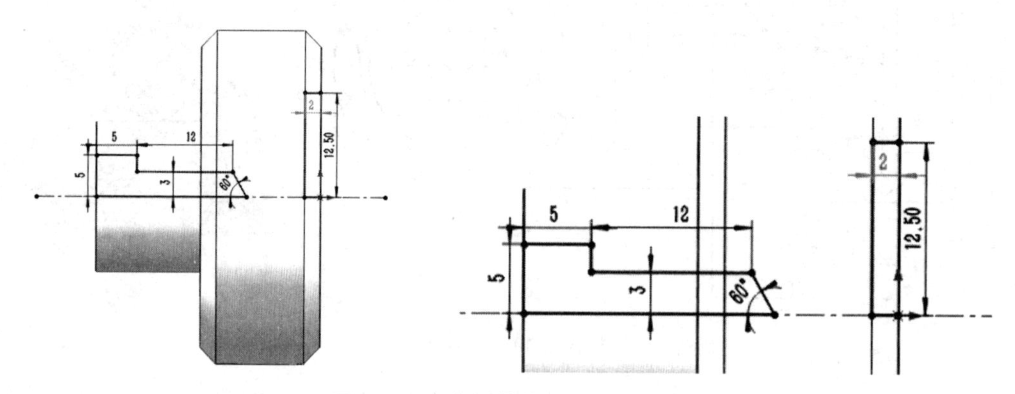

图 6.33　在右视基准面上绘制草图

(4) 退出草图，创建旋转切除特征，如图 6.34 所示。

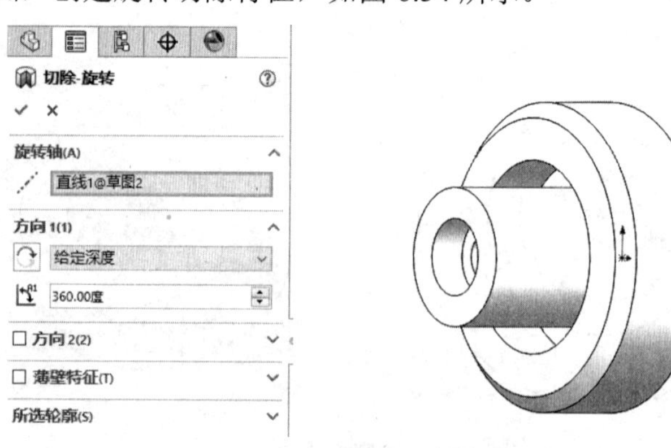

图 6.34　旋转切除

(5) 在前视基准面绘制如图 6.35 所示的草图，直径为ϕ28mm，半径为 R10mm，创建拉伸切除特征，选择完全贯穿。

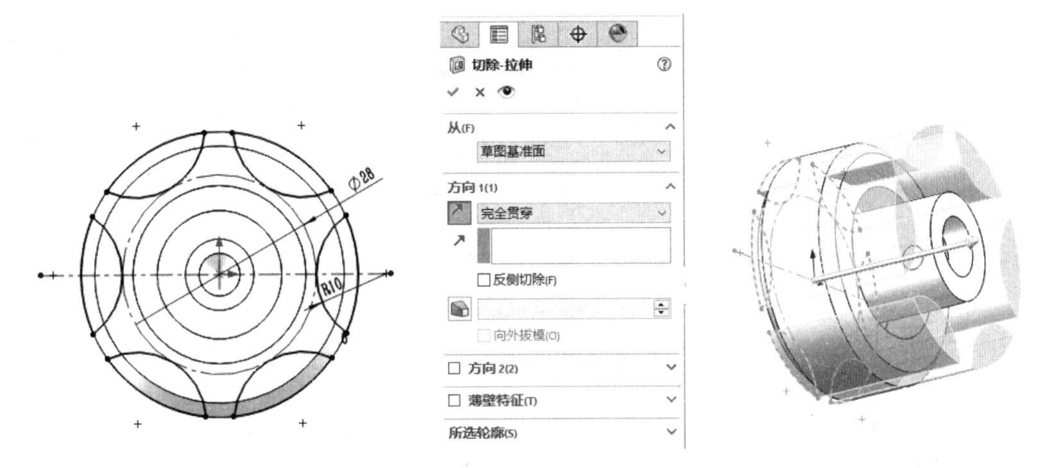

图 6.35　完全贯穿拉伸切除

(6) 在右视基准面绘制如图 6.36 所示的草图，创建拉伸切除特征，选择完全贯穿两者。

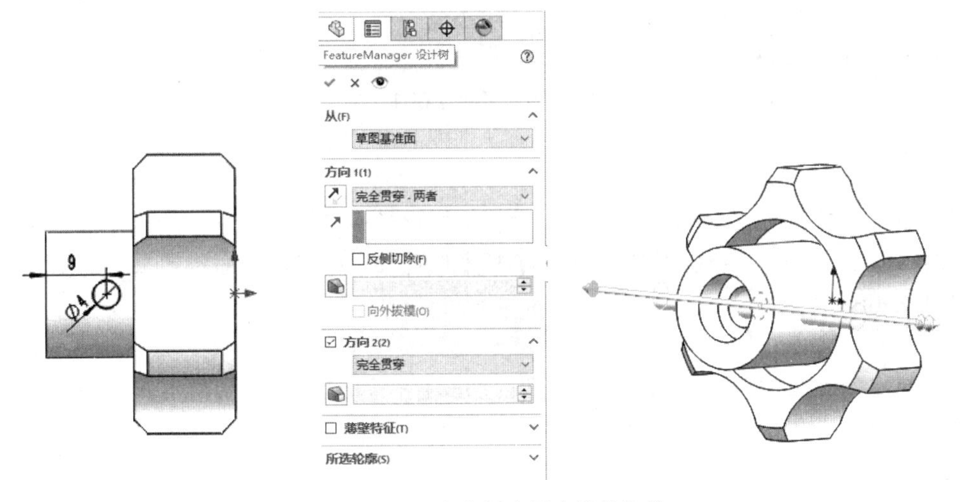

图 6.36　完全贯穿两者拉伸切除

(7) 在前视基准面绘制如图 6.37 所示的草图轮廓，创建拉伸切除特征，选择完全贯穿。

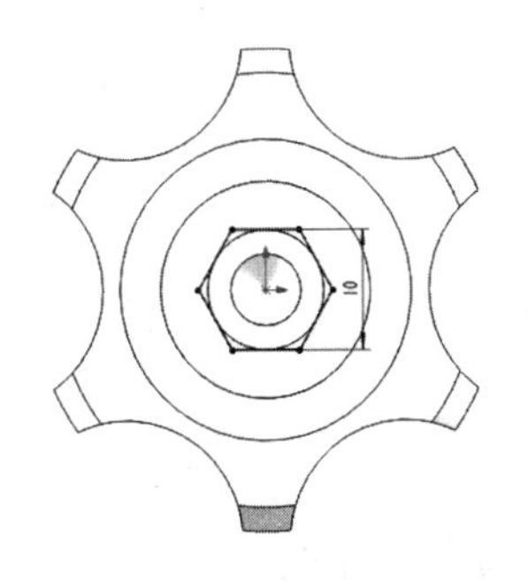
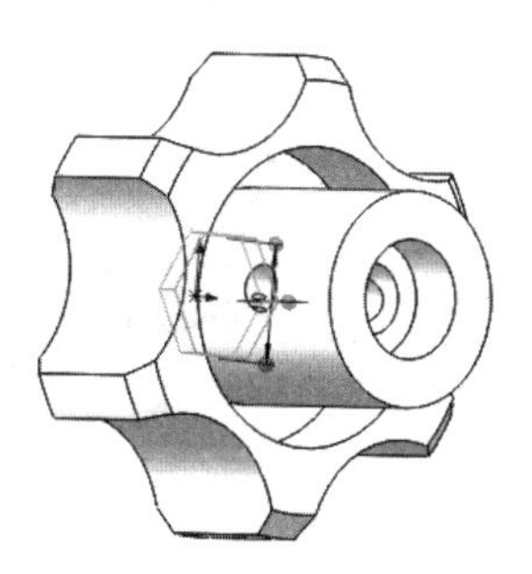
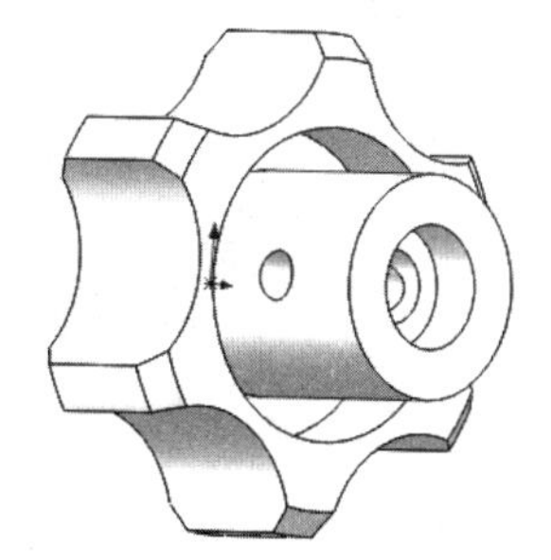

图 6.37　拉伸切除

(8) 选择【参考几何体】|【坐标系】命令，建立如图 6.38 所示的坐标系。

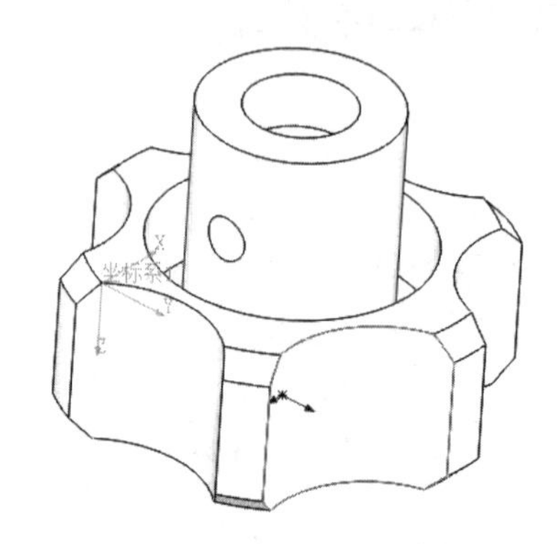

图 6.38　创建坐标系

零件的质量属性如下：

坐标系：坐标系 1

密度 = 0.003 克/立方毫米

质量 = 33.552 克

体积 = 11983.022 立方毫米

表面积 = 6220.252 平方毫米

重心：(毫米)　X = 16.667　Y = 6.799　Z = 4.601

上机指导 3

建立如图 6.39 所示的螺钉旋具模型，设置文档属性，正确选择草图绘制平面，应用正确的草图与特征工具。根据提供的信息计算零件的质量、体积、表面积和重心的位置。

材料：3003 合金

单位系统：MMGS

(1) 创建如图 6.40(a)所示的八边形，内切圆直径为ϕ20mm，创建实体拉伸特征，拉伸深度为 66mm，如图 6.40(a)所示。

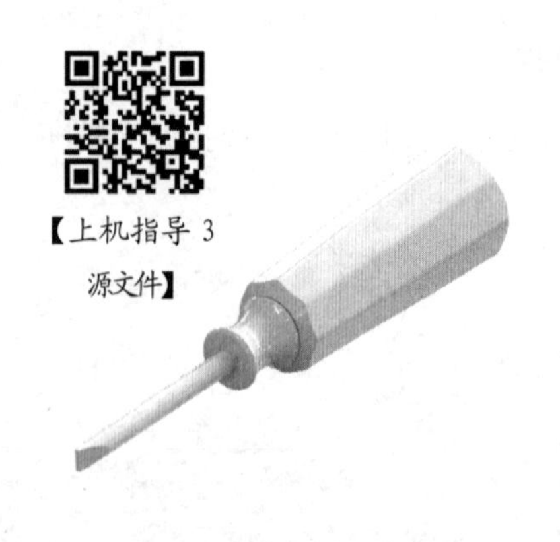

图 6.39　螺钉旋具

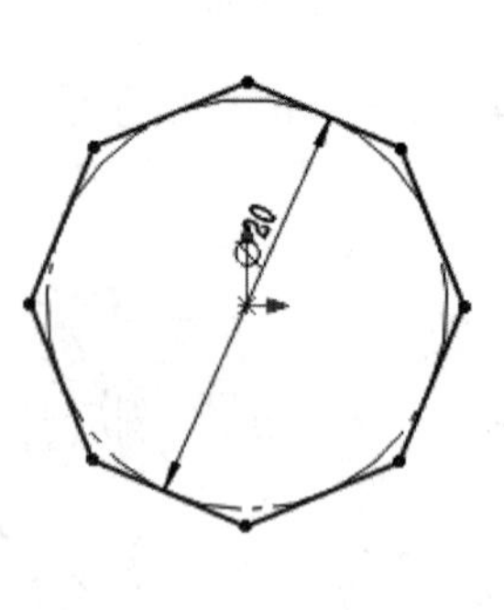

(a)

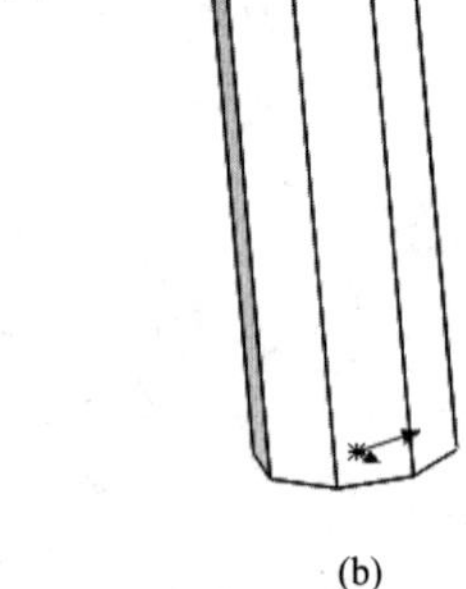

(b)

图 6.40　拉伸八边形

(2) 创建拔模特征，选择棱柱的 8 个面作为拔模面，拔模角度为 2°，上端面为中性面，如图 6.41 所示。

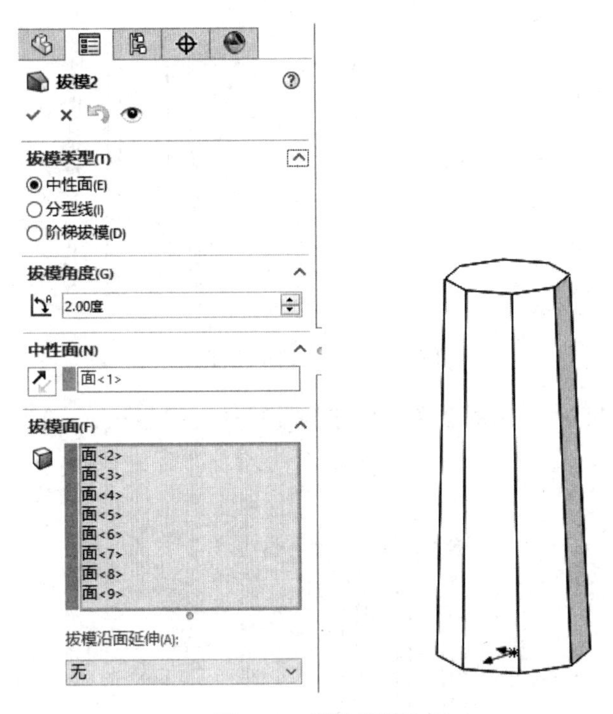

图 6.41　创建拔模特征

(3) 在上视基准面绘制如图 6.42(a)所示的草图，创建旋转切除特征，如图 6.42(b)所示。

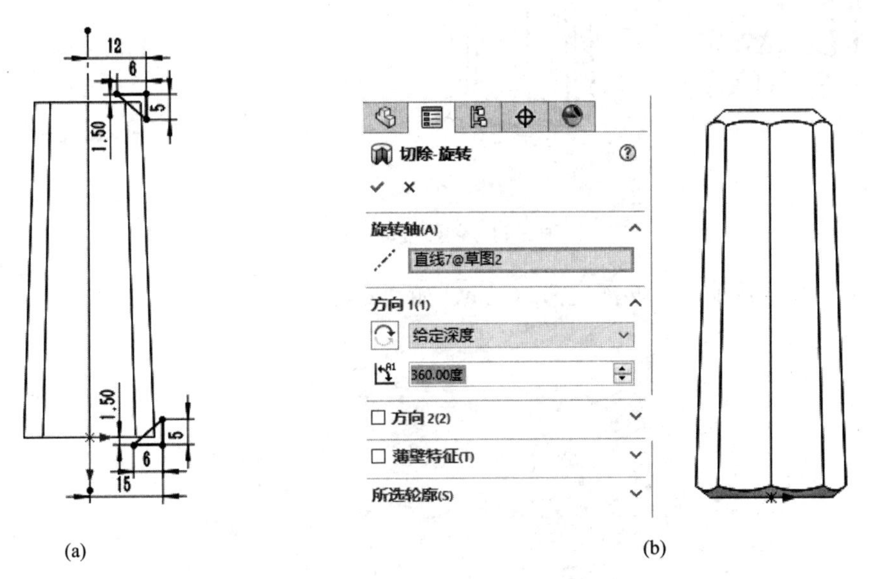

图 6.42　创建旋转切除特征

(4) 创建圆角特征，圆角半径为 3mm，如图 6.43 所示。

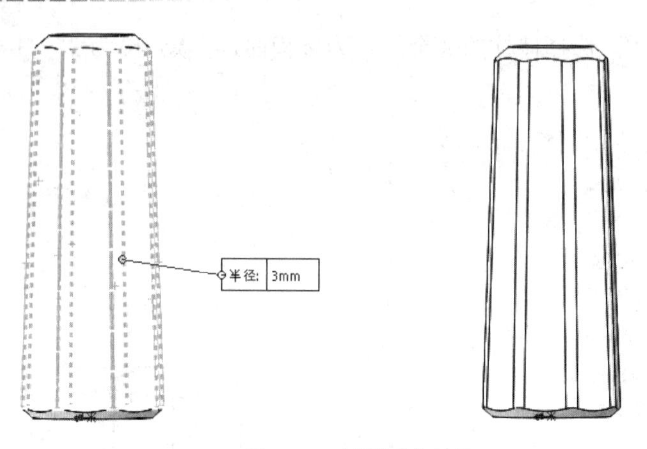

图 6.43　创建圆角特征

(5) 绘制如图 6.44(a)所示的草图，创建旋转特征，如图 6.44(b)所示。

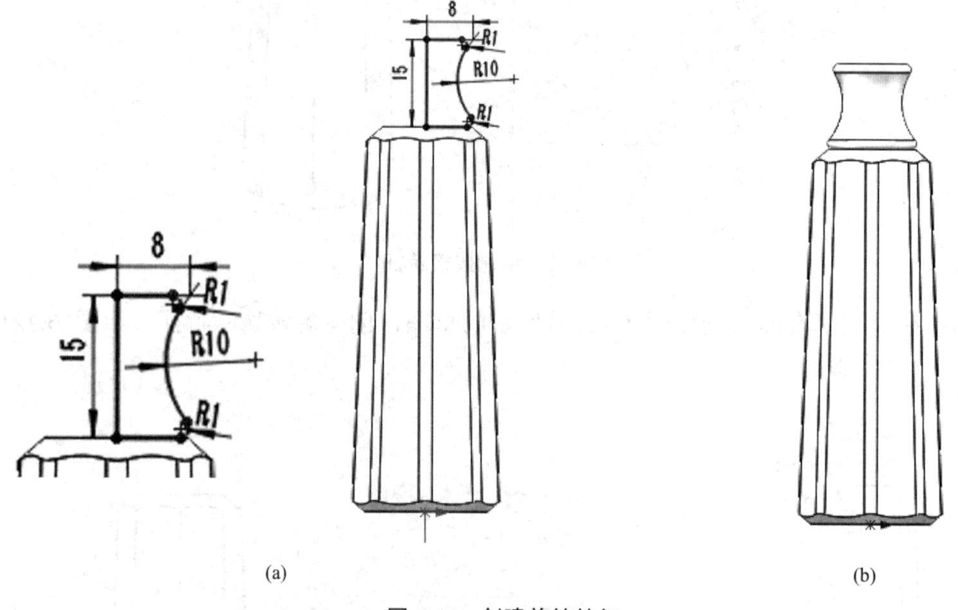

图 6.44　创建旋转特征

(6) 创建拉伸特征，拉伸深度为 50mm，如图 6.45 所示。

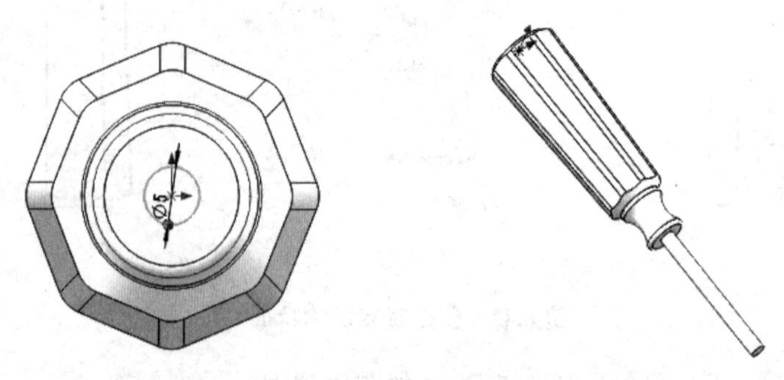

图 6.45　创建拉伸特征

(7) 创建圆顶特征，圆顶生成面如图6.46所示。

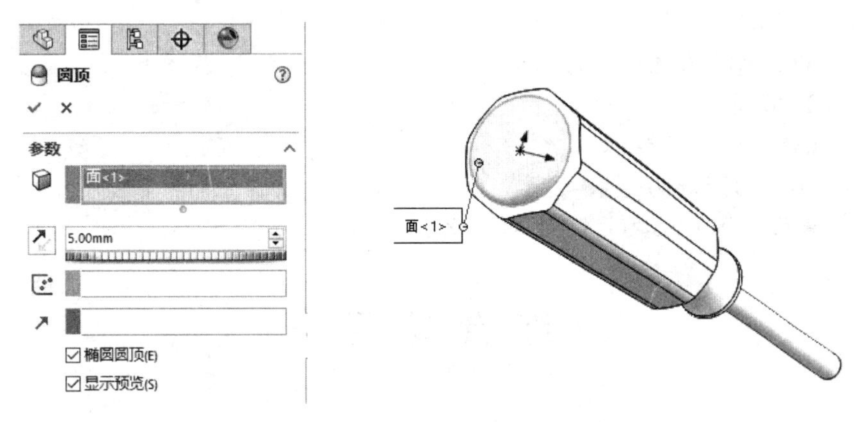

图 6.46 创建圆顶特征

(8) 创建如图6.47(a)所示的拉伸切除特征，完成零件，如图6.47(b)所示。

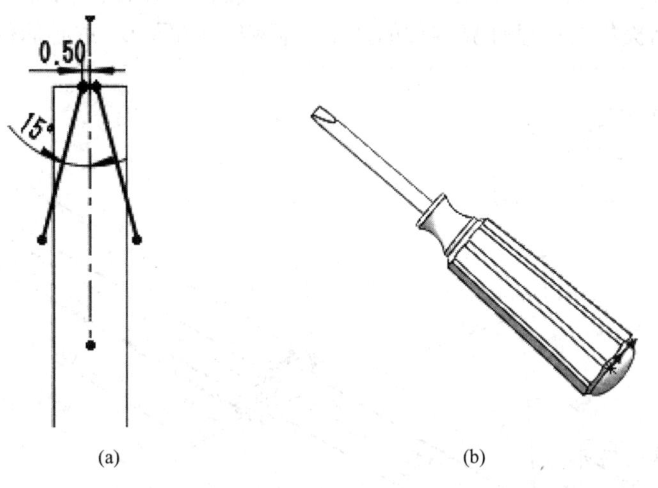

图 6.47 拉伸切除完成零件

(9) 选择【参考几何体】|【坐标系】命令，建立如图6.48所示的坐标系。

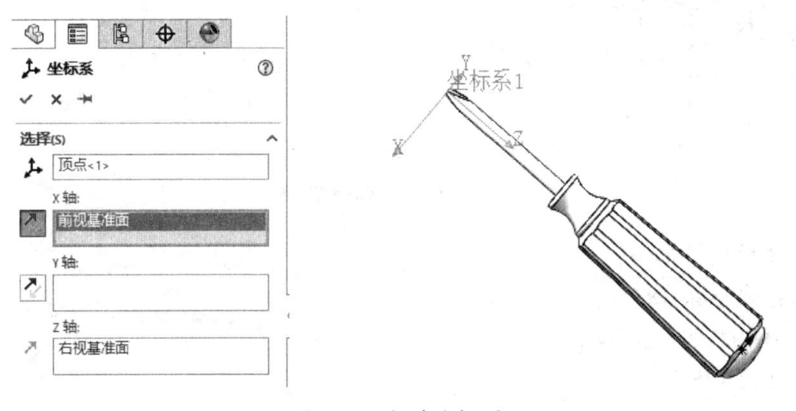

图 6.48 创建坐标系

零件的质量属性如下：

坐标系：坐标系 1

密度 ＝0.003 克/立方毫米

质量 ＝83.582 克

体积 ＝30956.363 立方毫米

表面积 ＝6992.175 平方毫米

重心：（毫米） X＝0.500 Y＝2.450 Z＝96.849

综 合 练 习

综合练习 1

建立如图 6.49 所示的模型，设置文档属性，正确选择草图绘制平面，应用正确的草图与特征工具。根据提供的信息计算零件的质量、体积、表面积和重心的位置。

材料：3003 铝合金

单位系统：MMGS

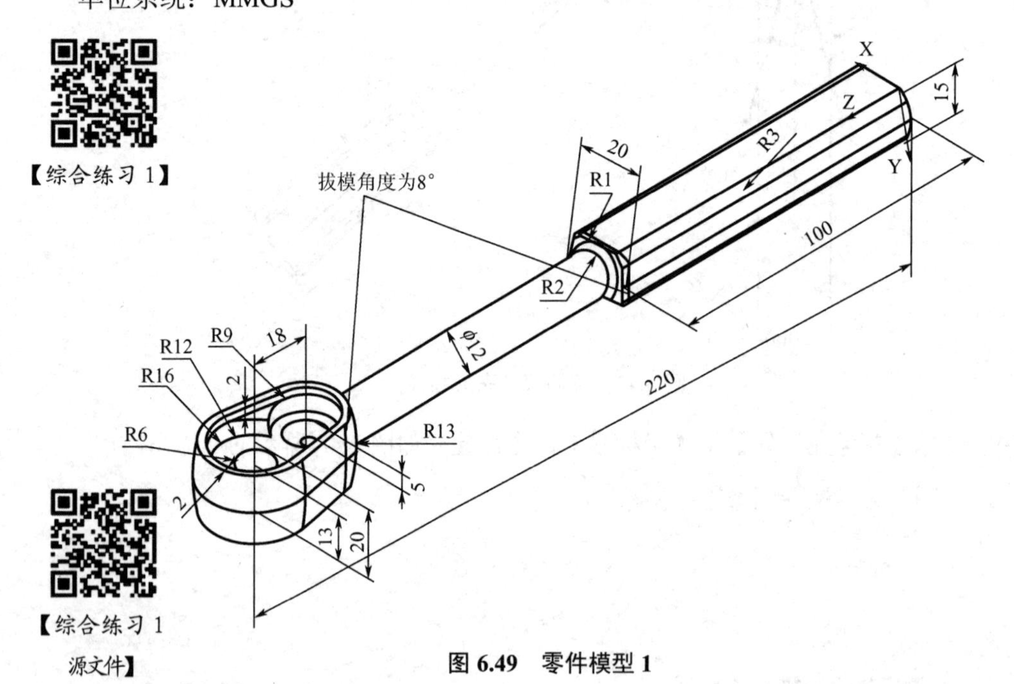

图 6.49 零件模型 1

零件的质量属性如下：

坐标系：坐标系 1

密度 ＝0.003 克/立方毫米

质量 ＝140.425 克

体积 ＝52009.374 立方毫米

表面积 = 15672.098 平方毫米

重心：（毫米） X = 6.338 Y = 7.941 Z = 112.241

综合练习 2

建立如图 6.50 所示的模型，设置文档属性，正确选择草图绘制平面，应用正确的草图与特征工具。根据提供的信息计算零件的质量、体积、表面积和重心的位置。

材料：1060 铝合金

单位系统：MMGS

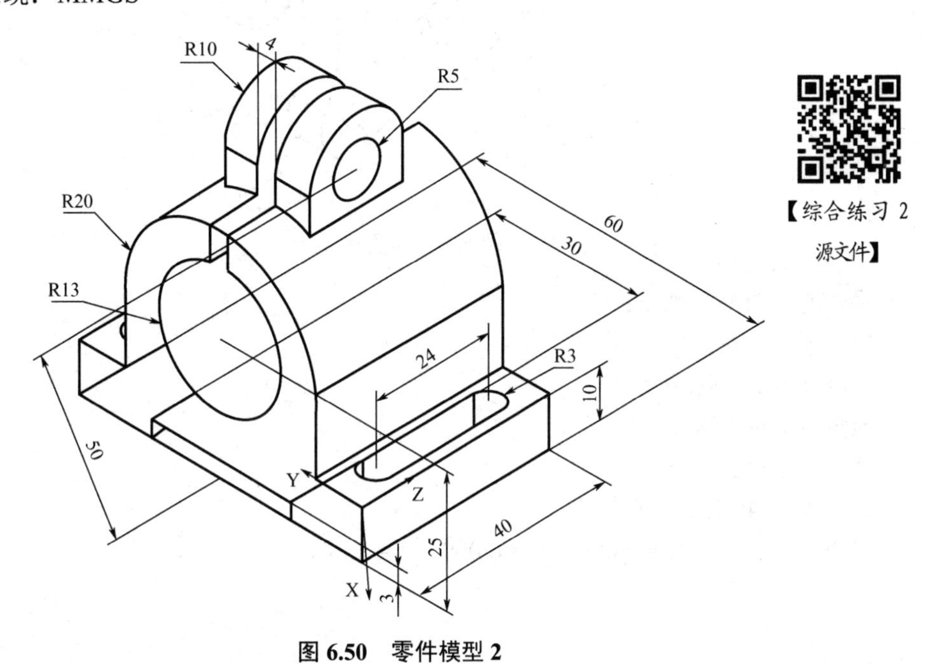

图 6.50 零件模型 2

零件的质量属性如下：

坐标系：坐标系 1

密度 = 0.003 克/立方毫米

质量 = 125.483 克

体积 = 46475.056 立方毫米

表面积 = 16025.458 平方毫米

重心：（毫米） X = –9.868 Y = 30.000 Z = 20.000

综合练习 3

建立如图 6.51 所示的模型，设置文档属性，正确选择草图绘制平面，应用正确的草图与特征工具。根据提供的信息计算零件的质量、体积、表面积和重心的位置。

材料：2024 铝合金

单位系统：IPS

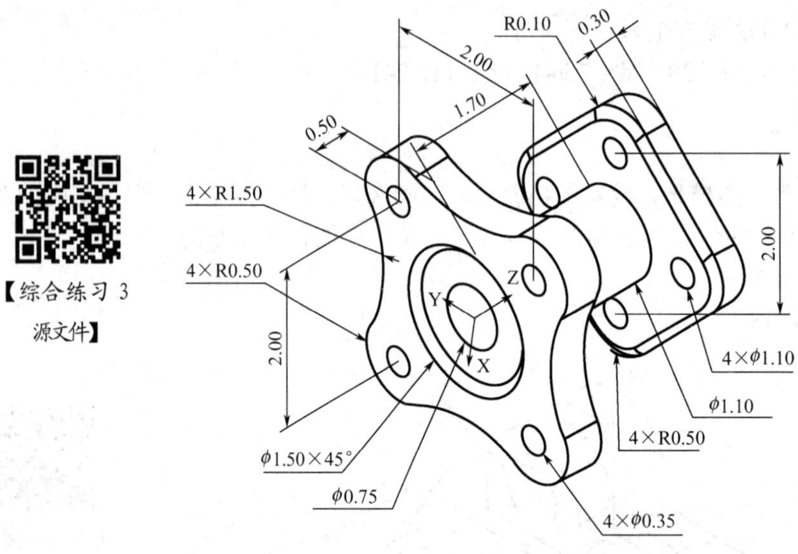

图 6.51　零件模型 3

零件的质量属性如下：

坐标系：坐标系 1

密度 ＝0.101 磅/立方英寸

质量 ＝0.602 磅

体积 ＝5.953 立方英寸

表面积 ＝46.782 平方英寸

重心：（英寸） X = 0.000　Y = 0.000　Z = 1.101

第7章 扫描特征

7.1 扫描特征的概念

扫描是通过一平面草图(轮廓)沿着一条路径的起点到终点所扫过面积的集合来生成凸台、基体、切除、曲面，常用于建构变化多且不规则的模型。为了使扫描的立体构件更具多样性，通常会加入一条甚至多条引导线以控制其外形。

7.2 扫 描 类 型

(1) 扫描凸台：一平面草图沿着一条路径扫描生成一实体构件。

(2) 扫描切除：一平面草图沿着一条路径扫描切除一实体构件。

在钣金件的立体造型过程中，主要采用的是扫描凸台命令，利用此命令可生成圆形截面弯头、多边形截面弯头等曲面的立体造型。

7.3 扫描特征的基本要素

7.3.1 平面草图

平面草图(轮廓)的要素——正确绘制平面草图是扫描特征的基础。

(1) 对于生成立体构件，扫描特征轮廓必须是闭环的；对于曲面扫描特征，轮廓可以是闭环的，也可以是开环的。

(2) 轮廓草图尺寸不能过大，否则可能导致扫描特征的交叉情况。

7.3.2 路径

(1) 路径必须是一条路径。

(2) 路径的类型。路径可以是一张草图、一条曲线或一组模型边线中包含的一组草图曲线。

(3) 路径可以为开环或闭环。

(4) 路径的起点必须位于轮廓的基准面上，但不一定和轮廓相交。

7.3.3 引导线

(1) 可以使用一条或多条引导线。

(2) 引导线的起点必须和轮廓线相交于一个点。

7.3.4 扫描的分类

要完成扫描特征，首先要在两个不同的基准面上分别绘制扫描轮廓和扫描路径，也可创建引导线，然后单击【特征】工具栏中的【扫描】按钮。在弹出的【扫描】属性管理器中，【轮廓和路径】选项组中分别选择对应的草图。因此扫描可分为以下几种：

1. 简单扫描

一个扫描轮廓和一条扫描路径，如图 7.1 所示。

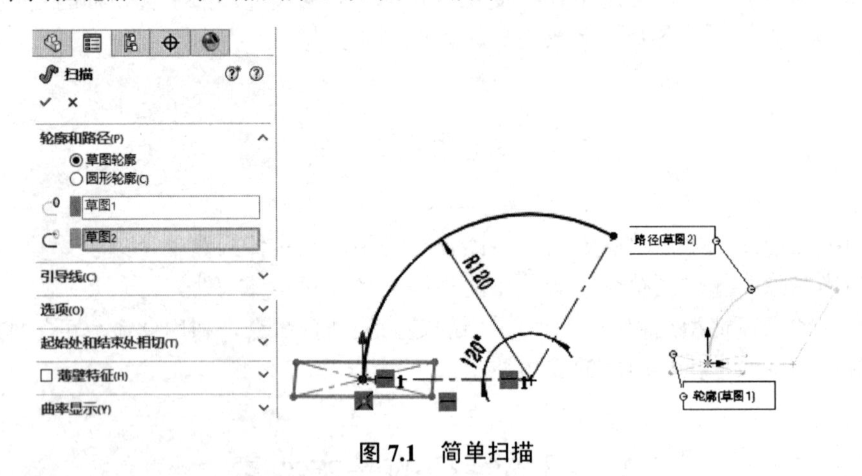

图 7.1 简单扫描

2. 引导线扫描

创建引导线扫描时，引导线和轮廓(或轮廓草图上的点)之间必须是穿透几何关系，同时轮廓草图不可用定型尺寸约束。

(1) 路径+一条引导线的扫描，如图 7.2 所示。

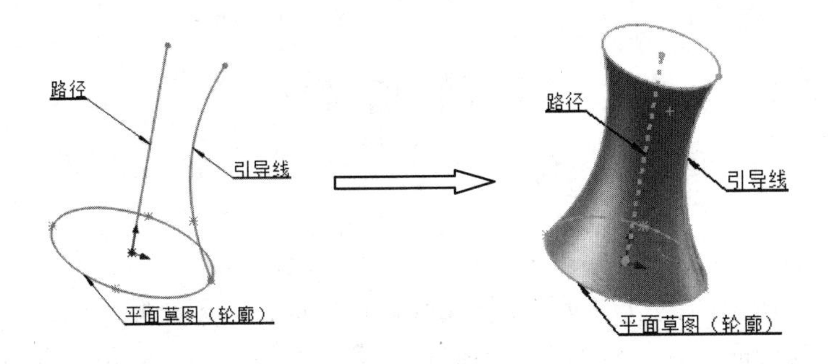

图 7.2　路径+一条引导线的扫描

(2) 路径+两条引导线的扫描，如图 7.3 所示。

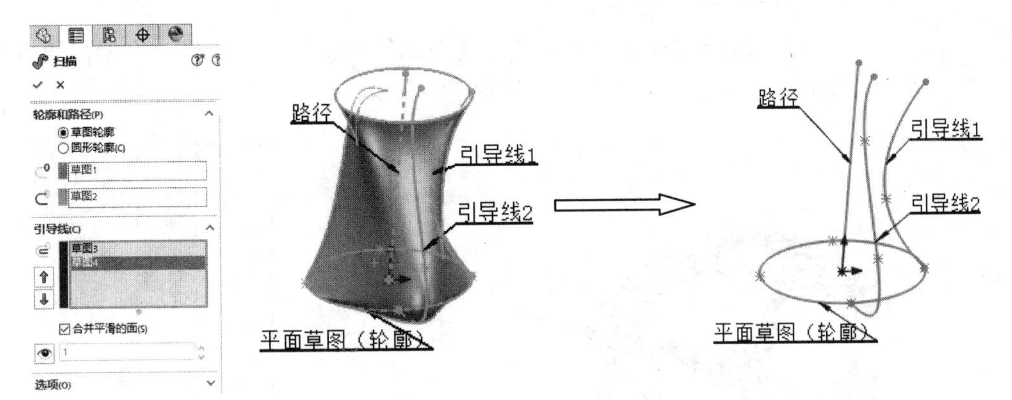

图 7.3　路径+两条引导线的扫描

3. 扫描切除

使用实体做扫描切除（主要用于生成螺纹），如图 7.4 所示。

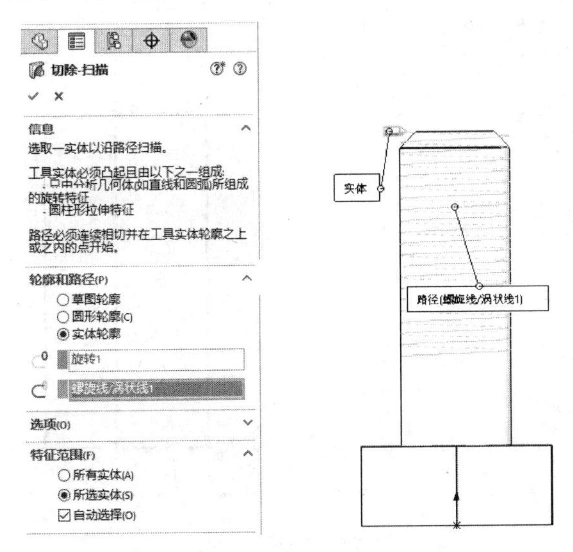

图 7.4　扫描切除

上 机 指 导

上机指导 1

建立如图 7.5 所示的模型，设置文档属性，正确选择草图绘制平面，应用正确的草图与特征工具。根据提供的信息计算零件的质量、体积、表面积和重心的位置。

【上机指导 1 源文件】

材料：6061 铝合金

单位系统：MMGS

（1）选择右视基准面，选择【草图绘制】命令，绘制一个偏离原点高 45mm、宽 12.5mm 的矩形，如图 7.6 所示。

图 7.5 零件模型

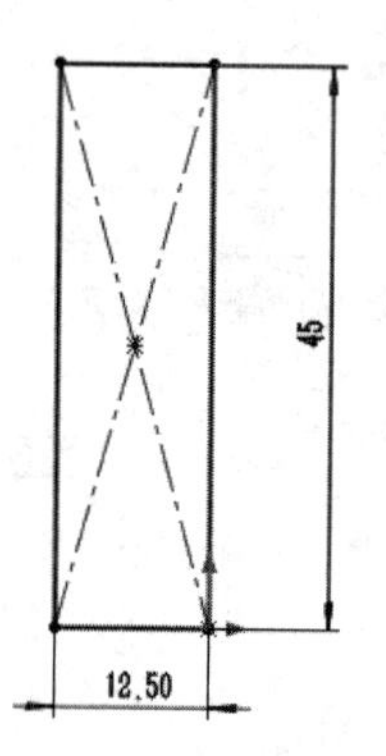

图 7.6 绘制矩形

（2）绘制如图 7.7 所示的垂直线，选择【作为构造线】选项，将该线转换为构造线。

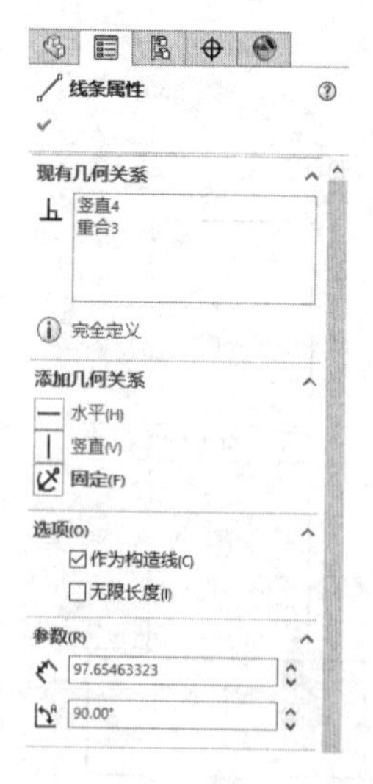

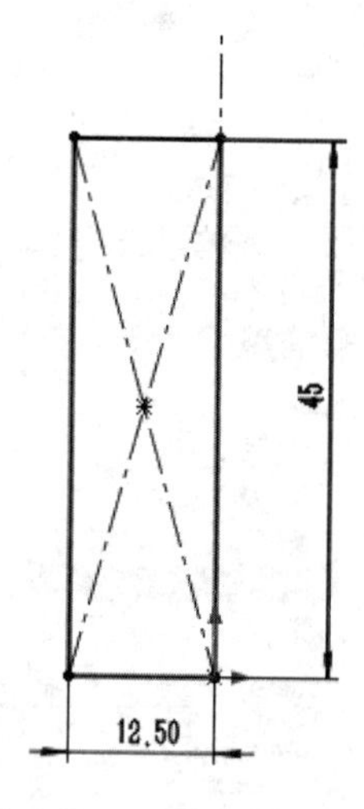

图 7.7 创建构造线

(3) 选择【三点圆弧】命令，绘制如图 7.8 所示的草图，编辑尺寸达到相同的效果。

(4) 使用【剪裁】|【剪裁到最近端】命令，剪裁掉圆弧内侧的直线部分，结果如图 7.9 所示。

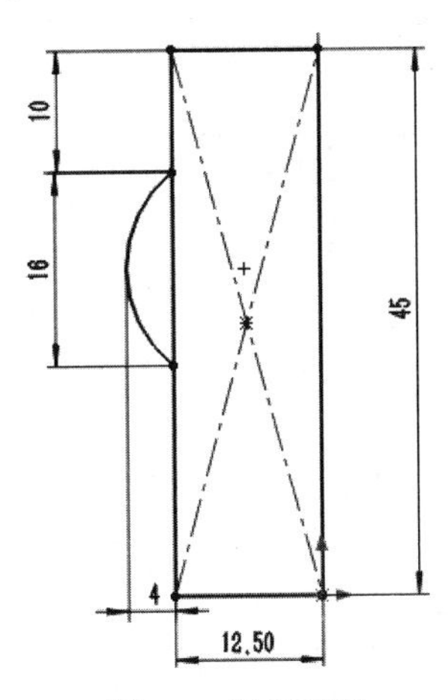

图 7.8 绘制圆弧

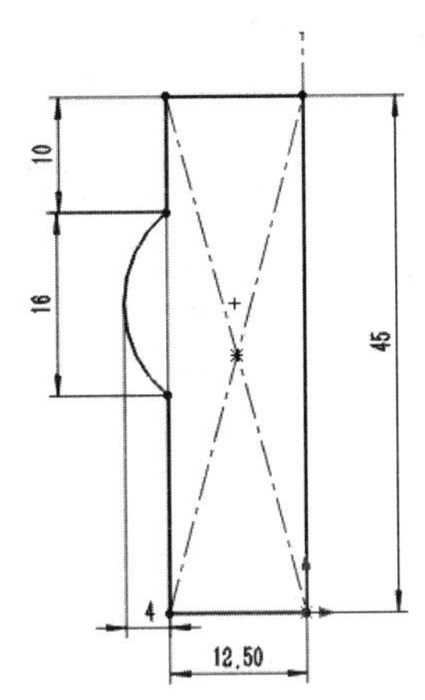

图 7.9 剪裁圆弧内侧直线

(5) 单击【旋转凸台/基体】按钮，接受默认终止条件：给定深度，旋转角度为 360°，单击【确定】按钮，如图 7.10 所示。

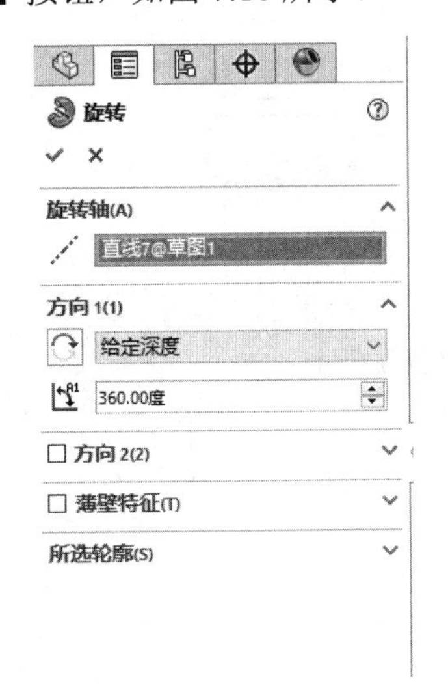

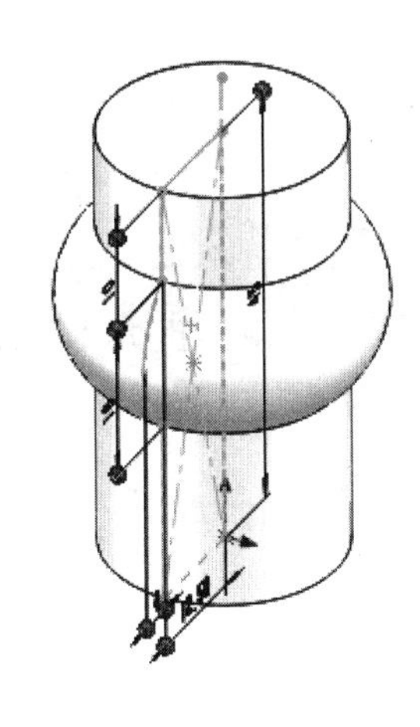

图 7.10 旋转凸台

(6) 选择【绘制圆角】命令，设置圆角值为 5.00mm，确认勾选【保持拐角处约束条件】复选框，在如图 7.11 所示的位置处绘制圆角。

(7) 选择右视基准面作为草图绘制平面，选择【中心点直槽口】命令，选择【添加尺寸】和【总长度】，然后按如图 7.12 所示的位置绘制草图，并标注尺寸。

(8) 用【中心线】工具在如图 7.13 所示的位置添加中心线，并设置为【竖直】和【无限长度】，作为旋转轴。

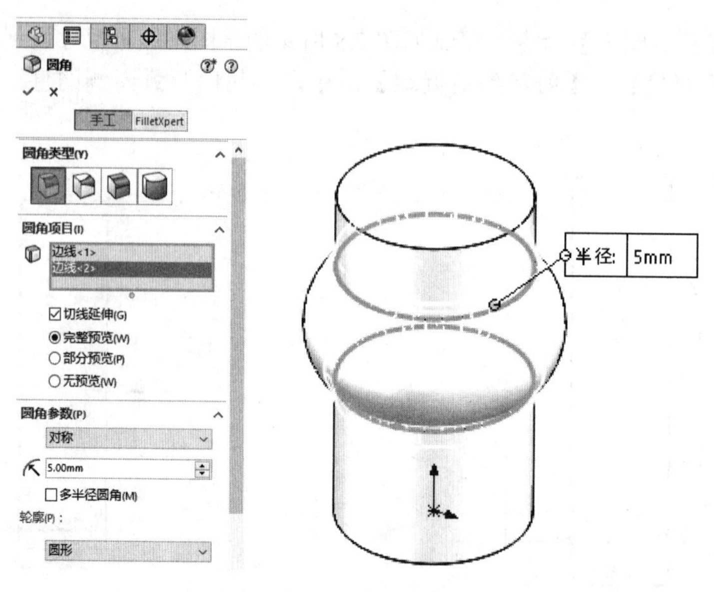

图 7.11　绘制圆角

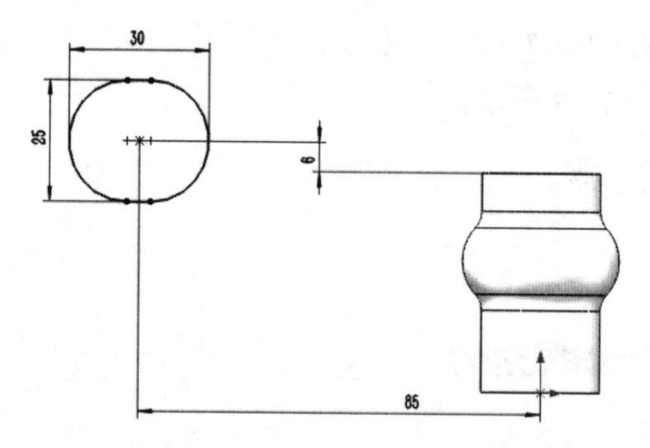

图 7.12　绘制草图并标注尺寸

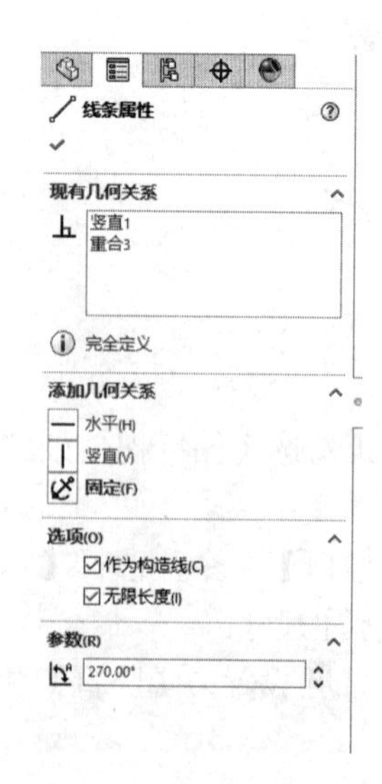

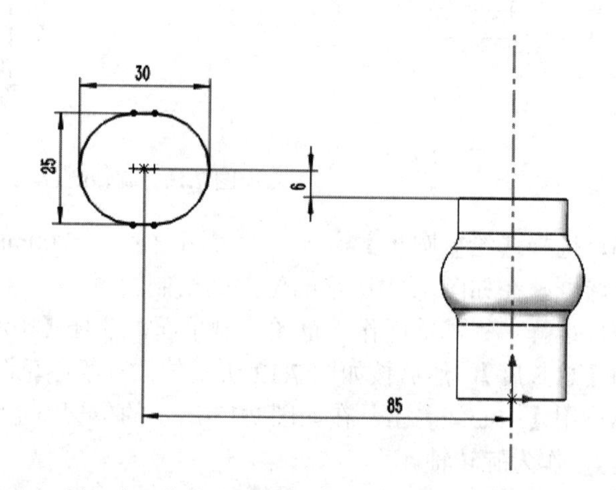

图 7.13　添加中心线作为旋转轴

(9) 退出草图，从下拉菜单中选择【插入】|【凸台/基体】|【旋转】命令，定义角度为360°。如图7.14所示。

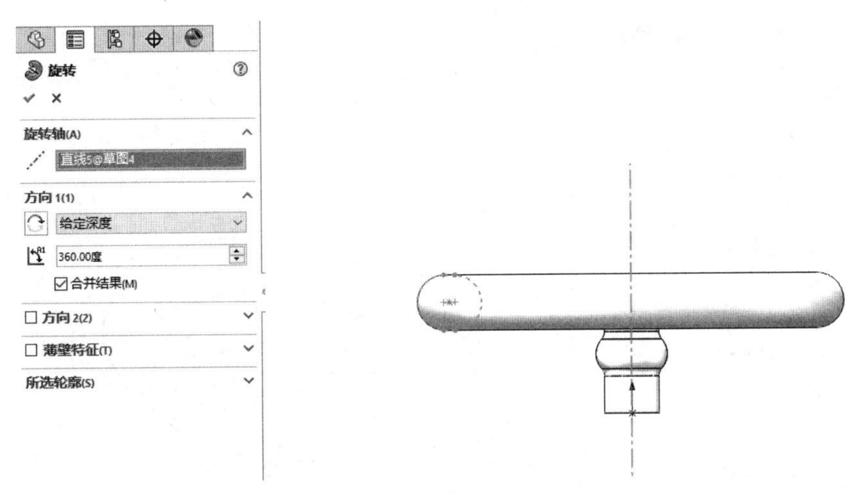

图 7.14　创建旋转特征

(10) 右击旋转特征下的草图，选择显示其草图，在右视基准面上创建一条由中心线开始的直线和切线弧，并标注尺寸，如图7.15所示。

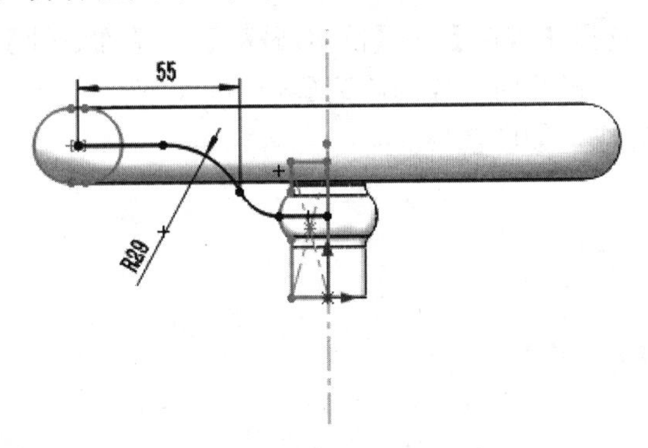

图 7.15　创建直线和切线弧

(11) 退出草图，并在前视基准面上绘制一个椭圆，标注尺寸，长轴长为14mm，短轴长为12mm，添加椭圆中心与路径草图的几何关系为穿透，如图7.16所示。

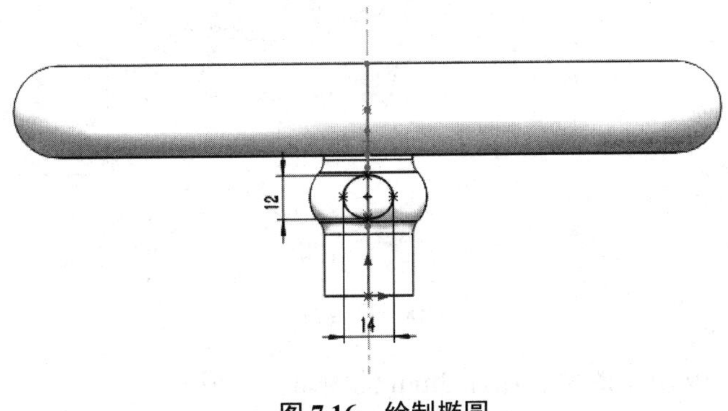

图 7.16　绘制椭圆

（12）选择【扫描】命令，依次选择椭圆轮廓的路径，完成扫描，单击【确定】按钮完成，如图 7.17 所示。

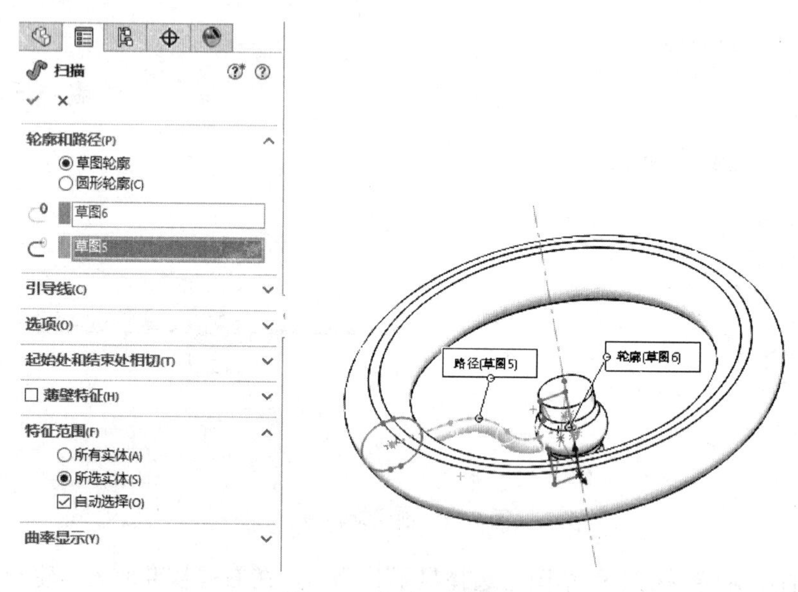

图 7.17　创建扫描特征

（13）从下拉菜单中选择【视图】|【隐藏/显示】|【临时轴】命令，显示临时轴，并选择【圆周阵列】命令，以临时轴作为阵列旋转中心，阵列数为 3，选择【等间距】选项，单击【确定】按钮完成，如图 7.18 所示。

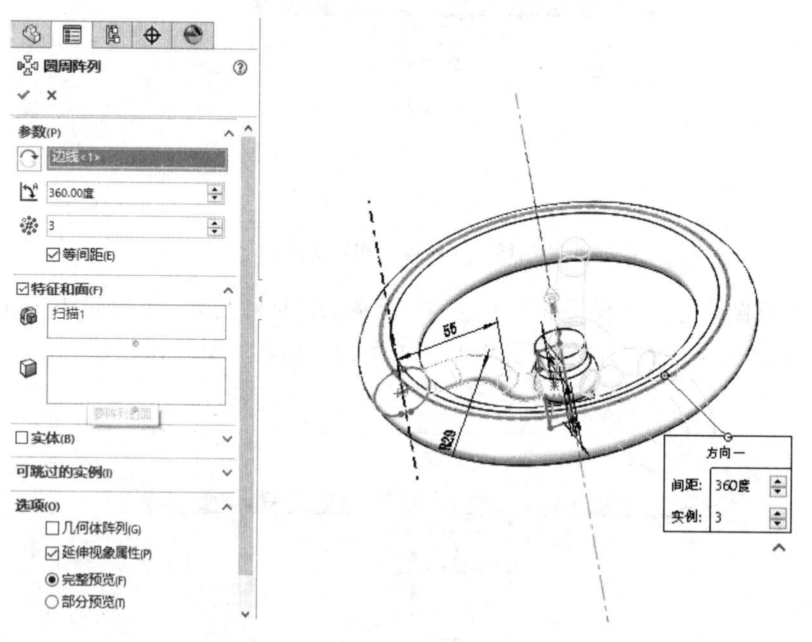

图 7.18　圆周阵列

（14）在如图 7.19 所示的位置添加 3mm 的圆角，完成模型。

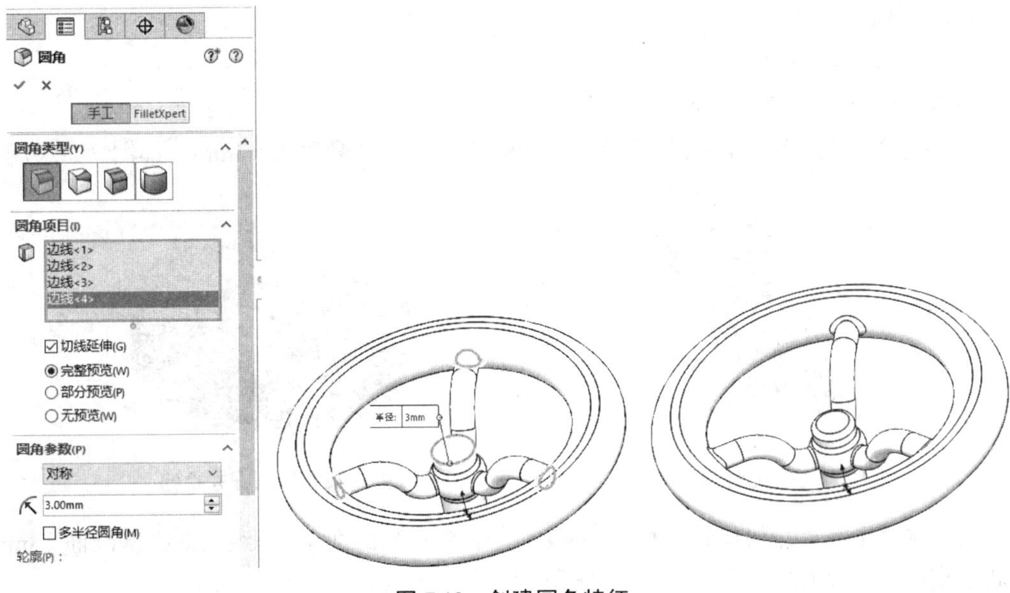

图 7.19　创建圆角特征

(15) 选择【参考几何体】|【坐标系】命令，建立如图 7.20 所示的坐标系。

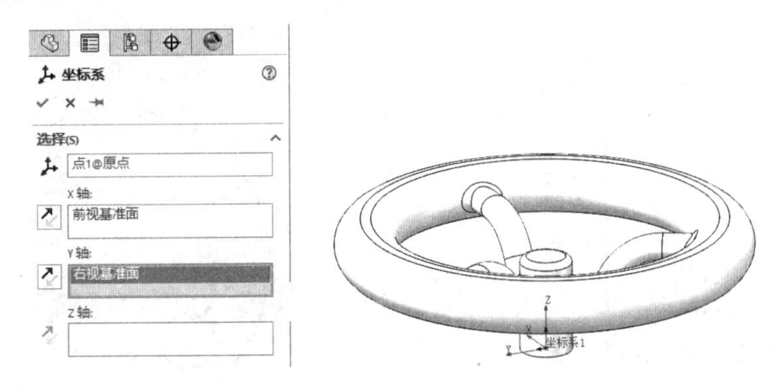

图 7.20　创建坐标系

零件的质量属性如下：

坐标系：坐标系 1

密度 = 0.003 克/立方毫米

质量 = 1026.929 克

体积 = 380343.893 立方毫米

表面积 = 59226.984 平方毫米

重心：（毫米） X = 0.000 Y = 0.000 Z = 48.522

上机指导 2

【上机指导 2 源文件】

建立如图 7.21 所示的节能灯模型，设置文档属性，正确选择草图绘制平面，应用正确的草图与特征工具。根据提供的信息计算零件的质量、体积、表面积和重心的位置。

材料：2014 铝合金

单位系统：MMGS

节能灯的立体造型步骤如下：

(1) 选择上视基准面，绘制直径为 56mm 的圆，拉伸高度为 13mm，如图 7.22 所示。

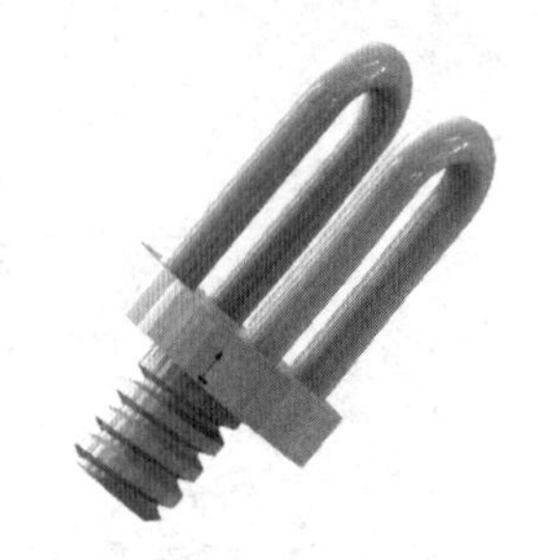

图 7.21 节能灯模型

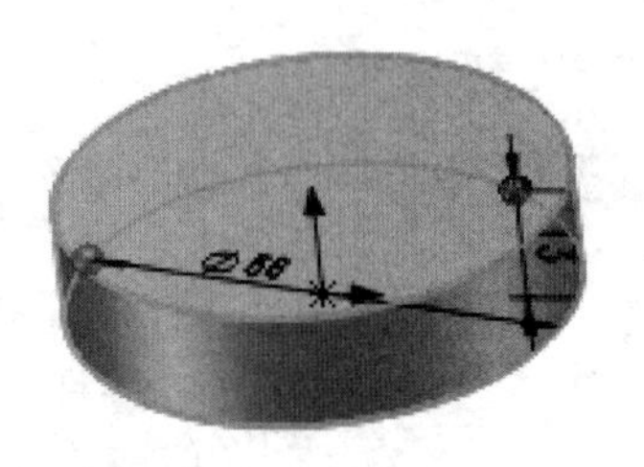

图 7.22 绘制圆并拉伸

(2) 选择【参考几何体】|【基准面】命令，建立基准面 1，其距离前视基准面 13mm，在此基准面上绘制扫描路径，如图 7.23 所示。

(3) 在上视基准面，绘制直径 10mm 的圆，添加几何关系，路径穿透圆心，如图 7.24 所示。

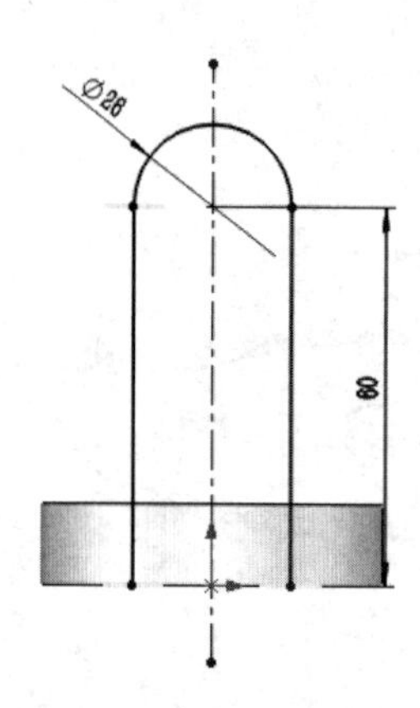

图 7.23 绘制扫描路径

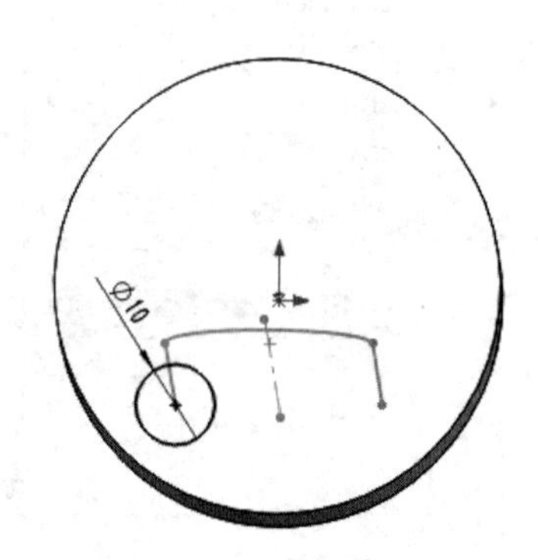

图 7.24 绘制圆并添加几何关系

(4) 选择【特征】|【扫描】命令进行扫描，如图 7.25 所示。

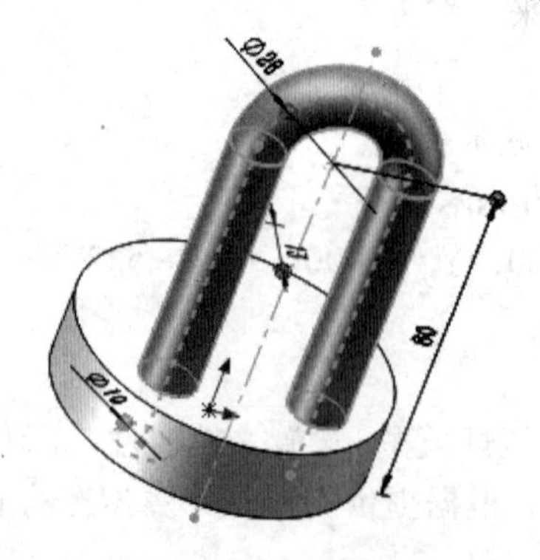

图 7.25 扫描

(5) 选择【特征】|【镜像】命令，以前视基准面为镜像面对扫描特征镜像，如图 7.26 所示。

(6) 选择下视基准面，绘制直径为 27mm 的圆，并拉伸，拉伸高度为 30mm，完成整个节能灯的造型。如图 7.27 所示。

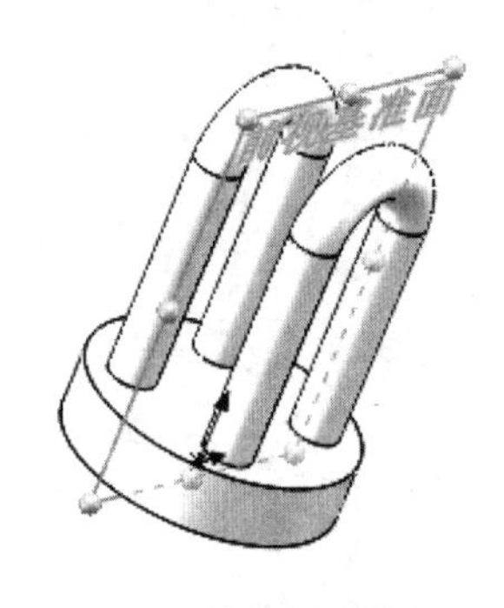

图 7.26 镜像扫描特征

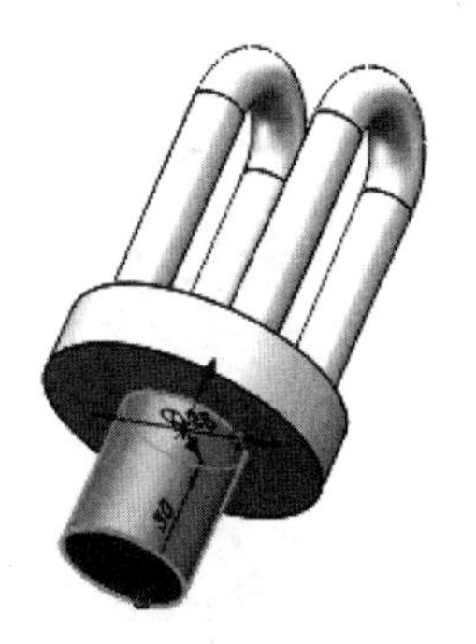

图 7.27 拉伸完成造型

(7) 在如图 7.28 所示的位置添加倒角，角度为 45°，距离为 3mm。

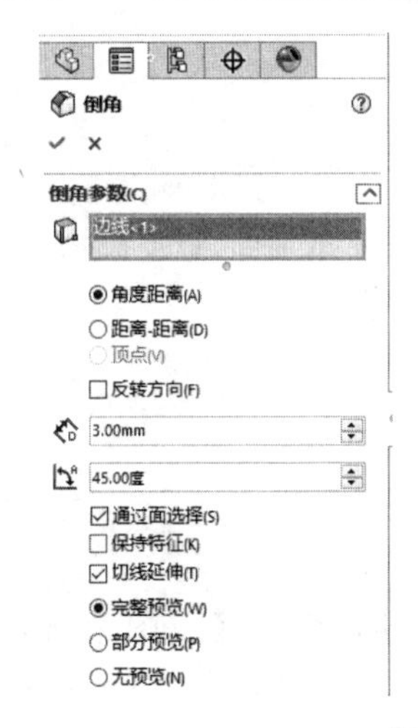

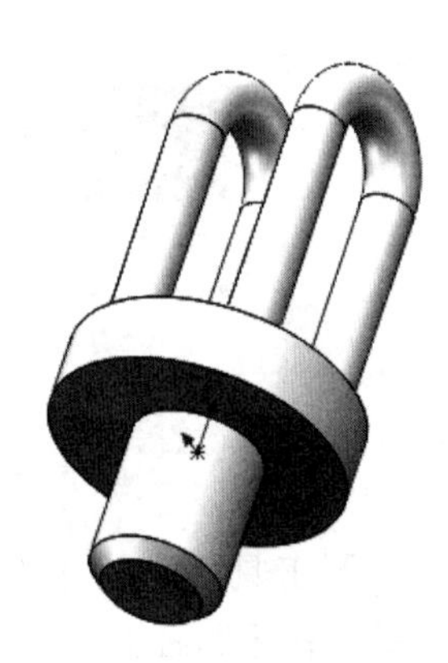

图 7.28 创建倒角特征

(8) 选择【插入】|【曲线】|【螺旋线/涡状线】命令，选择灯头的顶端，绘制直径为 25mm 的圆，如图 7.29 所示。

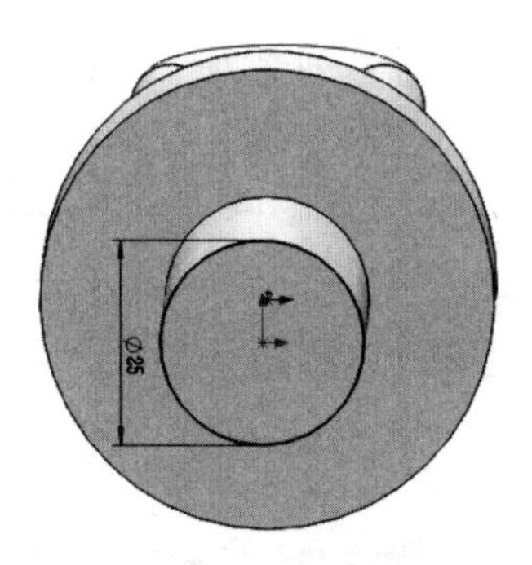

图 7.29 在灯头的顶端绘制圆

(9) 退出草图，在【螺旋线/涡状线】属性管理器中设置螺距为 5mm，圈数为 5，起始角度为 0°，如图 7.30 所示。

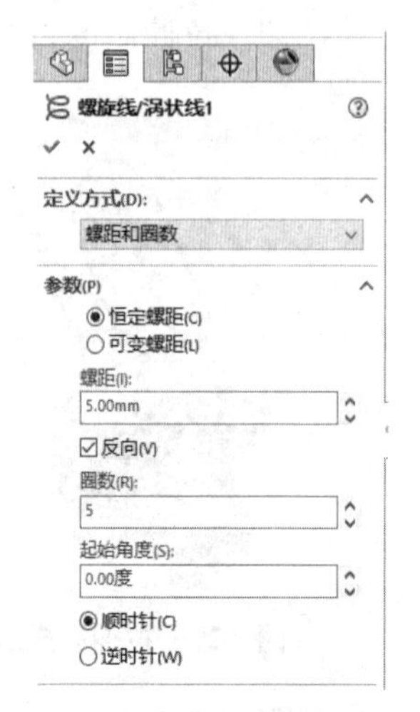

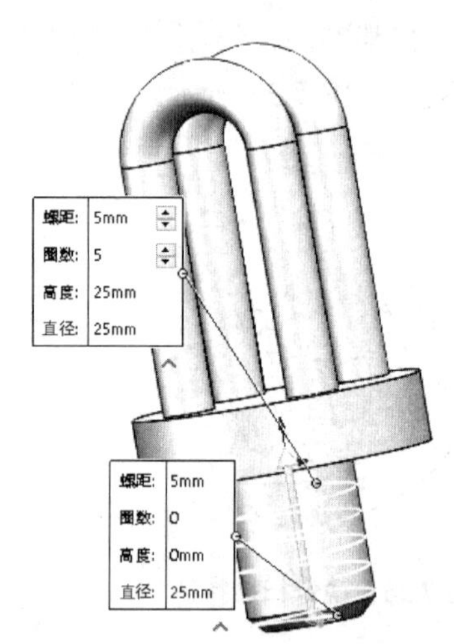

图 7.30　创建螺旋线

(10) 选择右视基准面，绘制如图 7.31 的草图。

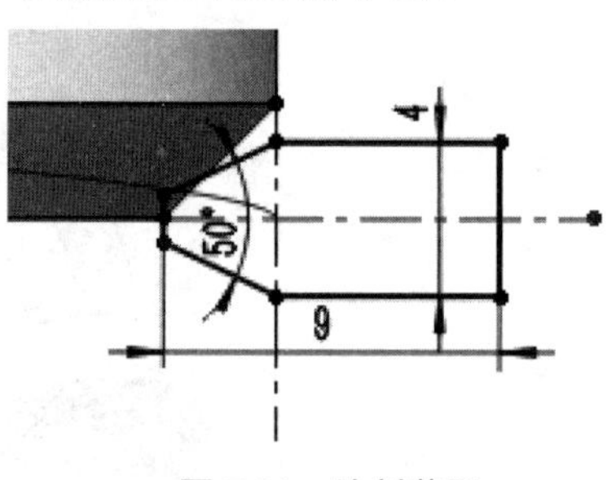

图 7.31　绘制草图

(11) 单击【特征】工具栏上的【扫描切除】按钮，选择【草图轮廓】，在【轮廓】文本框中选择【草图】，在【路径】文本框中选择【螺旋线/涡状线 1】，完成扫描切除，如图 7.32 所示。

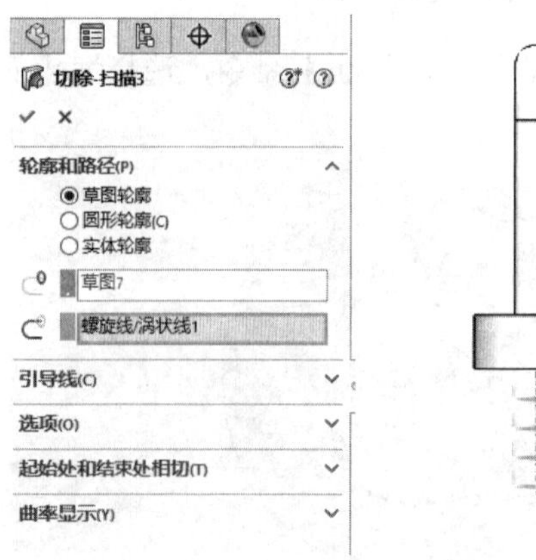

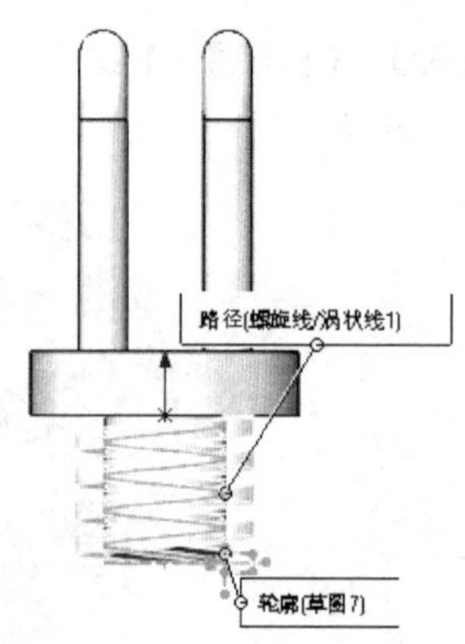

图 7.32　扫描切除

(12) 选择灯头的顶端平面，绘制一点，选择【参考几何体】|【坐标系】命令，建立如图 7.33 所示的坐标系。

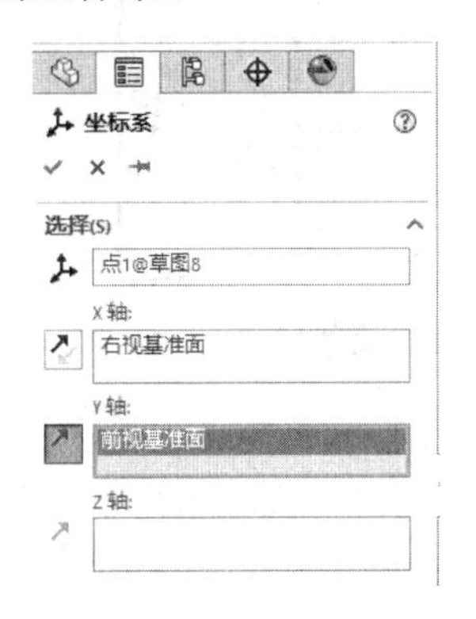

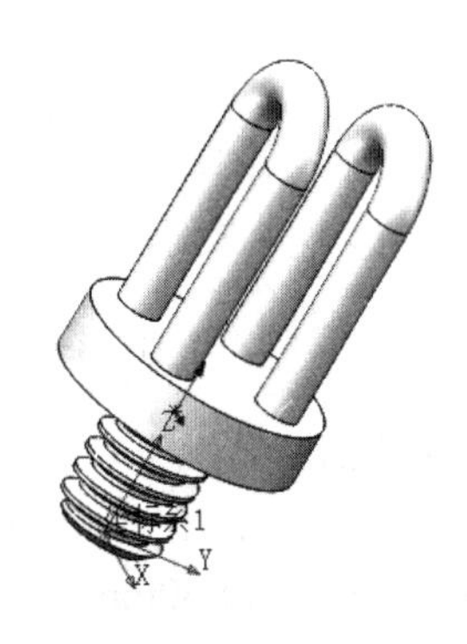

图 7.33 创建坐标系

零件的质量属性如下：

坐标系：坐标系 1

密度 = 0.003 克/立方毫米

质量 = 182.107 克

体积 = 65038.383 立方毫米

表面积 = 18553.329 平方毫米

重心：(毫米) X = –0.017 Y = 0.004 Z = 45.653

上机指导 3

【上机指导 3 源文件】

建立如图 7.34 所示的烧烤架模型，设置文档属性，正确选择草图绘制平面，应用正确的草图与特征工具。根据提供的信息计算零件的质量、体积、表面积和重心的位置。

材料：7079 铝合金

单位系统：MMGS

图 7.34 烧烤架模型

烧烤架的立体造型步骤如下：

(1) 选择上视基准面，单击【草图】工具栏中的【直线】按钮，以坐标原点为起点分别绘制水平和竖直的中心线，标注长度分别为 60mm、150mm。并沿 *Z* 轴方向，绘制如图 7.35 所示的直线段，并标注其长度为 135mm。

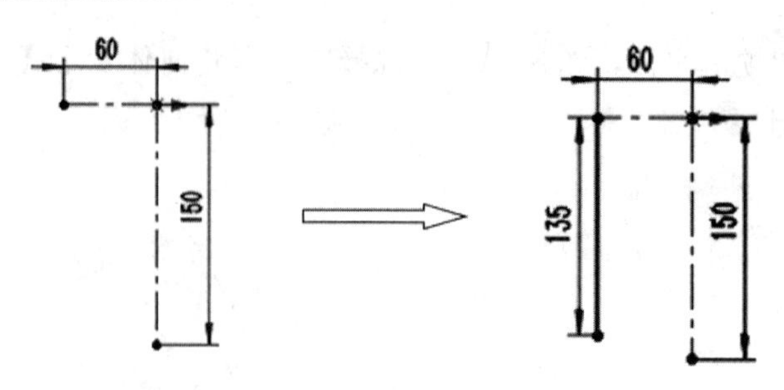

图 7.35　绘制中心线及直线段

(2) 在当前草图激活的情况下，将当前绘图平面转换为 *YZ* 平面，并沿 *Y* 轴和 *Z* 轴方向绘制两条如图 7.36 所示的长度为 15mm 的直线，再转换草图绘制平面至 *ZX* 平面，绘制沿着 *X* 轴方向的直线，长度为 60mm。

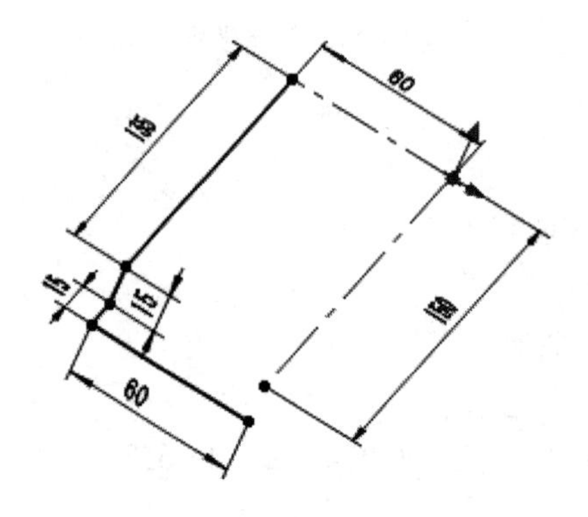

图 7.36　在 *YZ*、*ZX* 平面绘制直线

(3) 单击【草图】工具栏中的【圆角】按钮，对草图的连接处进行圆角处理，圆角半径为 5mm，如图 7.37 所示，完成后退出 3D 草图。

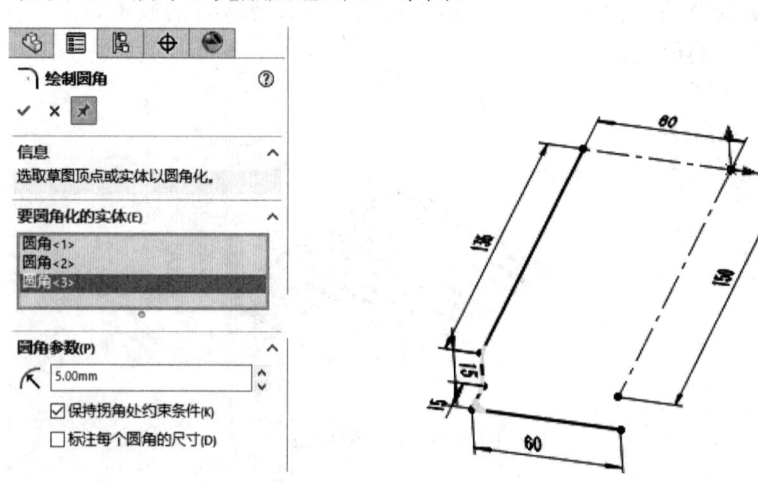

图 7.37　对草图进行圆角处理

(4) 选择前视基准面，绘制如图 7.38 所示直径为 5mm 的圆。

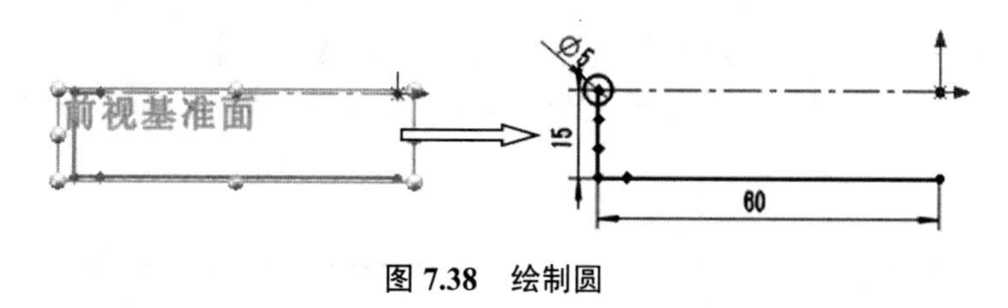

图 7.38　绘制圆

(5) 单击【特征】工具栏中的【扫描】按钮，在【扫描】属性管理器中选择草图作为轮廓，选择 3D 草图作为路径，进行扫描操作，如图 7.39 所示。

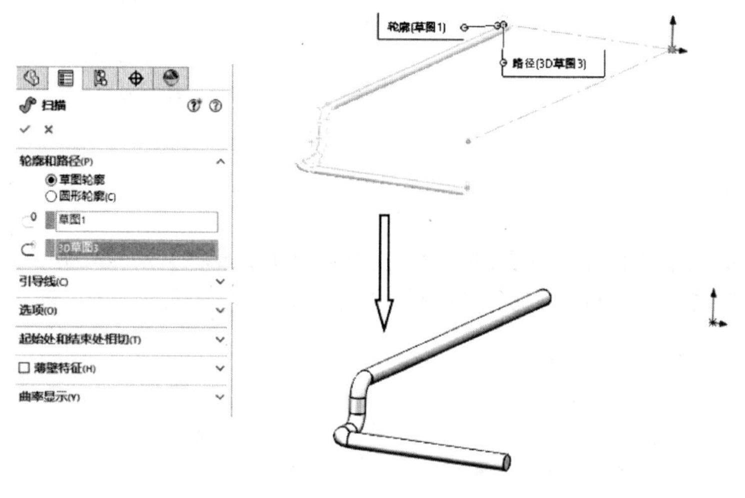

图 7.39　创建扫描特征

(6) 单击【特征】工具栏中的【线性草图阵列】下拉菜单中的【镜像】按钮，在弹出的【镜像】属性管理器中选择实体端面为镜像面，选择扫描 1 为镜像特征，进行镜像操作，如图 7.40 所示。

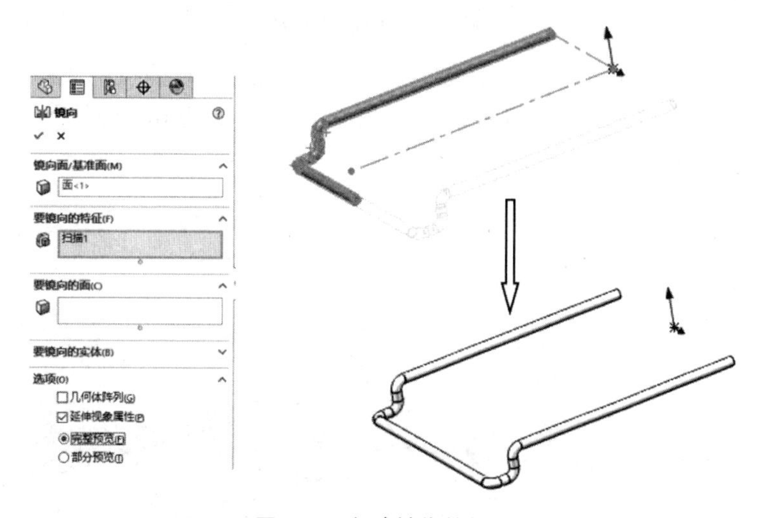

图 7.40　创建镜像特征

(7) 选择右视基准面作为草图绘制平面，绘制一个直径为 4mm 的圆，添加与原点水平的几何关系，标注圆心到原点的距离为 11mm。单击【特征】工具栏中的【拉伸】按钮，在弹出的【拉伸】属性管理器中选择【成形到下一面】，完成 1/2 隔条的创建，如图 7.41 所示。

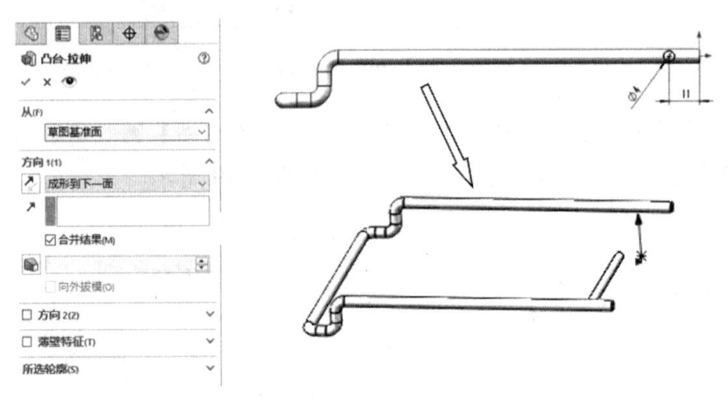

图 7.41　拉伸

(8) 在菜单栏中执行【插入】|【参考几何体】|【基准轴】命令，在弹出的【基准轴】属性管理器中单击侧边圆柱，完成基准轴的创建，如图 7.42 所示。

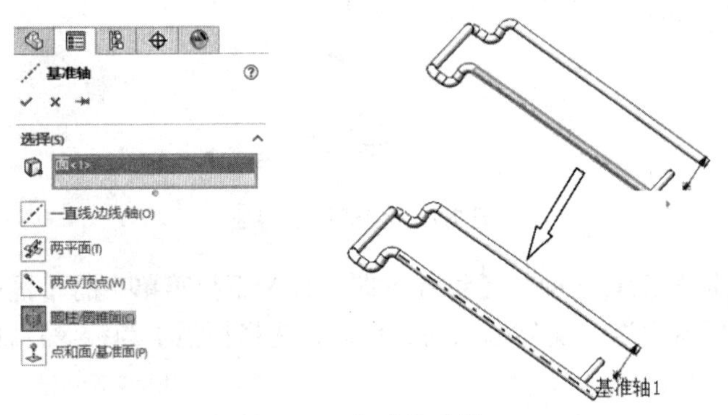

图 7.42　创建基准轴

(9) 单击【特征】工具栏中的【线性草图阵列】按钮，在面板中选择基准轴 1 作为阵列方向，确定阵列方向无误后，设置距离为 22mm，阵列数为 6，选择凸台-拉伸 1 为要阵列的特征，如图 7.43 所示。

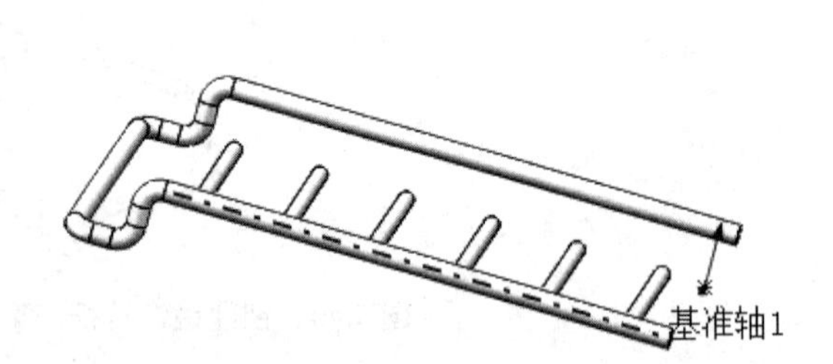

图 7.43　线性阵列

(10) 在菜单栏选择【视图】|【隐藏/显示】|【隐藏所有类型】命令，如图 7.44 所示。

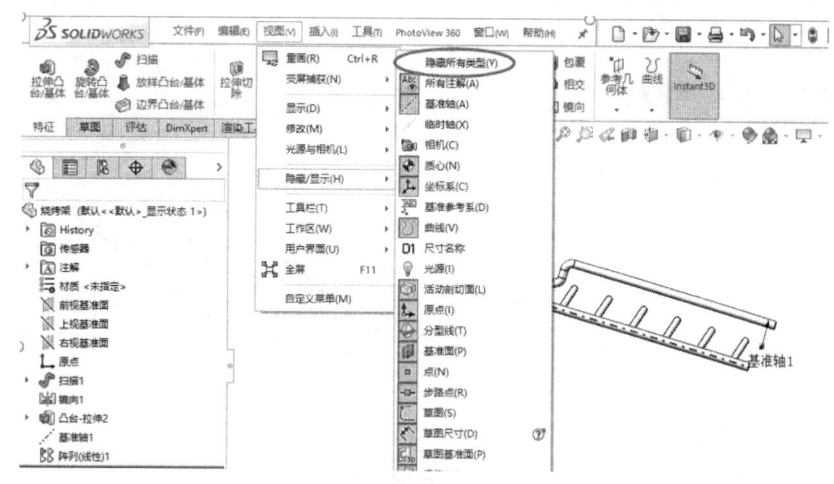

图 7.44　隐藏所有类型

(11) 单击【特征】工具栏中的【线性草图阵列】下拉菜单中的【镜像】按钮，在弹出的【镜像】属性管理器中选择实体端面为镜像面，选择阵列(线性)1 为镜像特征，进行镜像操作，如图 7.45 所示。

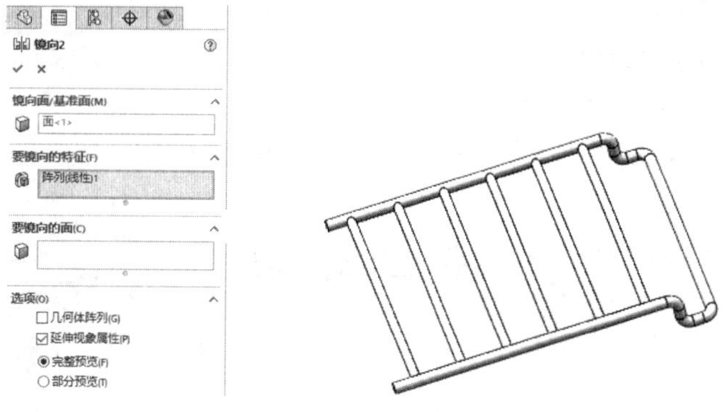

图 7.45　镜像 1

(12) 再次镜像，完成整个烧烤架的创建，如图 7.46 所示。

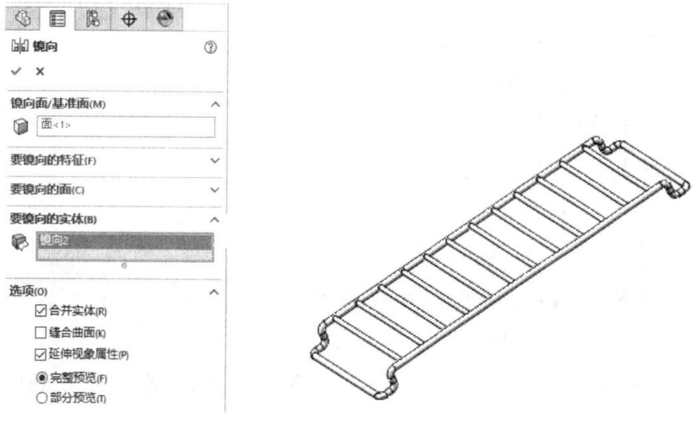

图 7.46　镜像 2

(13) 选择灯头的顶端平面，绘制一点，选择【参考几何体】|【坐标系】命令，建立如图 7.47 所示的坐标系。

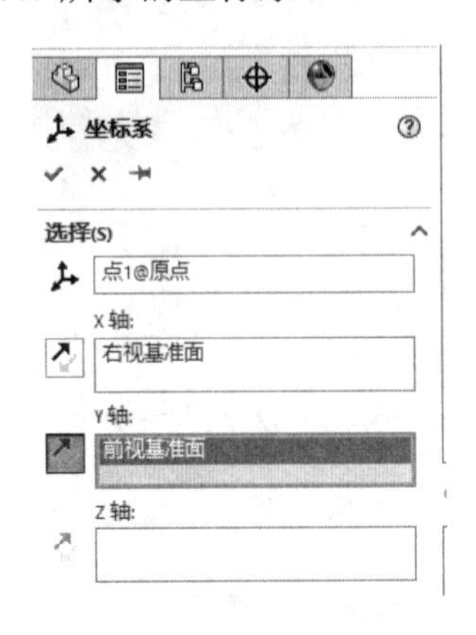

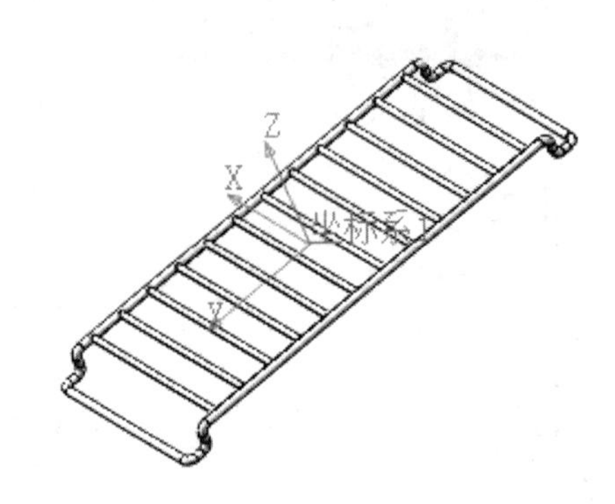

图 7.47　创建坐标系

零件的质量属性如下：

坐标系：坐标系 1

密度 ＝0.003 克/立方毫米

质量 ＝93.350 克

体积 ＝34573.984 立方毫米

表面积 ＝30880.943 平方毫米

重心：(毫米)　X＝0.077　Y＝–0.001　Z＝–2.665

综 合 练 习

综合练习 1

建立如图 7.48 所示的模型，设置文档属性，正确选择草图绘制平面，应用正确的草图与特征工具。根据提供的信息计算零件的质量、体积、表面积和重心的位置。

【综合练习 1】

【综合练习 1 源文件】

材料：2018 铝合金

单位系统：MMGS

零件的质量属性如下：

坐标系：坐标系 1

密度 ＝0.003 克/立方毫米

质量 ＝1238.385 克

体积 ＝442280.532 立方毫米

表面积 ＝60061.434 平方毫米

重心：(毫米)　X＝54.692　Y＝1.533　Z＝–25.000

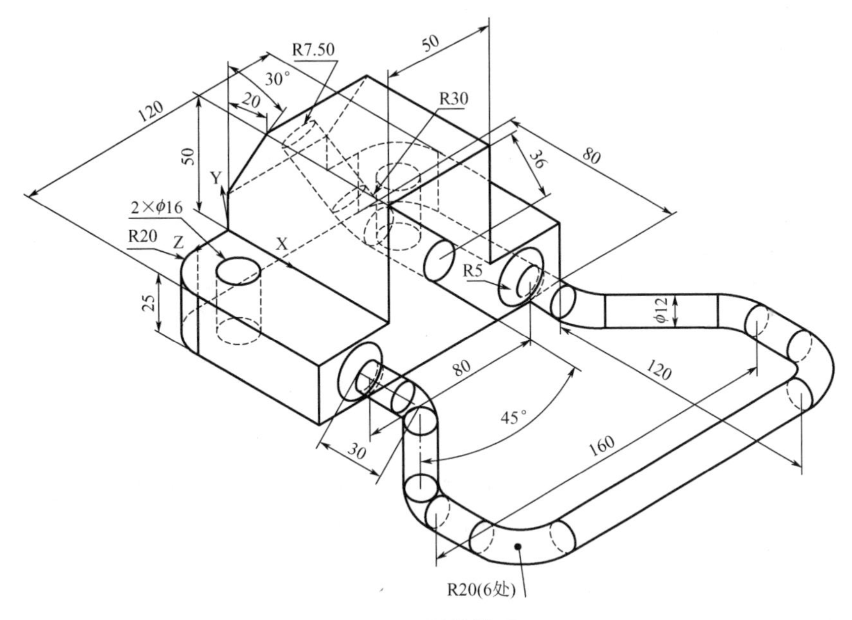

图 7.48　零件模型 1

综合练习 2

建立如图 7.49 所示的模型，设置文档属性，正确选择草图绘制平面，应用正确的草图与特征工具。根据提供的信息计算零件的质量、体积、表面积和重心的位置。

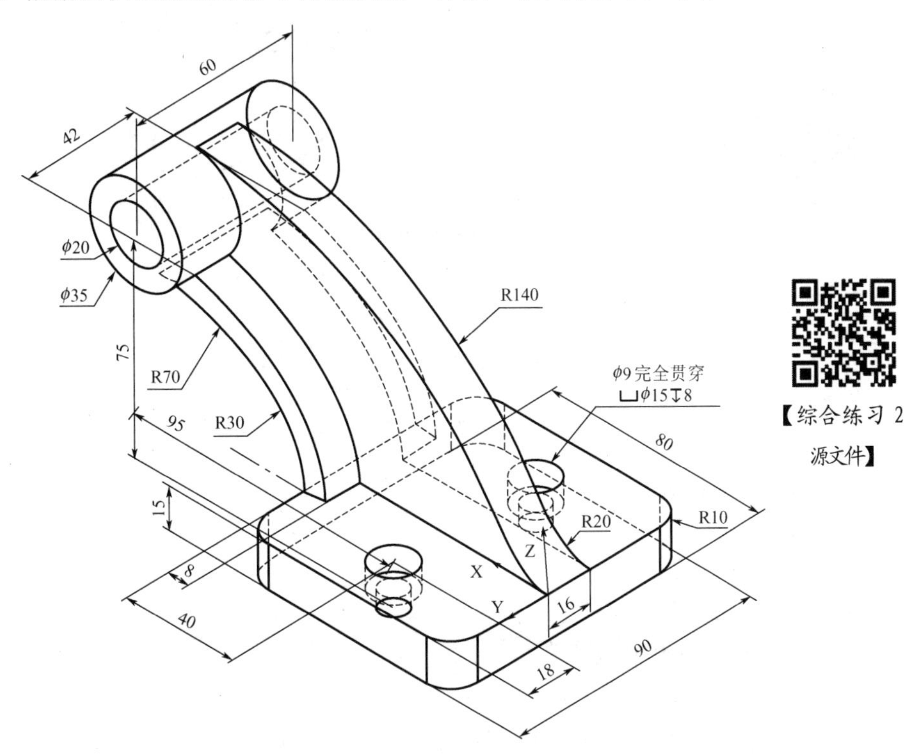

【综合练习 2 源文件】

图 7.49　零件模型 2

材料：7079 铝合金

单位系统：MMGS

零件的质量属性如下：

坐标系：坐标系 1

密度 = 0.003 克/立方毫米

质量 = 620.930 克

体积 = 229974.211 立方毫米

表面积 = 45737.800 平方毫米

重心：（毫米） X = 69.876 Y = –8.000 Z = 19.423

综合练习 3

建立如图 7.50 所示的模型，设置文档属性，正确选择草图绘制平面，应用正确的草图与特征工具。根据提供的信息计算零件的质量、体积、表面积和重心的位置。

材料：6061 铝合金

单位系统：MMGS

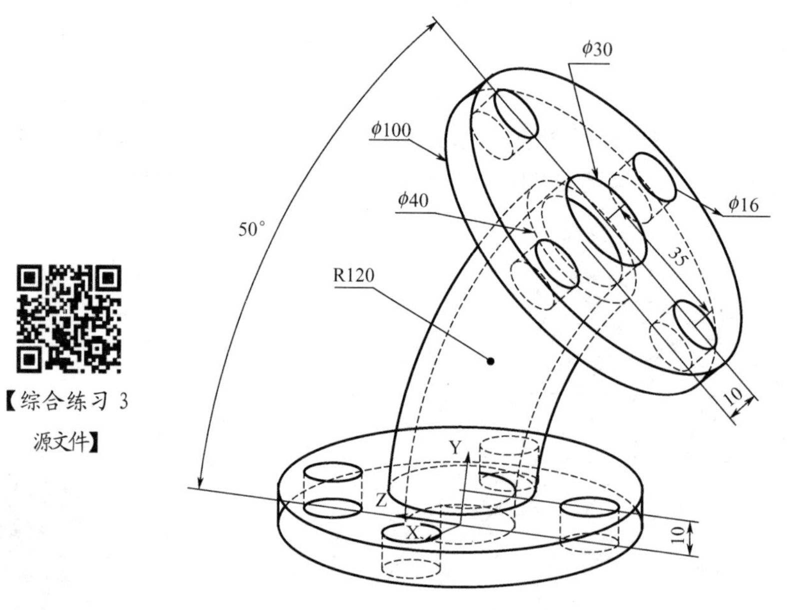

图 7.50 零件模型 3

零件的质量属性如下：

坐标系：坐标系 1

密度 = 0.003 克/立方毫米

质量 = 467.637 克

体积 = 173199.000 立方毫米

表面积 = 54993.288 平方毫米

重心：（毫米） X = 0.000 Y = 47.575 Z = –17.387

第 8 章

放 样 特 征

8.1 放样特征的概念

放样特征是指两个以上平面草图(截面)按照一定的顺序，在平面草图之间进行过渡而形成的特征。

放样特征包括放样凸台和放样切除。

(1) 放样凸台：平面草图沿着一条路径放样生成实体构件。

(2) 放样切除：平面草图沿着一条路径放样切除实体构件。

8.1.1 放样特征的对象

放样的对象可以是基体/凸台、曲面等，可以使用两个或多个轮廓生成放样，但仅第一个或最后一个轮廓可以是点。对于实体放样，第一个和最后一个轮廓必须是由分割线生成的模型面或面。

(1) 放样生成棱锥，如图 8.1 所示。

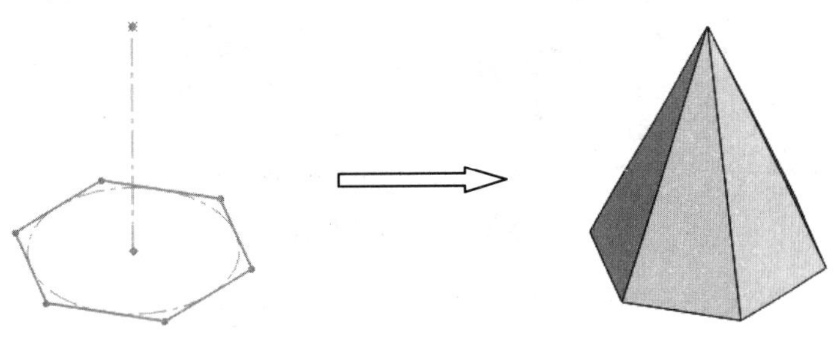

图 8.1 放样生成棱锥

(2) 放样生成棱台，如图 8.2 所示。

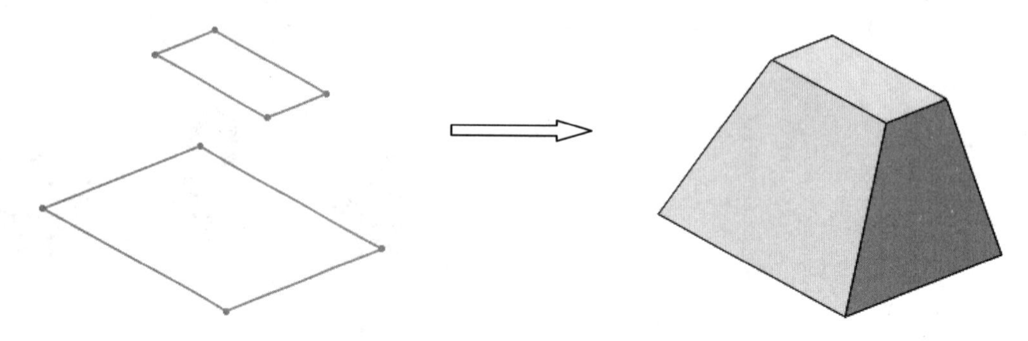

图 8.2　放样生成棱台

8.1.2　放样特征的基本要素

(1) 平面草图(轮廓)：正确绘制平面草图是放样的基础。
(2) 引导线：使用平面草图作为引导线进行放样。

8.2　放样的分类

8.2.1　放样的基本类型

(1) 简单放样：不设置引导线，利用两个以上平面草图直接进行放样。
(2) 利用引导线放样：使用引导线限制中线轮廓进行放样
(3) 使用中心线放样：中心线与所有平面草图垂直穿透。

8.2.2　简单放样

(1) 对称轮廓(非平滑)：用两个单纯非平滑轮廓放样时，两轮廓点数必须一致，这样放样才不会出现严重的变形现象，如图 8.3 所示。

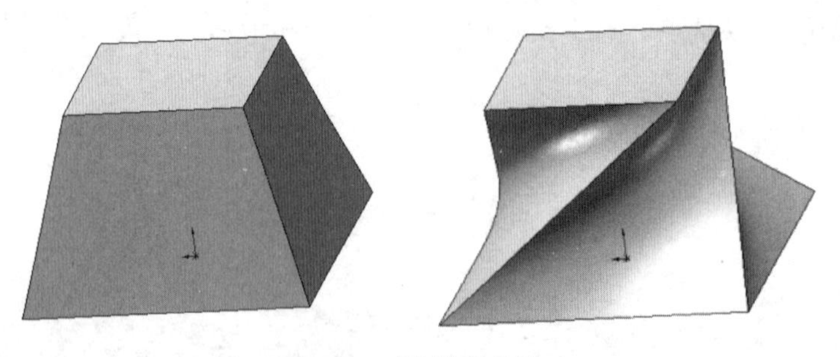

图 8.3　对称轮廓放样

(2) 平滑多轮廓：用多个平滑轮廓放样时，选取轮廓时必须按顺序选取，如图 8.4 所示。

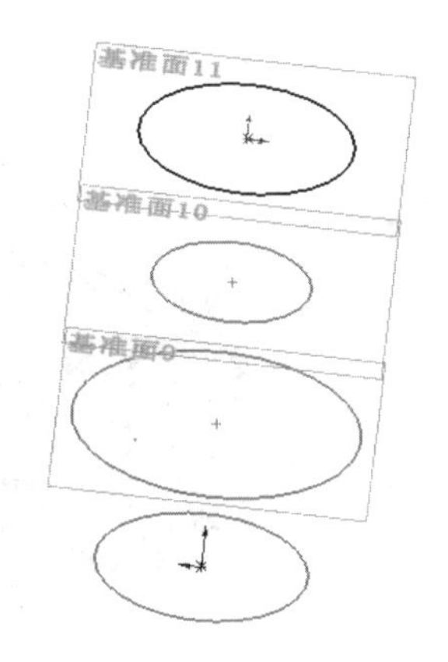

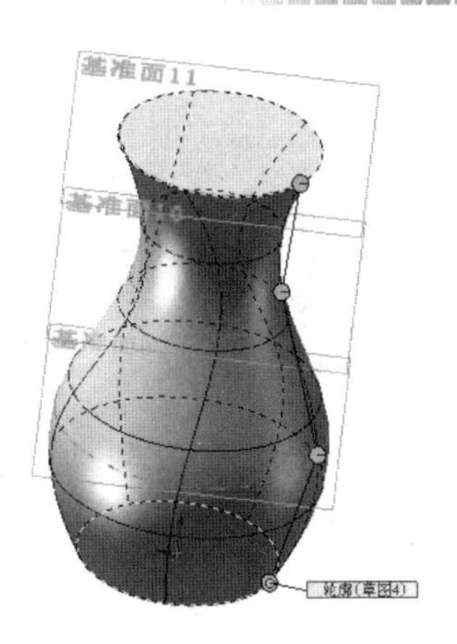

图 8.4　平滑多轮廓放样

(3) 分割轮廓：同时包括平滑轮廓和非平滑轮廓放样，如图 8.5 所示。

(4) 点轮廓：有一个放样轮廓为点，可以是实体顶点也可是草图，如图 8.6 所示。

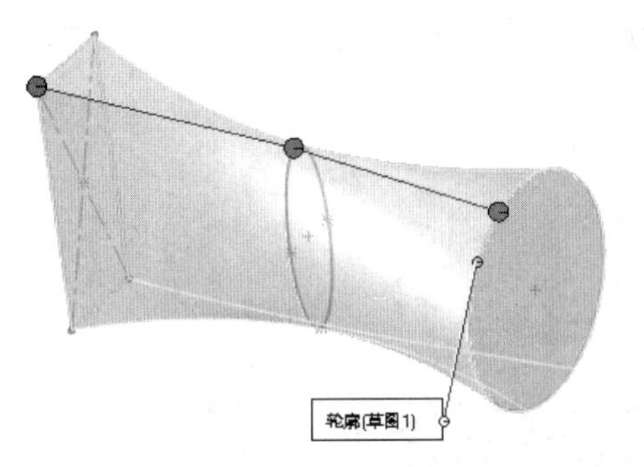

图 8.5　分割轮廓放样

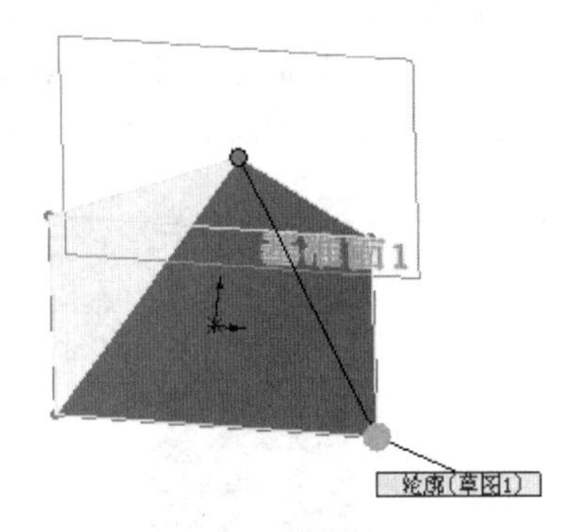

图 8.6　点轮廓放样

(5) 起始/结束约束控制(两个互相垂直的平面)：通过起始/结束约束的轮廓的相切长度，可以改变模型的外形。第一种，起始、结束没有约束，如图 8.7(a)所示；第二种，起始、结束垂直于平面变成弧面，如图 8.7(b)所示。

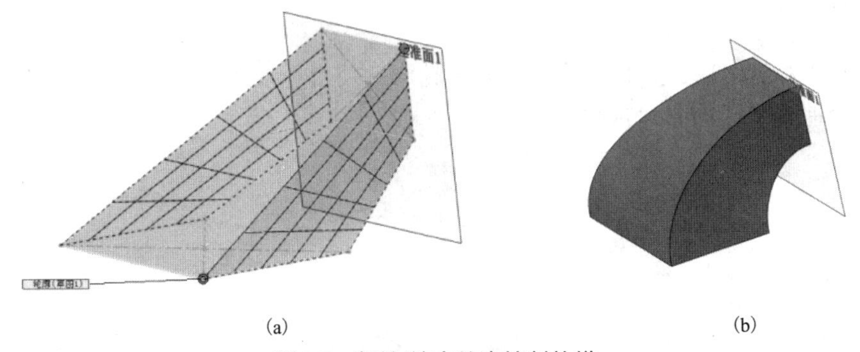

(a)　(b)

图 8.7　起始/结束约束控制放样

(6) 封闭放样：使用三个及三个以上的面放样，并且使最后一个轮廓与第一个轮廓首尾相接，如图 8.8 所示。

(7) 保持相切放样(圆角矩形和圆放样)：放样轮廓中有实体相切，在放样过程中使用【保持相切】选项，会维持相切关系不变，以使生成的放样中相应的曲面保持相切，如图 8.9 所示。

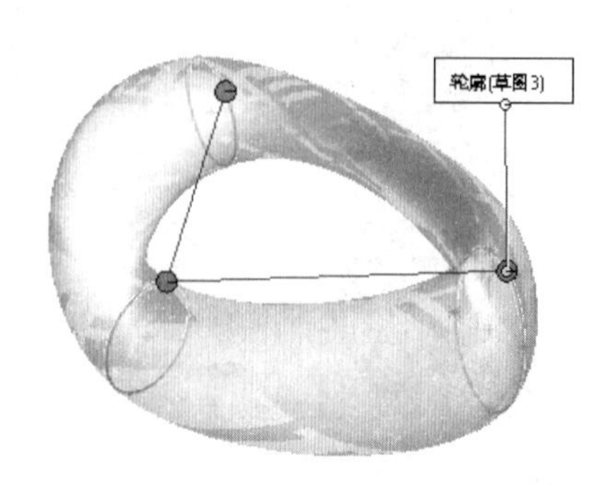

图 8.8　封闭放样

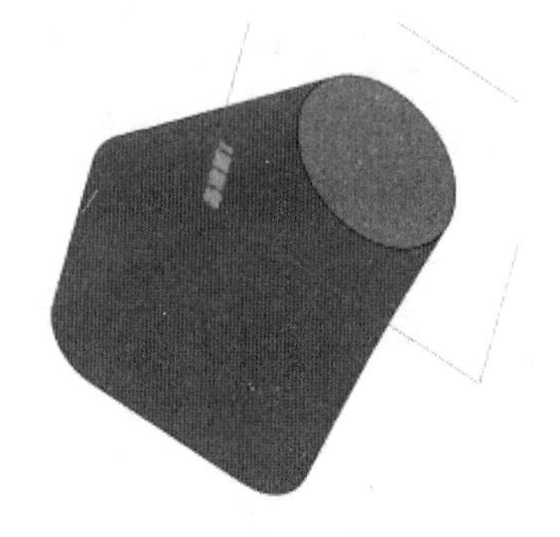

图 8.9　保持相切放样

(8) 用分割线放样：利用分割线在模型面上建立一个空间轮廓来生成放样特征，如图 8.10 所示。

(9) 实体平面轮廓与草图轮廓放样：放样轮廓可以是草图也可是实体平面或曲面边缘，如图 8.11 所示。

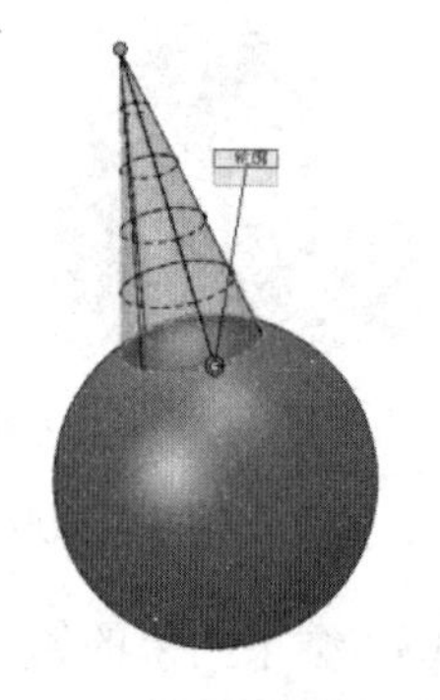

图 8.10　利用分割线放样

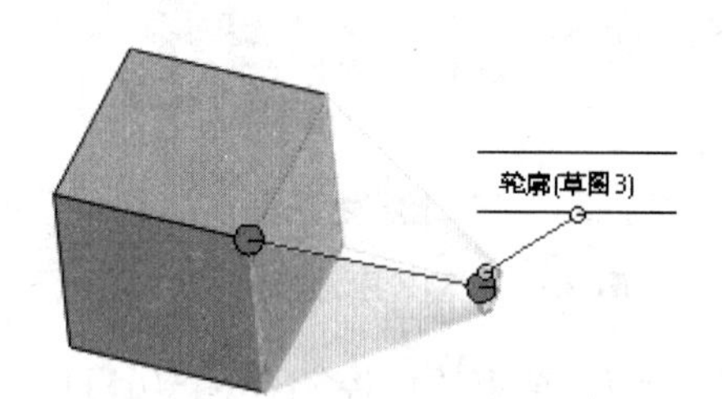

图 8.11　草图轮廓放样

8.2.3　引导线放样

引导线放样(图 8.12)：使用两个或多个轮廓并使用一条或多条引导线来放样。引导线可以帮助控制所生成的中间轮廓。

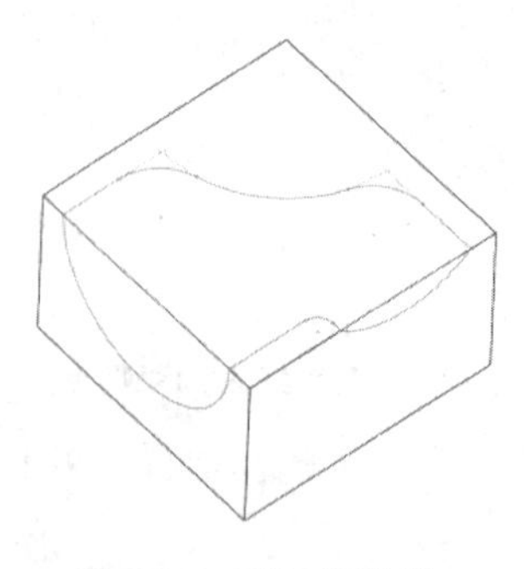

图 8.12　引导线放样

8.2.4 中心线放样

中心线放样(图 8.13)：可以生成一个使用一条变化的引导线作为中心线的放样，所有中间截面的草图基准面都与此中心线垂直，此中心线可以是草图曲线、模型边线或曲线。

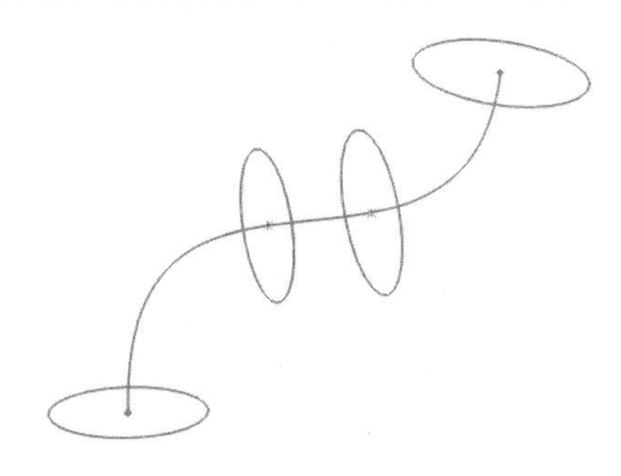

图 8.13 中心线放样

上 机 指 导

上机指导 1

建立如图 8.14 所示的模型，设置文档属性，识别正确的草图平面，应用正确的草图与特征工具。根据提供的信息计算零件的质量、体积、表面积和重心的位置。

材料：合金钢

单位：MMGS

(1) 选择【特征】|【参考几何体】|【基准面】命令，在前视基准面之前建立三个与前视基准面平行的基准面 1、基准面 2、基准面 3，前视基准面与基准面 1 之间的距离为 20mm，基准面 1 与基准面 2 之间的距离为 35mm，基准面 2 与基准面 3 之间的距离为 45mm，如图 8.15 所示。

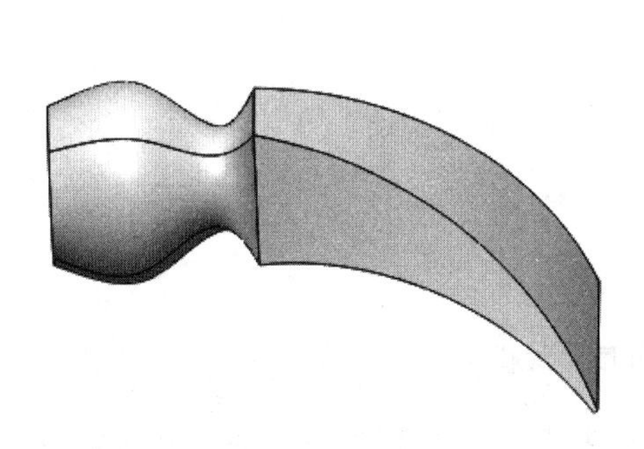

图 8.14 零件模型

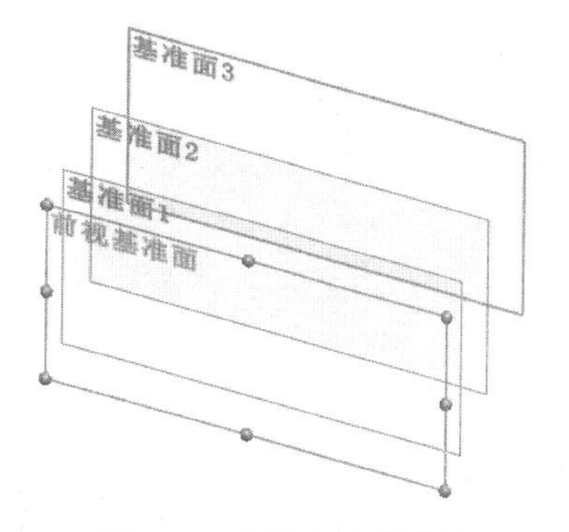

图 8.15 创建三个基准面

(2) 选择前视基准面，绘制边长为 65mm 的正方形；选择基准面 1，绘制直径为 50mm

的圆；选择基准面 2，绘制一个以原点为圆心的圆，拖动指针使圆的直径与正方形的顶点相交；选择基准面 3，绘制一个直径为 75mm 的圆，如图 8.16 所示。

（3）选择【特征】|【放样凸台/基体】命令，生成实体模型，如图 8.17 所示。

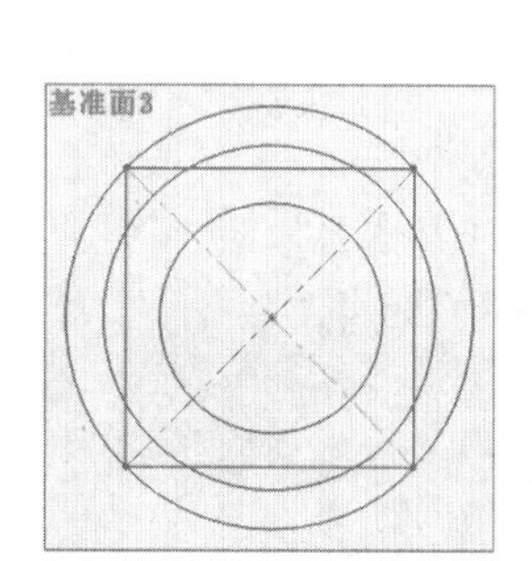

图 8.16　选择基准面绘制草图

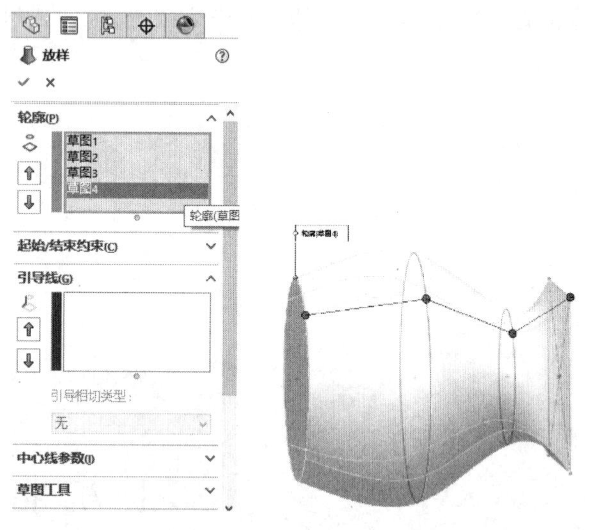

图 8.17　放样生成实体

（4）在前视基准面后面建立一个等距基准面 4，两基准面之间距离为 195mm。选择基准面 4，绘制一个矩形，长宽尺寸分别是 180mm 和 2mm，用来生成下一个放样的轮廓。利用【放样凸台/基体】命令生成实体模型，如图 8.18 所示。

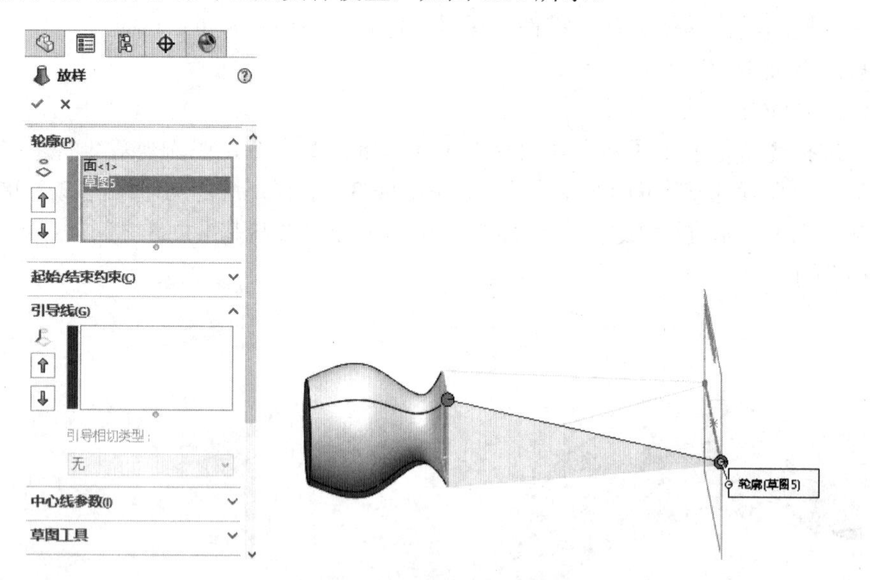

图 8.18　绘制放样轮廓并放样

（5）选择【菜单工具栏】|【插入】|【特征】|【弯曲】命令，设置角度为 60°，并使裁剪基准面 1 在顶点处，裁剪基准面 2 与前视基准面重合，三重轴原点位于正方形中心，完成绘制，如图 8.19 所示。

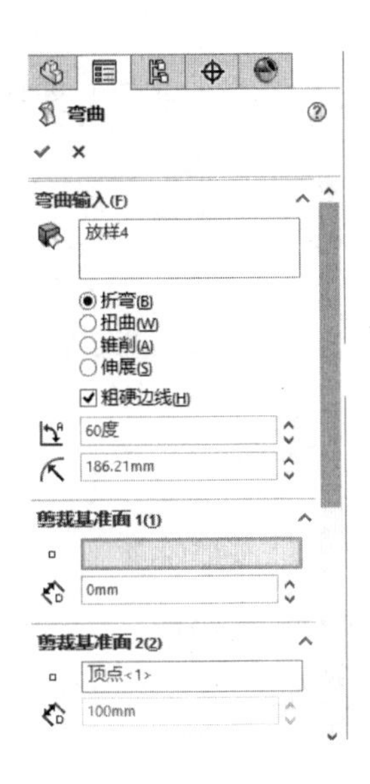

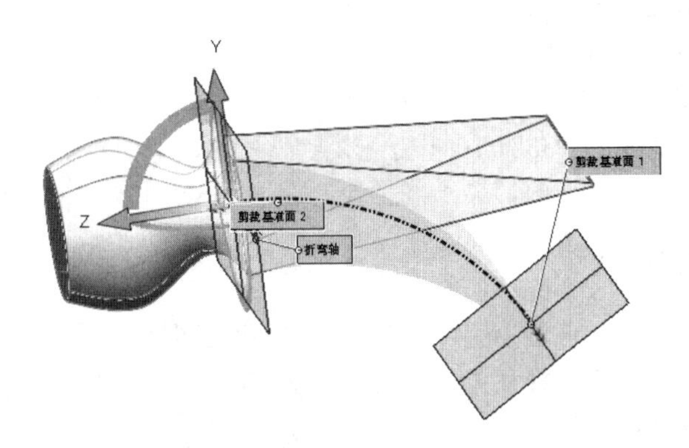

图 8.19　创建弯曲特征

(6) 选择【特征】|【参考几何体】|【基准点】命令，新建基准点 1，其是顶点 1 在基准面 3 上的投影，如图 8.20 所示。

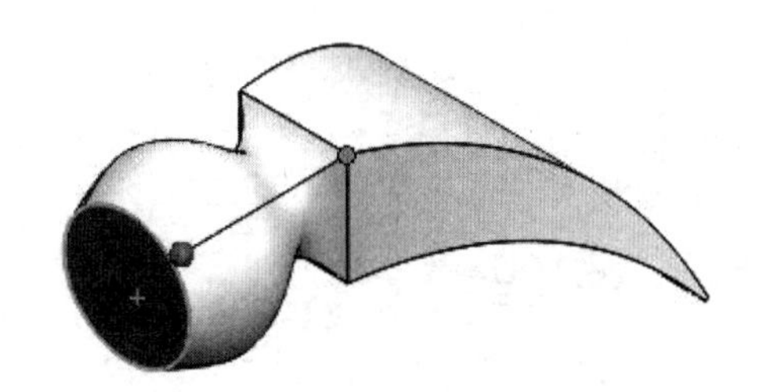

图 8.20　创建基准点

(7) 选择【特征】|【参考几何体】|【坐标系】命令，在基准点 1 上建立坐标系 1，使 X 轴垂直于基准面 3，如图 8.21 所示。

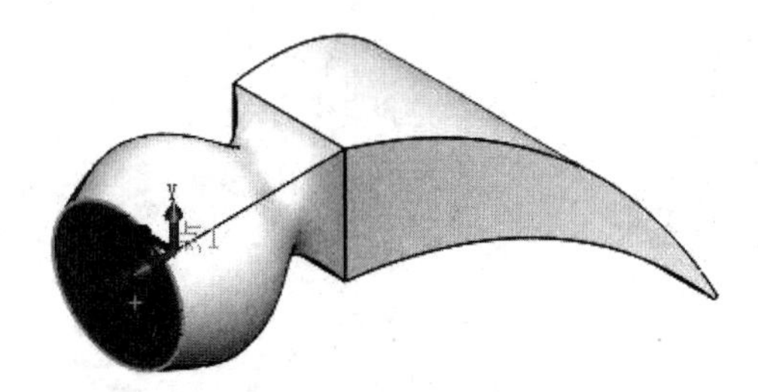

图 8.21　创建坐标系

(8) 在【设计树】|【材质】中右击，选择【编辑材料】选项，选择合金钢，选择【评估】|【质量属性】命令，得到部分参数如下。

上机指导 1 零件的质量属性(配置：默认；坐标系：坐标系 1)

密度 = 0.01 克/立方毫米

质量 = 8886.44 克

体积 = 1154083.17 立方毫米

表面积 = 93681.10 平方毫米

重心：(毫米) X = −120.21 Y = −45.37 Z = 32.48

上机指导 2

建立如图 8.22 所示的模型，设置文档属性，识别正确的草图平面，应用正确的草图与特征工具。根据提供的信息计算零件的质量、体积、表面积和重心的位置。

材料：陶瓷

单位：MMGS

(1) 新建零件，选择【上视基准面】|【草图绘制】|【椭圆】命令，绘制椭圆，长边为 120mm 短边为 80mm，如图 8.23 所示。

图 8.22 零件模型

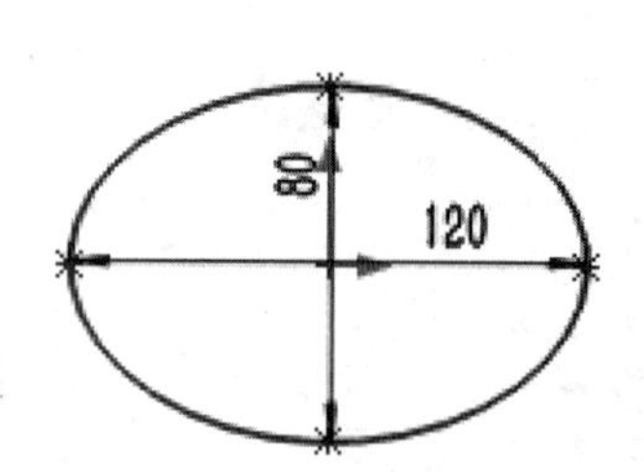

图 8.23 绘制椭圆

(2) 选择前视基准面，选择【草图绘制】命令，绘制引导线，劣弧半径为 125mm，割线长为 130mm，如图 8.24 所示。

(3) 新建与上视基准面平行且距离为 130mm 的基准面 1，并在基准面 1 上绘制同心等大的椭圆，如图 8.25 所示。

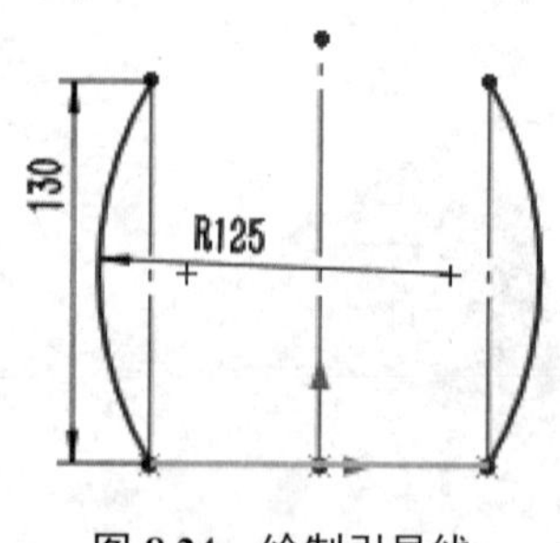

图 8.24 绘制引导线

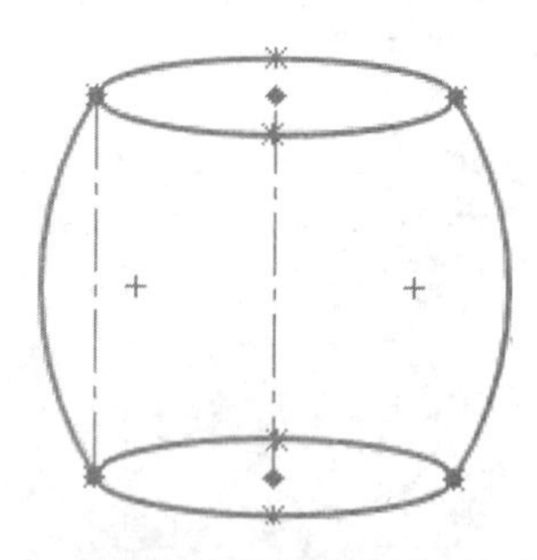

图 8.25 创建基准面 1 并绘制椭圆

(4) 单击【特征】| 工具栏中【放样凸台/基体】按钮，选择两椭圆为轮廓，组<1>、组<2>为引导线放样，如图 8.26 所示。

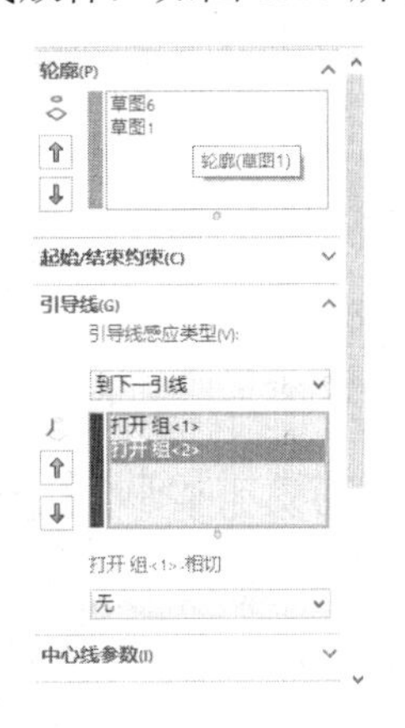

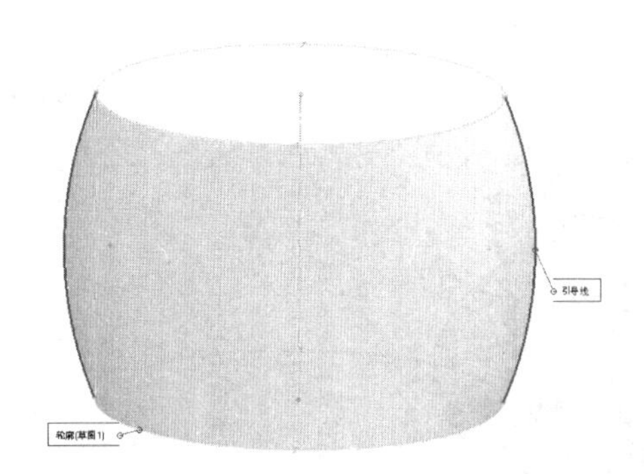

图 8.26　放样

(5) 选择【特征】|【参考几何体】|【基准面】命令，新建基准面 2 和基准面 3。基准面 2 与上表面相距 75mm，基准面 3 与基准面 2 相距 50mm，如图 8.27 所示。

(6) 选择基准面 2，绘制一个内切圆直径为 60mm 的正六边形。单击六边形的一条边，添加竖直的几何关系。选择基准面 3，绘制直径为 100mm 的圆，如图 8.28 所示。

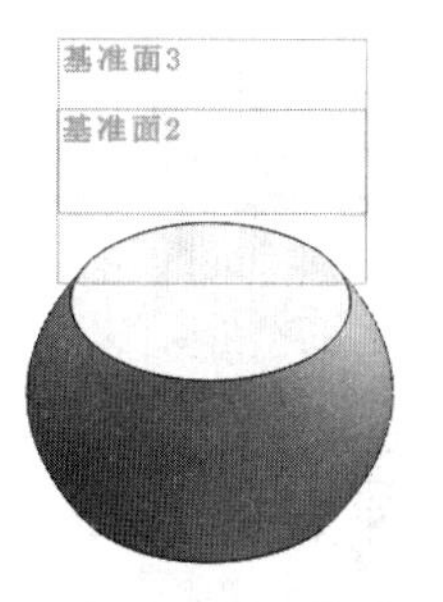

图 8.27　创建基准面 2 和基准面 3

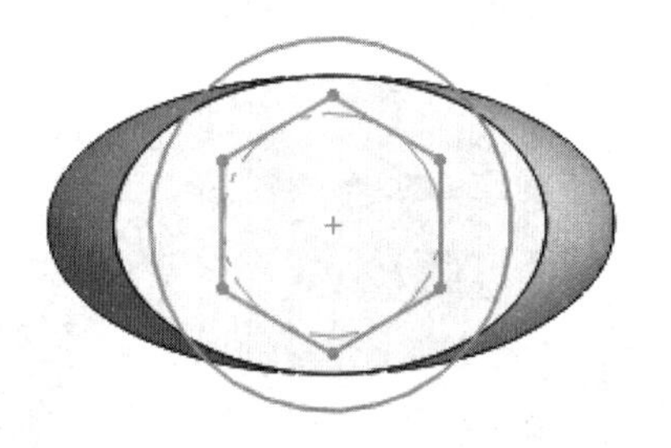

图 8.28　选择基准面绘制草图

(7) 选择【特征】|【放样凸台/基体】命令，生成实体模型，如图 8.29 所示。

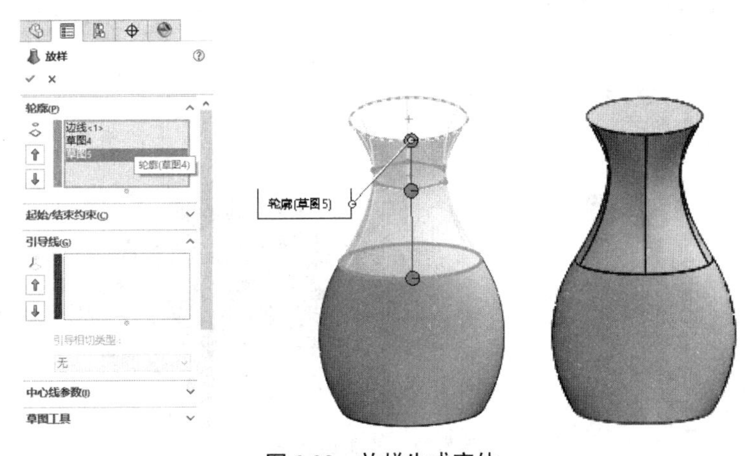

图 8.29　放样生成实体

(8) 选择【草图绘制】命令，绘制一个和底面重合的椭圆，退出草图。选择【特征】|【拉伸凸台/基体】命令，设置拉伸距离为 15mm，完成操作，如图 8.30 所示。

(9) 选择【特征】|【圆角】命令，设置半径为 2.5mm，选择上下两底边线，如图 8.31 所示。

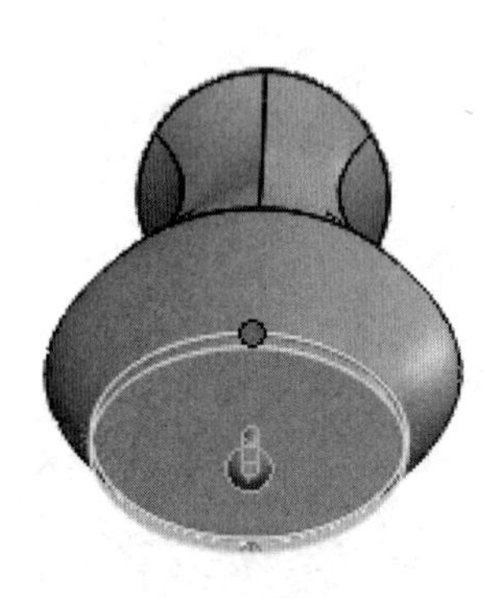

图 8.30　拉伸

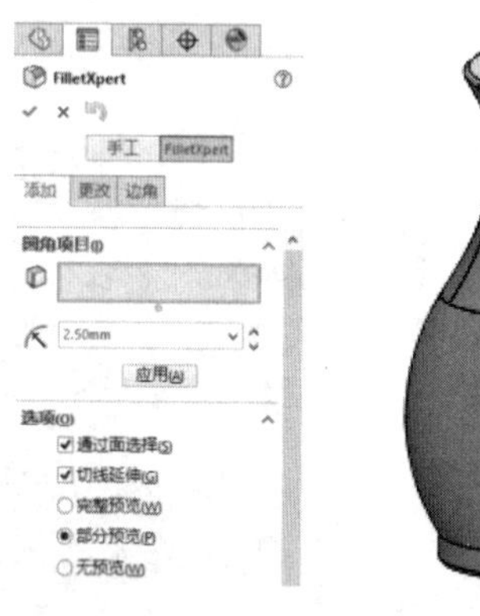

图 8.31　创建圆角特征

(10) 单击【特征】工具栏中的【抽壳】按钮，弹出【抽壳】属性管理器，设置抽壳厚度为 2mm，选择基体上表面作为开口面，单击【确定】按钮完成，如图 8.32 所示。

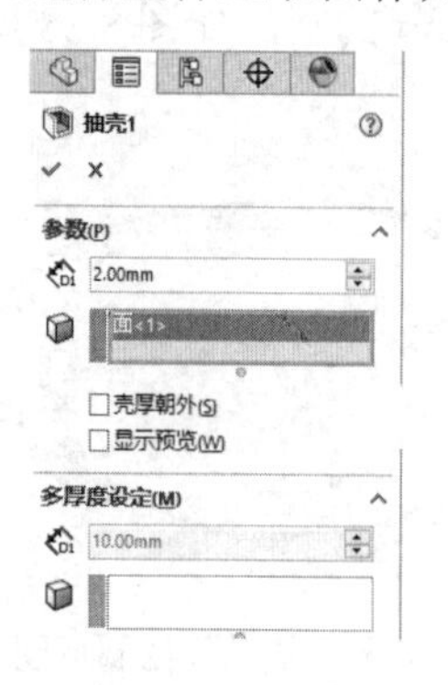

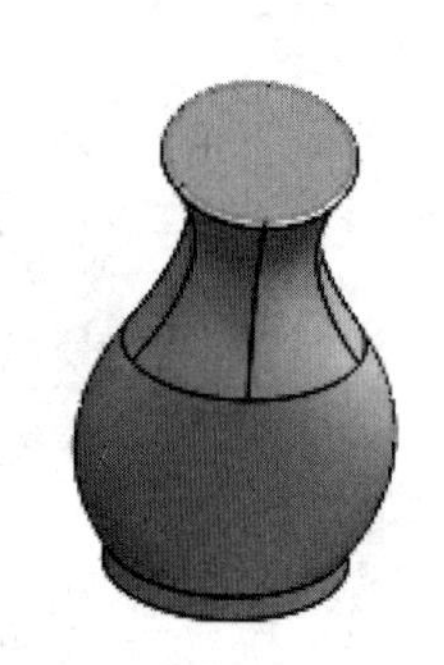

图 8.32　创建抽壳特征

(11) 选择【特征】|【参考几何体】|【基准点】命令，新建基准点 1，其位于底面椭圆中心，如图 8.33 所示。

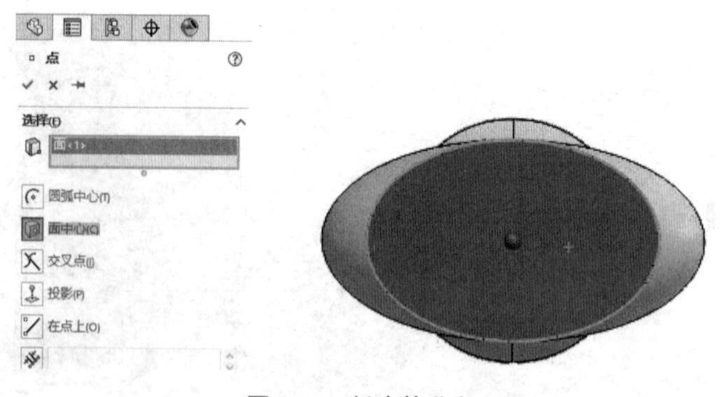

图 8.33　创建基准点

(12) 选择【特征】|【参考几何体】|【坐标系】命令，在基准点 1 上建立坐标系 1，使 X 轴垂直于底面，如图 8.34 所示。

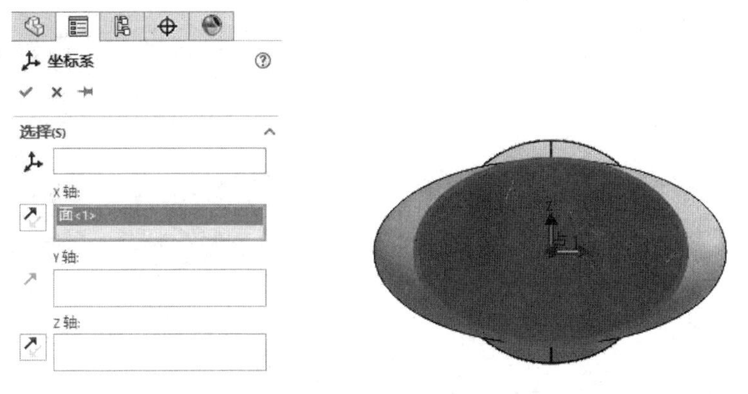

图 8.34 创建坐标系

(13) 在【设计树】|【材质】中右击，选择【编辑材料】选项，选择陶瓷，选择【评估】|【质量属性】命令，得到部分参数如下。

上机指导 2 零件的质量属性(配置：默认；坐标系：坐标系 1)

密度 = 0.00 克/立方毫米

质量 = 411.01 克

体积 = 178700.94 立方毫米

表面积 = 179200.92 平方毫米

重心：(毫米) X = –114.51 Y = –0.01 Z = –0.00

上机指导 3

建立如图 8.35 所示的瓶盖模型，设置文档属性，识别正确的草图平面，应用正确的草图与特征工具。根据提供的信息计算零件的质量、体积、表面积和重心的位置。

材料：电镀钢

单位：MMGS

(1) 新建零件，选择前视基准面，绘制图形，如图 8.36 所示。

图 8.35 瓶盖模型

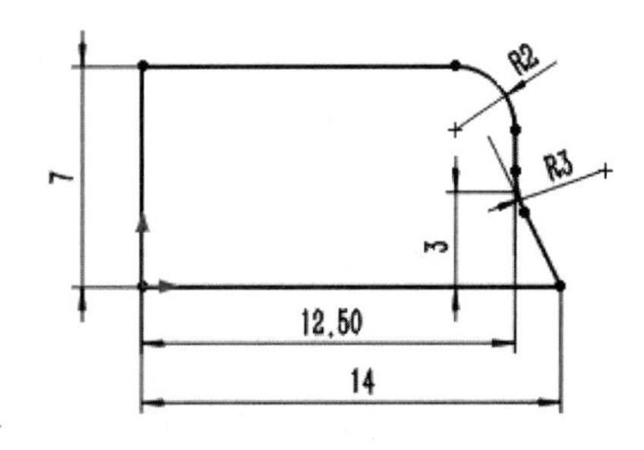

图 8.36 绘制草图

(2) 选择【特征】|【旋转凸台/基体】命令，生成实体模型，如图 8.37 所示。

(3) 选择【特征】|【参考几何体】|【基准面】命令，新建基准面 1，其与上视基准面平行且相距 4mm，如图 8.38 所示。

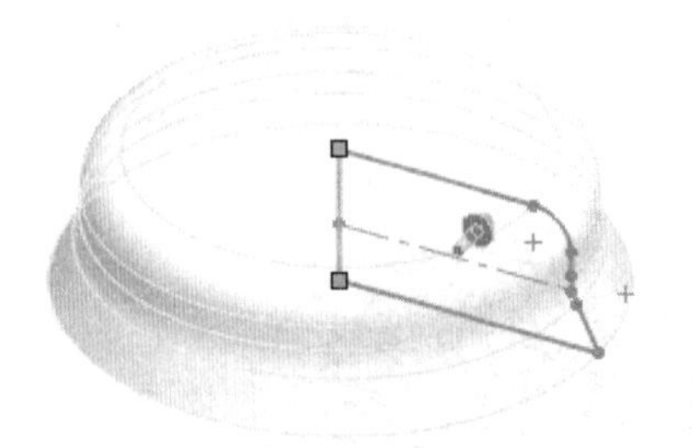

图 8.37 旋转

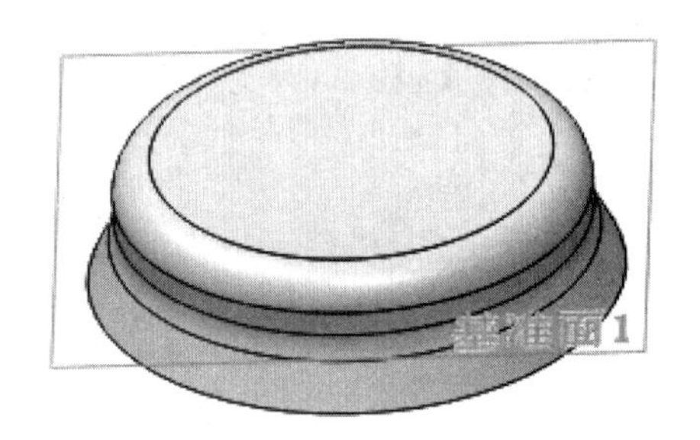

图 8.38 创建基准面

(4) 选择基准面 1，绘制草图，如图 8.39 所示。

(5) 选择上视基准面，绘制草图，如图 8.40 所示。

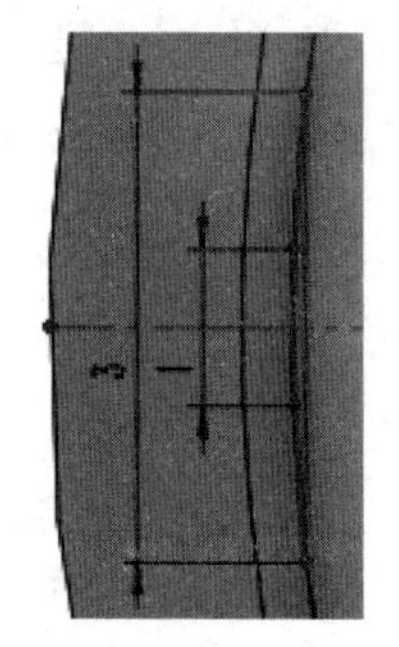

图 8.39 在基准面 1 绘制草图

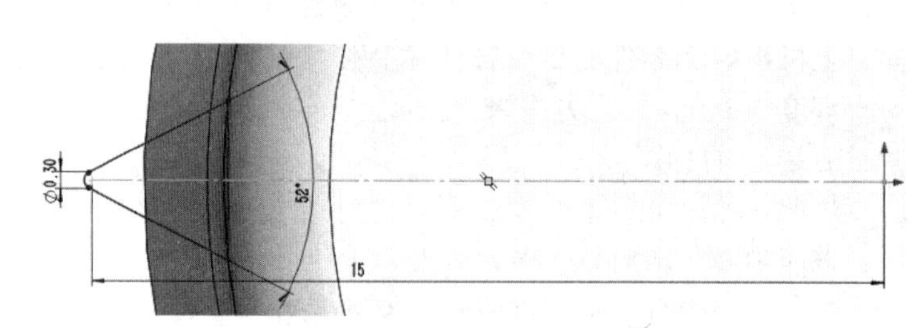

图 8.40 在上视基准面绘制草图

(6) 选择【特征】|【放样凸台/基体】命令，生成实体模型，如图 8.41 所示。

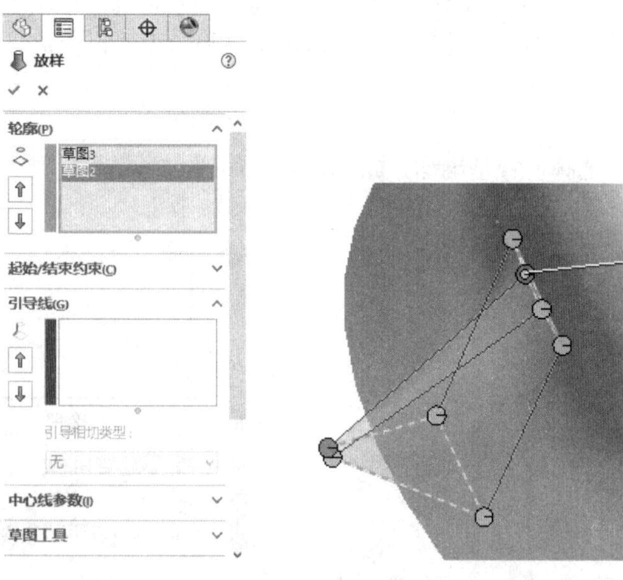

图 8.41 放样

(7) 选择【特征】|【圆角】命令，对放样边界进行圆角处理，圆角半径为 0.3mm，如图 8.42 所示。

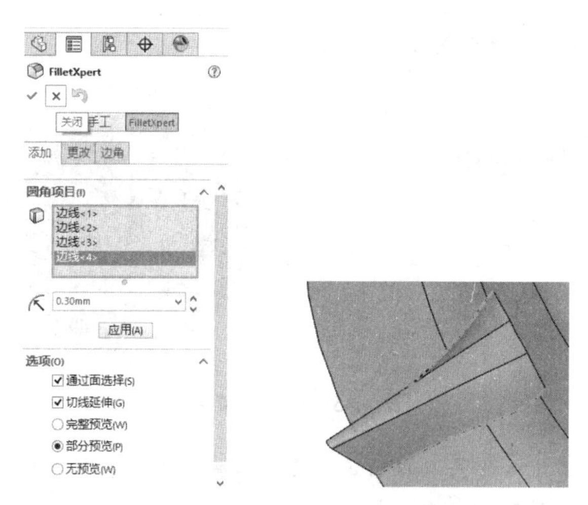

图 8.42　放样边界圆角处理

(8) 选择【特征】|【圆周阵列】命令，选择面 1 为阵列轴，放样和圆角为需要整列的特征，如图 8.43 所示。

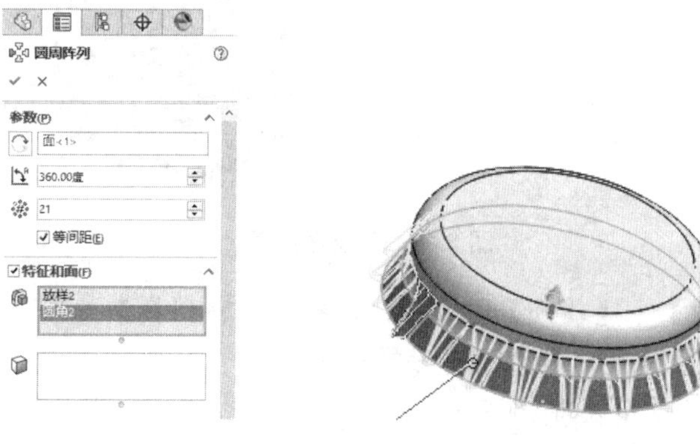

图 8.43　圆周阵列

(9) 选择【特征】|【抽壳】命令，选择底面为抽壳面，抽壳厚度为 0.1mm，如图 8.44 所示。

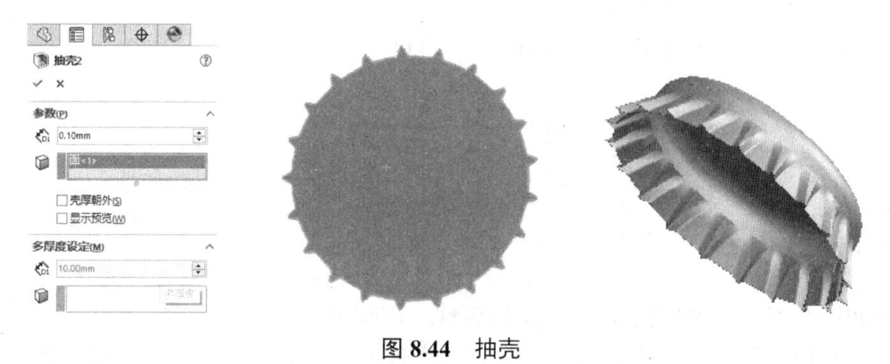

图 8.44　抽壳

(10) 选择【特征】|【参考几何体】|【基准点】命令，新建基准点 1，其位于底面椭圆中心，如图 8.45 所示。

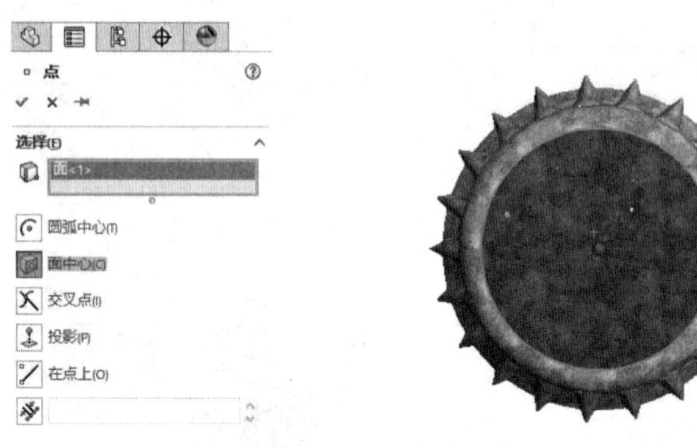

图 8.45　创建基准点

(11) 选择【特征】|【参考几何体】|【坐标系】命令，在基准点 1 上建立坐标系 1，使 *X* 轴垂直于底面，如图 8.46 所示。

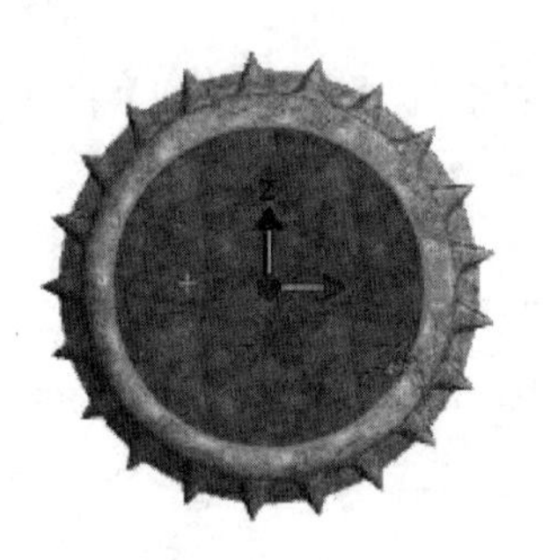

图 8.46　创建坐标系

(12) 在【设计树】|【材质】中右击，选择【编辑材料】选项，选择电镀钢，选择【评估】|【质量属性】命令，得到部分参数如下。

上机指导 3 零件的质量属性(配置：默认；坐标系：坐标系 1)

密度 = 0.01 克/立方毫米

质量 = 0.84 克

体积 = 106.54 立方毫米

表面积 = 2143.99 平方毫米

重心：(毫米)　X = −2.37　Y = 0.00　Z = 0.00

综 合 练 习

综合练习 1

建立如图 8.47 所示的模型，设置文档属性，识别正确的草图平面，应用正确的草图与特征工具，并指定材料。根据提供的信息计算零件的总质量、体积和重心的位置。

材料：6061 铝合金
单位：MMGS

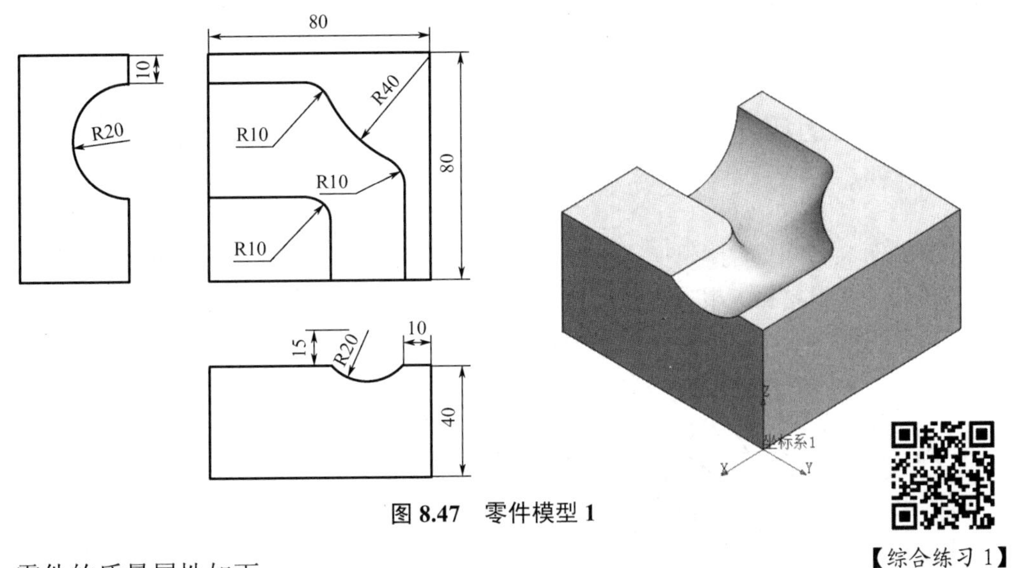

【综合练习 1】

图 8.47　零件模型 1

零件的质量属性如下：
质量 ＝611.13 克
体积 ＝226344.42 立方毫米
表面积 ＝26019.63 平方毫米
重心：（毫米）　X＝–39.49　Y＝–38.56　Z＝18.19

综合练习 2

建立如图 8.48 所示的模型，设置文档属性，识别正确的草图平面，应用正确的草图与特征工具，并指定材料。根据提供的信息计算零件的质量、体积、表面积。设置抽壳厚度为 1mm。

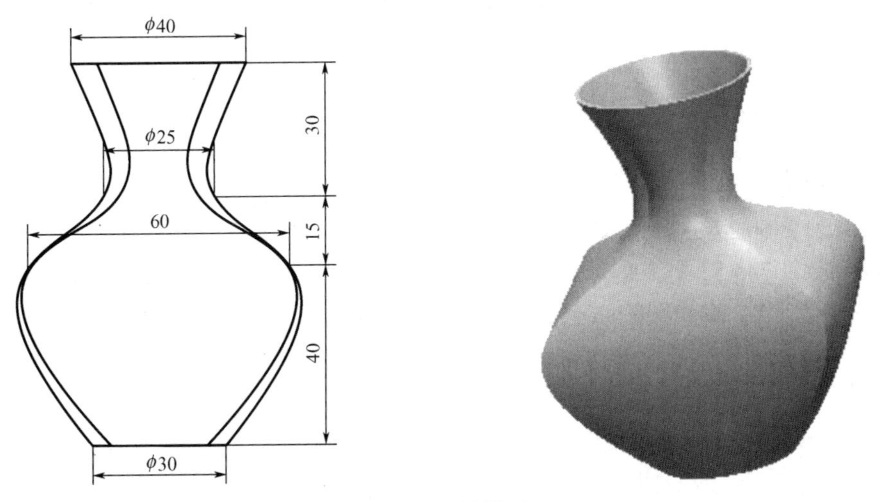

图 8.48　零件模型 2

材料：陶瓷

单位：MMGS

零件的质量属性如下：

质量 = 37.55 克

体积 = 16325.36 立方毫米

表面积 = 32672.37 平方毫米

综合练习 3

建立如图 8.49 所示的模型，设置文档属性，识别正确的草图平面，应用正确的草图与特征工具，并指定材料。根据提供的信息计算零件的质量、体积、表面积和重心的位置。说明：图中轮廓为正十六边形，图示半径为内切圆半径。

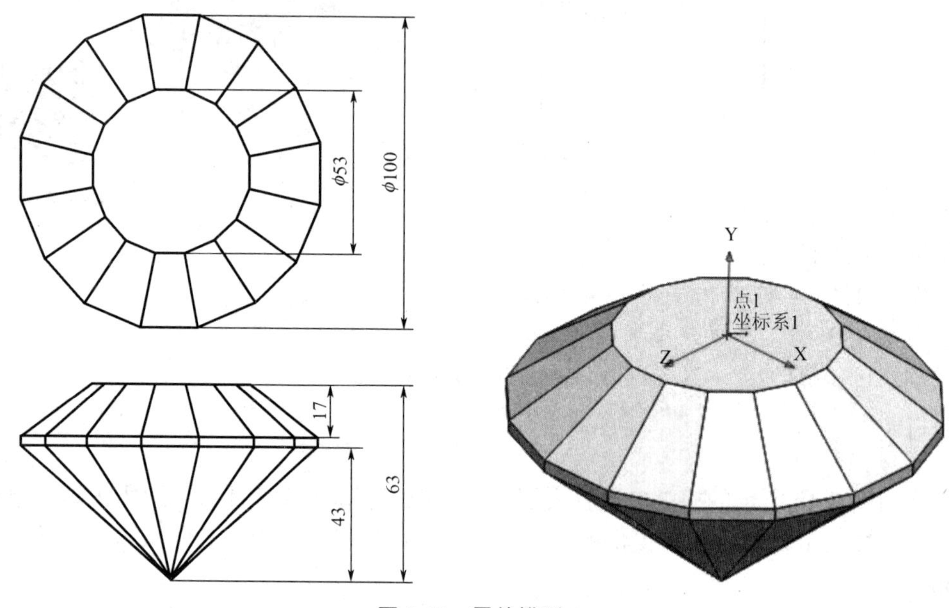

图 8.49　零件模型 3

材料：玻璃

单位：MMGS

零件的质量属性如下：

质量 = 539.59 克

体积 = 219560.27 立方毫米

表面积 = 20745.53 平方毫米

重心：（毫米）　X = 0.00　Y = –21.77　Z = 0.00

第 9 章

简单曲线和曲面

9.1 简 单 曲 线

任意一根连续的线条都称为曲线，包括直线、折线、线段、圆弧等，在 SoildWorks 中最具代表的是样条曲线。

执行曲线工具/命令方式如下

(1) 选择【插入】|【曲线】命令，弹出曲线属性管理器，如图 9.1 所示。

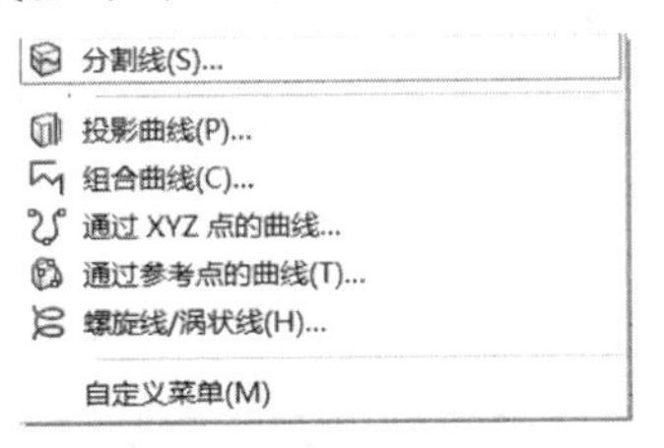

图 9.1 曲线属性管理器

(2) 右击菜单栏空白处，在弹出的管理面板里选择【曲线】命令，调出曲线快捷工具栏。如图 9.2 所示。

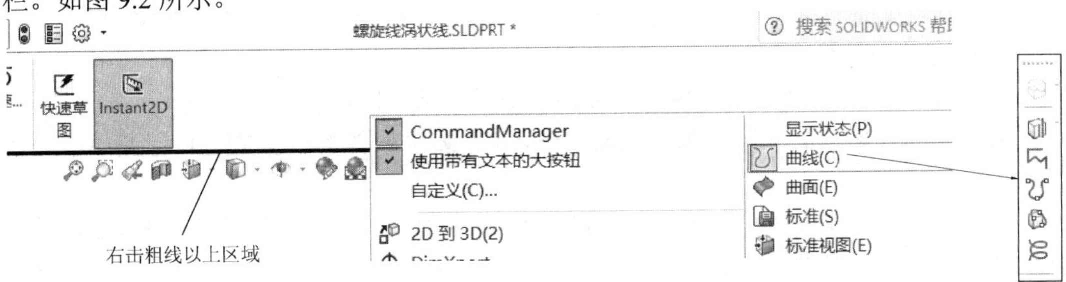

图 9.2 曲线快捷工具栏

9.1.1　分割线

将草图投影到目标曲面或平面，从而生成多个独立面和相应的分割线。

创建分割线的一般过程如下：

(1) 在已建好的模型上寻找目标曲面或平面，如图 9.3 所示。

(2) 创建投影源的草图轮廓，如图 9.4 所示。要求草图的投影能与目标曲面或平面相交。

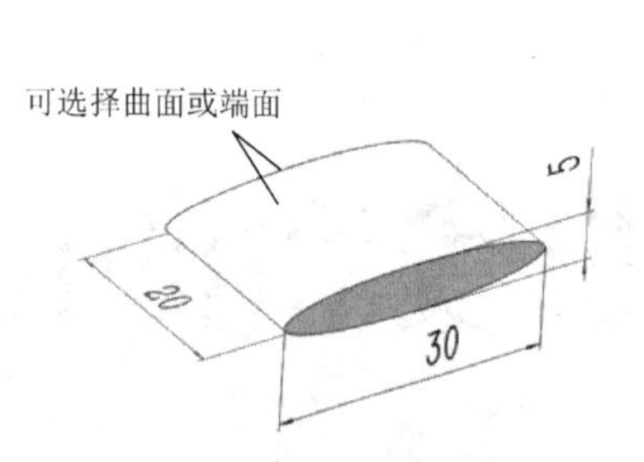

图 9.3　寻找目标曲面或平面

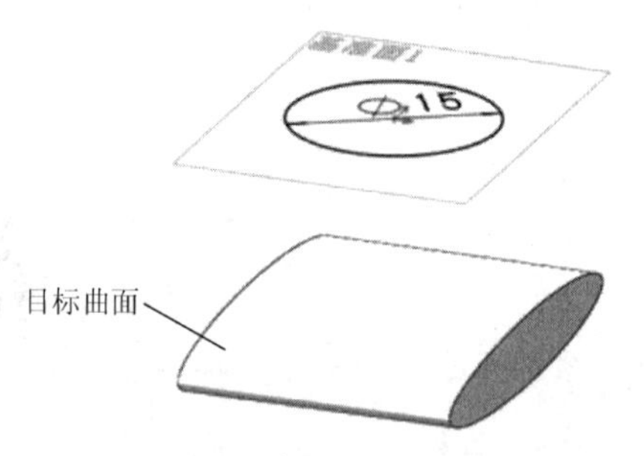

图 9.4　创建投影源的草图轮廓

(3) 生成分割线(分割线 1)。选择【分割线】命令，在弹出的【分割线】属性管理器中进行设置，如图 9.5 所示。

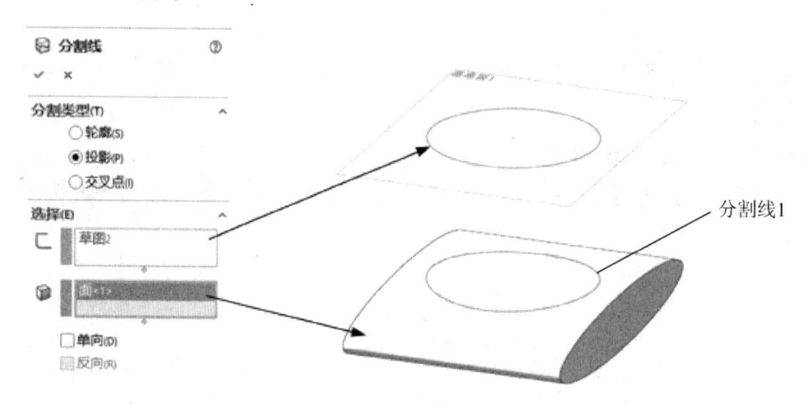

图 9.5　生成分割线

9.1.2　投影曲线

投影曲线就是将所绘制的草图投影到目标曲面并在目标曲面上得到的曲线轮廓。

创建投影曲线的一般过程如下：

(1) 在已建好的曲面或实体模型上选择目标曲面或平面，如图 9.3 所示。

(2) 创建投影源的草图轮廓，如图 9.6 所示。要求草图的投影能与目标曲面或平面相交。

(3) 生成投影曲线(曲线 1)。选择【投影曲线】命令，在弹出的【投影曲线】属性管理器中进行设置，如图 9.7 所示。

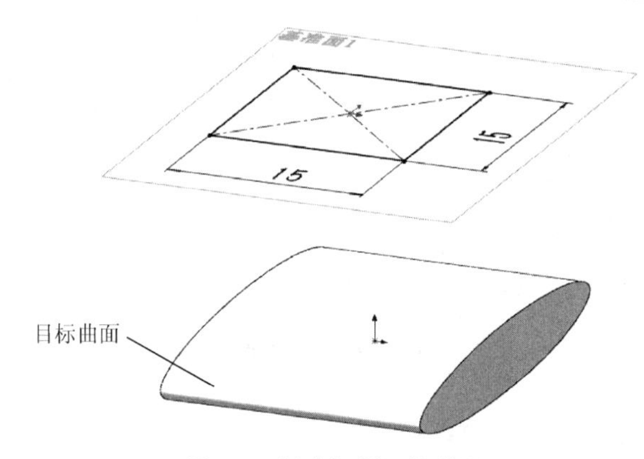

图 9.6　创建投影源的草图

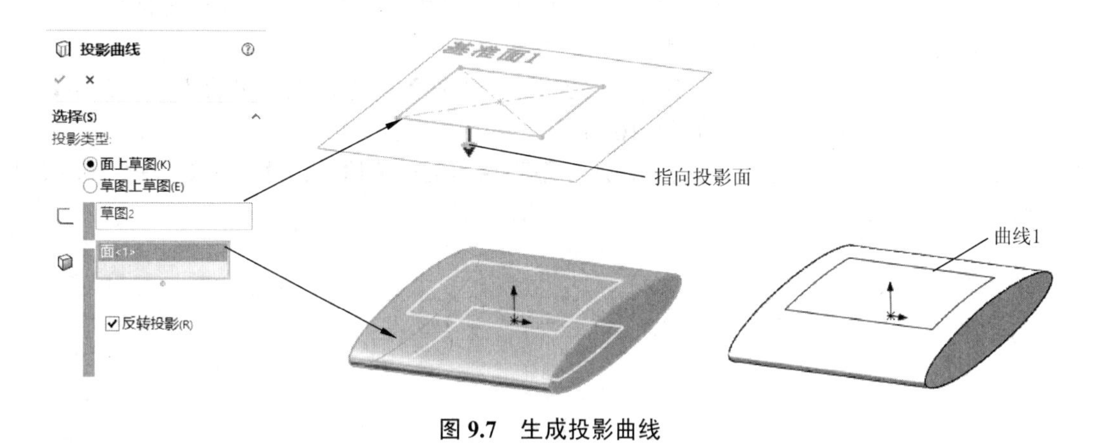

图 9.7　生成投影曲线

9.1.3　组合曲线

组合曲线就是将所选的边线、曲线和草图组合成一条 3D 曲线。要求所选的边线、曲线或草图必须是相连的。

创建组合曲线的一般过程如下：

(1) 在已建好的草图或模型上寻找可用的目标曲线或边线，如图 9.8 所示。

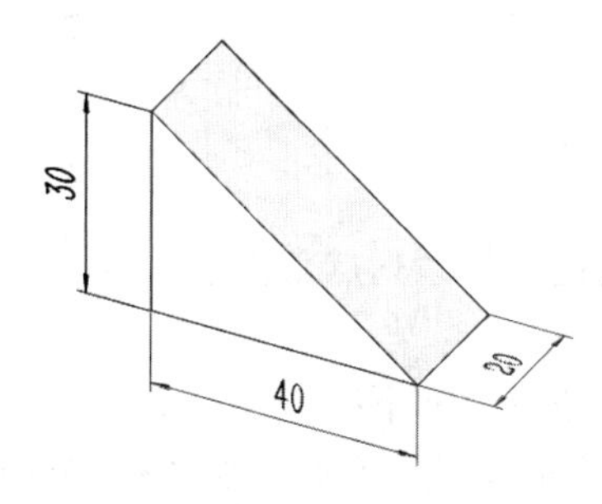

图 9.8　寻找目标曲线或边线

(2) 生成组合曲线(曲线 1)。选择【组合曲线】命令，在弹出的【组合曲线】属性管理器中选择目标边线，如图 9.9 所示，边线 1、2、3、4 组合成曲线 1。

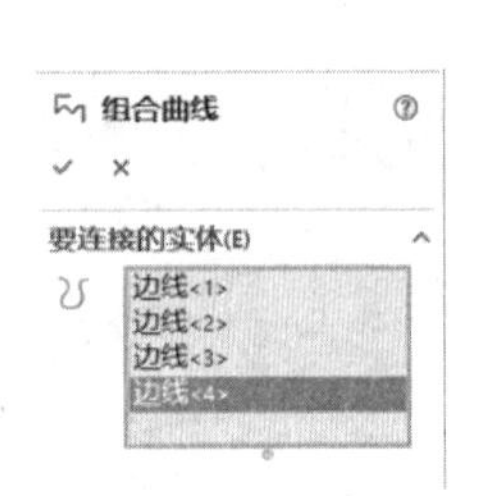

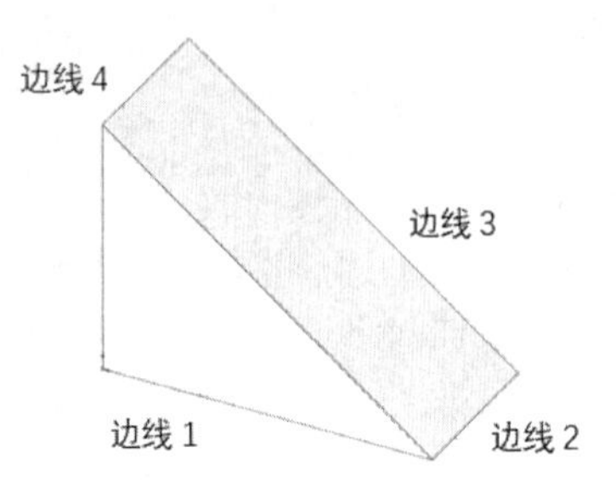

图 9.9　生成组合曲线

9.1.4　通过 XYZ 点的曲线

通过输入 X、Y、Z 的坐标值来建立一系列点，自动生成一条都通过这些点的光滑曲线。

创建通过 XYZ 点的曲线的一般过程如下：

(1) 输入点的坐标值。选择【通过 XYZ 点的曲线】命令，在弹出的【曲线文件】窗口中输入一系列点的坐标值，如图 9.10 所示。

(2) 生成通过 XYZ 点的曲线。输入一系列点的坐标值后单击【确定】按钮，完成曲线创建，结果如图 9.11 所示。

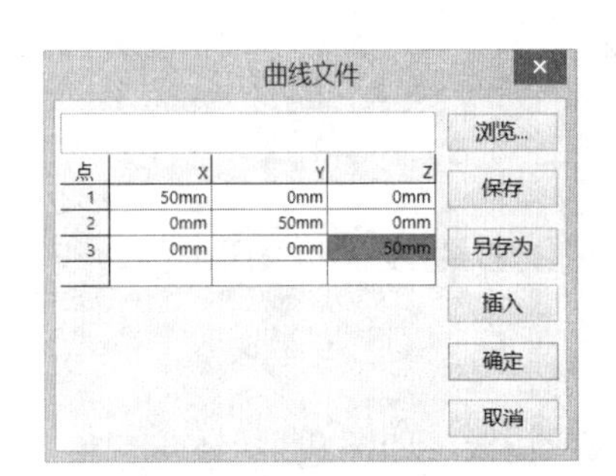

图 9.10　输入点的坐标值

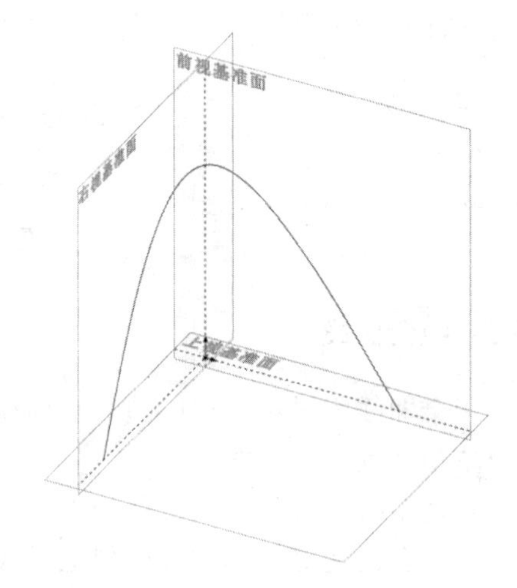

图 9.11　生成通过 XYZ 点的曲线

9.1.5　通过参考点的曲线

通过参考点的曲线即通过已有的系列点来创建曲线，包括所选位于一个或多个基准面的点、实体顶点、线段端点等。

创建通过参考点曲线的一般过程如下：

(1) 创建定点系列或直接使用模型顶点。点系列(3D 草图)如图 9.12 所示，模型如图 9.8 所示。

(2) 生成通过参考点的曲线。选择【通过参考点的曲线】命令，弹出管理窗口后按指定顺序选取点系列，如图 9.13 所示。

图 9.12 创建点

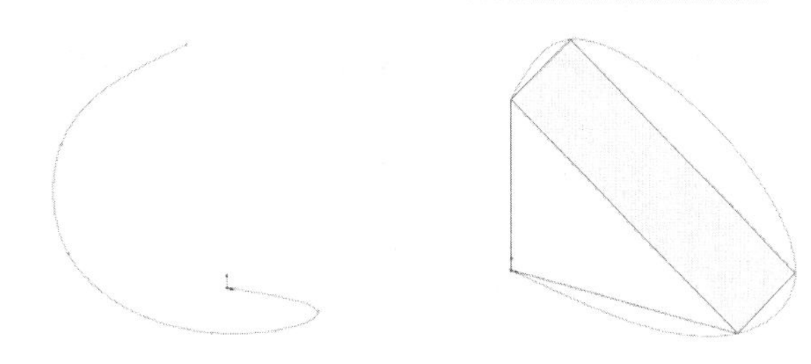

图 9.13 生成通过参考点的曲线

9.1.6 螺旋线/涡状线

通过绘制圆来生成一螺旋线或涡状线。其定义方式有高度和圈数、螺距和圈数、高度和螺距、涡状线。每种方式都有自己的可变设置参数。

创建螺旋线的一般过程如下：

(1) 创建参考草图圆轮廓，如图 9.14 所示。草图圆轮廓可以直接通过【草图绘制】来创建，也可以通过选择【螺旋线/涡状线】命令选择基准面来创建。

(2) 生成螺旋线。选择【螺旋线/涡状线】命令，选择所绘制的草图圆轮廓，在弹出的【螺旋线/涡状线】属性管理器中选择相关的生成方式。

① 通过定义螺距和圈数生成螺旋线，如图 9.15 所示。

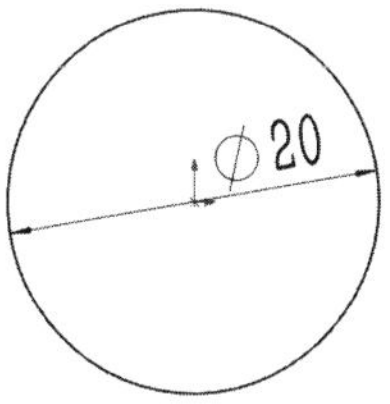

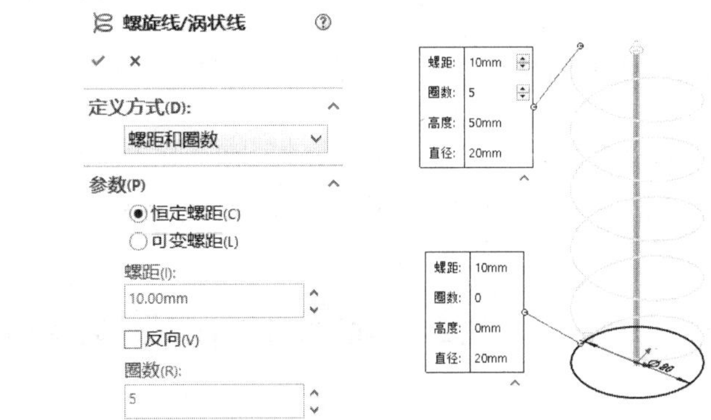

图 9.14 绘制草图

图 9.15 定义螺距和高度生成螺旋线

② 选中【可变螺距】生成不等螺旋线(一般用于扫描生成弹簧)，如图 9.16 所示。

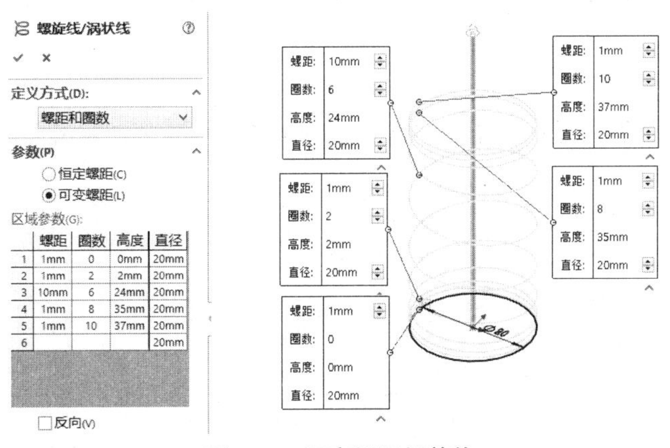

图 9.16 可变螺距螺旋线

③ 通过定义高度和圈数来生成螺旋线，参数设置与通过定义螺距和圈数生成螺旋线同理。

④ 通过定义高度和螺距来生成螺旋线，参数设置与通过定义螺距和圈数生成螺旋线同理。

⑤ 通过定义涡状线设定螺距和圈数来生成涡状线，如同 9.17 所示。

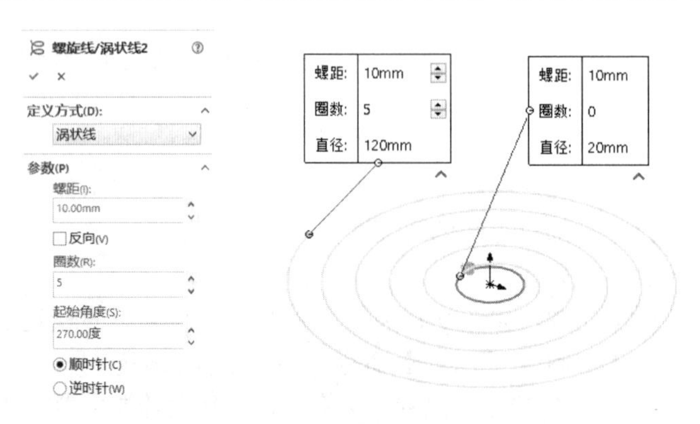

图 9.17　定义螺距和圈数生成涡状线

9.1.7　3D 曲线

在 3D 草图中通过绘制空间曲线或转换实体引用来生成曲线，包括实体曲面相交线、边等。

创建 3D 曲线的过程与第 2 章 3D 草图绘制相同，即在 3D 草图中选择所需工具来绘制目标曲线，或通过转换引用实体边线来生成所需曲线。

9.2　简单曲面的定义和分类

在 SolidWorks 中，单纯的曲面特征是没有厚度的实体，它没有体积、质量可言。但相对于其他特征如拉伸、旋转等所生成的实体表面来说，曲面的过渡表面质量更高，且曲面还能转换生成那些形状比较复杂、表面质量要求更高的实体。曲面在高级设计中占有举足轻重的地位。

执行曲面工具/命令

(1) 选择【插入】|【曲面】命令，弹出曲面属性管理器，如图 9.18 所示。

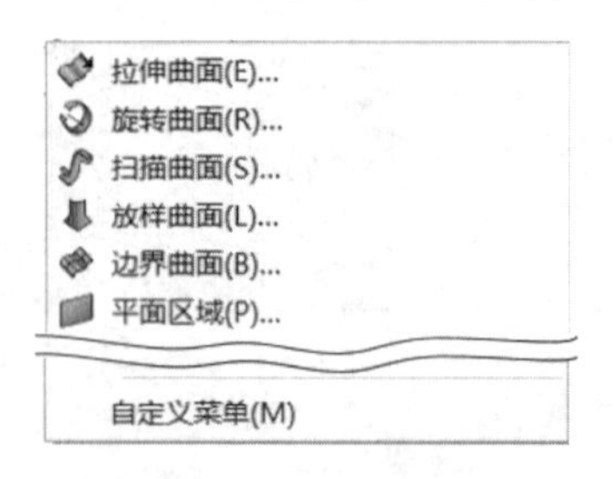

图 9.18　曲面属性管理器

(2) 右击菜单栏处，在弹出的管理面板里选择【曲面】命令，调出曲面快捷工具，如图 9.19 所示。

图 9.19 曲面快捷工具

9.2.1 拉伸曲面

将草图轮廓线/曲线沿指定的方向拉伸生成曲面。平面草图的默认拉伸方向与草图平面垂直，3D 草图的拉伸方向必须有一个 3D 草图指定。

创建拉伸曲面的一般过程，与第 3 章拉伸特征类似。

(1) 创建轮廓曲线，有必要时还需创建一直线草图作为拉伸方向。

(2) 生成拉伸曲面。选择【拉伸曲面】命令，在属性管理器中完成相关参数的设置，确认后完成拉伸曲面的创建，如图 9.20 所示。

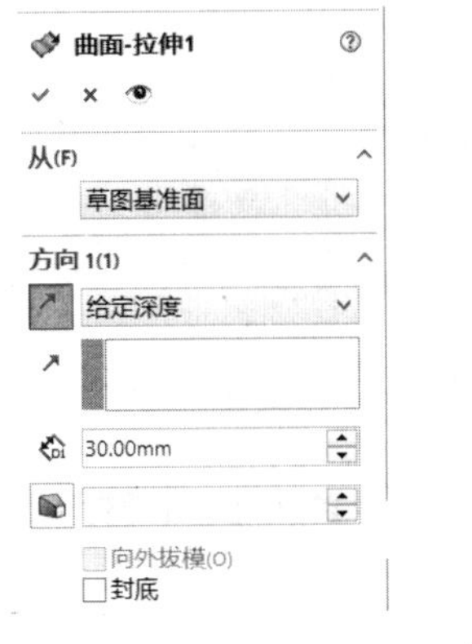

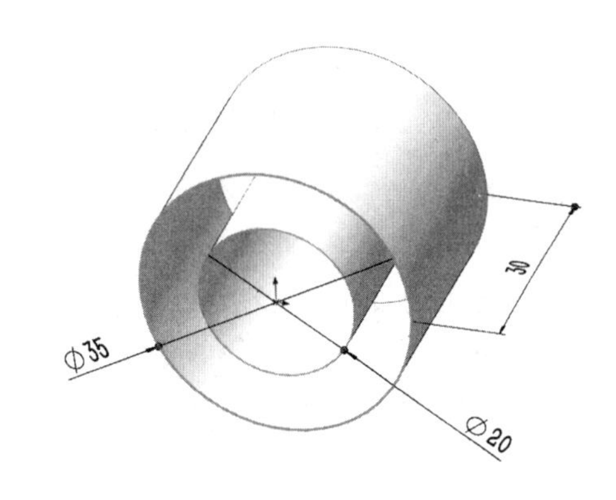

图 9.20 创建拉伸曲面

9.2.2 旋转曲面

将草图轮廓线或开环曲线绕旋转轴旋转指定角度所得到的曲面。

创建旋转曲面的一般过程(与第 3 章旋转特征类似)如下：

(1) 创建轮廓曲线和旋转轴。有时旋转轴与选择轮廓可以是同一个草图，但旋转轴必须是中心线即构造线。

(2) 生成旋转曲面。选择【旋转曲面】命令，在属性管理器中完成相关参数的设置，确认后完成旋转曲面的创建，如图 9.21 所示。

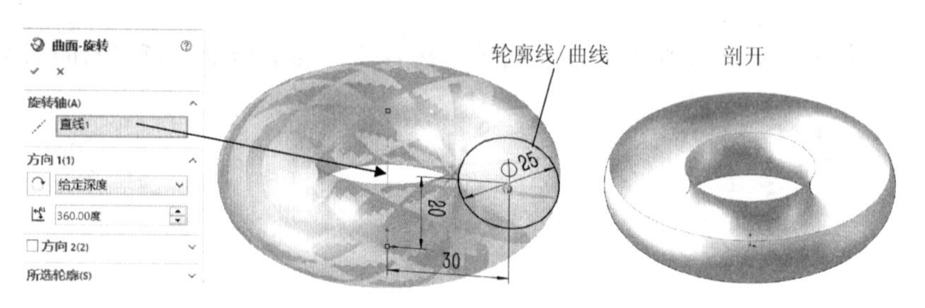

图 9.21　创建旋转曲面

注意：封闭轮廓旋转所得的曲面与壳体模型相似，但是它没有质量厚度。

9.2.3　扫描曲面

将草图轮廓沿着参考路径或引导线进行零间距地无限阵列所形成的曲面。

创建扫描曲面的一般过程，与第 3 章扫描特征类似。

(1) 创建轮廓曲线和路径曲线。两者必须为不同平面的两个草图，但可以不相交。

(2) 生成扫描曲面。选择【扫描曲面】命令，在属性管理器中完成相关参数的设置，确认后完成扫描曲面的创建，如图 9.22 所示。

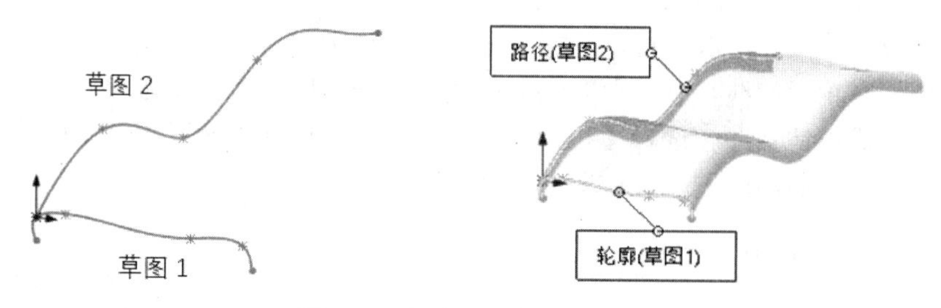

图 9.22　创建扫描曲面

9.2.4　放样曲面

将两个或多个截面上的草图轮廓或曲线，通过引导线来光滑连接所生成的曲面。

创建放样曲面的一般过程，与第 3 章放样特征类似。

(1) 创建多截面草图。多截面草图必须是全部闭环或全开环绕的，不能混合使用，如图 9.23 所示。

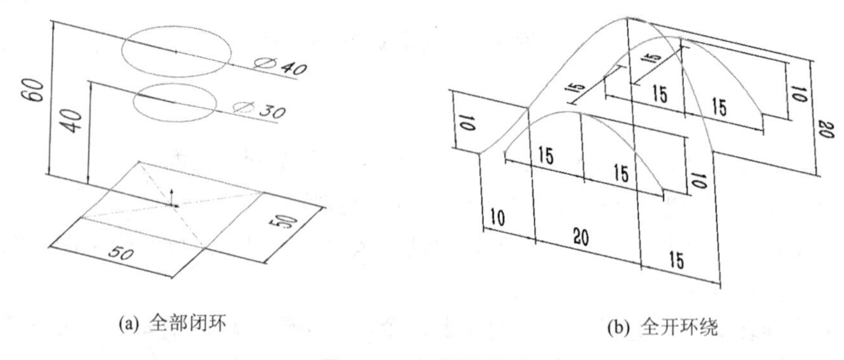

(a) 全部闭环　　(b) 全开环绕

图 9.23　多截面草图

(2) 生成放样曲面。选择【放样曲面】命令，在弹出的属性管理器中完成相关参数的设置，确认后完成放样曲面的创建，如图 9.24 所示。

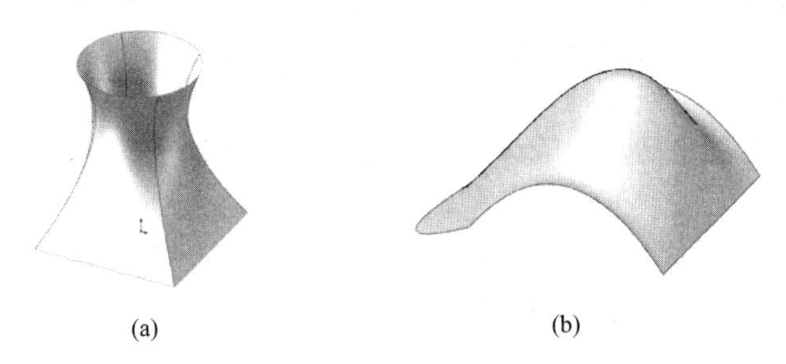

(a)　　(b)

图 9.24　创建放样曲面

9.2.5　边界曲面

在一个或两个方向上依次选取多条曲线来生成曲面。要求边界曲线必须是闭合的。

创建边界曲线的一般过程，与放样曲面相似。

(1) 创建边界曲线。两者必须为不同平面的两个草图，如图 9.25 所示。

(2) 生成扫描曲面。选择【边界曲面】命令，在属性管理器中有两种基本的参数设置，即两种基本结果，如图 9.26 所示，确认后完成边界曲面的创建。

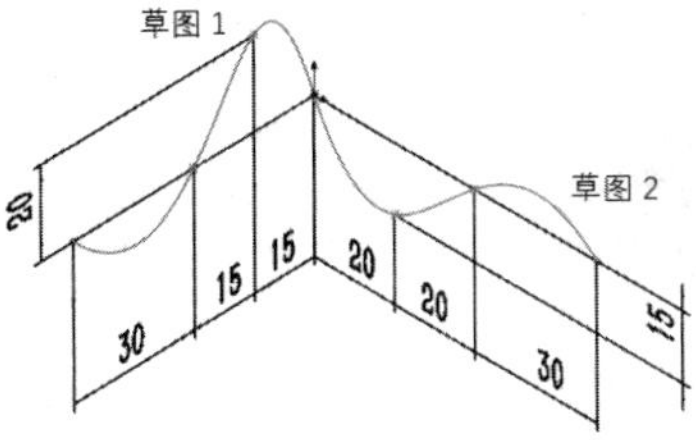

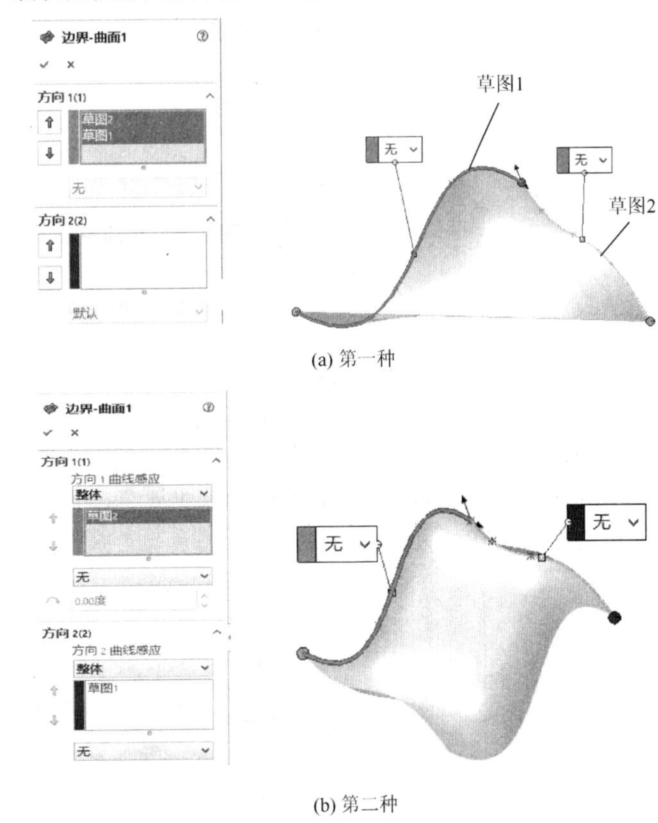

(a) 第一种

(b) 第二种

图 9.25　创建边界曲线

图 9.26　创建边界曲面

9.2.6 平面区域

在闭合的平面草图中或同一平面的实体/曲面边线（边线可以不闭合）中来生成一平面区域即平面曲面。可用于弯曲量大的曲面端面的封闭。

创建平面区域的一般过程如下：

(1) 绘制闭合的平面草图或寻找实体/曲面的平面边线，如图 9.27 所示。

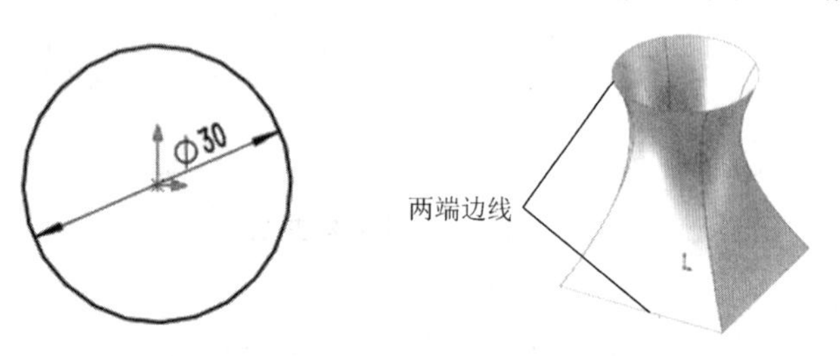

图 9.27　绘制平面草图或寻找平面边线

(2) 生成平面区域。选择【平面区域】命令，在弹出属性管理器后，选取草图或所需的边线，确定后完成平面区域的创建，如图 9.28 所示。

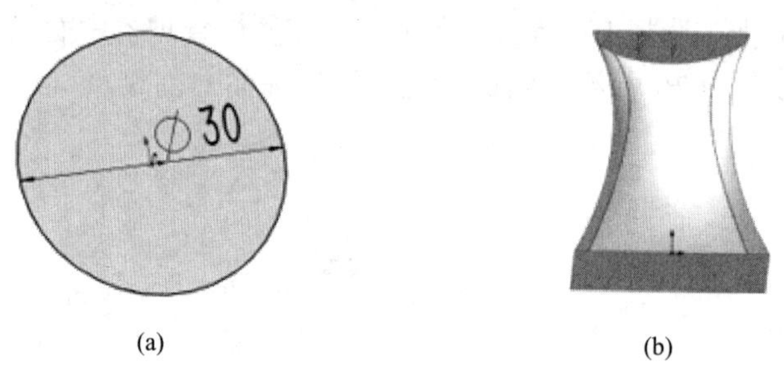

图 9.28　创建平面区域

9.2.7 等距曲面

等距曲面即在现有的曲面基础上，等距地生成一个新曲面。在曲率半径内生成的新曲面等距缩小，在曲率半径外生成的新曲面等距放大。

创建等距曲面的一般过程如下：

选择【等距曲面】命令，在弹出属性管理器后，单击曲面源，确定后完成等距曲面的创建，如图 9.29 所示。

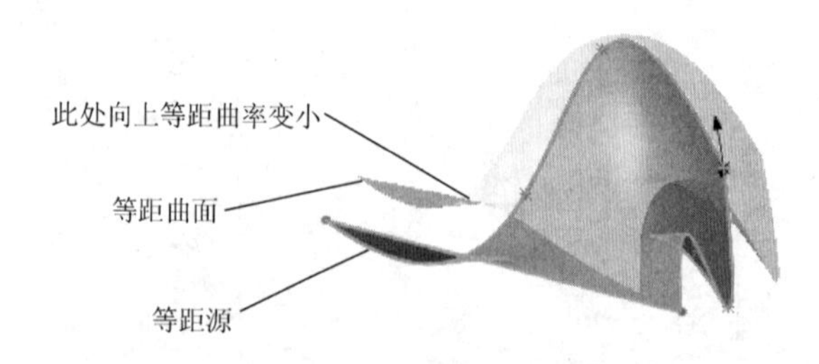

图 9.29　创建等距曲面

注意：创建等距曲面过程中，若因曲率过小无法生成等距曲面，则应减小等距距离，增大等距曲率。

9.2.8 中面

中面即在具有等距面的实体中，生成两等距面的中间曲面。但拉伸、放样等生成的等距曲面不能生成中面。

创建中面的一般过程如下：

(1) 创建具有等距面的实体模型，如图 9.30(a)所示。

(2) 选择【中面】命令，在弹出属性管理器后，选取实体两个等距面，在完成相应参数设置后，确定完成中面的创建，如图 9.30(b)所示。

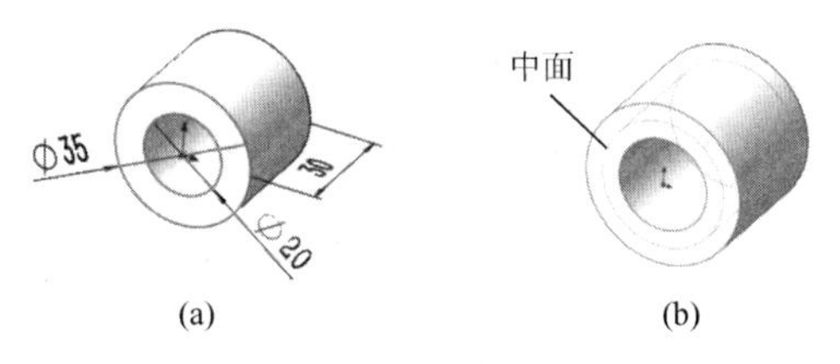

图 9.30 创建中面

9.3 曲面的简单编辑与处理

9.3.1 曲面延伸

曲面延伸就是把现有的曲面按指定条件进行延伸。一般曲面延伸有等距延伸、形成到某一点和形成到某一面等。与拉伸相似。

创建延伸曲面的一般过程如下：

选择【延伸曲面】命令，在属性管理器中选择要延伸的曲面边线，再完成相应参数设置，完成曲面的延伸，如图 9.31 所示。

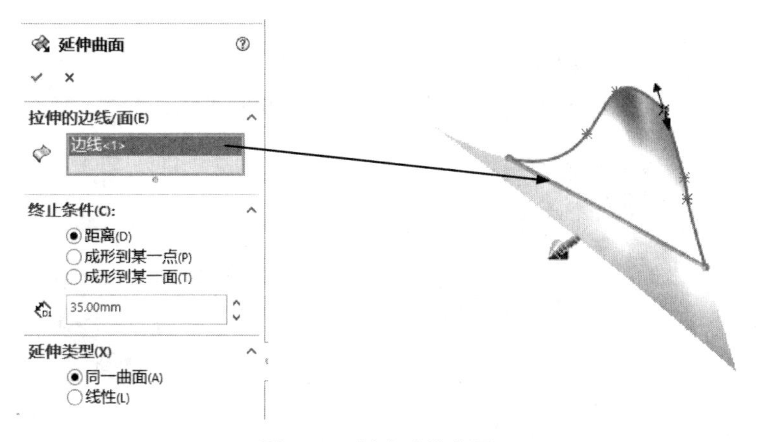

图 9.31 创建延伸曲面

9.3.2 曲面裁剪

曲面裁剪即通过裁剪工具(一般为草图)将相交的目标曲面进行裁剪。与第3章的拉伸切除类似。

创建曲面裁剪的一般过程如下：

(1) 寻找裁剪曲面，创建裁剪工具。一般是创建草图轮廓，如图9.32所示。

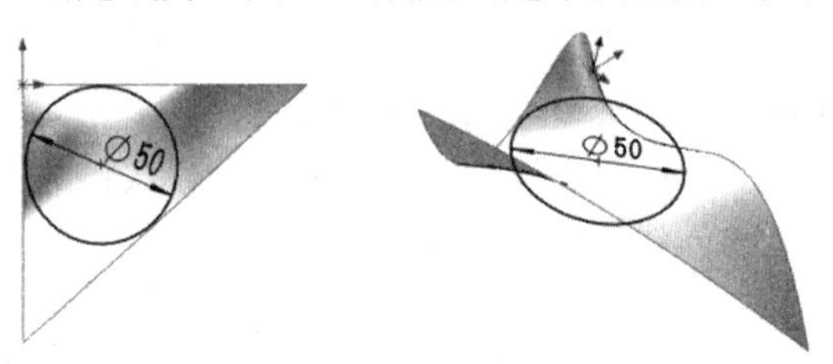

图9.32 寻找裁剪曲面并创建裁剪工具

(2) 完成属性管理器中参数的设置，如图9.33所示，确认后完成裁剪。

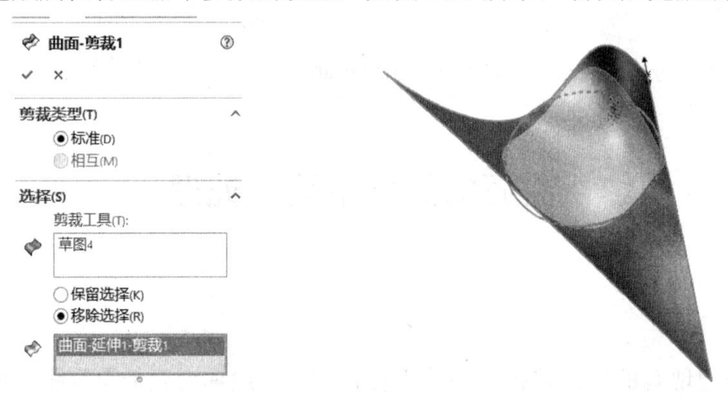

图9.33 曲面裁剪

9.3.3 曲面缝合

曲面缝合就是将多个独立的曲面缝合到一起成为同一个曲面，一般用于复杂曲面设计中化整为零的整合。

创建曲面缝合的一般过程如下：

(1) 查看多个独立曲面间是否边界线重合，如图9.34所示。

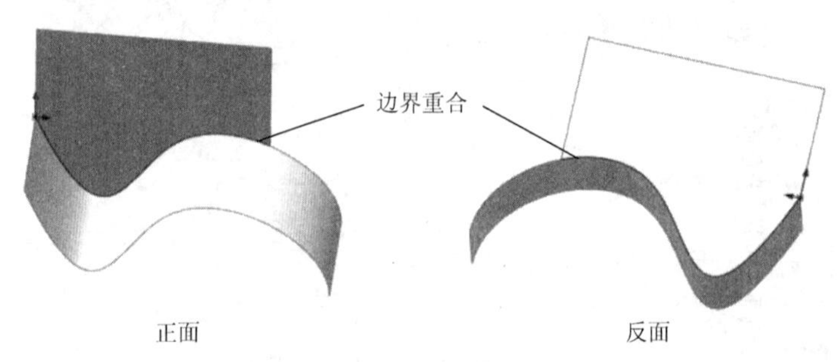

图9.34 寻找边界重合

(2) 选择【插入】|【曲面】|【曲面缝合】命令，在属性管理器中完成设置后，完成边界重合的多独立曲面的缝合。但缝合前后这些曲面的交界并没有明显的变化，实际上已经成为同一曲面。

9.4 曲面实体化的简单过程

将没有实际厚度和质量的曲面加厚，变成实际的实体称为曲面实体化。曲面实体化通常用于将复杂曲面转化成实体(用于高级设计中)，其过程一般有曲面缝合、替换面和曲面加厚。

9.4.1 曲面缝合的实体化过程

曲面缝合的实体化一般只针对封闭的曲面而言。

曲面缝合实体化的操作过程如下：

(1) 创建平面封闭草图轮廓或选择实体模型上平面封闭曲线。

(2) 选择【缝合曲面】命令后，在属性管理器中完成如图9.35(a)中的设置，确认后生成实体，如图9.35(b)所示。

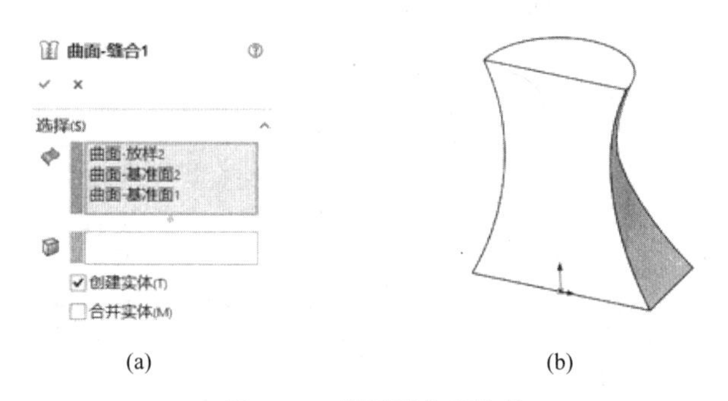

图 9.35 曲面缝合实体化

9.4.2 替换面

替换面就是使实体等距生成到现有曲面，并使目标实体表面变成曲面。

替换面的一般操作过程如下：

(1) 根据目标实体面，创建替换源——曲面，如图9.36所示。

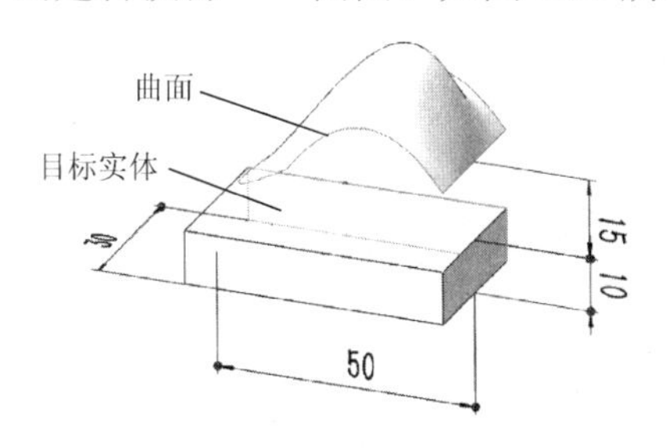

图 9.36 创建替换源

(2) 替换实体面。选择【工具】|【替换面】命令，在属性管理器中完成相关设置，完成实体面的替换，如图 9.37 所示。

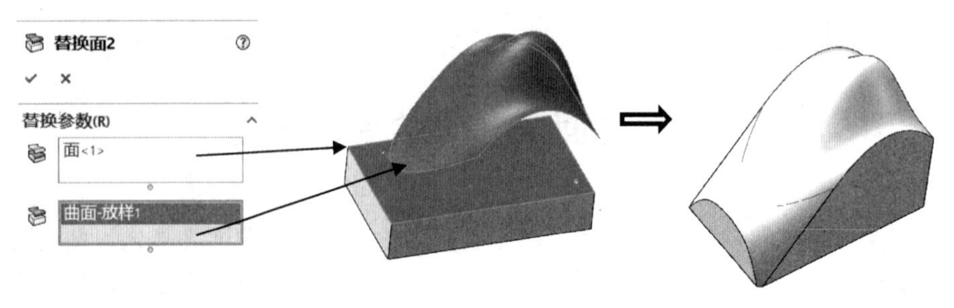

图 9.37　替换实体面

9.4.3　曲面加厚

曲面加厚即在指定距离内进行零距离地无限阵列后得到有厚度的曲面实体。

曲面加厚的一般操作过程如下：

(1) 寻找要加厚的曲面或创建要加厚的曲面。

(2) 加厚目标曲面。选择【插入】|【土台/基体】|【加厚】命令，在属性管理器中完成相应参数的设置，确认完成曲面的加厚，如图 9.38 所示。

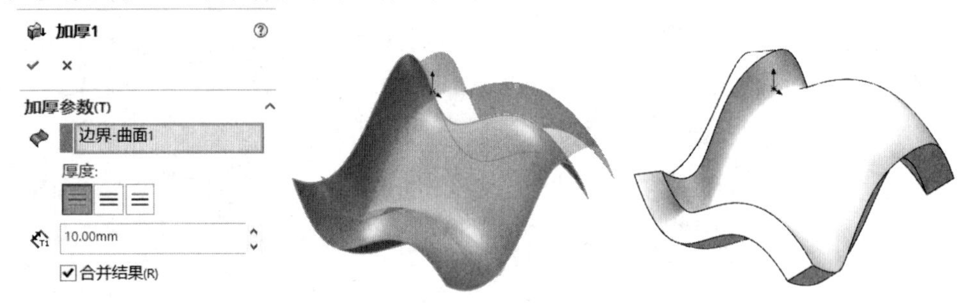

图 9.38　曲面加厚

上 机 指 导

上机指导 1

完成图 9.39 所示的曲别针模型。

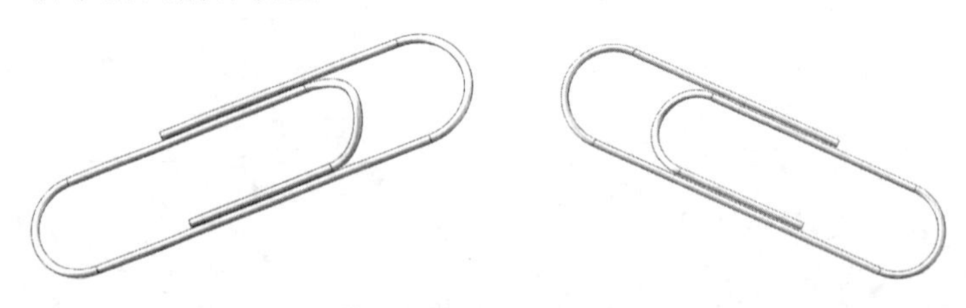

图 9.39　曲别针

(1) 选择上视基准面，绘制如图 9.40 所示的草图轮廓，选择【拉伸曲面】命令，拉伸高度为 5mm。

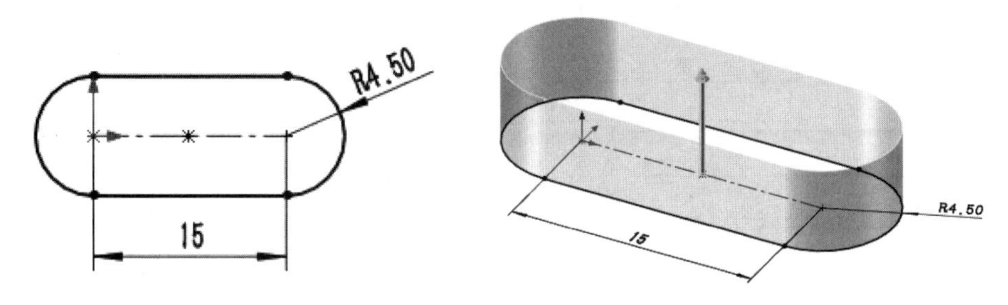

图 9.40 绘制草图并拉伸曲面

(2) 选择前视基准面，绘制如图 9.41 所示的草图轮廓，选择【拉伸曲面】命令，设置终止条件为两侧对称，拉伸高度为 10mm。

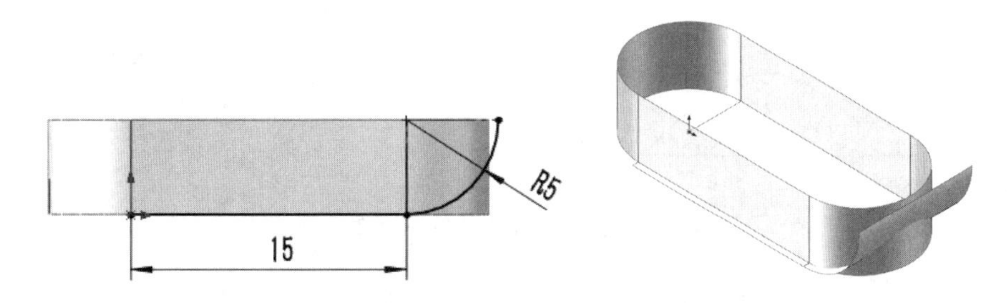

图 9.41 绘制草图并两侧对称拉伸曲面

(3) 选择菜单栏的【工具】|【草图工具】命令，单击【交叉曲线】按钮，弹出属性管理器后依次选择独立的四个面来生成一条 3D 曲线，如图 9.42 所示。

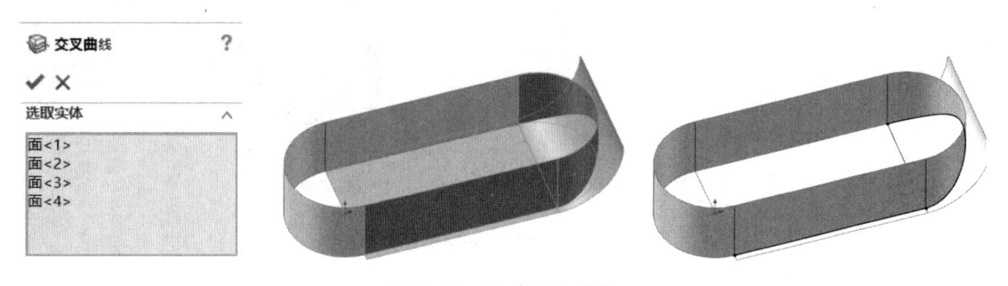

图 9.42 生成 3D 曲线

(4) 分别将步骤(1)、(2)拉伸的曲面进行隐藏，查看所生成的 3D 曲线，如图 9.43 所示，并退出 3D 草图。

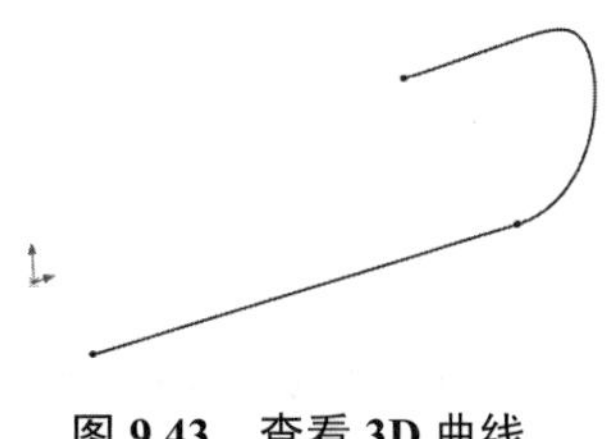

图 9.43 查看 3D 曲线

(5) 重复选择上视基准面，绘制如图 9.44 所示的草图轮廓。

(6) 选择菜单【插入】|【曲线】|【组合曲线】命令，选择步骤(3)、(5)所作的两条曲线，组合成一条曲线，如图 9.45 所示。

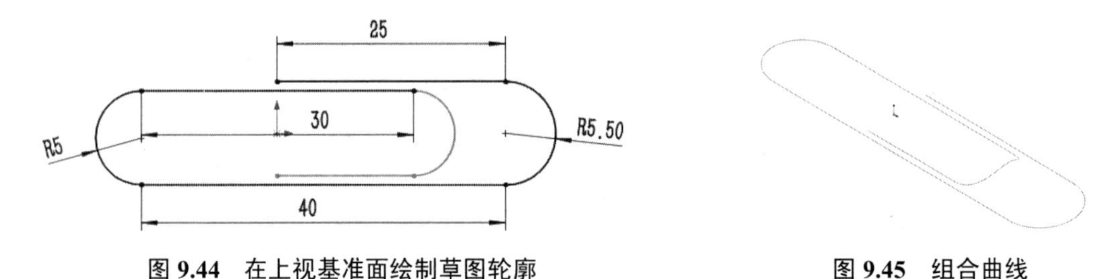

图 9.44　在上视基准面绘制草图轮廓　　图 9.45　组合曲线

(7) 选择右视基准面，绘制如图 9.46 所示的草图轮廓。

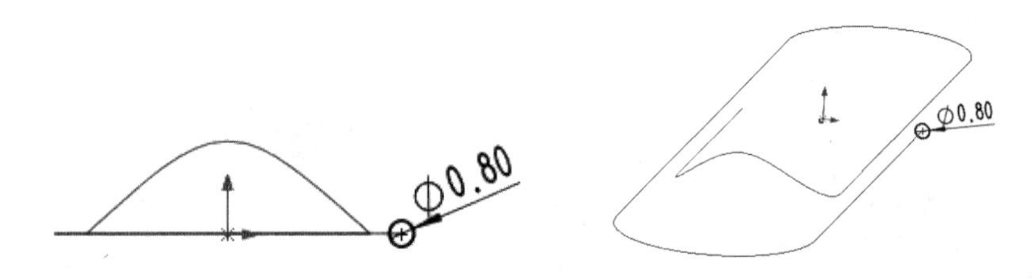

图 9.46　在右视基准面绘制草图轮廓

(8) 选择【特征】|【扫描】命令，选取步骤(7)所作的圆为扫描轮廓，步骤(6)的组合曲线为扫描路径，如图 9.47 所示。

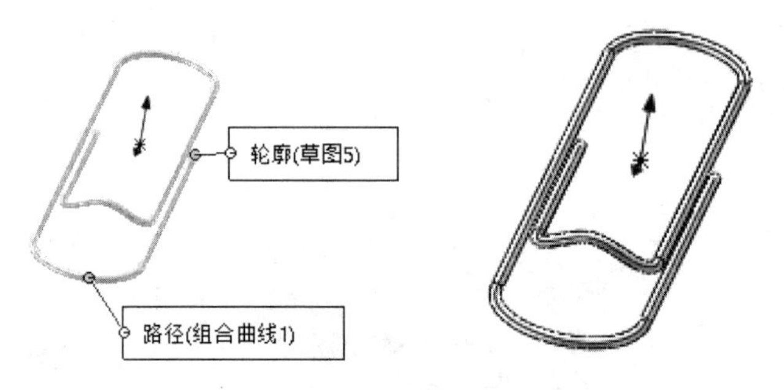

图 9.47　选取扫描轮廓及路径

(9) 选择【组合曲线】命令，进行隐藏，如图 9.48 所示。

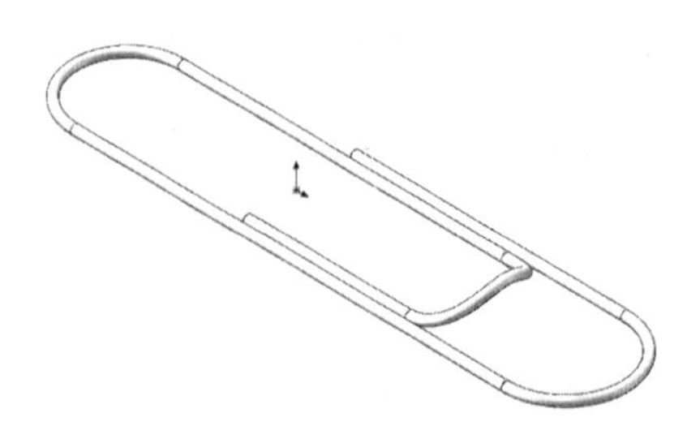

图 9.48　生成曲别针模型

上机指导 2

完成图 9.49 所示的扇叶模型。

(1) 选择前视基准面，分别创建两个草图，如图 9.50 所示。

图 9.49　扇叶　　　　图 9.50　绘制两个草图

(2) 选择【曲面】|【扫描曲面】命令，在属性管理器中完成相应的参数设置，如图 9.51 所示。

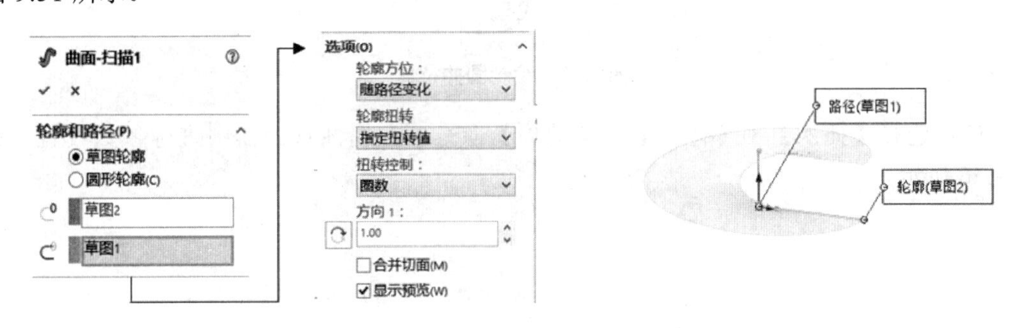

图 9.51　扫描曲面

(3) 选择上视基准面，绘制如图 9.52 所示的草图轮廓。

(4) 选择【曲面】|【曲面裁剪】命令，在属性管理器中完成相应的参数设置，如图 9.53 所示。

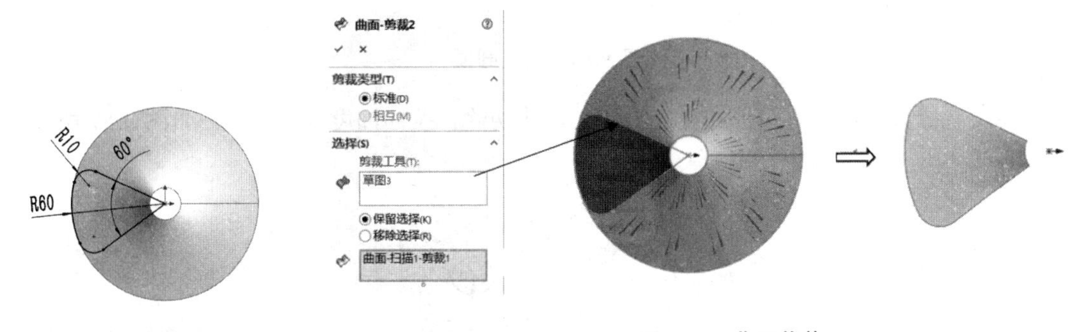

图 9.52　绘制草图　　　　图 9.53　曲面裁剪

(5) 选择【插入】|【凸台/基体】|【加厚】命令，在属性管理器中完成相应的参数设置，如图 9.54 所示。

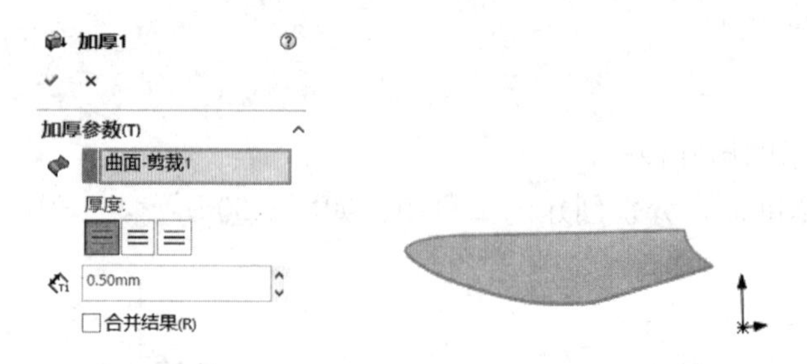

图 9.54　加厚曲面

(6) 选择上视基准面，绘制ϕ25 的圆，并拉伸，拉伸深度为 18mm，如图 9.55 所示。

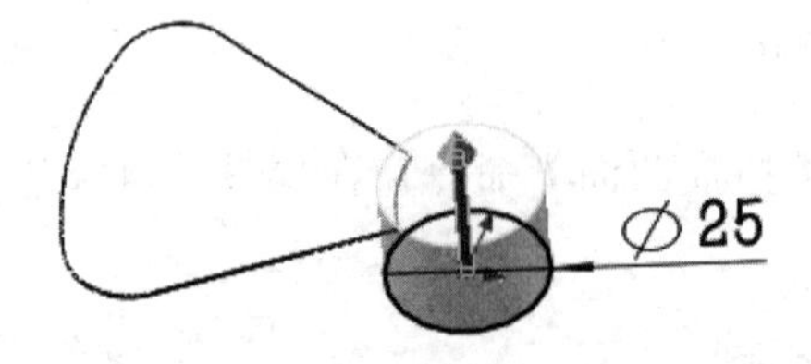

图 9.55　绘制圆并拉伸

(7) 选择【插入】|【特征】|【圆顶】命令，在属性管理器中进行参数设置，如图 9.56 所示。

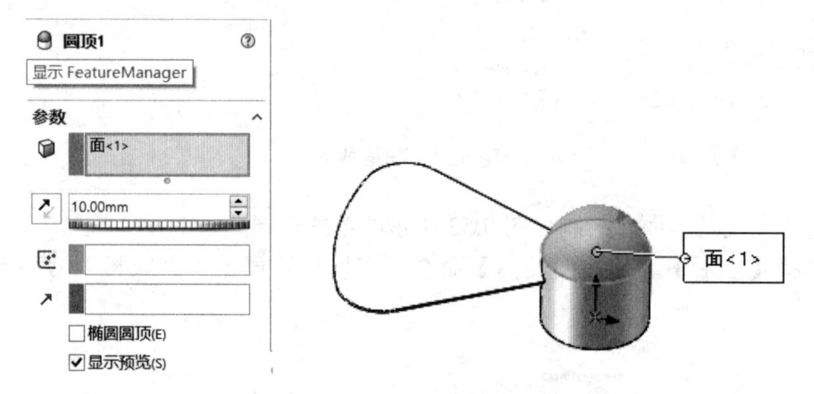

图 9.56　创建圆顶

(8) 选择圆柱底面，绘制ϕ10 的圆，并拉伸切除，拉伸高度为 15mm，如图 9.57 所示。

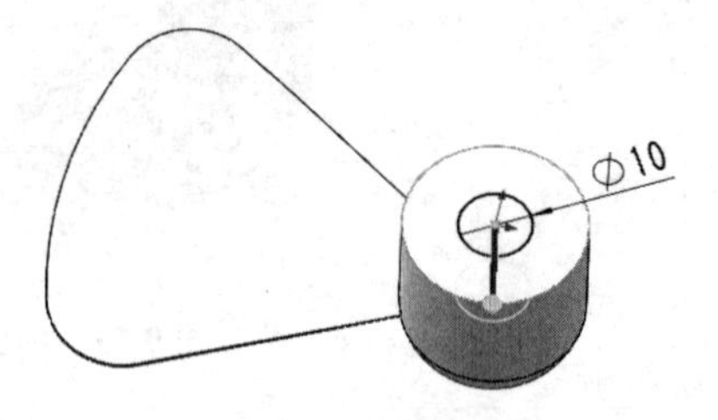

图 9.57　拉伸切除

(9) 选择【圆周阵列】命令，在属性管理器中进行参数设置，如图 9.58 所示。

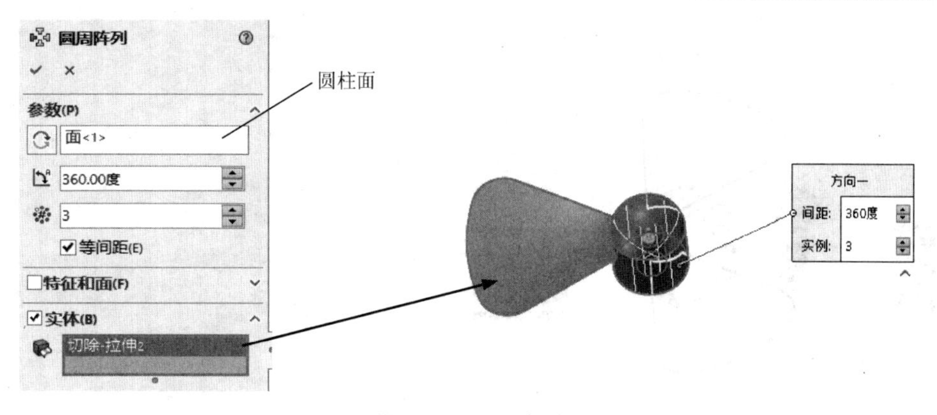

图 9.58　圆周阵列

注意：

曲面属于没有质量和厚度的实体，因此在属性管理器中选择的阵列源类型是实体。

第10章 工程图

10.1　工程图的概述

为设计的3D实体零件和装配体生成2D工程图。零件、装配体和工程图是互相链接的文件；对零件或装配体进行的任何更改都会导致工程图文件的相应变更。

一般来说，工程图包含几个由模型建立的视图，也可以由现有的视图建立视图。例如，剖面视图可由现有的工程视图生成。

用在2D CAD系统中生成工程图的办法同样可在SolidWorks中生成工程图。然而，生成3D模型和从模型中生成工程图有许多优势，例如：

(1) 设计模型比绘制直线更快。

(2) SolidWorks从模型中生成工程图，因此具有高效率。

(3) 可在3D中观阅模型，在生成工程图之前检查正确的几何体和设计问题，这样可避免工程图设计错误。

(4) 可从模型草图和特征自动插入尺寸和注解到工程图中，而不必在工程图中手动生成尺寸。

(5) 模型的参数和几何关系在工程图中被保留，这样工程图可反映模型的设计意图。

(6) 模型或工程图中的更改反映在其相关文件中，这样更改起来更容易，工程图更准确。

在实际生产中工人是依据零件图、装配图来完成产品的加工和装配的，在学校进行课程设计、毕业设计同样也要完成图样的绘制，零件的立体造型最终要转换成供工人使用的图样。

10.2 工程图的用户操作界面

(1) 单击【新建】按钮，在弹出的对话框(图 10.1)中选择【工程图】选项，单击【确定】按钮，完成新建工程图文件。

图 10.1 新建工程图

(2) 进入工程图的用户操作界面，如图 10.2 所示。

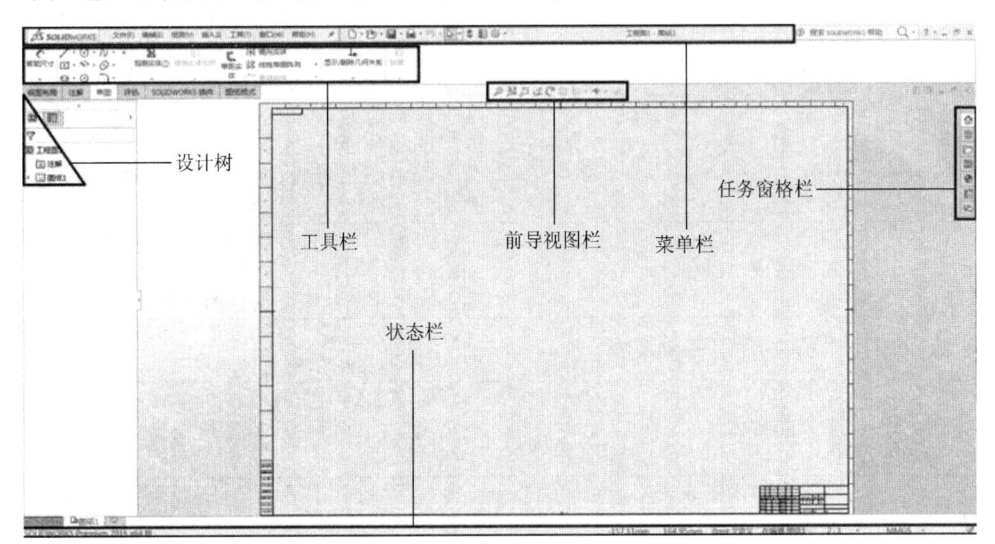

图 10.2 工程图用户操作界面

10.3 2D CAD 体系与 SolidWorks 的工程图比较

2D CAD 体系与 SolidWorks 的工程图比较见表 10-1。

表 10-1　2D CAD 与 SolidWorks 的工程图比较

	2D CAD 体系	SOLIDWORKS
生成工程图	绘制直线	自动从模型（零件或装配体）生成或以草图绘制工具绘制
标准	默认 ANSI（英寸）和 ISO（mm），DIN 和 JIS 有模板	ANSI、ISO、DIN、GOST、JIS、BSI 及 GB 标准在文件属性选项中可用，设置也可保存在模板中
缩放比例	缩放“viewports”	缩放图纸和视图为属性
多个工程图	多个“layouts”	多张工程图图纸
标题块	提示标题栏信息	编辑图纸格式，可添加直线、文字、文档的链接及自定义属性
工程视图	使用“viewports”几何体及图层手动生成视图	标准三视图、模型视图（如等轴测和爆炸视图）、相对视图自动从模型生成；派生视图（投影视图、辅助视图、剖面视图、局部视图、断裂视图、断开的剖视图及交替位置视图）以一或二个步骤从标准视图生成
对齐视图	手动指令	自动对齐、但可以拖动；对齐可以折断；视图可以旋转并隐藏
尺寸	手动插入，不能更改几何体	模型尺寸在草图和特征中指定并从模型插入到工程图；模型尺寸可以在工程图中修改并连接到模型；工程图中的参考尺寸不能被修改，但如果模型更改，将自动更新；草图和工程图能以单步来标注尺寸
尺寸格式	尺寸样式	常用尺寸
符号	可使用控制码、Microsoft 字符映射表或第三方软件	可从尺寸的内库和使用符号的注解及设计库中使用
注释	文字、中心符号线及几何公差符号可使用，其他则手动生成（常常在块中）	装饰螺纹线、表面粗糙度符号、基准特征符号、基准目标符号、销符号、多转折引线、零件序号、成组的零件序号、区域剖面线、焊接符号、几何公差、中心符号线、中心线、焊缝、修订符号、孔标注可作为工具使用
自动操作	自动生成，保存，层叠多行文字	自动插入中心符号线、中心线、零件序号、尺寸到新的工程图视图中；还可将这些项目以单一操作插入到工程图或工程图视图中
引线	单独的实体，手动附加	可与注解使用，自动附加到注解和模型（如果需要）引线随注解和模型移动
剖面线	单独的实体	自动添加到剖面视图，可单独修改；区域剖面线可用于面和闭合由模型边线交界的区域或草图实体
表格	块常常用来生成表格，链接到数据库表	材料明细表、孔表、修订表、焊件切割清单、设计表，以及总表
材料明细表	零件清单通过手动抽取属性信息来创建	以项目号、数量、零件号、说明、自定义属性自动生成；零件序号数相互关联；定位点
图层	主要组织工具，按功能组合信息，相当于重叠	以命名图层指定线色、线型和线粗，打开和关闭图层，但也有其他方法来隐藏视图、直线、零部件
图块	常用来生成注解和符号	可以生成，由实例插入、爆炸、编辑等；大部分注解和符号可作为工具或在库中使用：旧制 2D CAD 软件块，包括标题块，可导入 SolidWorks 中并使用

10.4 标准工程视图

10.4.1 标准三视图

标准三视图选项位于视图布局中，它能为所显示的零件或装配体同时生成三个相关的默认正交视图(前视、右视、上视)。所使用的视图方向基于零件或装配体中的视向(前视、右视及上视)。视向为固定的，无法更改。

前视图与上视图及侧视图有固定的对齐关系。主视可以竖直移动，侧视可以水平移动。

俯视图和侧视图与主视图有对应关系。右击主视图和侧视图，然后选择跳到俯视图。

可以使用多种方法来生成标准三视图。这三个视图具有“长对正，宽相等，高平齐”的特点。

(1) 使用标准方法为图 10.3 所示的“双法兰 90° 鸭掌弯管”生成标准三视图。

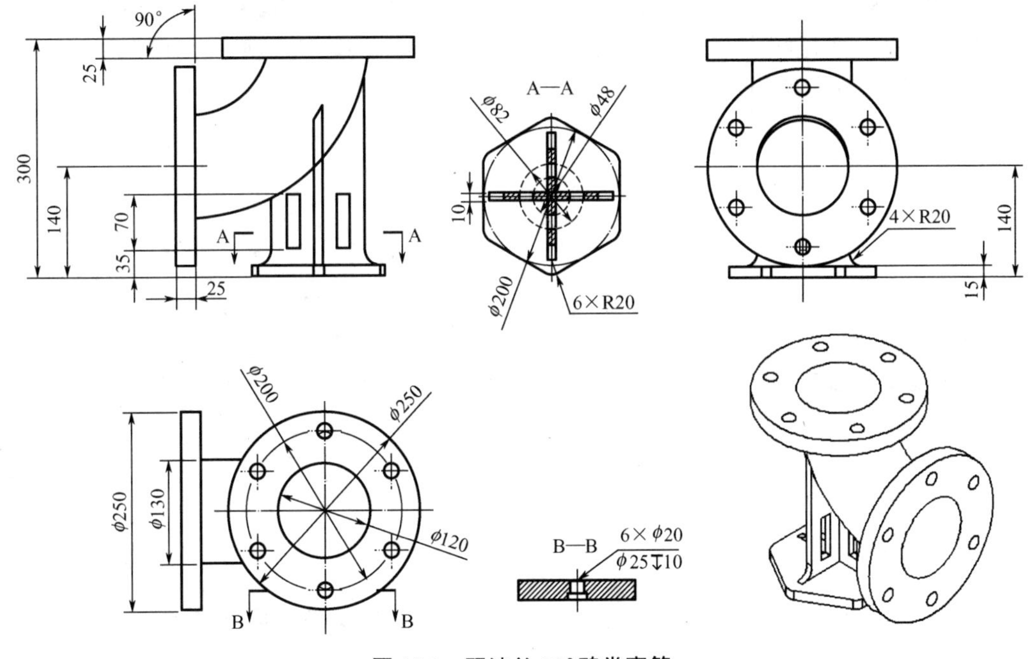

图 10.3 双法兰 90° 鸭掌弯管

操作步骤如下：

① 为工程图准备零件：选择上视基准面作为绘制上侧法兰的基准面，完成双法兰 90° 鸭掌弯管的建模。

② 新建：单击【新建】按钮，如图 10.4 所示，生成工程图纸类型的文件，或者按 Ctrl+N 组合键完成创建。

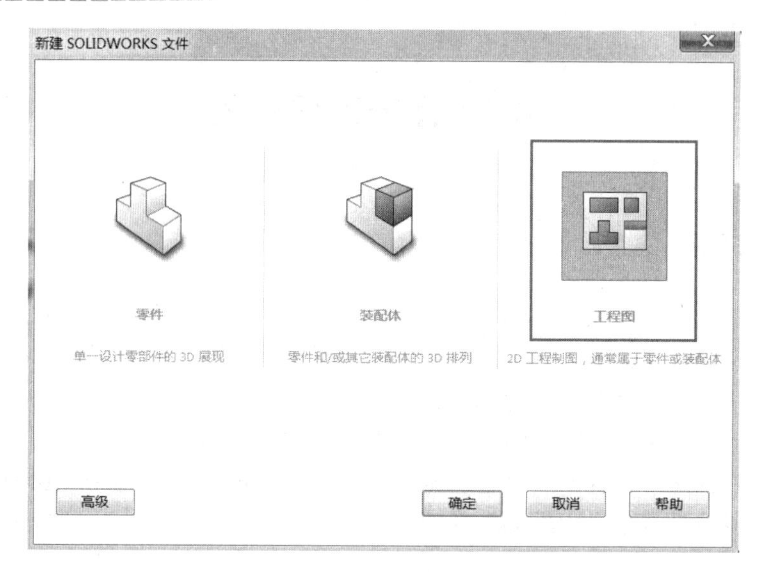

图 10.4　新建工程图

③ 生成标准三视图：在工程图中，依次选择工程图工具栏的【视图布局】|【标准三视图】选项，弹出如图 10.5 所示对话框，选择要插入的零件/装配体，单击【确定】按钮，完成标准三视图的创建，如图 10.6 所示。

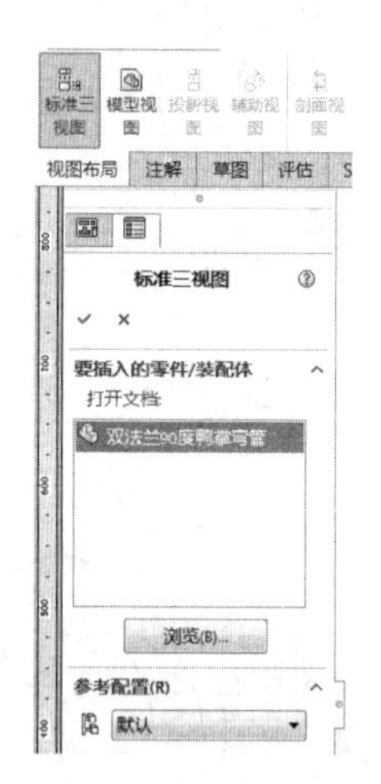

图 10.5　标准三视图对话框

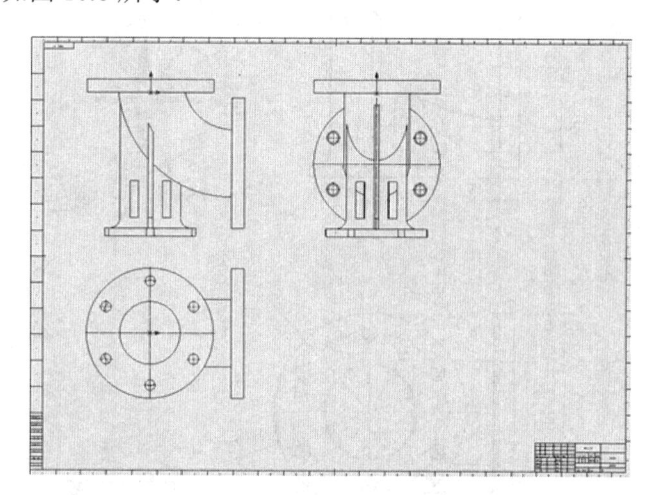

图 10.6　创建标准三视图

④ 显示/隐藏：我们会发现所建立的工程图三视图是不显示零件的不可见边线的，虽然这使得视图看起来简洁许多，但同时也造成零件的内部结构表达不到位，为此在需要的时候可以将隐藏的零件内部边线显示出来。

a．在图 10.6 的基础上，右击左侧窗口【FeatureManager 设计树】中零件的任意一个视图(在此选择前视图)，接着在弹出的对话框中，依次选择【显示/隐藏】|【显示隐藏的边线(A)】选项，如图 10.7 所示，则可将该视图中的隐藏边线显示出来。

b．更改后的效果如图 10.8 所示。

⑤ 改变显示样式：我们可以对该工程图的相关属性进行修改，展示不一样的视觉效果。

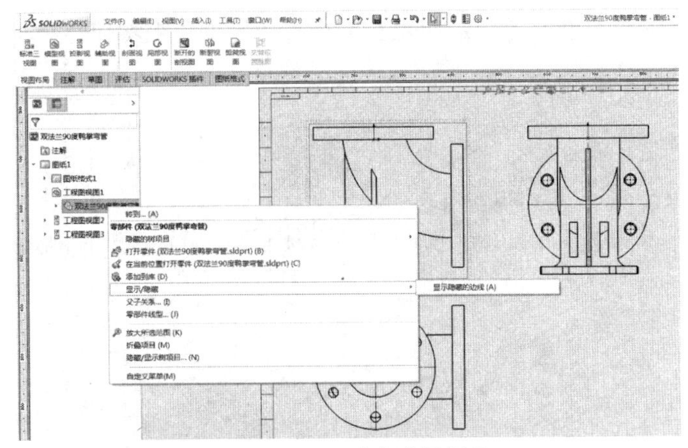

图 10.7　显示隐藏边线操作

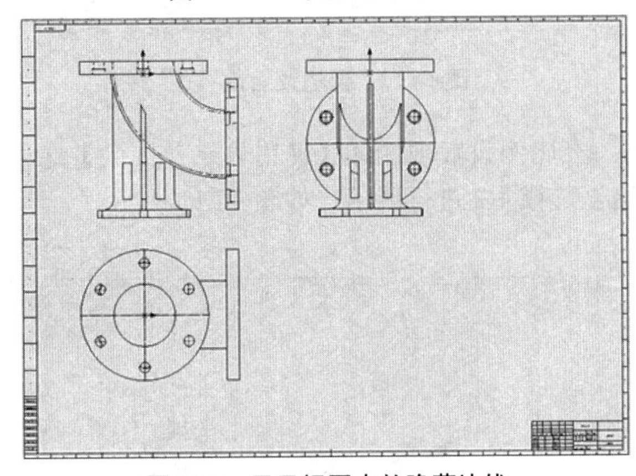

图 10.8　显示视图中的隐藏边线

a．选择需要改变显示样式的视图：在图 10.6 的基础上，单击前视图(任何一个视图均可)，在左侧设计树处就会出现如图 10.9 所示的窗口。

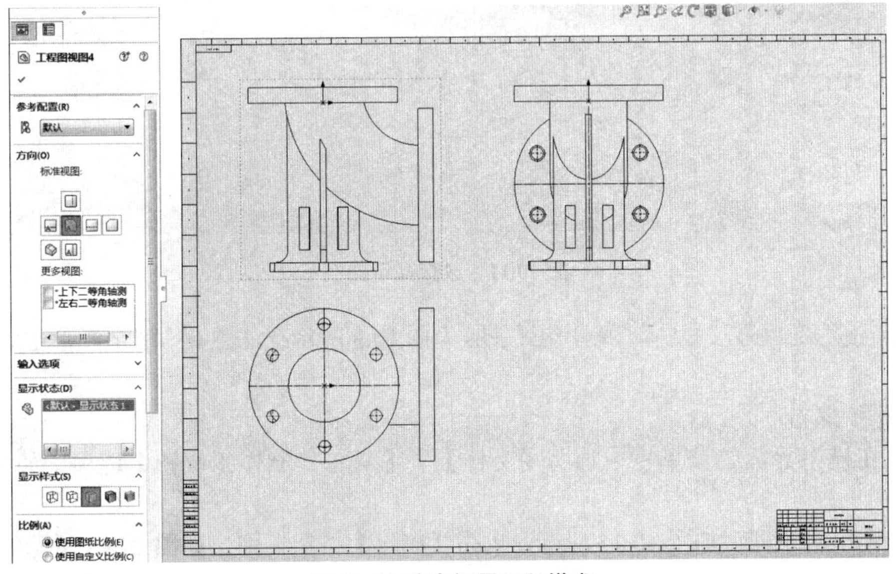

图 10.9　改变视图显示样式

b．如图 10.9 所示，单击【显示样式】|【带边线上色】按钮，效果如图 10.10 所示。

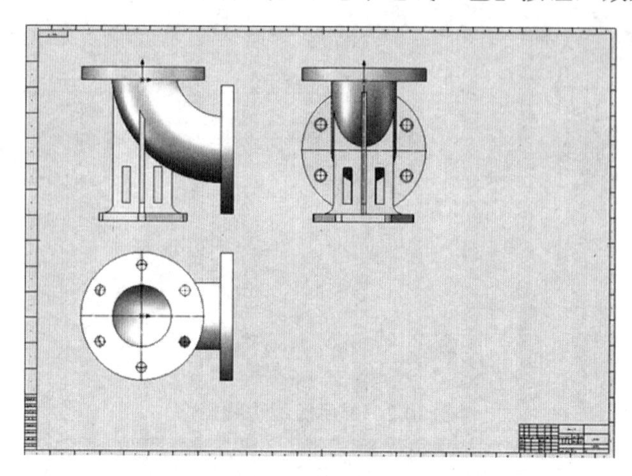

图 10.10　带边线上色样式

⑥ 改变显示比例：在比例设置项选择【使用自定义比例】选项，可选择所需比例，或者手动输入比例。这里选择 1:2 进行展示，如图 10.11 所示。

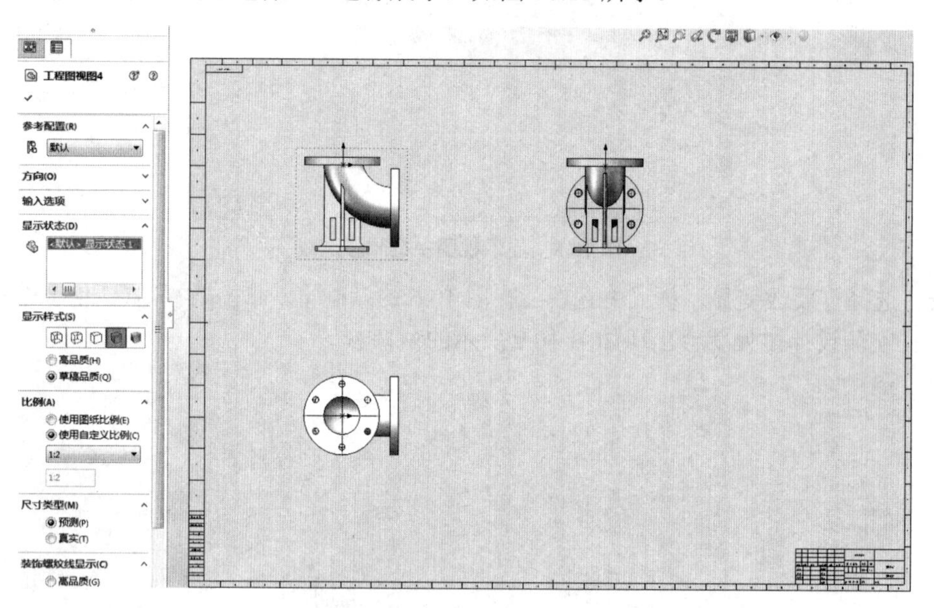

图 10.11　改变显示比例

(2) 使用拖放方法(从零件制作工程图)为图 10.3 所示双法兰 90° 鸭掌弯管生成标准三视图。

操作步骤如下：

① 在模型界面的菜单栏中选择【文件】|【从零件制作工程图】选项，如图 10.12 所示。

② 弹出对话框，如图 10.13 所示，单击【确定】按钮，弹出如图 10.14 所示的【图纸格式/大小】对话框，在这里选择【B(ANSI)横向】图纸格式。

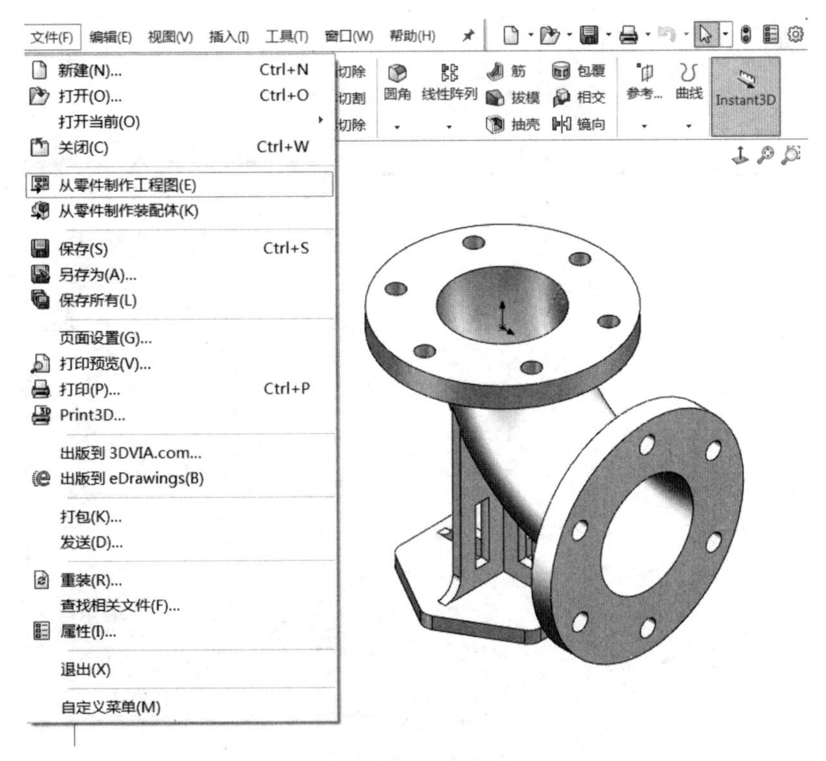

图 10.12　选取文件

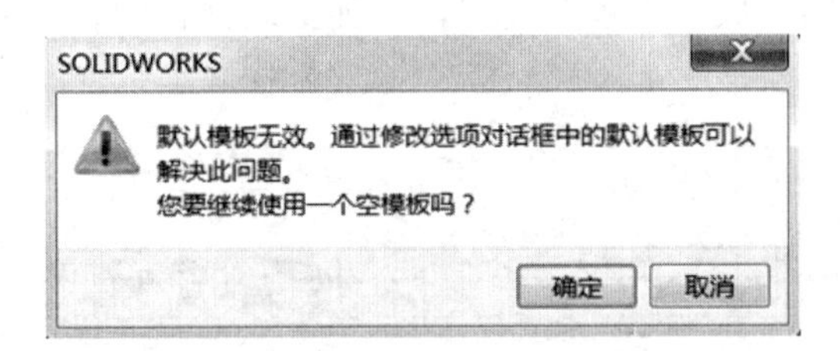

图 10.13　默认模板无效

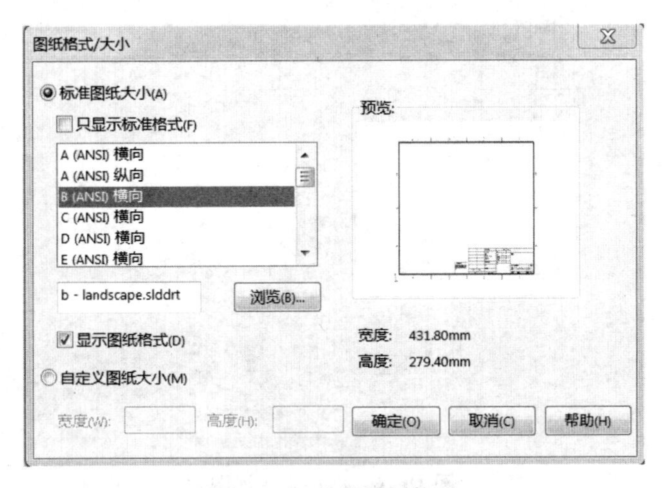

图 10.14　选择图纸格式

③ 弹出如图 10.15 所示的界面。

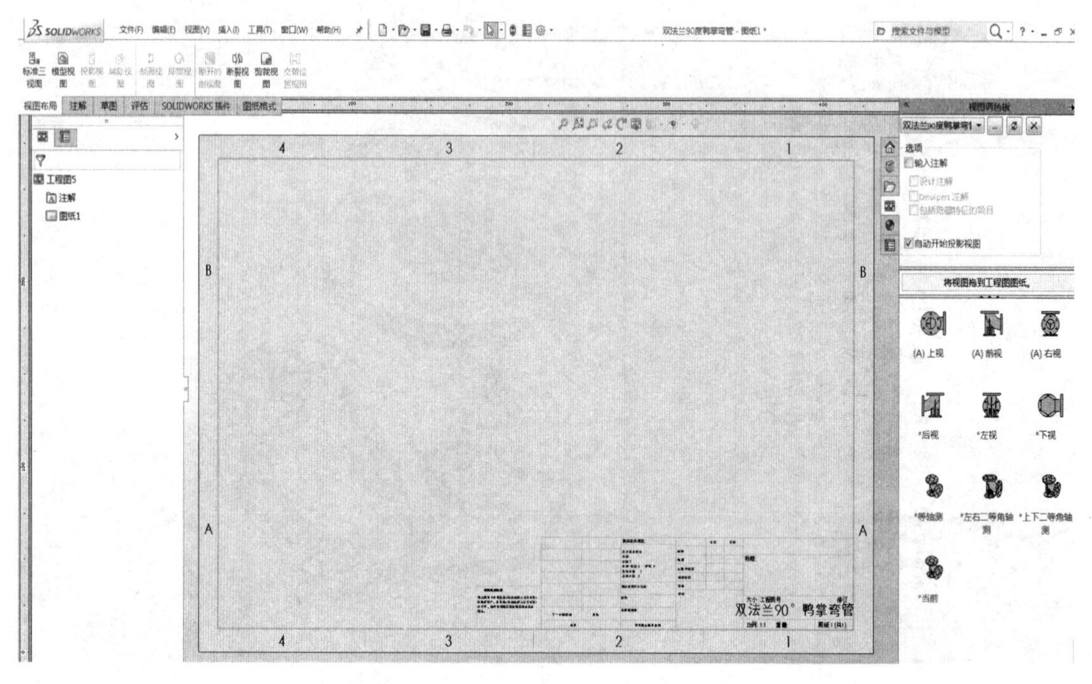

图 10.15 图纸界面

④ 拖动所需的视图，放入工程图窗口，比如拖动前视图、右视图、上视图、等轴测图，如图 10.16 所示。

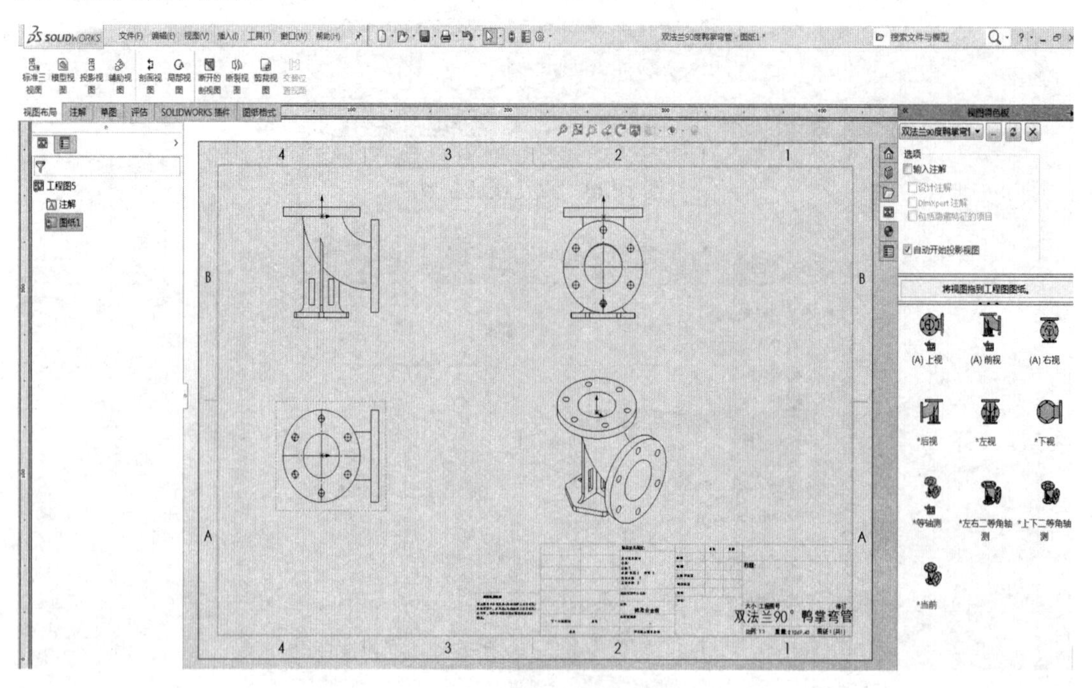

图 10.16 拖动生成视图

10.4.2 模型视图

新建的工程图文件为空白的工程图纸，可用模型视图操作命令导入现有的零件/装配体。

模型视图选项位于视图布局中，模型视图根据预定义的视向生成单一视图或多视图。当生成新工程图，或将一模型视图插入工程图文件中时，模型视图 PropertyManager 出现。

当前的模型视图(只可为打开的模型并只可在放置视图后才可供使用)，按名称保存的自定义视图，即使所选的视图方向只显示一部分放大的视图，使用此视图时仍会显示整个模型。

为图 10.3 所示的双法兰 90° 鸭掌弯管生成模型视图。

(1) 新建空白工程图文件，如图 10.17 所示。

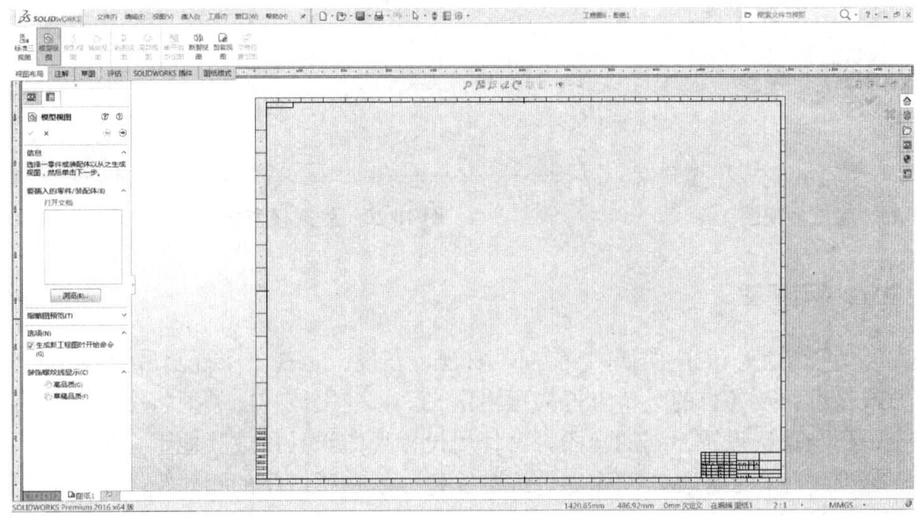

图 10.17 新建空白工程图

(2) 选择现有的零件/装配体：单击【浏览】按钮，选择双法兰 90 度鸭掌弯管文件，并打开进入如图 10.18 所示界面。

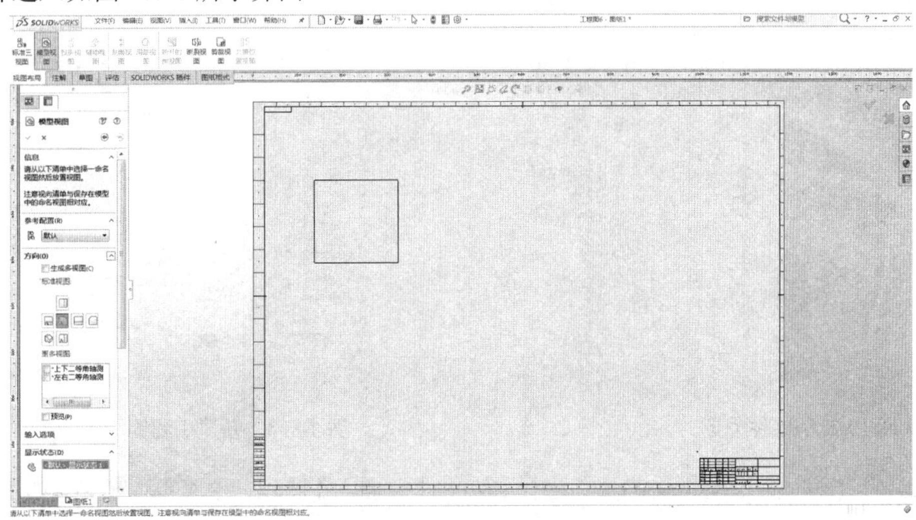

图 10.18 选择现有零件

(3) 选择要生成的视图：在方向选项组中有 7 种视图可供选择，可以选择其中一种生成模型视图，如需生成多视图，则需选中方向选项组的【生成多视图】复选框，如图 10.19 所示，然后选择所要生成的模型视图。在这里选择生成前视图、上视图、左视图，如图 10.20 所示。

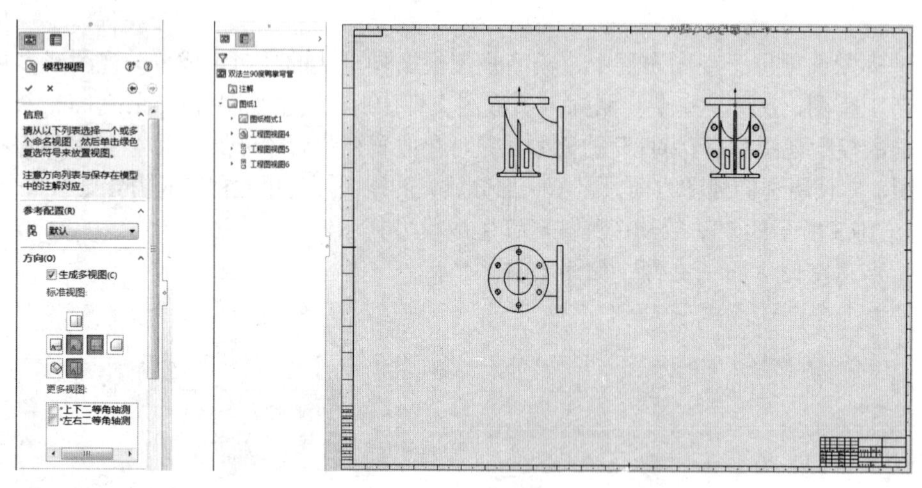

图 10.19　生成多视图

图 10.20　生成模型视图

10.4.3　相对模型视图

相对模型视图是一个正交视图(前视、右视、左视、上视、下视及后视)，由模型中两个直交面或基准面及各自的具体方位的规格定义。可使用该视图类型将工程图中第一个正交视图设定到与默认设置不同的视图。可使用投影视图工具生成其他正交视图。

对于标准零件和装配体，整个零件或装配体显示在所产生的相对视图中，对于多体零件(如焊件)，只有选定的实体才被使用。

为图 10.21 生成相对模型视图，要求指定 *A* 面为前视图，指定 *B* 面为左视图。

(1) 新建工程图文件，选择【插入】|【工程图视图】|【相对于模型】命令，如图 10.22 所示。

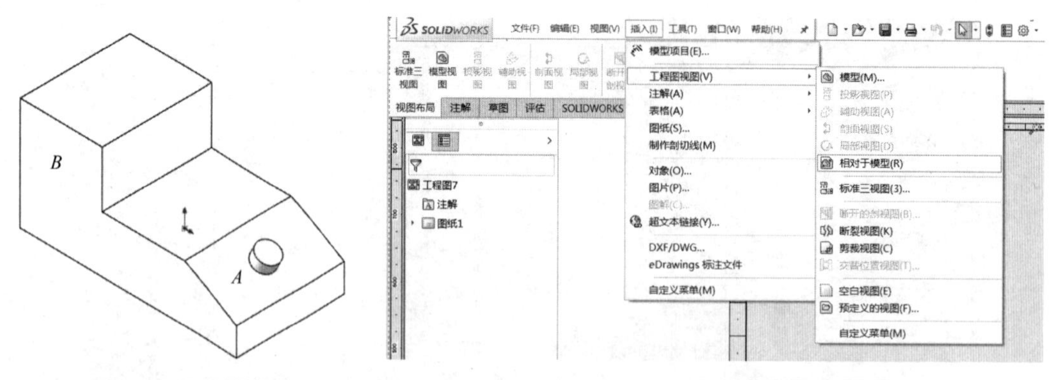

图 10.21　零件模型

图 10.22　新建工程图

(2) 在工程图空白区域，右击，选择【从文件中插入】选项，导入零件模型，如图 10.23 所示。

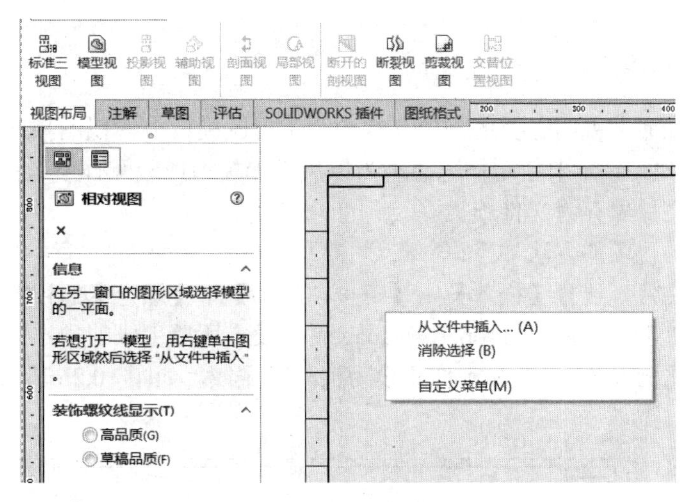

图 10.23 导入零件模型

(3) 选择方位视图：指定 *A* 面为前视图，指定 *B* 面为左视图，然后单击【确定】按钮，如图 10.24 所示。

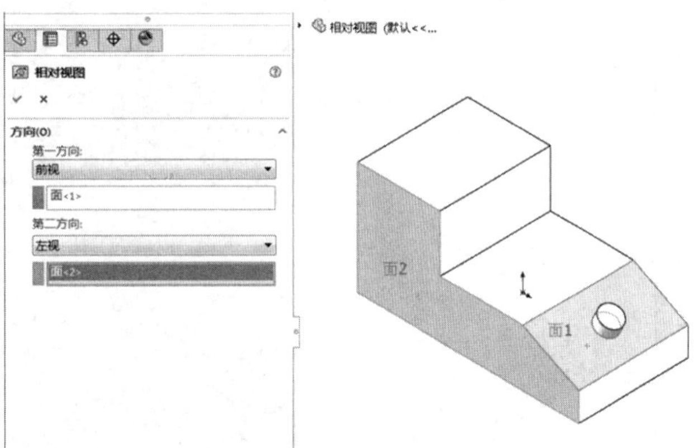

图 10.24 选择方位视图

(4) 调转到工程图纸区，单击空白区域，单击【确定】按钮，完成创建，如图 10.25 所示。

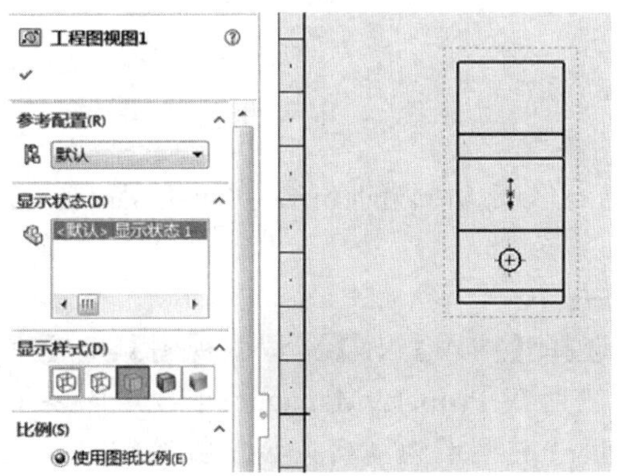

图 10.25 创建相对模型视图

10.4.4 预定义的视图

可以使用诸如命名视图之类的预定义视图为工程图模板上的视图预选视向、位置及比例。可在 PropertyManager 中使用插入模型为以后添加模型或装配体参考引用。可将带预定义视图的工程图文件保存为文件模板。

创建预定义的视图的方法如下：

新建工程图文件，选择【插入】|【工程图视图】|【预定义的视图】命令，在工程图纸的空白区域单击，然后在 PropertyManager 中设定所要生成的预定义视图的属性，此处选择前视图，比例设为 1:1，显示样式设为消除隐藏线，如图 10.26 所示。

图 10.26 创建预定义的视图

10.4.5 空白视图

空白视图中没有任何零件或几何体的视图，可以给空白视图添加注解、尺寸及区域剖面线。

创建空白视图的方法如下：

新建工程图文件，选择【插入】|【工程图视图】|【空白视图】命令，在工程图纸的空白区域单击，然后在 PropertyManager 中设定所要生成的空白视图的属性，此处将比例设为 2:1，尺寸类型设为真实，装饰螺纹线显示设为高品质，如图 10.27 所示。

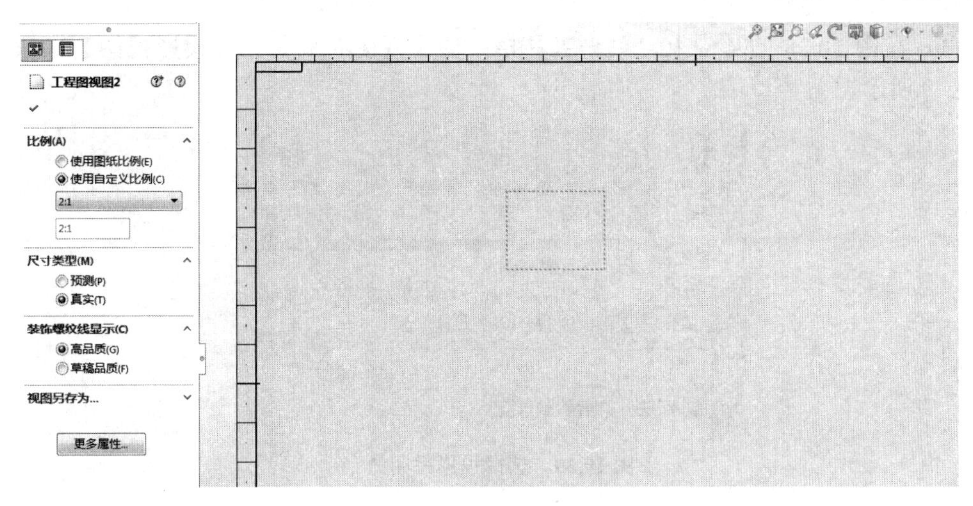

图 10.27 创建空白视图

10.5 派生的工程视图

派生工程视图是依托现有的视图而生成的视图，因此必须由其他视图作为基础。派生工程视图有投影视图、辅助视图、剖面视图、局部视图、断开的剖视图、断裂视图、剪裁视图、交替位置视图。

10.5.1 投影视图

投影视图是指依托现有的视图，垂直于所选取的现有视图而生成的视图。比如在标准三视图中，前视图作为父系图，其他两个视图则为前视图的投影视图，因此创建投影视图的前提是要有作为父系图的视图。

为图 10.28 所示的双法兰 90°鸭掌弯管的前视图生成投影视图(右视图、下视图)。

图 10.28 双法兰 90°鸭掌弯管前视图

(1) 在图 10.28 的基础上，单击工具栏中的【视图布局】|【投影视图】按钮，如图 10.29 所示。

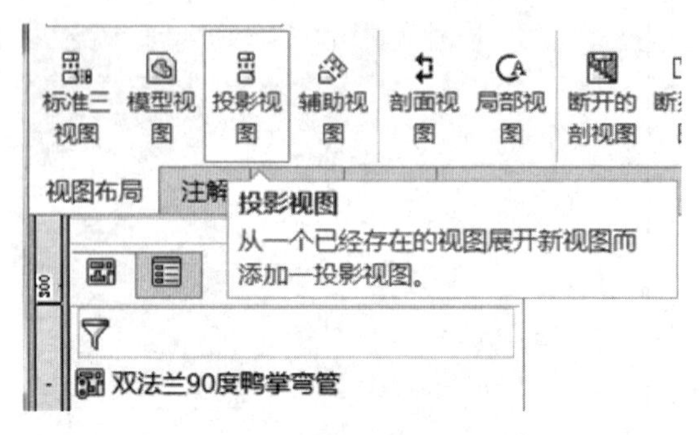

图 10.29　选择投影视图命令

(2) 单击选中前视图后，选中【箭头】复选框，并输入 A，还可在显示样式栏选择所需样式等，然后在工程图纸区域单击前视图的右侧，即可生成前视图的右视图，用此方法继续生成下视图，如图 10.30 所示。

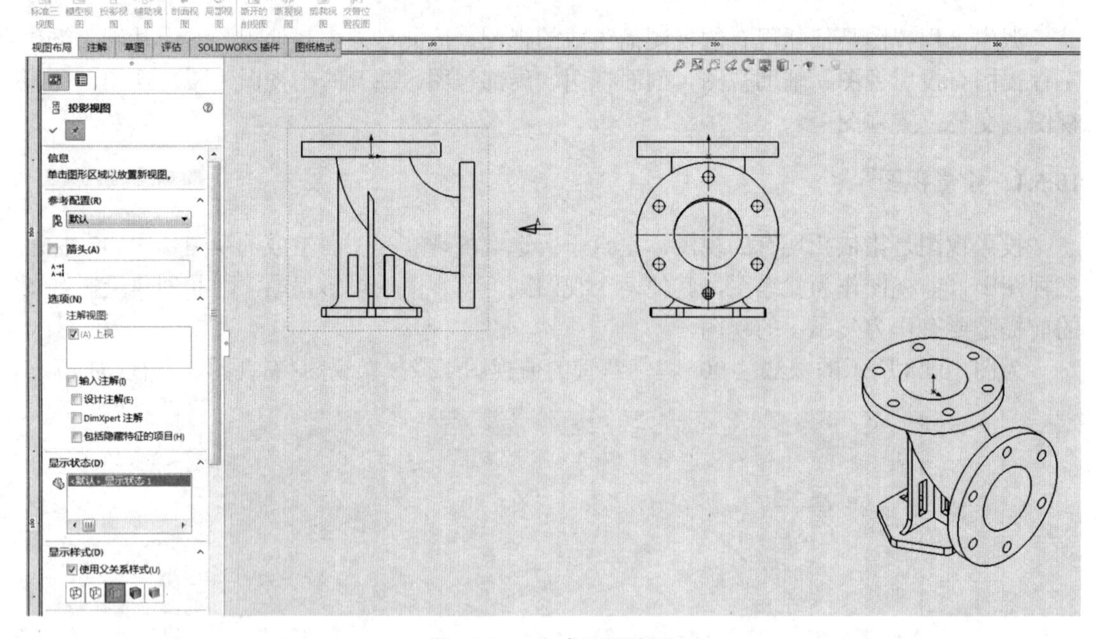

图 10.30　生成投影视图

10.5.2　辅助视图

辅助视图与投影视图相类似，都是依托现有视图，才能生成所需视图，不同的是，辅助视图需选取现有线性实体视图上的一条边线作为垂线段，以垂直该垂线段的方向生成新的视图。

垂直于图 10.31 所示视图中的斜线 *a* 生成新的视图。

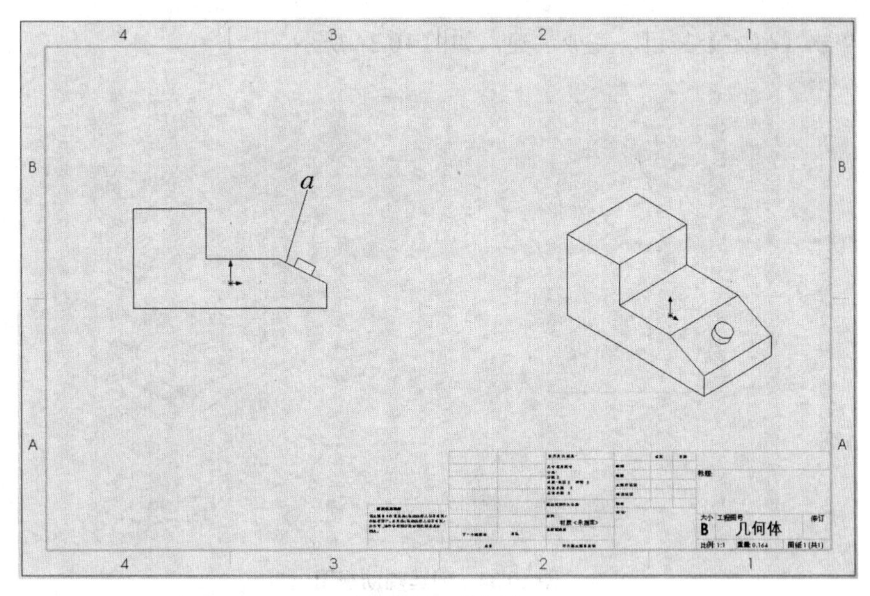

图 10.31　几何体

(1) 在图 10.31 的基础上，单击工具栏中的【视图布局】|【辅助视图】按钮，如图 10.32 所示。

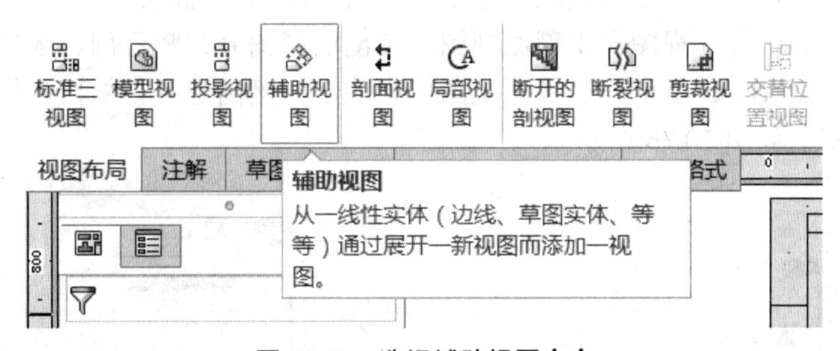

图 10.32　选择辅助视图命令

(2) 单击选中斜线 *a* 后，选中【箭头】复选框，并输入 A，还可在显示样式栏选择所需样式等，然后单击空白的图形区域放置新视图，如图 10.33 所示。

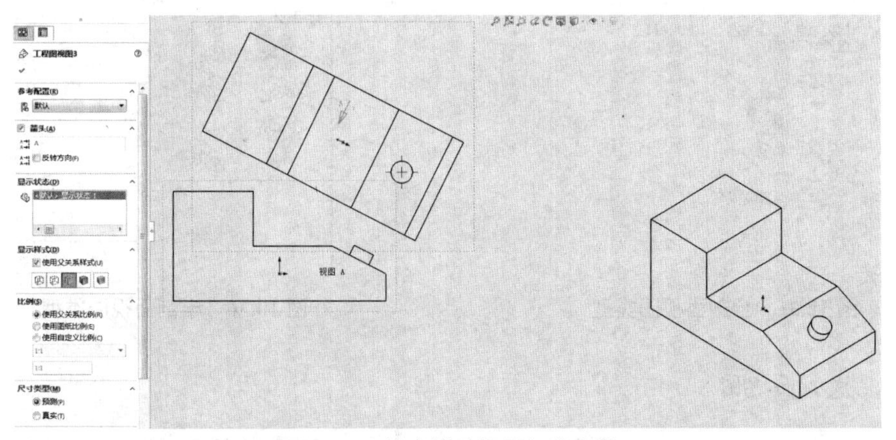

图 10.33　设定辅助视图相关参数

(3) 单击【确定】按钮，完成创建，如图 10.34 所示。

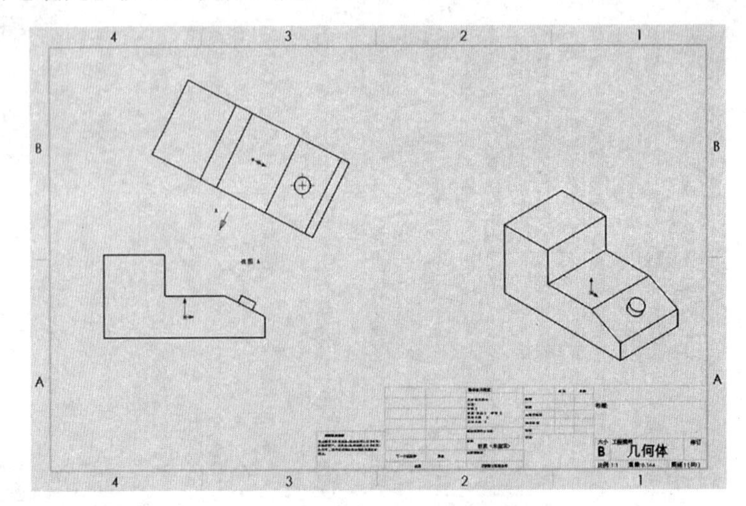

图 10.34　创建辅助视图

10.5.3　剖面视图

剖面视图是通过使用剖面线切割父系图，进而生成剖面视图。

剖面视图分为全剖面视图和半剖面视图。全剖面视图分为竖直剖、水平剖、辅助视图剖、对齐剖，如图 10.35 所示。半剖面视图分为顶部右侧剖等八种剖切方位，半剖面视图也称阶梯剖视图，如图 10.36 所示。

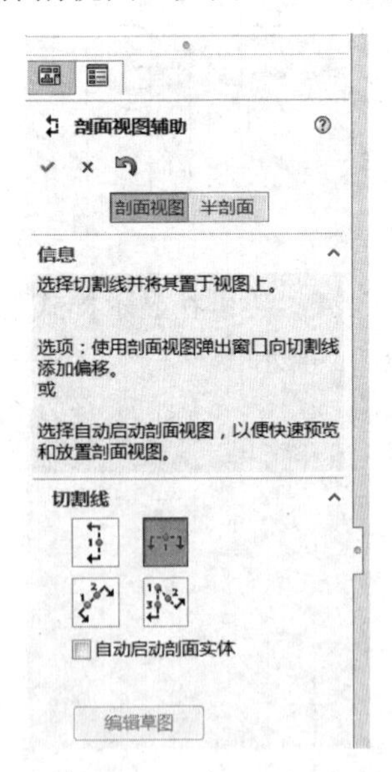

图 10.35　全剖面视图类型

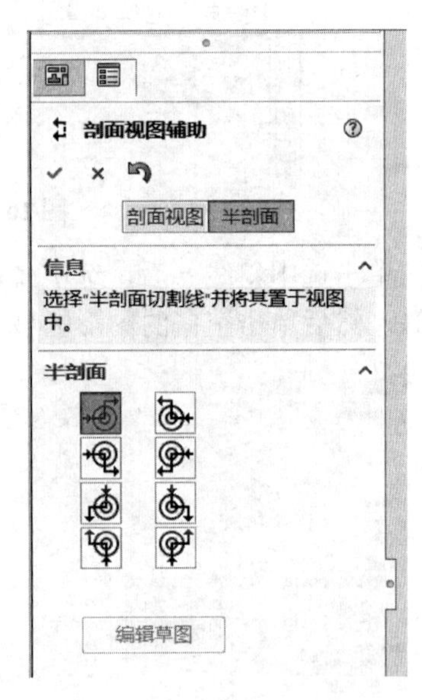

图 10.36　半剖面视图类型

1. 生成剖面视图

在创建剖面视图中，系统默认的剖切线为直线，需要选择所要剖切视图中的一条直线或绘制一条直线作为剖切线，如果没有，系统将会自动激活直线工具，用户只需选择所需的剖切位置，即可对视图在进行剖切，生成剖切视图。

将图 10.37 所示导套的前视图进行剖切，展示其内部结构。

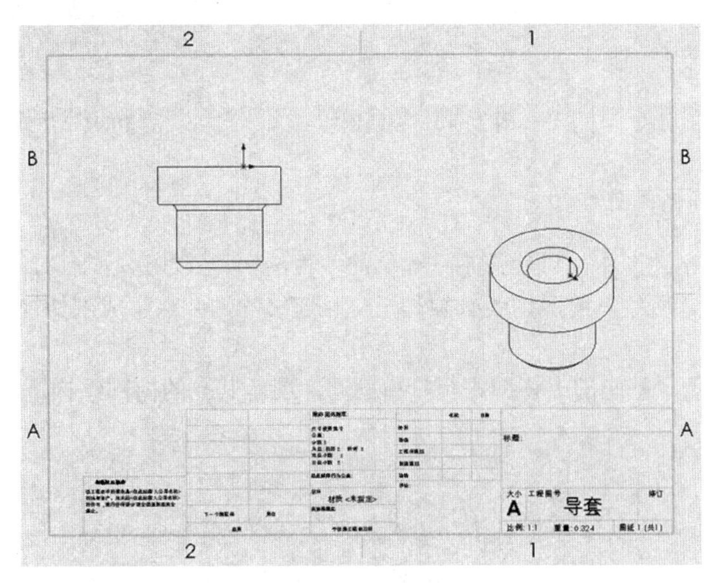

图 10.37　导套的前视图

(1) 在图 10.37 所示的工程图基础上，单击工具栏中的【视图布局】|【剖面视图】按钮，如图 10.38 所示。

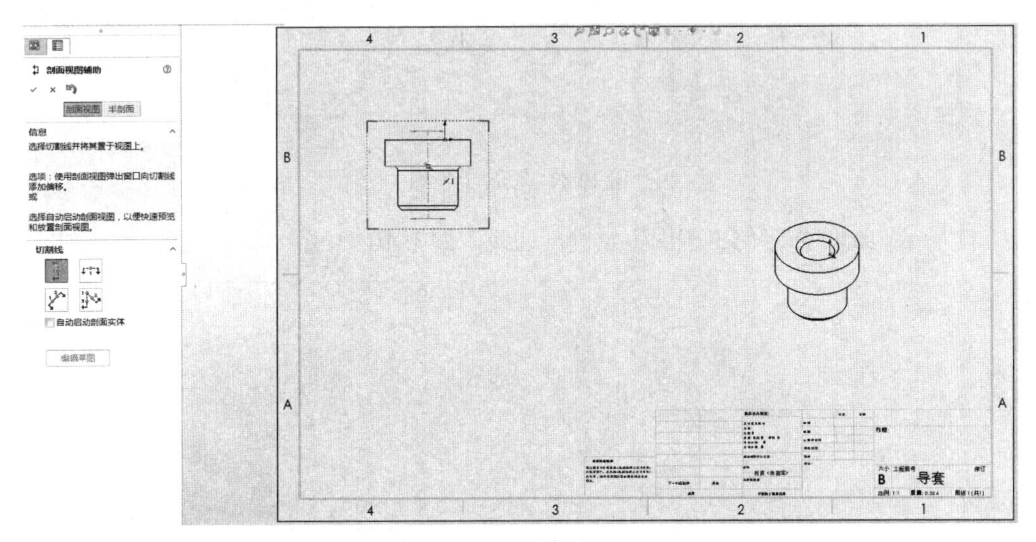

图 10.38　选择剖面视图命令

(2) 为了直观地表达导套的内部结构，选择竖直剖切方式，这时会发现系统已自动激活一条直线，只需在视图上找到一个合适的点，这里选择视图中点，如图 10.39 所示，(也可自己绘制剖切直线，并选中作为剖切线。)接着弹出一个对话框，如图 10.40 所示，单击☑按钮，再在视图右侧单击放置剖面视图，如图 10.41 所示。

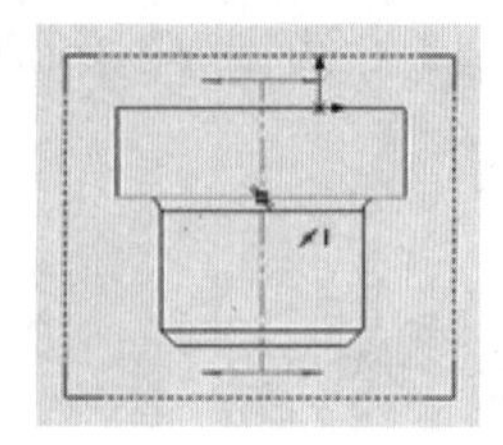

图 10.39　选择剖切线

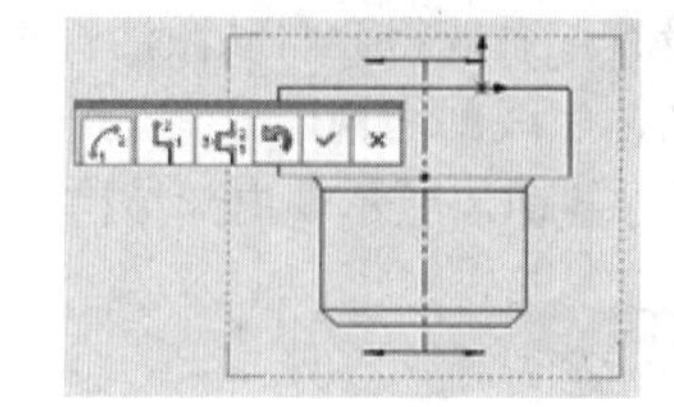

图 10.40　确认剖切

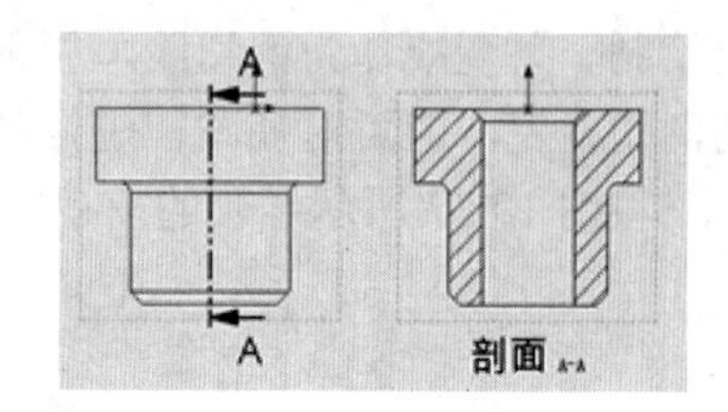

图 10.41　生成剖面视图

2. 生成阶梯剖视图

在创建阶梯剖视图中，可选择系统提供的八种剖切样式线进行剖切，也可自己绘制剖切线的轨迹草图，所绘制的剖切线必须是正交且连续的，并在生成剖切视图时将其选中，作为剖切线。

对图 10.42 所示基座的上视图进行阶梯剖切，展示其孔的内部结构。

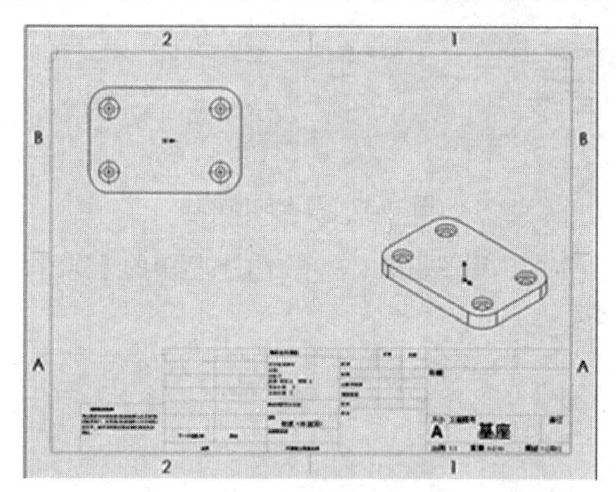

图 10.42　基座上视图

(1) 在图 10.42 所示的工程图上绘制剖切线，如图 10.43 所示。

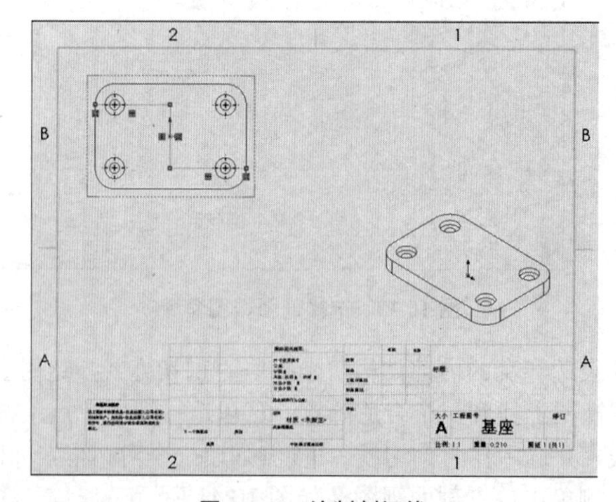

图 10.43　绘制剖切线

(2) 按住 Ctrl 键，选中所绘制的草图轮廓，单击工具栏中的【视图布局】|【剖面视图】按钮，此时会弹出如图 10.44 所示对话窗，此处选择【创建一个旧制尺寸线打折剖面视图】，所生成的剖视图比例与父系图一致。

(3) 在工程图纸的空白区域单击放置视图，可以在左侧对话框选择【反转方向】选项放置视图，还可进行相关属性的修改，如图 10.45 所示。

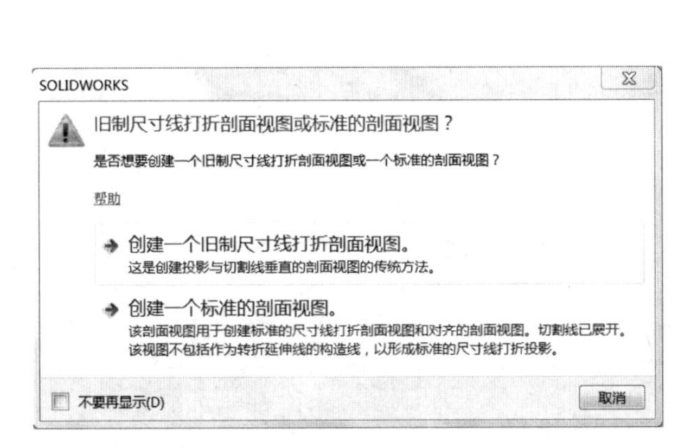

图 10.44　设定剖视图比例同父系图

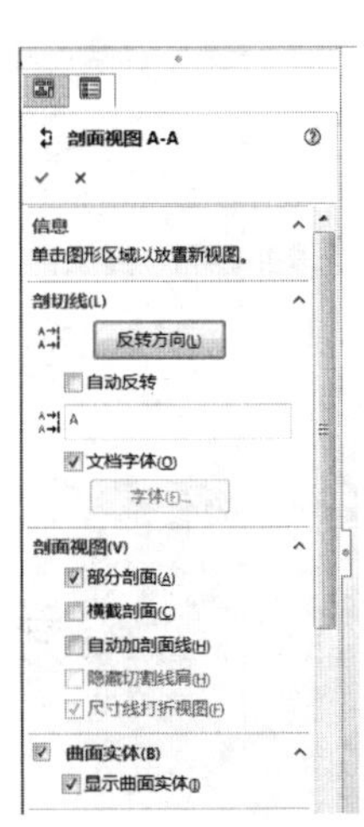

图 10.45　设定相关属性

(4) 所创建的阶梯剖视图如图 10.46 所示。

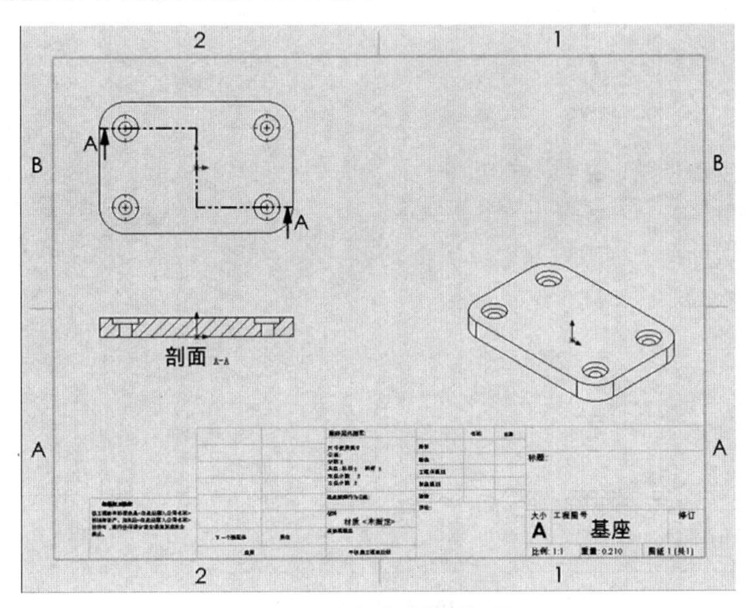

图 10.46　创建阶梯剖视图

3. 生成旋转剖视图

创建旋转剖视图的方法与创建阶梯剖视图的方法类似，但是剖切线不同，阶梯剖视图的剖切线是正交的，而生成旋转剖视图的两条线是成一定角度且连续的。

对图 10.47 所示法兰盘进行旋转剖切，展示其整体结构。

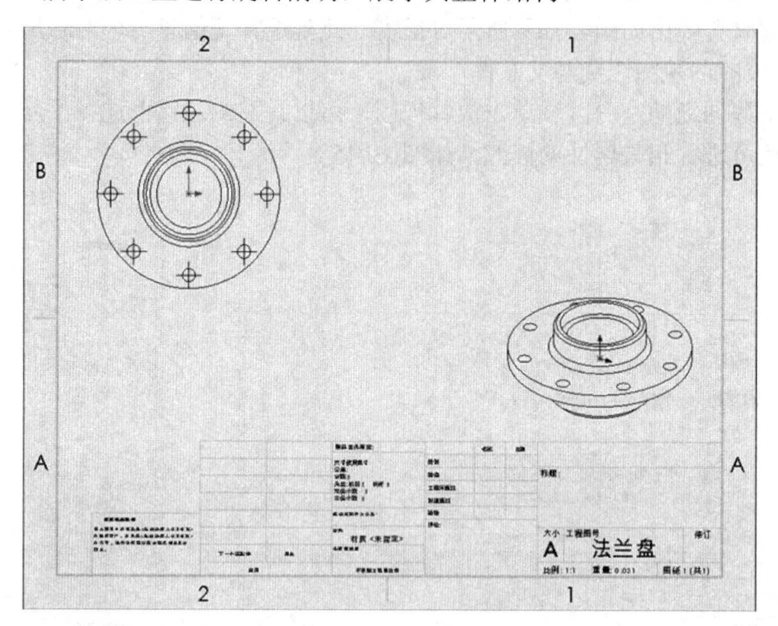

图 10.47　法兰盘

（1）绘制剖切线：在图 10.47 所示视图的基础上绘制旋转剖切线，如图 10.48 所示。

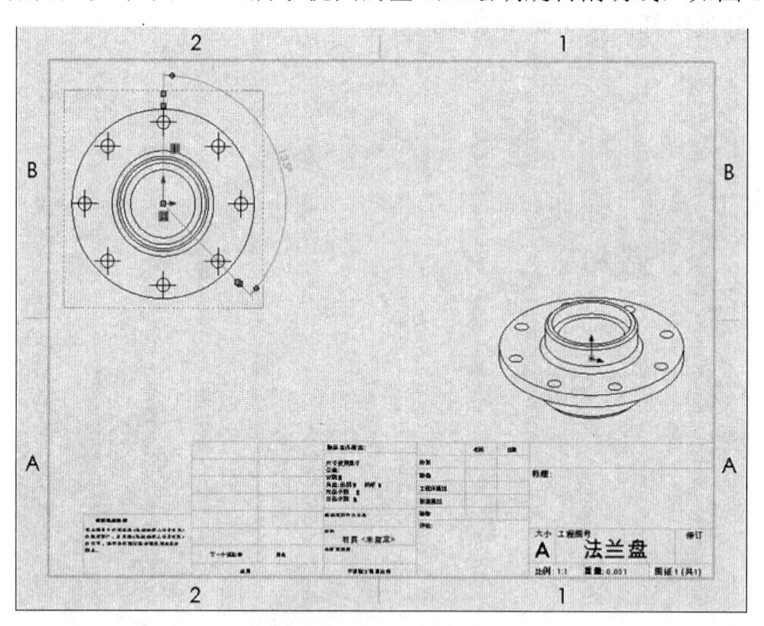

图 10.48　绘制剖切线

（2）按住 Ctrl 键，选中所绘制的草图轮廓，单击工具栏中的【视图布局】|【剖面视图】按钮，在左侧对话框选择【反转方向】选项，单击工程图的空白区域，放置旋转剖切视图，如图 10.49 所示。

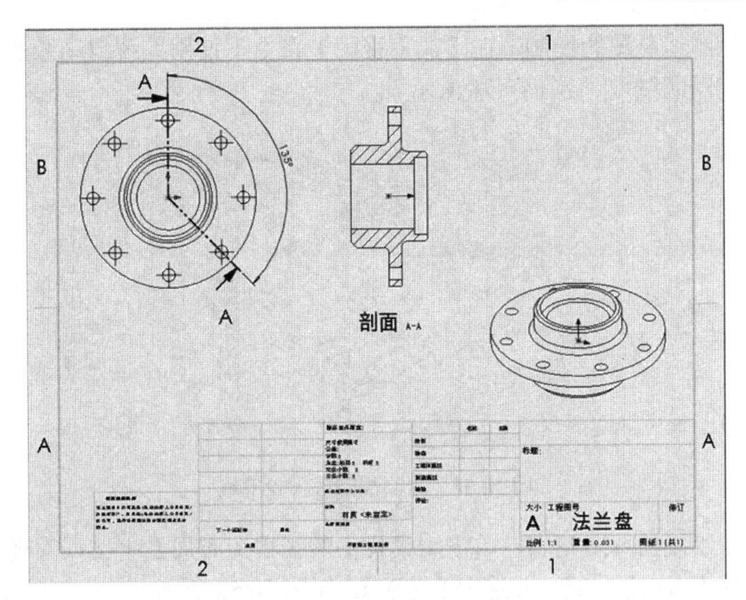

图 10.49　创建旋转剖切视图

10.5.4　局部视图

局部视图是指在工程图中生成一个局部视图来显示一个视图的某个部分(通常是以放大比例显示)。此局部视图可以是正交视图、空间(等轴测)视图、剖面视图、裁剪视图、爆炸装配体视图或另一局部视图。放大的部分使用草图(通常是圆或其他非圆的闭合轮廓)进行闭合。可设定默认局部视图比例缩放系数。这里设定局部视图的比例为父视图的系数。

对图 10.50 所示基座的螺纹孔进行局部放大，展示其结构。

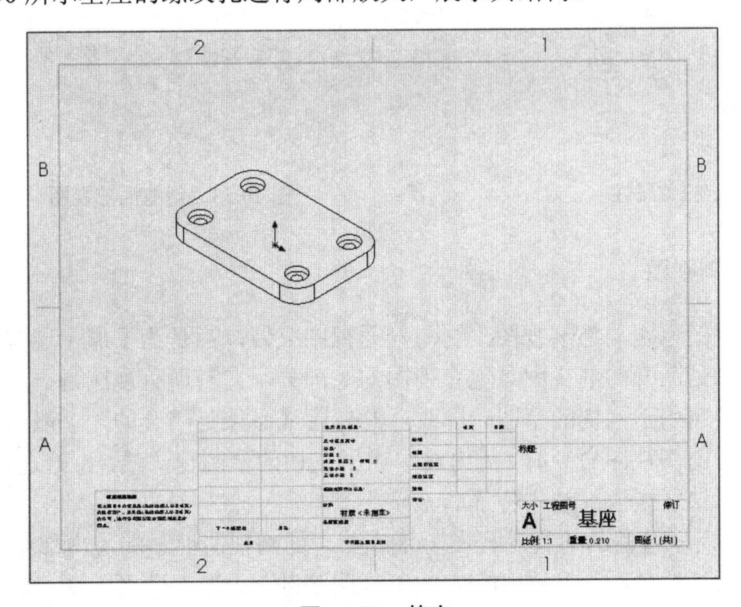

图 10.50　基座

(1) 绘制局部放大轮廓线：在图 10.50 所示视图的基础上绘制局部放大轮廓线(也可不

进行局部放大轮廓线草图的绘制，在【局部视图】命令下使用系统自动激活圆绘制工具来圈住要放大的视图区域），如图 10.51 所示。

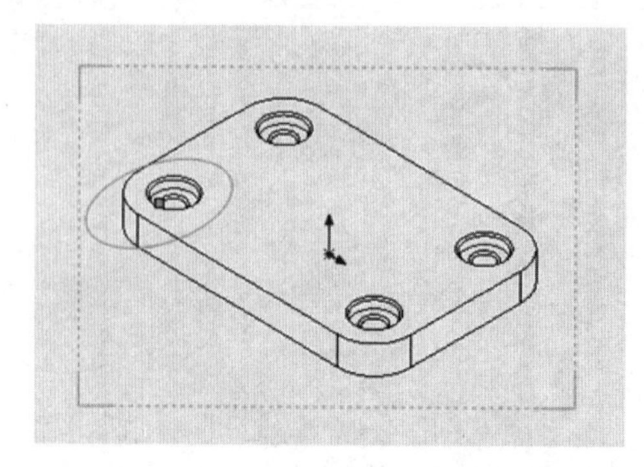

图 10.51　绘制局部放大轮廓线

（2）选中所绘制的草图轮廓，单击工具栏中的【视图布局】|【局部视图】按钮，在左侧对话框选择【相连】样式，并选中【轮廓】，如图 10.52 所示，单击工程图的空白区域，放置局部视图，如图 10.53 所示。

图 10.52　设定相关属性

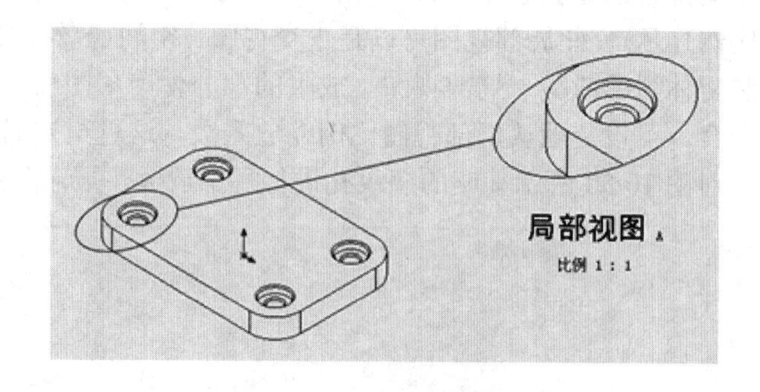

图 10.53　创建局部视图

10.5.5　断开的剖视图

断开的剖视图也叫局部剖视图，它与剖面视图类似，都是为了展示现有视图的内部结构细节，不同的是断开的剖视图是现有视图的一部分，它与现有视图是一个整体，并且断开的视图需要绘制用于剖切的草图轮廓线，此轮廓线必须是闭合的，一般为样条曲线。

在使用断开的剖视图命令时，需先选中用于剖切的草图轮廓线，再给定材料切除深度，完成剖切，展示该区域内部结构特征。

在图 10.54 所示端盖的前视工程图上生成断开的剖视图展示端盖内部结构。

（1）绘制剖切线轮廓：在图 10.54 的工程图基础上，绘制草图轮廓，将端盖的内部结构尽可能表达出来，如图 10.55 所示。

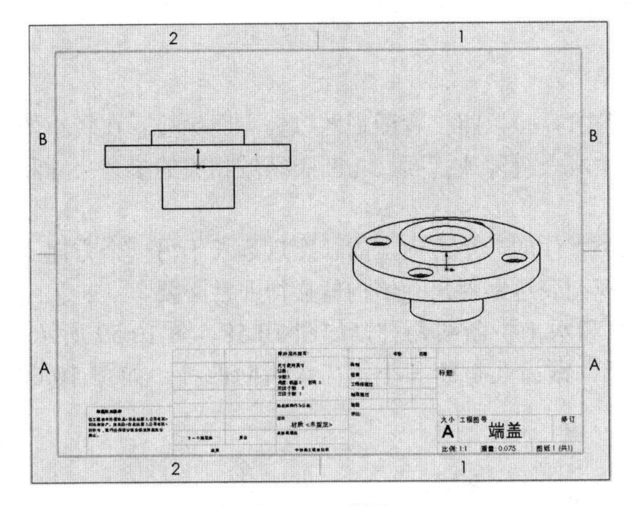

图 10.54　端盖

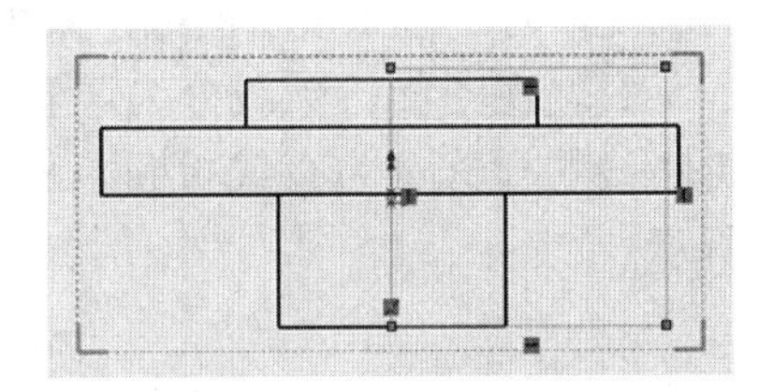

图 10.55　绘制草图轮廓

(2) 选中所绘制的草图轮廓，单击工具栏中的【视图布局】|【断开的视图】按钮，在左侧对话框输入剖切深度 45mm，并选中【预览】复选框，如图 10.56 所示。

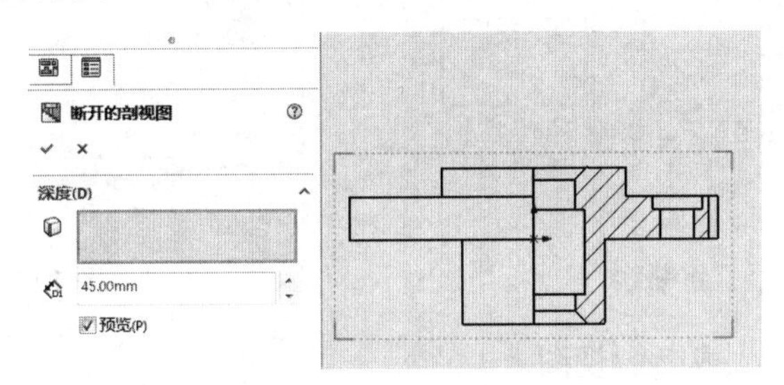

图 10.56　设置相关属性

(3) 端盖的断开的剖视图如图 10.57 所示。

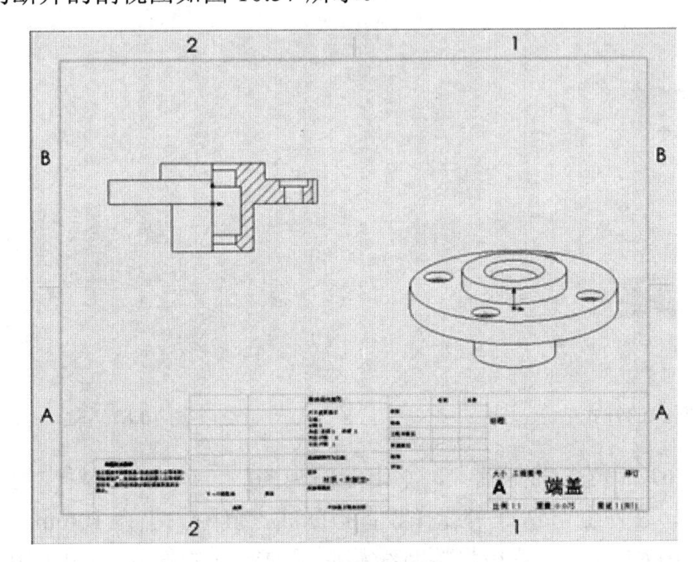

图 10.57　创建断开的剖视图

10.5.6 断裂视图

在工程图中使用断裂视图(或中断视图)，可以将工程图视图以较大比例显示在较小的工程图纸上。使用一组折断线在视图中生成一缝隙或折断。与断裂区域相关的参考尺寸和模型尺寸反映实际的模型数值。

断裂视图一般应用于轴类零件，此类零件的一个方向上的长度远远长于另一个方向上的长度，为了避免浪费图纸，采用断裂视图表达零件尺寸结构就显得非常必要。

断裂视图的折断线分为竖直折断线和水平折断线两种，如图 10.58、图 10.59 所示。折断线的样式分为直线折断、曲线折断、锯齿线折断和小锯齿线折断四种，如图 10.60 所示。

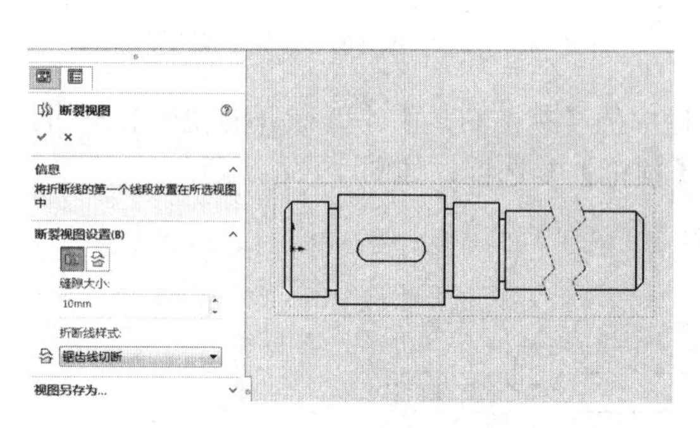

图 10.58 竖直折断线

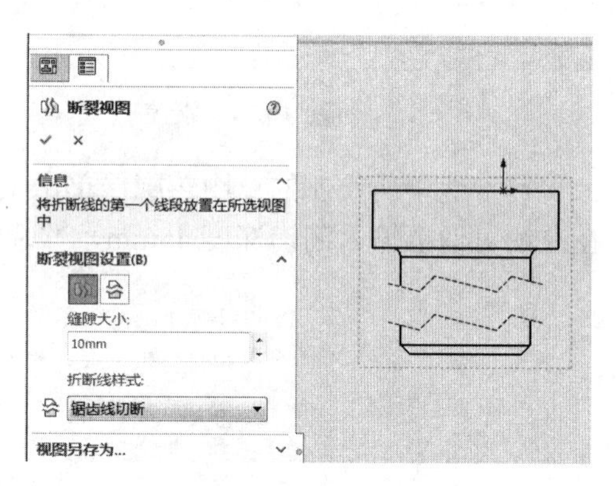

图 10.59 水平折断线

为图 10.61 所示轴生成断裂视图。

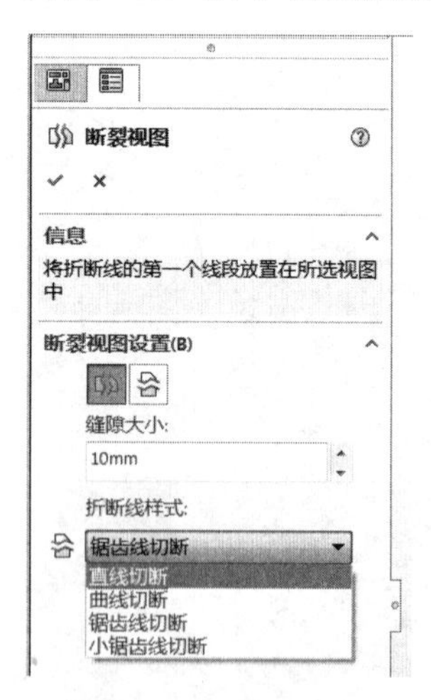

图 10.60 折断线的样式

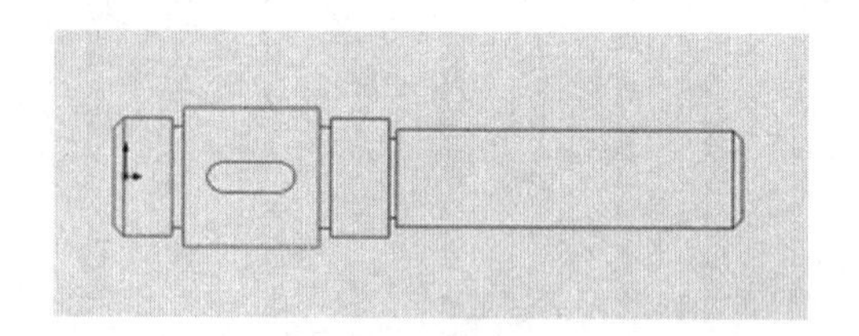

图 10.61 轴

(1) 在图 10.61 工程图的基础上，单击选中视图后，单击工具栏中的【视图布局】|【断裂视图】按钮，在左侧对话框中选择竖直折断线，缝隙大小为 10mm，折断线样式设为曲线折断，如图 10.62 所示，然后将折断线移向所要断开的部分，如图 10.63 所示。

(2) 轴的断裂视图如图 10.64 所示。

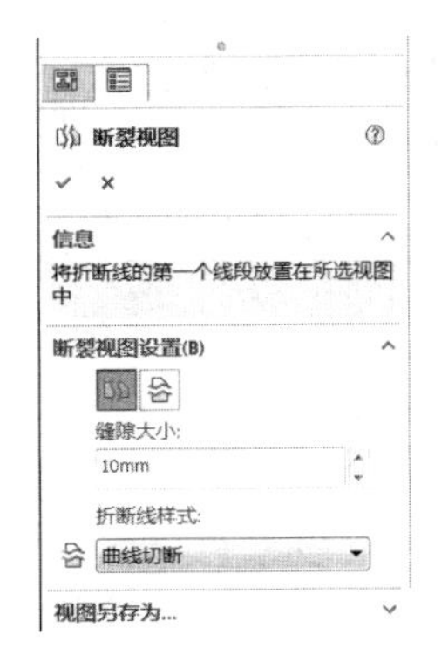

图 10.62 设置相关属性

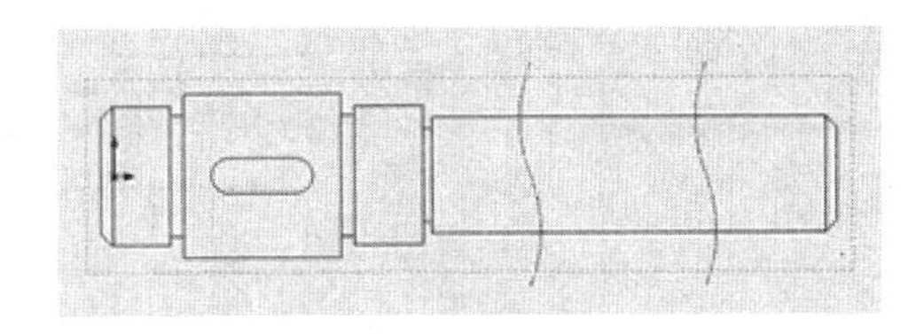

图 10.63 放置折断线

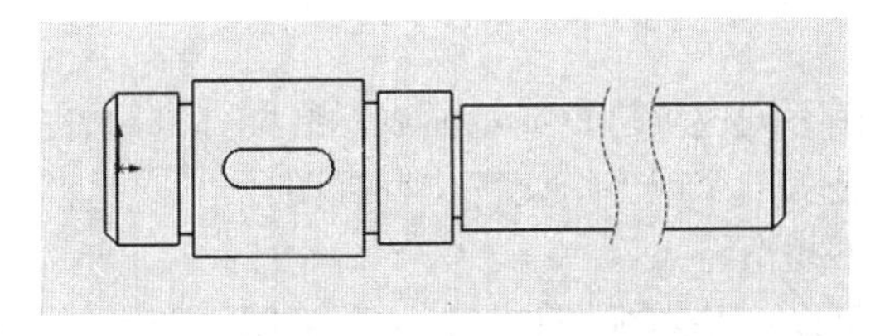

图 10.64 轴的断裂视图

10.5.7 剪裁视图

剪裁视图通过隐藏除了所定义区域之外的所有内容而集中于工程图视图的某部分。未剪裁的部分使用草图(通常是样条曲线或其他闭合的轮廓)进行闭合。

除了局部视图或已用于生成局部视图的视图，可以剪裁任何工程图视图。由于没有生成新的视图，剪裁视图可以节省步骤。例如，不必建立剖面视图然后建立局部视图，再隐藏不需要的剖面视图，可以直接裁剪剖面视图。

为图 10.65 所示视图生成剪裁视图。

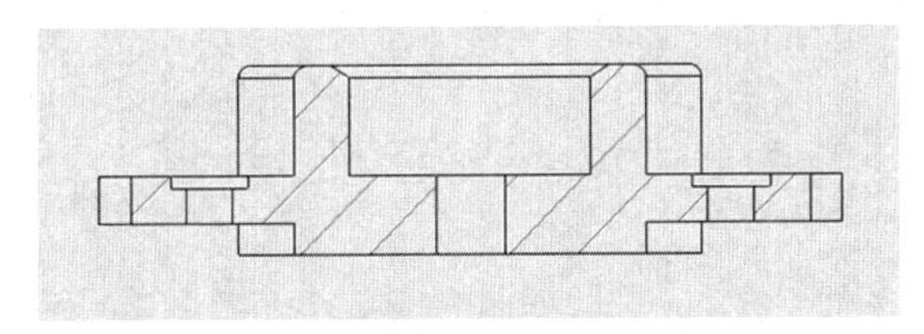

图 10.65 零件视图

(1) 在图 10.65 工程图的基础上，绘制一个封闭的草图轮廓，如图 10.66 所示。

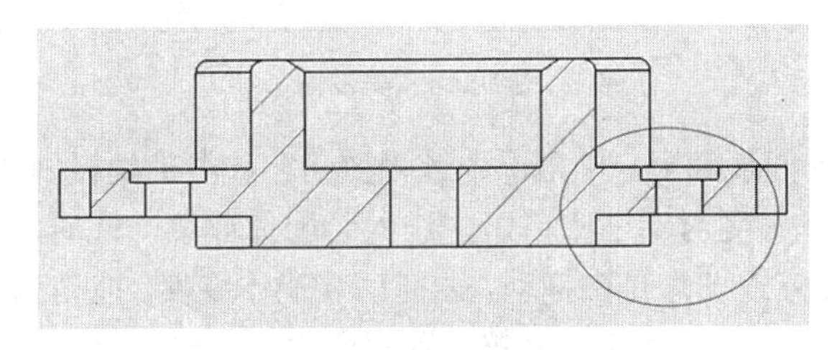

图 10.66 绘制草图轮廓

（2）单击选中所绘制的草图轮廓，再单击【视图布局】|【剪裁视图】按钮，草图轮廓以外的视图消失，只留下草图轮廓内的视图，如图 10.67 所示。

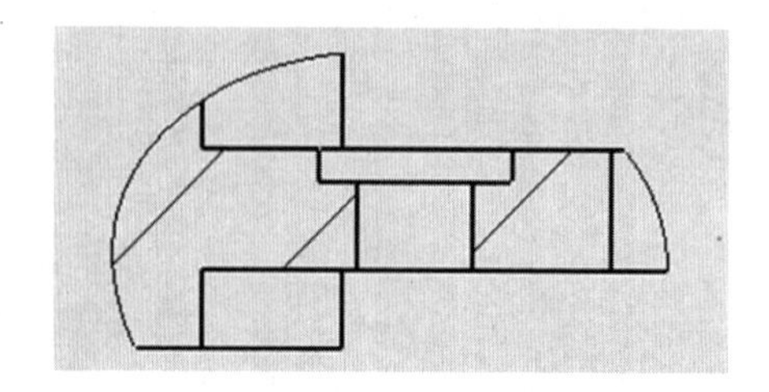

图 10.67　创建剪裁视图

10.5.8　交替位置视图

交替位置视图通过在不同位置进行显示而表示装配体零部件的运动范围。可以以双点画线在原有视图上层叠显示一个或多个交替位置视图。

交替位置视图有以下几个特点：

（1）交替位置视图可以在基本视图和交替位置视图之间标注尺寸。

（2）在工程图中可以生成多个交替位置视图。

（3）交替位置视图在断开、剖面、裁剪或局部视图中不可使用。

（4）在生成了交替位置视图之后，可在装配体层和工程图层对其进行修改。

用交替位置视图表达图 10.68 所示美发剪的运动范围。

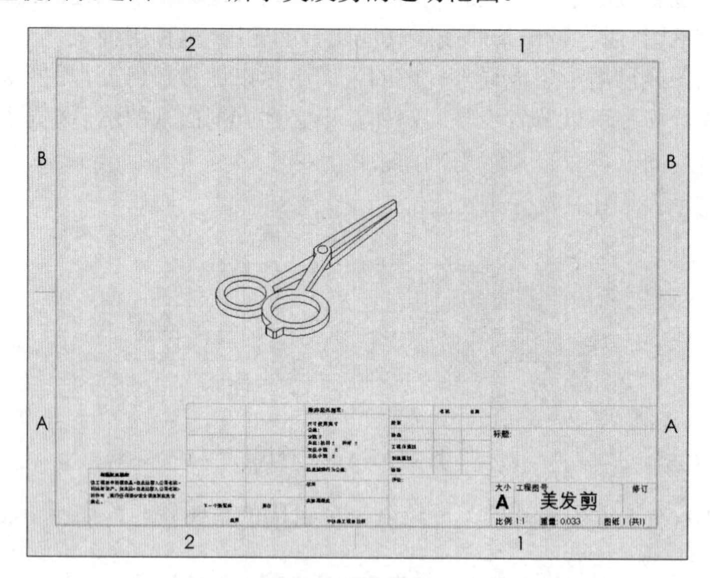

图 10.68　美发剪

在图 10.68 工程图的基础上，单击选中该视图后，单击工具栏中的【视图布局】|【交替位置视图】按钮，在左侧对话框中单击，进入装配体环境，此时左侧有一对话窗口，如图 10.69 所示，将旋转方式设为自由拖动，去拖动装配体零件，拖动到合适的位置，按 Enter 键确定，回到工程图区，完成操作，交替位置视图由双点画线显示，如图 10.70 所示。

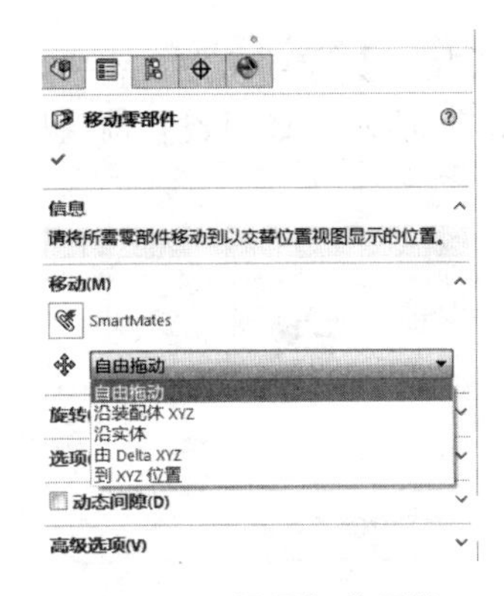

图 10.69　设置相关属性

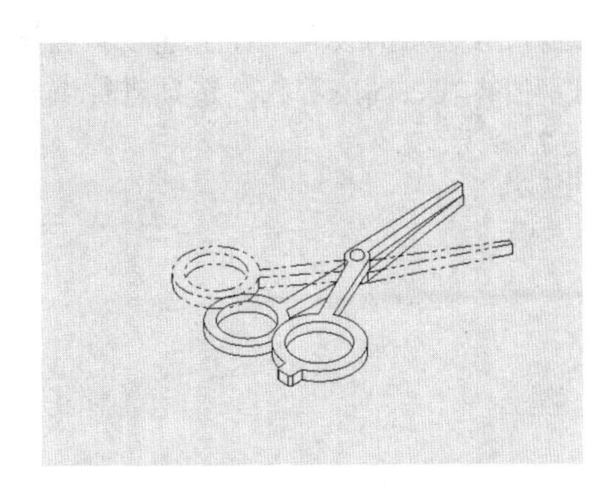

图 10.70　创建交替位置视图

10.6　工程图绘图环境的设定及尺寸标注

SolidWorks 工程图中的尺寸标注是与零件/装配体模型相关联的，故模型中的尺寸变更会同步到工程图中。

10.6.1　绘图环境的设定

SolidWorks 提供了多种绘图标准，包括 ISO、ANSI、DIN、GB 等七种绘图标准，可自行选择所需的绘图标准。在这里讲述如何将绘图标准设置为国家标准 GB 及相关尺寸选项的设置。

(1) 在工程图环境，选择【工具】|【选项】|【文档属性】命令，在【文档属性】选项卡的【总绘图标准】下拉菜单中选择 GB，如图 10.71 所示。

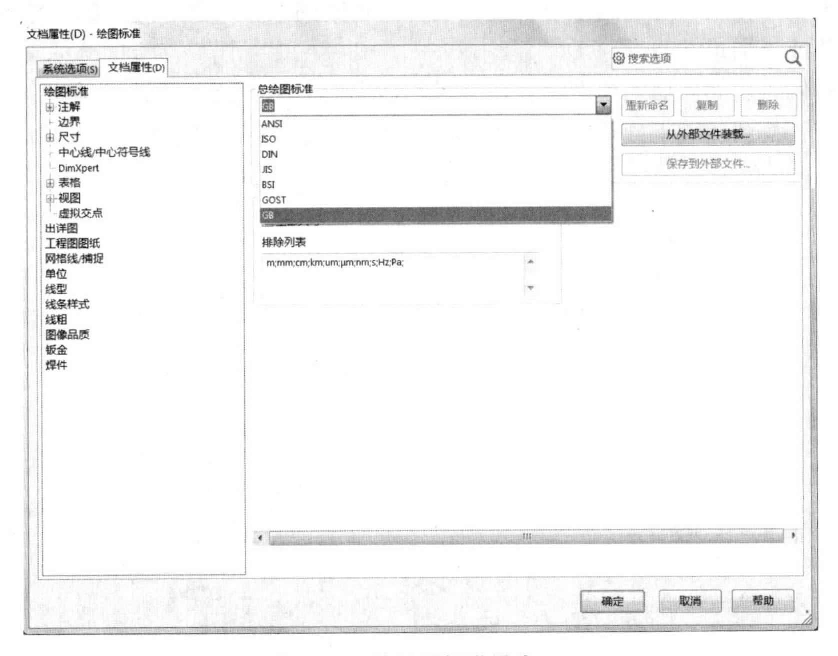

图 10.71　将绘图标准设为 GB

(2) 尺寸选项的设置：在上述步骤的操作界面，选择【尺寸】选项，在文本中，可对字体、字体样式、高度等相关选项进行偏好设置，如图 10.72 所示。还可设置箭头样式，如图 10.73 所示。

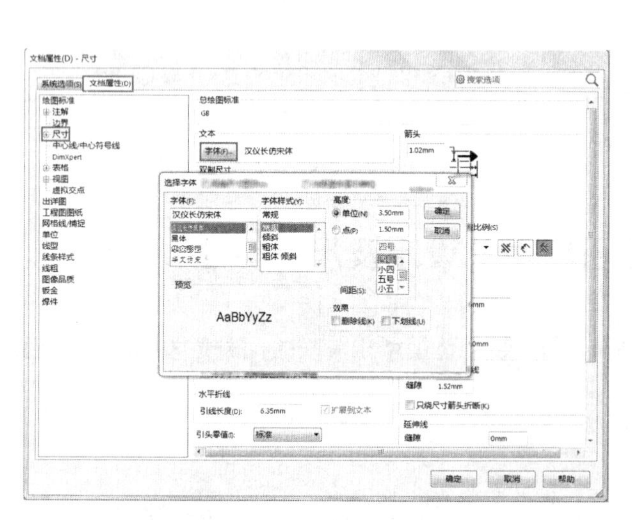

图 10.72　尺寸字体设置

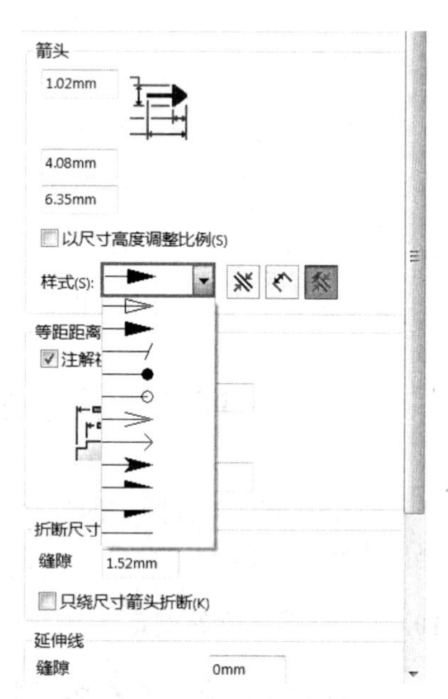

图 10.73　尺寸箭头设置

10.6.2　插入模型项目

在工程图【注释】中有【插入模型项目】命令，用此命令可将在模型中所创建的尺寸、注解或参考几何体插入工程图。可以提高制作工程图的效率，但所导入的尺寸等往往需要编辑、调整或添加尺寸。

下面举例讲述如何插入模型项目，并进行适当的编辑、调整及添加尺寸。

(1) 在工程图环境下打开 10.5.3 所述导套模型视图，并生成其剖面视图，如图 10.74 所示。

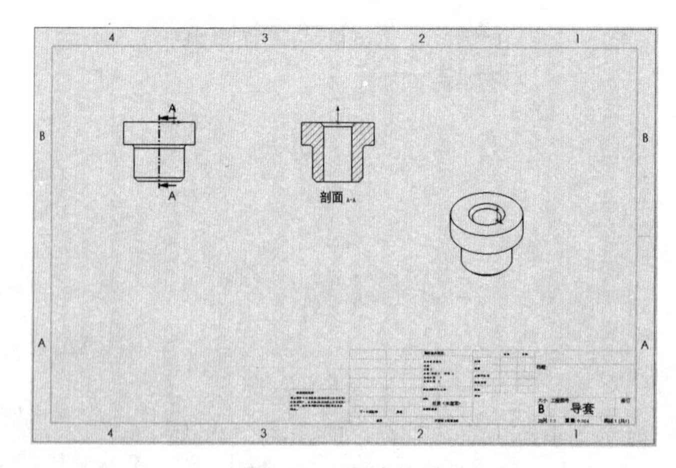

图 10.74　导套视图

(2) 选择剖面视图，单击【注释】|【模型项目】按钮，左侧会弹出【模型项目】属性管理器，在来源/目标选择【整个模型】选项，选中【将项目输入到所有视图】复选框，在尺寸中选中【消除重复】复选框，在注释中选择【选定所有】选项，如图 10.75 所示。

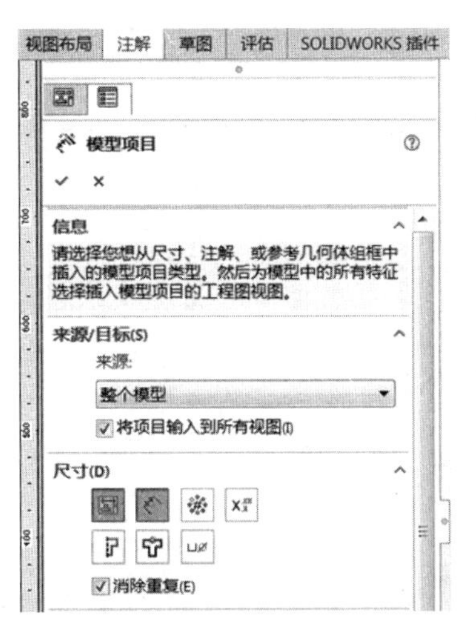

图 10.75 设置相关属性

(3) 单击【确定】按钮，如图 10.76 所示，经过编辑、调整及添加尺寸后如图 10.77 所示。

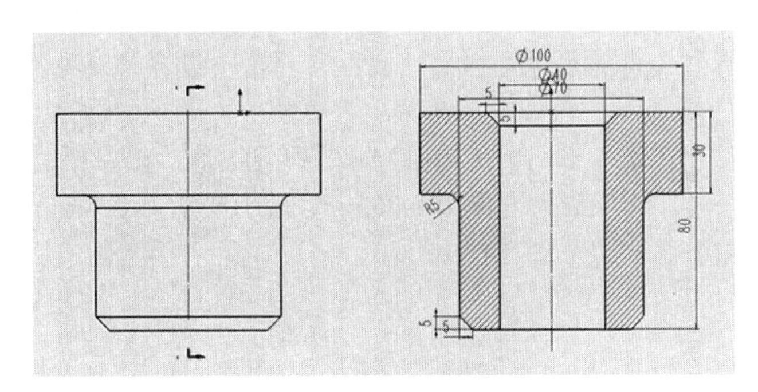

图 10.76 插入模型项目

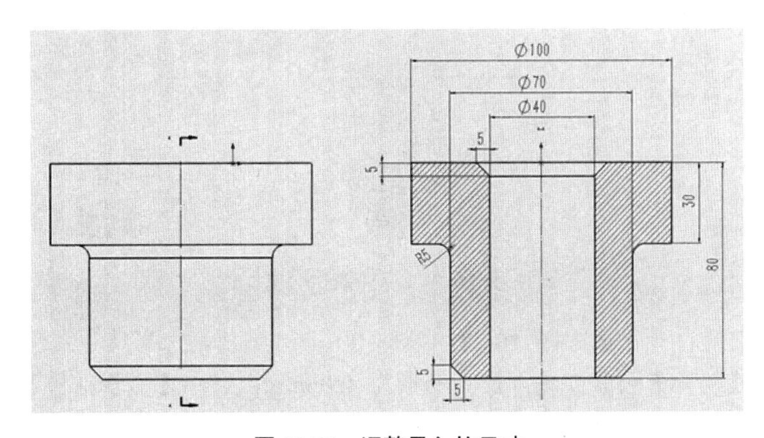

图 10.77 调整导入的尺寸

10.6.3 标注参考尺寸

参考尺寸是指在工程图文件中所添加的尺寸，也称从动尺寸。通过编辑参考尺寸的数值不能改变模型，但当模型的标注尺寸改变时，参考尺寸值会改变。

在这举例讲述如何标注参考尺寸。

在图 10.74 的基础上，单击【草图】|【智能尺寸】按钮，对导套进行尺寸标注，如图 10.78 所示。

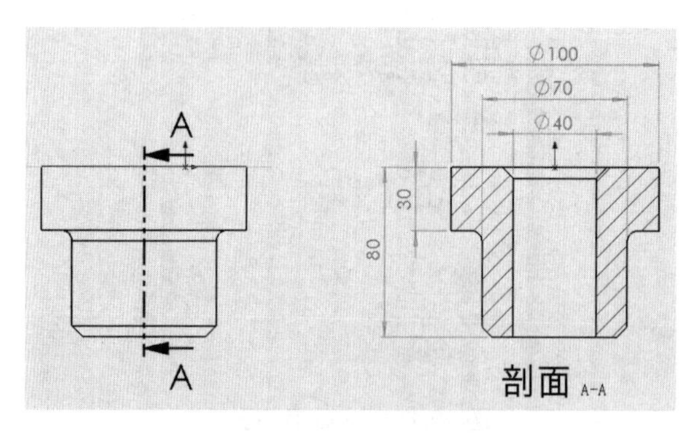

图 10.78 标注参考尺寸

10.6.4 标注尺寸公差

单击选中所要标注公差的尺寸，在尺寸属性管理器中设置公差种类及数值。下面举例讲述如何标注尺寸公差。

(1) 双边公差：单击选中图 10.78 中的ϕ100 尺寸数值，选择尺寸属性管理器中公差/精度选项中的双边公差，输入最大变量为 0.06mm，最小变量为 0.04mm，选中【显示括号】复选框，单击【确定】按钮，如图 10.79 所示。

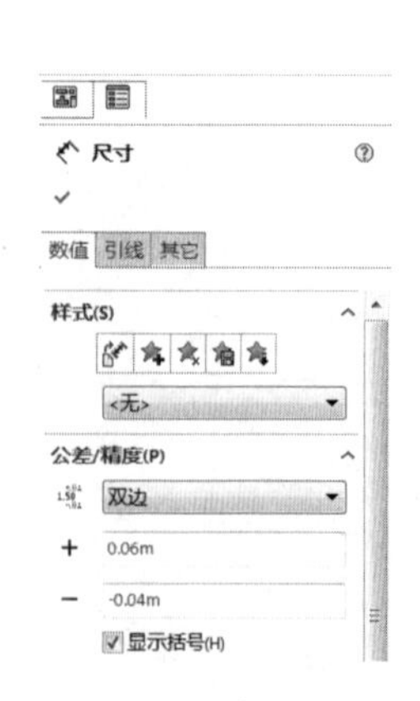

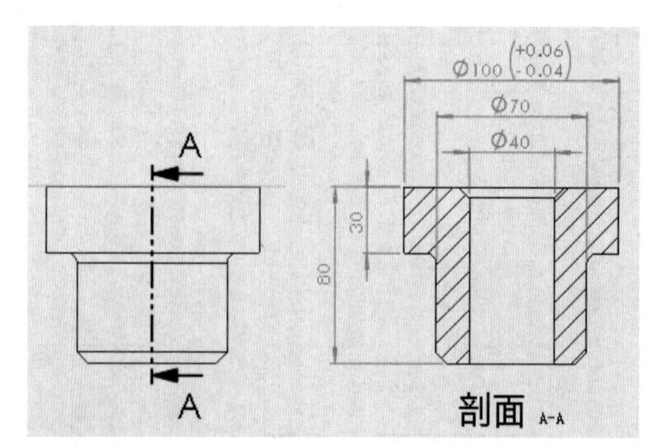

图 10.79 标注双边公差

(2) 对称公差：单击选中图 10.78 中的ϕ100 尺寸数值，选择尺寸属性管理器中公差/精度选项中的【对称】公差，输入最大变量为 0.06mm，选中【显示括号】复选框，单击【确定】按钮，如图 10.80 所示。

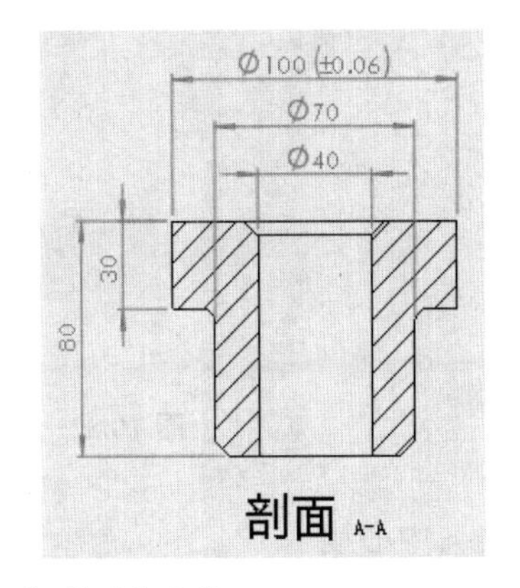

图 10.80 标准对称公差

(3) 与公差套合：单击选中图 10.78 中的ϕ40 尺寸数值，选择尺寸属性管理器中公差/精度选项中的【与公差套合】，在分类中选择【间隙】，在孔套合下拉列表中选择【G8】选项并单击【线性显示】按钮，选中【显示括号】复选框，单击【确定】按钮，如图 10.81 所示。

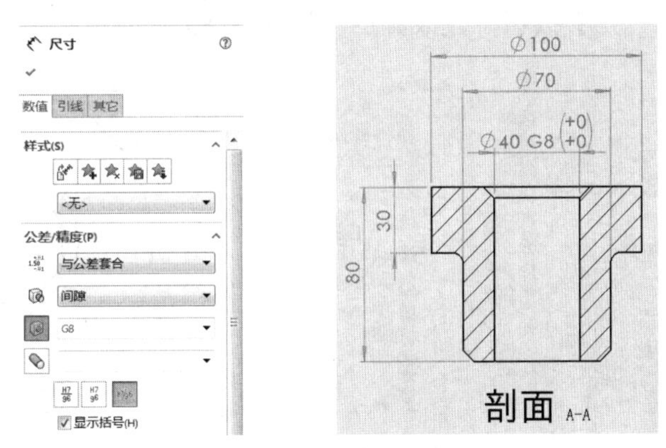

图 10.81 与公差套合

10.7 工程图注解

工程图注解是工程图的重要组成部分，起着指导生产制造过程的作用，包括注释、基准特征、几何公差、表面粗糙度、中心线等。

10.7.1 注释

注释是工程图中最普遍的注解。注释是包含文字的注解，且其可以带引线进行引向说明，引线端点可以依附在模型的顶点、边线或者面上，表达清楚明了。

在工程图中，选择任一视图，选择【注解】|【注释】命令。在引线选项卡中选择引线，将箭头指向孔，单击输入文字“通孔”，如图 10.82 所示。

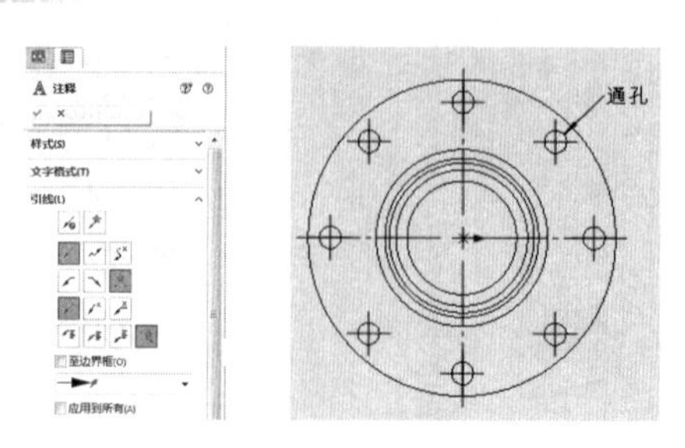

图 10.82 注释通孔

10.7.2 中心符号线与中心线

在工程图中，中心符号线与中心线适用于标注圆柱面、孔等。

1. 中心符号线

中心符号线用于为工程图中的圆形边线、槽口边线或草图实体添加中心符号，选中视图后，选择【注解】|【中心符号线】命令，选择圆形中心符号线选项，将鼠标光标指向外缘轮廓，并单击【确定】按钮，完成添加，如图 10.83 所示。

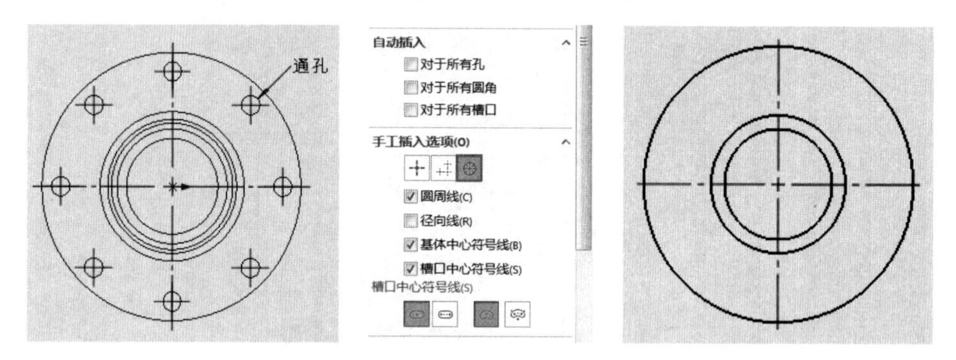

图 10.83 创建圆形中心符号线

2. 中心线

中心线用于为工程图中的圆柱面、圆锥面或平行于图纸的中心轴线添加中心线，选中视图后，选择【注解】|【中心线】命令，将鼠标光标指向圆柱外缘边线轮廓，并单击【确定】按钮，完成添加，如图 10.84 所示。

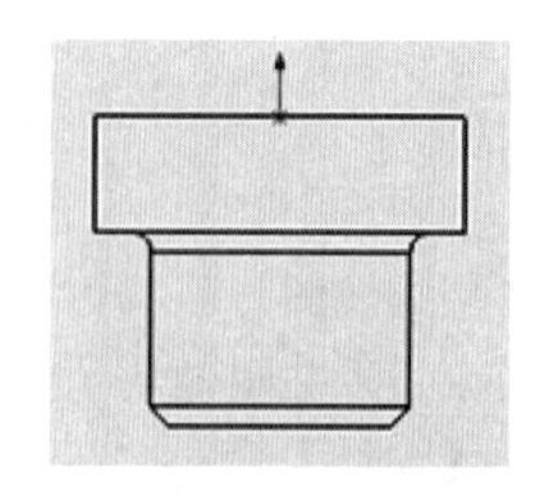

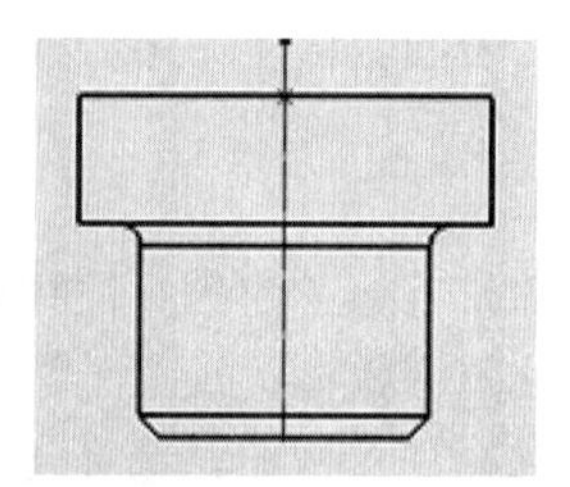

图 10.84 创建中心线

10.7.3 基准特征

在标注几何公差前，一般先标注基准特征。选中视图后，选择【注解】|【基准特征】命令，选择所要作为基准的线，将鼠标光标指向该线，并单击【确定】按钮，完成添加，如图 10.85 所示。

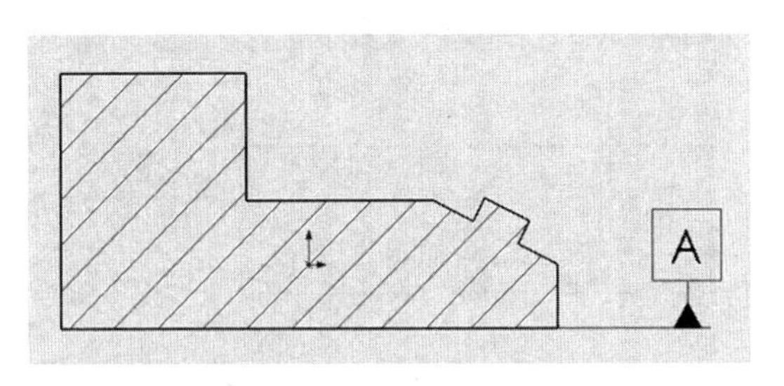

图 10.85 创建基准特征

10.7.4 几何公差

几何公差的作用是表述模型视图上各部分的几何方位关系偏差。标注几何公差，一般需要有参考基准，就是前面所说的基准特征。下面举例说明标注几何公差的步骤。

为图 10.86 所示的轴标注同轴度公差。

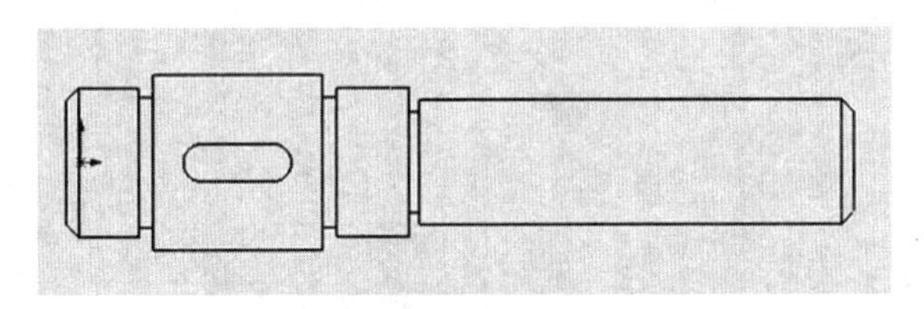

图 10.86 轴

(1) 基准特征的建立：选中视图，选择【注解】|【基准特征】命令，选择轴的一水平边线作为基准线，将鼠标光标指向该线，并单击【确定】按钮，完成添加，如图 10.87 所示。

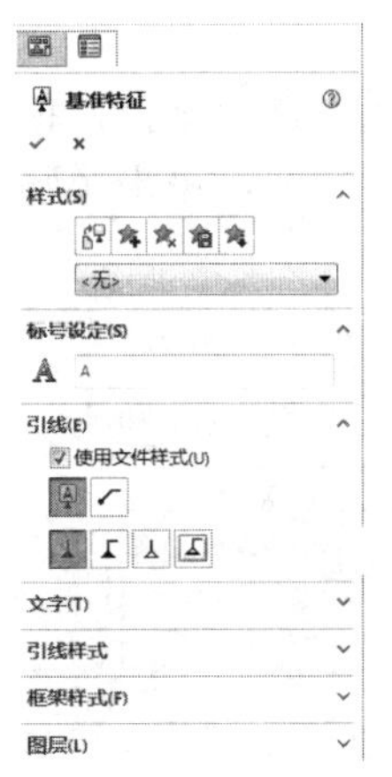

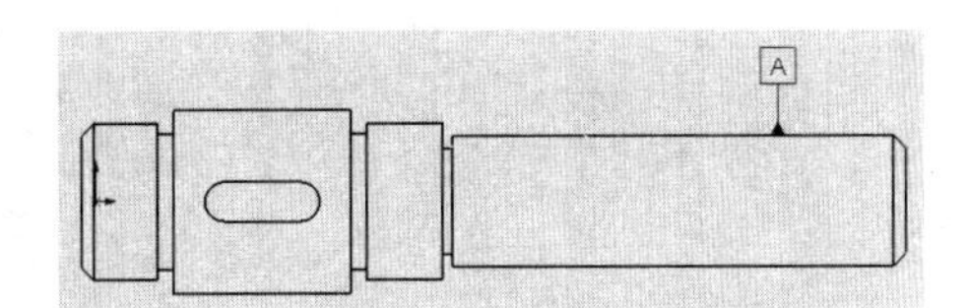

图 10.87 添加同轴度

(2) 几何公差：选择【注解】|【形位公差】命令，弹出【形位公差】属性对话框，如图 10.88 所示。(注：按最新标准形位公差应为几何公差，软件中仍为形位公差。)

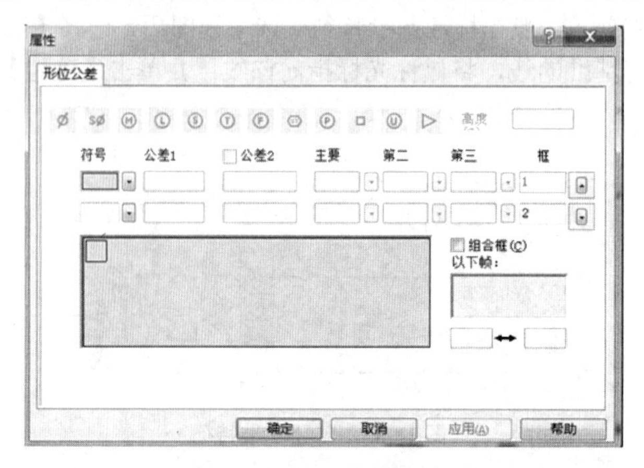

图 10.88　形位公差属性对话框

(3) 选择【形位公差】属性对话框【符号】选项中的【同心】选项，在公差 1 的文本框输入 60，选中【公差 2】复选框，并输入 A，如图 10.89 所示。

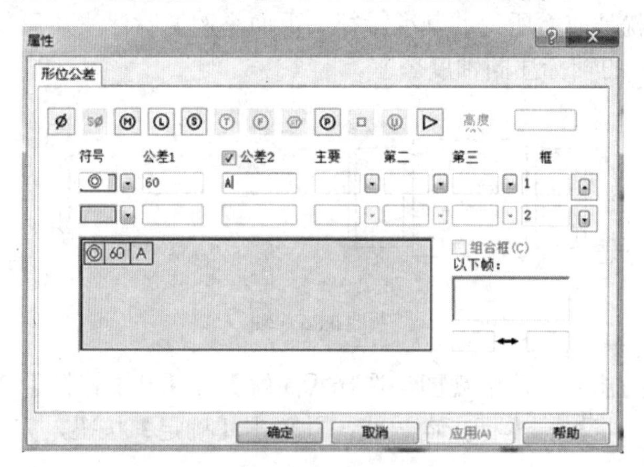

图 10.89　设置相关属性

(4) 将【形位公差】属性对话框拖放到一边，不要关闭此对话框，再将鼠标的光标指向视图的边线上，直到出现引导线，单击放置好几何公差符号，单击【确定】按钮，关闭对话框，如图 10.90 所示。

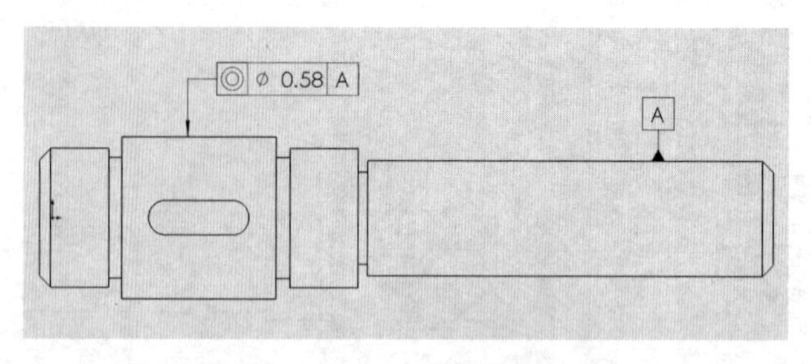

图 10.90　创建几何公差

10.7.5 孔标注

选择【注解】|【孔标注】命令，将鼠标光标指向孔的外圆轮廓，单击外圆轮廓，放置孔标注符号，如图 10.91 所示。

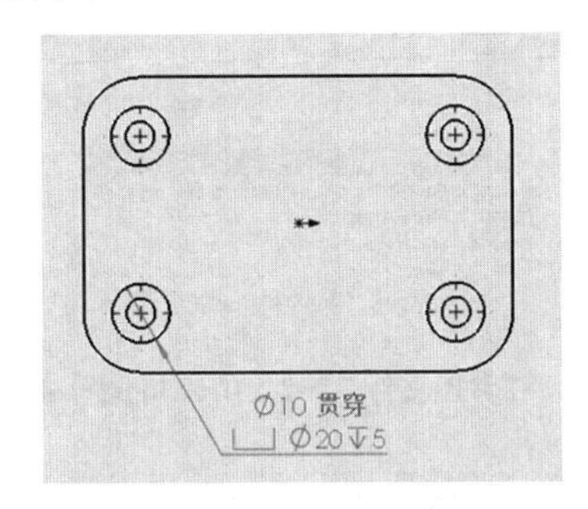

图 10.91 孔标注

10.7.6 表面粗糙度

表面粗糙度是表征零件表面的加工精度程度，是生产制造中的重要组成部分。

表面粗糙度属性管理器中的符号布局的各个文本框的代表含义，如图 10.92 所示。

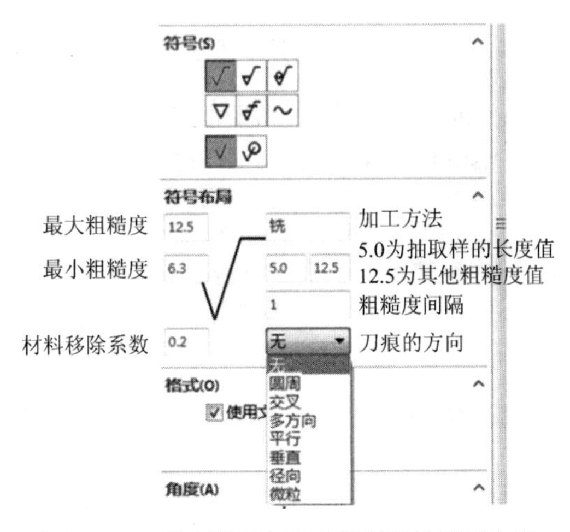

图 10.92 表面粗糙度属性管理器的符号布局

10.8 工程图通用格式的转换

工程图纸是技术人员的交流语言，但由于种种原因，导致客户不方便跟工程技术人员进行交流，因为客户的电脑设备上可能没有安装 SolidWorks 软件，或者其所安装的软件版本过低，导致不方便进行技术上的交流。为此，应将工程图文件导出为通用的“eDrawings (*.edrw)”格式，可按方法 1 所述进行，也可按方法 2 与方法 3 导出文件，也具有普遍性。

方法 1：将工程图文件(*.slddrw)保存为“eDrawings(*.edrw)”文件格式，如图 10.93 所示。在 eDrawings 插件中将其打开，另存为(*.exe)文件格式，如图 10.94 所示，该格式为通用格式，未安装 SolidWorks 的电脑用户也可将其打开。

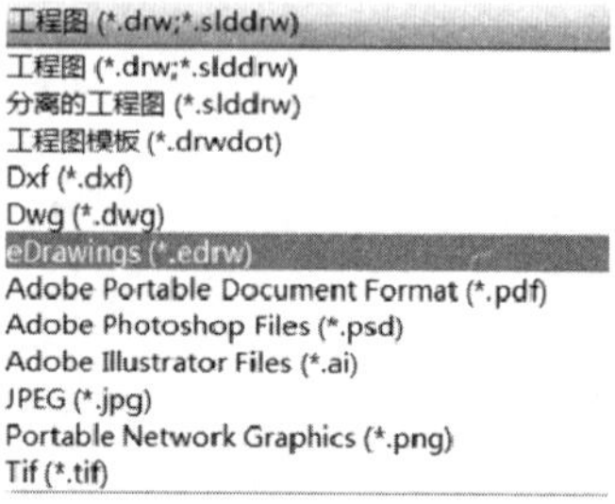

工程图 (*.drw;*.slddrw)
工程图 (*.drw;*.slddrw)
分离的工程图 (*.slddrw)
工程图模板 (*.drwdot)
Dxf (*.dxf)
Dwg (*.dwg)
eDrawings (*.edrw)
Adobe Portable Document Format (*.pdf)
Adobe Photoshop Files (*.psd)
Adobe Illustrator Files (*.ai)
JPEG (*.jpg)
Portable Network Graphics (*.png)
Tif (*.tif)

图 10.93　工程图文件保存为 eDrawings(*.edrw)格式

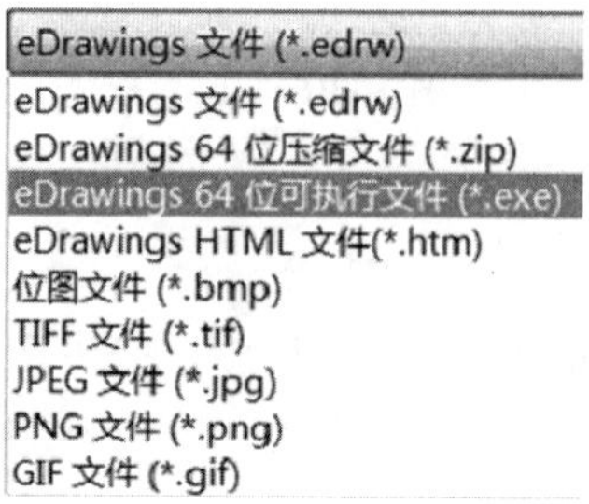

eDrawings 文件 (*.edrw)
eDrawings 文件 (*.edrw)
eDrawings 64 位压缩文件 (*.zip)
eDrawings 64 位可执行文件 (*.exe)
eDrawings HTML 文件(*.htm)
位图文件 (*.bmp)
TIFF 文件 (*.tif)
JPEG 文件 (*.jpg)
PNG 文件 (*.png)
GIF 文件 (*.gif)

图 10.94　在 eDrawings 插件中另存为(*.exe)文件格式

方法 2：将工程图文件(*.slddrw)保存为“PDF 文件(*.pdf)”格式，如图 10.95 所示。

方法 3：将工程图文件(*.slddrw)保存为“(*.dwg)”格式，如图 10.96 所示，可用 Auto CAD、CAXA 打开。

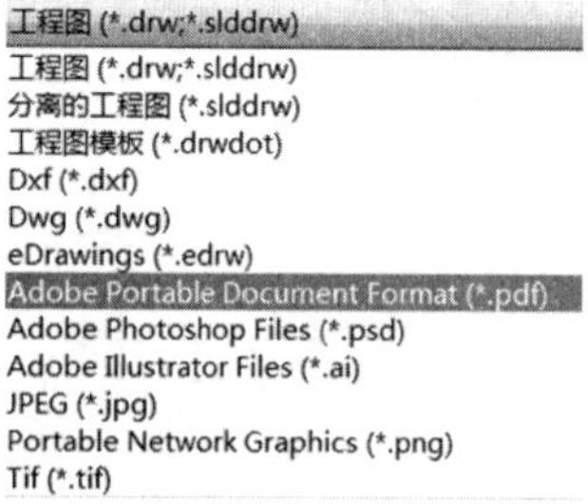

工程图 (*.drw;*.slddrw)
工程图 (*.drw;*.slddrw)
分离的工程图 (*.slddrw)
工程图模板 (*.drwdot)
Dxf (*.dxf)
Dwg (*.dwg)
eDrawings (*.edrw)
Adobe Portable Document Format (*.pdf)
Adobe Photoshop Files (*.psd)
Adobe Illustrator Files (*.ai)
JPEG (*.jpg)
Portable Network Graphics (*.png)
Tif (*.tif)

图 10.95　工程图文件保存为(*.pdf)”格式

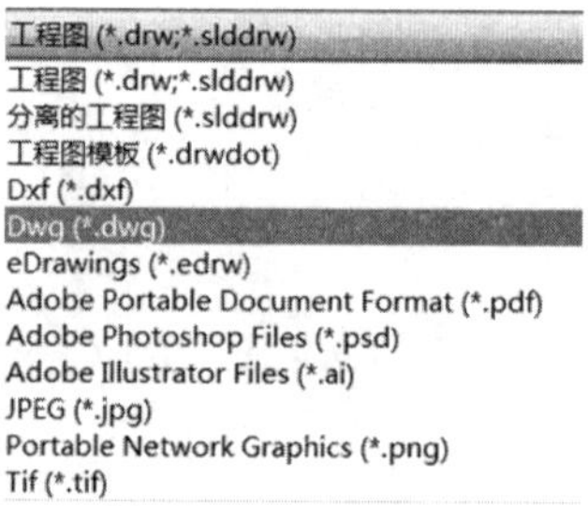

工程图 (*.drw;*.slddrw)
工程图 (*.drw;*.slddrw)
分离的工程图 (*.slddrw)
工程图模板 (*.drwdot)
Dxf (*.dxf)
Dwg (*.dwg)
eDrawings (*.edrw)
Adobe Portable Document Format (*.pdf)
Adobe Photoshop Files (*.psd)
Adobe Illustrator Files (*.ai)
JPEG (*.jpg)
Portable Network Graphics (*.png)
Tif (*.tif)

图 10.96　工程图文件保存为(*.dwg)格式

综 合 练 习

综合练习 1

完成阶梯轴工程图，如图 10.97 所示。

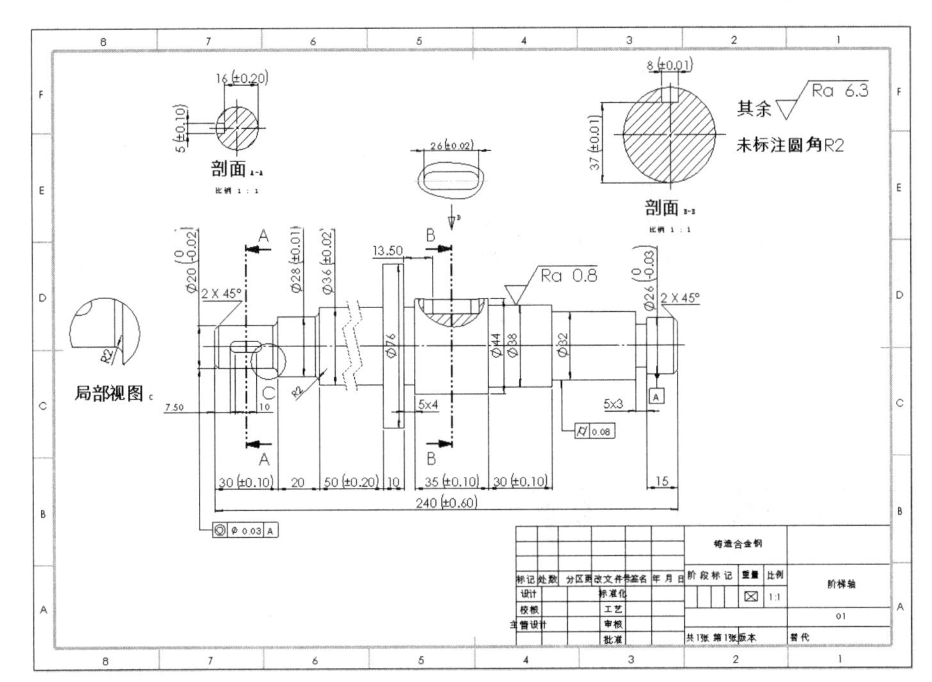

【综合练习 1】

图 10.97 阶梯轴

综合练习 2

完成端盖工程图，如图 10.98 所示。

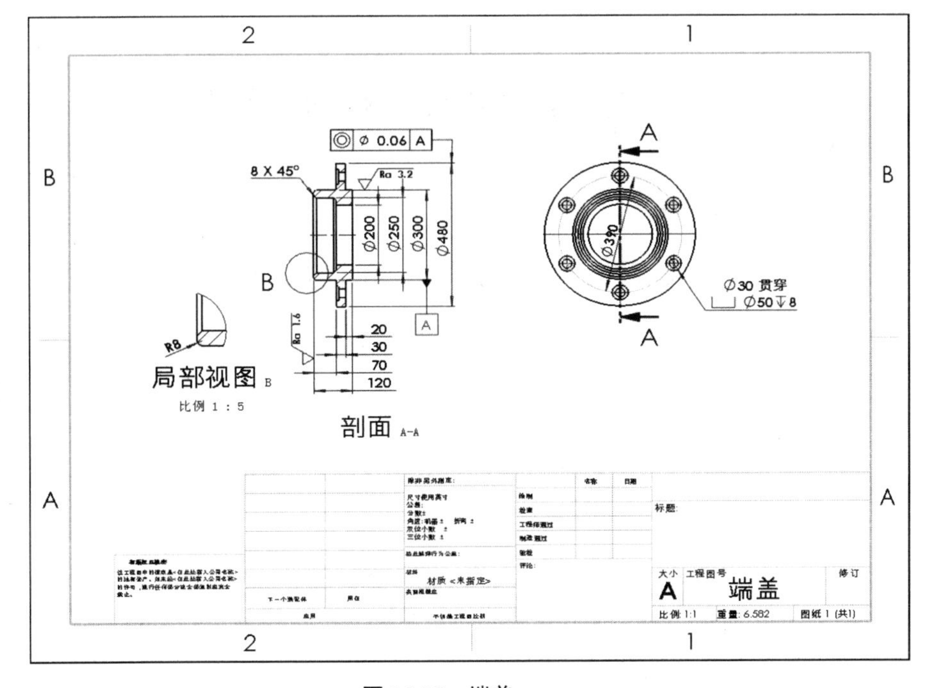

【综合练习 2】

图 10.98 端盖

第 11 章

装配体设计

多数情况下一个产品是由多个零件按一定的组合关系装配而成的。在 SolidWorks 中通过插入事先建好的单个零件，然后通过选择相关配合的命令/按钮来添加这些零件间的位置关系，从而完成产品零件的装配。

为了便于学习，本章常用命令的讲解与举例都用该章上机指导的模型，读者可先将模型建好。

11.1 装配体的基本操作过程

11.1.1 装配体文件的创建

在用户界面单击【文件】|【新建】|【装配体】按钮，完成新装配体的创建，如图 11.1 所示。

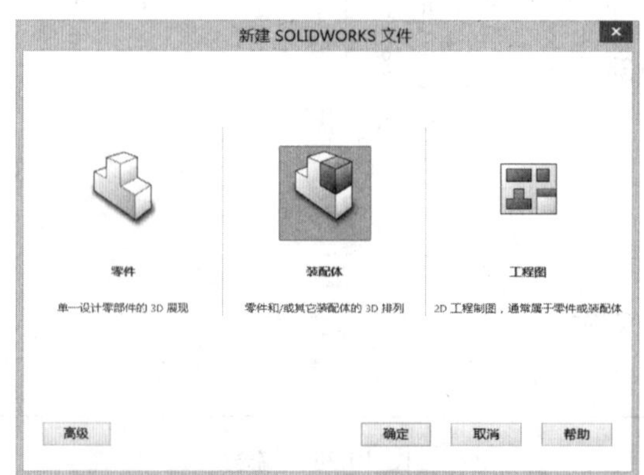

图 11.1 新建装配体

11.1.2 插入零部件

将现有的零部件或子装配体导入装配体中。插入零部件只是文件数据与装配体文件链接，而其文件数据(包括改动数据)都保存在源文件中。更改零件装配体会更新。

插入零部件的一般过程如下：

(1) 通过默认向导窗口【开始装配体】窗口插入零部件，如图 11.2(a)所示。这是创建新的装配体时，第一次进入装配界面的快捷导向操作。

(2) 二次或多次插入零部件。该操作需选择【装配体】｜【插入零部件】命令，弹出【插入零部件】导向窗口，如图 11.2(b)所示。

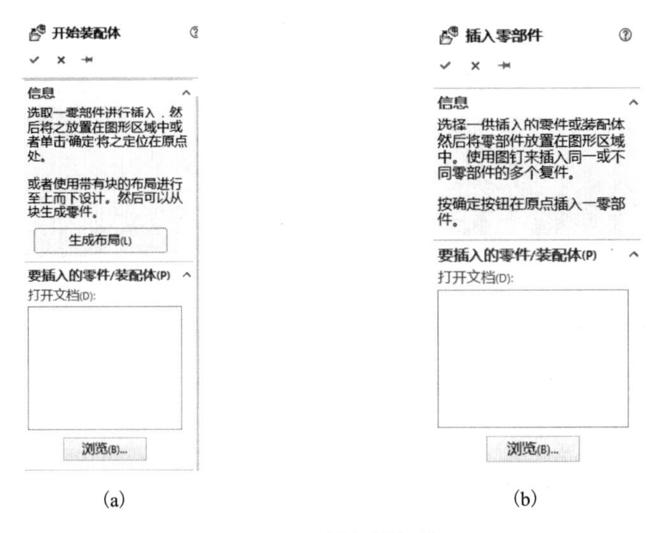

图 11.2 插入零部件

以上两种操作，只要单击导向窗口中的【预览】按钮即可进入零部件选择窗口，如图 11.3 所示。选好所需零部件后单击【打开】按钮，在装配界面逐一单击完成零部件的插入。

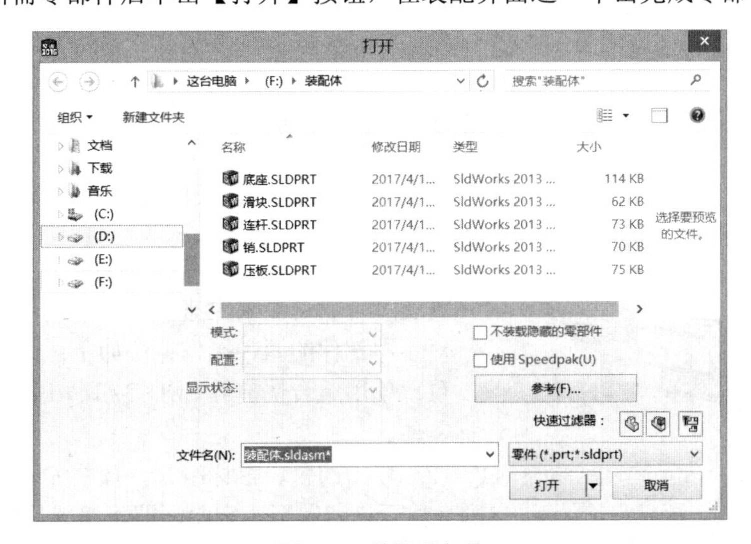

图 11.3 选择零部件

注意：默认所插入的第一个零部件是固定的。

11.1.3 移动零部件

移动零部件可以通过选中目标零部件将其拖动到指定的位置，也可在界面里直接单击目标零件拖动，而点开其选项一般用于动态干涉检查或模拟现实的碰撞等。碰撞后表面颜色加深，如图 11.4 所示。

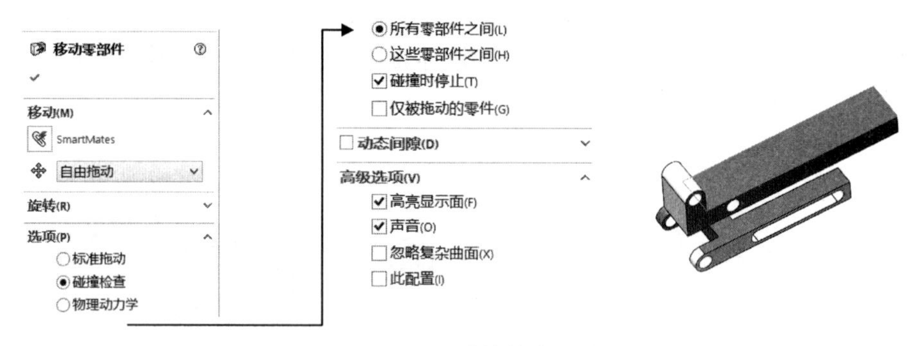

图 11.4 碰撞检查

11.1.4 旋转零部件

用于装配前零件的调整，即选中目标零部件，将其绕一虚拟点旋转至便于装配的位置，如图 11.5 所示。

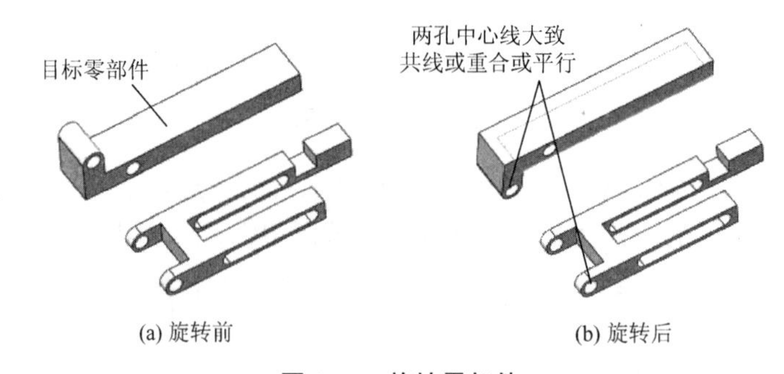

(a) 旋转前 (b) 旋转后

图 11.5 旋转零部件

11.1.5 复制零部件

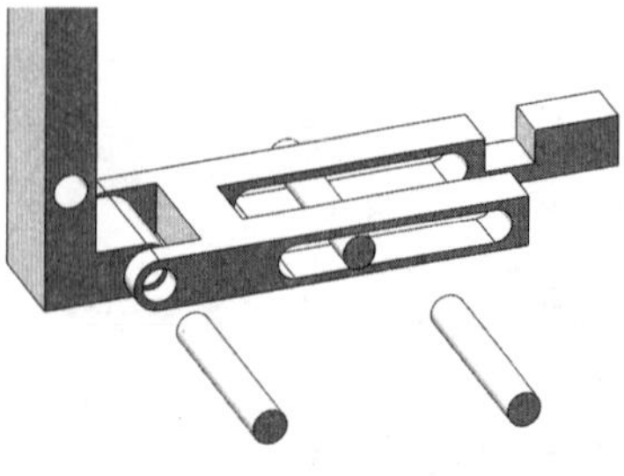

在装配体中，往往需要插入多个同样的零部件，这时可以通过复制功能来快速实现。

复制零部件的两种操作方法如下：

(1) 使用组合快捷键 Ctrl+C 和 Ctrl+V 来复制及粘贴目标零件。

(2) 使用键盘、鼠标组合，按住 Ctrl 键并单击目标零件，然后拖动鼠标一定距离即可实现目标零件的复制。复制的结果如图 11.6 所示。

图 11.6 复制零部件

11.2 配 合 方 式

添加配合关系用于定义两个零件之间的位置、定位关系或运功关系。它是装配设计中最重要和最常用的命令之一。

11.2.1 标准配合

标准配合所包括的命令如图 11.7 所示。

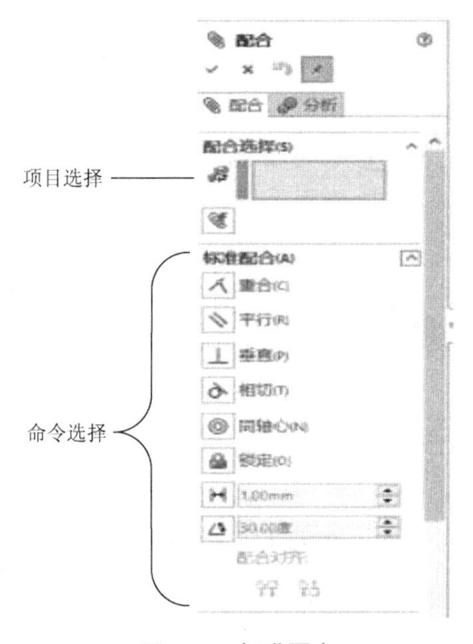

图 11.7 标准配合

1. 重合

重合是指使所选的点重合、直线共线或平面共面，也可以是点、线、面中的两两重合，如图 11.8 所示。

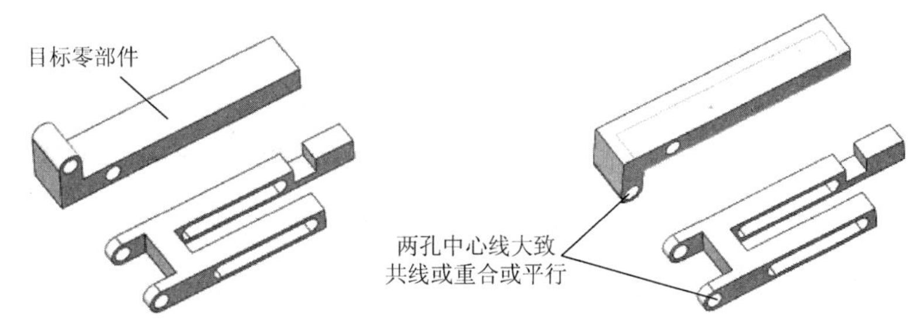

图 11.8 两孔中心线重合

重合配合的快捷操作(以下配合快捷键同理)。

长按 Ctrl 键用鼠标同时选中目标重合面，松开 Ctrl 键立即弹出配合快捷对话框，如图 11.9 所示，在对话框中选择所需的配合命令，确认后完成配合。

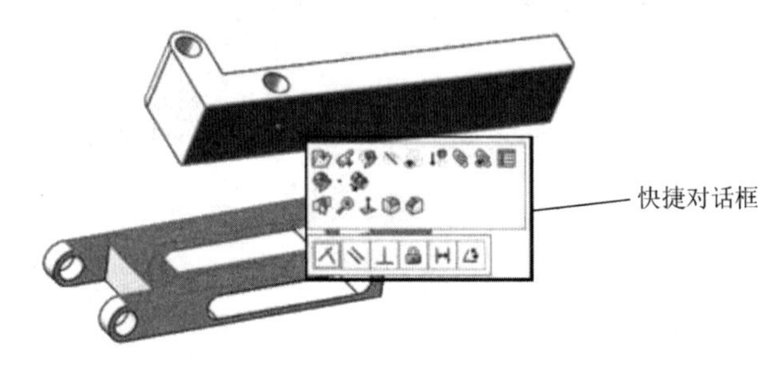

图 11.9 重合配合

2. 平行

平行是指使所选的项目之间保持等距平行。通常是面与面、线与面或线与线间的平行配合，如图 11.10 所示。

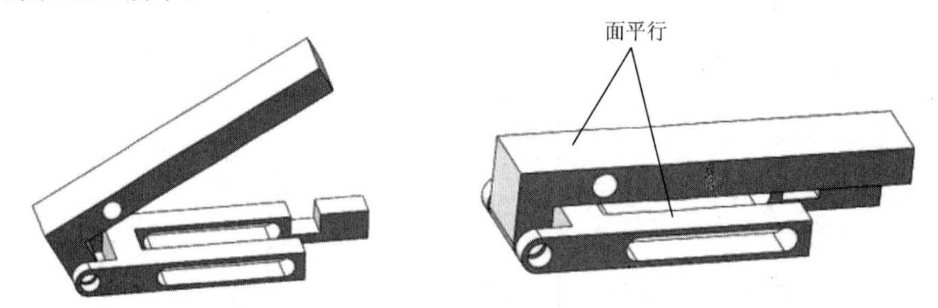

图 11.10 平行配合

3. 垂直

垂直是指使所选的项目以 90° 相互垂直。通常是面与面、线与面或线与线间的垂直配合，如图 11.11 所示。

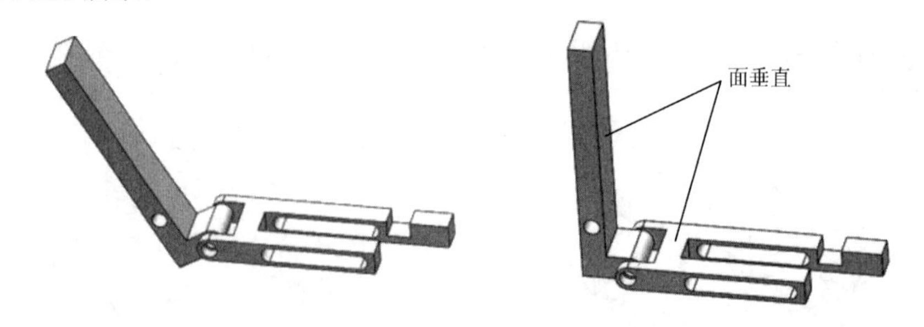

图 11.11 垂直配合

4. 相切

相切是指使所选的项目相切。通常是曲面与平面、直线与曲面或曲面与曲面间的相切配合，如图 11.12 所示。两者间的相切配合，在相切处就是点重合或线重合。

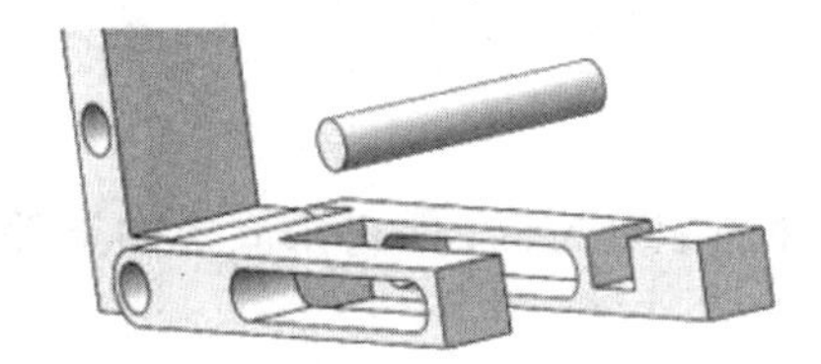

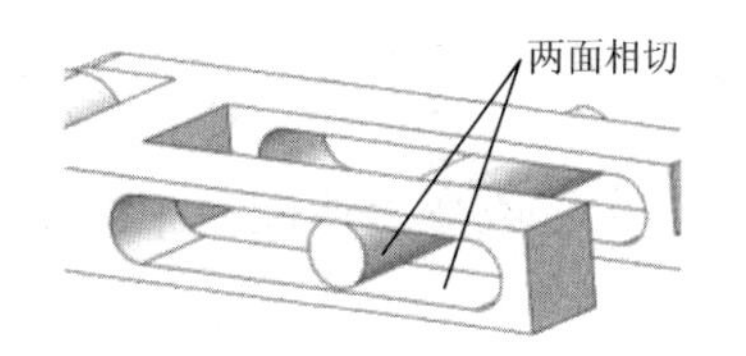

图 11.12 相切配合

5. 同轴心

同轴心是指使所选项目同轴共心。通常是两个或两个以上的圆柱或圆锥或球面零件间的同轴配合，如图 11.13 所示。

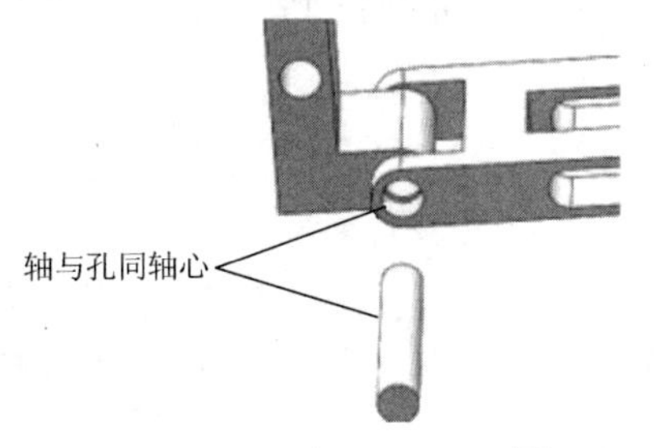

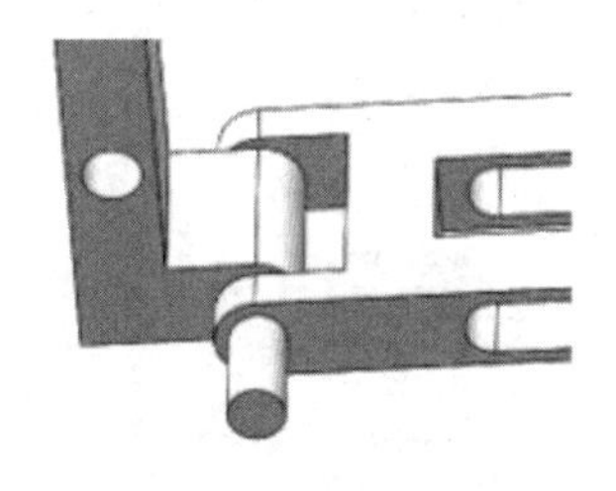

图 11.13 同轴配合

6. 距离

距离是指使所选项目间有固定距离。通常是点、线、面中两两之间的距离配合，可用于两个零件间的定位，如图 11.14 所示。

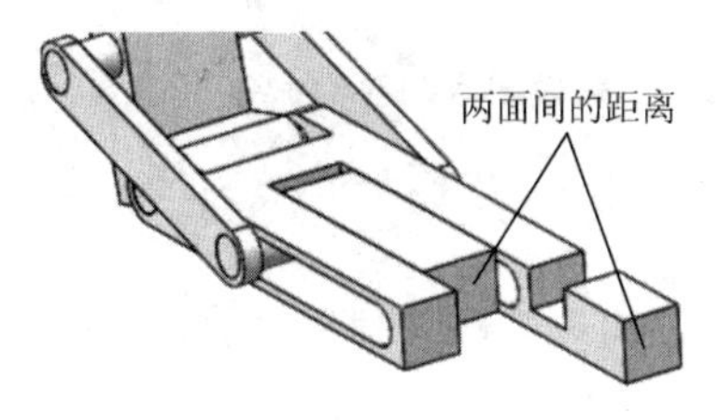

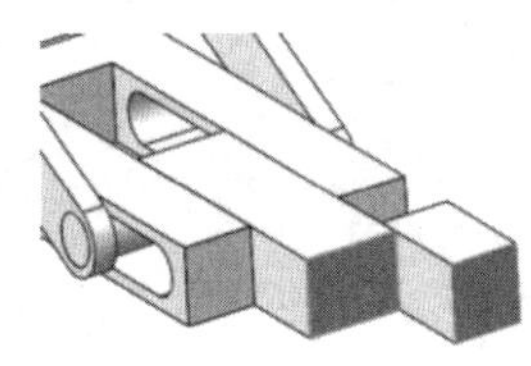

图 11.14 距离配合

7. 角度

角度是指使所选项目间有固定的角度。通常是平面与平面、直线与平面或直线与直线间的角度配合，如图 11.15 所示。

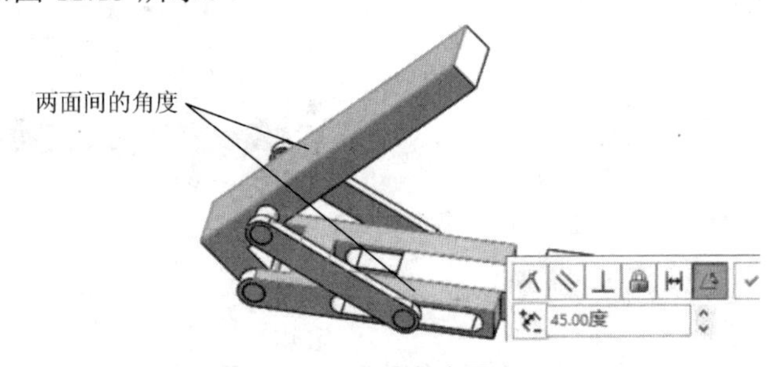

图 11.15 角度配合

8. 配合对齐

配合对齐用于改变上述配合中两个零部件的配合方向，即对未固定的零件进行反向配合。

11.2.2 高级配合

高级配合所包含的命令如图 11.16 所示，常用命令如下。

1. 对称

对称是指使两个项目关于某一平面或基准面对称，如图 11.17 所示。

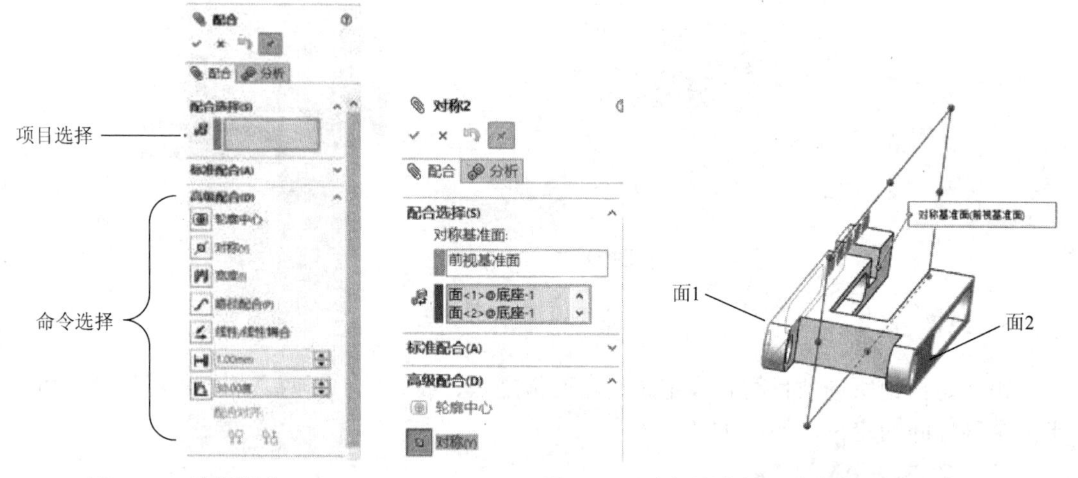

图 11.16 高级配合

图 11.17 高级配合的对称命令

2. 宽度

宽度是指使两个宽度不相等的项目共用同一对称面，如图 11.18 所示。

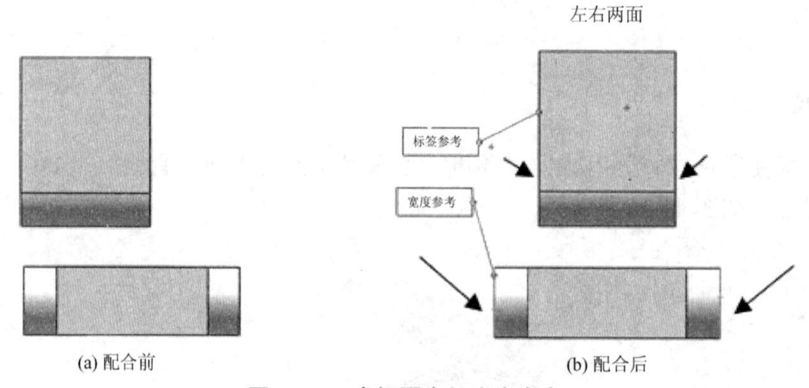

(a) 配合前

(b) 配合后

图 11.18 高级配合的宽度命令

3. 距离

距离是指使所选的两个项目间有一定的活动距离，即活动项目能相对于固定项目在最小距离和最大距离间运动，如图 11.19 所示。它与标准配合的区别在于它需要约束两个距离参数。因此一般用于有距离限位的配合。

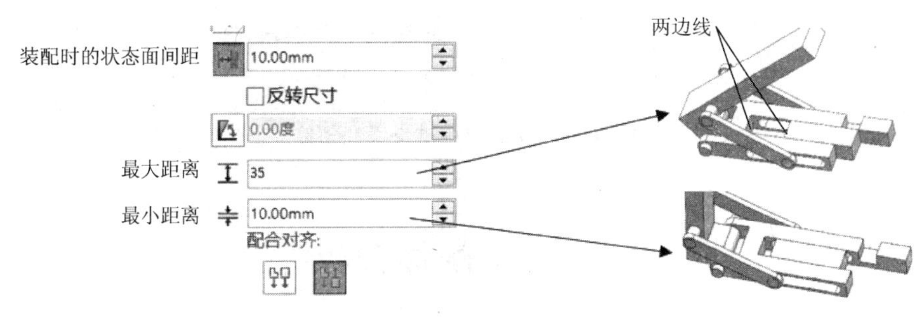

图 11.19 高级配合的距离命令

4. 角度

角度是指使所选的两个项目间有一定的活动角度，即活动项目能相对于固定项目在最大角度和最小角度间运动。它与标准配合的区别在于它需要约束两个角度参数，一般用于有转动限位的配合，如图 11.20 所示。

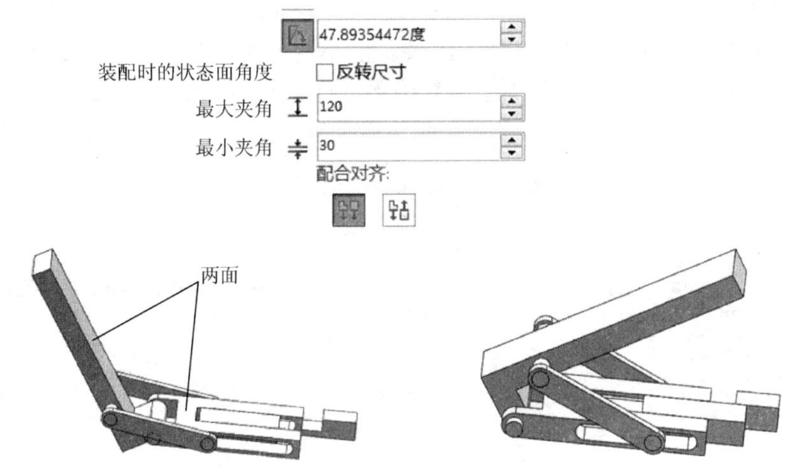

图 11.20 高级配合的角度命令

5. 配合对齐

与标准配合一样，用于改变上述配合中两个零部件的配合方向，即对未固定的零件进行反向配合。

11.3 参考几何体

在装配体设计中的参考几何体有基准面、基准轴、坐标系、点和质心，如图 11.21 所示。它们与零件造型中的参考几何体有着相似的作用。只是装配体中的参考几何体多数用作配合参考。它们的创建过程与第 4 章相同，这里不再重复。

图 11.21　装配体中的参考几何体

11.4　装配体分析

11.4.1　质量属性

计算模型的质量属性包括其密度、质量、体积、表面积和重心坐标等。

计算装配体质量属性的操作过程(与单一零部件的质量属性相同)如下：

(1) 选择【评估】|【质量属性】命令，即可弹出装配体模型的质量属性计算结果对话框，如图 11.22 所示。

(2) 在装配体质量属性评估时，要注意要求的单位、有效小数位数及坐标系的变换等。依据要求在质量属性对话框中单击【选项】按钮进行相应的调整，如图 11.22 所示。

(3) 如有需要变换坐标系的，在变更坐标系后必须单击【重算】按钮才可计算新的结果。

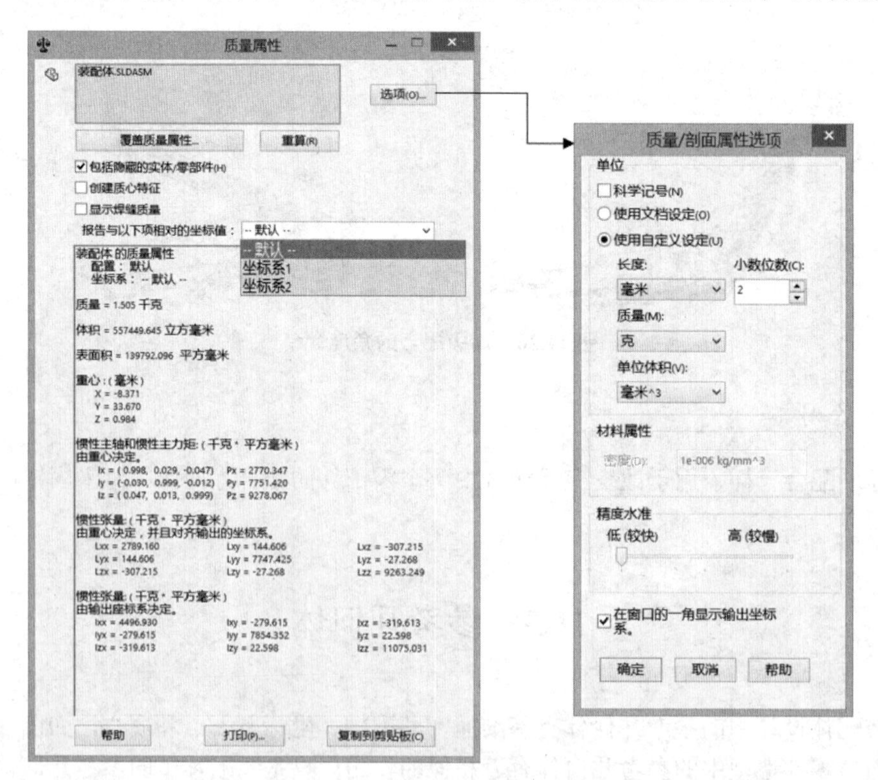

图 11.22　【质量属性】对话框

11.4.2 干涉检查

用于检查装配体中的零件是否存在装配不合理的情况(零件相互干涉)。干涉检查只适用于静态下的装配体检查，它是装配体检查修改的准备工作之一。

干涉检查的操作步骤如下：

(1) 选择【评估】|【干涉检查】命令，弹出管理窗口，如图11.23所示。

(2) 单击【计算】按钮，即可检查出装配体中所存在的情况及干涉零件明细，并在装配体中用颜色标记出来。

(3) 忽略干涉情况，如果装配体中需要设计有过盈配合的，在干涉检查结果中可选中该干涉，单击【忽略】按钮进行忽略。

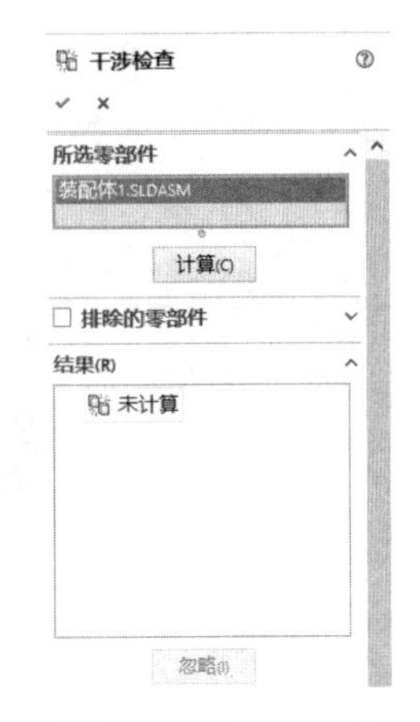

图 11.23 干涉检查

11.4.3 装配体测量

在装配体中对未知两个零件间的距离、角度等参数的计算过程即装配体测量。装配体测量主要用于装配体设计的修改过程。如装配体中某两个零部件由于长度、角度等无法添加配合关系时，可以用测量命令进行测量，然后对单个零件进行修改，再次进行装配。装配体测量所得的结果是零部件修改的又一重要参考。

装配体测量的操作过程如下：

(1) 选择【评估】|【测量】命令，在弹出对话框后选择目标零件的测量面，如图11.24(a)所示。

(2) 在选取零部件的测量面后，在对话框中查看测量结果，如图11.24(b)所示。

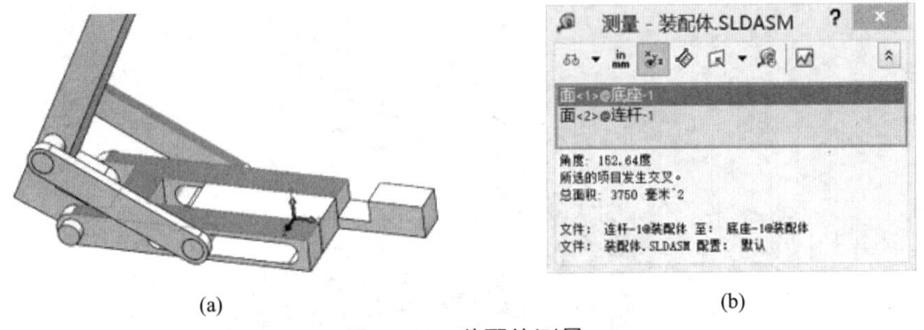

(a) (b)

图 11.24 装配体测量

11.5 装配体的简单操作

11.5.1 零部件预览窗口

零部件预览窗口用于复杂装配体中，快速查看单个零件的外形轮廓，如图11.25所示。在装配主界面右侧弹出一个零部件的显示窗口，单击该零件可查看其有关的装配关系，选中并拖动鼠标可进行旋转查看。

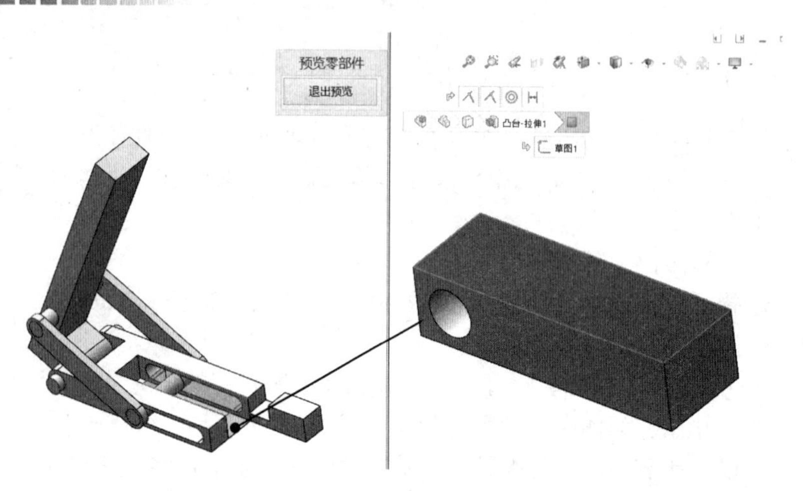

图 11.25　零部件预览

11.5.2　编辑零部件

在装配体中把目标零件孤立，将其他零件更改为线架的透明状态，再对装配体中的目标零件进行编辑、修改等操作，即重复零件的设计过程。

编辑零部件的操作过程如下：

(1) 单击目标零部件，这时【编辑零部件】命令按钮变亮，单击该按钮孤立目标零部件，如图 11.26 所示。

(2) 编辑、修改目标零部件。在目标零部件孤立完成后，工具栏会变成零件创建工具栏。在设计树中选择目标零部件的相应创建步骤进行编辑、修改或直接通过草图、特征来创建增加新特征。

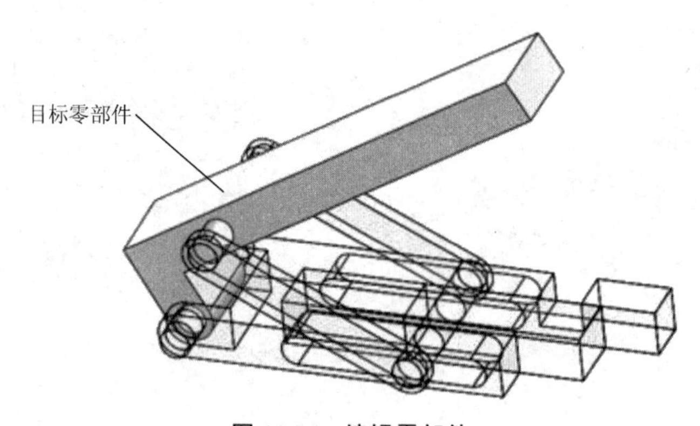

图 11.26　编辑零部件

11.5.3　显示隐藏零部件

临时隐藏未隐藏的零部件，并显示所有隐藏的零部件。

执行显示隐藏零部件的操作，情况如下：

(1) 装配体中没有隐藏零部件的前提下执行【显示隐藏零部件】命令，其结果是将整个装配体都隐藏。

(2) 装配体中有先前隐藏零部件的前提下执行【显示隐藏零部件】命令，其结果是将未隐藏的零部件进行隐藏，然后把隐藏的零部件显示出来。

11.6 装配体特征

在装配体设计中，装配体特征有异型孔系列、异型孔向导、简单直孔、拉伸切除、旋转切除、扫描切除、倒角、圆角、焊接和皮带/链。它们与零件造型中的特征相似，但在装配体中所添加的特征属于装配体配合关系，不改变零件的源文件。最常用的装配体特征有拉伸切除和皮带/链。

11.6.1 拉伸切除

装配体拉伸切除特征通常用在装配体的除料演示，如条料的裁剪、箱体的剖开等。它与零件拉伸切除特征相似，但不改变装配体中零件的源文件。

装配体拉伸切除特征的创建过程：在装配体中切除的位置创建草图轮廓，如图 11.27(a)所示，并选择装配体【拉伸切除】命令，结果如图 11.27(b)所示。

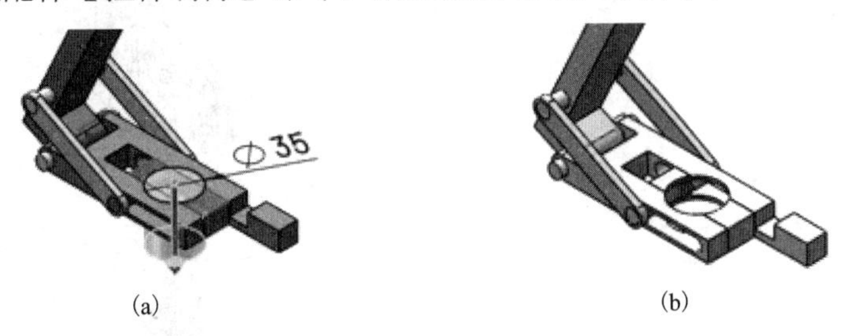

(a)　　(b)

图 11.27　装配体拉伸切除

11.6.2 皮带/链

装配体皮带/链特征用于装配体中具有皮带、链条等传动线速度的配合。

皮带配合的一般操作过程如下：

(1) 在装配体工具栏中，选择【特征】|【皮带/链】命令。

(2) 在弹出属性管理器后，依次选择装配体中的皮带轮零件组的装配面，如图 11.28(a)所示。该皮带特征只是生成与皮带轮装配面相切的一轮廓草图而不是实体皮带，如图 11.28(b)所示的刨开图。

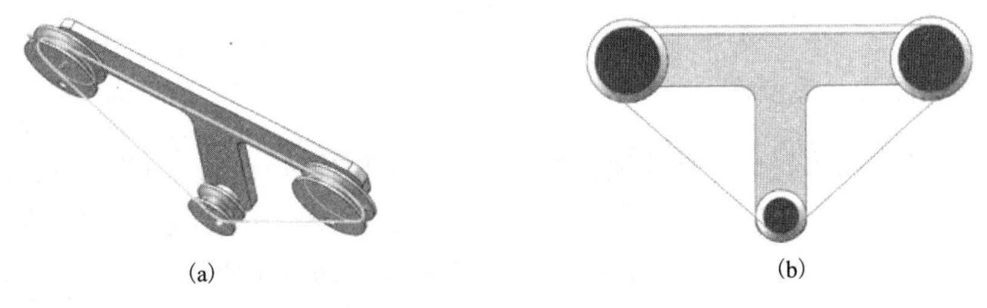

(a)　　(b)

图 11.28　皮带特征

(3) 皮带零件的生成过程。在图 11.29(a)所示的属性管理器中勾选【生成皮带零件】复选框，确认后会在设计树的配合中会多出皮带 1，点开后看到零件皮带 1，如图 11.29(b)所示。

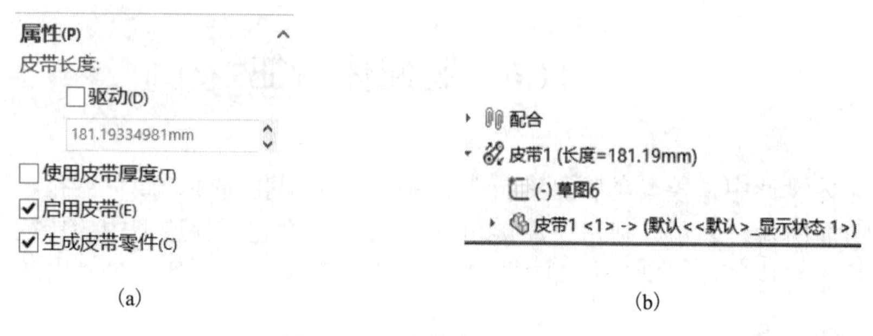

(a)　　(b)

图 11.29　生成皮带零件

(4) 皮带零件的实体创建。在设计树中单击零件皮带 1，选择【编辑零部件】命令，于轮廓线垂直且相交的基准面创建皮带截面草图，如图 11.30(a)所示。然后选择【扫描】命令创建皮带实体。

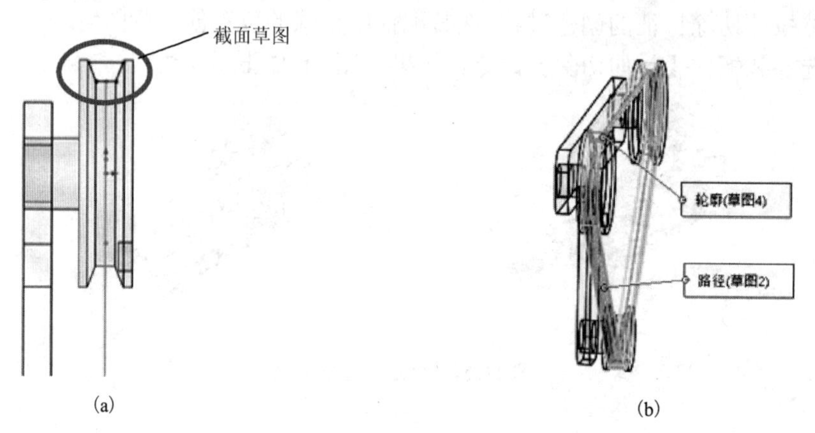

(a)　　(b)

图 11.30　创建皮带实体

11.7　装配体爆炸视图

将装配体中的各个零部分别沿着指定坐标分散，按一定的位置关系进行空间排列。该视图在整个装配设计中比较特殊，在该视图下的所有操作不会改变单个零件数据和装配关系。它是说明装配关系和爆炸动画的重要工作之一。

11.7.1　爆炸视图的一般操作

(1) 选择【装配体】|【爆炸视图】命令，弹出属性管理器，如图 11.31(a)所示。

(2) 在装配体中选中目标零部件，这时在零部件处出现一坐标系，如图 11.31(b)所示。单击坐标系中的一坐标轴并拖动一定距离或选择分离方向再于管理窗口的设定栏中输入指定距离，单击【应用】|【完成】按钮可完成目标零部件的分离。

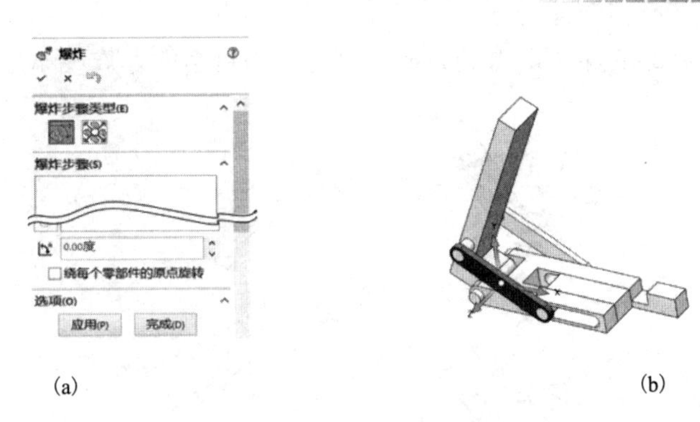

(a) (b)

图 11.31 爆炸视图的相关设置

(3) 重复步骤(2)的操作，依次将装配体的各个零件分离，完成装配体爆炸视图，如图 11.32 所示。

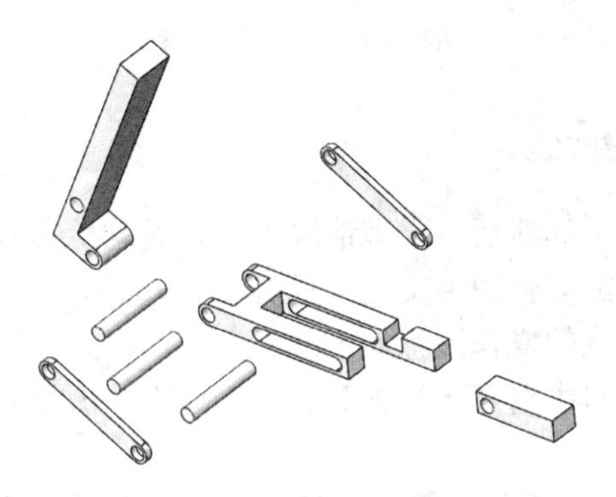

图 11.32 爆炸视图

11.7.2 爆炸线的添加方法

爆炸线的添加前提是在爆炸视图下。爆炸线多用于轴、孔的配合的说明。

添加爆炸线的操作过程如下：

(1) 选择【爆炸直线草图】命令，弹出属性管理器，如图 11.33(a)所示。

(2) 依次选择要连接的项目，如图 11.33(b)所示。选择完成后必须单击【确认】按钮才能完成该组爆炸线的添加。

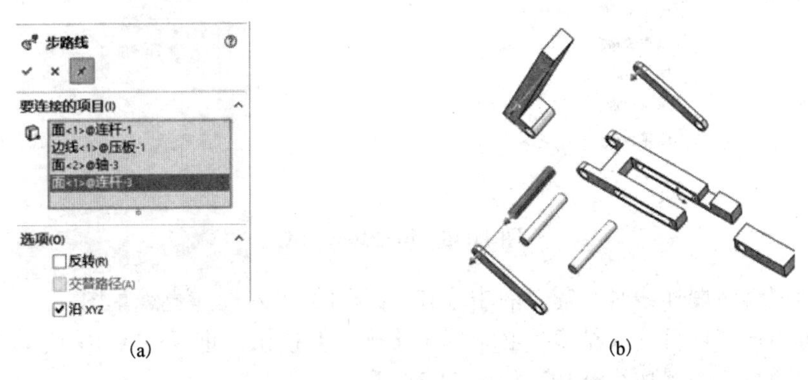

(a) (b)

图 11.33 爆炸线的相关设置

(3) 重复步骤(2)的操作，直到完成所有连接项目组的爆炸线添加，如图 11.34 所示。

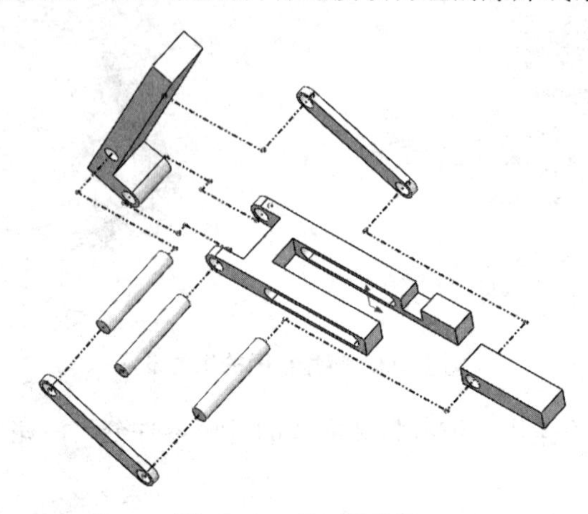

图 11.34　添加爆炸线

11.7.3　编辑爆炸视图或爆炸线

通常添加爆炸视图和爆炸线后，大多情况下都要通过后续修改(编辑爆炸视图)才能达到预期效果，这需要通过配置管理来实现。

编辑爆炸视图或爆炸线的操作过程如下：

(1) 在设计树管理窗口中选择【配置】选项，依次单击打开配置管理，如图 11.35(a)所示。

(2) 编辑爆炸视图时，若爆炸步骤少而简单则直接单击爆炸步骤，在视图中拖动箭头进行修改。若爆炸步骤多而复杂，则需要右击【爆炸视图 1】选择【编辑特征】进入爆炸视图的设计管理窗口，如图 11.35(b)所示。

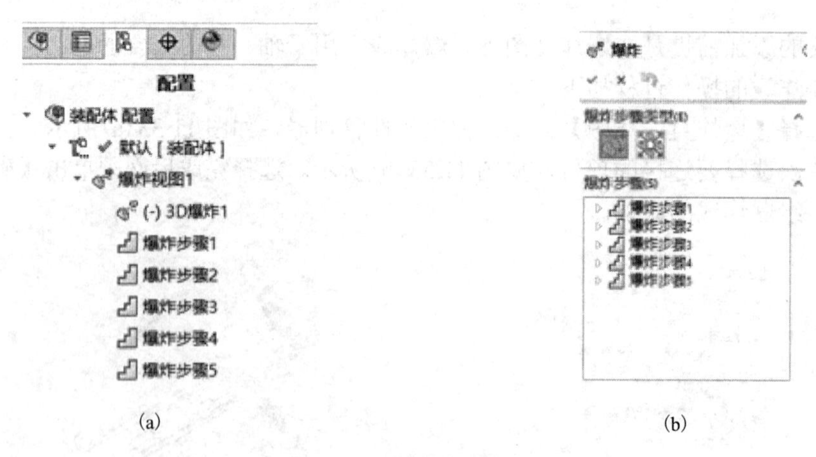

(a)　　　　(b)

图 11.35　编辑爆炸视图

(3) 同理编辑爆炸线时，需要右击【3D 爆炸 1】进入爆炸直线草图。

(4) 每组连接项目选取结束后必须单击【确认】按钮，重复连接组的选取操作直到完成需要连接项目组的爆炸线添加，如图 11.34 所示。

11.8 装配体简单动画制作

装配体中要演示可运动零部件的运动情况或装配体的安装步骤(解除爆炸)，都可以通过仿真动画来实现，通常仿真动画的难易程度与装配体的动画类型有关。

11.8.1 配置管理简单制作爆炸的两类动画

爆炸视图可制作爆炸动画(装配体零件分解过程)和解除爆炸动画(装配体装配过程演示)，因此爆炸视图是制作两类爆炸动画的前提。完成爆炸视图后，一般先制作解除爆炸动画再制作爆炸动画。

1. 动画解除爆炸的操作过程

(1) 选择配置管理，依次单击打开【装配体 配置】|【默认[装配体]】|【爆炸视图 1】，如图 11.36(a)所示。

(2) 右击【爆炸视图 1】，在对话框中选择【动画解除爆炸】，如图 11.36(b)所示。

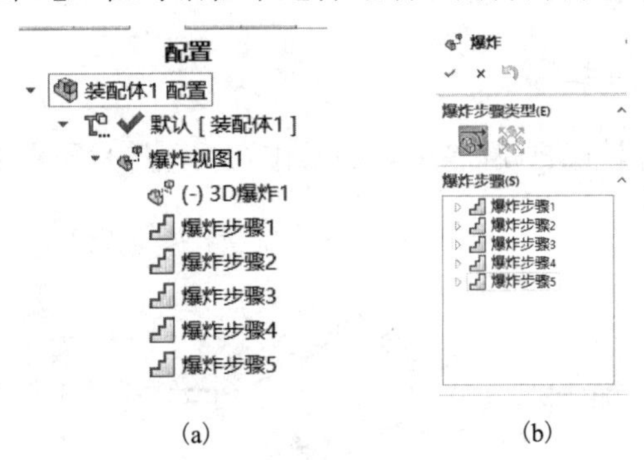

图 11.36 选择动画解除爆炸

(3) 在弹出的动画控制器(图 11.37)中选择相应按钮进行动画操作管理。动画过程如图 11.38 所示。

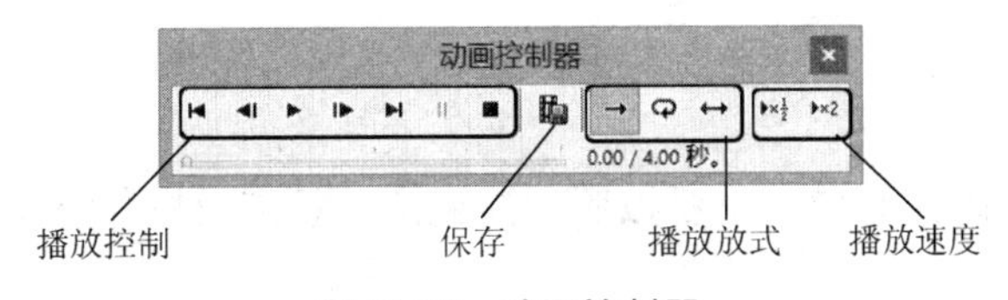

图 11.37 动画控制器

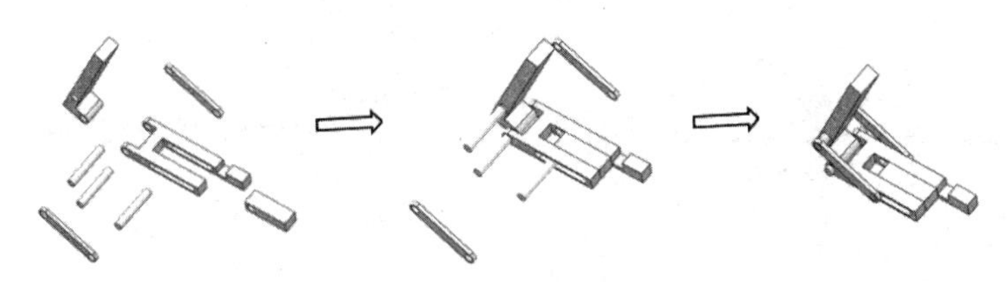

图 11.38 动画过程

(4) 单击【保存】按钮对动画进行输出保存。在管理窗口中对动画输出属性进行设置，如图 11.39(a)所示。

(5) 确认输出属性后单击【保存】按钮，弹出【视频压缩】对话框，如图 11.39(b)所示，单击【确定】按钮对输出视频进行计算和保存。

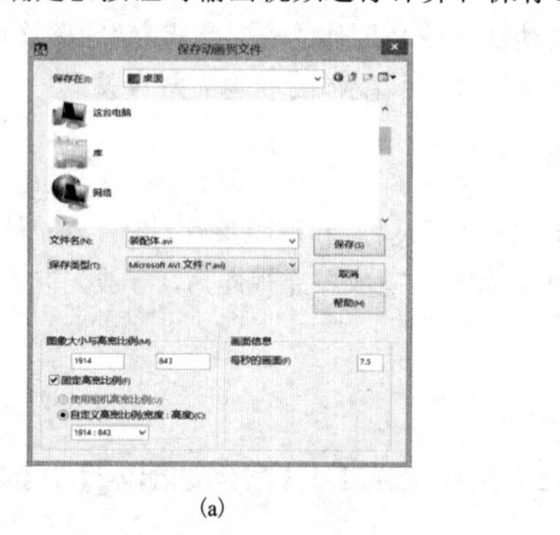

(a)

(b)

图 11.39　保存动画

2. 动画爆炸的操作过程

动画爆炸的操作过程与动画解除爆炸的操作相同，只是两者的动画过程相反。爆炸的动画过程如图 11.40 所示。

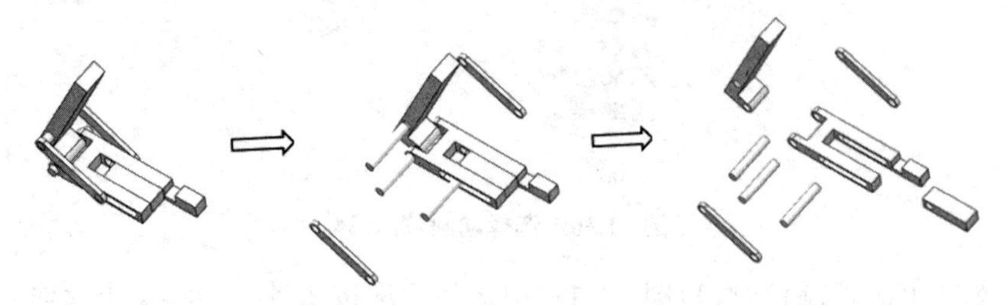

图 11.40　动画爆炸

3. 两类动画的顺序

两类动画的先后因人而异，主要按照爆炸视图的状态及操作方便和目标所需来定，如图 11.41 所示。

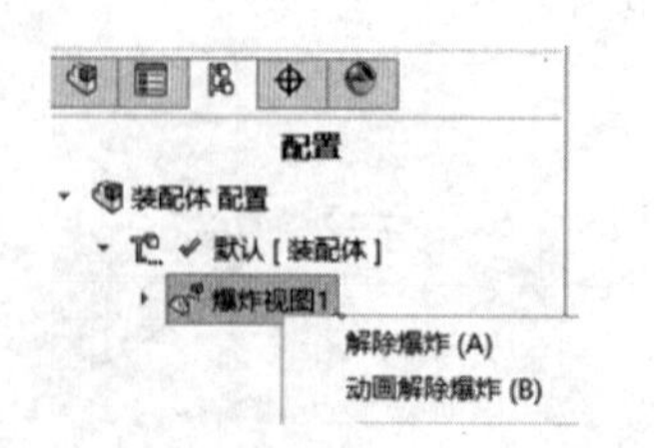

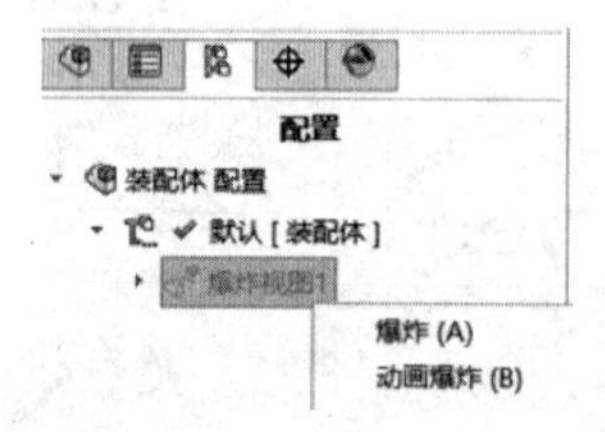

图 11.41　动画的顺序

11.8.2 配合控制器简单制作标准动作动画

配合控制器是通过改变多个关联的标准配合数据来改变动作零部件的位置参数。这些配合参数所组成的系列通过控制器的运算处理，最终输出由参数系列决定的运动轨迹，即装配体的标准运动轨迹。配合控制器与爆炸视图相似，所有改变的参数只在配合控制器中起作用，不会更改原装配体的所有数据。

配合控制器添加位置参数的操作过程如下

(1) 在菜单栏中单击【插入】|【配合控制器】按钮，弹出【配合控器】属性管理器，如图 11.42(a)所示。

(2) 打开主窗口设计树中的配合体，在设计树中选择目标零部件的标准配合(与位置有关的配合)，如图 11.42(b)所示。

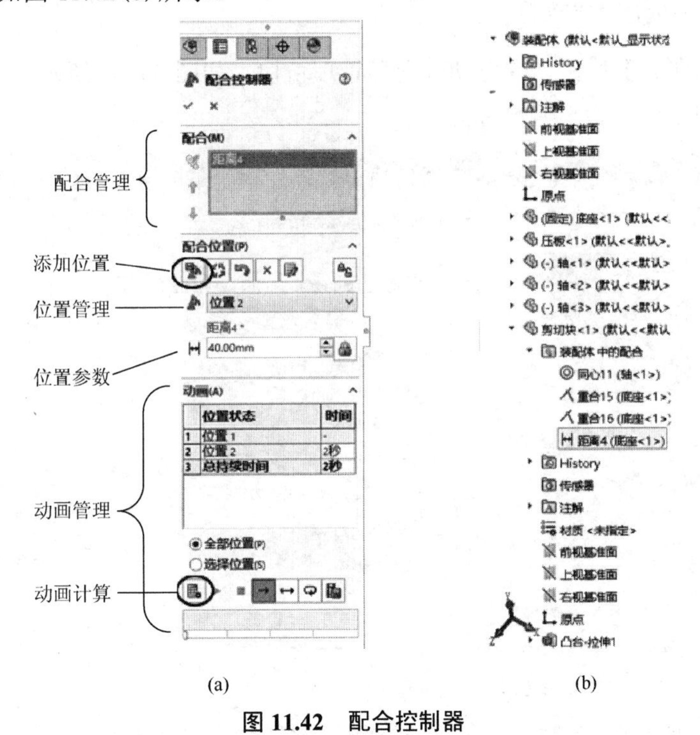

(a) (b)

图 11.42 配合控制器

(3) 单击【添加位置】按钮来添加该配合的多个参数，从而添加目标零部件的多位置参数。

(4) 重复步骤(1)、(2)直到完成添加所有动作零部件的位置参数。

(5) 单击【动画计算】按钮对所有位置参数进行计算。单击【保存】按钮可对动画进行保存输出。

11.8.3 运动算例设计仿真动画

装配体运动算例可快速设计并生成多种动画，通常用于设计装配体的复杂仿真运动。在界面左下角中选择【运动算例】选项可打开管理窗口，如图 11.43 所示。动画添加完成必须对动画过程进行计算，才能生成正确的动画过程。

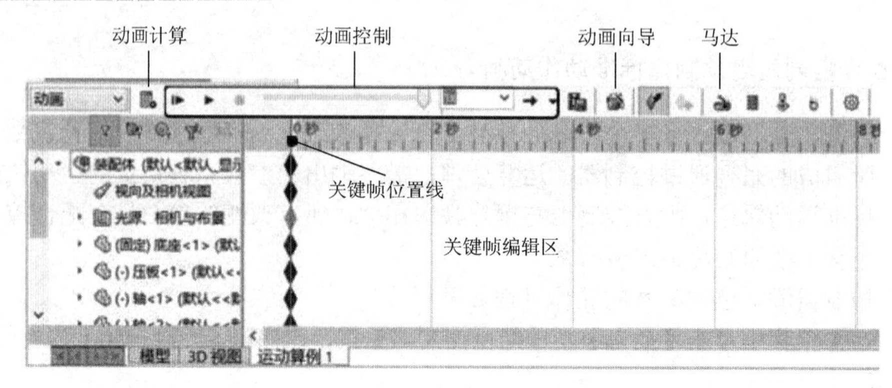

图 11.43　运动算例管理窗口

1. 通过动画向导添加动画

单击【动画向导】按钮，弹出动画向导管理窗口，如图 11.44 所示，在窗口中选择动画类型进行添加。

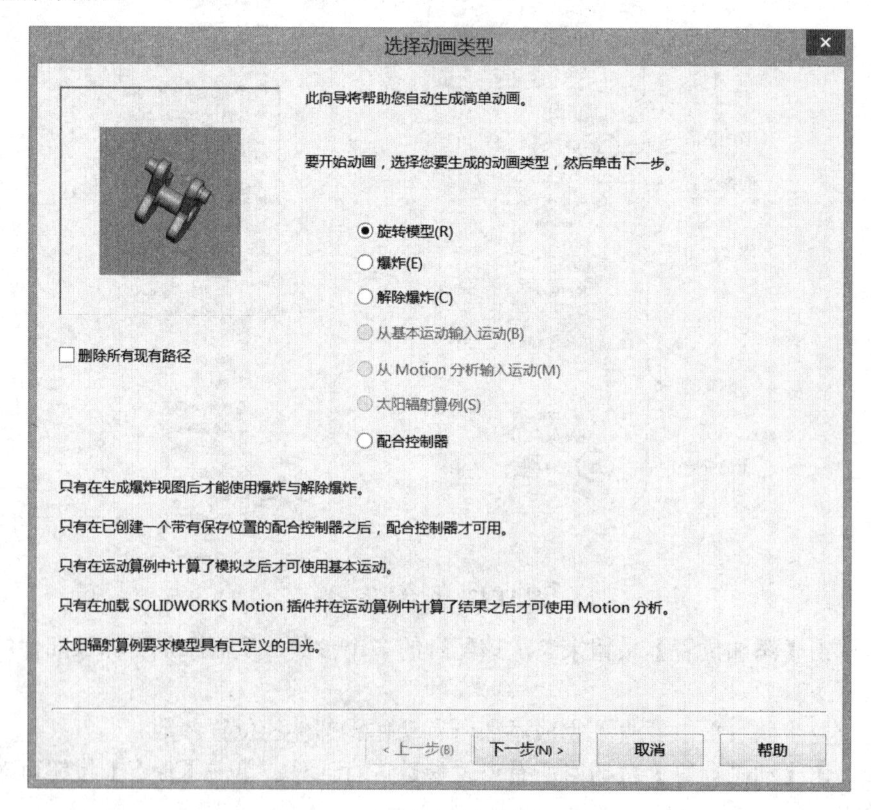

图 11.44　通过动画向导添加动画

2. 通过马达工具添加动画

单击【马达】按钮，弹出马达属性管理器，如图 11.45 所示，在其中设置相关参数，添加转动零部件。

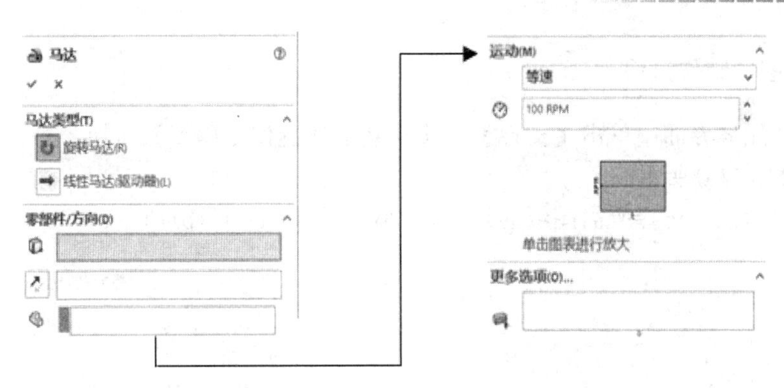

图 11.45　通过马达工具添加动画

3. 通过关键帧添加动画

先将关键帧位置线拖到指定的位置，再把装配体运动零部件拖动到指定位置，这时在目标零部件的关键帧间生成始末位置计算条，如图 11.46 所示。

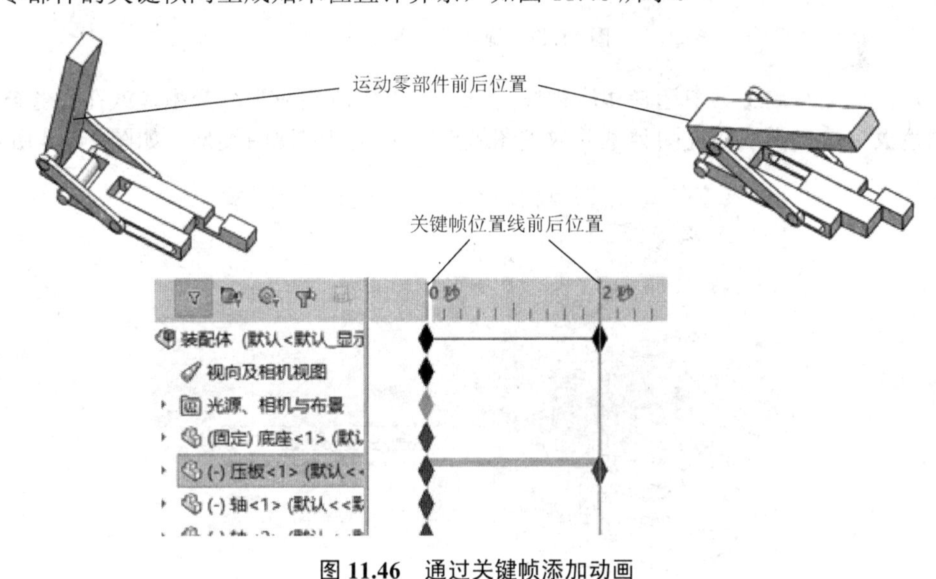

图 11.46　通过关键帧添加动画

4. 添加仿真动画

通过穿插式使用动画向导、马达、关键帧等来添加复合运动，即仿真动画。

11.9　装配体制作工程图

装配体的工程图(装配图)一般有装配体爆炸图、总装配图等，它们是表达装配体的重要图纸类型。装配体制作工程图的过程与第 10 章工程图相同，但表达内容不同。

11.9.1 装配图的制作过程

(1) 在装配体界面中单击【文件】|【从装配体制作工程图】按钮，进入工程图制作界面，如图 11.47(a)所示。

(2) 在对话框中选择所需图纸的规格(大小)，如图 11.47(b)所示。

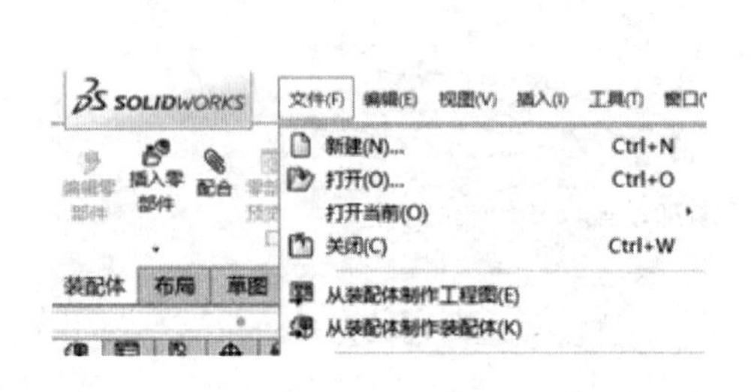

(a)

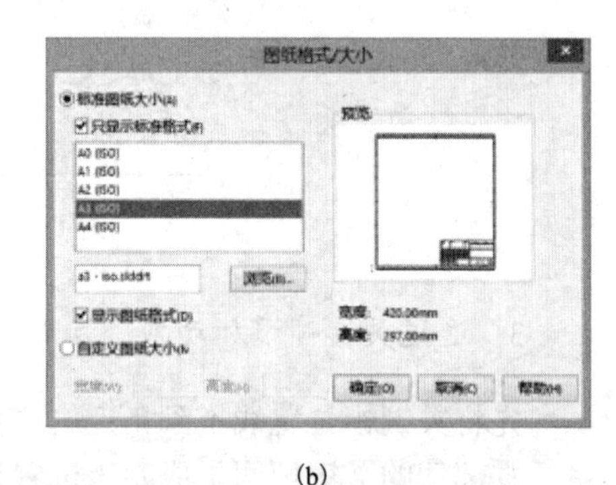

(b)

图 11.47 确定工程图规格

(3) 在视图布局工具中选择相应视图管理工具来生成相应视图类型，或在任务窗格的视图调色板中选择需要的视图类型并放到图纸框中生成相应视图类型，如图 11.48 所示。

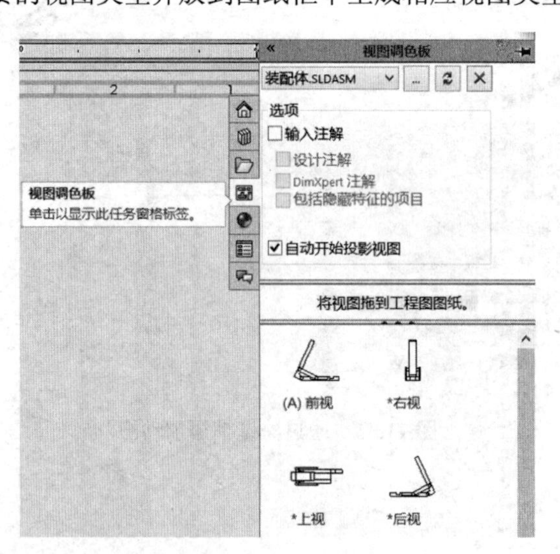

图 11.48 确定视图类型

(4) 对目标视图进行相应标注等处理。详见第 10 章或相关机械制图手册。

11.9.2 装配体工程图的类型与基本要素标注

1. 装配体爆炸图

爆炸图不需要标注基本尺寸、局部剖开等，但必须对爆炸分离的零件进行逐一编号，以及添加材料明细表等，如图 11.49 所示。

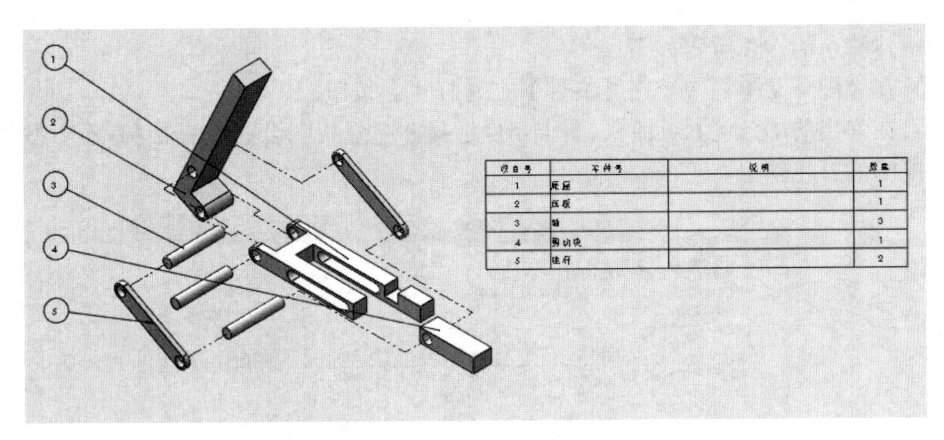

图 11.49　装配体爆炸图标注

2. 装配图

装配图与零件图类似，需要表达重要的装配情况，包括局部装配即局部剖视图，标注整体或局部的主要尺寸，且对所有零件进行编号，导出材料明细表等。装配图制作标准请参考相关机械设计手册。

11.9.3 装配体工程图的输出与保存

在完成装配体相应图纸设计后，需要对图纸进行输出保存，根据需要可以将图纸保存为多种格式，如图 11.50 所示。

通常使用的保存格式及后缀如下：SolidWorks 软件工程图(.slddrw)，Autocad 通用格式(.dwg)，交流工具格式(.edrw)，图片格式(.pdf、.psd、.jpg、.png)。

工程图 (*.drw;*.slddrw)
分离的工程图 (*.slddrw)
工程图模板 (*.drwdot)
Dxf (*.dxf)
Dwg (*.dwg)
eDrawings (*.edrw)
Adobe Portable Document Format (*.pdf)
Adobe Photoshop Files (*.psd)
Adobe Illustrator Files (*.ai)
JPEG (*.jpg)
Portable Network Graphics (*.png)
Tif (*.tif)

图 11.50　保存装配体分程图

11.10 装配体打包

在复杂装配体设计中，往往包含许多的零部件、子装配体、工程图等，这时为了方便输出使用，SolidWorks 软件设计了一键打包装配体，即将装配体所有包含项目一起复制到指定文件夹。

装配体打包的操作过程如下：

(1) 在装配体菜单栏中单击【文件】|【打包】按钮。

(2) 在弹出的【打包】对话框(图 11.51)选择并完成相应设置，单击【保存】按钮，完成对装配图的打包输出。

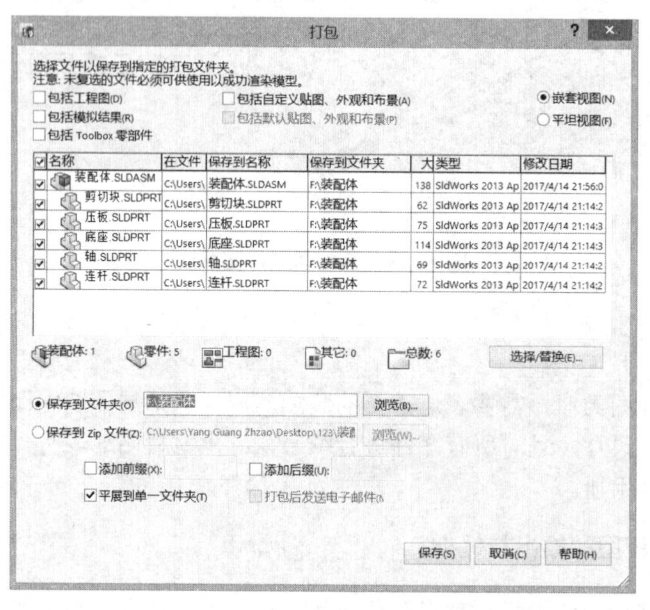

图 11.51 【打包】对话框

上 机 指 导

请在 SolidWorks 中创建装配体，如图 11.52 所示，它由 1 个基座、1 个压板、1 个滑块、2 个连杆和 3 个销装配而成。

材料：1060 铝合金

密度：$0.0027 g/mm^3$

单位：MMGS

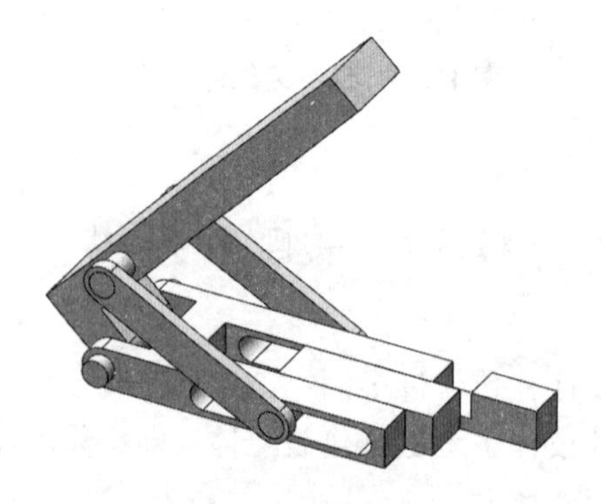

图 11.52 装配体

1. 零件建模

(1) 创建如图 11.53 所示模型，命名为“基座”。

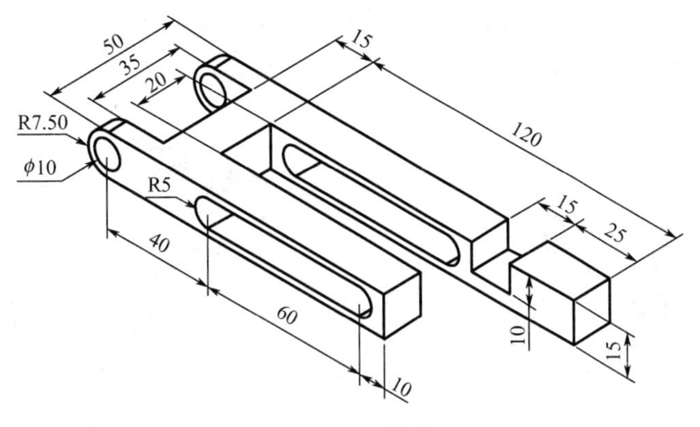

图 11.53 基座

(2) 创建图 11.54 所示零件，命名为“压板”。
(3) 创建图 11.55 所示零件，命名为“滑块”。

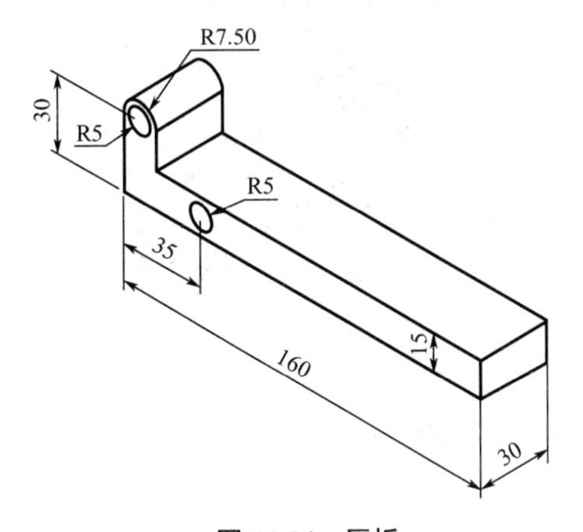

图 11.54 压板

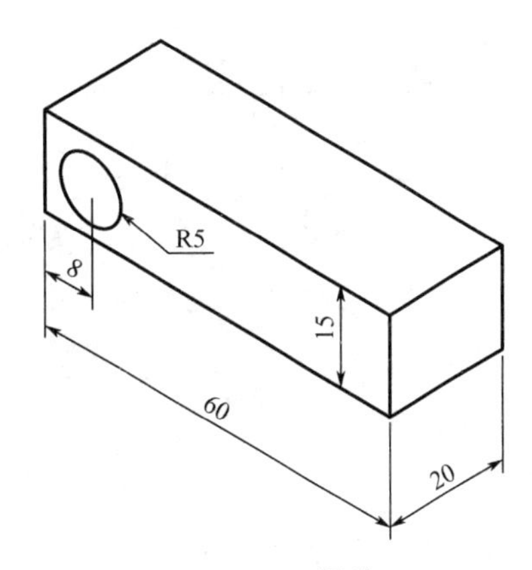

图 11.55 滑块

(4) 创建图 11.56 所示零件，命名为“连杆”。
(5) 创建图 11.57 所示零件，命名为“销”。

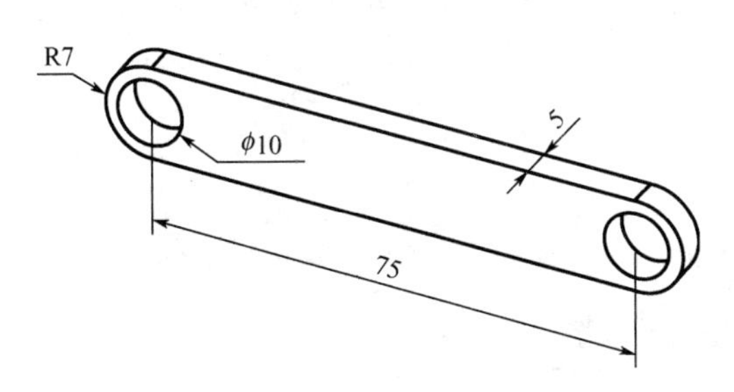

图 11.56 连杆

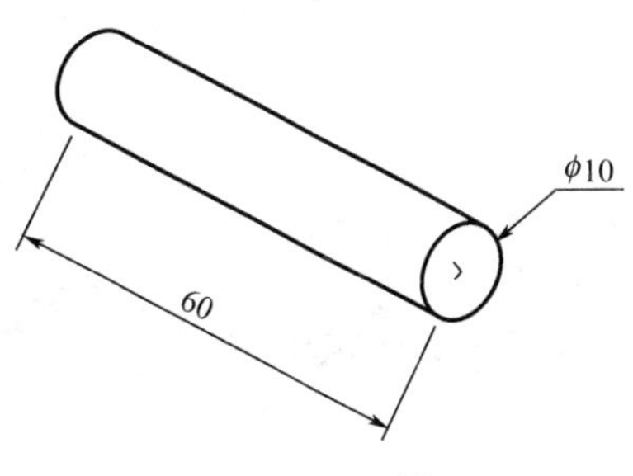

图 11.57 销

2. 创建装配体

(1) 新建装配体文件，并插入基座零件。
(2) 插入压板零件，并添加两个零件间的同轴配合和宽度配合，如图 11.58 所示。
(3) 插入滑块零件，并添加如图 11.59 所示的配合关系。

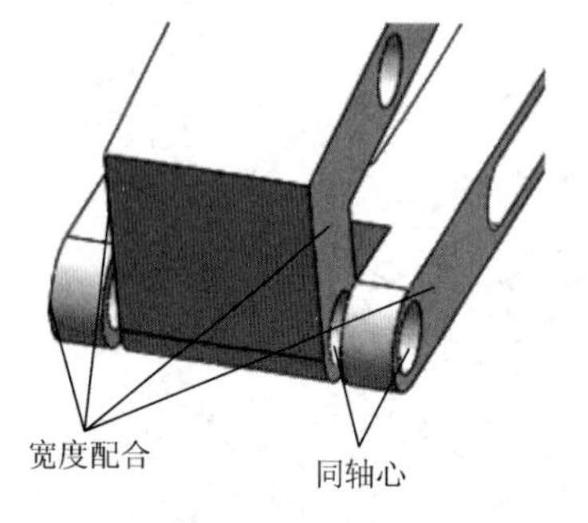

图 11.58 确定基座和压板的配合关系

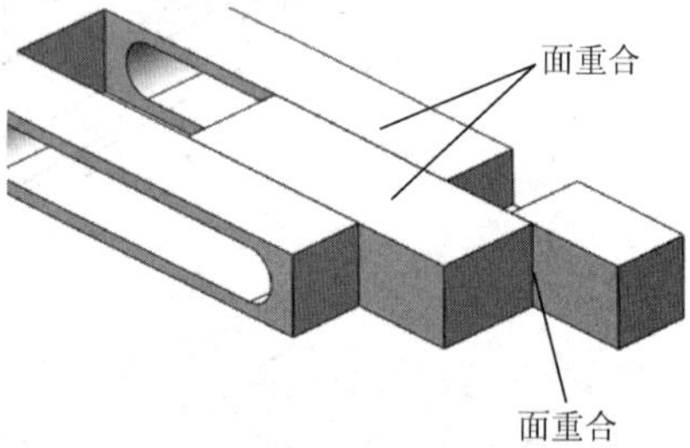

面重合
面重合

图 11.59 插入滑块并添加配合

(4) 插入销零件并复制两次，完成相应的配合，如图 11.60(a)所示。
(5) 插入连杆零件并复制一次，完成相应的配合，如图 11.60(b)所示。

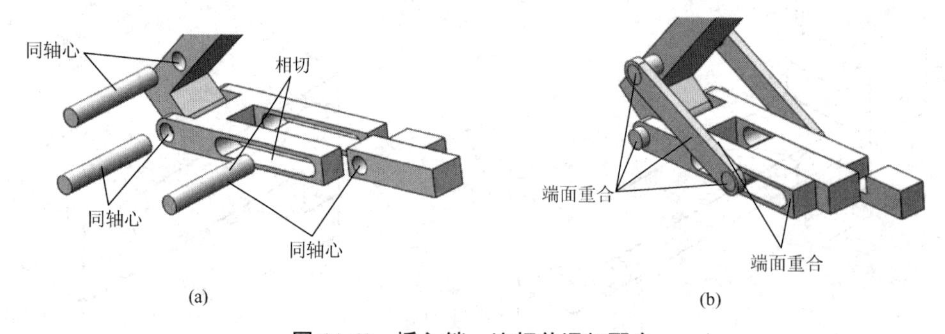

图 11.60 插入销、连杆并添加配合

3. 装配体综合分析

(1) 在滑块与基座间添加一距离配合，如图 11.61(a)所示。
(2) 在装配图一顶点建立指定坐标系，如图 11.61(b)所示。
(3) 选择【评估】|【质量属性】命令，对装配体进行分析，结果如图 11.61(c)所示。

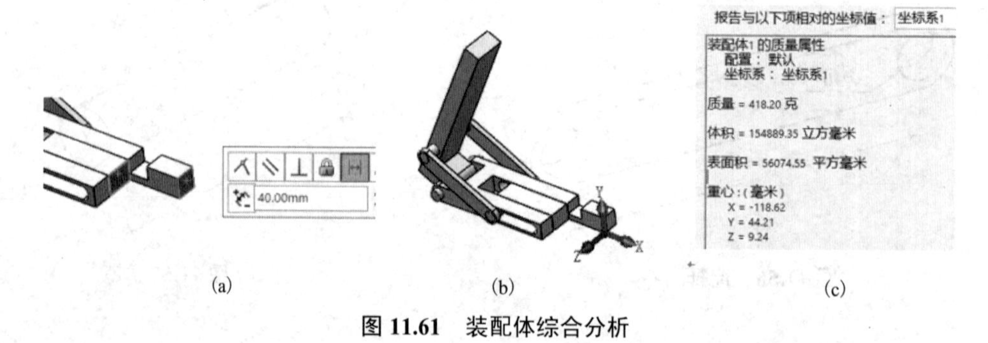

图 11.61 装配体综合分析

4. 创建装配体爆炸视图

(1) 选择【装配体】|【爆炸视图】命令，弹出属性管理器，如图 11.62 所示。

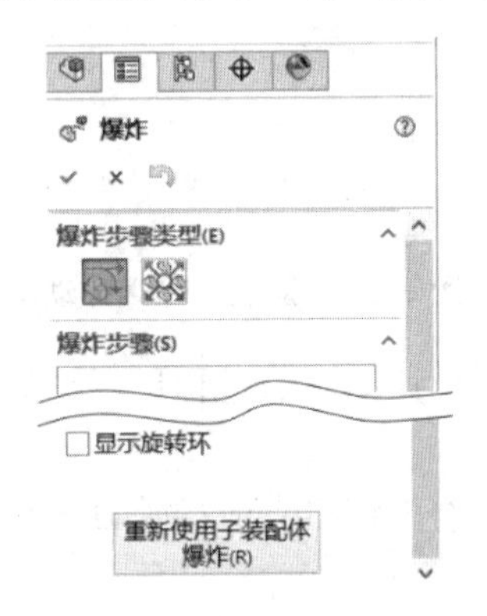

图 11.62 爆炸属性管理器

(2) 选择目标零部件并沿着指定坐标轴拖动一定距离，如图 11.63 所示，重复选择拖动零部件，直到完成所有零部件的分离。

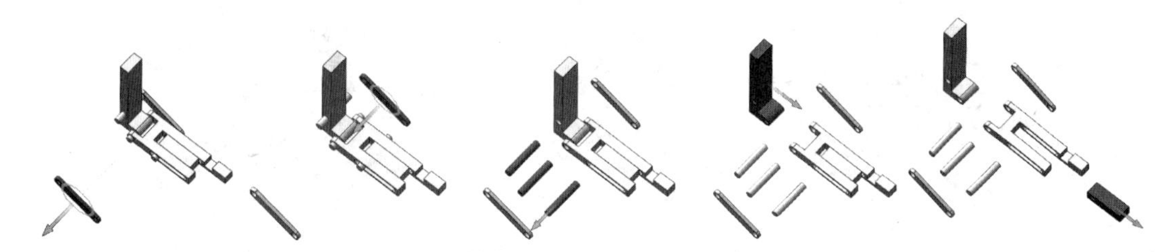

图 11.63 爆炸视图生成过程

5. 制作装配体动画

(1) 选择运动算例|【动画向导】命令，在管理窗口中选择【旋转模型】选项，单击【下一步】按钮，在窗口中选择轴并设置选择次数参数为 2，单击【下一步】按钮，设置时间长度为 3s，确定后完成旋转动画的添加，如图 11.64 所示。

(2) 重复选择【动画向导】命令，在管理窗口中选择【爆炸】选项，单击【下一步】按钮，在窗口中设置动画时间长度为 5s，开始时间为 3s，确定后完成爆炸动画的添加，如图 11.65 所示。

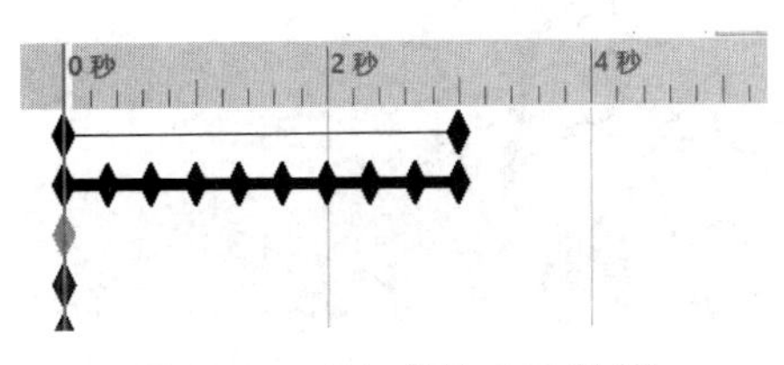

图 11.64 添加旋转动画/选项

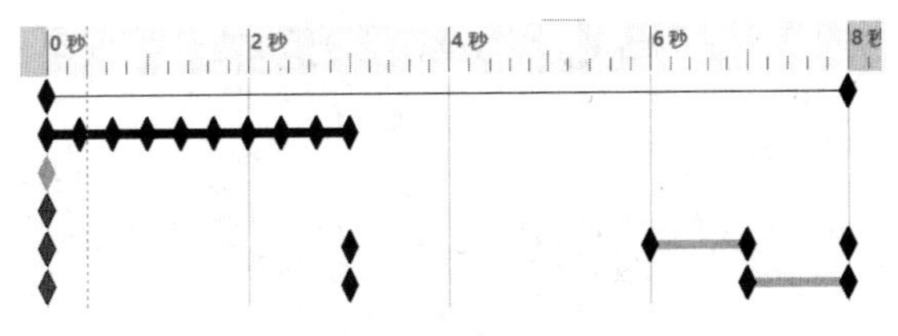

图 11.65 添加爆炸动画

(3) 重复选择【动画向导】命令，在管理窗口中选择【解除爆炸】选项，单击【下一步】按钮，在窗口中设置动画时间长度为5s，开始时间为8s，确定后完成解除爆炸动画的添加，如图11.66所示。

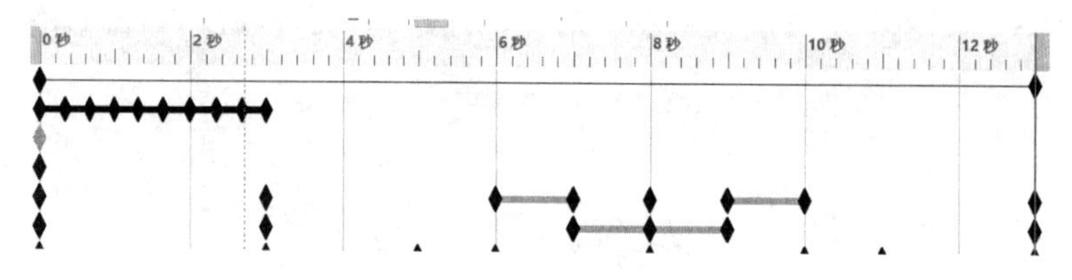

图 11.66　添加解除爆炸动画

(4) 单击【计算】按钮对所设计动画的过程进行计算，计算完成后可单击【播放】按钮进行查看。

(5) 单击【保存】按钮，在输出窗口完成相关设置后对动画进行输出保存。

6. 制作装配体工程图

(1) 在装配体工具中选择【爆炸直线草图】命令，对爆炸视图中的每组配合零件添加3D直线草图，如图11.67所示。

图 11.67　添加 3D 直线草图

(2) 选择【文件】|【从装配体制作工程图】选项，在窗口中选择工程图的规格大小为A3。

(3) 在右上角的任务窗格中选择爆炸等轴测图样并拖放到工程图图框中，如图11.68(a)所示。

(4) 单击图样弹出左侧设置窗口，在窗口中设置其显示样式为带边线上色，设置比例为使用自定义比例，选择1:2，并调整其靠左且占整个图框的2/3左右，如图11.68(b)所示。

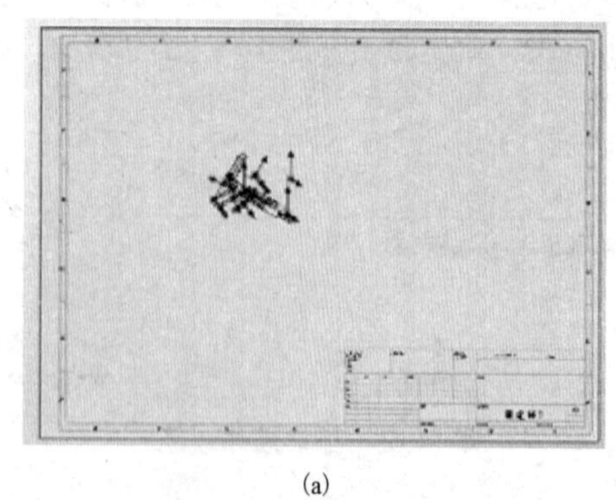

(a)

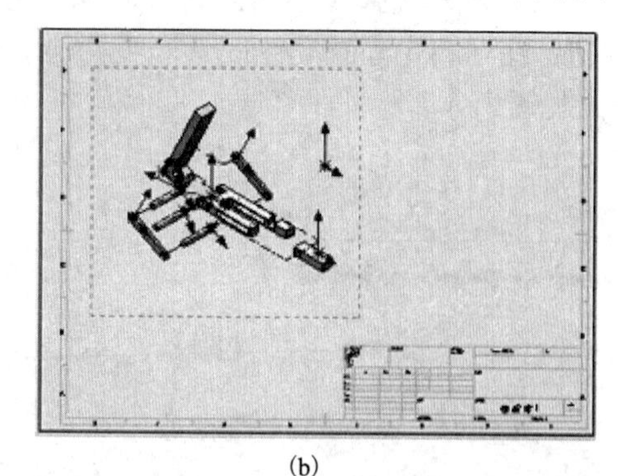

(b)

图 11.68　放置图样

(5) 单击“隐藏/显示项目”按钮，将观阅原点项取消，如图 11.69 所示。

图 11.69　确定显示状态

(6) 选中图样，选择注解中的自动零件序号，如图 11.70(a)所示。

(7) 选择注解中的磁力线，在图样的左侧竖直添加，按顺序拖动零件序号到磁力线处，使之整齐排列，如图 11.70(b)所示。

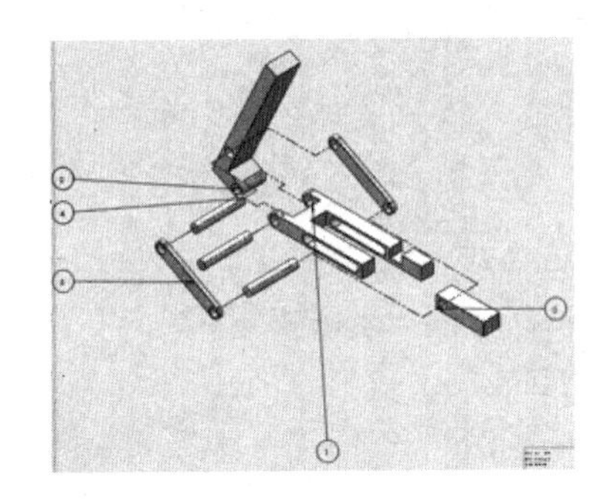

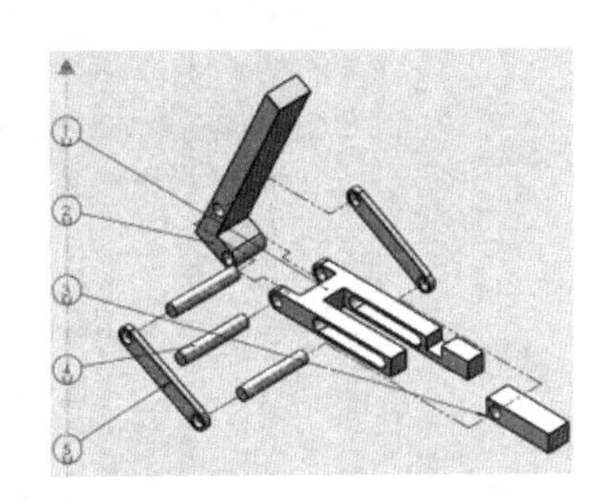

图 11.70　添加零件序号

(8) 在注解表中选择材料明细表，如图 11.71 所示。

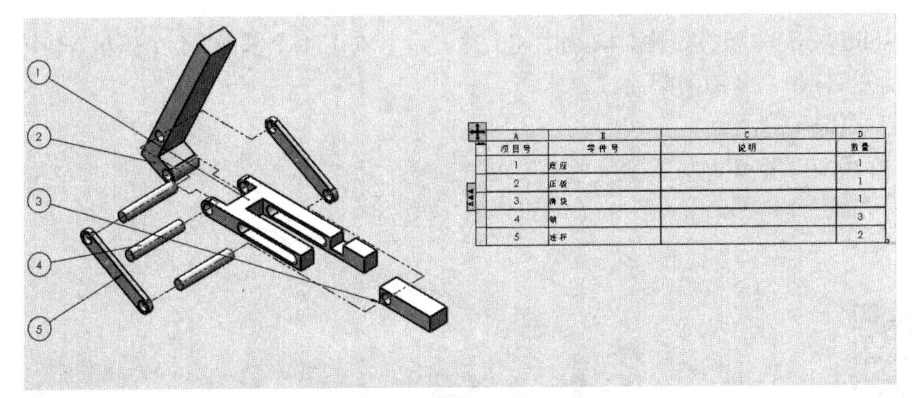

图 11.71　添加材料明细表

(9) 填写标题栏，完成爆炸图的设计。

(10) 选择【文件】|【保存】命令，在输出窗口选择所选的文件类型所对应的格式进行保存。

7. 装配体打包

选择【文件】|【打包】命令，在弹出的对话框中选择包括工程图、包括模拟结果，并定义保存路径，如图 11.72 所示。

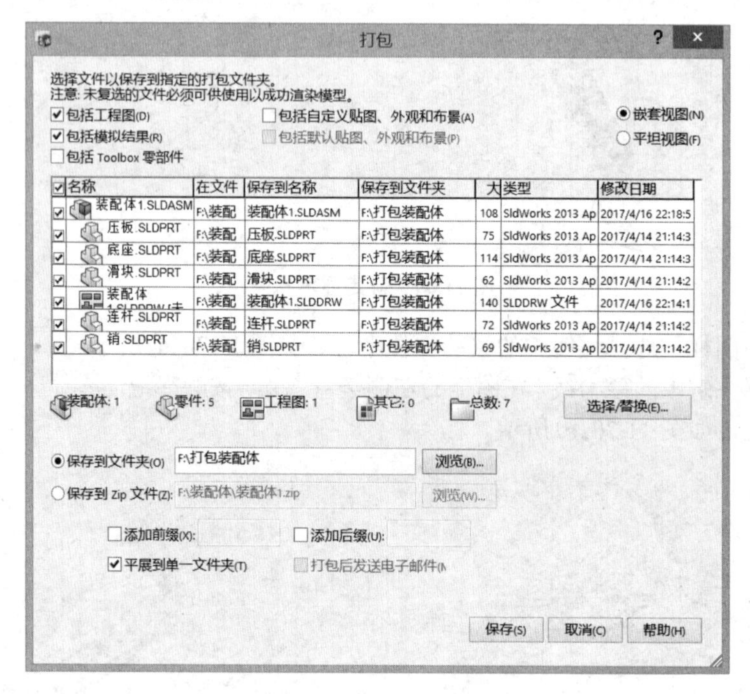

图 11.72　装配体打包

综 合 练 习

在 SolidWorks 中创建装配体，如图 11.73 所示，它由 1 个基座、1 个压板、1 个活塞(活塞杆和活塞筒)和 3 个销装配而成。

材料：1060 铝合金

密度：0.0027g/m^3

单位系统：MMGS

【综合练习】

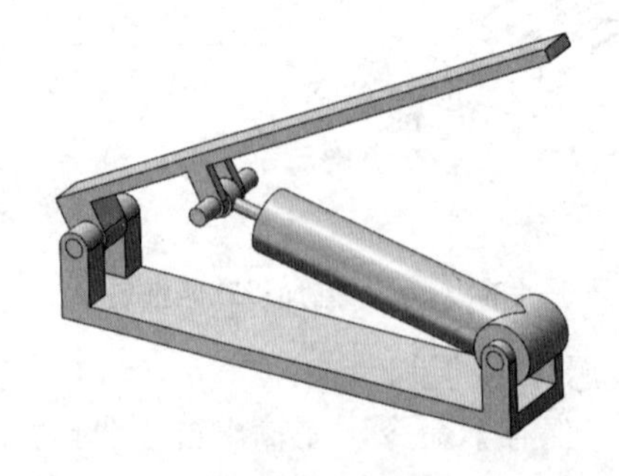

图 11.73　装配体

1. 完成零件建模

(1) 创建图 11.74 所示零件，命名为“基座”。

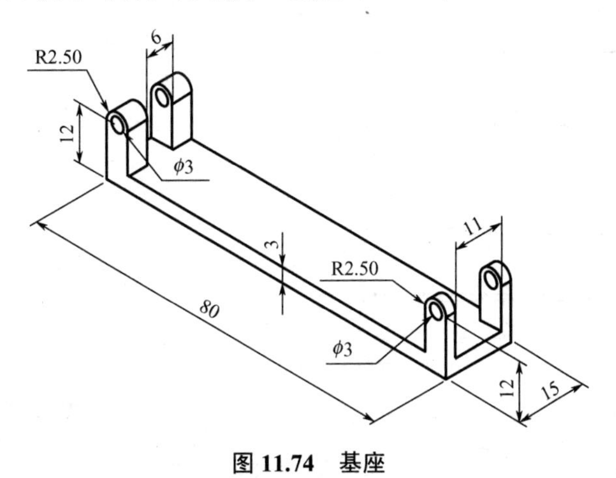

图 11.74 基座

(2) 创建图 11.75 所示零件，命名为“压板”。

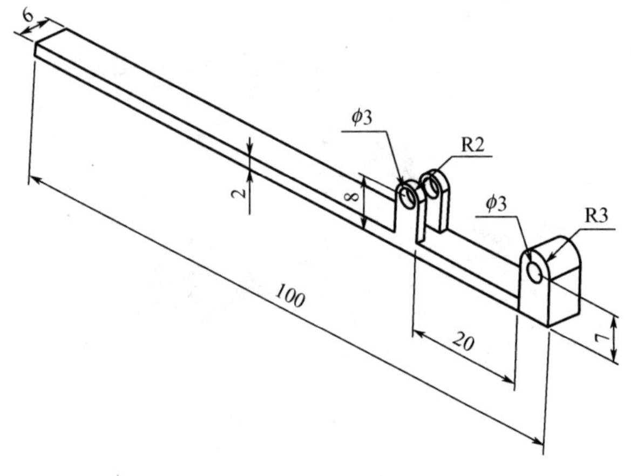

图 11.75 压板

(3) 创建图 11.76 所示零件，命名为“活塞杆”。

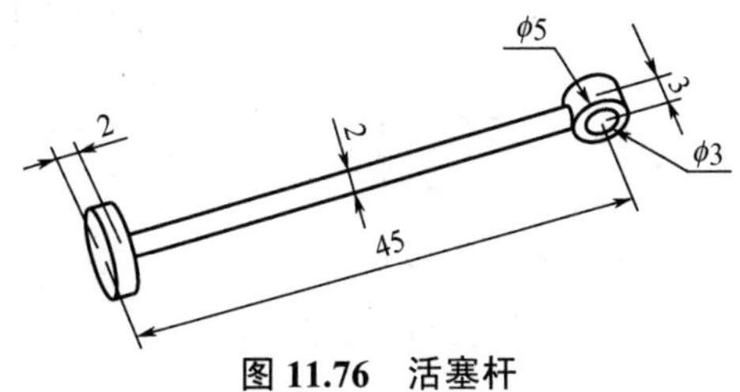

图 11.76 活塞杆

(4) 创建图 11.77 所示零件，命名为“活塞筒”。

(5) 创建图 11.78 所示零件，命名为“销”。

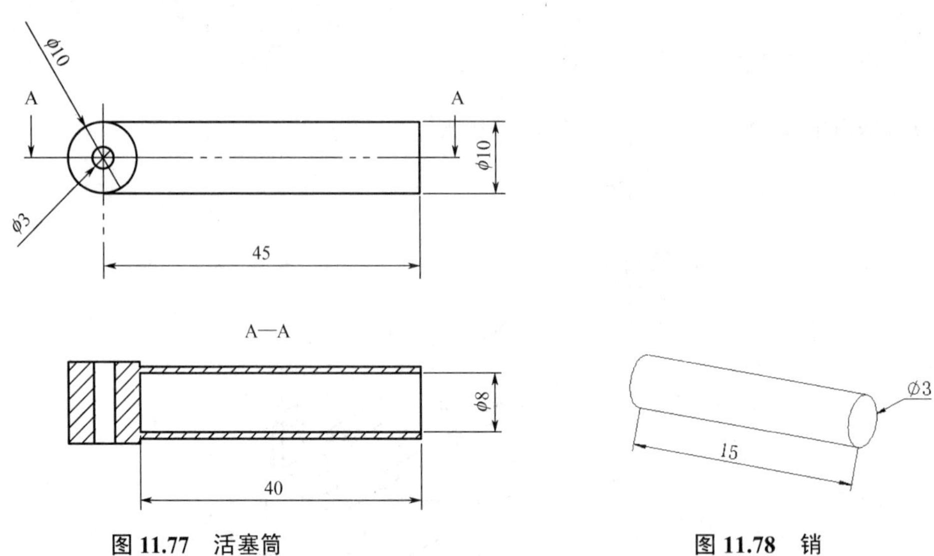

图 11.77　活塞筒　　　　图 11.78　销

2. 零件装配

(1) 基本配合关系如图 11.79、图 11.80 所示。

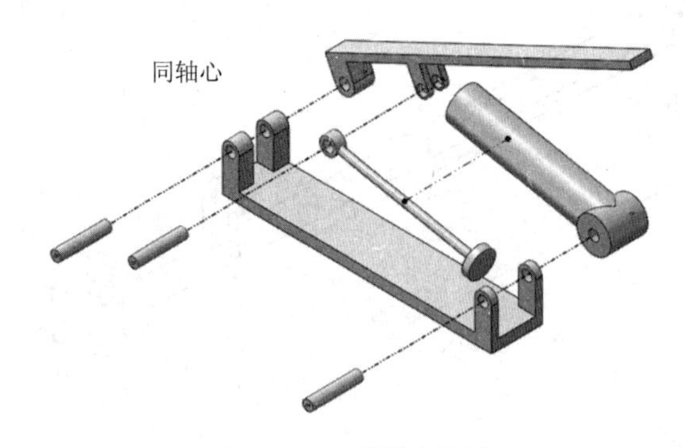

图 11.79　同轴心配合

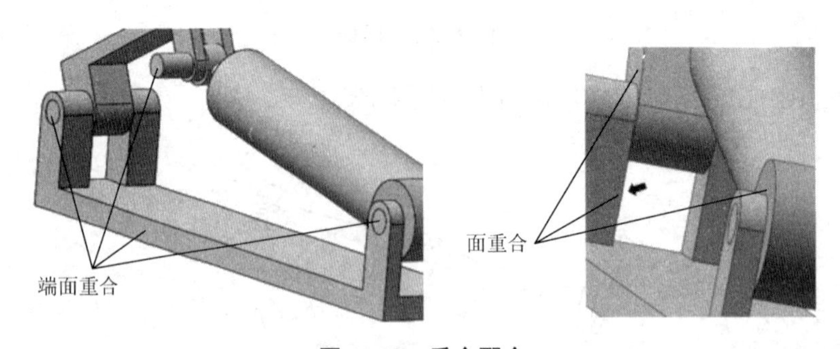

图 11.80　重合配合

该装配体的整体质量为________g(0.01g)。

(2) 创建坐标系，如图 11.81 所示。

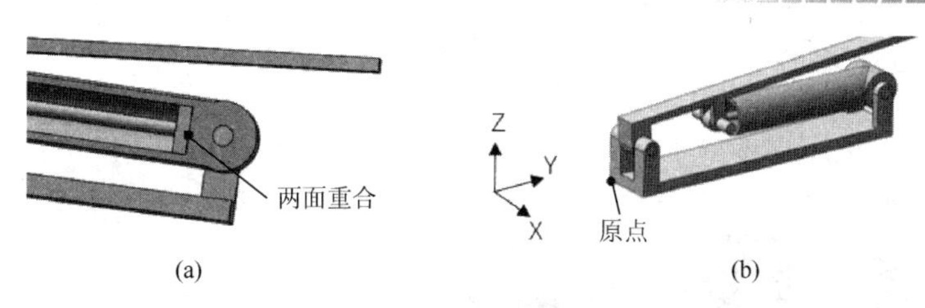

图 11.81　添加坐标系

该装配体的重心坐标 X= ________mm，Y= ________mm，Z= ________mm(0.01mm)。

(3) 运动位置如图 11.82 所示时，坐标系同(2)。

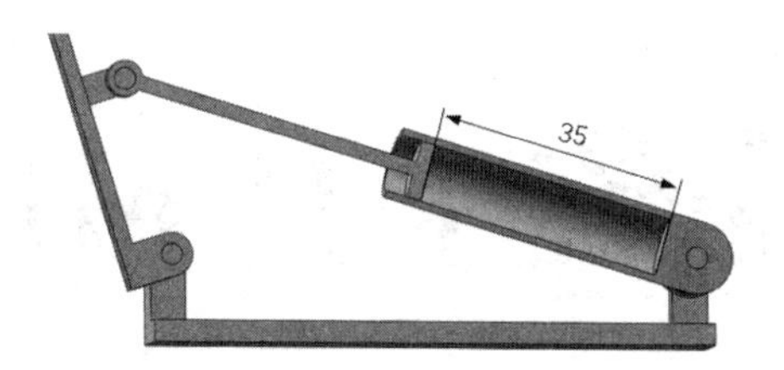

图 11.82　运动位置

此时该装配体的重心坐标 X = ________mm，Y = ________mm，Z = ________mm (0.01mm)。

(4) 变换坐标系，如图 11.83 所示。

此时该装配体的质心坐标 X = ________mm，Y = ________mm，Z = ________mm (0.01mm)。

(5) 装配关系如图 11.84 所示。

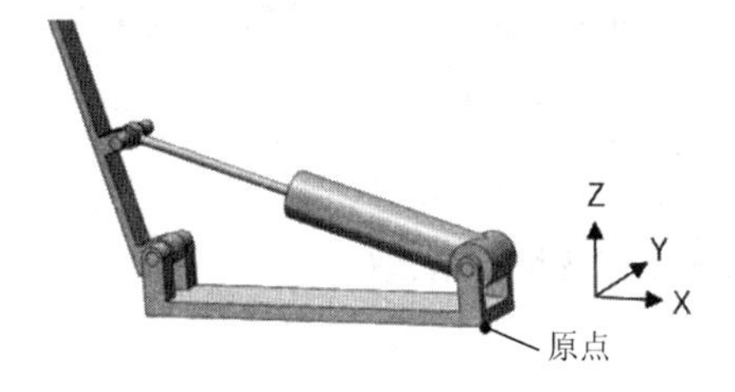

图 11.83　重置坐标系

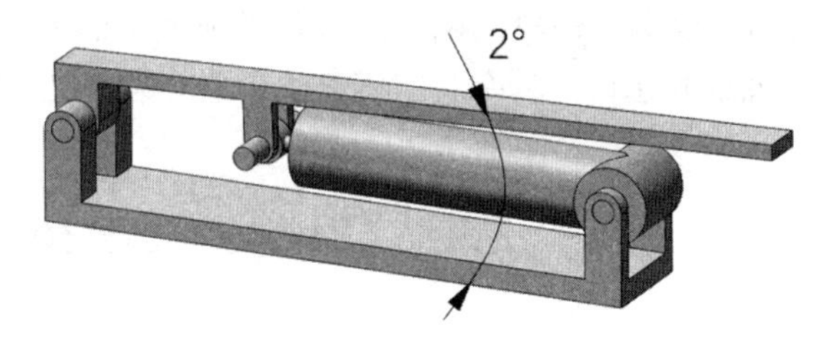

图 11.84　装配关系

检查该装配体是否有干涉现象？若有，请写出干涉的所有零件。

有/无干涉________________________________

所有干涉零件名____

答案：

(1) 质量＝22.34g。

(2) 重心 X=7.50mm，Y=44.93mm，Z=8.64mm。

(3) 重心 X=7.50mm，Y=33.70mm，Z=15.38mm。

(4) 重心 X=−46.30mm，Y=7.50mm，Z=15.38mm。

(5) 有干涉，干涉零件为活塞杆、活塞筒。

第 12 章

渲染与交流工具 eDrawings

12.1 渲染插件 PhotoView 360 的概述

SolidWorks 包含一个渲染插件，名为“PhotoView 360”，利用此插件可对零件或装配体进行渲染，渲染的图像组合包括模型中的外观、光源、布景及贴图，可使零件或装配体外观绚丽夺目，具有真实感，给予客户视觉上的冲击。

12.2 PhotoView 360 渲染工具的加载

选择【SOLIDWORKS 插件】|【PhotoView 360】选项，会弹出【渲染工具】选项卡，如图 12.1 所示。

图 12.1 【渲染工具】选项卡

12.2.1 编辑外观

编辑外观指在模型中编辑实体的外观。

打开一个模型，在【渲染工具】中选择【编辑外观】命令，默认弹出【颜色】属性管理器，如图 12.2 所示。也可选择弹出图 12.3 所示的【纹理】属性管理器，操作方法是单击图 12.4 所示的【纹理】图标。

图 12.2 【颜色】属性管理器

图 12.3 【纹理】属性管理器

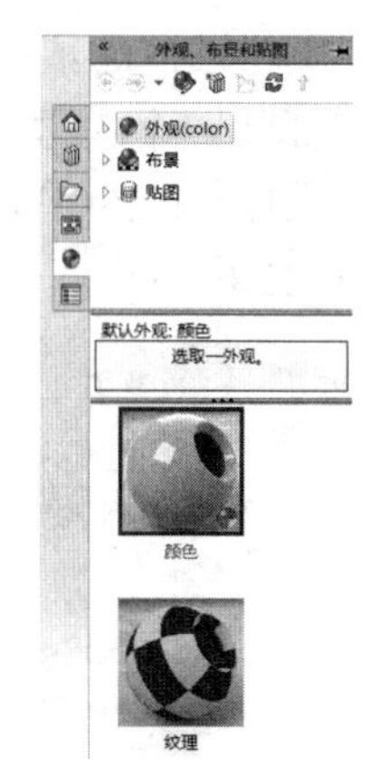

图 12.4 外观操作

(1) 颜色选项：可对模型的面进行上色，上色的范围可在所选几何体下选择，有 5 种上色方式，分别是选择零件上色、选择面上色、选择曲面上色、选择实体上色和选择特征上色。

(2) 纹理选项：可对模型的面添加纹理，添加纹理的范围与上色一样。

在基本选项卡中只能用软件自带的纹理或颜色。在高级选项卡中除了用软件自带纹理或颜色之外，还可自行导入纹理图片。

12.2.2 复制外观与粘贴外观

复制外观是指在模型中复制实体的外观。粘贴外观是指将外观粘贴到模型中的实体。

12.2.3 编辑布景

编辑布景选项：可设置模型的背景。

打开一个模型，在【渲染工具】中选择【编辑布景】命令，默认弹出【基本】属性管理器[图 12.5(a)]，也可选择【高级】属性管理器[图 12.5(b)]或【PhotoView 360】属性管理器[图 12.5(c)]。

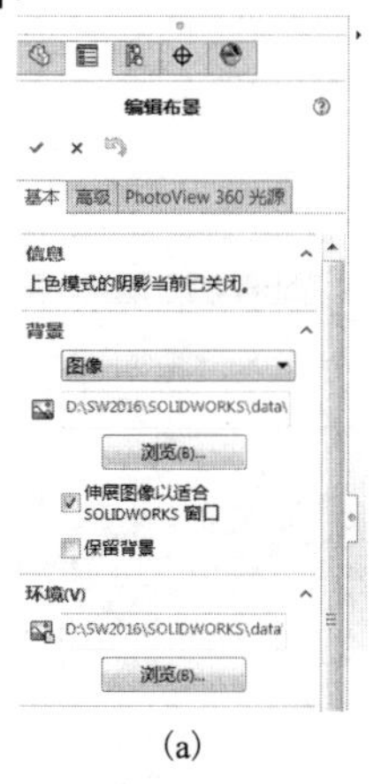

(a)

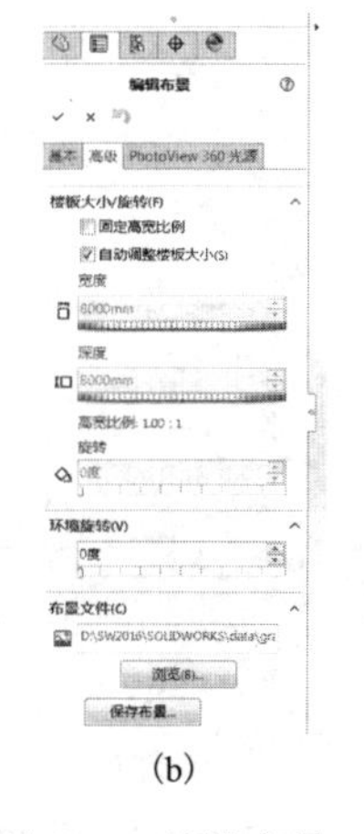

(b)

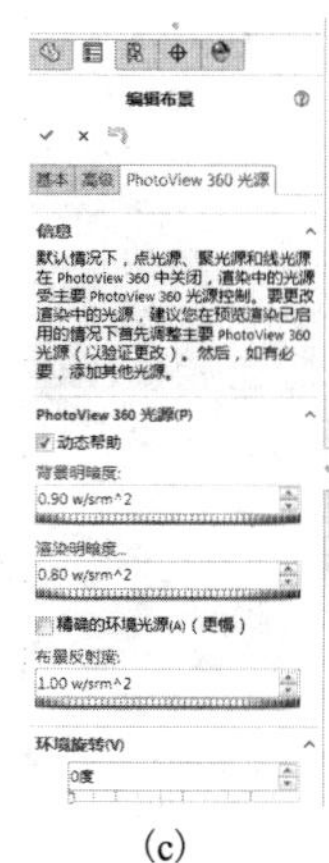

(c)

图 12.5 编辑布景

12.2.4　编辑贴图

编辑贴图选项：可为模型的面添加贴图。

打开一个模型，在【渲染工具】中选择【编辑贴图】命令，默认弹出【图象】属性管理器[图 12.6(a)]，也可选择【映射】属性管理器[图 12.6(b)]或【照明度】属性管理器[图 12.6(c)]。

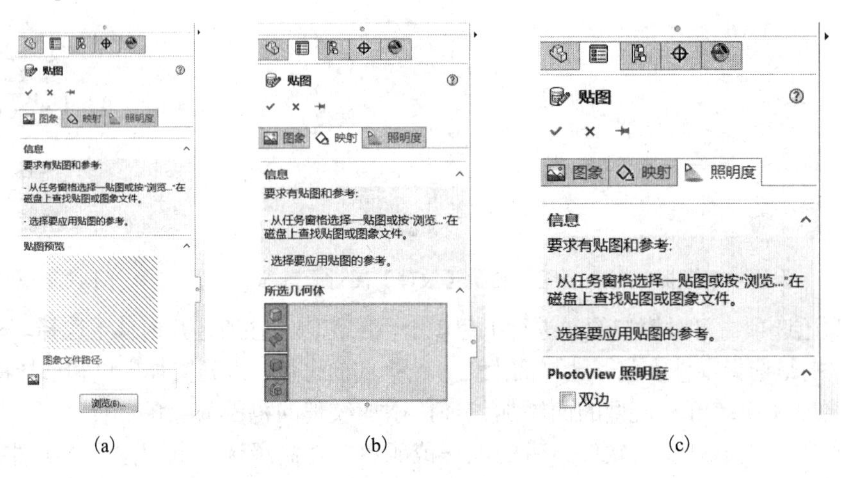

(a)　　(b)　　(c)

图 12.6　编辑贴图

12.2.5　选项

选项选项：用于编辑 PhotoView 360 渲染的相关选项，比如可选择渲染品质的高低程度。

打开一个模型，在【渲染工具】中选择【选项】命令，弹出【PhotoView 360 选项】属性管理器，如图 12.7 所示。

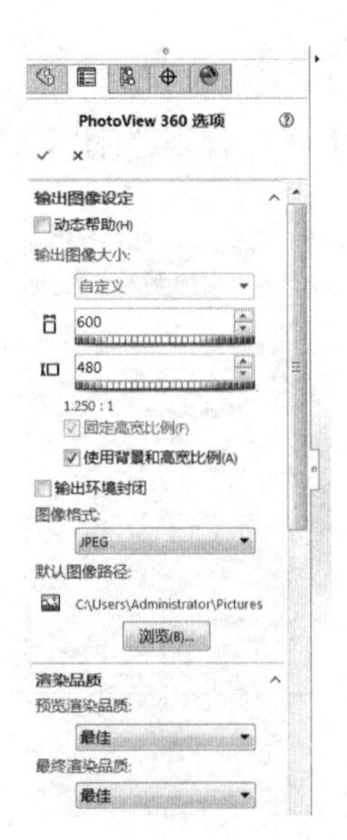

图 12.7　【PhotoView 360 选项】属性管理器

12.2.6 整合预览

整合预览选项：预览当前模型的渲染。

打开一个模型，在【渲染工具】中的【选项】选项卡设置好所需渲染的偏好后，选择【整合预览】命令，可预览当前模型的渲染效果。

12.2.7 预览窗口

预览窗口选项卡：PhotoView 预览窗口来自 SolidWorks 主窗口中的单独窗口。要显示该窗口，在【渲染工具】中选择【预览窗口】命令，弹出窗口如图 12.8 所示。

暂停：暂停当前状态下的预览渲染。模型更改只会在预览重设后自动更新。

重设：对已经暂停的状态重设预览渲染。

保存预览图像：将预览图像的当前状态保存至磁盘。

全分辨率预览：设置预览窗口，根据 PhotoView 360 选项中指定的输出分辨率生成渲染。

图 12.8 预览窗口

12.2.8 最终渲染

最终渲染选项：对模型做最后渲染，导出最终渲染效果图。

12.2.9 渲染区域

渲染区域选项：定义要渲染(预览或最终渲染)的图形窗口区域。

12.2.10 召回上次渲染

召回上次渲染选项：召回 PhotoView 所完成的上一次渲染。

上 机 指 导

上机指导 1

为图 12.9 所示水杯进行外观渲染处理，主要设置其材质、颜色、照明度，使其看起来更加逼真、美观，如图 12.10 所示。

图 12.9 水杯

图 12.10 渲染处理后的水杯

(1) 设置材质：单击【SOLIDWORKS 插件】|【PhotoView 360】按钮，在弹出的【渲染工具】选项中选择【编辑外观】命令，弹出【颜色】的属性管理器，选择【高级】选项，再单击【浏览】按钮，打开 Metals 文件夹，如图 12.11 所示，选中材质为 Steel/brushed steel coarse.p2m。

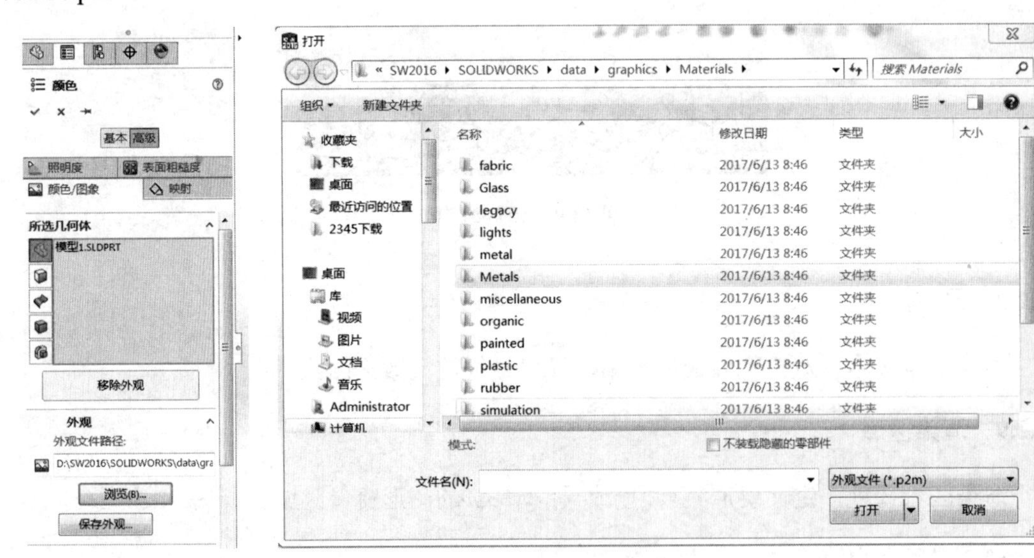

图 12.11 设置材质

(2) 单击【预览窗口】按钮，渲染效果如图 12.12 所示。

图 12.12 设置材质后渲染效果

(3) 设置颜色与照明度：单击【编辑外观】按钮，颜色/图象与照明度的设置如图 12.13 所示。

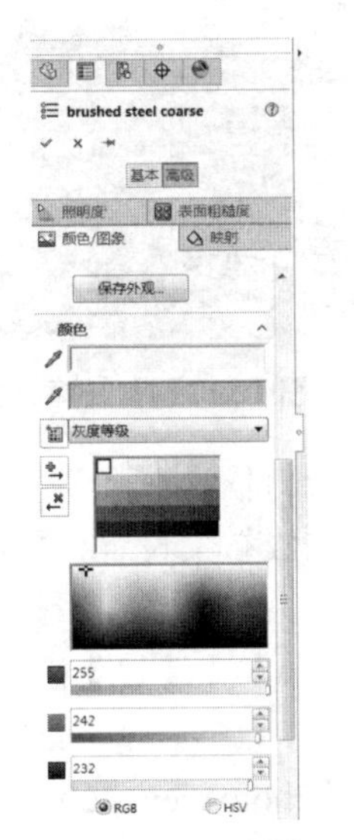

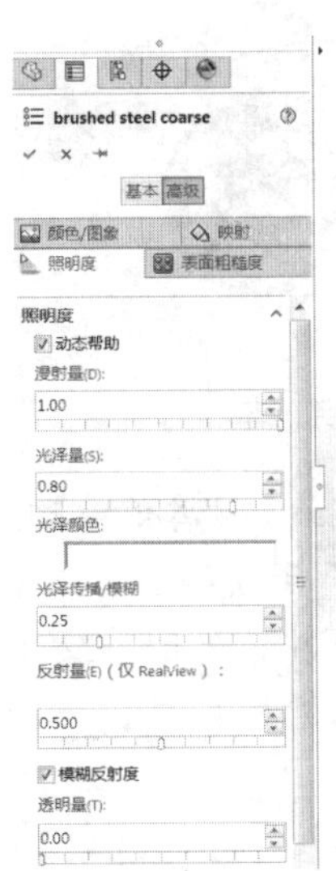

图 12.13　设置颜色与照明度

(4) 镀铬：选中水杯的外表面，单击【编辑外观】按钮，在右侧窗口依次选择【外观、布景和贴图】|【外观】|【金属】|【铬】选项，然后双击【镀铬】选项，完成镀铬操作，如图 12.14 所示。

(5) 最终渲染：单击【最终渲染】按钮，效果如图 12.15 所示。

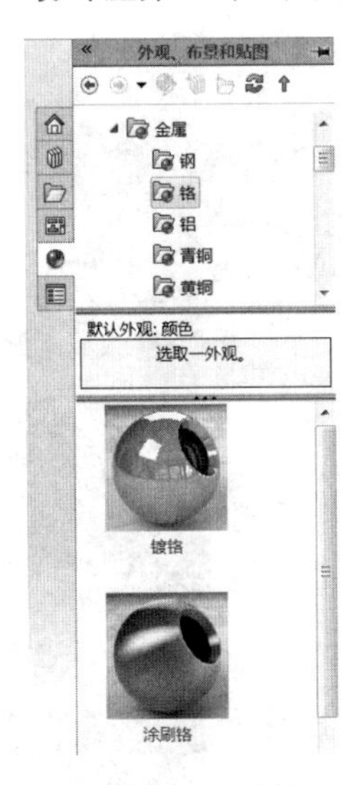

图 12.14　镀铬

图 12.15　最终渲染效果

上机指导 2

对如图 12.16 所示的概念自行车进行布景渲染处理，主要设置包括背景、环境、光源，使其看起来更加真实，如图 12.17 所示。

图 12.16　概念自行车

图 12.17　布景渲染处理后的自行车

(1) 布景设置：单击【编辑布景】按钮，在右侧窗口依次选择【布景】|【演示布景】|【城市 2】选项，然后双击【城市 2 图像 1】选项，完成布景设置，如图 12.18 所示。

(2) 镀铬：选中车轮、车把手及刹车碟的外表面，单击【编辑外观】按钮，在右侧窗口依次选择【外观、布景和贴图】|【外观】|【金属】|【铬】选项，然后双击【镀铬】选项，完成镀铬操作。

(3) 渲染品质设置：单击【选项】按钮，弹出【PhotoView 360 选项】属性管理器，将预览渲染品质设为最佳，最终渲染品质设为最佳，如图 12.19 所示。

图 12.18　布景设置

图 12.19　渲染品质设置

(4) 最终渲染：单击【最终渲染】按钮，效果如图 12.20 所示。

图 12.20　最终渲染效果

上机指导 3

为图 12.21 所示大口杯进行贴图及相关渲染处理，主要设置包括贴图、背景、材质、颜色，使其看起来更加真实、美观，如图 12.22 所示。

图 12.21　大口杯

图 12.22　贴图、渲染处理后的大口杯

(1) 贴图：将大口杯的所有外表面的颜色设为淡蓝色，再选中杯身的外表面，单击【编辑贴图】按钮，在弹出的【贴图】属性管理器中单击【浏览】按钮，选择图片，贴图后的大口杯，如图 12.23 所示。

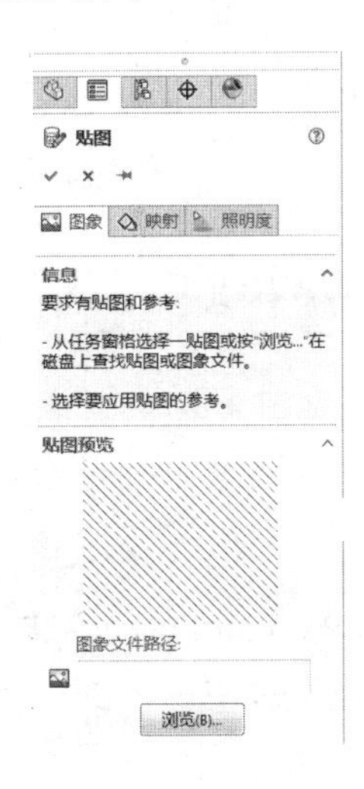

图 12.23　贴图

(2) 外观设置：选中杯身的所有面，单击【编辑外观】按钮，在右侧窗口依次选择【外观、布景和贴图】|【外观】|【石材】|【粗陶瓷】|【瓷器】选项，然后双击【瓷器】选项，完成外观设置，选择【整合预览】选项，渲染效果如图 12.24 所示。

(3) 布景设置：单击【编辑布景】按钮，在左侧窗口依次选择【基本】|【背景】|【图像】【浏览】选项，导入图片，单击【确定】按钮，完成布景设置，如图 12.25 所示。

图 12.24 外观设置

图 12.25 布景设置

(4) 最终渲染：单击【选项】按钮，弹出【PhotoView 360 选项】属性管理器，将最终渲染品质设为最佳，再单击【最终渲染】按钮，渲染效果如图 12.26 所示。

图 12.26 最终渲染效果

12.3 交流工具 eDrawings

eDrawings 是 SolidWorks 软件自带的插件。

12.3.1 eDrawings 概述

eDrawings 随 SolidWorks Professional 和 SolidWorks Premium 自动安装，可从 SolidWorks 97Plus 及更高版本查看任何 SolidWorks 文档。在 eDrawings 中，可以查看和共享 3D 模型及 2D 工程图，并创建便于发送给他人的文档。

如果已选择大型装配体模式，则装配体工程图中的高品质 HLR/HLV 视图在发布的

eDrawings(.edrw) 文件中不包含上色数据。如果工程图中的所有视图为高品质，则在 eDrawings 文件中不包括上色数据，且不能在 eDrawings 中修改工程图。

12.3.2 生成 eDrawings 文件

使用 eDrawings 和各种 CAD 软件程序来生成以下类型的 eDrawings 文件：①3D 零件文件(*.eprt)；②装配体文件(*.easm)；③工程图文件(*.edrw)。其方法是：在 SolidWorks 软件创建零件文件(*.eprt)、装配体文件(*.easm)、工程图文件(*.edrw)，然后在保存时，选择保存类型为 eDrawings(*.eprt)、eDrawings(*.easm)、eDrawings(*.edrw) 文件，如图 12.27 所示。

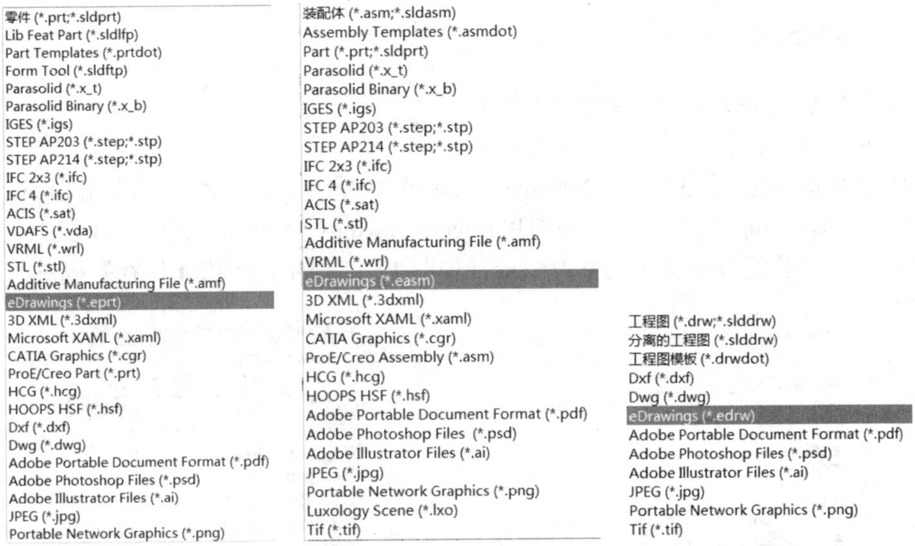

零件 (*.prt;*.sldprt)
Lib Feat Part (*.sldlfp)
Part Templates (*.prtdot)
Form Tool (*.sldftp)
Parasolid (*.x_t)
Parasolid Binary (*.x_b)
IGES (*.igs)
STEP AP203 (*.step;*.stp)
STEP AP214 (*.step;*.stp)
IFC 2x3 (*.ifc)
IFC 4 (*.ifc)
ACIS (*.sat)
VDAFS (*.vda)
VRML (*.wrl)
STL (*.stl)
Additive Manufacturing File (*.amf)
eDrawings (*.eprt)
3D XML (*.3dxml)
Microsoft XAML (*.xaml)
CATIA Graphics (*.cgr)
ProE/Creo Part (*.prt)
HCG (*.hcg)
HOOPS HSF (*.hsf)
Dxf (*.dxf)
Dwg (*.dwg)
Adobe Portable Document Format (*.pdf)
Adobe Photoshop Files (*.psd)
Adobe Illustrator Files (*.ai)
JPEG (*.jpg)
Portable Network Graphics (*.png)

(a) 零件文件

装配体 (*.asm;*.sldasm)
Assembly Templates (*.asmdot)
Part (*.prt;*.sldprt)
Parasolid (*.x_t)
Parasolid Binary (*.x_b)
IGES (*.igs)
STEP AP203 (*.step;*.stp)
STEP AP214 (*.step;*.stp)
IFC 2x3 (*.ifc)
IFC 4 (*.ifc)
ACIS (*.sat)
STL (*.stl)
Additive Manufacturing File (*.amf)
VRML (*.wrl)
eDrawings (*.easm)
3D XML (*.3dxml)
Microsoft XAML (*.xaml)
CATIA Graphics (*.cgr)
ProE/Creo Assembly (*.asm)
HCG (*.hcg)
HOOPS HSF (*.hsf)
Adobe Portable Document Format (*.pdf)
Adobe Photoshop Files (*.psd)
Adobe Illustrator Files (*.ai)
JPEG (*.jpg)
Portable Network Graphics (*.png)
Luxology Scene (*.lxo)
Tif (*.tif)

(b) 装配体文件

工程图 (*.drw;*.slddrw)
分离的工程图 (*.slddrw)
工程图模板 (*.drwdot)
Dxf (*.dxf)
Dwg (*.dwg)
eDrawings (*.edrw)
Adobe Portable Document Format (*.pdf)
Adobe Photoshop Files (*.psd)
Adobe Illustrator Files (*.ai)
JPEG (*.jpg)
Portable Network Graphics (*.png)
Tif (*.tif)

(c) 工程图文件

图 12.27 生成 eDrawings 文件

12.4 生成*.exe 文件

将 eDrawings 文件另存为通用的文件格式(*.exe 文件)，可方便于与未安装 SolidWorks 的电脑用户进行交流及图纸打印。

12.4.1 由零件创建.exe 文件

由零件创建.exe 文件的操作步骤如下：

(1) 单击【文件】|【另存为】按钮。

(2) 选择保存类型为 eDrawings (*.eprt)，如图 12.28 所示，然后单击【保存】按钮。

(3) 在 eDrawings 中打开上一步所保存的 eDrawings (*.eprt)文件，单击【文件】|【另存为】按钮，选择保存的文件类型为*.exe，如图 12.29 所示，单击【保存】按钮。

零件 (*.prt;*.sldprt)
Lib Feat Part (*.sldlfp)
Part Templates (*.prtdot)
Form Tool (*.sldftp)
Parasolid (*.x_t)
Parasolid Binary (*.x_b)
IGES (*.igs)
STEP AP203 (*.step;*.stp)
STEP AP214 (*.step;*.stp)
IFC 2x3 (*.ifc)
IFC 4 (*.ifc)
ACIS (*.sat)
VDAFS (*.vda)
VRML (*.wrl)
STL (*.stl)
Additive Manufacturing File (*.amf)
eDrawings (*.eprt)
3D XML (*.3dxml)

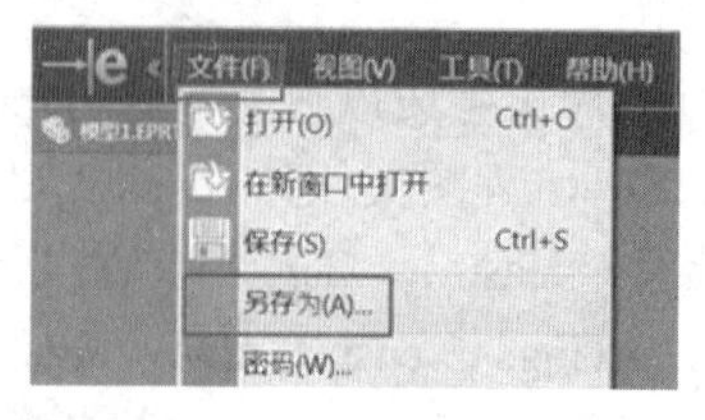

图 12.28　选择 eDrawings (*.eprt) 保存类型

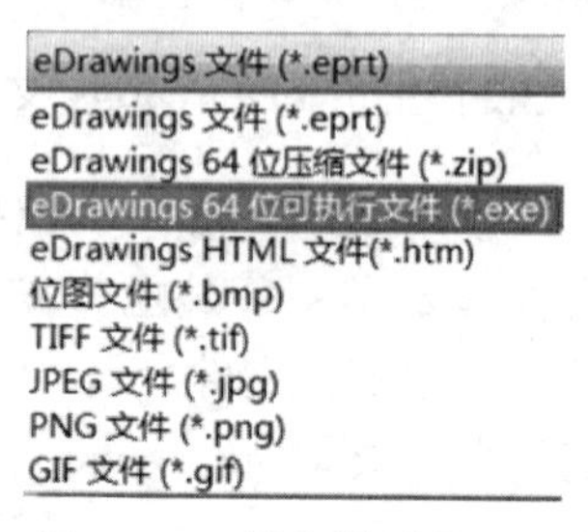

图 12.29　保存类型为*.exe

12.4.2　由装配体创建.exe 文件

由装配体创建.exe 文件的操作步骤如下：

(1) 单击【文件】|【另存为】按钮。

(2) 选择保存的文件类型为 eDrawings (*.easm)，如图 12.30 所示，然后单击【保存】按钮。

(3) 在 eDrawings 中打开上一步所保存的 eDrawings (*.easm) 文件，单击【文件】|【另存为】按钮，选择保存的文件类型为*.exe，如图 12.31 所示，单击【保存】按钮。

装配体 (*.asm;*.sldasm)
Assembly Templates (*.asmdot)
Part (*.prt;*.sldprt)
Parasolid (*.x_t)
Parasolid Binary (*.x_b)
IGES (*.igs)
STEP AP203 (*.step;*.stp)
STEP AP214 (*.step;*.stp)
IFC 2x3 (*.ifc)
IFC 4 (*.ifc)
ACIS (*.sat)
STL (*.stl)
Additive Manufacturing File (*.amf)
VRML (*.wrl)
eDrawings (*.easm)
3D XML (*.3dxml)

图 12.30　选择 eDrawings (*.easm) 保存类型

eDrawings 文件 (*.easm)
eDrawings 文件 (*.easm)
eDrawings 64 位压缩文件 (*.zip)
eDrawings 64 位可执行文件 (*.exe)
eDrawings HTML 文件(*.htm)
位图文件 (*.bmp)
TIFF 文件 (*.tif)
JPEG 文件 (*.jpg)
PNG 文件 (*.png)
GIF 文件 (*.gif)

图 12.31　保存类型为*.exe

12.4.3　由装配体工程图创建.exe 文件

由装配体工程图创建.exe 文件的操作步骤如下：

(1) 单击【文件】|【另存为】按钮。

(2) 选择保存类型为 eDrawings (*.edrw)，如图 12.32 所示，然后单击【保存】按钮。

(3) 在 eDrawings 中打开上一步所保存的 eDrawings (*.edrw) 文件，单击【文件】|【另存为】按钮，选择保存的文件类型为*.exe，如图 12.33 所示，单击【保存】按钮。

图 12.32　选择 eDrawings (*.edrw) 保存类型

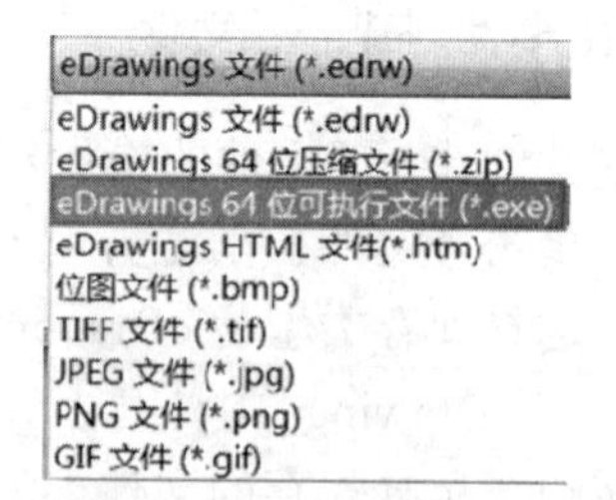

图 12.33　保存类型为*.exe

第13章

设计分析插件 Simulation

13.1　Simulation 插件简介

13.1.1　Simulation 概述

SolidWorks Simulation 是一款基于有限元(FEA)技术并与 SolidWorks 无缝集成的设计分析系统。SolidWorks Simulation 提供了单一屏幕解决方案来进行应力分析、频率分析、扭曲分析、热分析和优化等。SolidWorks Simulation 凭借快速解算器的强有力支持，能够使用个人计算机快速解决大型问题，是当今世上最快的有限元分析软件。

Simulation 是面向工程设计人员的设计分析工具，无论是一位机械工程师，还是一位建筑工程师或其他领域的工程师，都能够在较短的时间内掌握软件的使用方法，并能得心应手地完成本领域的设计分析问题。由于 Simulation 可以实现在微机上进行专业有限元分析，因此，以往人们概念中的分析只有具备有限元专业知识的高校、研究所的专业人士并使用昂贵的分析软件来做的工作，变得简单、平民化。随着微机 CAD/CAE 技术、软件的不断发展，越来越多的人会掌握应用 CAE 分析技术解决工程实际问题。因此在高校开设 CAE 课程，无疑会对学生掌握 CAE 知识并利用其解决各类分析问题，产生积极的意义，也为学生将来走上工作岗位，打下坚实的基础。

传统工程结构的分析与计算一般根据材料力学、理论力学和弹性力学所提供的公式来进行，由于有许多简化条件，工程计算精度较低。为了保证设备的安全可靠运行，常采用加大安全系数的方法，导致尺寸过大，不但浪费材料，而且有时会造成结构性能的降低。现代产品的设计与制造正朝着高效、高速、高精度、低成本、节省资源和高性能等方面发展，传统的计算分析方法远远无法满足要求，随着计算机技术的发展，计算机辅助工程分析 CAE 发展迅速，采用 CAE 软件系统进行复杂工程分析时，也无须进行简化，并且计算速度快，精度高，它能对产品的应力、变形、安全性及寿命等做出正确的分析，在此基础上，对其进行优化设计，达到在满足设计要求下产品质量最小化，因此，在工程设计上采用 CAE 技术是提高产品设计水平的重要途径，是产品设计的发展趋势方向。

快速推出可信赖的高质量产品，已是产业界面临的挑战，为了适应市场要求，必须降低设计和制造成本。缩短设计时间，减少错误设计是唯一可行的道路。但是如何达到此目标呢？在现代工业生产中，计算机辅助设计(CAD)、计算机辅助制造(CAM)，已经减少了不少设计者的负担。在智能制造快速发展的今天以前被视为设计和制造过程中的配角——计算机辅助工程分析(CAE)，已经摆脱了可有可无的角色，变成设计过程中不可缺少的重要的一环。SolidWorks Simulation 正是在这种情况下发展壮大，并得到了业界的广泛好评。

SolidWorks Simulation 可以帮助工程师在以下几方面提高设计质量：

(1) 缩短设计所需的时间和降低设计成本。

(2) 在精确的分析结果下制造出高质量的产品。

(3) 能够快速地对设计变更做出反应。

(4) 能充分地和 CAD 结合并对不同类型的问题进行分析。

(5) 能够精确地预测产品的性能。

13.1.2 Simulation 特点及主要功能模块

1. Simulation 的特点

(1) 中文界面、中文帮助文件，读者学习方便容易。

(2) 可操作性好，基于 Windows 操作系统开发，操作简单，容易上手。

(3) 分析速度快，基于快速有限元算法(Fast Finite Element，FFE)速度快、占用内存少。

(4) Simulation 是世界上第一款将结构分析的功能嵌入 CAD 软件 SolidWorks 中的分析软件。实现了和 CAD 的无缝集成，引导了 CAD/CAE 软件的发展。

(5) 分析的可靠性和精确性完全满足工程需要，中国空间技术研究院使用该软件进行各种分析、优化设计，提升了设计质量和设计效率。

(6) 价格适中，一般企业完全可以接纳。

2. Simulation 的功能模块

SolidWorks Simulation 有不同的程序包或应用程序以适应不同用户的需要，除了 SimulationXpress 程序包是 SolidWorks 的集成部分之外，所有的 SolidWorks Simulation 软件程序包都是插件式的，不同程序包的主要功能如下：

(1) SimulationXpress：对一些具有简单载荷和支撑类型的零件的静态分析。

(2) Simulation Designer：对零件或装配件的静态分析。

(3) Simulation Professional：对零件或装配件的静态、热传导、扭曲、频率、掉落、优化及疲劳分析等。

(4) Simulation premium：上述功能加上非线性和高级动力学。

13.1.3 Simulation 软件发展历程

(1) 1982 年，Structure Research and Analysis Corporation(简称 SRAC)在美国创建，它是一个全力发展有限元分析软件的公司，公司成立的宗旨是为工程界提供一套高品质并且具有最新技术的有限元软件，而且这套软件必须价格低廉，能为大众接受。在成立的这一年 SRAC 公司就发表了适用于主流计算机系统上的有限元分析软件。

(2) 1985 年，SRAC 公司将焦点由主流计算机系统转移到微机上，同年在微机上运行的 Simulation/M 上市，SRAC 公司成为第一个专注于微机市场上的有限元分析软件公司，把高高在上的有限元分析技术平民化。

(3) 1995 年，SRAC 成为 SolidWorks 的第一家合作伙伴，1996 年 SRAC 公司在 FEA 市场上做了三项预测，且将这三项预测作为未来的发展目标：

① 随着微机技术的飞速发展，在微机上进行有限元分析将是必然趋势，SRAC 公司将在微机上继续全面发展适合工程设计人员的有限元分析软件。

② 在竞争日渐激烈的市场上，能够快速地满足市场需求成为企业生存的必要条件，“虚拟样机”成为企业在商海中制胜的法宝，而有限元分析也成为虚拟样机设计流程上不可缺少的一环。SRAC 公司认为有限元分析市场将会持续蓬勃发展，并承诺企业提供高性价比的有限元分析软件，将快速有限元分析方法推广到企业中去。

③ 由于在微机上基于视窗平台的软件已成为潮流，流畅的使用者界面已是用户的基本要求，SRAC 公司将把精力投注到 Windows 集成环境中，为用户提供无缝集成、高品质的有限元分析软件。现今，以上内容已经成为有限元分析业界遵循的标准。

(4) 2002 年，SRAC 公司被 SolidWorks 的母公司达索集团收购。

(5) 2009 年，Cosmoswoks 改名为 SolidWorks Simulation。

13.2 有限元分析概述

在数学中，FEA(Finite Element Analysis)也称为有限单元法，是一种求解关于场问题的一系列偏微分方程的数值方法。这种类型的问题涉及许多学科，如机械设计、声学、电磁学、流体力学等。在机械工程中，有限分析被广泛地应用在结构、振动和传热问题上。

FEA 不是唯一的数值分析工具，在工程领域还有其他的数值分析方法，如有限差分法、边界元法和有限体积法。由于 FEA 的多功能性和高数值性，它占据了绝大多数工程分析软件市场，而其他方法则被归入小规模应用。通过不同方法理想化几何体，能够分析任何形状的模型，并得到预期的精度。

无论是结构分析还是其他分析，所有 FEA 的第一步都是从几何模型开始的，然后给这些模型定义材料属性、载荷和约束，再使用数值近似方法，将模型离散化进行分析。

离散化过程就是分析软件中网格划分的过程，即将几何体剖分成相对小且形状简单的实体，这些实体称为有限元单元。单元称为“有限”，是为了说明这样一个事实：它们不是无限的小，而是与整个模型的尺寸相比适度的小。

应用 FEA 软件分析问题时，有以下三个基本步骤：

(1) 预处理：定义分析类型(静态、频率等)，添加材料属性，施加载荷和约束，网格划分。

(2) 求解：计算所需结果。

(3) 后处理：分析结果。

13.3 本书讨论的分析类型

SolidWorks Simulation 静态分析分析是在下列假设下进行的：

(1) 线性材料：应力与应变成线性关系。

(2) 小变形：变形相对于结构的整体尺寸来说很小。

(3) 静态载荷：载荷和约束不随时间而改变。

上述的假设完全符合工程实际中构件的受力变形状态。

本书主要针对《工程力学》中的各种简单静定和超静定构件、桁架、梁进行静态分析。部分静定构件是在理论计算的前提下，再进行分析，通过两种结果的对比，充分体现本软件分析的特点和优势。

针对以上各类构件主要完成以下参数的分析计算：

(1) 反作用力、反力矩。

(2) 梁的剪力图和弯矩图的绘制。

(3) 直线位移、梁的扭转。

(4) 应力。

13.4 SolidWorks Simulation 分析流程

无论分析的类型如何改变，模型分析的基本步骤是相同的，主要有以下关键步骤：

(1) 创建算例：对模型的每次分析都是一个算例。一个模型可以包含多个算例。

(2) 应用材料：向模型添加材料属性。

(3) 添加约束：模拟真实的模型装夹方式，对模型添加夹具(约束)。

(4) 施加载荷：模拟作用在模型上的力、力偶等。

(5) 划分网格：模型被细分为有限个单元。

(6) 运行分析：求解模型在力的作用下产生的应力、应变和位移。

(7) 分析结果：解释分析的结果。

下面对上述步骤做进一步说明：

(1) 创建算例。每个分析都是一个算例，算例的名称可以根据构件进行命名，也可以更改，一个模型可以建多个算例。

(2) 应用材料。指定材料可以可以选择 SolidWorks materials 库中的材料，也可以自己定义材料。

注意：材料库中，必须给出的参数用红色表示，蓝色字体表示的参数，只是在特定载荷下才可能会被使用(如温度载荷，就需要热扩张系数)。

(3) 添加约束。为了完成静态分析，模型必须被正确进行约束，使之无法移动。软件提供了各种夹具来约束模型。一般而言，夹具可以应用到模型的顶点、边线、面。夹具和约束被分为标准和高级两类，它们的属性总结见表 13-1。

表 13-1　夹具类型及定义

	序号	夹具类型	定　义
标准夹具	1	固定几何体	所有的平移和转动自由度均被限制(如悬臂梁)，边界条件不需要给出沿某个具体方向的约束条件
	2	滚柱/滑杆	在指定平面上移动，但不能在平面上进行垂直方向移动
	3	固定铰链	指定只能绕轴运动的圆柱面，圆柱面的半径和长度在载荷下保持常数
高级夹具	1	对称	针对平面，允许面内位移和绕平面法线的转动
	2	圆周对称	物体绕一特定轴周期性旋转时，对其中一部分加载该约束可形成旋转对称体
	3	使用参考几何体	保证约束只在点、线、面指定的方向上，而在其他方向上可以自由运动，参考基准可以是作图环境中的基准平面，造型实体上轴、边、面
	4	在平面上	可以约束平面的 1～3 个方向的平移
	5	在圆柱面上	可以约束圆柱面在径向、圆周方向、轴线方向的移动，允许圆柱面绕轴线旋转
	6	在球面上	可以约束球的表面在 1～3 个方向的平移，允许球的旋转

添加约束容易产生的错误——过定义约束模型，导致模型过于刚性，其变形状态不符合实际的变形情况，导致变形和应力数值错误，因此，添加约束一定符合模型的实际情况。这点要经过不断的学习帮助文件中的同类约束情况，以及对典型问题通过材料力学传统的计算和分析结果对比，从而得出正确的约束方式。

(4) 施加载荷。约束完成后，需要对模型施加外部载荷，一般来说，力可以通过各种方法加载到面、边和顶点上。标准外部载荷的类型见表 13-2。

表 13-2　力的类型及定义

序号	力的类型	定　义
1	力	依据选的参考基准(平面、边、轴线)所确定的方向，对一个平面、一条边或一个点施加力或力偶矩。(注：实体面上的点必须是在 SolidWorks 中定义的参考几何体中的点，包括投影点、交叉点等) (对于横梁也可以对接榫点施加力或力偶矩)
2	扭矩	对圆柱面可以施加扭矩，按右手法则绕参考轴施加扭矩，转轴必须在 SolidWorks 定义)
3	压力	对一个面施加压力，可以是均布的，也可以是非均布的
4	引力	对零件或装配体指定线性加速度
5	离心力	对零件或装配体指定角速度和加速度
6	轴承载荷	在两个接触的圆柱面之间定义轴承载荷
7	远程载荷/质量	通过连接的结果传递法向载荷
8	分布质量	施加到所选面，模拟被压缩的零部件质量

以上我们就约束和载荷进行了分析，对模型施加正确的约束和载荷，是保证分析结果

正确的前提，当然正确的造型和向模型添加材料也是至关重要的。实践证明，导致分析结果错误的主要外在原因在造型、材料、载荷、约束四个环节，如果假定错误为100%，各个环节所占的比例大约分别为10%、15%、25%、50%(图13.1)，因此在实际分析过程中，正确施加载荷、定义正确夹具方式显得非常重要。

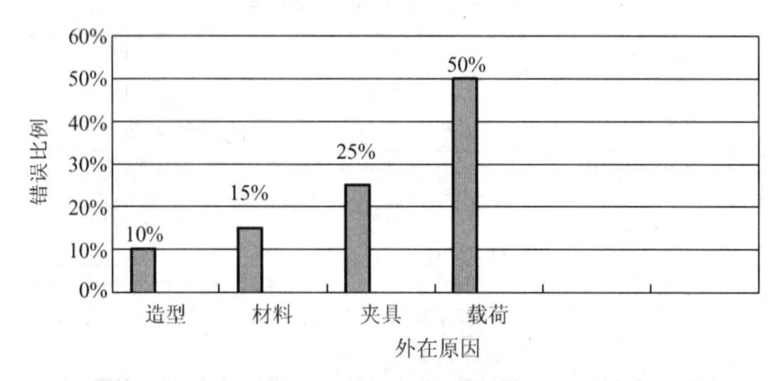

图13.1　导致分析结果错误的各环节错误大约占比例

(5) 划分网格。单元是网格划分的最小形式，软件有四种单元类型，五种名称，分别为：

① 一阶实体四面体单元。

② 二阶实体四面体单元。

③ 一阶三角形壳单元。

④ 二阶三角形壳单元。

⑤ 横梁单元。与一阶实体和壳单元中的方法是相同的。

根据不同单元的特点，软件可以根据实体的几何特征，自动分配合适的网格类型，以便于计算。网格类型有以下三种：

① 对于大多数模型实体，(三个方向尺寸相差不大)通常采用实体网格(图13.2)。

② 薄壁或钣金类零件(其中一个方向非常薄)通常采用壳网格(图13.3)。

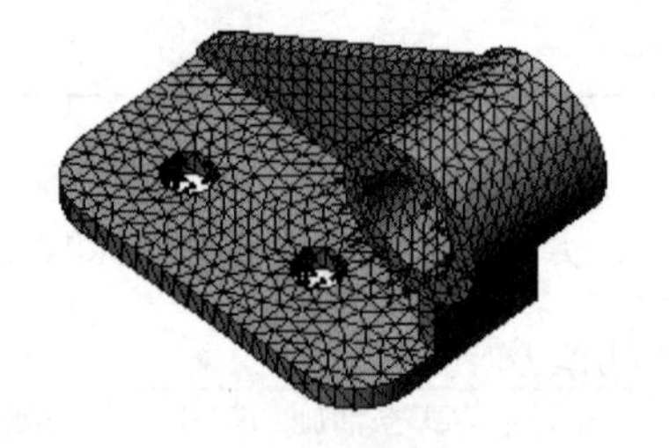

图13.2　实体网格

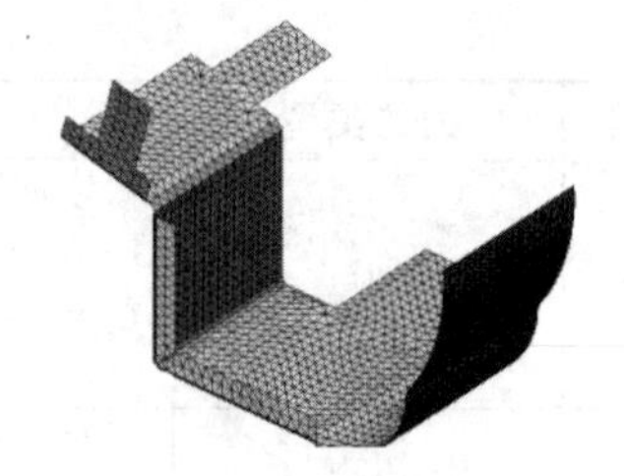

图13.3　壳网格

③ 当一个零件的两个方向都很小时(如梁)，可以采用横梁网格(图13.4)。

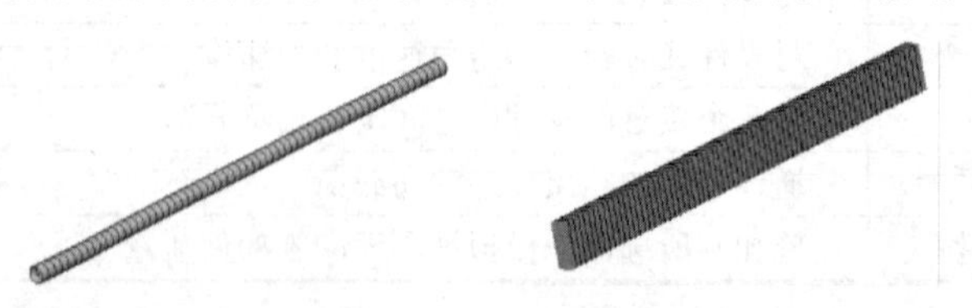

图13.4　横梁网格

实际中有一些结构构件，可能是上述结构的组合体，可以根据不同部位，划分成不同形式的网格，称为混合网格。

网格密度设置：网格密度的设置对分析时间和结果误差有直接影响，在分析过程中，通常使用默认的中等密度的网格，其划分误差完全可以满足工程需要，但计算的时间却很短，是最有效的划分方式，所以，为了最有效地利用分析工具，建议使用中等密度网格。

(6) 运行分析。在上述各假设条件完成后，计算机运行计算。

(7) 分析结果。分析完成后，软件自动生成结果文件夹，静态分析生成应力、位移、应变结果。

可以通过软件的图解设置，添加新的结果，但对于静态分析，上述结果已经能满足需要。

结果分析有多种选项，这里对主要的结果分析选项进行介绍。

① 应力。

a．双击【应力】图标，显示应力图解。

b．注意，对于只承受拉伸、压缩的杆件如桁架，在【应力】下拉菜单中选择轴。

c．探测：利用探测手段可以探测零件任何部位的应力值。

d．截面剪裁：利用截面剪裁可以查看零件任何截面上的应力值。

e．显示最大、最小应力数值：通过设置图表选项可以显示最大、最小应力发生的部位。

② 位移。

a．双击【位移】图标，显示位移图解，可以显示总位移，*X*、*Y*、*Z* 方向上的位移。

b．单击【位移】选项可以显示支反力。

c．可以动画显示构件的变形过程。

③ 图表设置。

a．通过图表设置，可以对应力、位移的单位，计数方法(科学、普通、浮点)，小数位数进行设置。

b．通过设置图表选项可以显示最大、最小应力或位移在零件上发生的部位。

④ 生成结果报告。

软件最终可以生成 Word 格式的结果报告，便于查阅、存档。报告可以预先定义报表样式，主题部分包括：封面、说明、模型信息、算例属性、单位、材料属性、载荷和约束、算例结果、结论等。

以上就 SolidWorks Simulation 分析的流程和具体操作步骤进行了介绍，下面通过几组实例来详细学习其具体的分析过程。

13.5 桁架及简单构件的受力、变形分析

13.5.1 桁架概述

桁架是由若干杆件在两端用铰链链接而成且载荷作用在节点的结构，由于其具有受力合理、自重较轻和跨越空间较大的优点，在工程实际中被广泛应用。诸如房屋建筑、桥梁、起重机、油田井架等结构常常采用桁架结构。

各杆轴线都处在同一平面内的桁架称为平面桁架。为简化平面桁架内力的计算，在工程上常采用如下假设：

(1) 各杆在两端用光滑铰链彼此连接。

(2) 各杆的轴线绝对平直且在同一平面内，并通过铰链的几何中心。

(3) 载荷和支座约束反力都作用在节点上，且位于桁架的平面内。

(4) 各杆自重忽略不计，或平均分配在杆件的两端节点上。

这样，桁架中的杆件可视为二力杆，只承受拉力或压力作用。

13.5.2 桁架的造型

构件分析的前提是利用 SolidWorks 软件正确地完成零件的造型，桁架类构件在软件中是以【焊件】|【结构构件】命令来完成的，创建结构构件的主要步骤如下：

(1) 定义构件的横截面为草图轮廓文件，将其放置在相应的库文件中。

(2) 绘制构件架构草图(2D 或 3D 草图)。

(3) 选择【结构构件】命令，使草图轮廓沿着构架草图生成结构构件，如图 13.5 所示。

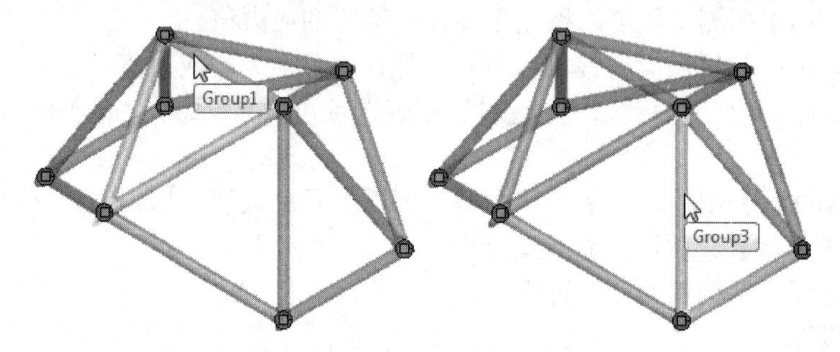

图 13.5 创建结构构件

下面我们通过一个 11 杆桁架的造型来完成构件的创建。

构建图 13.6 所示的 11 杆桁架，桁架每根杆长 1000mm，横截面为圆形，直径为 20mm，利用 SolidWorks 2016 软件中的【结构构件】命令完成桁架的造型。

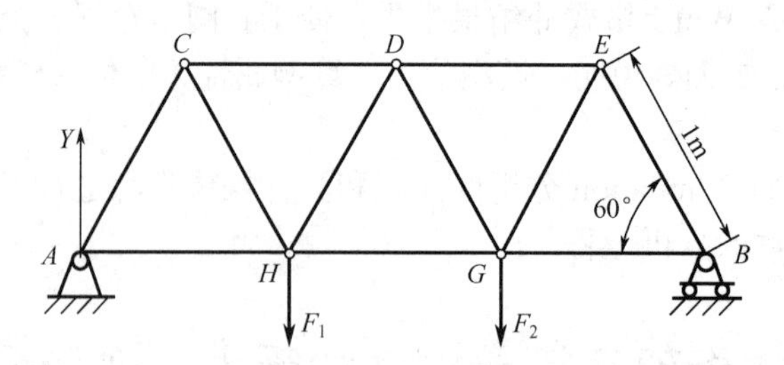

图 13.6 11 杆平面桁架

具体步骤如下：

(1) 建立直径为 20mm 的圆管结构构件横截面的库文件。

在软件安装根目录\SolidWorks\lang\chinese-simplified\weldment profiles\创建自己的文件夹\定义截面名称文件夹\截面轮廓文件*.sldlfp。

例如：自己的文件夹(如 lph)\定义截面名称文件夹(如圆管)\圆管直径 20.sldlfp。

(2) 绘制截面轮廓，并另存为(*.sldlfp)后缀的库文件。

① 打开一个新零件，绘制一轮廓，直径为 20mm 的圆草图的原点成为默认穿透点，如图 13.7(a)所示，关闭草图。可选择草图中的任何顶点或草图点为交替穿透点。

② 选择【文件】|【另存为】选项，保存圆管直径 20.sldlfp，如图 13.7(b)所示。

③ 保存在根目录\SolidWorks\lang\chinese-simplified\weldment profiles\Lph\圆管圆管直径 20.sldlfp。

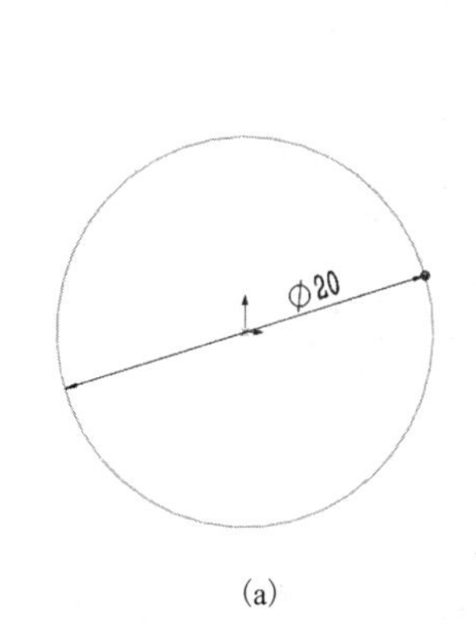

(a)

(b)

图 13.7 绘制截面轮廓并存为库文件

(3) 绘制 2D 草图 11 杆桁架，如图 13.8 所示。

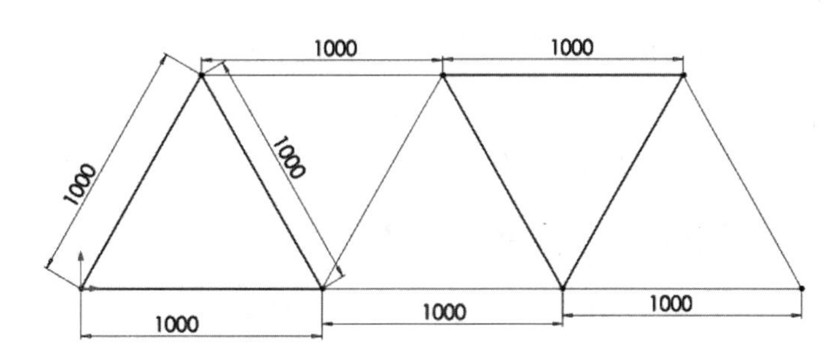

图 13.8 绘制 2D 草图 11 杆桁架

(4) 退出草图状态，选择【焊件】|【结构构件】命令，找到直径 20.sldlfp 库文件。选择 2D 草图的各段草图直线，生成桁架构件如图 13.9 所示。

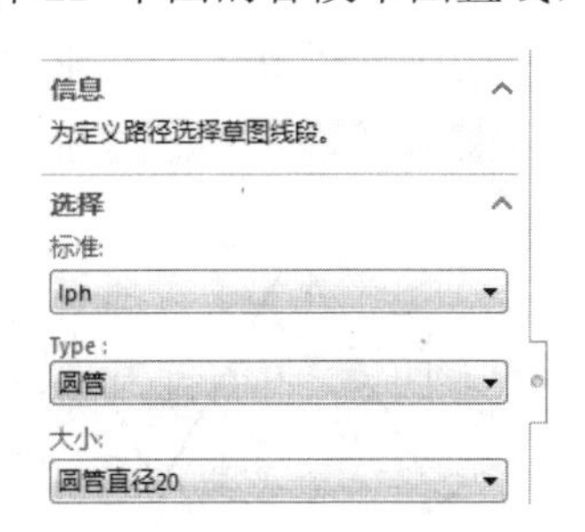

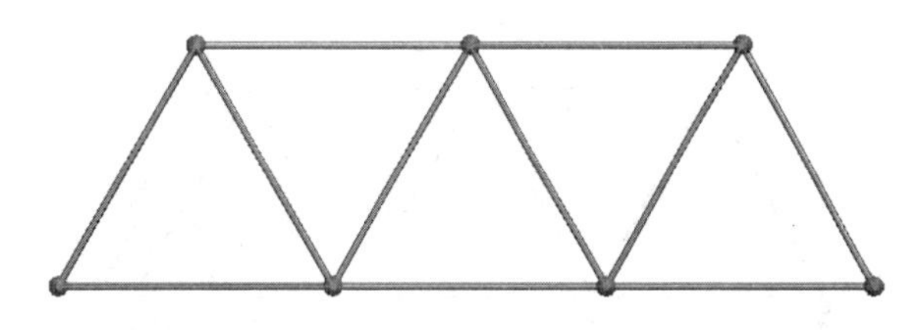

图 13.9 生成桁架构件

13.5.3 实例分析各种桁架及构件的受力和变形

实例 1：平面静定桁架的受力、变形分析

【杆桁架分析实例】

已知：F_1=10kN，F_2=7kN，杆的横截面直径为 20mm，桁架受力如图 13.10 所示。求 A、B 点的支反力，杆件 CD、DH、HG 三杆的应力，以及在力的作用下桁架的变形。

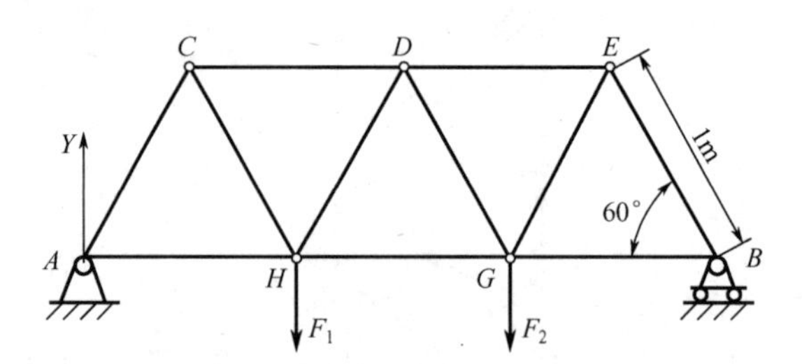

图 13.10 11 杆平面桁架

为了更加清晰反映 SolidWorks Simulation 系统分析的效果，我们以两种方法进行求解，第一种采用传统的理论计算，第二种利用 SolidWorks Simulation 软件系统进行分析，两种结果分析对比以体现 SolidWorks Simulation 分析的特点和优势。

1）理论求解

求支座约束力，取桁架整体为研究对象，受力如图 13.11 所示，对整个结构列平衡方程求解。

$$\sum F_X = 0,\ F_{AX} = 0$$

$$\sum F_Y = 0,\ F_{AY} + F_B - F_1 - F_2 = 0$$

$$\sum M_A(F) = 0,\ -F_1 \times a - F_2 \times 2a + F_B \times 3a = 0$$

解以上各方程，得

$$F_{AX} = 0,\quad F_B = 8\text{kN},\quad F_{AY} = 9\text{kN}$$

为求 CD、DH、HG 三杆的内力，可假想用截面 $m-n$ 将三根杆截断，把桁架分为两部分，取左边部分为研究对象，其受力图如图 13.12 所示，对左边部分列平衡方程求解。

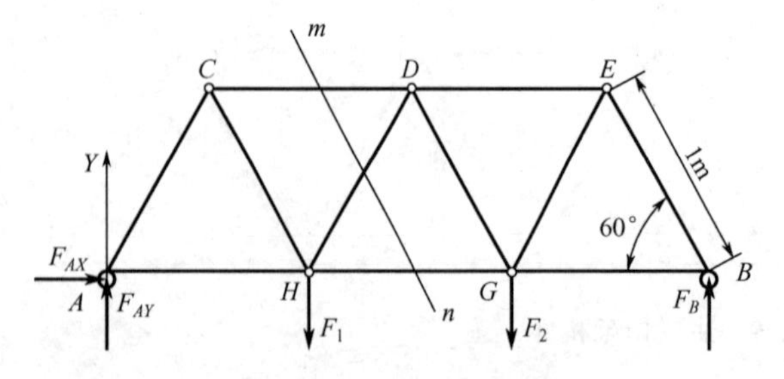

图 13.11 桁架整体受力

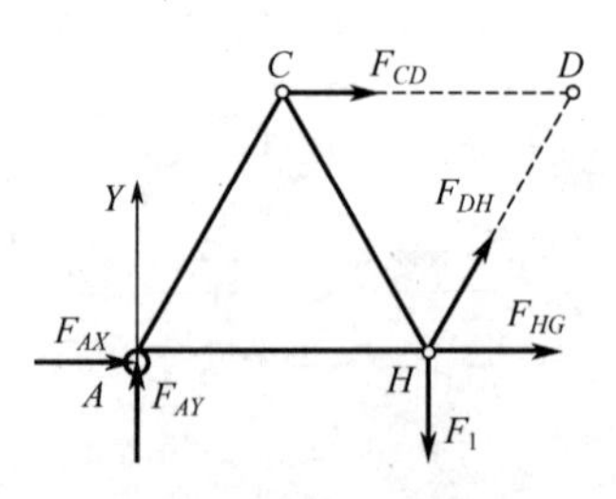

图 13.12 截断后受力

$$\sum F_Y = 0, \qquad F_{AY} + F_{DH} \times \frac{\sqrt{3}}{2} - F_2 = 0$$

$$\sum M_H(F) = 0, \qquad -F_{CD} \times \frac{\sqrt{3}}{2} a - F_{AY} \times a = 0$$

$$\sum M_D(F) = 0, \qquad F_{HG} \times \frac{\sqrt{3}}{2} a + F_1 \times \frac{1}{2} a - F_{AY} \times \frac{3}{2} a = 0$$

解以上三个平衡方程，得

$$F_{CD} = -10.39\text{kN} \qquad F_{DH} = 1.15\text{kN} \qquad F_{HG} = 9.81\text{kN}$$

杆的截面直径为 20mm，应力为：$\sigma_{CD} = -33.08\text{MPa}$ $\sigma_{DH} = 3.66\text{MPa}$ $\sigma_{HG} = 31.24\text{MPa}$

其中，“-”表示图中力的方向和实际相反。

2）利用 SolidWorks Simulation 软件系统分析

(1) 新建 11 杆桁架算例，如图 13.13 所示。

(2) 为 11 杆桁架添加材料，选择普通碳素钢，如图 13.14 所示。

图 13.13 新建 11 杆桁架算例

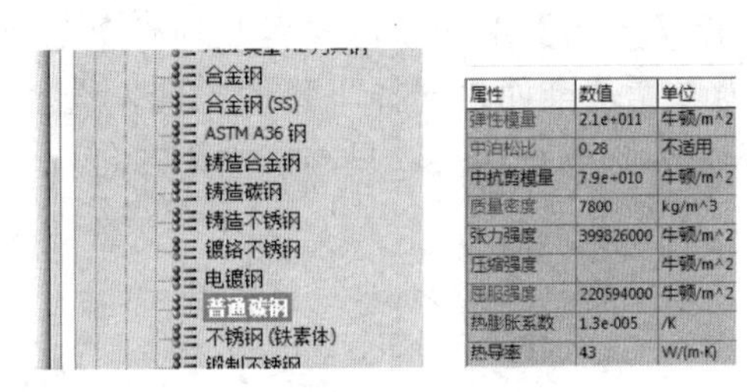

图 13.14 添加桁架材料

(3) 选择【结点组】选择进行编辑计算，计算结果接点 7 个，如图 13.15 所示。

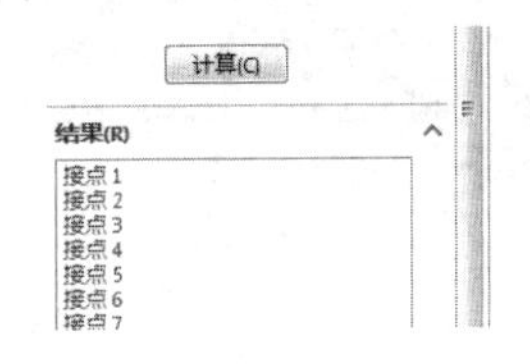

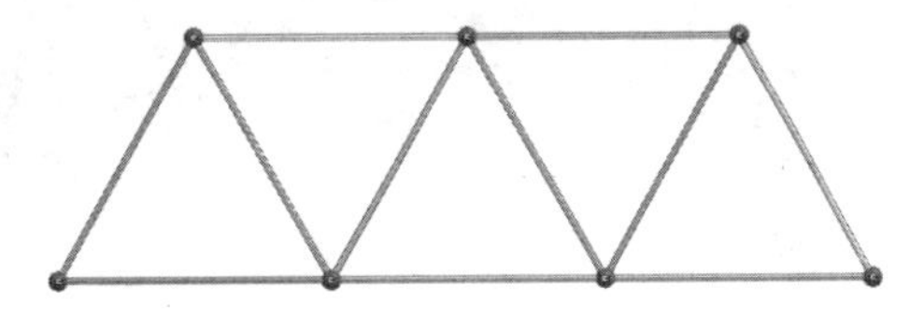

图 13.15 计算接点

(4) 定义夹具。

① 选择【夹具】|【不可移动】选项，选择左下角接榫点，限制三个方向移动，如图 13.16 所示，为了便于观看，箭头大小可以调节，此处，做了放大调节。

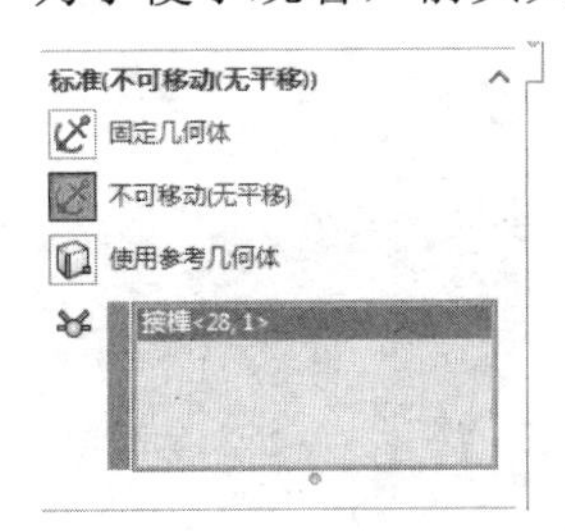

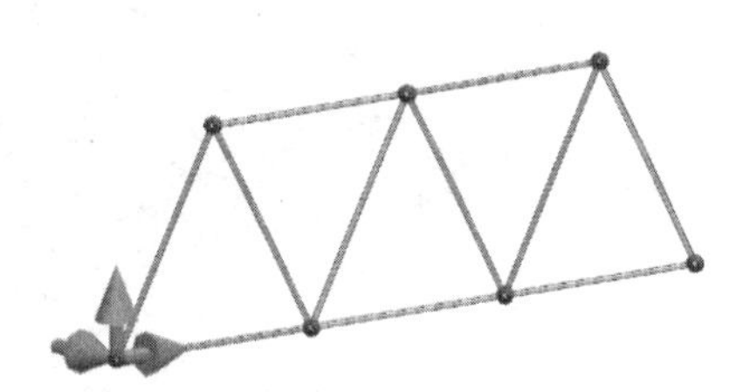

图 13.16 选择左下角接榫点

② 选择【夹具】|【使用参考几何体】选项，选择右下角接榫点，并选择前视基准面作为参考基准面，选择平移的方向，选择在垂直前视基准面和一个平行基准面方向移动为 0，出现如图 13.17 所示的两个箭头，在水平轴线方向没有约束，只约束两个方向。

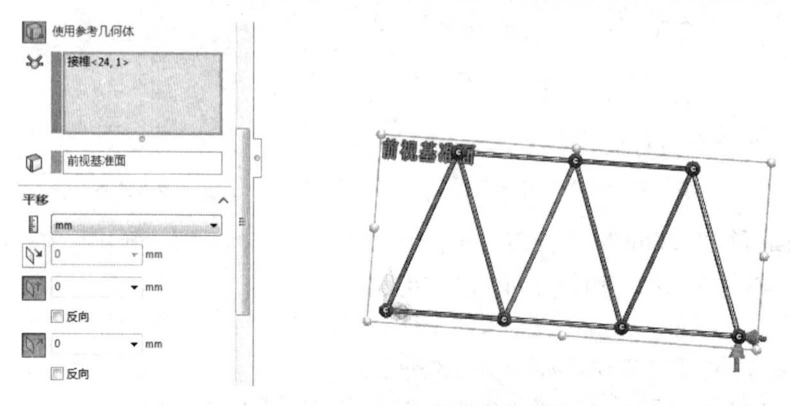

图 13.17　选择右下角接榫点

③ 选择【夹具】|【使用参考几何体】选项，选择其余 5 个接榫点，并选择前视基准面作为参考基准面，选择平移的方向，选择在垂直前视基准面方向移动为 0，出现如图 13.18 所示的 5 个箭头，只约束一个方向。

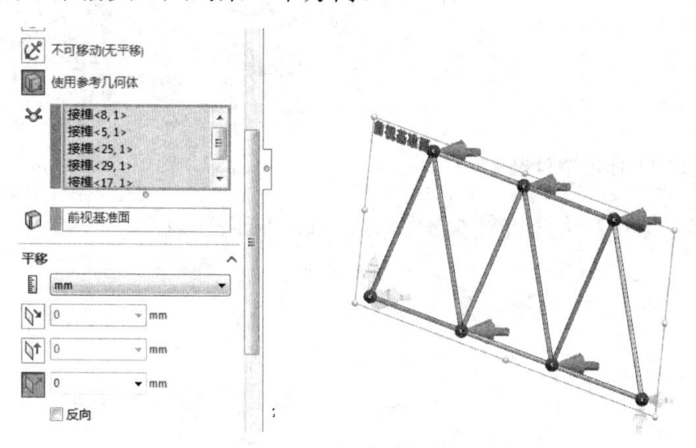

图 13.18　选择其余 5 个接榫点

通过上面三次选择夹具，11 杆桁架的全部 7 个接榫点的约束如图 13.19 所示。

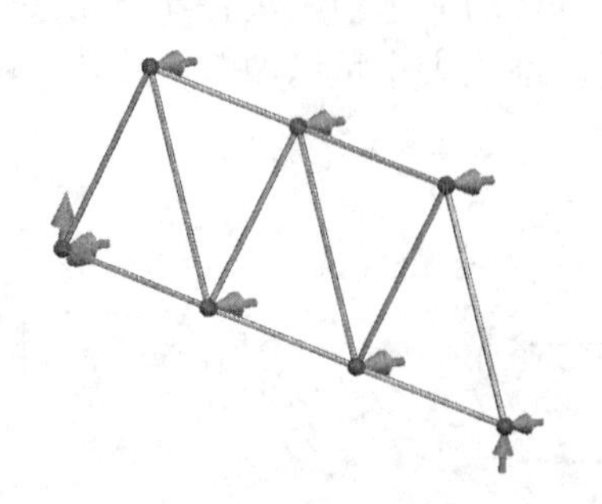

图 13.19　11 杆桁架的约束

(5) 定义外部载荷。选择力，选择加载位置为图 13.19 所示的接榫点，参考基准面上视基准面力的单位为 SI，选择力的方向为垂直上视基准面，方向朝下，数值为 10kN，如图 13.20 所示。

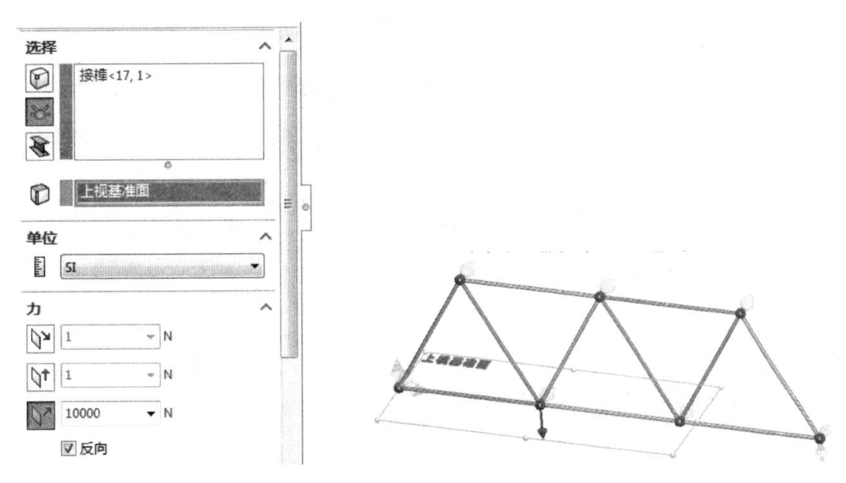

图 13.20　加载力 F_1=10kN

用同样方式完成 F_2=7kN 的加载，桁架的加载完成。

(6) 生成网格并运行计算。

出现图 13.21 所示结果，下面我们对我们所需要的各项参数进行结果分析。

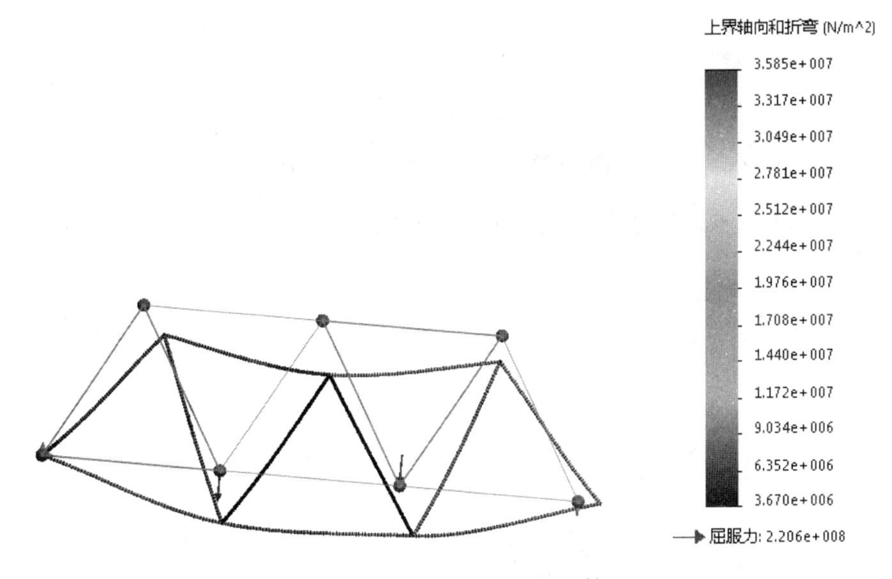

图 13.21　生成网络并运行计算

(7) 对结果选项进行分析。

① 支反力。

双击【位移】选项，出现【位移图解】属性管理器。单击【合位移】下面的选项，分别出现 X、Y、Z 三个方向的反作用力，供选择，这里我们选择 Y 方向，如图 13.22 所示。

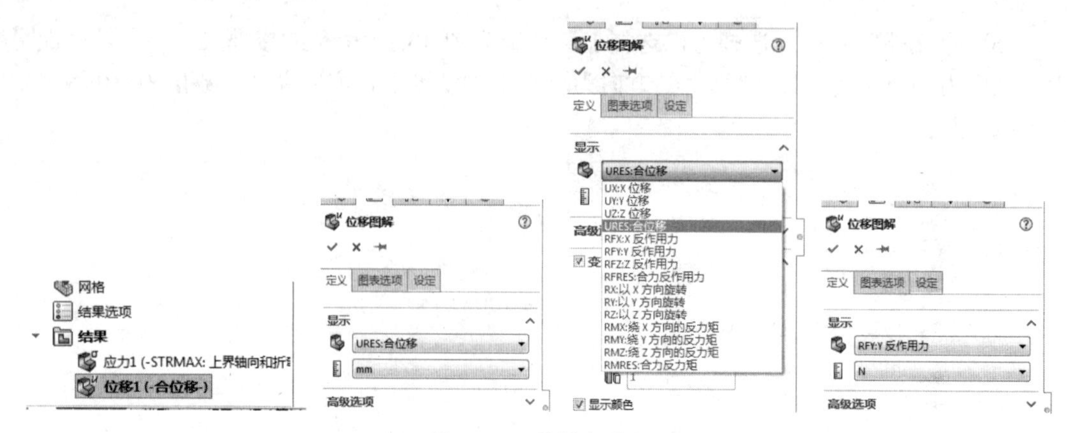

图 13.22　分析支反力

右击【位移】选项，选择【探测】命令，分别探测 *A*、*B* 点 *Y* 方向支反力，如图 13.23 所示，即 $F_{AY}=8998.22\text{N}$， $F_{BY}=8001.78\text{N}$。

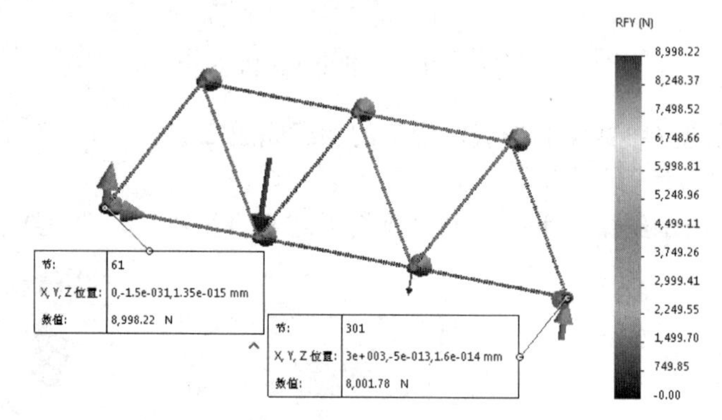

图 13.23　*A*、*B* 点 *Y* 方向支反力

右击【位移】选项，选择【探测】命令，分别探测 *A*、*B* 点 *Z* 方向支反力，如图 13.24 所示，即 *Z* 方向支反力全部为 0。

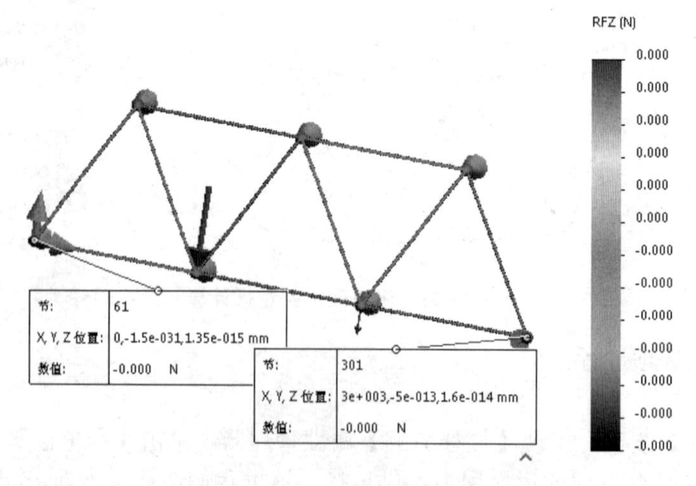

图 13.24　*A*、*B* 点 *Z* 方向支反力

② 应力。

a．最大、最小应力求解：

双击【应力】选项，出现【应力图解】属性管理器。单击【应力】类型，这里选择轴（注意：因为桁架各杆只承受轴力，不承受折弯），单位为 MPa，图表选项选择显示最小注解和显示最大注解，选择浮点小数点 2 位，如图 13.25 所示。

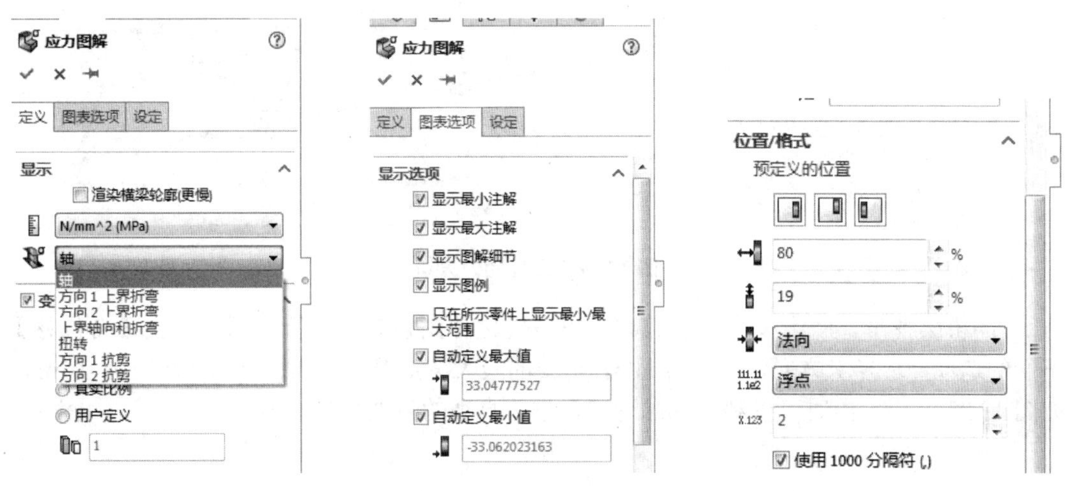

图 13.25　应力图解属性设置

在选择上述条件下，生成下面的桁架变形应力图，最小应力为–33.06MPa，发生在左下角接榫点，最大应力为 33.05MPa，发生在左上角接榫点，如图 13.26 所示。

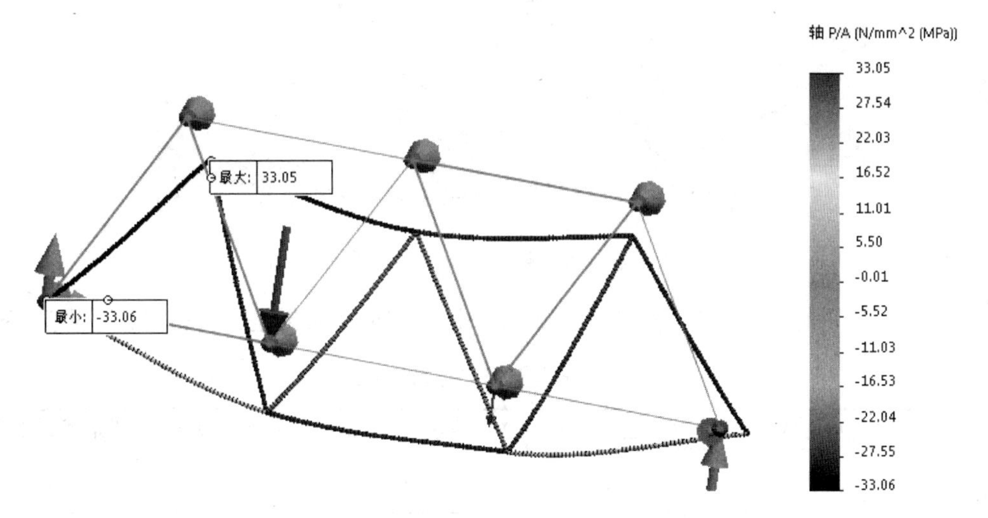

图 13.26　最大应力和最小应力

b．*CD*、*DH*、*HG* 三杆的应力。

右击【应力】选项，选择【探测】命令，分别探测 *CD*、*DH*、*HG* 三杆受力情况，如图 13.27 所示，结果如下：$\sigma_{CD}=-33.06\text{MPa}$，$\sigma_{DH}=3.68\text{MPa}$，$\sigma_{HG}=31.22\text{MPa}$。

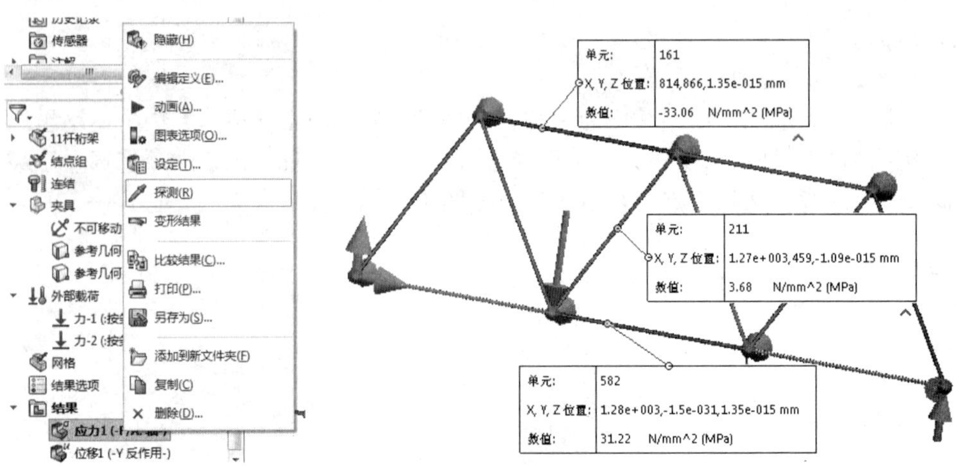

图 13.27 三杆受力分析

③ 桁架变形。双击【位移】选项，出现【位移图解】属性管理器。单击【合位移】下面的选项，选择 *Y* 方向，单位为 mm，桁架的最大变形发生在 *HG* 杆，变形量为 0.7mm，如图 13.28 所示。同时可以利用动画选项，进行直观的桁架变形显示。

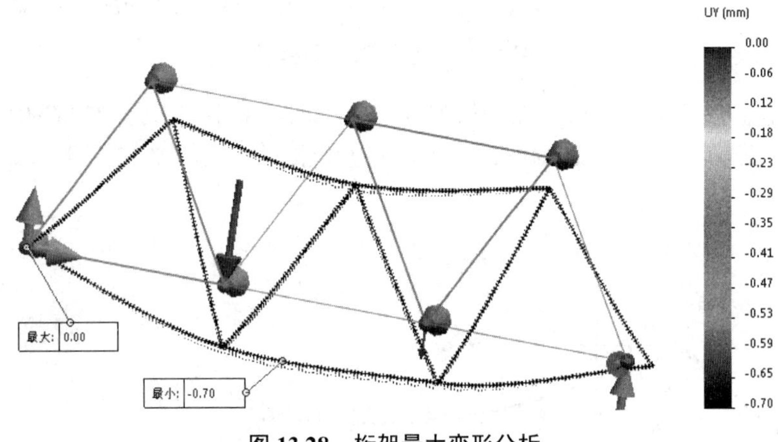

图 13.28 桁架最大变形分析

至此，桁架的分析完成，我们把上面的理论计算和分析结果进行分析对比，见表 13-3。

表 13-3 理论计算与分析结果对比

	CD 杆应力/MPa	*DH* 杆应力/MPa	*HG* 杆应力/MPa	F_{AY} 支反力/N	F_{BY} 支反力/N
理论计算	−33.08	3.66	31.24	9000	8000
分析	−33.06	3.68	31.22	8998.22	8001.78
误差	0.02MPa			1.78N	

结论：从表 13-3 中可以看出，理论计算和分析的结果基本一致，其误差完全能满足工程的需要。

桁架的变形，理论计算很难完成，利用软件容易获得。

实例 2：斜受力的平面静定桁架、变形分析

图 13.29 所示为一斜受力的平面桁架，F_1=10kN，F_1=F_2=20kN，求杆 *hg*、*cg*、*cd*、*de* 四杆的内力及支反力，以及桁架的最大变形。

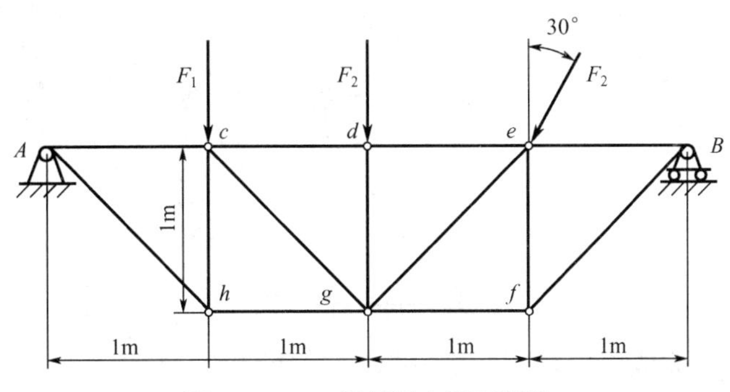

图 13.29 13 杆斜受力平面桁架

分析说明：此桁架和上述 11 杆桁架的不同是，在 *e* 结点承受与垂直面夹角为 30° 的力，我们主要说明此力如何加载。其他分析步骤与上述 11 杆桁架相同，这里不再赘述。

e 结点加载 *F*=20kN 的步骤如下：

(1) 创建 13 杆桁架分析算例后，隐藏接榫点、隐藏 *Ah* 杆，如图 13.30 所示。

(2) 在 *AB* 杆端部平面绘制通过截面中心的水平线 *H*—*H*，如图 13.31 所示。

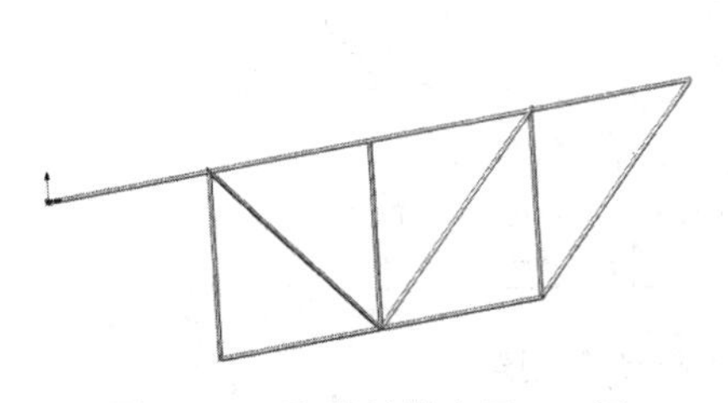

图 13.30 隐藏接榫点及 *Ah* 杆

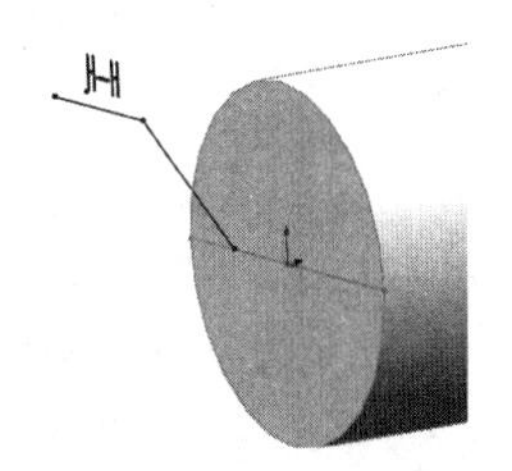

图 13.31 绘制水平线 *H*—*H*

(3) 通过水平线 *H*—*H* 和端面夹角 30° 创建基准面，如图 13.32 所示。

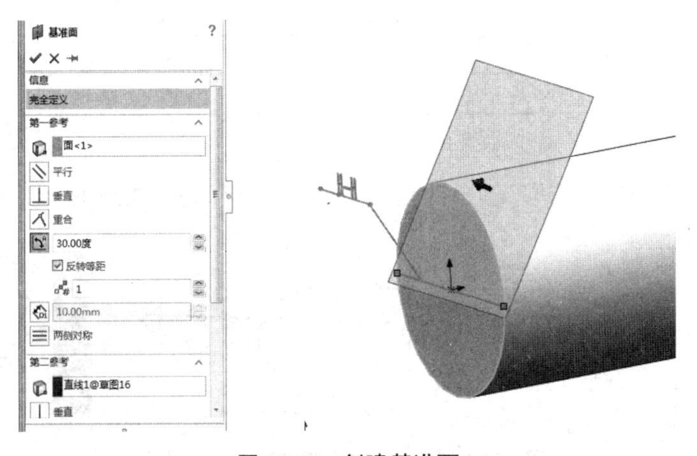

图 13.32 创建基准面

（4）在 e 点加载 $F=20\text{kN}$，力的方向选择与基准面平行，如图 13.33 所示。

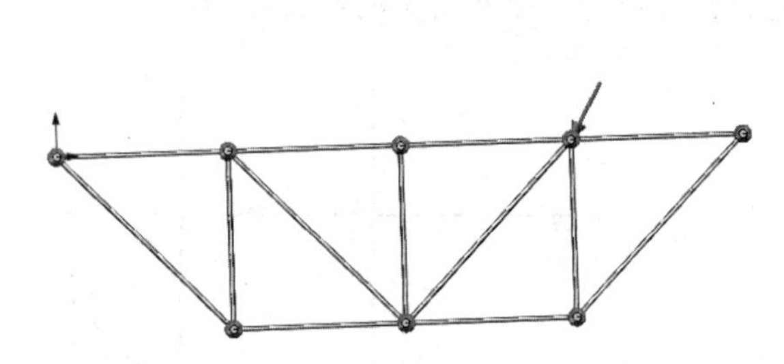

图 13.33　加载力

通过上述步骤，完成与垂直面夹角 30° 力的加载。

运行计算此算例后，各杆内力结果如图 13.34 所示，见表 13-4。

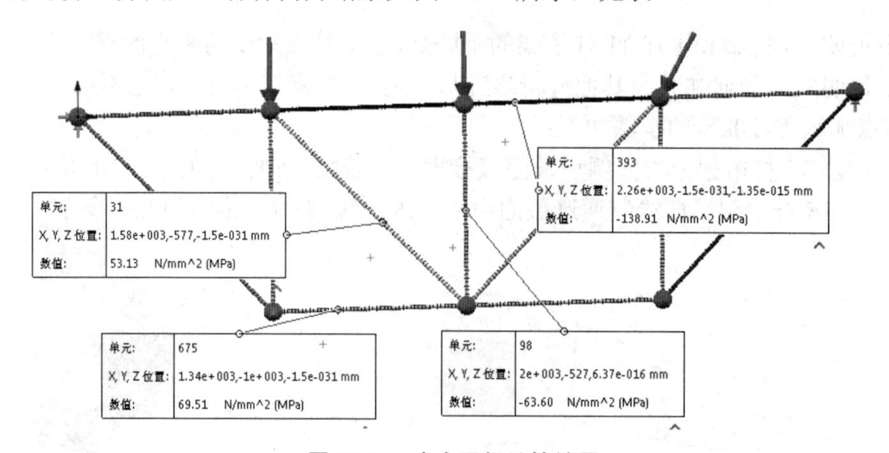

图 13.34　内力运行计算结果

表 13-4　各杆内力表分析结果

	hg 杆	*cg* 杆	*cd* 杆	*de* 杆
应力/MPa	69.51	53.13	−63.6	−138.9
内力/kN	21.83	16.68	19.97	43.62

注：表中“−”表示“压”；截面直径为 20mm。

运行计算此算例后，支座反力及桁架最大变形结果如图 13.35 所示，见表 13-5。

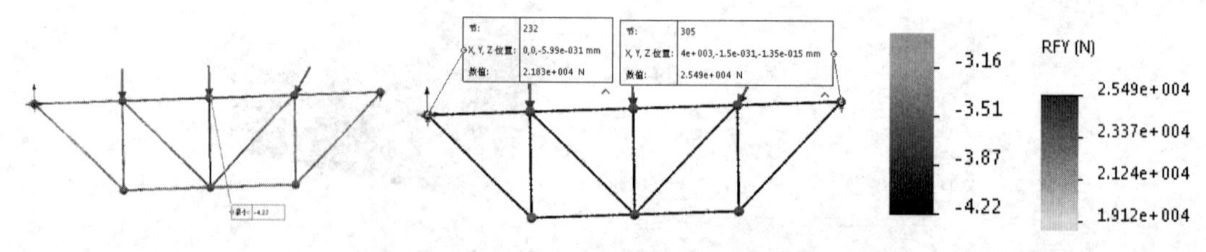

图 13.35　支座反力及变形运行计算结果

表 13-5 支座反力及变形分析结果

	支座 *A*		支座 *B*	
支反力/kN	F_X=10	F_Y=21.83	F_X=0	F_Y=25.49
最大变形量/mm	–4.22（发生 *d* 结点）			

实例 3：受非均布载荷的平面构件受力分析

【非均布载荷构件】

图 13.36 所示为一受非均布载荷的简单直角构件，此结构为静定的简单构件，在图示所受力的状态下，求支座 *A* 处的约束反力 F_{AX}、F_{Ay} 及反力矩 M_A。

1）理论求解

首先取构件整体为研究对象，按照三角形法则，非均布载荷分别由 F_1、F_2、F_3 等效代替，受力如图 13.37 所示。然后对整个结构列平衡方程求解。

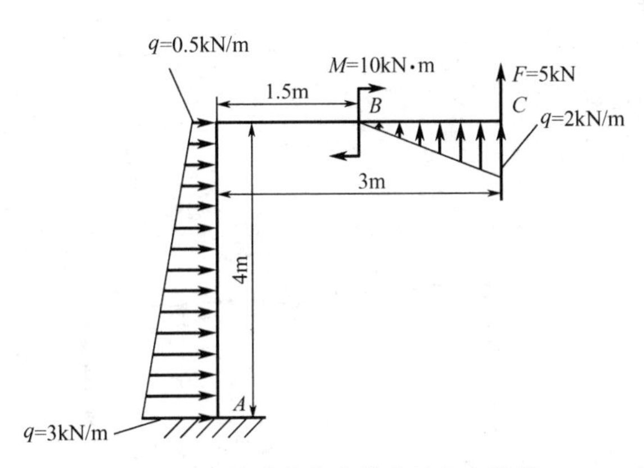

图 13.36 承受非均布载荷的直角构件

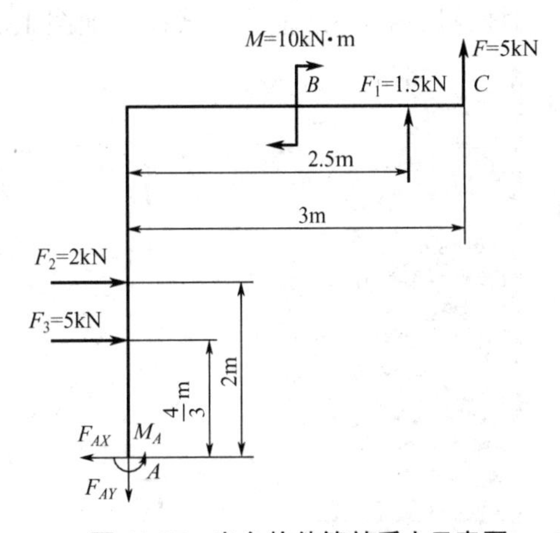

图 13.37 直角构件等效受力示意图

$$\sum F_X = 0, \qquad F_{AX} - F_2 - F_3 = 0$$

$$\sum F_Y = 0, \qquad F_{AY} - F - F_1 = 0$$

$$\sum M_A(F) = 0, \qquad F \times 3 + F_1 \times 2.5 + M_A - 10 - F_2 \times 2 - F_3 \times \frac{4}{3} = 0$$

解以上各方程，得

$$F_{AX} = 7000\text{N} \qquad F_{AY} = 6500\text{N} \qquad M_A = 1917\text{N} \cdot \text{m}$$

2）利用 SolidWorks Simulation 软件系统分析

首先完成构件造型，按照力的加载位置分成三段。

(1) 新建非均布载荷算例。

(2) 添加材料，选择普通碳素钢。

(3) 定义夹具。

① 选择【夹具】|【固定】选项，选择 *A* 点，限制六个自由度。

② 选择【夹具】选项，选择其余三个结点，限制一个方向移动。

(4) 加载。

① 分别加载集中力 F=5kN 和力矩 M=10kN·m，如图 13.38 所示。

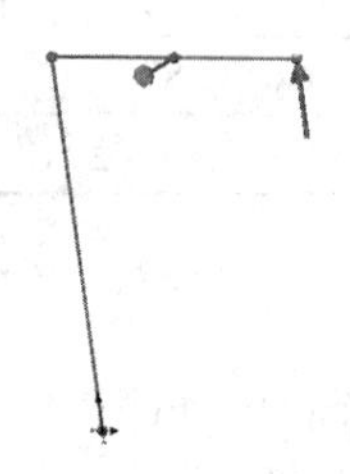

图 13.38　加载集中力和力矩

② 加载非均布载荷。选择 4m 长的横梁，加载非均布载荷，选择表格驱动的载荷分布、距离，分别输入 0—500N/m 和 4m—3000N/m，选择反转原点使载荷的方向符合图示要求。同样方法加载 3m 横梁的载荷，如图 13.39 所示。

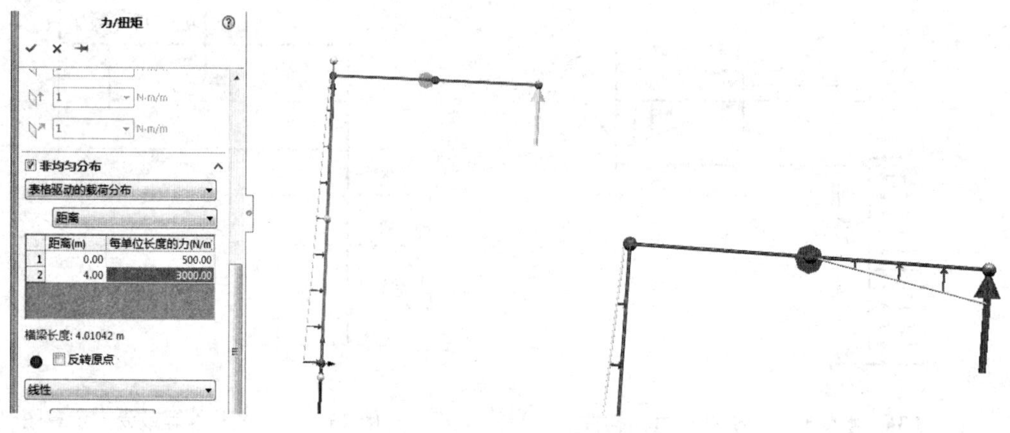

图 13.39　加载非均布载荷

(5) 运行算例结果。

① X 方向，Y 方向探测 A 支座的支反力，如图 13.40 所示。

② 探测 A 支座力矩，如图 13.41 所示，具体分析结果见表 13-6。

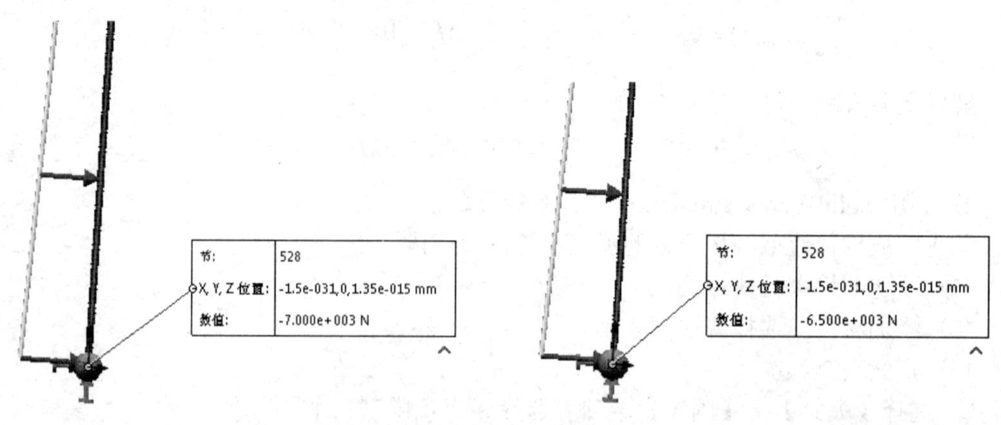

图 13.40　A 支座支反力

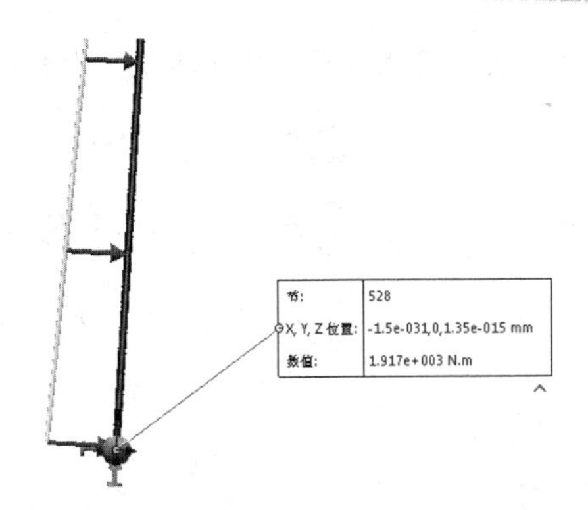

图 13.41　*A* 支座力矩

表 13-6　支座 *A* 支反力和力矩分析结果

支座 *A* 支反力/N		支座 *A* 力矩/(N・m)	备注
$F_{AX}=-7000$	$F_{AY}=-6500$	1917	“负”

注：表中“–”表示力的方向和作图环境中坐标相反。

实例 4：三铰拱平面构件受力分析

【三铰拱平面构件受力分析】

图 13.42 所示为三铰拱简单构件，*A*、*B* 两处为固定铰链，*C* 处为中间铰链，已知载荷 F_1 和 F_2 作用在结构平面内，此结构为静定的简单构件，求支座 *A*、*B* 处的约束反力。

1）理论求解

(1) 首先取构件整体为研究对象，受力如图 13.43 所示，对整个结构列平衡方程求解。

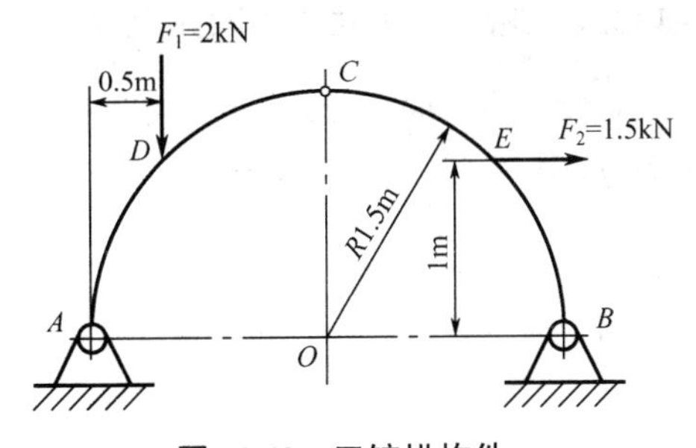

图 13.42　三铰拱构件

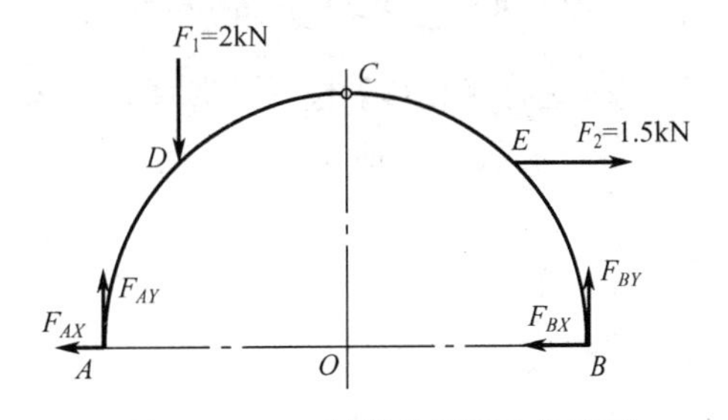

图 13.43　三铰拱构件受力示意图

$$\sum F_X=0,\quad F_{AX}+F_{BX}-F_2=0$$

$$\sum F_Y=0,\quad F_{AY}+F_{BY}-F_1=0$$

$$\sum M_A(F)=0,\quad F_1\times 0.5+F_2\times 1-F_{BY}\times 3=0$$

解以上各方程，得

$$F_{BY}=833\text{N}\qquad F_{AY}=1167\text{N}$$

（2）再以 CB 为研究对象，受力如图 13.44 所示，对整个结构列平衡方程求解。

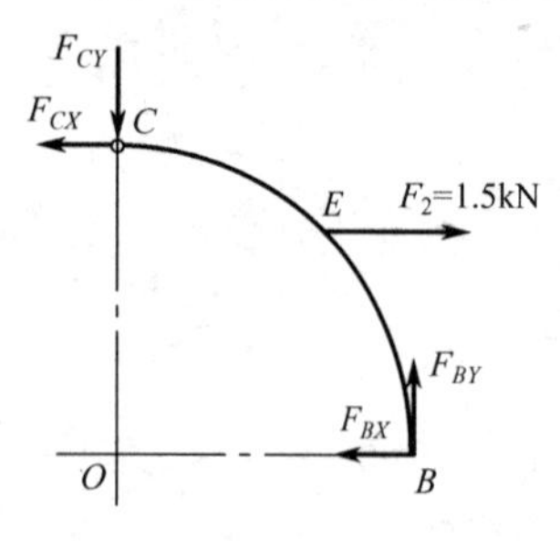

图 13.44　半拱构件受力示意图

$$\sum F_X = 0,\quad F_{CX} + F_{BX} - F_2 = 0$$

$$\sum F_Y = 0,\quad F_{CY} - F_{BY} = 0$$

$$\sum M_C(F) = 0,\quad F_{BX} \times 1.5 - F_2 \times 0.5 - F_{BY} \times 1.5 = 0$$

解以上各方程，得

$$F_{BX} = 1333\text{N} \qquad F_{AX} = 167\text{N}$$

2）利用 SolidWorks Simulation 软件系统分析

首先完成三铰拱结构构件造型，如图 13.45 所示。注意，按照力的加载位置，以及中间铰的位置分成四段。

（1）新建三铰拱算例。

（2）添加材料，选择普通碳素钢。

（3）定义夹具。

① 选择【夹具】|【不可移动】选项，选择 A、B 结点，限制三个方向移动，如图 13.46 所示。

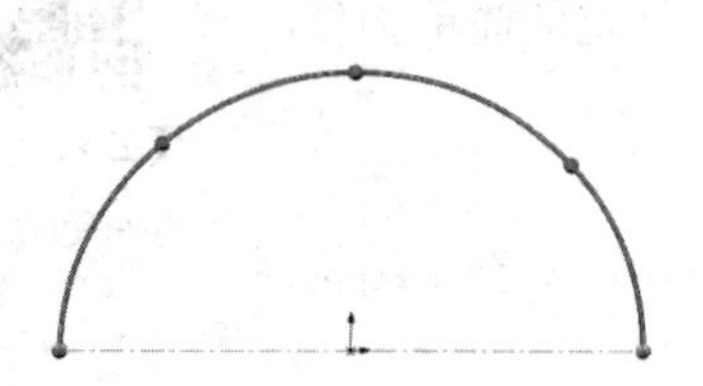

图 13.45　创建三铰拱结构构件

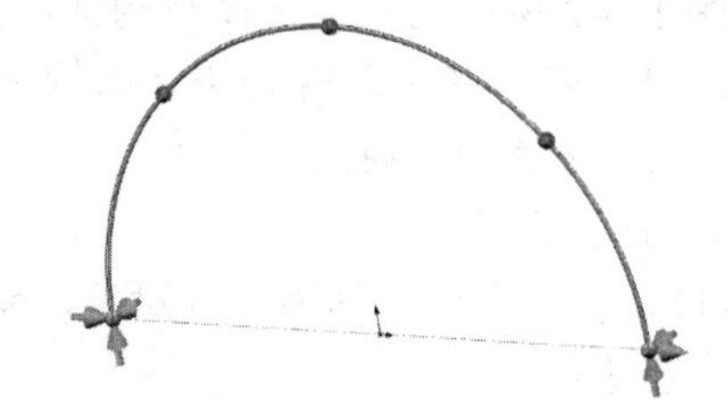

图 13.46　限制 *A*、*B* 结点三个方向移动

② 选择【夹具】选项，选择 C、D、E 三个结点，限制一个方向移动，如图 13.47 所示。

（4）加载。分别在 D、E 点加载集中力 F_1=2kN 和 F_2=1.5kN，如图 13.48 所示。

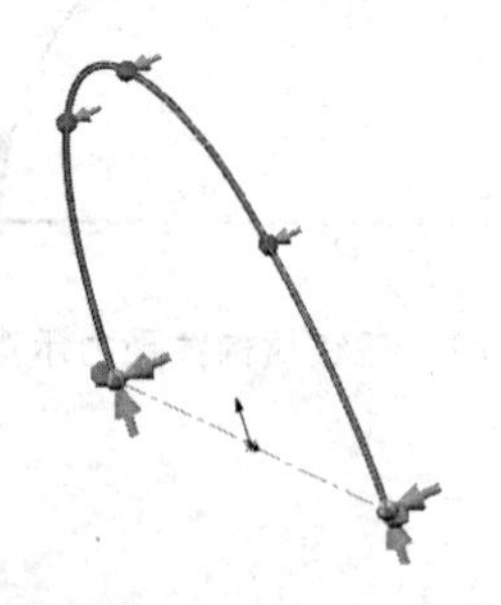

图 13.47　限制 *C*、*D*、*E* 一个方向移动

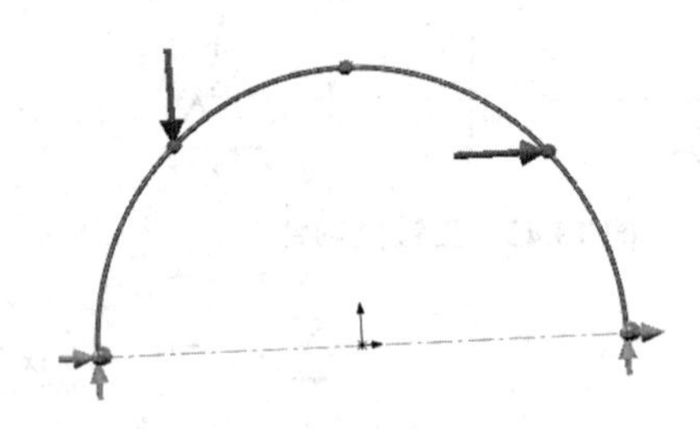

图 13.48　加载集中力

（5）定义 C 结点为铰链。软件默认构件结点为刚性，如上述的 C、D、E 三个结点，生成 D、E 两个结点是为了便于加载，而 C 结点这里不能为刚性，应为铰链，具体操作如下：

右击构件带有 C 结点的那段横梁，进行编辑定义，出现应用/编辑钢梁属性管理器，选择 C 结点由刚性选择为铰链，如图 13.49 所示。

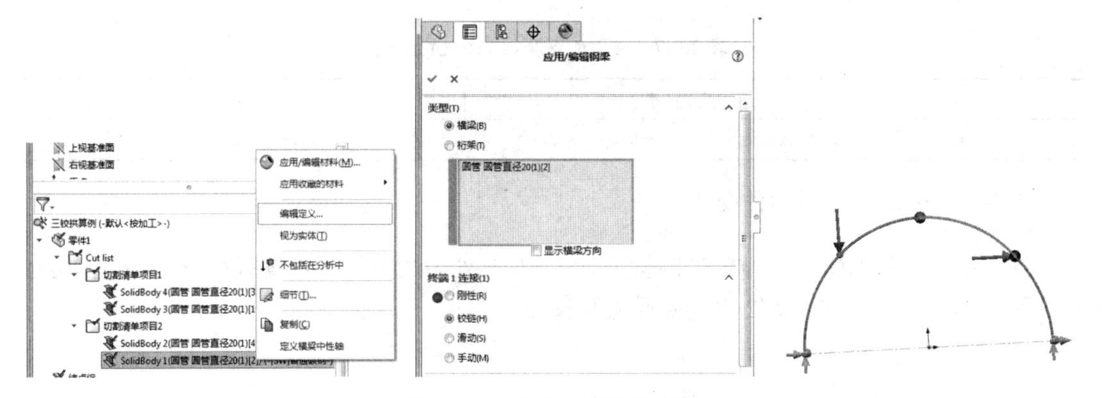

图 13.49　定义 *C* 结点为铰链

(6) 运行算例结果如下：*X* 方向，探测 *A*、*B* 支座支反力如图 13.50 所示。*Y* 方向，探测 *A*、*B* 支座支反力如图 13.51 所示。具体分析结果见表 13-7。(图中“-”号表示和作图环境中的坐标系方向相反。)

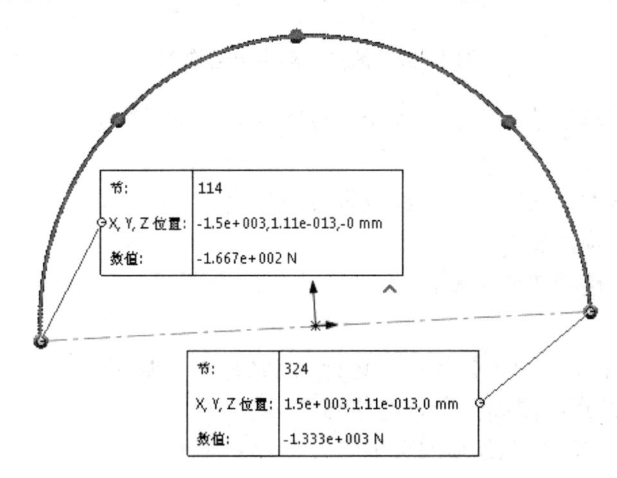

图 13.50　*X* 方向 *A*、*B* 支座支反力

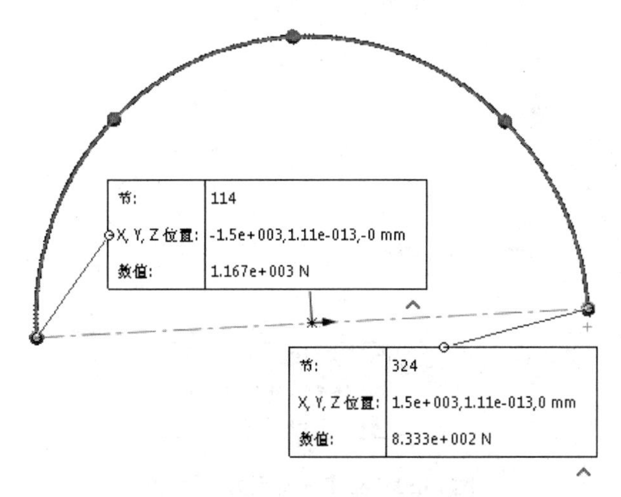

图 13.51　*Y* 方向 *A*、*B* 支座支反力

表 13-7　*A*、*B* 支座反力分析结果

	支座 *A*		支座 *B*	
支反力	$F_{AX}=166.7\text{N}$	$F_{AY}=1167\text{N}$	$F_{BX}=1333.3\text{N}$	$F_{BY}=833\text{N}$

实例 5：超静定半圆构件受力分析

图 13.52 所示为简单超静定半圆构件，*A*、*B* 两处为固定端，已知载荷 F_1 和 F_2 作用在结构平面内，求支座 *A*、*B* 处的约束反力和反力矩。

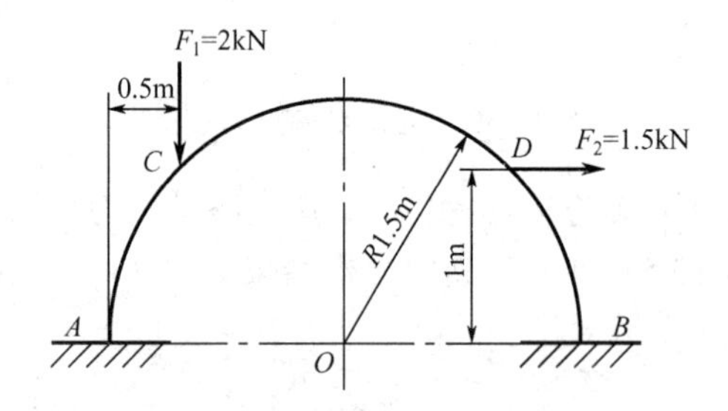

图 13.52　简单超静定半圆构件

此构件由于是超静定结构，利用理论计算支反力，将很烦琐，这里利用软件直接进行分析。

首先完成构件造型，按照力的加载位置分成三段。

（1）新建超静定构件算例。

（2）添加材料，选择普通碳素钢。

（3）定义夹具。

① 选择【夹具】|【固定】选项，选择 *A*、*B* 结点，限制三个方向移动。

② 选择 *C*、*D* 结点，限制一个方向移动。

（4）加载。在 *C*、*D* 结点分别加载集中力。

（5）运行此算例结果如下：支座 *A*、*B* 支反力分别如图 13.53、图 13.54 所示，支座 *A*、*B* 反力矩如图 13.55 所示。具体分析结果见表 13-8。

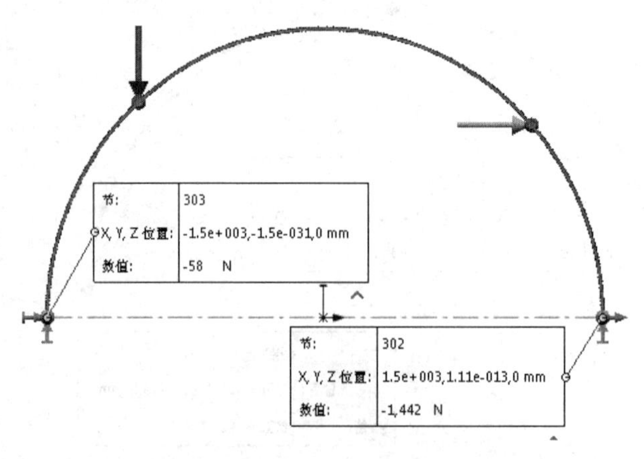

图 13.53　支座 *A* 支反力

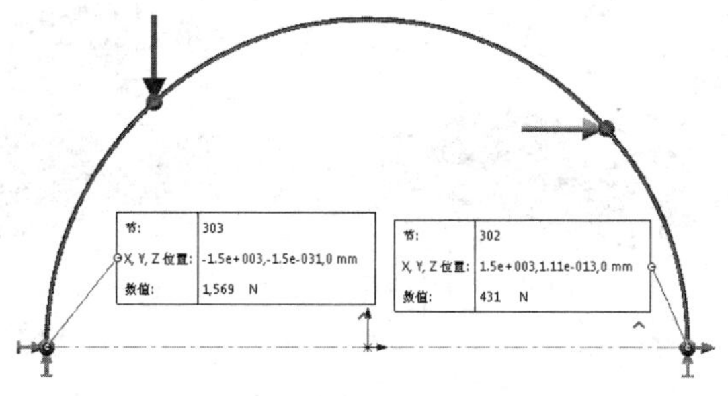

图 13.54　支座 *B* 支反力

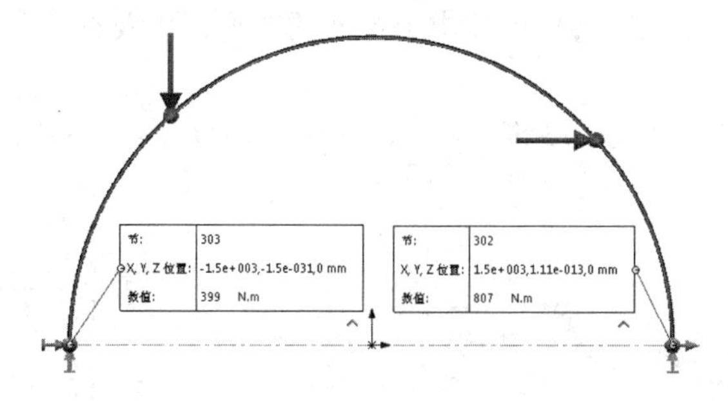

图 13.55　支座 *A*、*B* 反力矩

表 13-8　*A*、*B* 支座支反力及反力矩分析结果

	支座 *A*		支座 *B*	
支反力	$F_{AX}=-58\text{N}$	$F_{AY}=-1142\text{N}$	$F_{BX}=1569\text{N}$	$F_{BY}=431\text{N}$
反力矩	$M_A=399\text{N}\cdot\text{m}$		$M_B=807\text{N}\cdot\text{m}$	

实例 6：空间超静定桁架的受力、变形分析

图 13.56 所示为一立体框架，材质为普通碳素钢，框架在 *A*、*B*、*F*、*G* 点固定(图 13.57)，在 *M*、*N* 点处，分别承受 $F_1=F_2=44482\text{N}$ 的力(图 13.58)，立体框架的 *AF*、*BG*、*CH*、*DE* 四根立柱的截面尺寸如图 13.59 所示，图 13.60 所示为其余立柱的截面尺寸，在 F_1、F_2 作用下，求框架最大应力和变形。

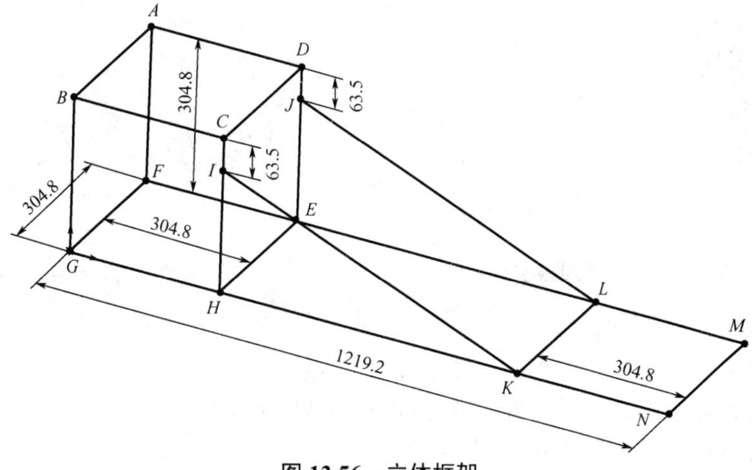

图 13.56　立体框架

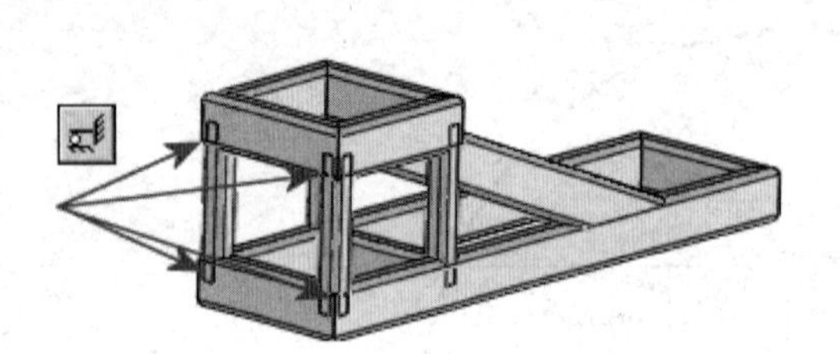

图 13.57　固定部位

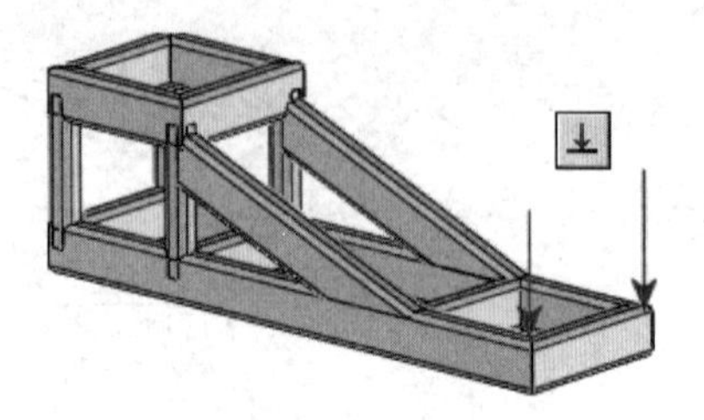

图 13.58　受力部位

由于该框架为超静定结构，利用传统的计算方法计算其受力和变形是非常复杂的，通过 SolidWorks Simulation 系统可以迅速求出框架的变形，以及杆的应力，详述如下：

1）立体框架造型

（1）分别按照图 13.59、图 13.60 所示尺寸，绘制 2D 草图，并以*.Sldlfp 为后缀保存以备调用。

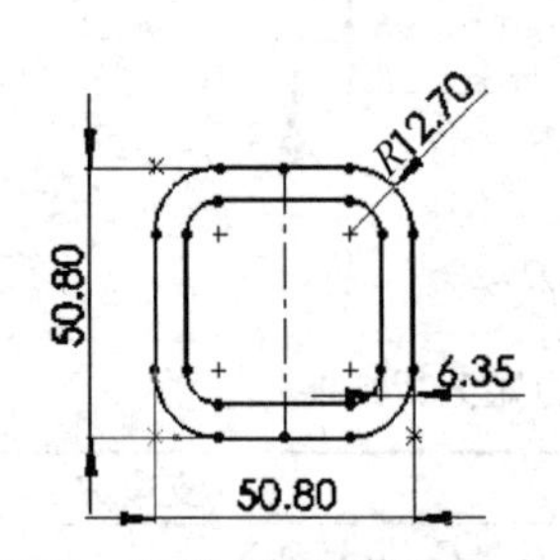

图 13.59　四根立柱的截面尺寸

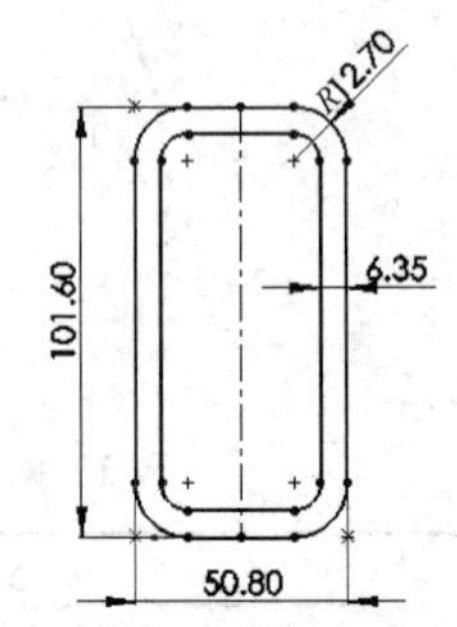

图 13.60　其余立柱的截面尺寸

（2）按照图 13.56 所示尺寸，绘制 2D 草图、3D 草图，完成框架线架造型。

（3）退出草图状态，建立结构构件，截面选取图 13.59 所示截面，创建四根立柱，如图 13.61 所示。

（4）选取图 13.60 所示截面，创建其余杆件，如图 13.62 所示，完成框架的立体造型，框架材质添加为普通碳素钢。

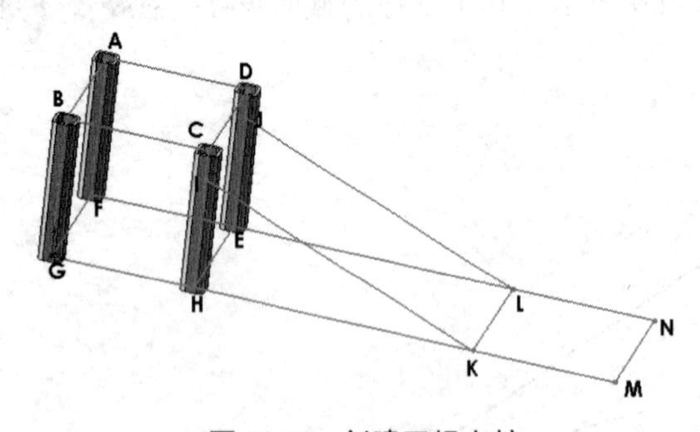

图 13.61　创建四根立柱

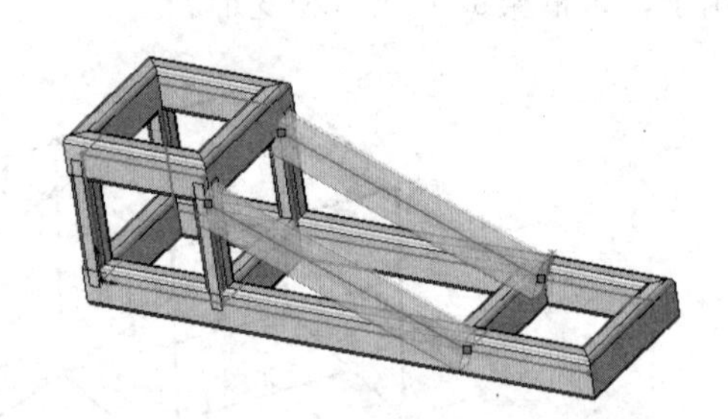

图 13.62　完成框架立体造型

2）框架静态分析

（1）创建框架静应力分析算例，如图 13.63 所示。

（2）把所有杆件视为横梁，并计算生成图 13.64 所示的 12 个接榫点(对于出现的多余的接榫点可以通过编辑进行删除)。

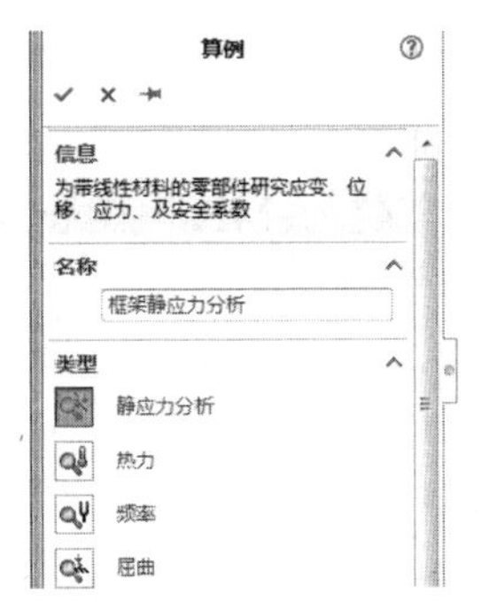

图 13.63 创建分析算例

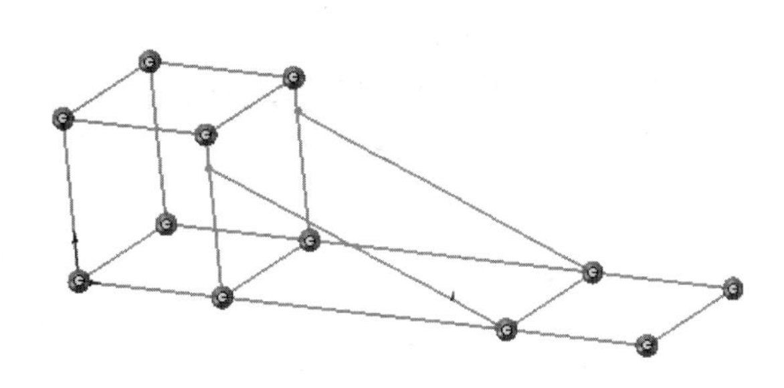

图 13.64 生成 12 个接榫点

(3) 添加固定约束。对接榫点 *A*、*B*、*F*、*G* 施加固定约束，如图 13.65 所示。

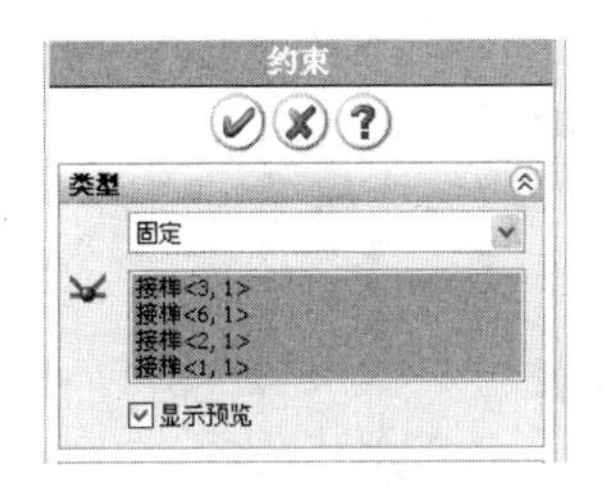

图 13.65 添加固定约束

(4) 添加力。对接榫点 *M*、*N* 施加 44482N 的力，参考基准面选择上视基准面，力的方向选择垂直基准面，如图 13.66 所示。

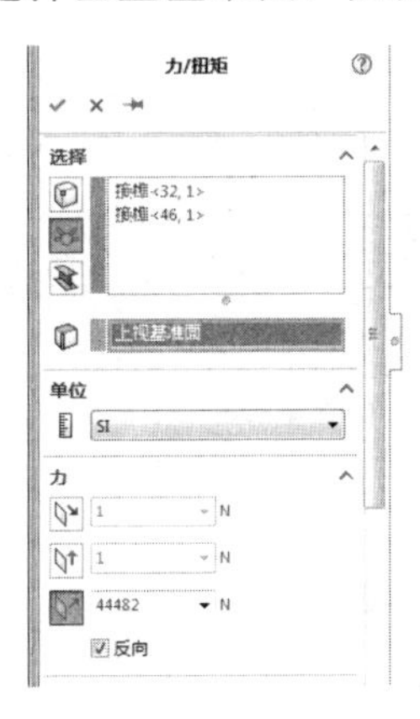

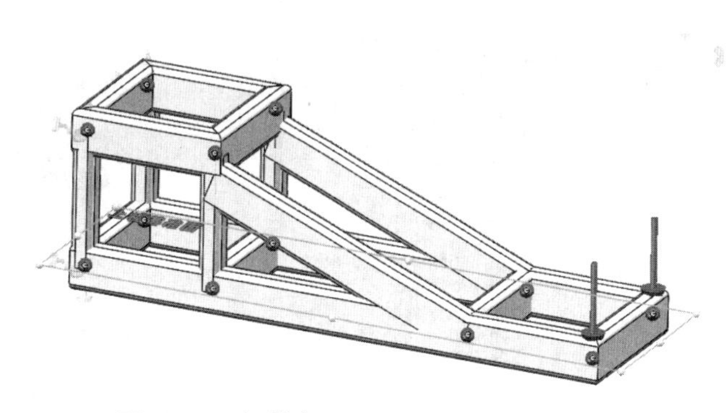

图 13.66 加载力

(5) 划分网格，选择生成默认的中等密度的横梁网格，如图 13.67 所示。

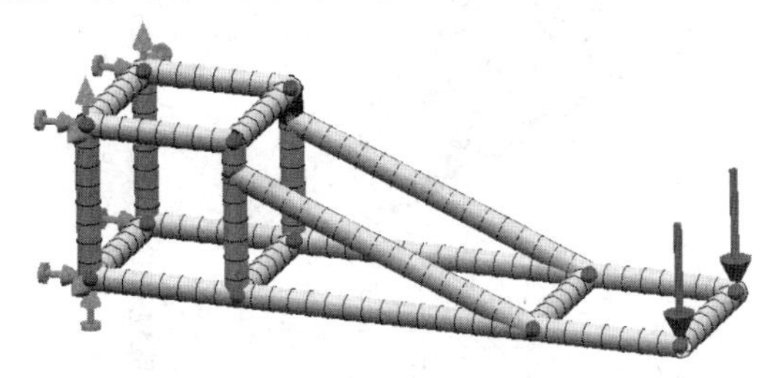

图 13.67 生成横梁网格

(6) 运行计算，计算机完成分析计算，生成结果选项。

(7) 对结果选项进行分析。

① 杆的轴应力分析。选择应力图解属性管理器中轴应力，单位为 MPa，图表选项中选择浮点小数 2 位，如图 13.68 所示。

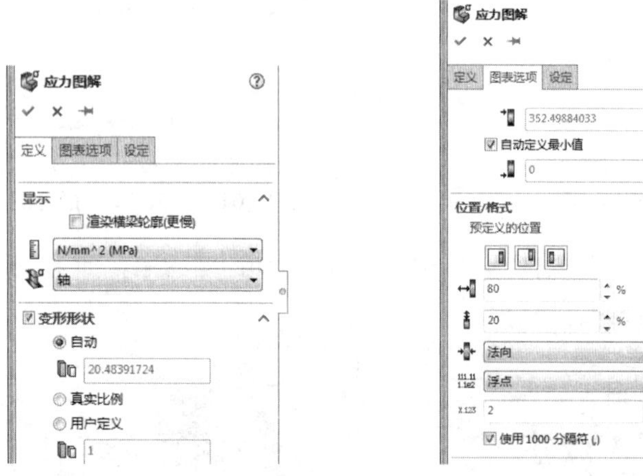

图 13.68 应力图解属性设置

右击结果中的【应力 1】选项，选择【探测】选项，选择框架中的 *JL*(*IK*)杆在探测结果中出现最大应力数值+96.17，选择 *GK*(*FL*)杆在探测结果中出现最小应力数值–90.33，选择 *MN* 杆在探测结果中出现应力数值 0，如图 6.69 所示。

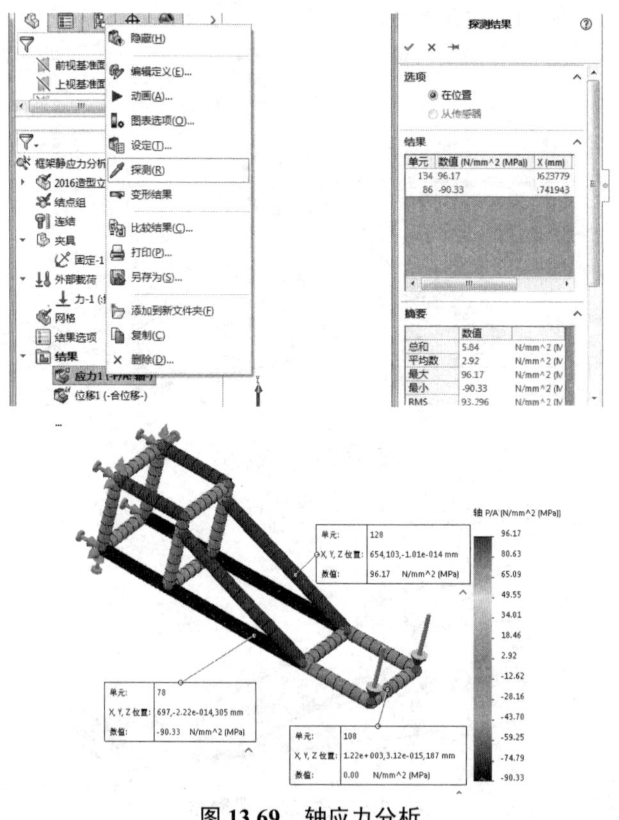

图 13.69 轴应力分析

从上面的分析结果可以看出，最大轴应力发生在 *JL*、*IK* 杆，最大轴应力为拉应力 96.17MPa；最小轴应力发生在 *GK*、*FL* 杆，最小轴应力为压应力，即–90.33MPa；*MN* 杆既不受压，也不受拉，轴应力为 0，具体见表 13-9。

表 13-9 杆的轴应力

序号	杆件	应力/MPa	说明
1	*JL*	96.17	最大拉应力
2	*IK*		
3	*GK*	–90.33	最大压应力
4	*FL*		
5	*MN*	0	该杆不承受拉(压)

② 杆的最大应力分析。从框架的受力情况可知，它不是只承受轴力的平面桁架结构，有些杆还承受弯曲，因此，应考虑轴应力和弯曲应力共同作用的情况，最大应力分析如下：

选择应力图解属性管理器中上界轴向和折弯应力，单位为 MPa，探测结果及最大应力如图 13.70 所示。

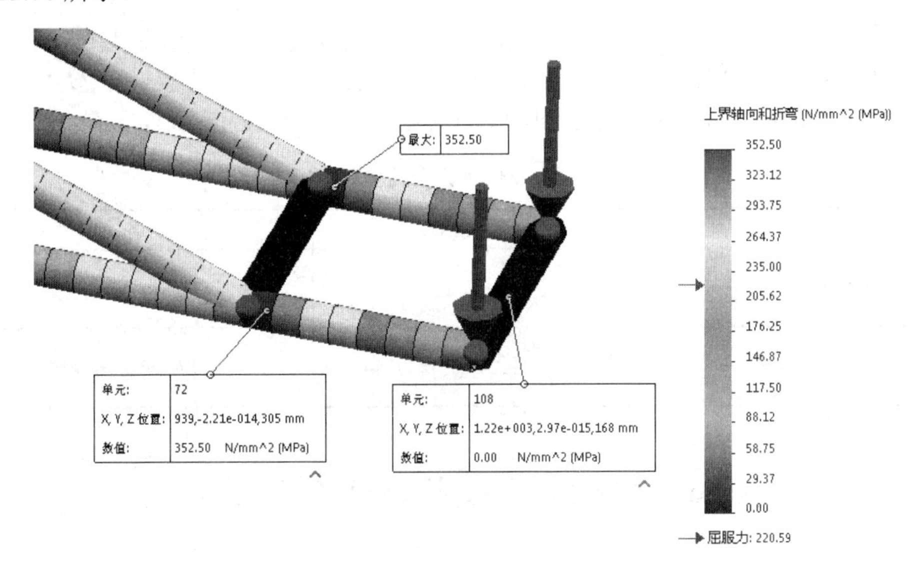

图 13.70 杆的应力分析

从图 13.70 可以看出，最大组合应力发生在三杆相交处的 *K*、*L* 接榫点附近，最大应力为 352.5MPa，具体位置 *X*=939mm 处；*MN* 杆的应力为 0，即该杆既不承受拉(压)，也不承受折弯，具体见表 13-10。

表 13-10 杆的最大应力分析结果

序号	杆件	应力/MPa	说明
1	*KL*(端部)	352.5	最大应力 (位置 *X*=939mm)
2	*LM*(端部)		
3	*MN*	0	该杆既不承受拉(压)，也不承受折弯

③ 杆的变形分析，如图 13.71 所示。

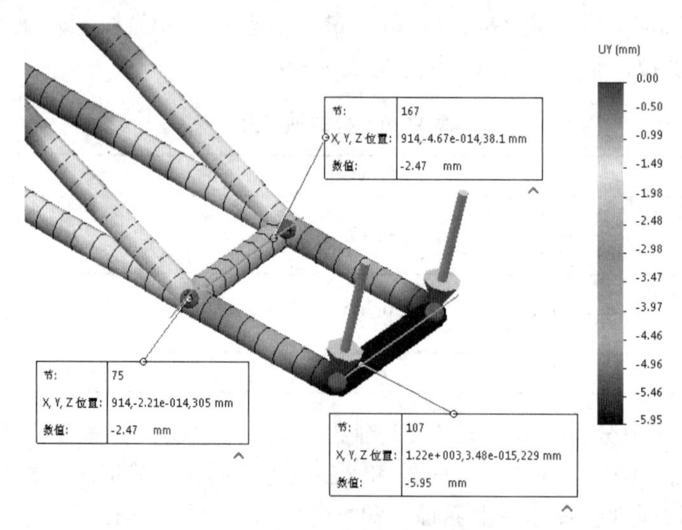

图 13.71　杆的变形分析

根据框架的受力情况，主要分析在力 F_1、F_2 作用线方向的变形，即框架在 Y 方向的变形。从图 13.69 可以看出，最大变形沿 Y 轴负方向发生在力的作用点处，即 M、N 点，最大变形量为 5.95mm。通过【探测】选项，我们也可以得到其他处的变形，具体见表 13-11。

表 13-11　框架整体 Y 方向的变形分析结果

序号	节点	变形量/mm	备注
1	M	–5.95	MN 杆整体位移
2	N		
3	K	–2.47	LK 杆整体位移
4	L		

13.6　梁的剪力图和弯矩图的绘制

13.6.1　梁的弯曲

等直杆在其包含杆轴线的纵向平面内，承受垂直于杆线的横向外力或外力偶的作用，杆的轴线在变形后成为曲线，这种变形称为弯曲。

弯曲是构件的基本变形之一，也是工程中最常见的一种变形形式。在工程实际中，受到载荷作用产生弯曲变形的杆件是很多的，通常把这种以弯曲变形为主的杆件称为受弯杆或简称为梁。

13.6.2　梁的支承形式

在工程实际中，梁的支承形式是多种多样的，常见的有以下三种。

1. 固定端支座

固定端支座(图 13.72)限制梁的线位移和角位移，空间限制六个自由度，在梁的弯曲平面内，限制三个自由度，通常将该支座反力简化为三个分量 F_X、F_Y和 M。

2. 固定铰支座

固定铰支座(图 13.73)限制梁在任何方向的移动，但不限制支座处的转动，空间限制三个自由度，在梁的弯曲平面内，限制两个自由度，通常将该支座反力简化为两个分量 F_X、F_Y。

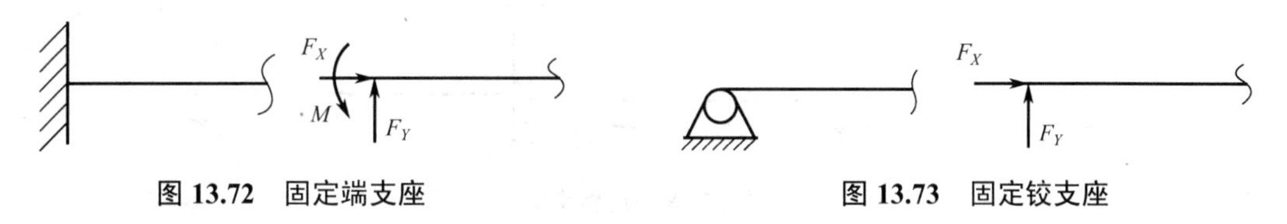

图 13.72 固定端支座　　图 13.73 固定铰支座

3. 可动铰支座

可动铰支座(图 13.74)限制梁在垂直于支承面方向的移动，但不限制支座处的转动和沿平行于支承面方向的移动，通常将该支座反力简化为一个分量 F_Y。

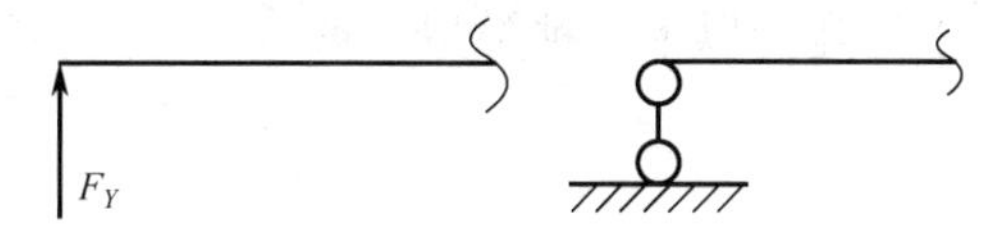

图 13.74 可动铰支座

13.6.3 静定梁的基本形式

经过上述支座简化后，如果支座反力可以由静力平衡条件完全确定，这样的梁称为静定梁，常见的简单静定梁有以下三种。

1. 悬臂梁

悬臂梁即一端是固定端支座，另一端是自由端，如图 13.75 所示。

2. 简支梁

简支梁即一端是固定铰支座，另一端自由端是可动铰支座，如图 13.76 所示。

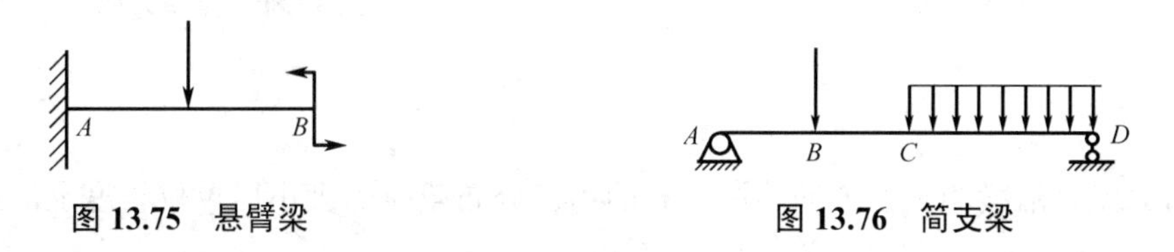

图 13.75 悬臂梁　　图 13.76 简支梁

3. 外伸梁

外伸梁即简支梁的一端或两端伸出支座以外，如图 13.77 所示。

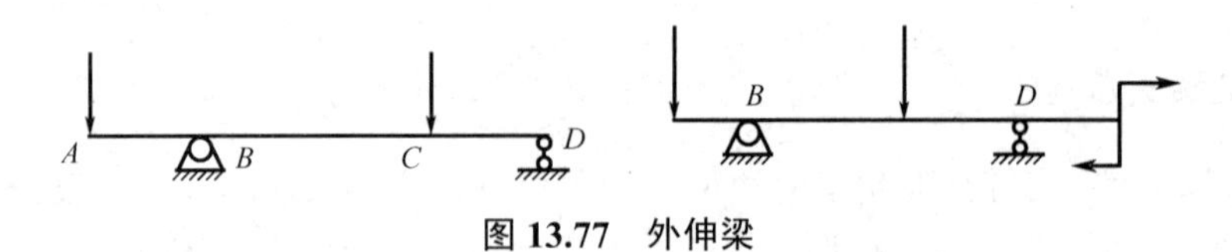

图 13.77　外伸梁

为了工程上的需要，有时对一根梁设置较多支座，如图 13.78 所示，使梁的支反力数目多余独立的平衡方程的数目，此时，仅用平衡方程就无法确定其所有的支反力，这种梁称为超静定梁，对这种梁的分析 SolidWorks Simulation 系统相对于传统的计算方法更显其优势。

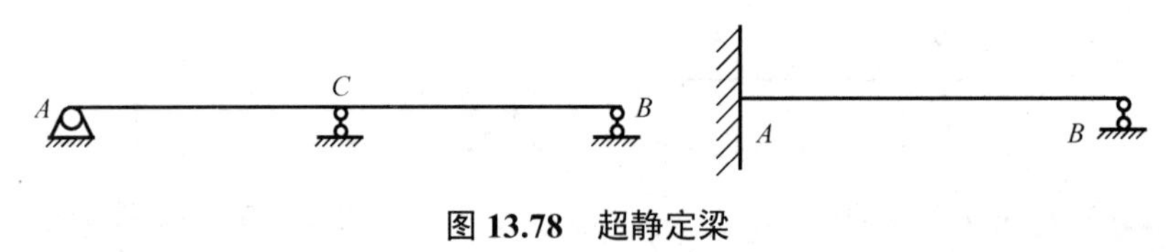

图 13.78　超静定梁

13.6.4　梁的载荷

作用在梁上的外力包括两部分，一部分是作用在梁上的载荷，另一部分是支座多梁的约束反力。作用在梁上的载荷是已知的，而约束反力是未知的，通过平衡方程可以算出。

作用在梁上的载荷可以简化为以下三种类型。

1. 集中力

集中力就是载荷沿梁轴线的分布长度远小于梁的长度，可以将载荷简化为作用于点的集中力，如图 13.79 所示，常用单位为 N 或 kN。

2. 集中力偶

集中力偶就是作用在梁轴线上某点处且矩矢量垂直于梁纵向对称平面的力偶，如图 13.80 所示，常用单位为 N • m 或 kN • m。

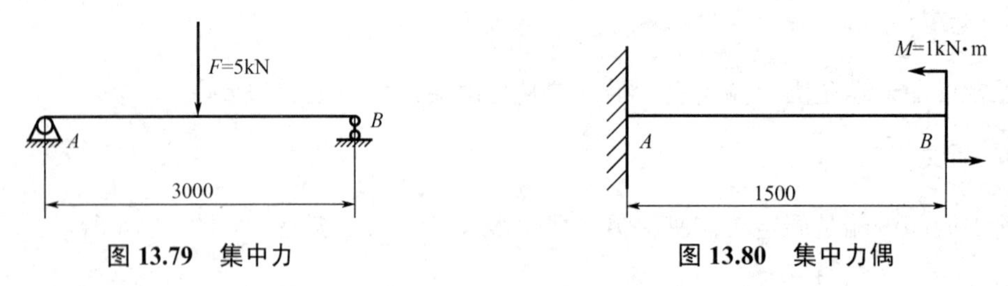

图 13.79　集中力　　图 13.80　集中力偶

3. 分布力

分布力就是沿梁的长度方向连续分布的力。分布载荷的大小用单位长度上的载荷 q 表示，如图 13.81 所示，常用单位为 N/m 或 kN/m。

分布载荷按其在长度内 q 是否为常量可分为均布载荷和非均布载荷。

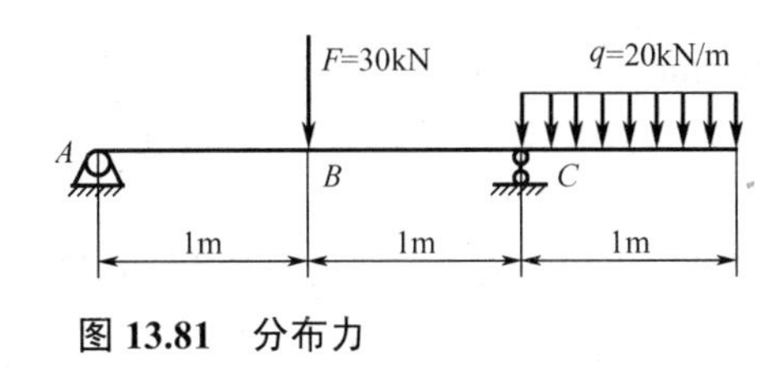

图 13.81　分布力

13.6.5　利用 SolidWorks Simulation 绘制梁的剪力图和弯矩图

【简支梁剪力弯矩图绘制】

实例 1：承受集中力和均布载荷的简支梁的剪力图及弯矩图的绘制

图 13.82 所示为一简支梁，承受集中力和均布载荷，首先利用计算法计算各段剪力和弯矩，然后绘制剪力图和弯矩图，再利用 SolidWorks Simulation 系统绘制。

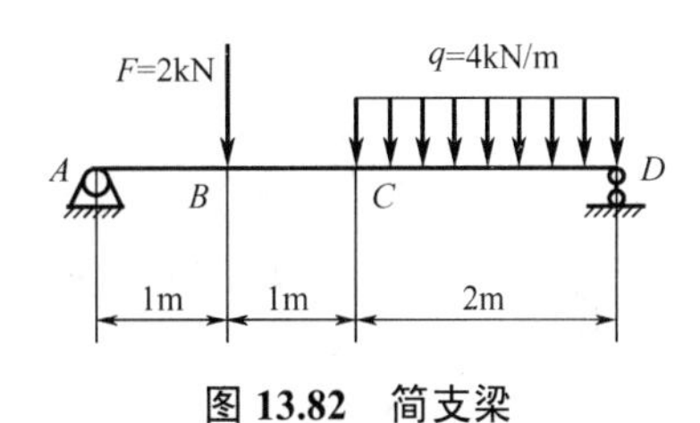

图 13.82　简支梁

1）传统方法计算各段剪力和弯矩并绘制其图

（1）求支座反力。根据梁的平衡条件求出支座反力

$$F_A = 3.5\text{kN} \qquad F_B = 6.5\text{kN}$$

（2）作剪力图。

AB、*BC* 段没有载荷作用，所以，剪力图为平行梁轴线的水平线段；*CD* 段作用有向下的均布载荷，所以该段的剪力图为下倾直线段。在 *B* 处，由于有集中力的作用，所以剪力图有突变，突变数值大小等于集中力的大小。各段剪力值为：

AB 段 $F_{AB} = 3.5\text{kN}$　*BC* 段 $F_{BC} = 1.5\text{kN}$　*CD* 段左端点处=1.5kN　右端点处=−6.5kN

此外，求出剪力为 *F*=0 的截面位置，以确定弯矩的极值，设该截面距离梁右端点为 *x*，于是在 *x* 处截面上剪力为 0，即

$$F = -F_B + qx = 0$$

$$x = \frac{F_B}{q} = \frac{6.5\times10^3}{4\times10^3} = 1.625(\text{m})$$

由以上各数据可绘制剪力图。

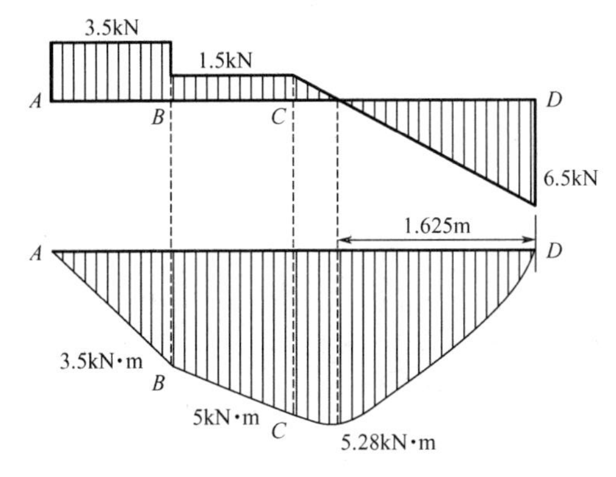

图 13.83　简支梁的剪刀图和弯矩图

（3）作弯矩图。

AB、*BC* 段没有载荷作用，所以该段的弯矩图为直线；*CD* 段作用有向下的均布载荷，所以该段弯矩图有转折，各段分界处的弯矩值为：

$$M_B = 3.5\text{kN}\cdot\text{m} \qquad M_C = 5\text{kN}\cdot\text{m}$$

CD 段内在剪力为 *O* 的截面上弯矩有极值

$$M_{\max} = F_B \times 1.625 - \frac{1}{2}q\times1.625^2 = 5.28(\text{kN}\cdot\text{m})$$

根据上述各数据绘制剪力图、弯矩图，如图 13.83 所示。

2）利用 SolidWorks Simulation 系统绘制剪力图和弯矩图

(1) 简支梁的造型。选择右视基准面绘制直径为 100 的圆的草图(梁的截面尺寸可以是任意形状，这里为圆形，但梁的长度应大于截面最长尺寸的 10 倍)，分别拉伸 1000mm、1000mm、2000mm，如图 13.84 所示。注意三段实体在拉伸时选择不合并，保存为简支梁。

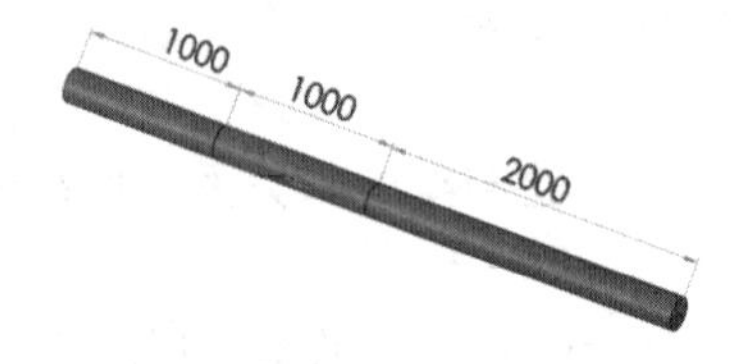

图 13.84　按三段生成梁

(2) 添加材质，选择普通碳素钢。对于绘制剪力图和弯矩图，材质没有影响。

(3) 生成新算例，即简支梁剪力弯矩图算例。

(4) 双击简支梁剪力弯矩图算例下方的【简支梁】选项，出现三个实体，分别右击，选择【视为横梁】选项，出现三个横梁标识，如图 13.85 所示。

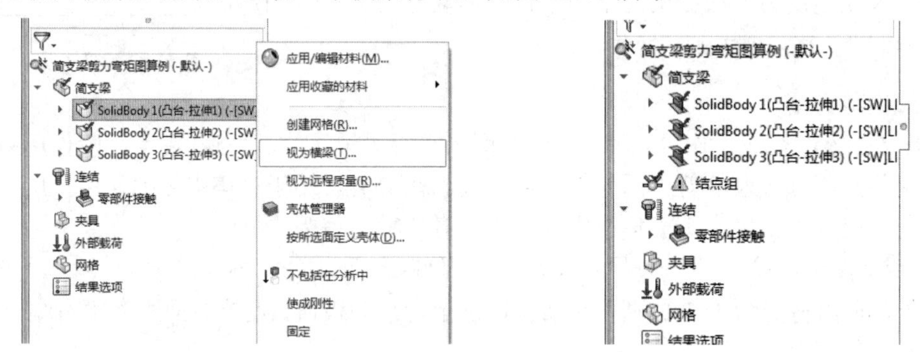

图 13.85　创建横梁

右击【结点组】，选择【编辑】选项，出现【编辑接点】属性管理器，单击【计算】按钮，简支梁生成四个接榫点，如图 13.86 所示。

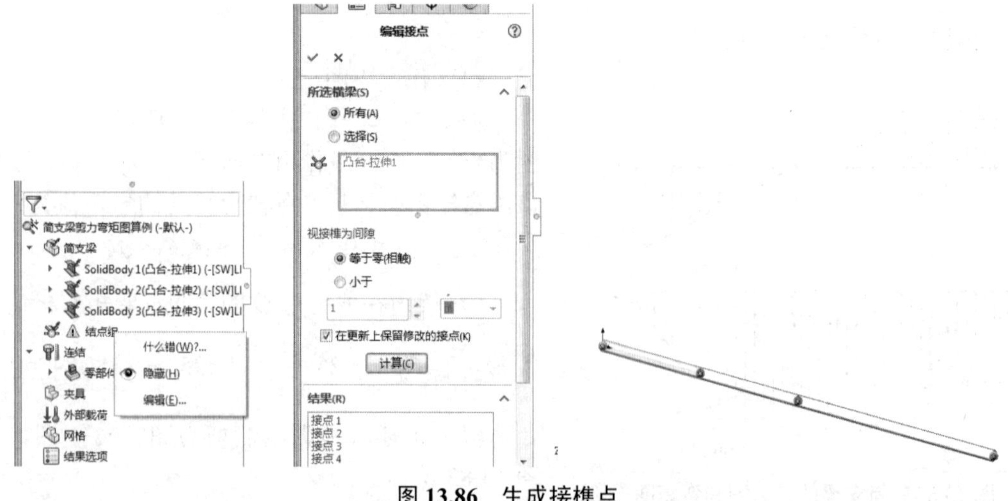

图 13.86　生成接榫点

(5) 添加夹具。梁的左端接榫点添加不可移动，约束三个自由度，右端接榫点添加使用参考几何体，选择右视基准面为参考基准，约束两个自由度，如图 13.87 所示。

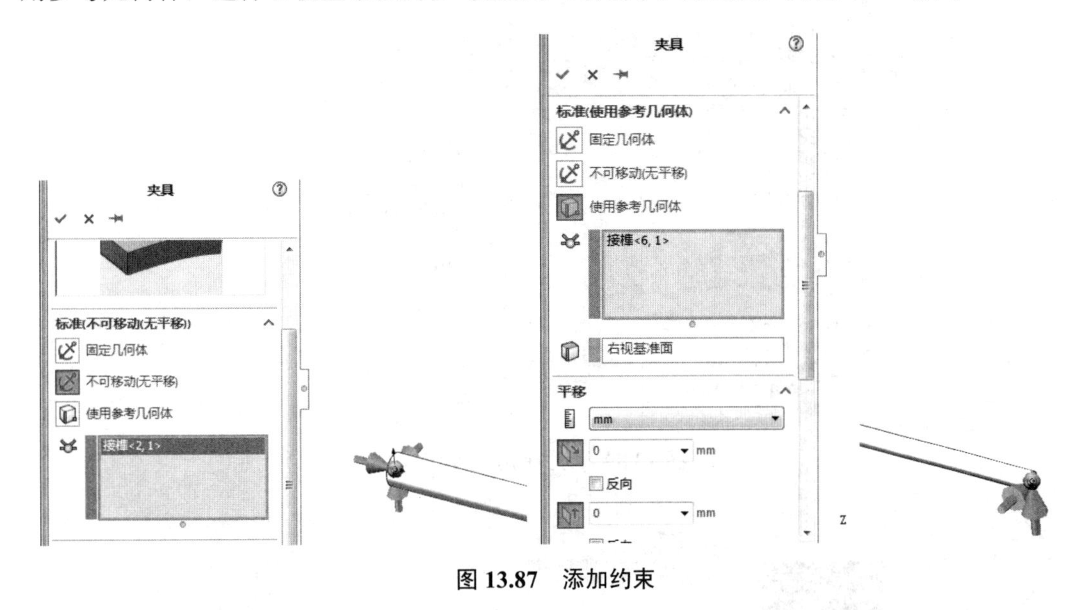

图 13.87 添加约束

(6) 添加载荷。在左侧第二个接榫点添加集中力 2kN，在右端 2m 横梁上添加均布载荷 4kN/m，如图 13.88 所示。

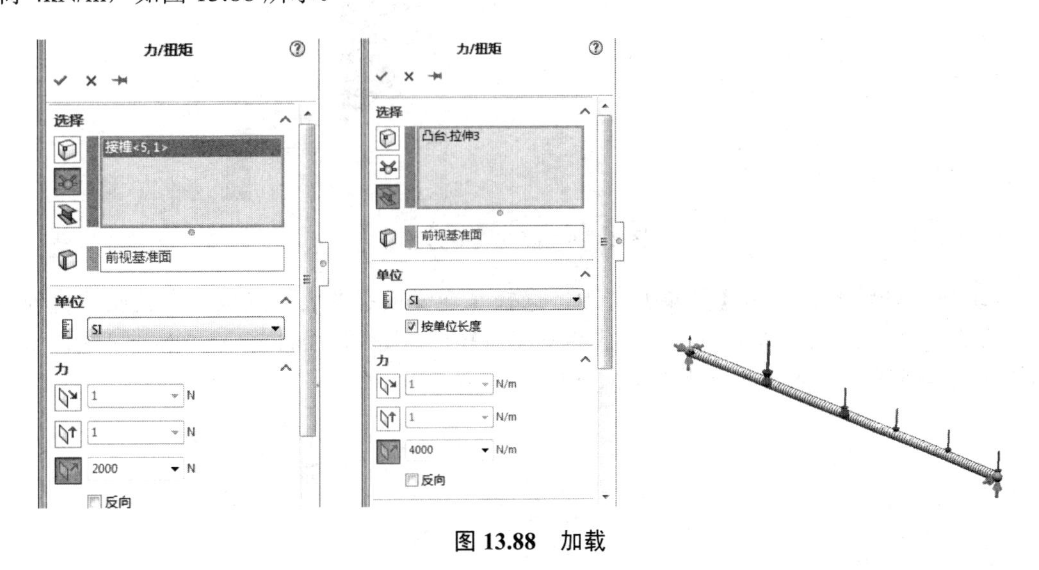

图 13.88 加载

(7) 生成横梁网格并计算。

(8) 分析结果选项。

① 剪力图绘制，右击【结果】选项，选择【定义横梁图表】选项，在其属性管理器中选择方向 1 抗剪力或方向 2 抗剪力，如图 13.89 所示。

生成简支梁剪力图，如图 13.90 所示，由图可知，最大剪力 $F_{\max}=3.5\text{kN}$，最小剪力 $F_{\min}=-6.5\text{kN}$。

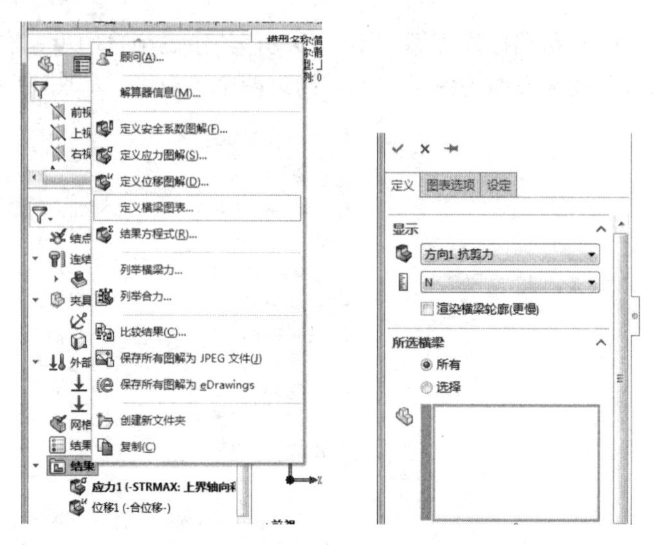

图 13.89　剪力图参数设置

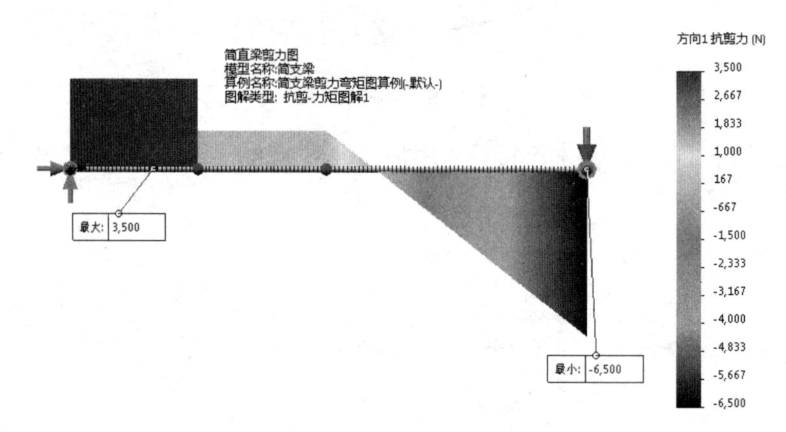

图 13.90　简支梁剪力图

② 弯矩图绘制，右击【结果】选项，选择【定义横梁图表】选项，在其属性管理器中选择方向 2 力矩或方向 1 力矩。生成简支梁弯矩图，如图 13.91 所示。由图可知，最大弯矩 $M_{\max} = 5281\text{N} \cdot \text{m}$，最小弯矩 $M_{\min} = 0$。

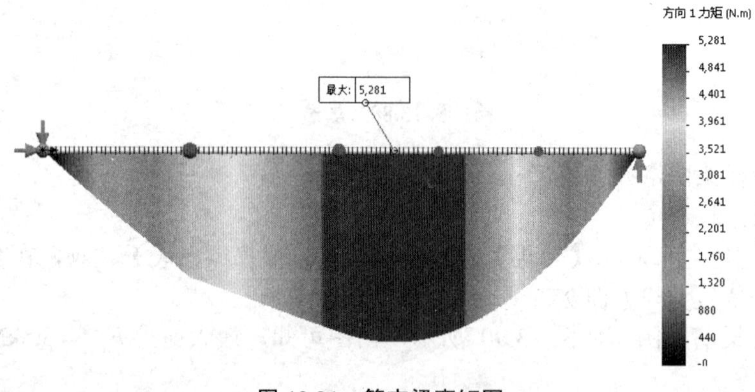

图 13.91　简支梁弯矩图

实例 2：承受力偶矩和均布载荷的外伸梁的剪力图及弯矩图的绘制

图 13.92 所示为一外伸梁，承受力偶矩和均布载荷作用，我们首先利用计算法计算各段剪力和弯矩，然后绘制剪力图和弯矩图，再利用 SolidWorks Simulation 系统绘制。

1）传统方法计算各段剪力和弯矩并绘制其图

(1) 求支座反力。根据梁的平衡条件求出支座反力

$$F_A = 8\text{kN} \qquad F_B = 12\text{kN}$$

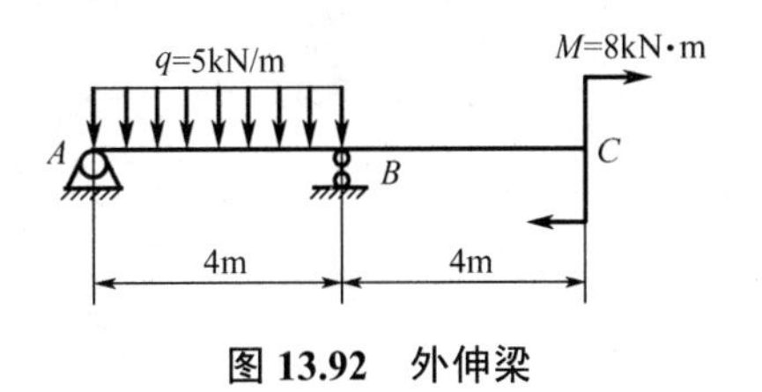

图 13.92 外伸梁

(2) 作剪力图。*BC* 段没有载荷作用，所以剪力为 0；*AC* 段作用有向下的均布载荷，所以该段的剪力图为下倾直线段。在 *B* 处，由于有集中力的作用，所以剪力图有突变，突变数值大小等于集中力(支座反力)的大小。各段剪力值为：

$$AB\text{段 } F_A = 8\text{kN} \quad AB\text{段 } F_B = -12\text{kN}$$

此外，求出剪力为 F=0 的截面位置，以确定弯矩的极值，设该截面距离梁左端点为 x，于是在 x 处截面上剪力为 0，即

$$F = F_A - qx = 0$$

$$x = \frac{F_A}{q} = \frac{8\times10^3}{5\times10^3} = 1.6(\text{m})$$

由以上各数据可绘制剪力图。

(3) 作弯矩图。*BC* 段没有载荷作用，所以该段的弯矩图为直线；*AB* 段内在剪力为 0 的截面上弯矩有极值。

$$M_{\max} = F_A \times 1.6 - \frac{1}{2}q \times 1.6^2 = 6.4(\text{kN} \cdot \text{m})$$

根据上述各数据绘制剪力图、弯矩图，如图 13.93 所示。

2）利用 SolidWorks Simulation 系统绘制剪力图和弯矩图

注意力偶距的加载方向。通过生成网格运行后的梁的变形状态如图 13.94 所示，可判断梁的弯曲方向，用以判断力偶矩的加载方向。否则改变方向后重新加载，其他步骤和简支梁的分析相同，这里不再赘述。

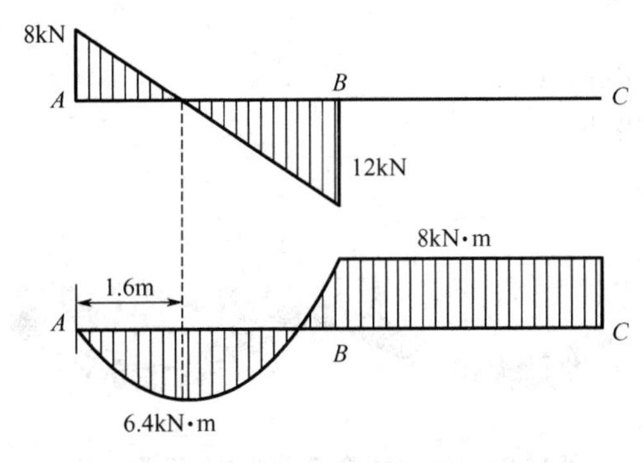

图 13.93 外伸梁的剪力图和弯矩图

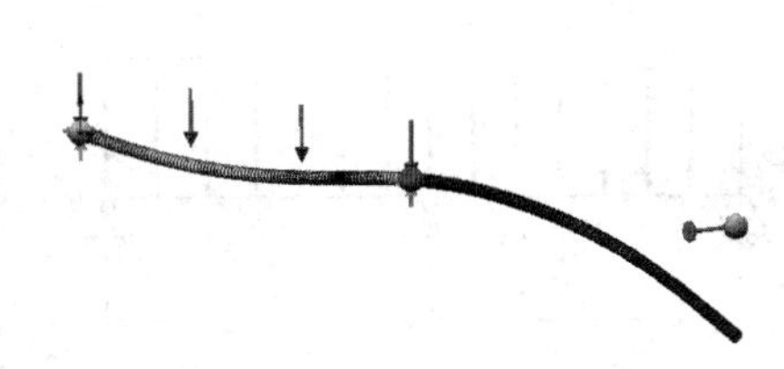

图 13.94 外伸梁受力后变形状态

生成的剪力图和弯矩图分别如图 13.95、图 13.96 所示。由两图可知最大剪力 $F_{max}=8kN$，最小剪力 $F_{min}=-12kN$；最大弯矩 $M_{max}=6400N \cdot m$；最小弯矩 $M_{min}=-8000N \cdot m$。

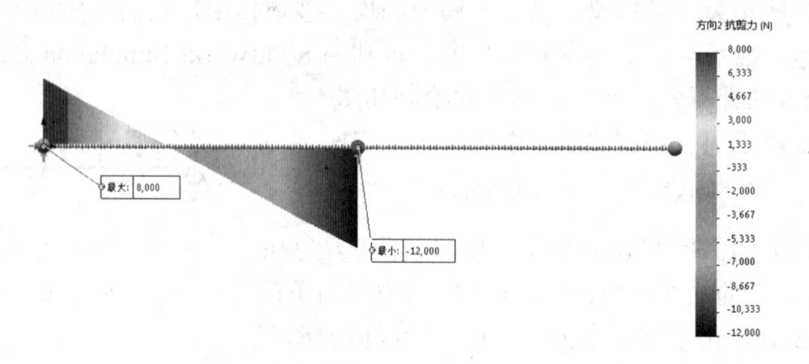

图 13.95　外伸梁剪力图

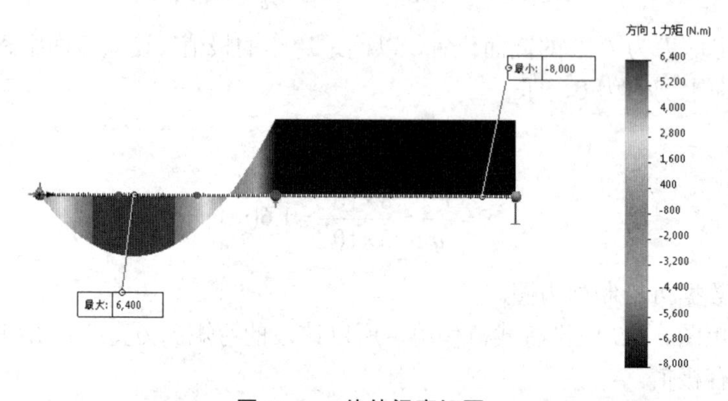

图 13.96　外伸梁弯矩图

上面我们对静定梁的两种剪力图及弯矩图的绘制方式进行了探讨，通过对比，可以看到 SolidWorks Simulation 系统的优势。对于静定梁，用传统的计算方法计算并绘制，是可行的，但对于超静定梁，计算则费时费力，有时甚至无法进行计算，因此，对于复杂的超静定梁使用 SolidWorks Simulation 系统绘制剪力图及弯矩图是十分必要的，下面我们通过两例超静定梁的分析，进一步熟悉掌握其分析步骤、方法。

实例 3：一次超静定梁的剪力图及弯矩图绘制

图 13.97 所示为一次超静定梁，承受均匀载荷作用。

(1) 该梁加载分析变形后的状态如图 13.98 所示。

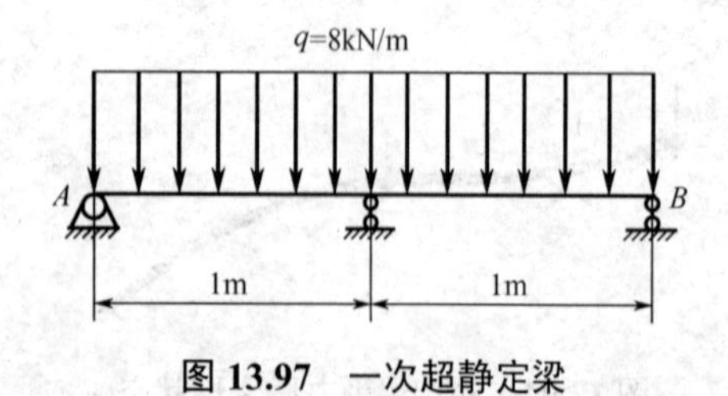

图 13.97　一次超静定梁

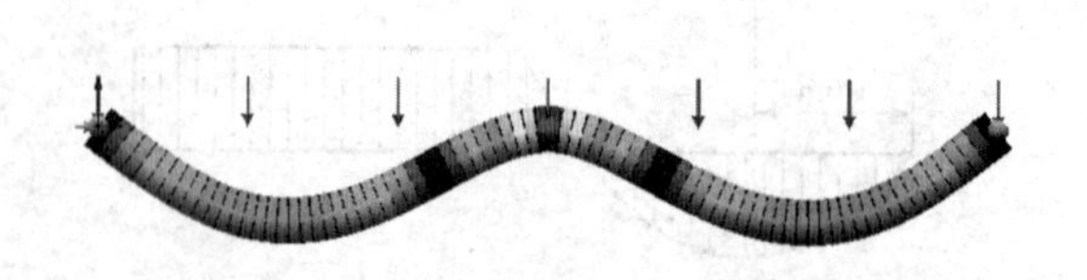

图 13.98　一次超静定梁受力后变形状态

（2）该梁运行分析后，绘制剪力图、弯矩图，如图 13.99 和图 13.100 所示。由两图可知 $F_{max}=5000\text{N}$，$F_{min}=-5000\text{N}$；$M_{max}=563\text{N}\cdot\text{m}$，$M_{min}=-1000\text{N}\cdot\text{m}$。

该梁的受力状态对称，因此，剪力图、弯矩图也呈对称状态。

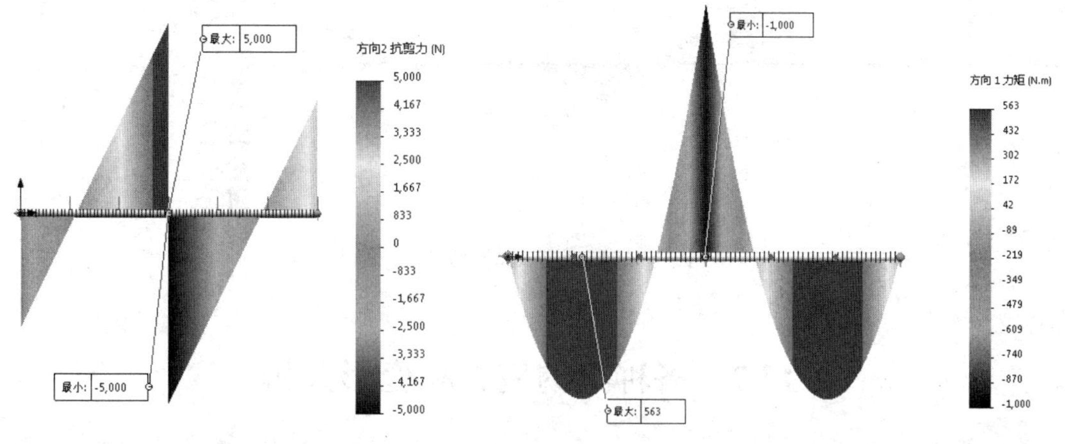

图 13.99　一次超静定梁剪力图　　　　**图 13.100　一次超静定梁弯矩图**

实例 4：多次超静定梁的剪力图和弯矩图

图 13.101 所示为多次超静定梁，承受集中力和均布载荷。

（1）该梁加载分析变形后的状态如图 13.102 所示。

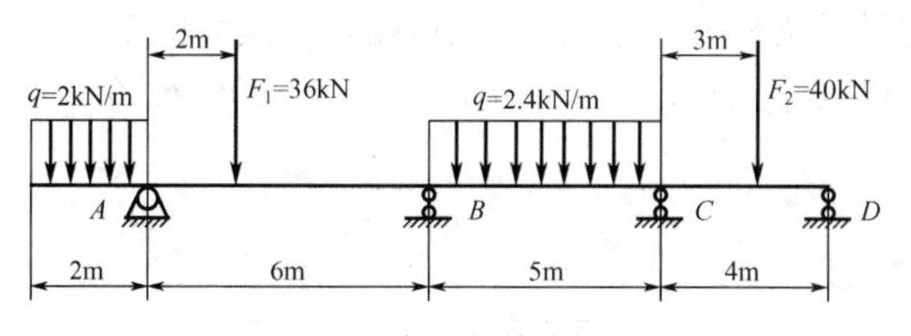

图 13.101　多次超静定梁

图 13.102　多次超静定梁受力后变形状态

（2）绘制剪力图，如图 13.103 所示。由图可知 $F_{max}=28130\text{N}$，$F_{min}=-21655\text{N}$。

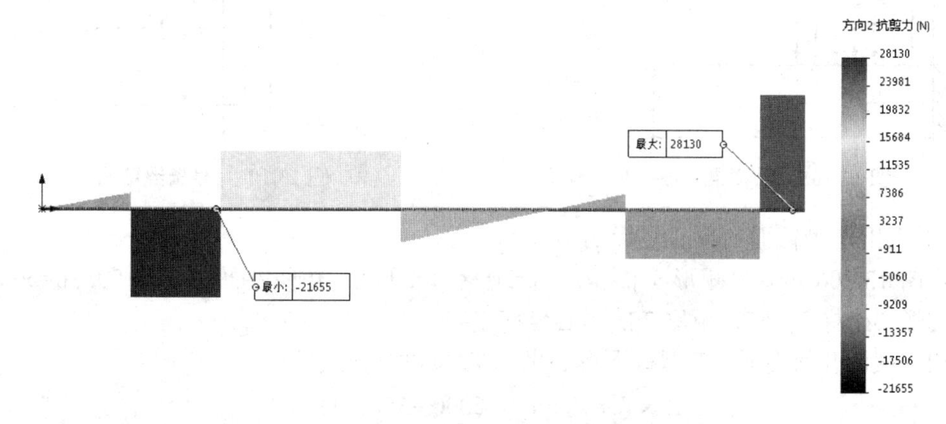

图 13.103　多次超静定梁剪力图

(3) 绘制弯矩图，如图 13.104 所示。由图可知 $M_{\max}=39310\text{N}\cdot\text{m}$，$M_{\min}=-18070\text{N}\cdot\text{m}$。

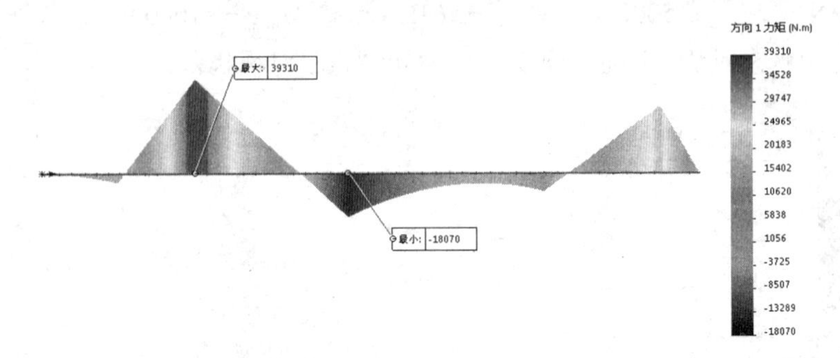

图 13.104　多次超静定梁弯矩图

13.7　各种梁的应力和变形分析

实例 1：悬臂梁弯曲应力和变形分析

【悬臂梁应力及变形分析】

图 13.105 为一悬臂梁，梁长 L=3m，上部承受均布载荷 q=3kN/m，端部承受 F=1kN 集中力的作用，已知材料的弹性模量 $E=2\times10^{11}$Pa，求悬臂梁的最大应力 $\sigma_{\max}$ 及悬臂端 C 点的最大挠度 $Y_{\max}$。

1) 传统计算方法计算悬臂梁最大应力 $\sigma_{\max}$ 及悬臂端 C 点最大挠度 $Y_{\max}$

(1) 求悬臂梁最大正应力 $\sigma_{\max}$。首先求出 T 型截面(图 13.106)对 Z_C 轴的惯性矩 I_C。

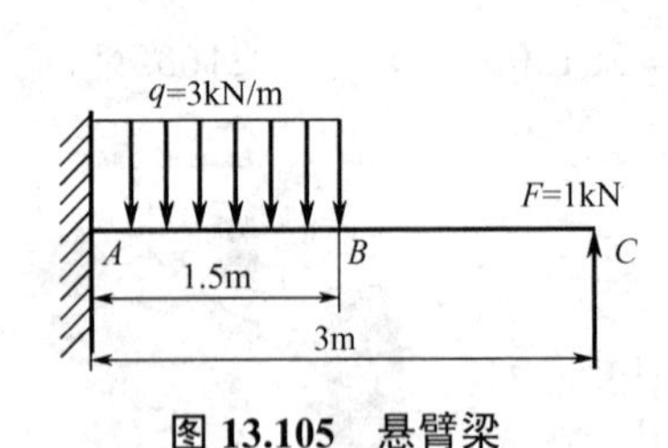

图 13.105　悬臂梁

图 13.106　悬臂梁截面

① 求出 T 型截面的形心坐标 Y_C。

由图 13.106 可知，矩形 1 面积：$A_1=200\times10=2000$，矩形 2 面积：$A_2=50\times10=500$，矩形 1 的形心坐标 $Y_1=55$，矩形 2 的形心坐标 $Y_2=25$。

根据截面几何性质，T 型截面形心坐标 Y_C 按以下公式求得：

$$Y_C=\frac{A_1\times Y_1+A_2\times Y_2}{A_1+A_2}=\frac{2000\times55+500\times25}{2000+500}=49$$

② 求矩形 1 和矩形 2 的形心和 T 型截面形心之间的距离 a_1、a_2。

$$a_1 = Y_1 - Y_C = 55 - 49 = 6$$

$$a_2 = Y_C - Y_2 = 49 - 25 = 24$$

③ 求 T 型截面对 Z_C 轴的惯性矩 I_C。根据截面几何性质，惯性矩 I_C 为矩形 1 和矩形 2 对 Z_C 轴的惯性矩之和，即 $I_C = I_{C1} + I_{C2}$。

$$I_{C1} = \frac{200\times10^3}{12} + A_1\times a_1^2 = \frac{50000}{3} + 2000\times6^2 = \frac{266000}{3}(\text{mm}^4)$$

$$I_{C2} = \frac{10\times50^3}{12} + A_2\times a_2^2 = \frac{312500}{3} + 500\times24^2 = \frac{1176500}{3}(\text{mm}^4)$$

$$I_C = I_{C1} + I_{C2} = \frac{266000}{3} + \frac{1176500}{3} = \frac{1442500}{3} = 480833\ (\text{mm}^4)$$

④ 求悬臂梁在外力作用下的最大弯矩 $M_{\max}$。根据悬臂梁的受力情况，可以求出固定端的支反力 F_A=3500 N，M_A=–375N • mm。根据材料力学可知，x 处截面的剪力为：$F_X = F_A - qx$，当 F_X=0 时，弯矩有最大值，因此，在 $x=\frac{F_A}{q}=\frac{3500}{3000}=\frac{7}{6}$ (mm)处，梁受到的弯矩最大。最大弯矩为

$$M_{\max} = F_A\cdot x - M_A - \frac{qx^2}{2} = 3500\times\frac{7}{6} - 375 - \frac{3000\times\left(\frac{7}{6}\right)^2}{2} = \frac{5000}{3}\ (\text{N}\cdot\text{m}) = \frac{5\times10^6}{3}\ \text{N}\cdot\text{mm}$$

⑤ 悬臂梁最大正应力 $\sigma_{\max}$。

$$\sigma_{\max} = \frac{M_{\max}\cdot Y_C}{I_C} = \frac{5\times10^6/3\times49}{1442500/3} = 169.8\ (\text{MPa})$$

(2) 求 C 点的最大挠度 $Y_{\max}$。

① 求在 F=1kN 作用下 C 点的挠度 Y_{C1}(图 13.107)。

由图 13.107 可知，由力 F 引起的 C 点的挠度为 Y_{C1}，因为，与 Y 坐标方向相反，所以为负。

根据材料力学相关公式有

$$Y_{C1} = -\frac{FL^3}{3EI}$$

② 求在均布力 q 作用下 C 点的挠度 Y_{C2}(图 13.108)。

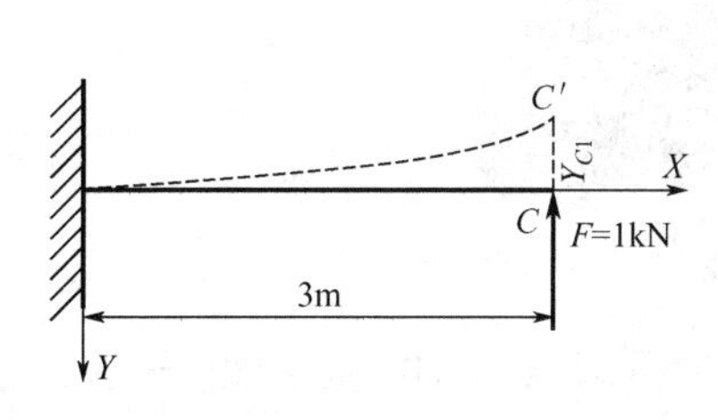

图 13.107　集中力作用下 C 点的挠度

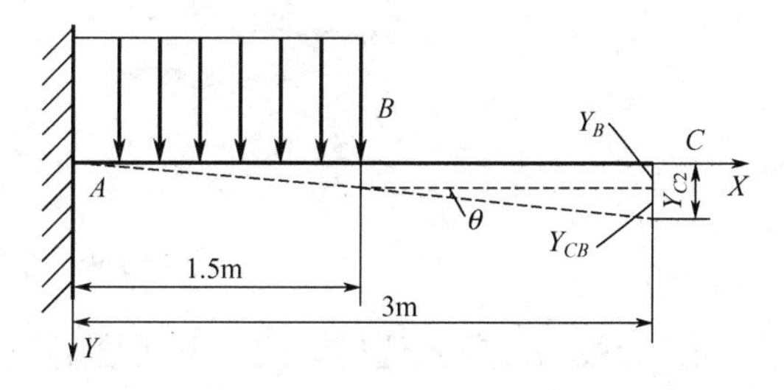

图 13.108　均布力作用下 C 点的挠度

由图 13.108 可知，由均布载荷 q 引起的 C 点的挠度为 Y_{C2}，AB 段由均布载荷作用下产生弯曲变形，B 截面的挠度为 Y_B，转角为 θ，BC 段无载荷作用，仍保持为直线，但因 B 截面的转角为 θ，C 截面相对 B 截面的挠度为 $Y_{CB}=\theta \cdot L/2$，C 点的实际挠度为 B 截面的挠度与 C 截面相对 B 截面的挠度之和，即

$$Y_{C2}=Y_B+Y_{CB}=Y_B+\theta \cdot L/2$$

根据材料力学相关公式可知

$$Y_B=\frac{q(L/2)^4}{8EI}=\frac{qL^4}{128EI} \quad \theta=\frac{q(L/2)^3}{6EI}=\frac{qL^3}{48EI}$$

则

$$Y_{C2}=Y_B+Y_{CB}=\frac{qL^4}{128EI}+\frac{qL^3}{48EI}\cdot\frac{L}{2}=\frac{7qL^4}{384EI}$$

在力 F 和均布载荷 q 的共同作用下，C 点的挠度为 Y_{C1} 与 Y_{C2} 的代数和，即

$$\begin{aligned} Y_{\max}=Y_{C1}+Y_{C2}&=-\frac{FL^3}{3EI}+\frac{7qL^4}{384EI}=-\frac{L^3}{3EI}\left(\frac{128F-7qL}{128}\right) \\ &=-\frac{3^3}{3\times2\times10^{11}\times1442500/3\times10^{-12}}\times\frac{65000}{128} \\ &=47.52(\mathrm{mm}) \end{aligned}$$

2）利用 SolidWorks Simulation 系统分析求出最大应力 $\sigma_{\max}$ 及悬臂端 C 点最大挠度 $Y_{\max}$

（1）利用实体网格对梁进行分析。

① 造型。按照图 13.106 所示截面尺寸绘制草图，拉伸深度为 3000，完成梁的造型。

② 添加材质，材料弹性模量 E=2×10^{11}Pa。

③ 创建悬臂梁实体网格分析算例。

a．添加夹具。固定几何体选择梁的端部平面，如图 13.109 所示。

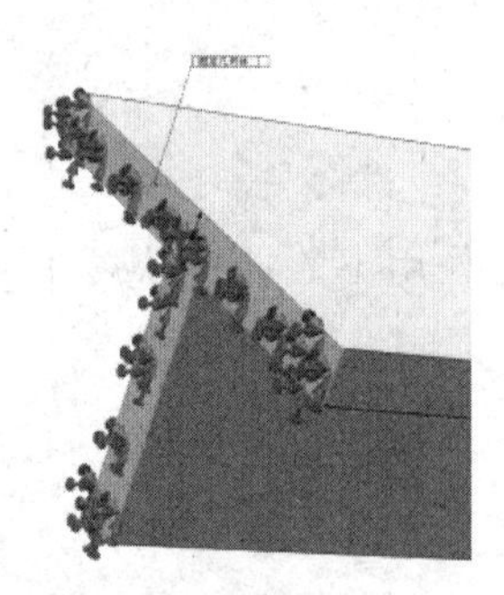

图 13.109　添加固定几何体

b．加载力。首先选择梁的上平面绘制一草图直线，利用草图分割将上平面一分为二，如图 13.110 所示。

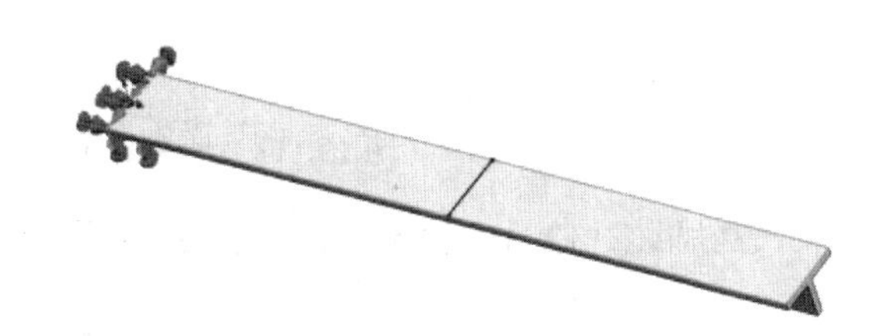

图 13.110 分割上平面

在左侧二分之一平面上，添加力 4500N，如图 13.111 所示。

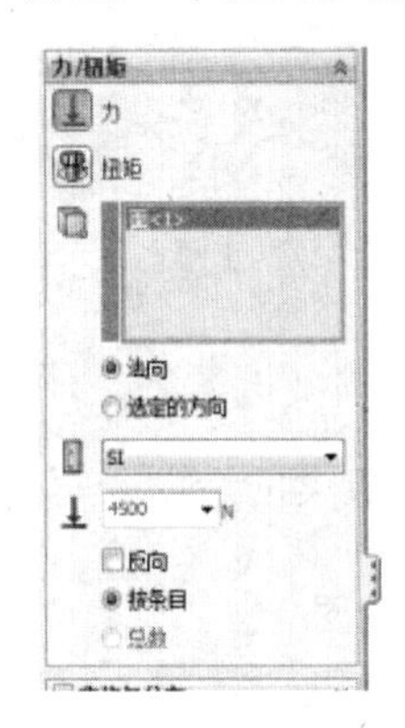

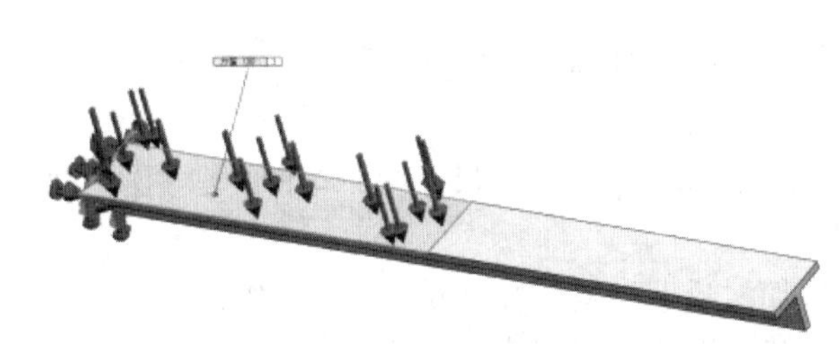

图 13.111 左侧加载力

在右侧端线上，添加力 1000N，如图 13.112 所示。

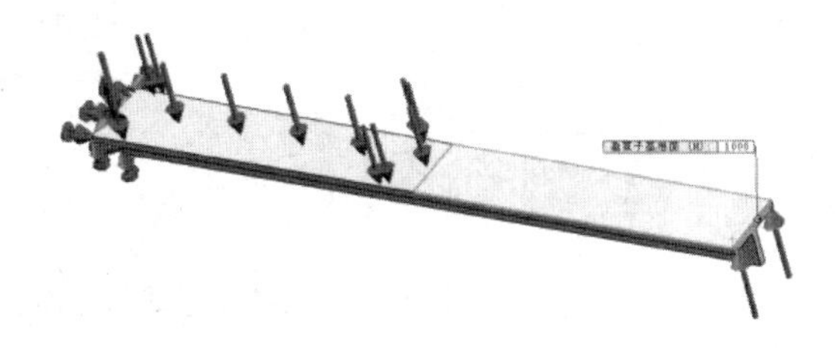

图 13.112 右侧加载力

c．划分实体网格，如图 13.113 所示。

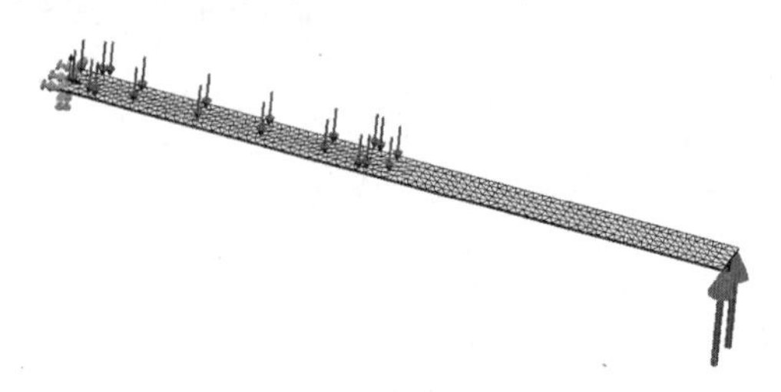

图 13.113　划分实体网格

d．运行计算结果(图 13.114)如下：最大应力$\sigma_{\max}=170.24\text{MPa}$，最大位移$Y_{\max}=47.67\text{mm}$。

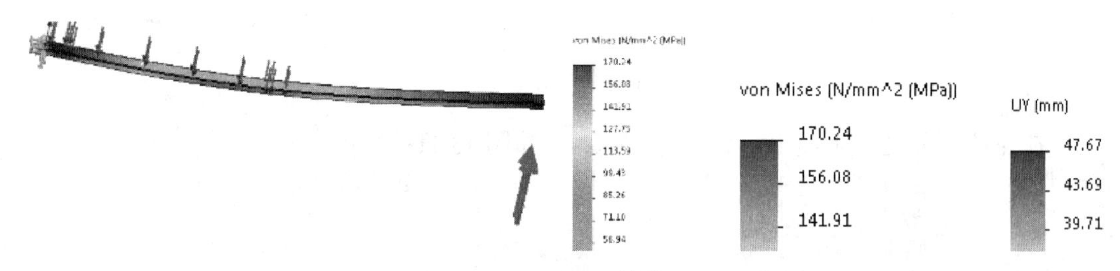

图 13.114　运行计算结果

(2) 利用横梁网格对梁进行分析。

① 造型。

按照图 13.106 所示截面尺寸绘制草图，分两段拉伸完成梁的造型，每段为 1500，两次不合并。

② 添加材质，材料弹性模量 $E=2\times10^{11}\text{Pa}$。

③ 创建悬臂梁横梁网格分析算例。

a．将梁的两段视为横梁。

b．编辑结点组，计算出三个接榫点。

c．添加夹具。固定几何体选择梁左侧端部的接榫，如图 13.115 所示。

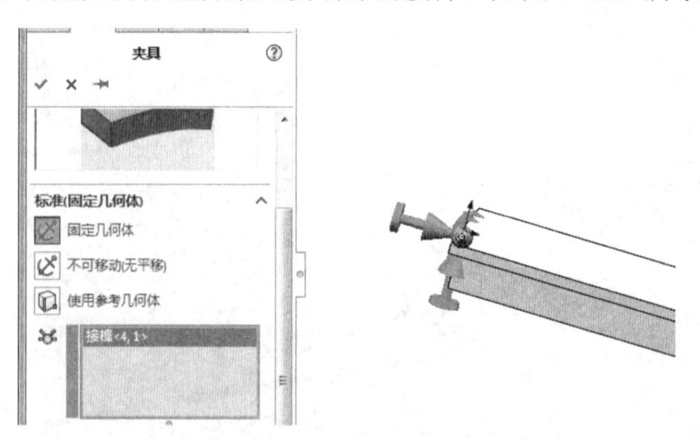

图 13.115　确定固定几何体

d．加载力。首先选择左侧横梁，添加均布载荷 3000N/m，如图 13.116 所示。

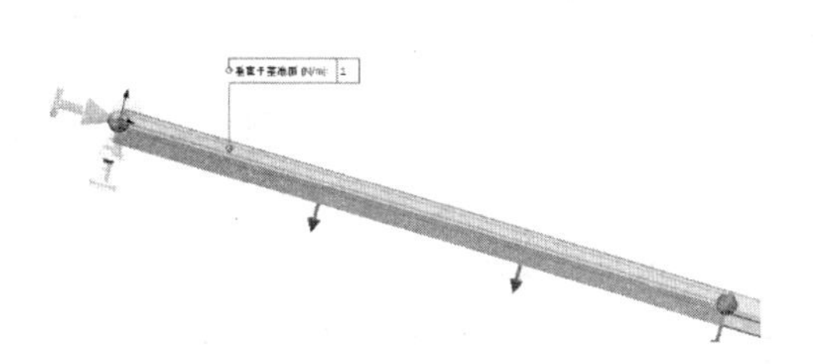

图 13.116 添加均布载荷

在右侧端部接榫处，添加力 1000N，如图 13.117 所示。

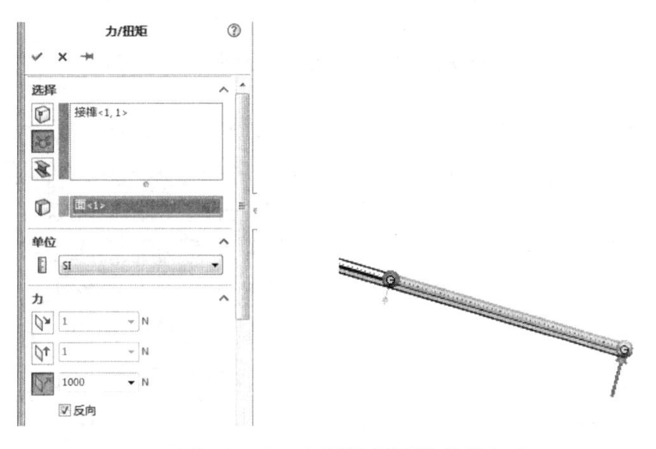

图 13.117 右侧端部接榫处添加力

e．划分横梁网格，如图 13.118 所示。

图 13.118 划分横梁网格

f. 运行计算结果(图 13.119)如下：最大应力$\sigma_{max}=169.83\text{MPa}$，最大位移$Y_{max}=47.51\text{mm}$。

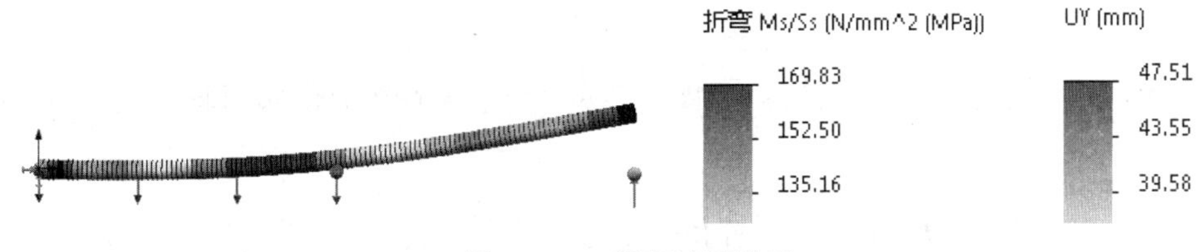

图 13.119 运行计算结果

将上述计算结果进行比较，见表 13-12。

表 13-12 计算结果比较

序号	方式	最大应力/MPa	最大位移/mm
1	计算方式	169.8	47.52
2	横梁网格分析	169.83	47.51
3	实体网格分析	170.24	47.67

结论：

（1）三种方式的结果基本相符。

【纯扭转应力变形分析】

（2）横梁网格分析的结果和计算结果更为接近，而且横梁网格的约束和加载方式更方便，网格划分速度更快捷。

因此，在满足横梁网格划分条件的前提下，对各种梁构件的分析易采用横梁网格方式分析。

实例 2：纯扭转轴的应力和变形分析

图 13.120 所示为一实心圆轴，轴长 L=1.5m，横截面直径 d=100mm，端部承受 M_B=14kN·m 的外力偶作用，材料为普通碳素钢，切变模量 G=79GPa，求轴的最大切应力 τ_{max} 及悬臂端 B 点的最大扭转角 θ_{max}。

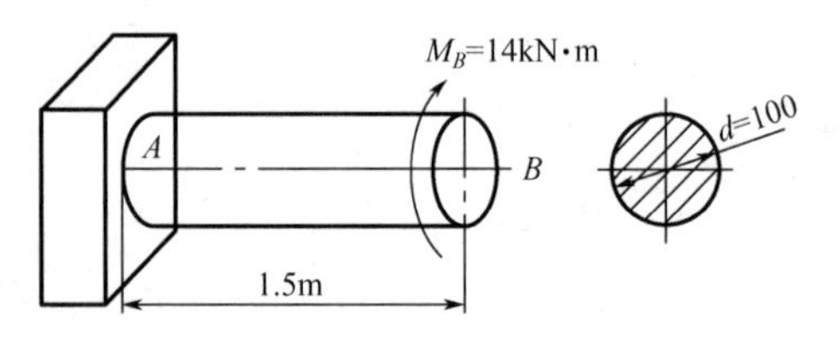

图 13.120 实心圆轴

1）传统计算方法计算悬臂梁最大切应力 τ_{max} 及悬臂端 B 点最大转角 θ_{max}

（1）求悬臂梁最大切应力 τ_{max}。

根据切应力公式

$$\tau_{max} = \frac{M_{max}}{W_P}$$

公式中：M_{max} 为轴承受的最大扭矩，这里为 M_B=14kN·m，W_P 为抗扭截面系数，对于直径为 d 的圆形轴，$W_P = \frac{\pi d^3}{16}$，最大切应力发生在圆形截面的最外圆周上。

$$\tau_{max} = \frac{M_{max}}{W_P} = \frac{14000}{\pi d^3/16} = \frac{14000 \times 16}{3.14 \times 0.1^3} = 71.3(\text{MPa})$$

（2）求 B 点的最大扭转角 θ_{max}。

根据扭转角的计算公式

$$\theta_{max} = \frac{M_{max} L}{G I_P}$$

公式中：L=1.5m 即轴的长度，I_P 为极惯性矩，对于直径为 d 的圆形轴，$I_P = \frac{\pi d^4}{32}$ 最大扭转角发生在 B 截面上。

$$\theta_{max} = \frac{M_{max} L}{G I_P} = \frac{14000 \times 1.5}{79 \times 10^9 \times 3.14 \times 0.1^4/32} = 0.027(\text{rad}) = 1.55^\circ$$

2）利用 SolidWorks Simulation 系统分析求出最大应力τ_{max}及最大扭转角θ_{max}

利用横梁网格对梁进行分析。

（1）造型。按照图 13.120 所示截面尺寸绘制草图，拉伸深度为 1500，完成梁的造型。

（2）添加材质，选择普通碳素钢。

（3）创建纯扭转分析算例，如图 13.121 所示。

① 将零件视为横梁，如图 13.122 所示。

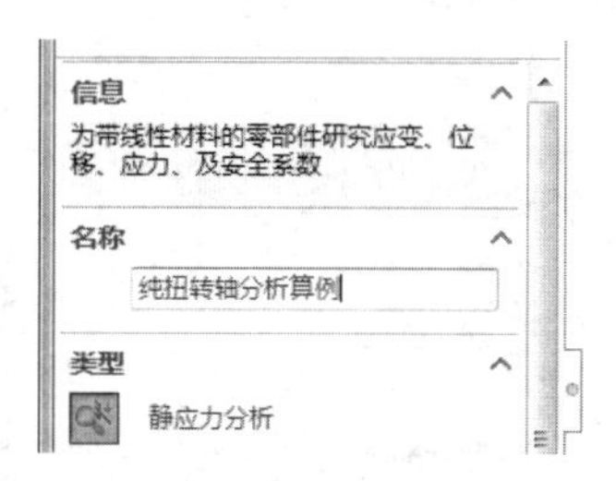

图 13.121　创建分析算例

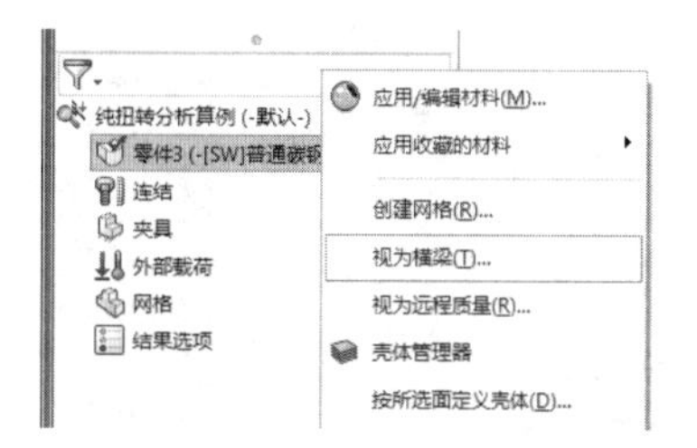

图 13.122　零件视为横梁

② 右击【结点组】选项，选择【编辑】|【编辑接点】选项，计算出两个结点，如图 13.123 所示。

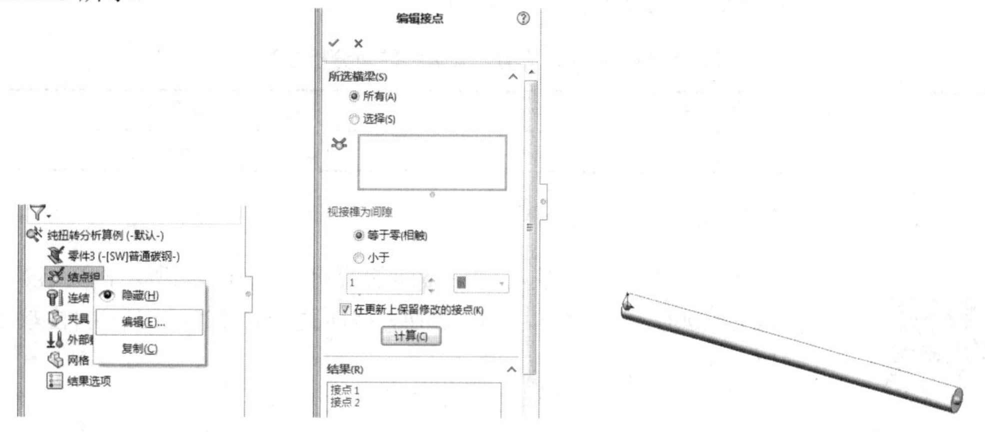

图 13.123　计算结点

（4）添加夹具。固定几何体选择轴 *A* 端部的结点。

（5）添加力矩。选择 *B* 端的结点，添加如图 13.124 所示的力矩。

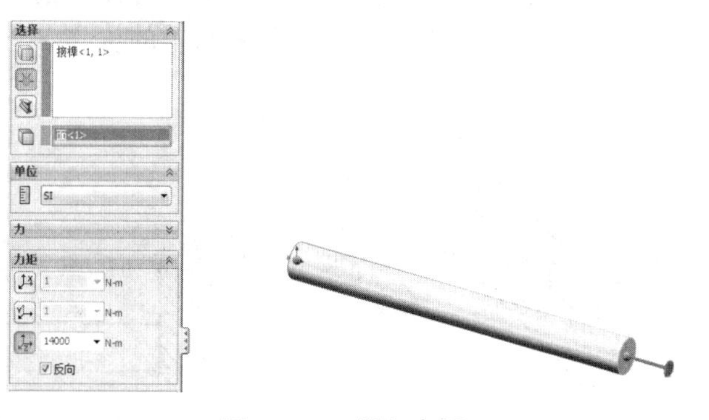

图 13.124　添加力矩

（6）运行计算算例结果。

① 双击【应力】选项，在【应力图解】属性管理器中选择扭转，最大扭转切应力为$\tau_{max}=71.37\text{MPa}$，如图 13.125 所示。

② 双击【位移】选项，在【位移图解】属性管理器中选择以 X 方向扭转，最大扭转角为$\theta_{max}=1.551°$，如图 13.126 所示。

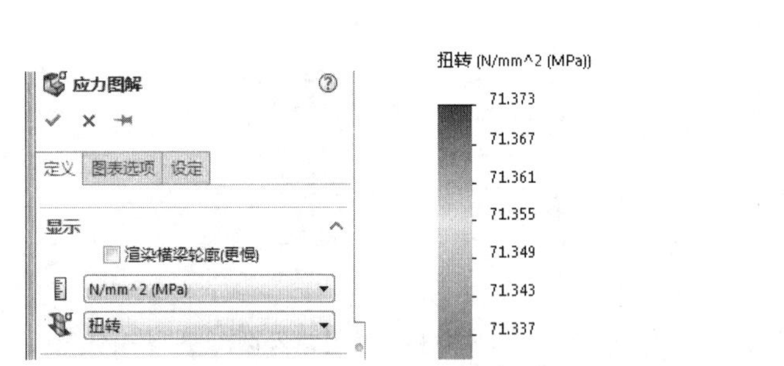

图 13.125　应力运行计算结果

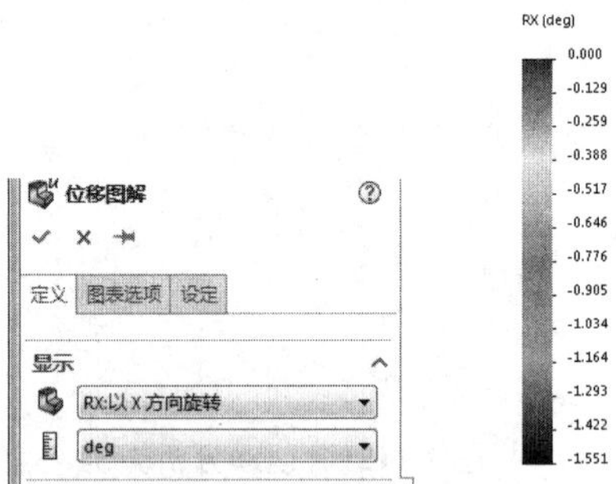

图 13.126　位移运行计算结果

最大切应力、最大扭转角分析结果见表 13-13。

表 13-13　最大切应力、最大扭转角分析结果

最大切应力/MPa	最大扭转角/(°)
71.37(发生在最外圆周上)	1.551(发生在 *B* 截面)

实例 3：弯扭组合轴的应力和变形分析

【弯扭组合变形分析】

图 13.127 所示为一实心圆形截面的曲拐，受力如图所示，F=1kN，弹性模量 E=200GPa，切变模量 G=0.4E，截面直径 d=120mm，求自由端 C 的最大位移 Y_{max}。

1）传统方法计算曲拐自由端 C 的最大位移 Y_{max}

分析：由图 13.128 可以看出，AB 段承受弯曲和扭转变形，BC 段承受弯曲，最大位移 Y_{max} 由三部分组成：

① AB 段在等效力 F'的作用下相当于悬臂梁的位移 Y_1。

② AB 段在等效力矩 M_B 的作用下产生扭转角θ，从而使 BC 段产生位移 $Y_2=\theta L_{BC}$。

③ BC 段在力 F 的作用下相对 B 端产生相当于悬臂梁的位移 Y_3。

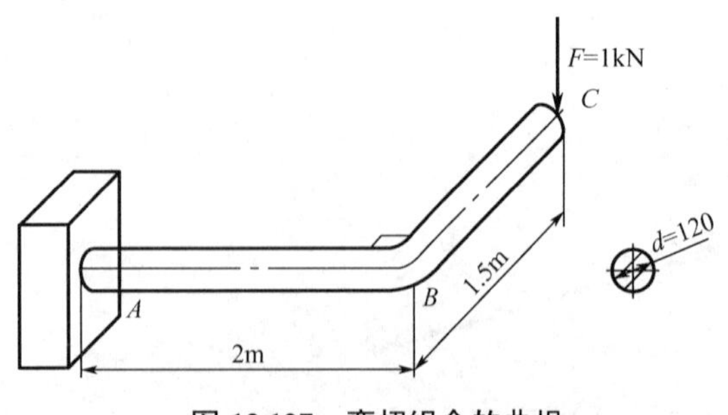

图 13.127　弯扭组合的曲拐

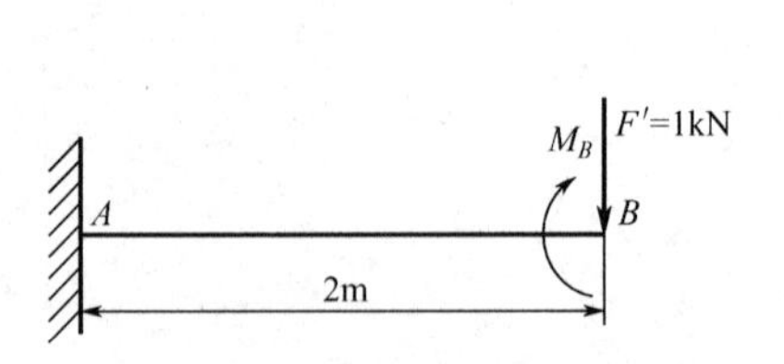

图 13.128　*AB* 段受力示意图

曲拐的总位移$Y_{max}=Y_1+Y_2+Y_3$。

(1) AB 段在等效力 F'的作用下 B 点相对 A 点的位移 Y_1。

根据悬臂梁在自由段集中力作用下的位移公式

$$Y=\frac{FL^3}{3EI}$$

这里：F=1000N，L=2m　E=200GPa，$I=\pi d^4/64$。

$$Y_1=\frac{FL_{AB}^3}{3EI}=\frac{1000\times 2^3}{3\times 2\times 10^{11}\times \pi d^4/64}=\frac{8000\times 64}{6\times 10^{11}\times 3.14\times 0.12^4}=1.31(\text{mm})$$

(2) BC 段由于 AB 段的扭转，导致 C 点相对 B 点的位移 $Y_2=\theta L_{BC}$。

首先求出 B 点的最大扭转角θ，根据扭转角的计算公式

$$\theta=\frac{ML}{GI_P}$$

公式中：M 为力 F 作用下对 AB 段产生的扭矩，$M=1000\times 1.5=1500(\text{N}\bullet\text{m})$；

L 为 AB 的长度，即 L=2m，I_P 为极惯性矩，对于直径为 d 的圆形轴，$I_P=\frac{\pi d^4}{32}$；

$G=0.4E=0.4\times 200=80(\text{GPa})$。

$$\theta=\frac{ML}{GI_P}=\frac{1500\times 2}{80\times 10^9\times 3.14\times 0.12^4/32}=0.00184(\text{rad})$$

求出 C 点相对 B 点的位移 Y_2

$$Y_2=\theta L_{BC}=0.00184\times 1500=2.76(\text{mm})$$

(3) BC 段在等效力 F 的作用下相对 B 点的位移 Y_3。

根据悬臂梁在自由段集中力作用下的位移公式

$$Y=\frac{FL^3}{3EI}$$

这里：F=1000N，L=1.5m，E=200GPa，$I=\pi d^4/64$。

$$Y_3=\frac{FL_{BC}^3}{3EI}=\frac{1000\times 1.5^3}{3\times 2\times 10^{11}\times \pi d^4/64}=\frac{3375\times 64}{6\times 10^{11}\times 3.14\times 0.12^4}=0.55(\text{mm})$$

曲拐自由端 C 的总位移

$$Y_{max}=Y_1+Y_2+Y_3=1.31+2.76+0.55=4.62(\text{mm})$$

2) 利用 SolidWorks Simulation 系统分析求曲拐自由端 C 的最大位移 Y_{max}

利用横梁网格进行分析。

(1) 造型。按照图 13.127 及截面尺寸，利用扫描特征完成曲拐的造型。

(2) 添加材质，材料弹性模量 E=2×10^{11}Pa，切变模量 $G=0.4E=80\text{GPa}$。

(3) 创建曲拐分析算例。

① 将零件视为横梁，如图 13.129 所示。

② 右击【结点组】选项，选择【编辑】|【编辑接点】选项，计算出两个结点，如图 13.130 所示。

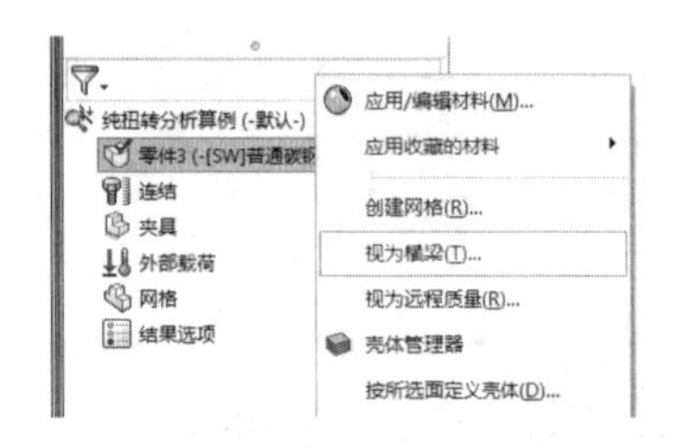

图 13.129　零件视为横梁

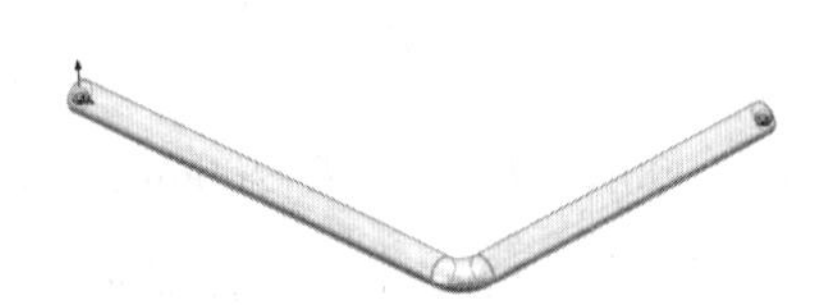

图 13.130　计算出结点

(4) 添加夹具。固定几何体选择轴 A 端部的结点。

(5) 添加力。选择 B 端的结点添加垂直向下的集中力 F=1000N。

(6) 运行计算结果如下。

双击【位移】选项，选择 Y 方向，最大位移 $Y_{max}=-4.57\text{mm}$，如图 13.131 所示。

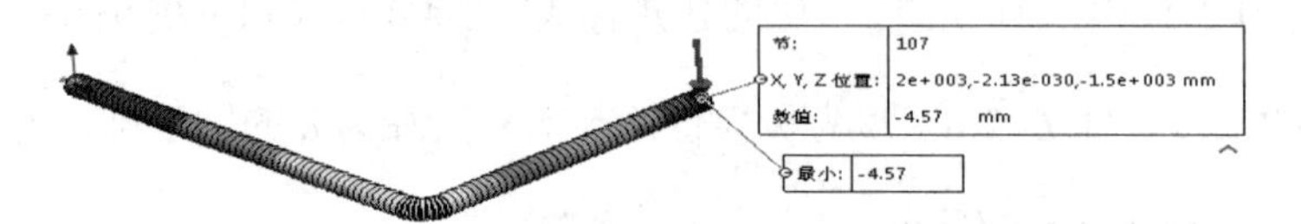

图 13.131　位移运行计算结果

曲拐自由端 C 的位移，理论计算和软件分析结果对照见表 13-14。

表 13-14　理论计算和软件分析对比

	自由端 C 的位移	说明
理论计算	$Y_{max}=4.62\text{mm}$	两种计算的结果误差：0.05mm，可以满足工程需要。“–”号表示与坐标方向相反
软件分析	$Y_{max}=-4.57\text{mm}$	

实例 4：斜弯曲梁的应力和变形分析

【斜率曲梁变形分析】

图 13.132 所示为矩形截面木檩条放置在屋架上，b=95mm，h=125mm(图 13.133)，作为简支梁，承受铅垂的屋面均布载荷 q=800N/m，与 Y 轴夹角 $\beta=25°$，檩条跨长 L =4m，木材的弹性模量 E=10GPa，木材弯曲许用应力[σ]=10MPa，求①檩条的最大应力 σ_{max} 并判断檩条的安全性；②檩条的最大挠度 f_{max}。

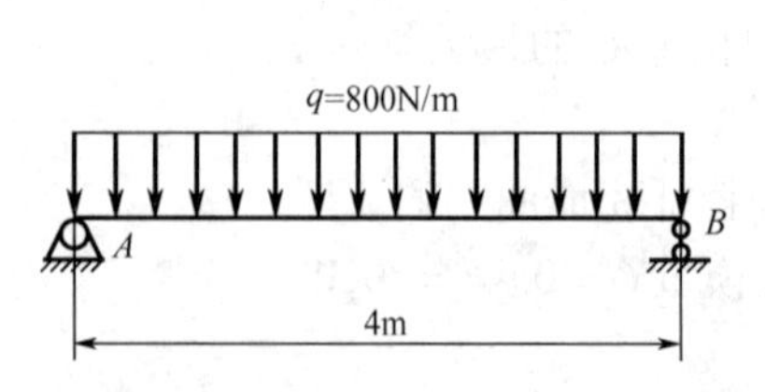

图 13.132　斜弯曲简支梁

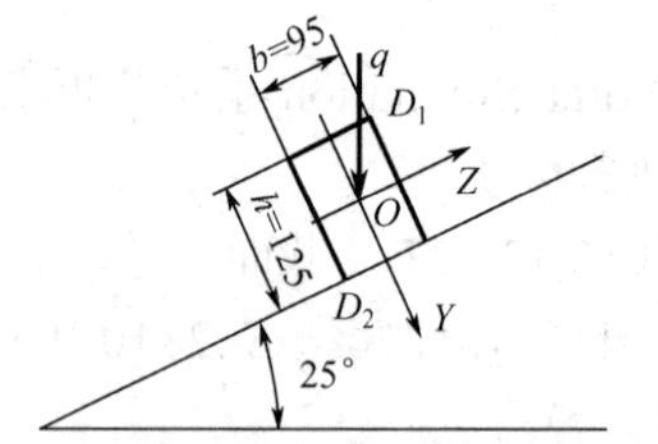

图 13.133　檩条放置屋架上受力示意图

1）传统方法计算檩条的受力变形

(1) 计算檩条最大应力 $\sigma_{\max}$，判断其安全性。

分析：按照图 13.133 所示的直角坐标系，将均布载荷 q 沿 Z 轴和 Y 轴分解，得

$$q_Z = q \times \sin\beta = q\sin 25^\circ = 338.09(\mathrm{N/m})$$

$$q_Y = q \times \cos\beta = q\cos 25^\circ = 725.05(\mathrm{N/m})$$

简支梁的危险截面在跨中，其最大弯矩分别为

$$M_{Z\max} = \frac{1}{8}q_y L^2 = \frac{1}{8}\times 725.05\times 4^2 = 1450.09(\mathrm{N\bullet m}) = 1450090\mathrm{N\bullet mm}$$

$$M_{Y\max} = \frac{1}{8}q_z L^2 = \frac{1}{8}\times 338.09\times 4^2 = 676.18(\mathrm{N\bullet m}) = 676180\mathrm{N\bullet mm}$$

梁上最危险的点是 D_1 和 D_2，危险点的正应力为 Z 和 Y 两方向应力的代数和

$$\sigma_{\max} = \frac{M_{Z\max}}{W_Z} + \frac{M_{Y\max}}{W_Y}$$

$$W_Z = \frac{bh^2}{6} = \frac{95\times 125^2}{6} = 247396(\mathrm{mm}^3) \quad W_Y = \frac{hb^2}{6} = \frac{125\times 95^2}{6} = 188021\mathrm{mm}^3$$

$$\sigma_{\max} = \frac{W_{Z\max}}{W_Z} + \frac{W_{Y\max}}{W_Y} = \frac{1450090}{247396} + \frac{676180}{188021} = 5.86 + 3.6 = 9.46(\mathrm{N/mm}^2) = 9.46\mathrm{MPa}$$

$$\sigma_{\max} = 9.46\mathrm{MPa} < [\sigma] = 10\mathrm{MPa}$$

结论：檩条是安全的。

(2) 计算檩条的最大挠度 $f_{\max}$。

根据图 13.132 可知，最大挠度发生在跨中，按照材料力学相关公式在 Z 和 Y 方向的最大挠度分别为

$$f_Y = \frac{5q_Y L^4}{384EI_Z} = \frac{5\times 725.05\times 4^4}{384\times 10\times 10^9\times 95\times 125^3/12\times 10^{-12}} = 1.56\times 10^{-4}(\mathrm{m}) = 15.6\mathrm{mm}$$

$$f_Z = \frac{5q_Z L^4}{384EI_Y} = \frac{5\times 338.09\times 4^4}{384\times 10\times 10^9\times 125\times 95^3/12\times 10^{-12}} = 1.26\times 10^{-4}(\mathrm{m}) = 12.6\mathrm{mm}$$

$$f_{\max} = \sqrt{{f_Y}^2 + {f_Z}^2} = \sqrt{15.6^2 + 12.6^2} = 20.05(\mathrm{mm})$$

2）利用 SolidWorks Simulation 系统分析求最大应力 $\sigma_{\max}$ 及最大挠度 $f_{\max}$

利用横梁网格进行分析。

(1) 造型。

① 按照图 13.132 及图 13.133 所示尺寸，利用拉伸特征完成梁的造型。

② 创建基准面 1，与梁的垂直面夹角为 25°，如图 13.134 所示。

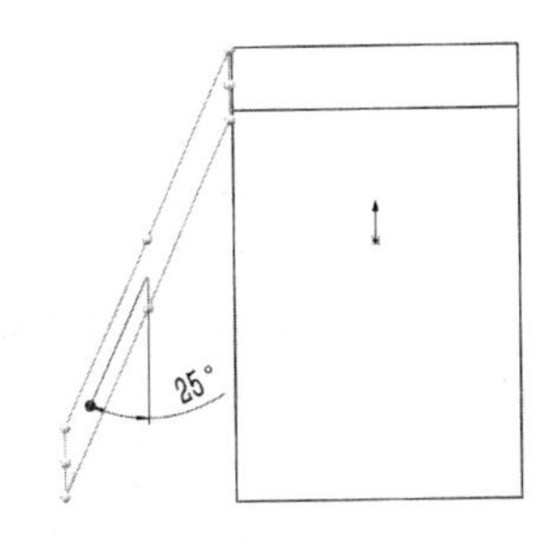

图 13.134 创建基准面 1

（2）添加材质，材料弹性模量 E=10GPa。

（3）创建斜弯曲梁受力分析算例。

① 将零件视为横梁。

② 右击【结点组】选项，选择【编辑】|【编辑接点】选项，计算出两个结点，如图 13.135 所示。

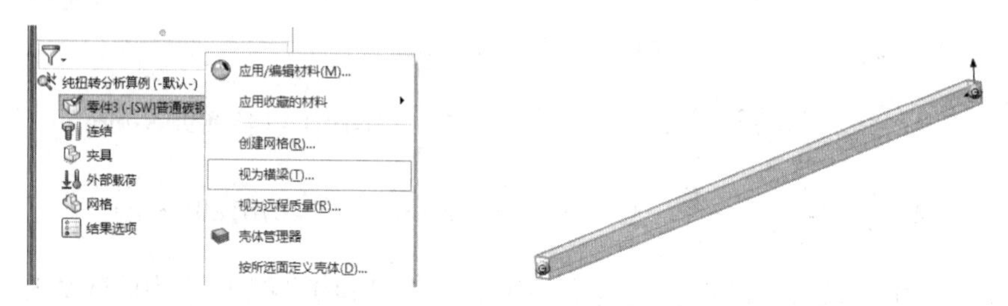

图 13.135　计算出两个结点

（4）添加夹具。

① 不可移动选择轴 A 端部的结点，限制三个方向的移动，如图 13.136 所示。

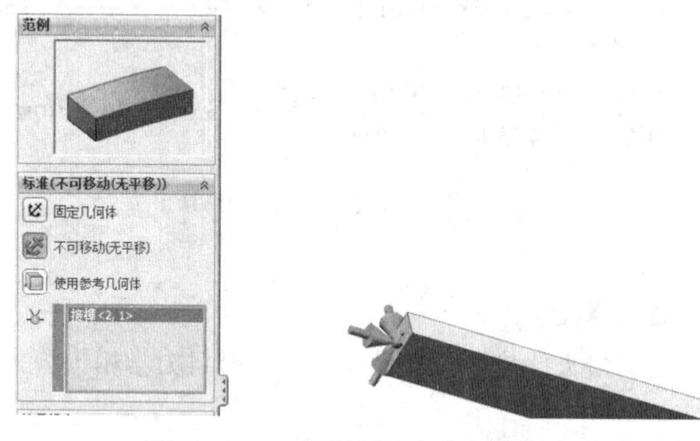

图 13.136　A 端限制三个方向的移动

② 使用参考几何体选择轴 B 端部的结点，限制两个方向的移动，如图 13.137 所示。

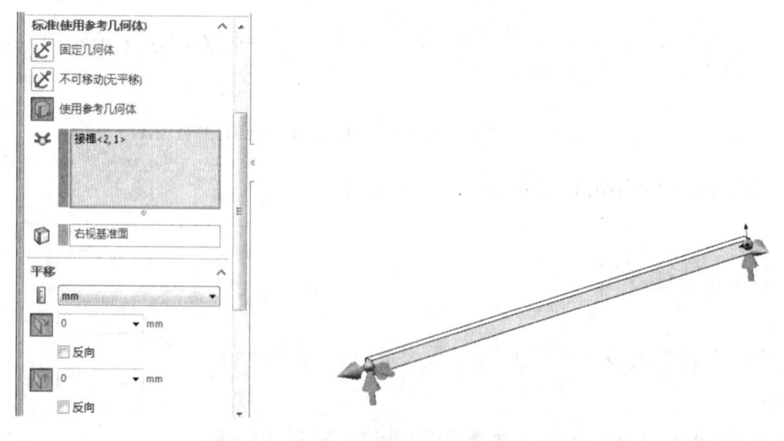

图 13.137　B 端限制两个方向的移动

(5) 添加力。选择横梁沿基准面 1 方向添加均布载荷 q=800N，如图 13.138 所示。

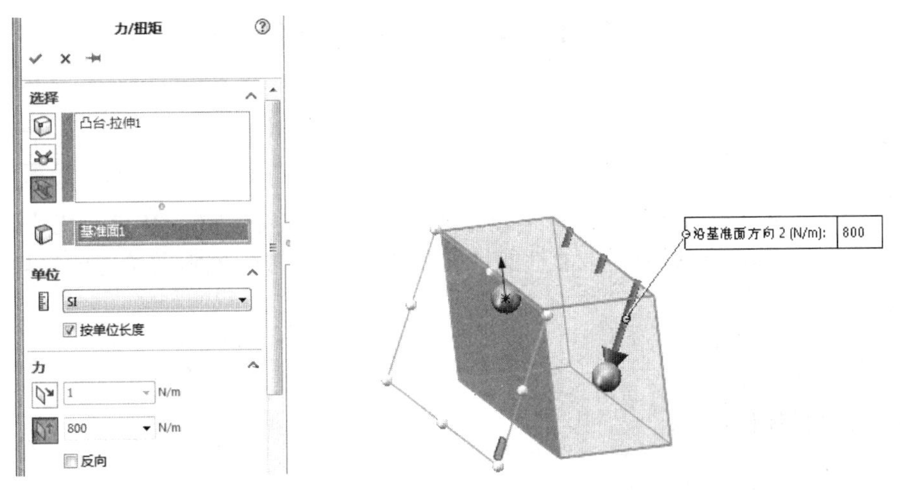

图 13.138 添加均布载荷

(6) 运行计算结果如下。

① 双击【应力】选项，选择上界轴向和折弯，最大应力 $\sigma_{max} = 9.46\text{MPa}$，如图 13.139 所示。

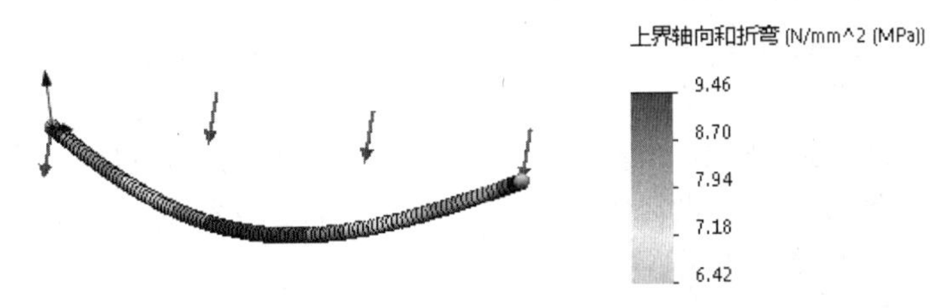

图 13.139 应力运行计算结果

② 双击【位移】选项，选择合位移，最大挠度 $f_{max} = 20.09\text{mm}$，如图 13.140 所示。

图 13.140 挠度运行计算结果

斜弯曲梁的应力和挠度理论计算和软件分析结果对照见表 13-15。

表 13-15 理论计算和软件分析结果对比

	最大应力/MPa	最大挠度/mm	说明
理论计算	9.46	20.05	应力计算的结果相同， 挠度误差：0.04mm，可满足工程需要
软件分析	9.46	20.09	

13.8 零件设计优化

13.8.1 设计优化概述

设计优化是从多种方案中，选择最佳方案的设计方法，它以数学中的最优化理论为基础，以计算机为手段，根据所需求的性能目标，建立目标函数，在满足给定的各种条件下，寻求最优化的设计方案。

通常的优化步骤如下：

(1) 建立数学模型。

(2) 选择最优化算法。

(3) 程序设计。

(4) 制订目标要求。

(5) 计算机自动筛选最优设计方案。

前面我们论述了各种构件的应力、变形分析，在构件满足许用应力和变形的前提下，对构件的尺寸优化是我们分析的目的。当然对于一项新产品的开发，在不用实体样机试验的前提下，在分析优化设计阶段，就能模拟仿真各种实际环境，对产品设计进行更改，以达到降低成本、缩短产品研发周期的目的，这也是我们学习 CAE 技术的最终追求。目前优化、仿真已经成为企业产品开发过程的必备手段，每一架飞机，每一辆汽车，甚至每一件日用产品，只有经过优化、仿真才能更快投入市场，更安全可靠，也因此变得更具创新性。因此，CAE 技术已经成为工程设计领域中不可缺少的重要技术环节。随着计算机技术的发展，它会发挥越来越重要的作用。

13.8.2 SolidWorks Simulation 设计优化的步骤

在 Simulation 软件中，设计优化的步骤示意图如图 13.141 所示。

1. 使用 Simulation 定义初始算例

初始算例是优化的基础，优化设计时，程序都将使用修改过的变量来运行初始算例。因此，优化设计的前提是必须生成至少一个算例。这里我们指静态算例。

2. 选择算例质量

软件提供了两种算例质量：高品质和快速结果。高品质对于复杂的优化设计速度较慢，在实际优化设计过程中，可以选择；快速结果也可以完全满足工程需要。

3. 定义变量

变量就是在零件模型中可以改变的尺寸，如壁厚、孔径、圆角半径等，在本软件中，最多可以选择 25 个设计变量，变量数值可以在一定范围内连续改变，如图 13.142 所示。

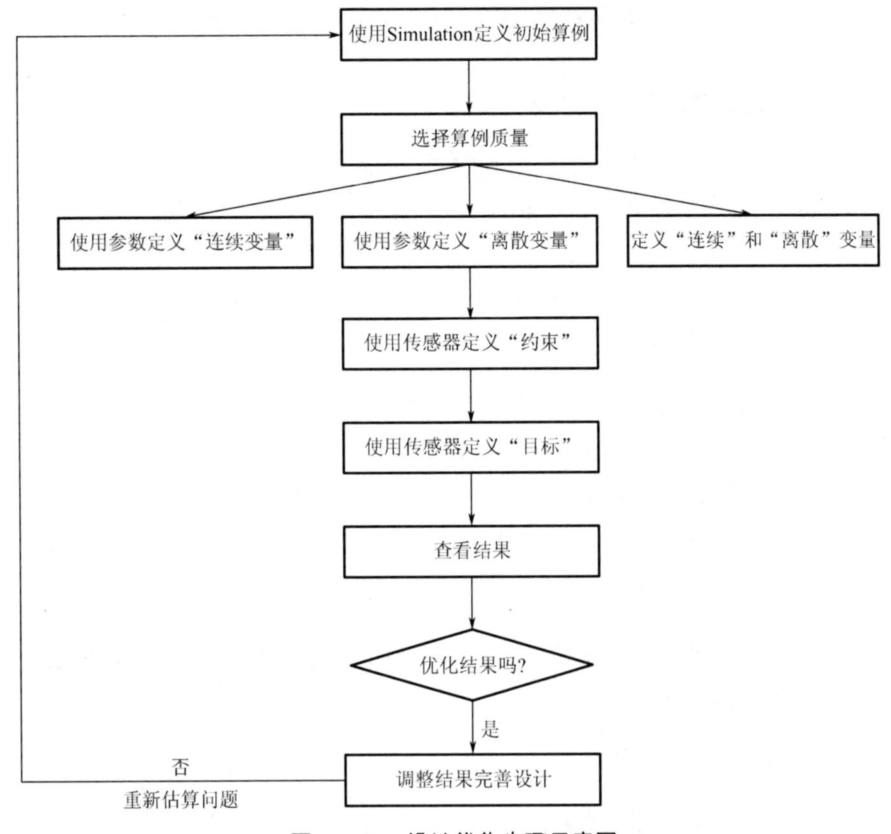

图 13.141　设计优化步骤示意图

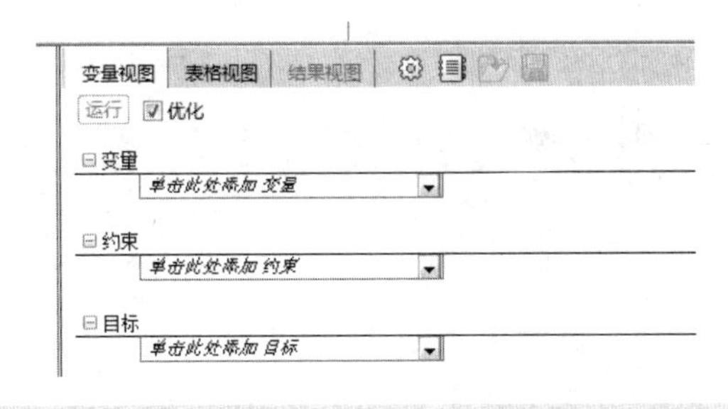

⊟变量

ate	范围	最小:	50mm	最大:	100mm	
ate2	范围	最小:	100mm	最大:	250mm	
ate3	带步长范围	最小:	150mm	最大:	375mm	步长: 187.5mm
单击此处添加 变量						

图 13.142　定义变量

4. 定义约束

约束即限制优化的空间，约束的类型有应力、位移、挠度、频率、温度等。定义位移、应力等的合理变化范围，最大值和最小值都可以被指定，如图 13.143 所示。在本软件中，最多可定义 60 个约束。

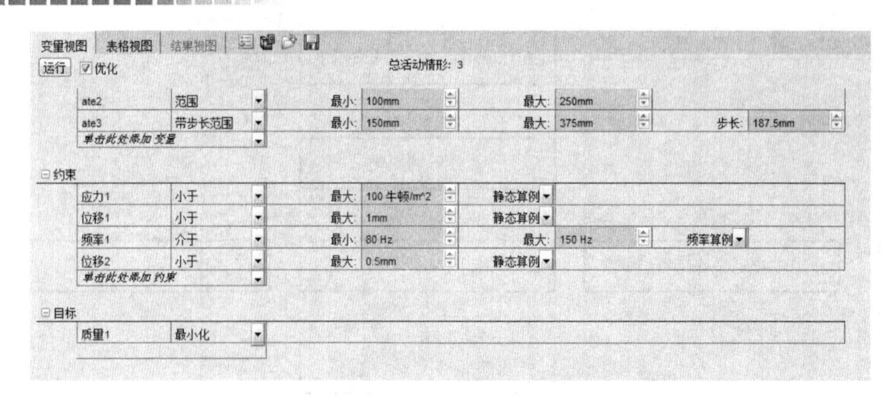

图 13.143　定义约束

优化算例可能出现的两种结果：

(1) 优化设计的结果达到了设计变量的上限，优化设计就取决于该设计变量的边界值。

(2) 优化设计的结果满足了约束条件，优化设计就取决于约束的边界值。

5. 定义目标

目标也称为优化准则，在一个优化算例中，只能设定一个目标。可以使用最小质量、最小体积、频率等作为优化目标。

6. 图解显示优化设计结果

在结果视图选项卡上，可以查看迭代的变量、约束和目标的值，以及最优解的各项数值结果及迭代次数等，如图 13.144 所示。

变量视图　表格视图　结果视图

15 情形之 15 已成功运行 设计算例质量: 高

		当前	初始	优化	跌代 6	跌代 7
背板长度		150mm	375mm	150mm	375mm	150mm
侧板支撑高度		75mm	100mm	75mm	75mm	75mm
侧板支脚槽宽		250mm	100mm	250mm	100mm	250mm
应力1	< 100 牛顿/mm^2	90 牛顿/mm^2	68.1 牛顿/mm^2	90 牛顿/mm^2	90.2 牛顿/mm^2	90 牛顿/mm^2
位移1	< 1mm	0.49mm	0.333mm	0.49mm	0.446mm	0.49mm
质量1	最小化	58.6186 kg	73.953 kg	58.6186 kg	71.4508 kg	58.6186 kg

	跌代 8	跌代 9	跌代 10	跌代 11	跌代 12	跌代 13
背板长度	150mm	262.5mm	262.5mm	262.5mm	262.5mm	262.5mm
侧板支撑高度	75mm	100mm	100mm	50mm	50mm	75mm
侧板支脚槽宽	100mm	250mm	100mm	250mm	100mm	175mm
应力1	91.4 牛顿/mm^2	69.8 牛顿/mm^2	70.3 牛顿/mm^2	135 牛顿/mm^2	135 牛顿/mm^2	91.6 牛顿/mm^2
位移1	0.472mm	0.366mm	0.35mm	0.71mm	0.695mm	0.469mm
质量1	64.6573 kg	64.5175 kg	70.5562 kg	59.5119 kg	65.5506 kg	65.0347 kg

图 13.144　优化设计结果显示

13.8.3　优化设计实例分析

实例 1：矩形弯曲悬臂梁的优化设计

图 13.145 所示为一矩形悬臂梁，截面尺寸如图 13.146 所示，材料为普通碳素钢，质量为 234kg。对该梁的优化要求如下：

(1) 梁的最大应力不超过许用应力[σ]=100MPa。

(2) B 端在竖直方向最大变形不超过 8mm。

(3) 通过改变截面尺寸 b 和 h 数值，满足上述参数要求，同时实现梁的重量最轻。

【优化设计】

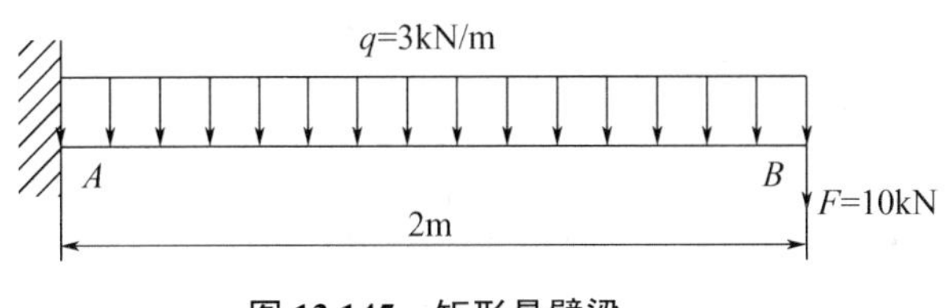

图 13.145　矩形悬臂梁

b=100

h=150

图 13.146　悬臂梁截面尺寸

悬臂梁优化设计的步骤如下。

(1) Simulation 定义初始算例，即首先生成悬臂梁静态分析算例(进行静态分析)。这里，静态分析的具体步骤不再详述，静态分析结果如图 13.147 所示。

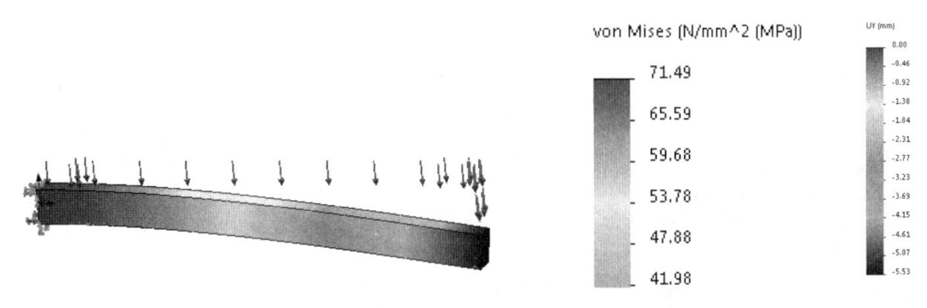

图 13.147　静态分析结果

通过分析的结果可以看出，在截面尺寸 b=100mm、h=150mm 的前提下，梁的最大应力为 σ_{max} =71.49MPa，最大变形为 Y_{max} = −5.53mm，距许用应力[σ]=100MPa 和最大许用变形量 Y_{max} = −8mm 还有一定距离，因此，有优化的空间。

(2) 生成新设计算例，即悬臂梁优化设计算例。右击【悬臂梁静态分析算例】选项，选择【生成新设计算例】选项，重新命名为悬臂梁优化设计算例 1，如图 13.148 所示。

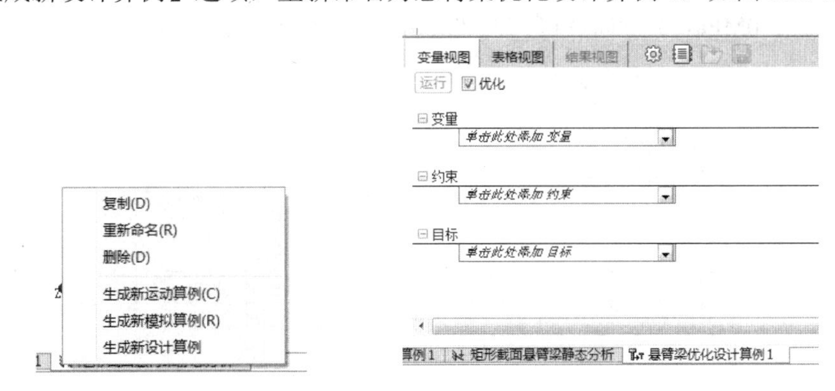

图 13.148　生成新设计算例

(3) 确定设计算例属性。选择【设计算例选项】选项，在属性管理器中选择设计算例质量中的高质量如图 13.149 所示。

(4) 添加变量。添加参数，分别在作图环境中选择截面尺寸 b=100mm、h=150mm 两个尺寸，并且选择最大和最小范围，b=80～100mm，h=130～150mm，截面尺寸在这个范围内变化，如图 13.150 所示。

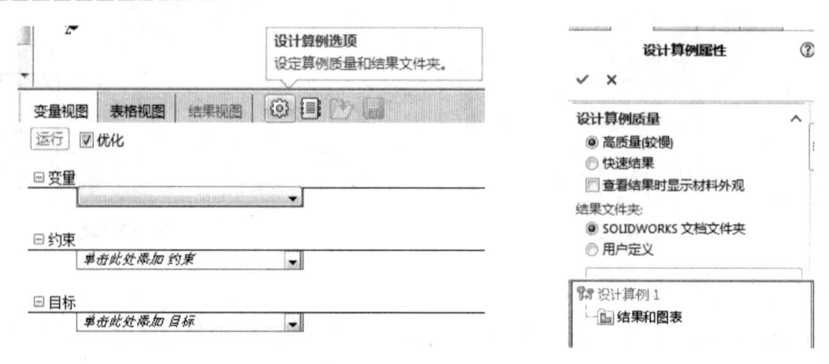

图 13.149　确定设计算例属性

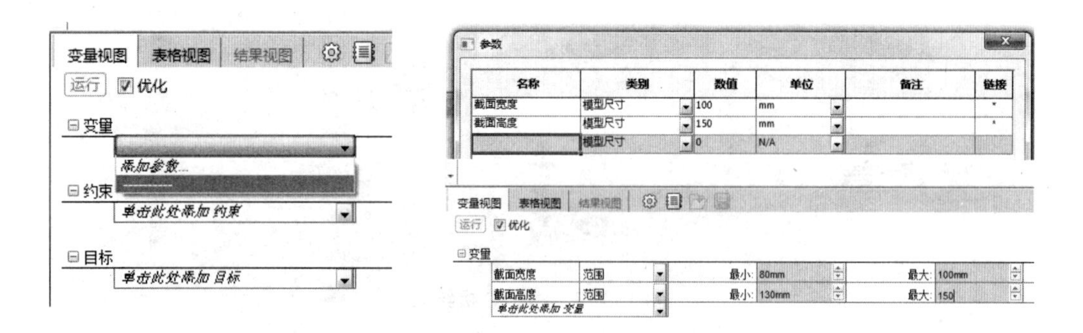

图 13.150　添加参数

(5) 添加约束。

① 选择传感器类型为 Simulation 数据，数据量为应力。

② 选择传感器类型为 Simulation 数据，数据量为位移。

应力小于 100MPa，Y 方向位移大于–8mm，如图 13.151 所示。

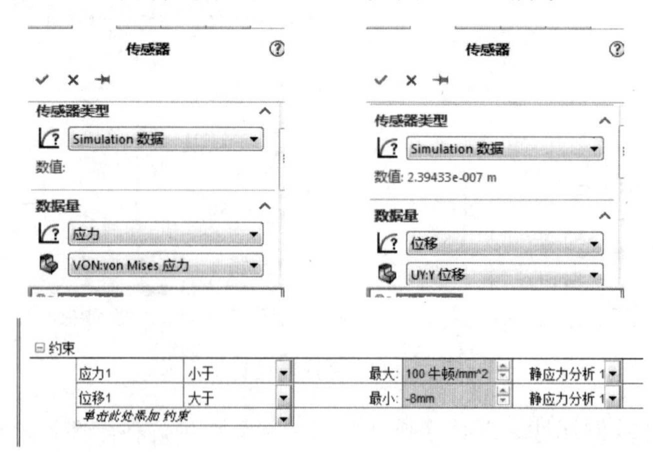

图 13.151　添加约束

(6) 添加目标。添加目标传感器质量，使质量满足最小条件，如图 13.152 所示。

(7) 运行。悬臂梁经过迭代 9 次后的优化结果如图 13.153 所示。

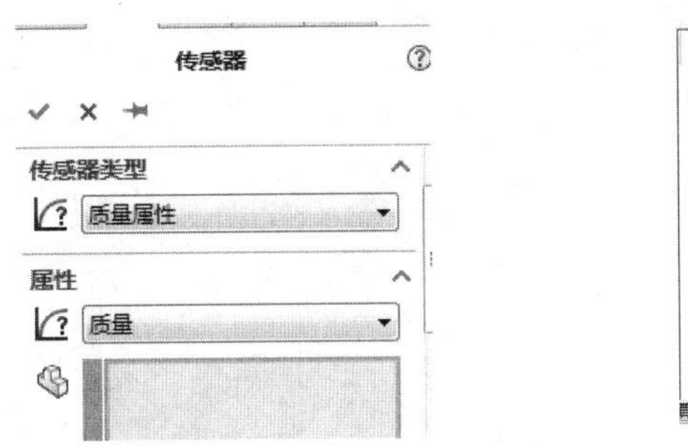

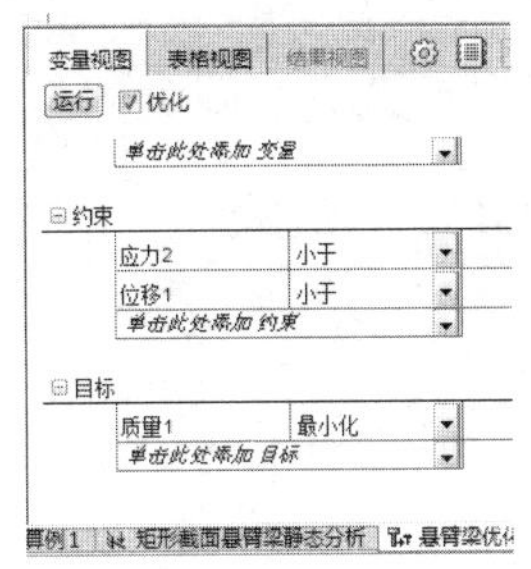

图 13.152 添加目标

变量视图 表格视图 结果视图

11 情形之 11 已成功运行 设计算例质量: 高

		当前	初始	优化	跌代 2	跌代 3	跌代 4	跌代 5	跌代 6	跌代 7	跌代 8	跌代 9
宽度		80.011mm	100mm	80.011mm	80mm	100mm	80mm	100mm	80mm	90mm	90mm	90mm
高度		142.965mm	150mm	142.965mm	150mm	130mm	130mm	140mm	140mm	150mm	130mm	140mm
应力1	< 100 牛顿/mm^2	96.3 牛顿/mm^2	71.4 牛顿/mm^2	96.3 牛顿/mm^2	87.3 牛顿/mm^2	93.8 牛顿/mm^2	118 牛顿/mm^2	80.9 牛顿/mm^2	101 牛顿/mm^2	77.8 牛顿/mm^2	105 牛顿/mm^2	89.2 牛顿/mm^2
位移1	> -8mm	-7.988mm	-5.534mm	-7.988mm	-6.92mm	-8.492mm	-10.619mm	-6.803mm	-8.506mm	-6.15mm	-9.437mm	-7.56mm
质量1	最小化	178.445 kg	234 kg	178.445 kg	187.2 kg	202.8 kg	162.24 kg	218.4 kg	174.72 kg	210.6 kg	182.52 kg	196.56 kg

图 13.153 悬臂梁优化结果

优化结果：

① 优化后的截面尺寸 b=80.011mm、h=142.965mm，圆整为 b=80mm、h=143mm。

② 应力为 $\sigma_{\max}=96.3\text{MPa}$，小于 $[\sigma]=100\text{MPa}$，满足要求。

③ 位移为 $Y_{\max}$=−7.989，大于 $Y_{\max}$=−8mm，满足要求。

④ 质量由初始的 234kg 减少为 178.445kg，减少了 55.56kg，节约材料达 23.74%。

悬臂梁经过优化设计后，在满足应力和变形要求的前提下，通过截面尺寸的改变，节约材料 23.74%，达到了优化目的。

(8) 结果和图表。

① 右击【结果和图表】选项，可以定义高度或宽度与约束或目标的关系图表，如图 13.154 所示。

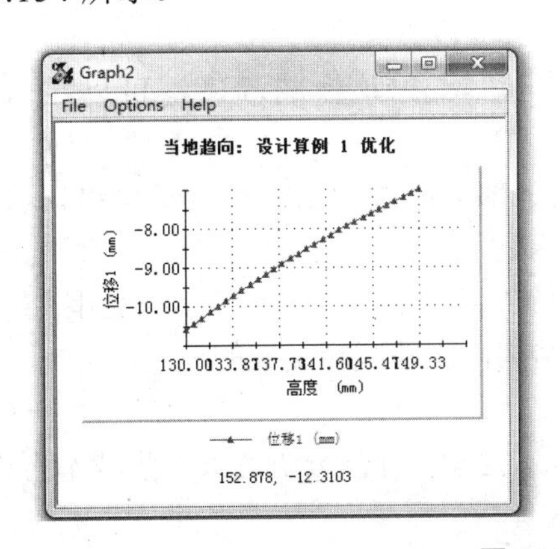

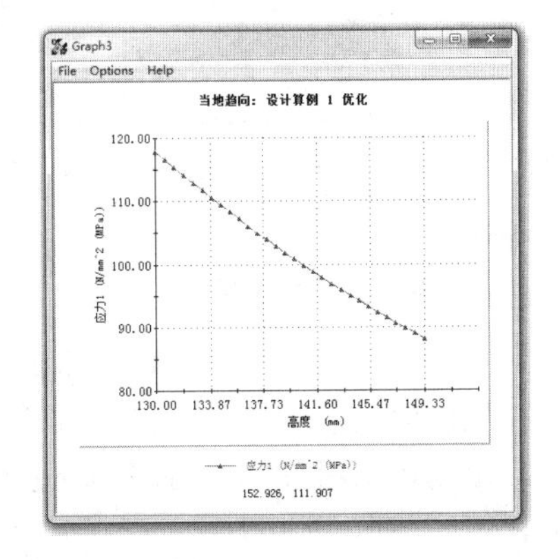

图 13.154 关系图表

② 生成 Word 报表。为了方便保存各项优化数据，可以通过生成 Word 报表的方式实现，如图 13.155 所示。

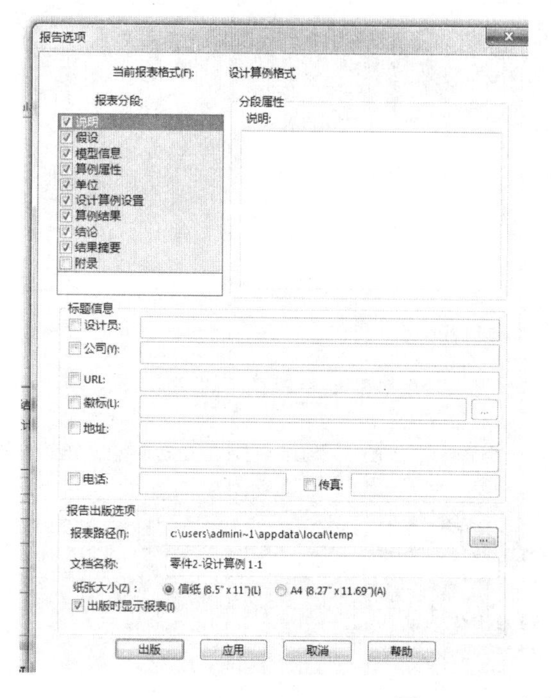

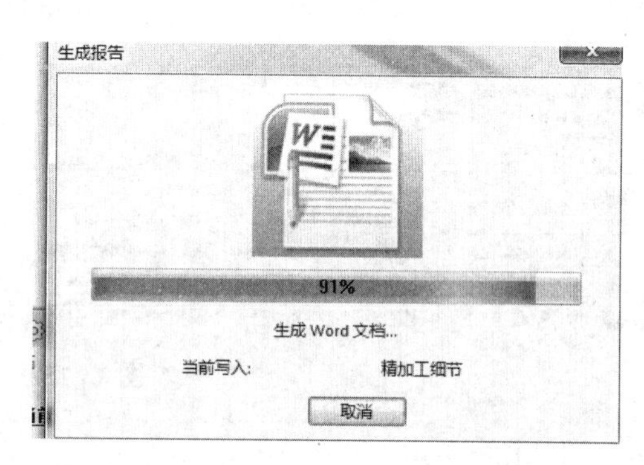

图 13.155　生成 Word 报表

实例 2：压榨机支架的优化设计

图 13.156 所示为一压榨机支架，它由两块侧板、一块背板、一块顶板组成，支架通过侧板的四个支脚固定，顶板上圆环面承受 22250N 向下的力，材料为普通碳素钢，支架质量为 73.95kg。对该支架的优化要求如下：

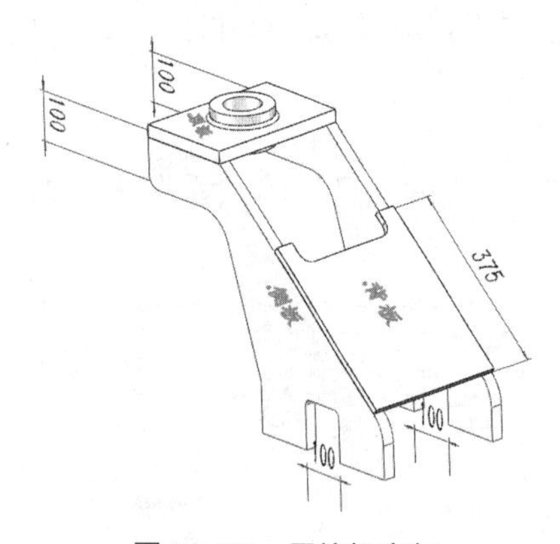

图 13.156　压榨机支架

（1）支架的最大应力不超过许用应力[σ]=100MPa。

（2）最大综合变形不超过 f= 1mm。

（3）可以改变以下三个尺寸：

① 侧板上部支撑顶板的高度，可以在 100～50mm 范围内缩减。

② 侧板下部支脚槽的切除长度，可以在 100～250mm 范围内增加。

③ 背板的长度，可以在 375～150mm 范围内缩减。

通过上述三个尺寸的改变，修改支架的几何结构，实现减轻支架的重量。

压榨机优化设计过程如下：

（1）生成压榨机静态分析算例，进行静态分析。这里，静态分析的具体步骤不再详述，静态分析结果如图 13.157 所示。

通过分析结果可以看出，在初始参数下（背板长度 375mm、侧板支撑高度 100mm、侧板支脚槽宽 50mm），支架的最大应力为 σ_{max} =68.13MPa，最大变形为 f_{max} =0.33mm，距离许用应力[σ]=100MPa 和最大许用变形量 f = 1mm 还有一定距离，因此，有优化的空间。

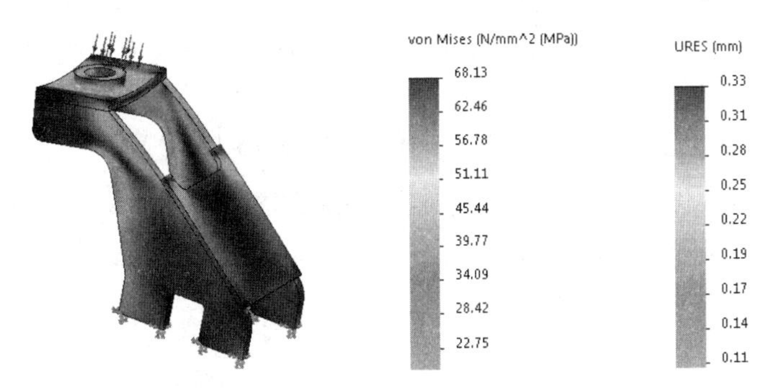

图 13.157　静态分析结果

(2) 生成新设计算例，即压榨机优化设计算例。

(3) 确定设计算例属性。选择【设计算例选项】选项，在属性管理器中选择设计算例质量中的高质量。

(4) 添加变量和约束，具体如图 13.158 所示。

变量视图　表格视图　结果视图

运行　☑优化

变量	类型		最小		最大
背板长度	范围	最小:	150mm	最大:	375mm
侧板支撑高度	范围	最小:	50mm	最大:	100mm
侧板支脚槽宽	范围	最小:	100mm	最大:	250mm
单击此处添加 变量					

⊟ 约束

约束	条件		值	算例
应力1	小于	最大:	100 牛顿/mm^2	静应力分析 1
位移1	小于	最大:	1mm	静应力分析 1
单击此处添加 约束				

图 13.158　添加变量和约束

(5) 添加目标，为质量最小化。

(6) 运行优化结果如图 13.159 所示。

变量视图　表格视图　结果视图

15 情形之 15 已成功运行 设计算例质量: 高

		当前	初始	优化	跌代 6	跌代 7	跌代 8	跌代 9	跌代 10	跌代 11	跌代 12	跌代 13
背板长度		150mm	375mm	150mm	375mm	150mm	150mm	262.5mm	262.5mm	262.5mm	262.5mm	262.5mm
侧板支撑高度		75mm	100mm	75mm	75mm	75mm	75mm	100mm	100mm	50mm	50mm	75mm
侧板支脚槽宽		250mm	100mm	250mm	100mm	250mm	100mm	250mm	100mm	250mm	100mm	175mm
应力1	< 100 牛顿/mm^2	90 牛顿/mm^2	68.1 牛顿/mm^2	90 牛顿/mm^2	90.2 牛顿/mm^2	90 牛顿/mm^2	91.4 牛顿/mm^2	69.8 牛顿/mm^2	70.3 牛顿/mm^2	135 牛顿/mm^2	135 牛顿/mm^2	91.6 牛顿/mm^2
位移1	< 1mm	0.49mm	0.333mm	0.49mm	0.446mm	0.49mm	0.472mm	0.366mm	0.35mm	0.71mm	0.695mm	0.469mm
质量1	最小化	58.6186 kg	73.953 kg	58.6186 kg	71.4508 kg	58.6186 kg	64.6573 kg	64.5175 kg	70.5562 kg	59.5119 kg	65.5506 kg	65.0347 kg

图 13.159　压榨机支架优化结果

优化结果如下：

① 优化后的背板长度为 150mm，侧板支撑高度 75mm，侧板支脚槽宽 250mm。

② 应力为 $\sigma_{max}=90\text{MPa}$，小于 $[\sigma]=100\text{MPa}$，满足要求。

③ 位移为 $f_{max}=0.49\text{mm}$，小于 $f=1\text{mm}$，满足要求。

④ 质量由初始的 73.95kg 减少为 58.62kg，减少了 15.33kg。

压榨机支架经过优化设计后，在满足应力和变形要求的前提下，通过构件结构尺寸的改变，节约材料 20.73%，达到了优化目的。

(7) 定义背板长度和位移及应力的关系图表，如图 13.160 所示。

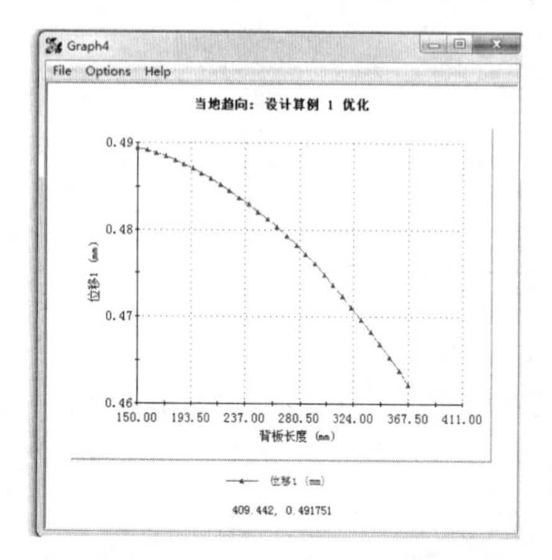

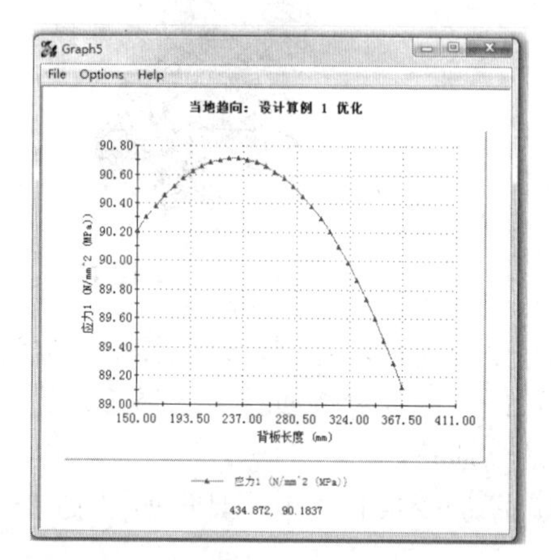

图 13.160　背板长度与位移、应力的关系图表

实例 3：200t 吊钩叉子优化设计

图 13.161 所示为 200t 吊钩叉子，吊钩叉子上部通过梯形螺纹和吊钩横梁连接，下部通过ϕ220mm 孔和吊钩连接。吊钩叉子材料为 20 钢，许用应力$[\sigma]$ = 157MPa，吊钩叉子本身自重为 1050kg。其工作时承受 200t 起重量和本身自重的共同作用。

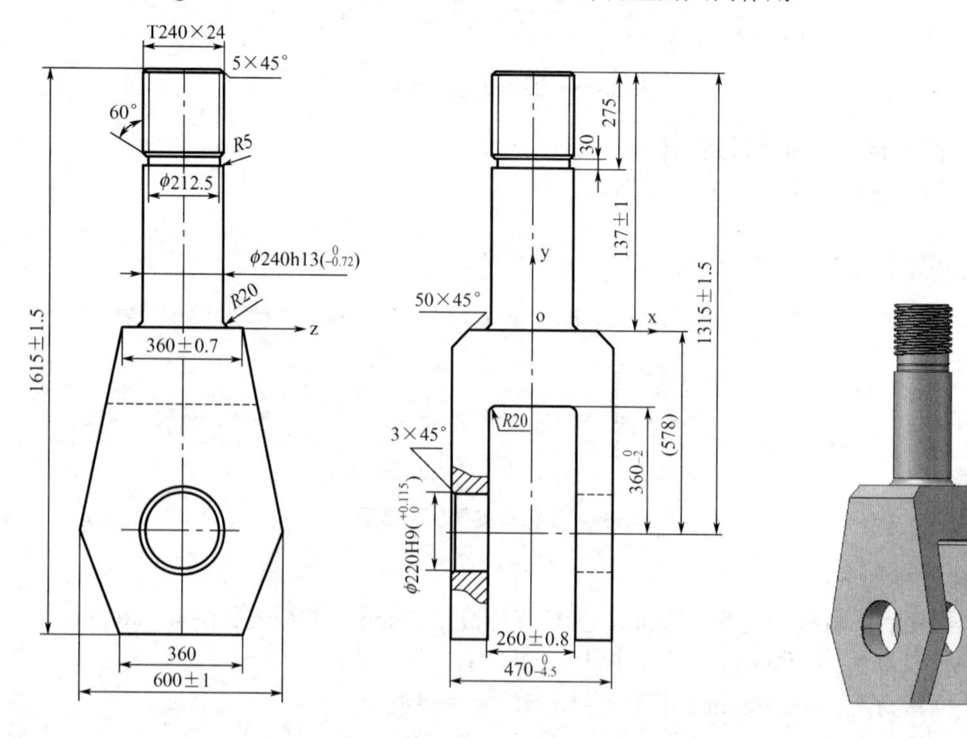

图 13.161　200t 吊钩叉子

吊钩叉子各项参数如下：

(1) 承受的拉力为 $F=[(200000+1050)\times 9.8]=1970290$ (N)。

(2) 根据图 13.161 计算吊钩叉子耳板壁厚 $b=(470-260)\div 2=105(\text{mm})$。

(3) 根据图 13.161 计算吊钩叉子耳板与连接部位高度 $h=578-360=218(\text{mm})$。

对吊钩叉子的优化要求如下：

(1) 最大应力不超过许用应力[σ]=157MPa。

(2) 通过改变尺寸 b($b=80$～105mm) 和 h(h=150～218mm) 数值，满足上述参数要求，同时实现叉子的质量最轻。

吊钩叉子优化设计过程如下：

(1) 定义初始算例，即首先生成悬臂梁静态分析算例(进行静态分析)。这里，静态分析的具体步骤不再详述，静态分析结果如图 13.162 所示。

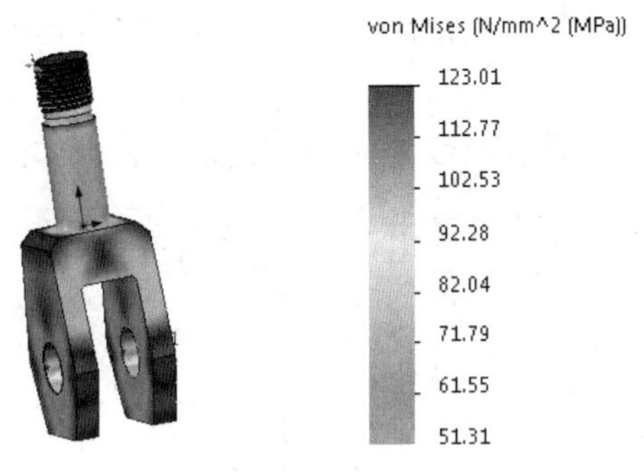

图 13.162 静态分析结果

通过分析结果可以看出，在初始参数下(b=105mm、h=218mm)，吊钩叉子的最大应力为 σ_{max}=123.01MPa，距离许用应力[σ]=157MPa 还有一定距离，因此，有优化的空间。

(2) 生成新设计算例，即吊钩叉子优化设计算例。

(3) 确定设计算例属性。选择【设计算例选项】选项，在属性管理器中选择设计算例质量中的高质量。

(4) 添加变量和约束，具体如图 13.163 所示。

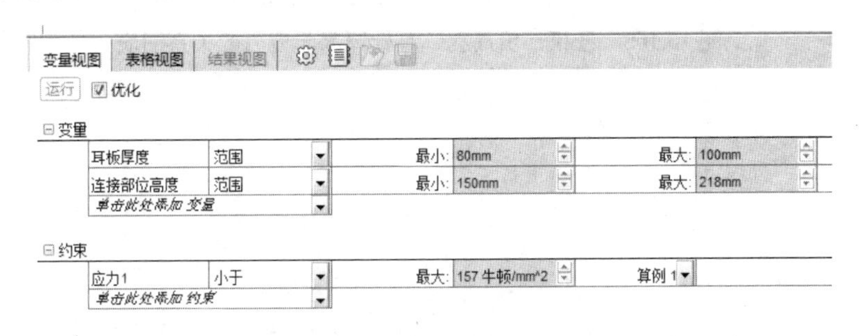

图 13.163 添加变量和约束

(5) 添加目标，为质量最小化。

(6) 运行优化结果如图 13.164 所示。

变量视图 表格视图 结果视图

11 情形之 11 已成功运行 设计算例质量: 高

		当前	初始	优化	跌代 2	跌代 3	跌代 4	跌代 5	跌代 6	跌代 7	跌代 8	跌代 9
耳板厚度		80mm	105mm	80mm	80mm	100mm	80mm	100mm	80mm	90mm	90mm	90mm
连接部位高度		150mm	218mm	150mm	218mm	150mm	150mm	184mm	184mm	218mm	150mm	184mm
应力1	< 157 牛顿/mm^2	156 牛顿/mm^2	127 牛顿/mm^2	156 牛顿/mm^2	149 牛顿/mm^2	134 牛顿/mm^2	156 牛顿/mm^2	117 牛顿/mm^2	151 牛顿/mm^2	126 牛顿/mm^2	142 牛顿/mm^2	126 牛顿/mm^2
质量1	最小化	926565 g	1.05011e+006 g	926565 g	992570 g	977226 g	926565 g	1.00742e+006 g	959034 g	1.01559e+006 g	951896 g	983226 g

图 13.164　吊钩叉子优化结果

优化结果如下：

① 优化后的耳板厚度 b=80mm。

② 优化后的连接部位高度 h=150mm。

③ 优化后的应力为 $\sigma_{max}=156\text{MPa}$，小于 $[\sigma]=157\text{MPa}$，满足要求。

④ 重量由初始的 1050kg 减少为 926.57kg，减少了 123.43kg。

吊钩叉子经过优化设计后，在满足应力的前提下，通过构件结构尺寸的改变，节约材料 11.76%。

(7) 定义连接部位高度和耳板厚度与应力的关系图表，如图 13.165 所示。

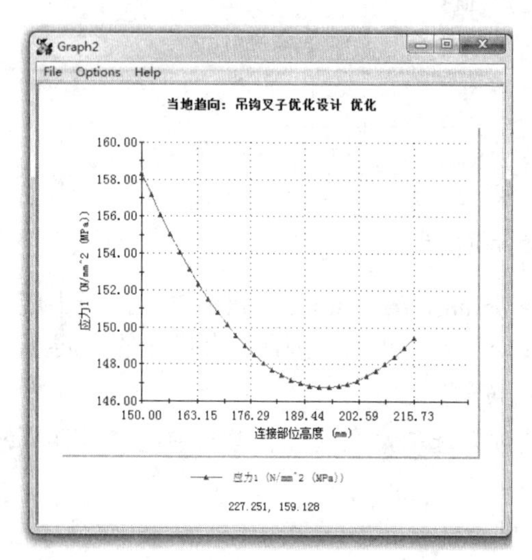

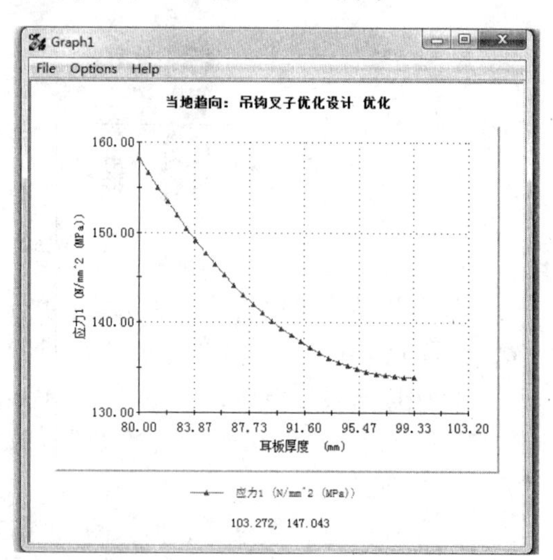

图 13.165　连接部位高度、耳板厚度与应力的关系图表

第 14 章

SolidWorks 评估功能应用实例

14.1　评估(测量)命令简介

评估命令如图 14.1 所示，这里主要介绍测量功能和质量属性。

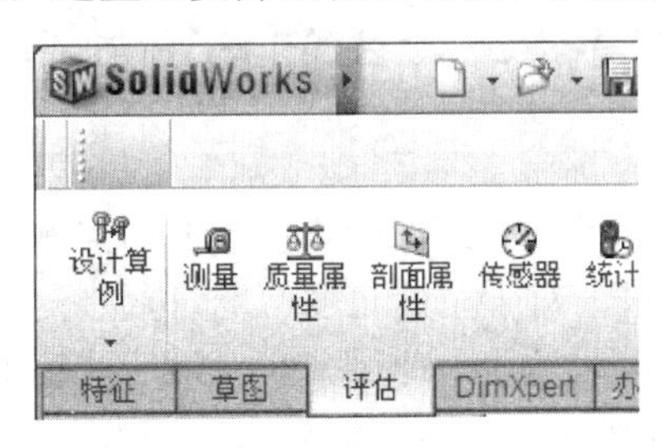

图 14.1　评估命令

1. 测量功能

可以测量草图、3D 模型、装配体或工程图中直线、点、曲面、基准面的距离、角度、半径等。

2. 质量属性

可以测量零件的质量、体积、表面积、中心、截面的惯性力矩等，如图 14.2 所示。

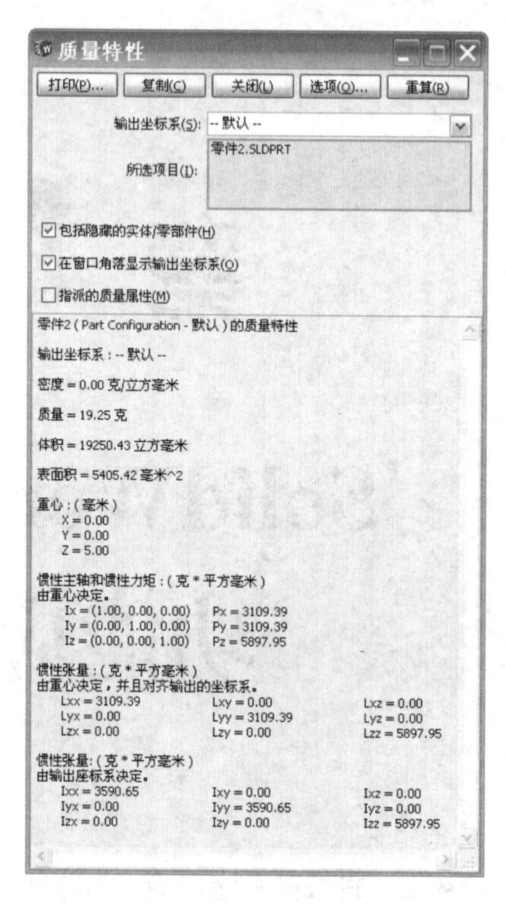

图 14.2　质量特性

14.2　测量命令在空间角度测量中的应用

在实际计量测试工作中，经常遇到一些测量角度的问题。对于平面角度测量问题，通过直接或间接测量很容易解决。对于空间角度问题，直接测量很难实现，传统做法是通过间接测量再利用几何法或向量法推导出计算公式，最后计算求得。

在这里，我们利用 SolidWorks 的强大的造型功能和测量功能，很容易完成各类零件的造型，在此前提下，可以测量零件的各种需要测量的参数，简单方便，没有计算公式，所求得的数据准确可靠，是一种优于传统几何计算法的方式，尤其适于较复杂的、计算难度较大的一些工程零件的测量问题，下面我们通过两个实例来简单阐述其测量计算过程。

实例 1：实体造型空间角度测量

图 14.3 所示为一立方体上开了一带锥度的 V 形槽，端面夹角为 2α，半角为α，V 形槽交线的倾斜角度为β，垂直于 V 形槽交线法平面的夹角为 2θ，半角为θ，角 2θ 也称为两面角，求 2θ。根据该 V 形槽的特点，角度α、β 可直接测量得到。已知：α=30°，β=15°。

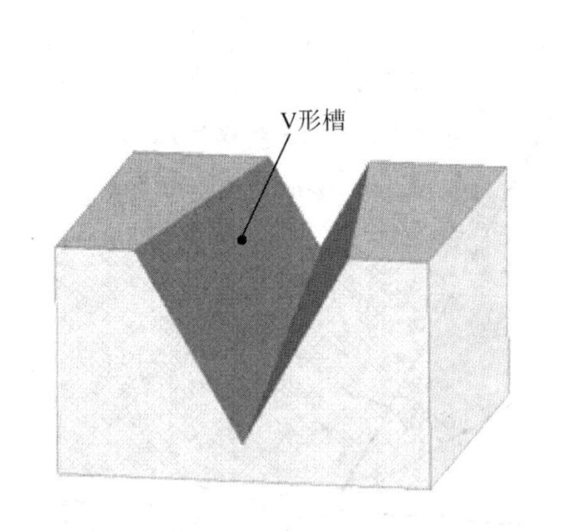

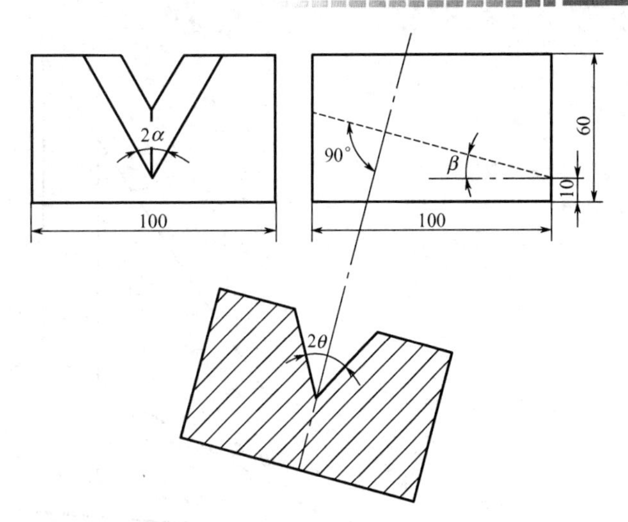

图 14.3 实体空间角度

1）传统测量计算法

在实际计量测量工作中，传统的做法是直接测出角度α、β，然后根据α、β推导出θ的计算公式，求出θ。根据几何法或向量法推导出的计算公式如下(过程略)：

$$\tan\frac{\theta}{2}=\frac{\tan\alpha}{\cos\beta}$$

将α=30°，β=15°代入上式得到$2\theta = 61°44'6''$。

2）SolidWorks 造型测量法

造型并测量。根据图 14.3 所示尺寸，利用拉伸、扫描等命令，很容易完成零件的造型，选择主菜单【评估】|【测量】命令，分别选择 V 形槽的两个面，测量出其夹角为 61°44′6″，如图 14.4 所示，该角度就是我们要求的 V 形槽夹角 $2\theta = 61°44'6''$。

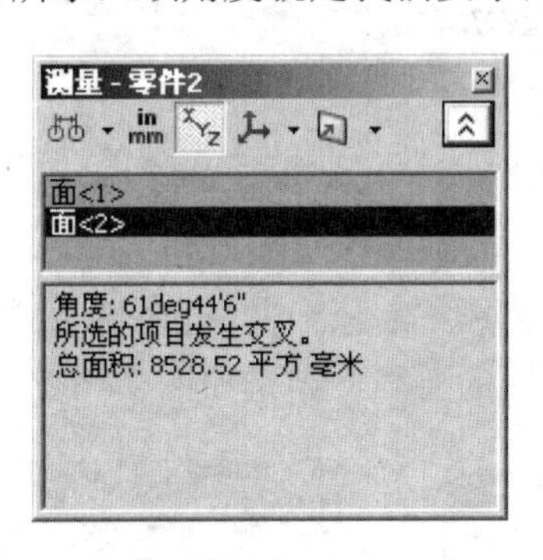

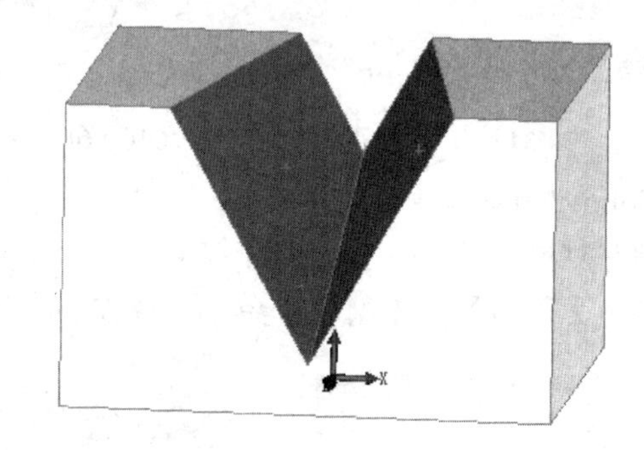

图 14.4 测量夹角

结论：传统计算方法和软件测量法结果完全一致。

实例 2：线架造型空间角度测量

图 14.5 所示为一空间立体三角形，已知线段 OA=120，$\angle OBA$=34°，$\angle OCA$=46°，求：(1) $\angle OBC$，(2) $\angle BAC$，(3) $\angle ACB$。

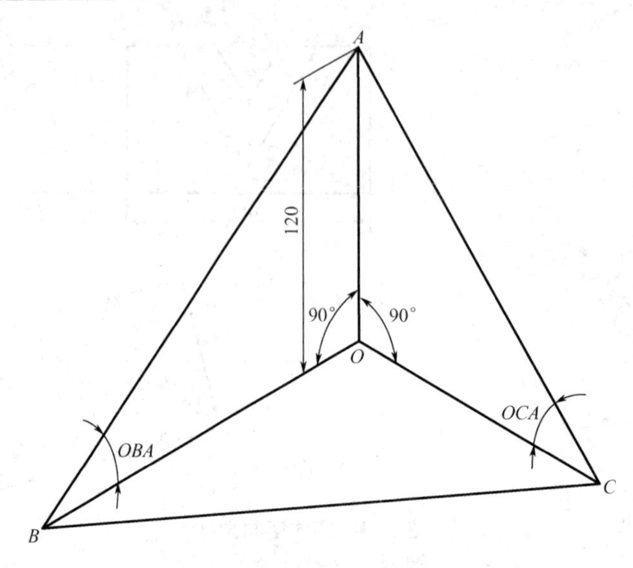

图 14.5　线架空间角度

1）传统计算法

传统的做法是根据已知条件推导出计算公式，根据已知角度∠*OBA*、∠*OCA* 推导出以下计算公式(过程略)：

$$\tan\angle OBC = \frac{\tan\angle OBA}{\tan\angle OCA} \tag{14-1}$$

$$\cos\angle BAC = \sin\angle OBA \cdot \sin\angle OCA \tag{14-2}$$

$$\cos\angle ACB = \frac{\cos\angle OCA}{\sqrt{1+\dfrac{\tan^2\angle OCA}{\tan^2\angle OBA}}} \tag{14-3}$$

把∠*OBA*=34°、∠*OCA*=46°分别代入上述公式，得

$$\angle OBC=33°4'44'' \qquad \angle BAC=66°16'52'' \qquad \angle ACB=67°43'11''$$

2）SolidWorks 造型测量法

造型并测量。根据图 14.5 所示尺寸，利用 3D 草图、直线命令，很容易完成线架造型，选择主菜单【评估】|【测量】命令，分别选择相对的直线，结果如图 14.6 所示。

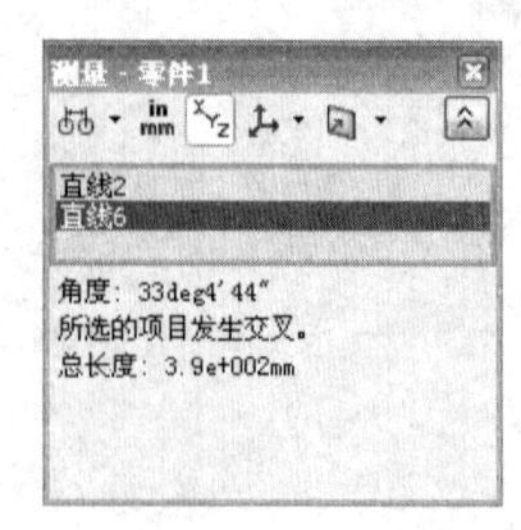

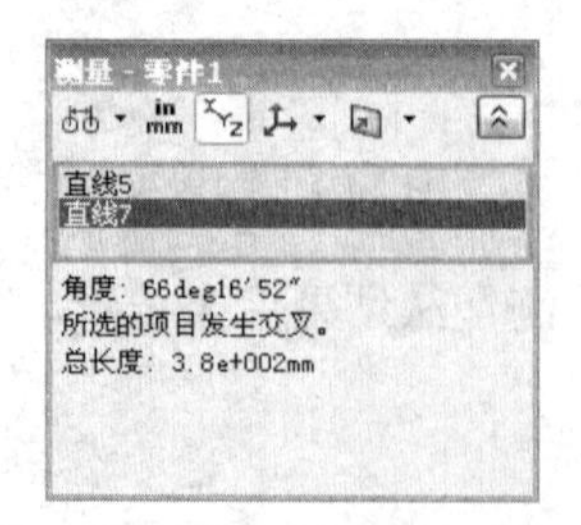

图 14.6　空间角度测量结果

结论：传统计算方法和软件测量法结果完全一致。

14.3 测量命令在冲压模具设计中的辅助计算

14.3.1 冲裁压力中心的辅助计算

冲裁压力中心即冲裁力合力的作用点，它和零件外轮廓的长度成正比。

1. 简单冲裁件的压力中心

(1) 直线段的压力中心在中点，如图 14.7 所示。

(2) 形状对称的零件(圆、矩形等)单凸模的压力中心在其几何中心，即圆在圆心，矩形在对称中心，如图 14.8 所示。

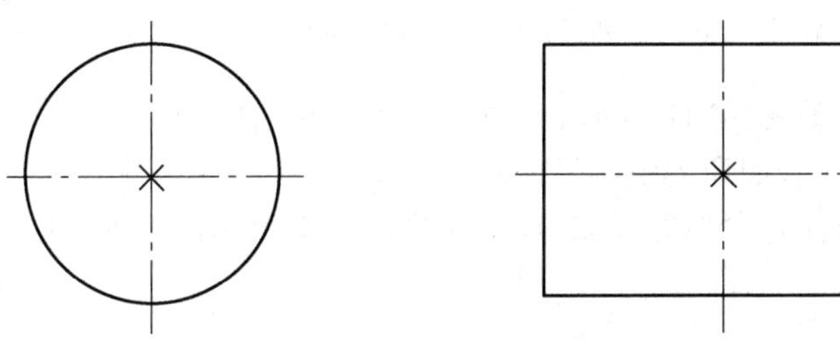

图 14.7 直线段的压力中心

图 14.8 形状对称的零件单凸模的压力中心

(3) 圆弧线段的压力中心计算。如图 14.9 所示，对任意角 2α 的圆弧压力中心为

$$C_0 = \frac{\frac{180}{\pi}}{\alpha} R\sin\alpha$$

$$L = \frac{2R\alpha}{\frac{180}{\pi}}$$

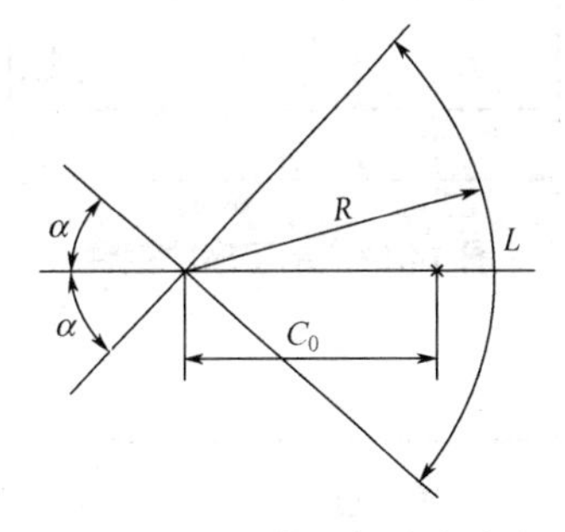

图 14.9 圆弧线段的压力中心

2. 复杂冲裁件的压力中心

图 14.10 所示为一异形冲裁件，它由五条直线段和一段圆弧组成，冲裁这样一个零件，冲裁压力中心为(X_C, Y_C)

$$X_C = \frac{L_1X_1 + L_2X_2 + \cdots + L_nX_n}{L_1 + L_2 + \cdots + L_n} \tag{14-4}$$

$$Y_C = \frac{L_1Y_1 + L_2Y_2 + \cdots + L_nY_n}{L_1 + L_2 + \cdots + L_n} \tag{14-5}$$

式(14-4)及式(14-5)即为压力中心计算公式，对于复杂工件，代入两式即可。

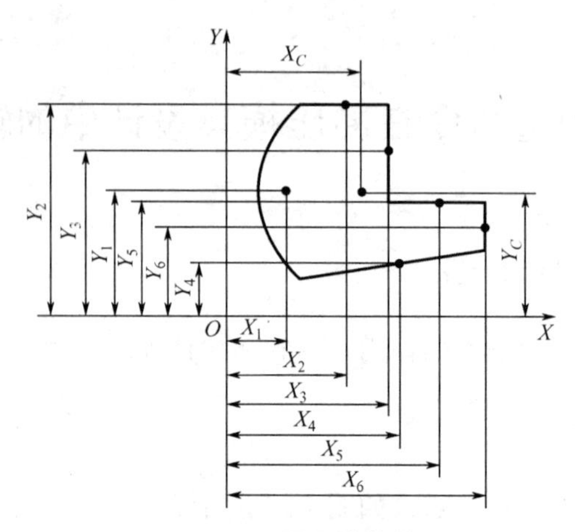

图 14.10 异形冲裁件

实例 1：单工序冲裁件的压力中心计算

计算图 14.11 所示单工序冲裁件的压力中心。

1）按照压力中心坐标公式计算

将工件分段并建立坐标系如图 14.12 所示，将各线段坐标列表，见表 14-1。

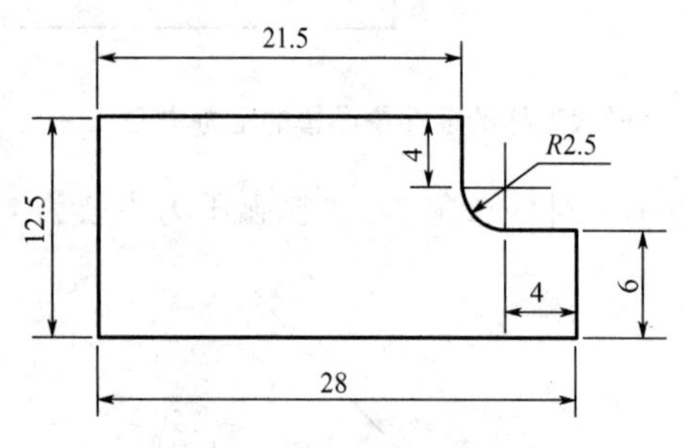

图 14.11 单工序冲裁件

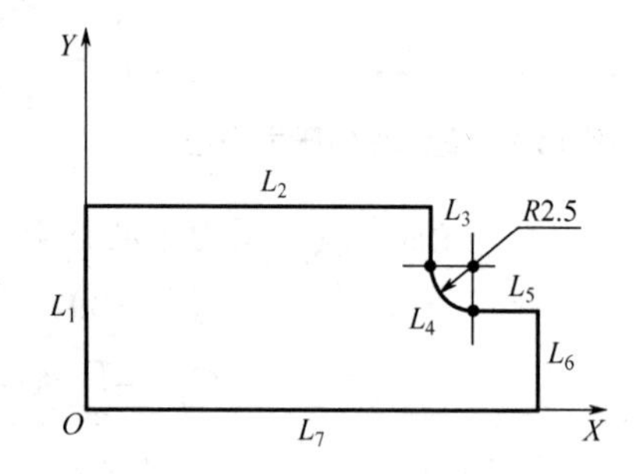

图 14.12 建立坐标系

表 14-1 各线段坐标

线段长度	压力中心坐标	
	X	Y
L_1=12.5	0	6.25
L_2=21.5	10.75	12.5
L_3=4	21.5	10.5
L_4=3.93	22.4	6.9
L_5=4	26	6
L_6=6	28	3
L_7=28	14	0

将上述数值分别代入式(14-4)、式(14-5)，得压力中心坐标为

$$X_C=\frac{21.5\times10.75+4\times21.5+\cdots+28\times14}{12.5+21.5+4+3.93+4+6+28}=13.38$$

$$Y_C = \frac{12.5\times6.25+21.5\times12.5+\cdots+6\times3}{12.5+21.5+4+3.93+4+6+28} = 5.73$$

2）利用 SolidWorks 造型测量

具体操作步骤如下：

（1）草图绘制图形外轮廓。

（2）等距轮廓，0.0001mm（软件最小精度）。

（3）拉伸 0.0001mm，如图 14.13 所示。

（4）测出重心，如图 14.14 所示。

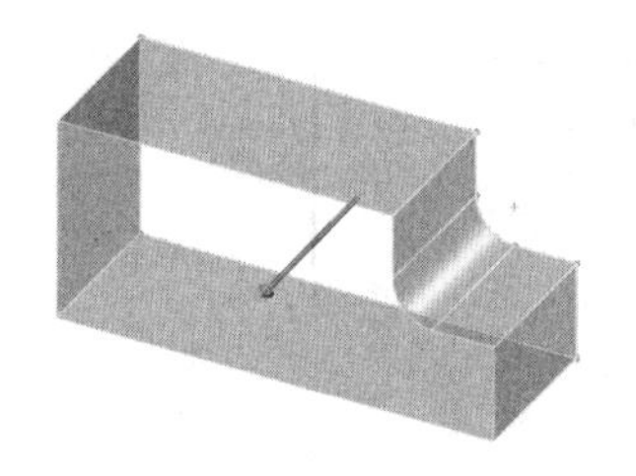

图 14.13　造型

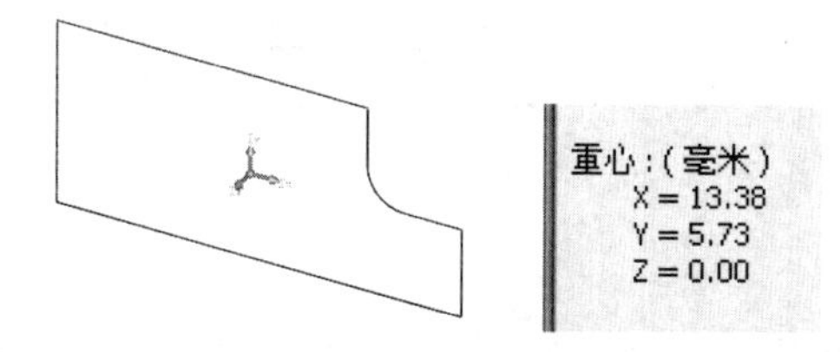

图 14.14　测量重心

重心就是此零件压力中心，由于零件的截面尺寸非常小，其重心和零件的轮廓长度有关，符合压力中心的定义。

结论：压力中心就是其重心：$X_C = 13.38$mm，$Y_C = 5.73$mm，与计算结果一致。

实例 2：复合工序冲裁件压力中心计算

图 14.15 所示为一复合工序冲裁件，即一次冲出外轮廓和孔，其压力中心要考虑外轮廓长度和孔的长度。

利用 SolidWorks 造型测量。

步骤参照实例 1，结果如图 14.16 所示，其压力中心就是重心，$Y_C = -2.45$mm。

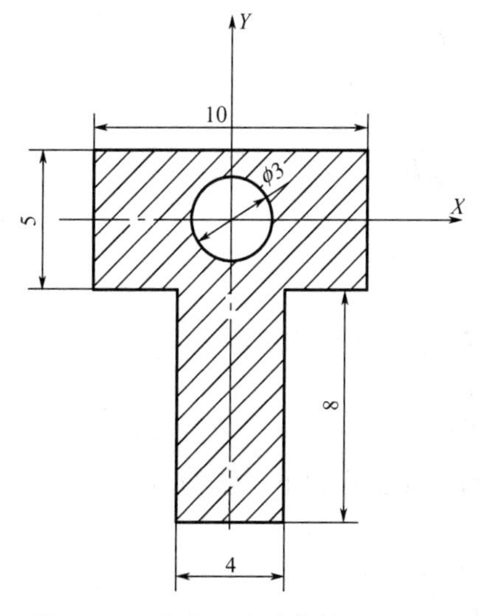

图 14.15　复合工序冲裁件

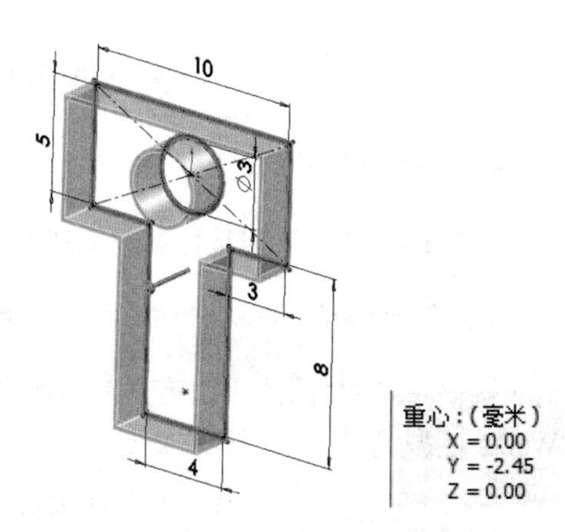

图 14.16　复合工序冲裁件重心

实例 3：级进模冲裁件压力中心计算

图 14.17 所示为级进模冲裁件，先在第一工位冲出四个小孔，条料进给 32mm 后，在冲出外轮廓。

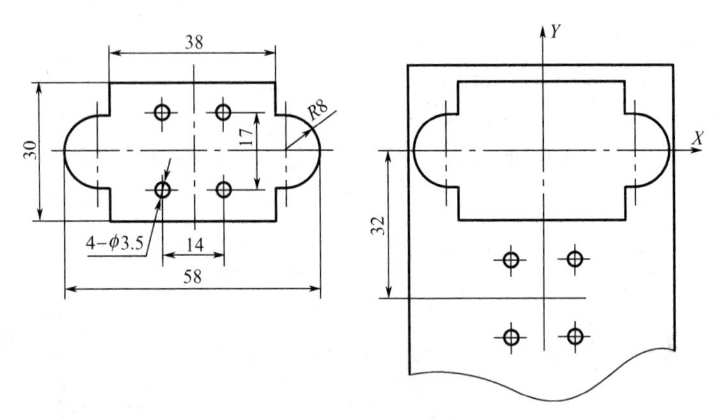

图 14.17　级进模冲裁件

利用 SolidWorks 造型测量。

步骤参照实例 1，结果如图 14.18 所示，其压力中心即重心，$Y_C = -6.82\text{mm}$。

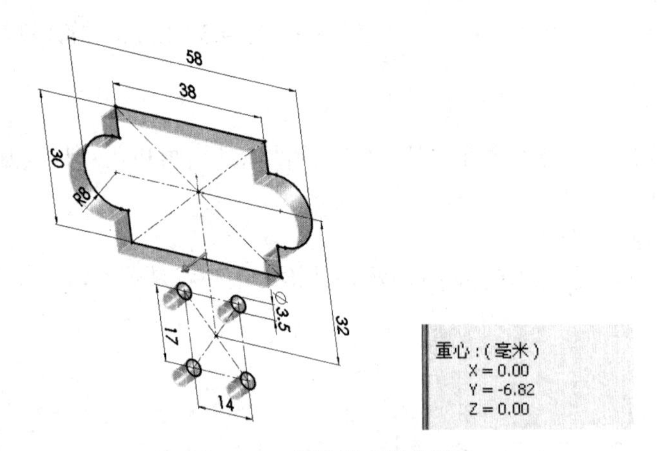

图 14.18　级进模冲裁件重心

14.3.2　拉深件展开尺寸的计算

拉深件毛坯的计算原则是拉深前毛坯形状与拉深件断面形状相似。

实例 1：简单圆筒形拉深件的毛坯展开计算

对于圆筒形拉深件(图 14.19)展开毛坯直径 D 的计算公式如下，我们通过计算公式和 SolidWorks 造型测量计算两种方式进行对比。

$$D = \sqrt{d^2 - 1.72dr_d - 0.56r_d^2 + 4dH} \tag{14-6}$$

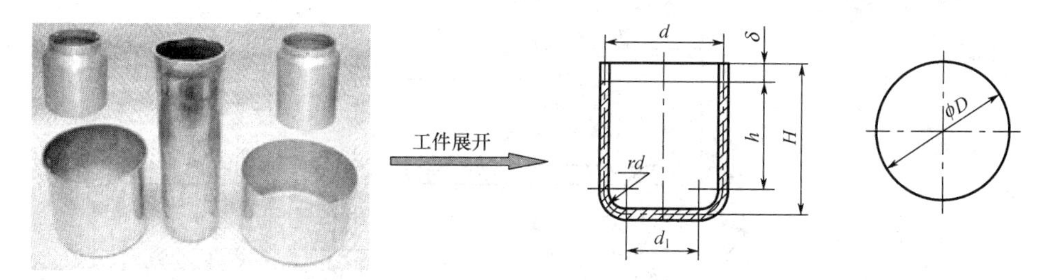

图 14.19　简单圆筒形拉深件

工件参数：$d = 29$，$H = 32$，$r_d = 2.5$，$t = 1$

1）计算方法

把工件参数代入式(14-6)，得工件展开毛坯直径 $D \approx 66.7$mm(计算过程略)。

2）利用 SolidWorks 造型测量计算

具体操作步骤如下：

(1）按照工件尺寸，完成造型，如图 14.20 所示。

(2）插入曲面，生成三个中性面。

(3）测量三个中性面的面积 $A = 3475.38\text{mm}^2$，如图 14.21 所示。

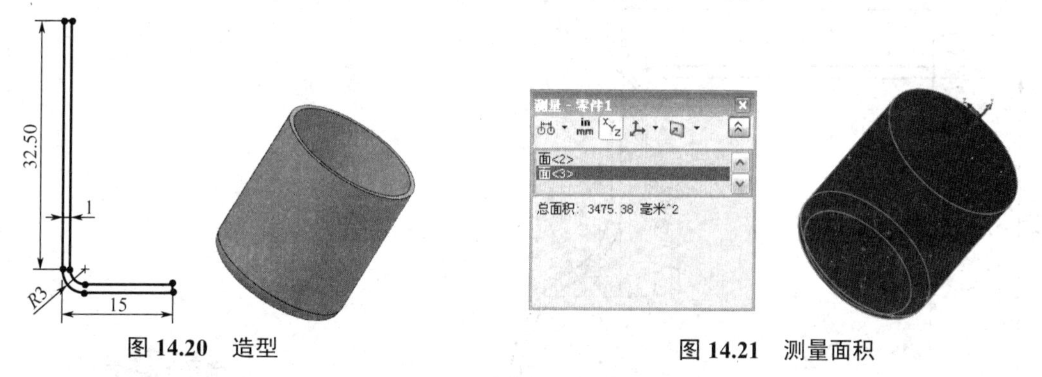

图 14.20　造型

图 14.21　测量面积

毛坯直径

$$D = 2\sqrt{\frac{A}{\pi}} = 2\sqrt{\frac{3475.38}{3.14}} = 66.5(\text{mm})$$

结论：计算结果 $D \approx 66.7$mm 和造型计算 $D=66.5$mm 结果基本一致，可以满足工程需要。

实例 2：复杂筒形拉深件的毛坯展开计算

对于简单零件造型计算法优势不明显，但对于复杂工件造型测量法更加迅速、快捷。

图 14.22 所示为一比较复杂的拉深成形工件，利用手工计算费时、费力、容易出错(计算过程略)，我们用造型测量法计算如下：

(1）绘制 2D 草图，旋转生成实体零件，如图 14.23 所示。

(2）插入曲面，生成 8 个中性面，隐藏实体，保留 8 个中性面，测量 8 个中性面的面积 $A = 17832.57\text{mm}^2$，如图 14.24 所示。

毛坯直径

$$D = 2\sqrt{\frac{A}{\pi}} = 2\sqrt{\frac{17832.57}{3.14}} = 150.7(\text{mm})$$

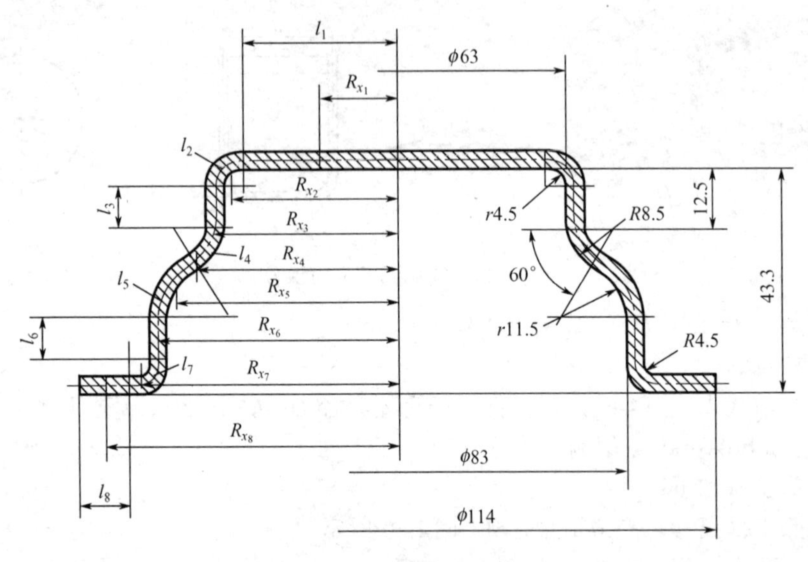

图 14.22　复杂拉深件

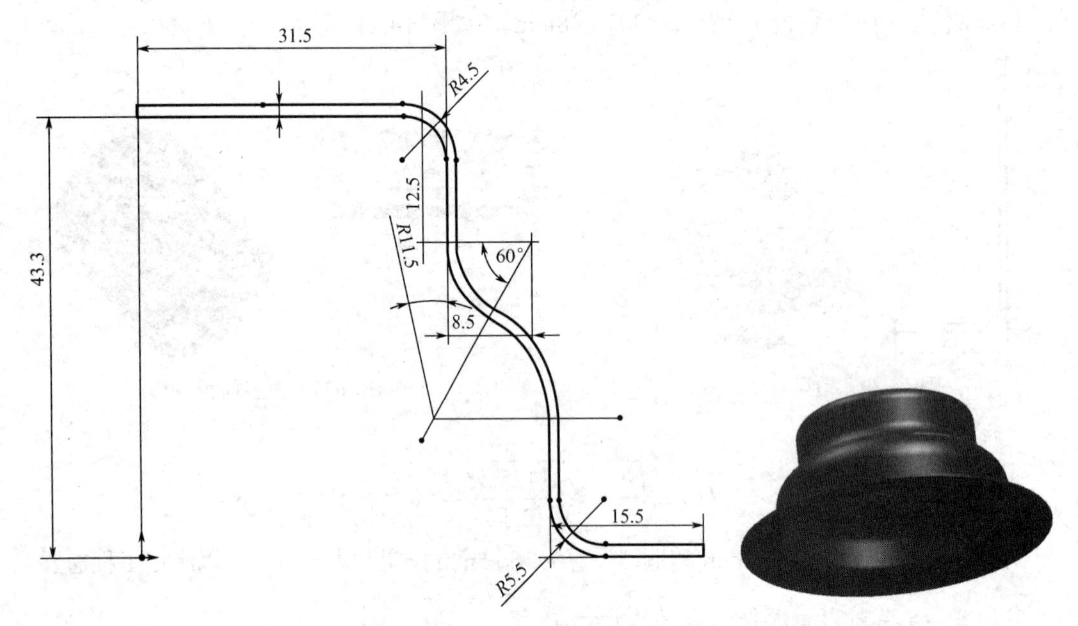

图 14.23　生成实体零件

图 14.24　测量中性面面积

第 15 章

SolidWorks 在钣金展开放样行业应用实例

15.1 钣金展开放样概述

钣金展开放样就是将钣金件或钣金构件(以金属薄板制作的零件)在不改变表面积的情况下，摊开在一个平面上的工艺过程。要完成这个工艺过程，通常需要以下两个步骤(图 15.1)：

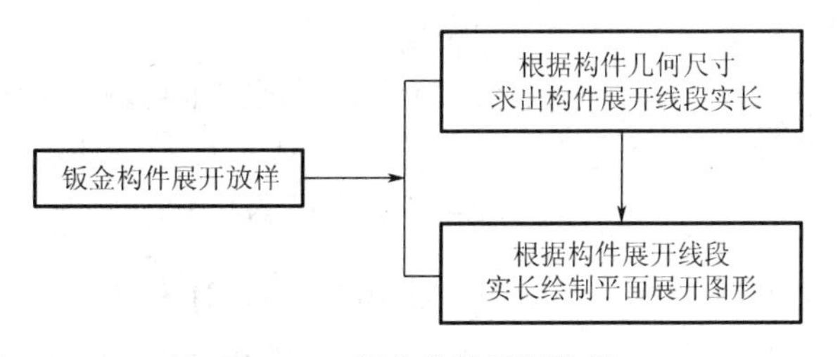

图 15.1 钣金构件展开放样

(1) 根据构件的实际外形几何尺寸，正确求出各种展开尺寸，为步骤(2)提供绘图数据，是展开放样的关键。

(2) 依据步骤(1)提供的数据，根据平面几何基础知识，在实际下料平面上利用各种量具、划规绘制平面图形，该步骤相对简单，只要具备初等几何知识即可完成。

15.2 传统钣金展开放样

传统钣金展开放样工艺过程如图 15.2 所示。

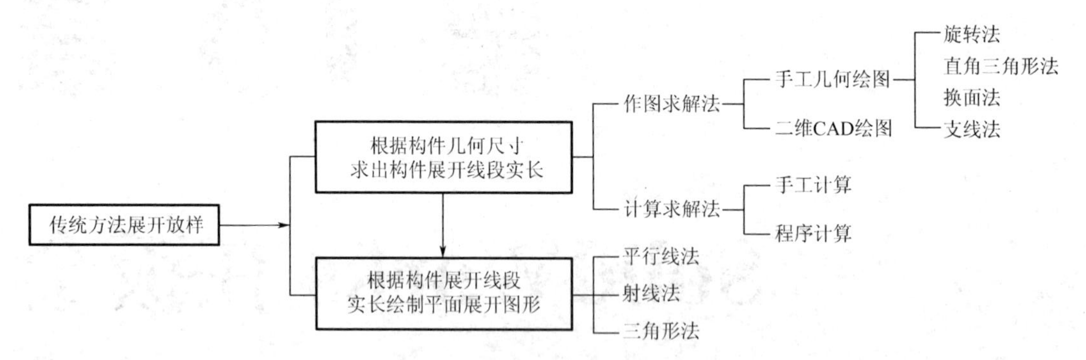

图 15.2 传统钣金展开放样工艺过程

从图 15.2 可以看出：

(1) 根据构件几何尺寸求出构件实长线段的方法包括作图求解法和计算求解法。

① 作图求解法包括手工几何绘图和二维 CAD 辅助平面绘图。手工几何绘图常用的求解方法包括旋转法、直角三角形法、换面法和支线法

② 计算求解法包括手工计算(利用计算器)和程序计算(依据计算公式编制程序，由计算机计算)。

(2) 根据构件实长线段绘制平面图形的方法包括平行线法、射线法和三角形法。

① 平行线法：适用表面具有平行的边线或棱的构件，如圆管、矩形管、椭圆管等。

② 射线法：适用表面具有汇交于一个共同点的构件，如圆锥、棱锥等。

③ 三角形法：适用表面可分成多个三角形平面的构件(三角形法适用于各类构件)，如异径圆管、天圆地方、弯头等。

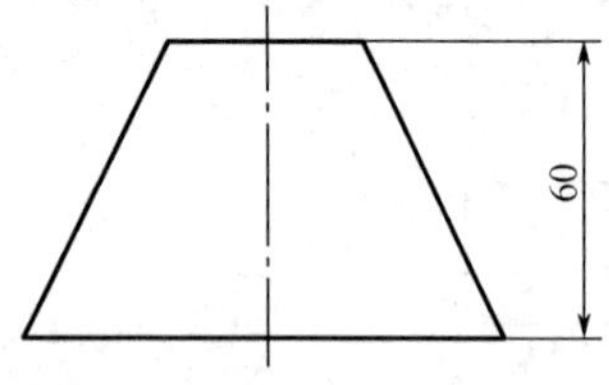

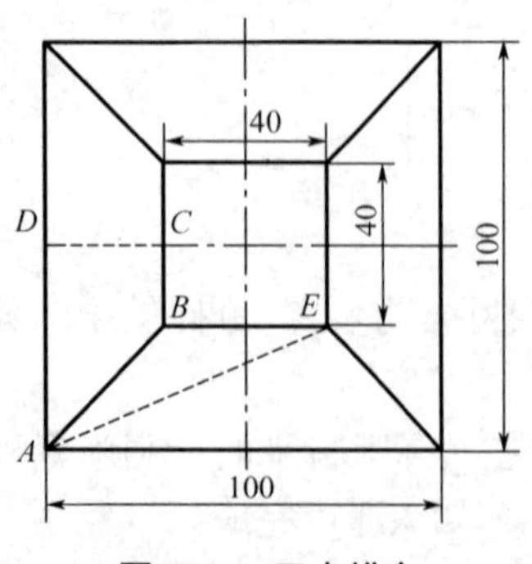

图 15.3 正方锥台

例 1：利用计算法求正方锥台棱线长、中线长、对角线长并绘制平面展开图形

图 15.3 所示为一正方锥台，绘制该构件的平面展开图，需求出以下尺寸：棱线长 *AB*、中线长 *CD*、对角线长 *AE*。

1) 求展开放样所需尺寸

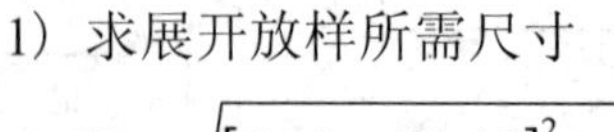

$$CD = \sqrt{[(100-40)/2]^2 + 60^2} = 67.08$$

$$AB = \sqrt{[(100-40)/2]^2 + CD^2} = \sqrt{30^2 + 67.08^2} = 73.48$$

$$AE = \sqrt{(100-30)^2 + CD^2} = \sqrt{70^2 + 67.08^2} = 96.95$$

2) 绘制正方锥台的平面展开图形

依据上述计算数据，根据三角形法则绘制正方锥台的平面展开图形，如图 15.4 所示。

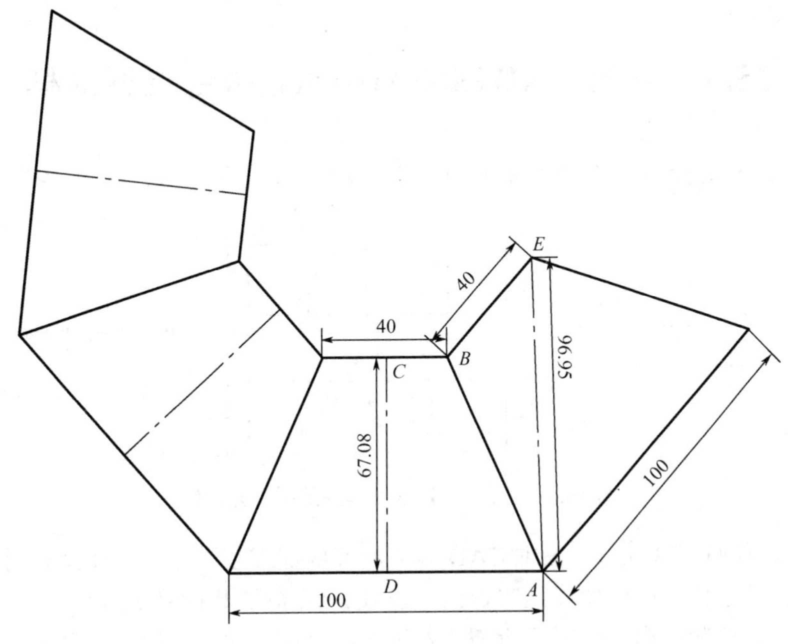

图 15.4　正方锥台平面展开

例 2：利用作图法求出斜截圆柱各母线长并用平行线法绘制平面展开图形

图 15.5 所示为斜截圆柱和其展开图。利用作图法绘制圆柱的主视图和俯视图，并等到各等分点的母线长度，根据母线长度，利用投影关系，依据平行线法，绘制出构件的平面展开图形。

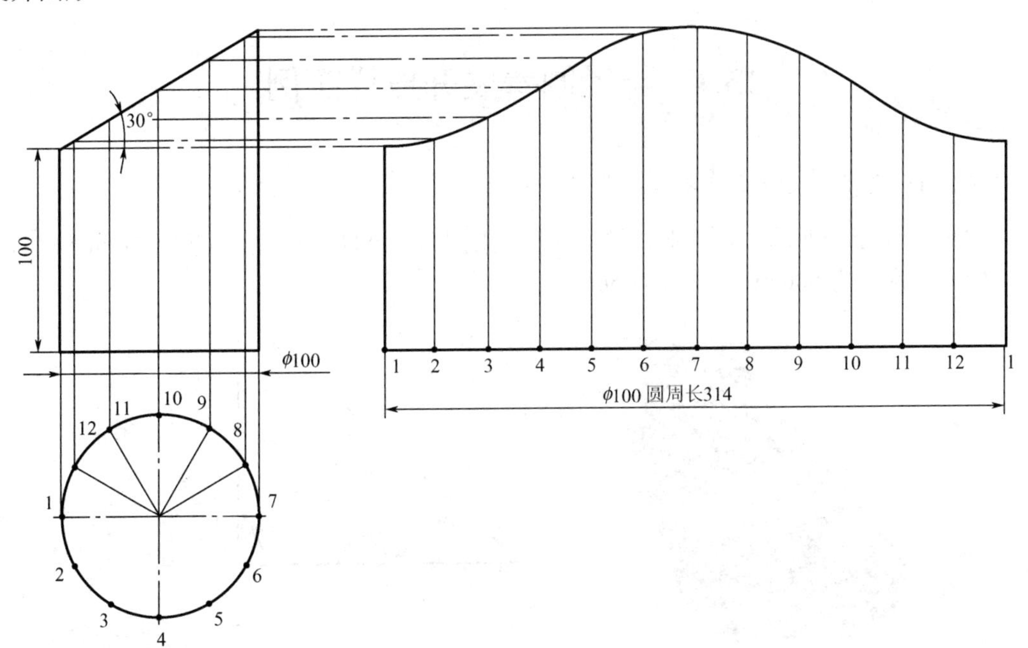

图 15.5　斜截圆柱展开图

15.3　三维CAD(SolidWorks)钣金展开放样

三维CAD(SolidWorks)钣金展开放样工艺过程如图15.6所示。

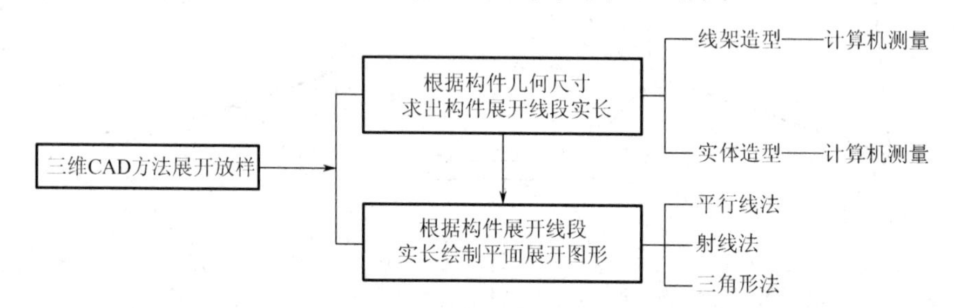

图15.6　三维CAD钣金展开放样工艺过程

从图15.6我们可以看出，三维CAD钣金展开放样工艺过程，主要是利用软件的造型和测量功能代替了传统的构件线段实长的求解方法(作图法和计算法)，只要构件造型准确，计算机就可以快速测量出构件展开所需的各尺寸，其过程简单、快捷、准确。

绘制构件的平面展开图形，传统方法和三维CAD方法是一样的，均采用平行线法、射线法和三角形法。

构件造型的原则：根据构件的形状，尽量采用简单的线架造型，如异径圆管、方矩锥管、天圆地方等，如果线架造型不能实现构件线段实长的测量求解，就采用实体造型，如三通(需生成相贯线)、弯头(需生成截交线)等。

15.4　异径圆管展开放样实例

实例1：两端口互相垂直异径圆管展开放样

图15.7所示为两端口互相垂直异径圆管，大圆直径ϕ800mm，小圆直径ϕ600mm，两端口的中心距水平为500mm，垂直为500mm。

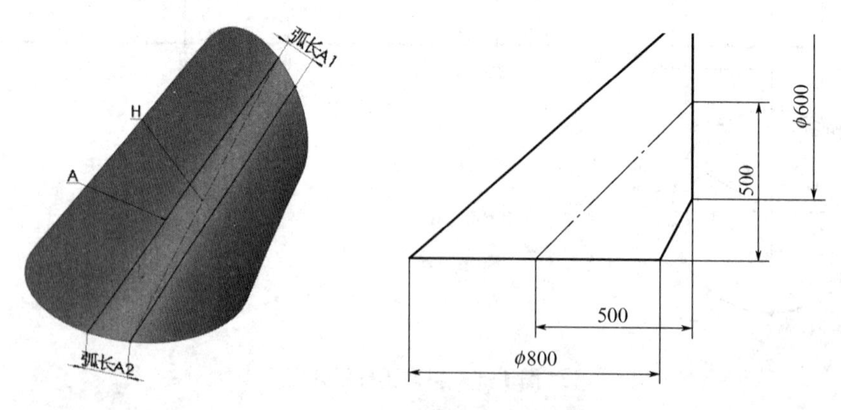

图15.7　两端口互相垂直异径圆管

绘制该构件的平面展开图，就要求出ϕ800mm、ϕ600mm对应等分点的母线长L和相邻等分点的斜线长H及大小圆等分弦长$A1$、$A2$，根据三角形法则进行绘制。

1）构建三维线架造型、各线段实长测量计算

(1) 选择上视基准面(水平面)，选择绘制草图命令，绘制ϕ800mm的圆，圆心在坐标原点，如图15.8所示。

(2) 退出草图，选择前视观测状态，选择【参考几何体】|【基准面】命令，如图15.9(a)所示，输入距离500mm，参考平面选为右视基准面，生成一个距离右视基准面为500mm的基准面1，如图15.9(b)所示。

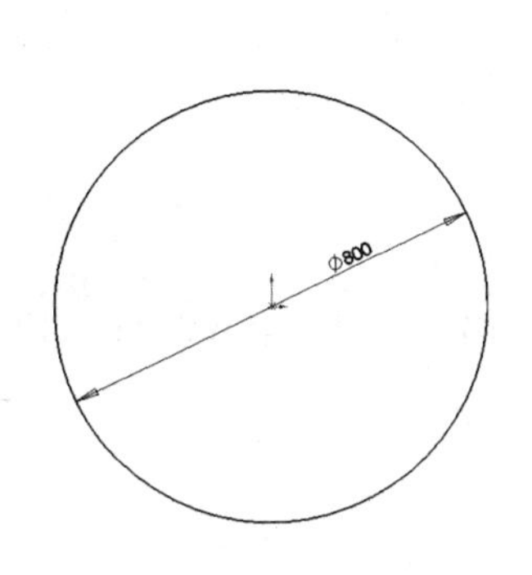

图15.8 绘制ϕ800mm的圆

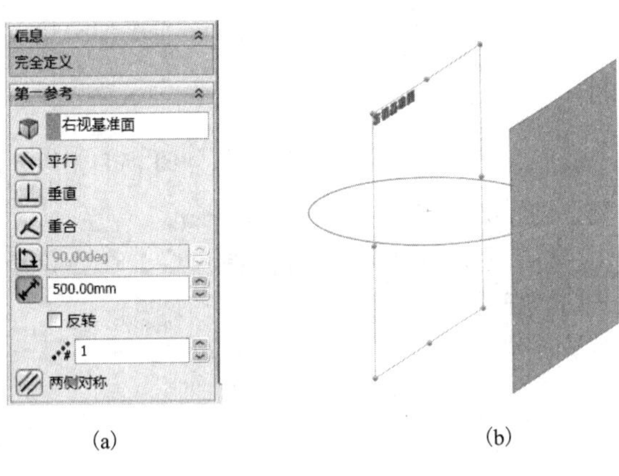

(a)　　(b)

图15.9 创建基准面1

(3) 选择基准面1，绘制草图，绘制竖直中心线，长度500mm，以中心线的端点为圆心，绘制ϕ600mm的圆，如图15.10所示。

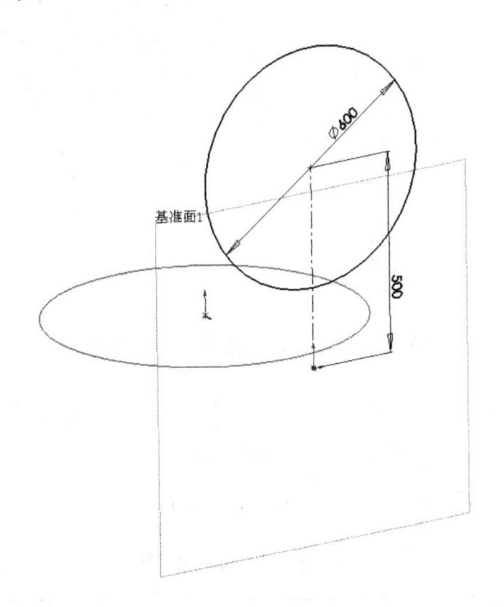

图15.10 绘制ϕ600mm的圆

(4) 退出草图绘制状态，选择【参考几何体】|【点】命令，选择均匀分布，输入16，如图15.11(a)所示，选择ϕ600mm的圆，出现如图15.11(b)所示的16个等分点，同样方式，等分ϕ800mm的圆。

(a)

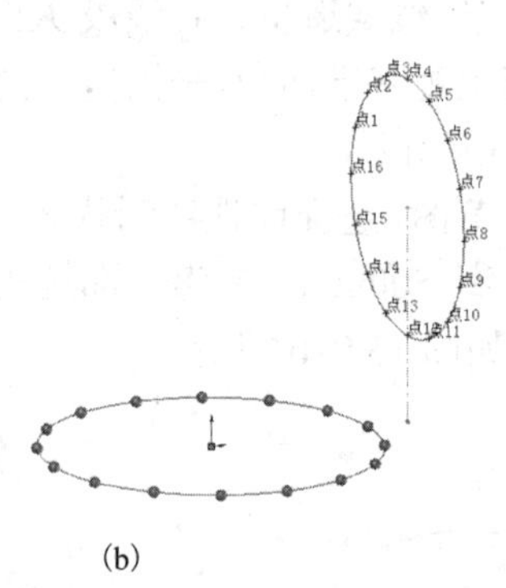

(b)

图 15.11　等分圆

(5) 连接对应点，计算各线段长度。

① 选择【3D 草图】|【绘制直线】命令，连接对应点，出现尺寸 L、H、$A1$、$A2$，如图 15.12 所示。

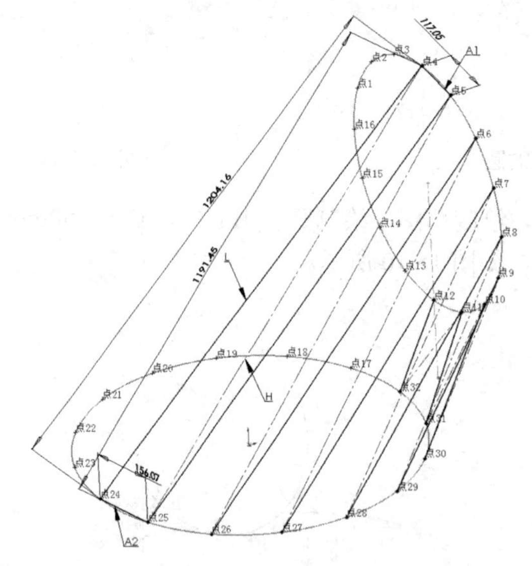

图 15.12　连接对应点并计算线段长度

② 退出 3D 草图状态，选择【智能尺寸】命令，分别选择各线段，测得：$L = 1204.16$mm、$H = 1191.45$mm、$A1 = 117.05$mm、$A2 = 156.07$mm。

利用同样方法，可测得所有线段长，见表 15-1。

表 15-1　各线段长度　　　　(单位：mm)

$L1$	$L2$	$L3$	$L4$	$L5$	$L6$	$L7$	$L8$	$L9$
223.61	261.03	367.46	526.56	714.14	901.68	1060.65	1166.86	1204.16
$H1$	$H2$	$H3$	$H4$	$H5$	$H6$	$H7$	$H8$	
269.88	321.52	442.23	612.53	801.92	978.99	1115.82	1191.45	

$A1$=117.05	$A2$=156.07

2）绘制平面展开图

根据表 15-1 的数据，依据三角形法则，绘制构件平面展开图，如图 15.13 所示。

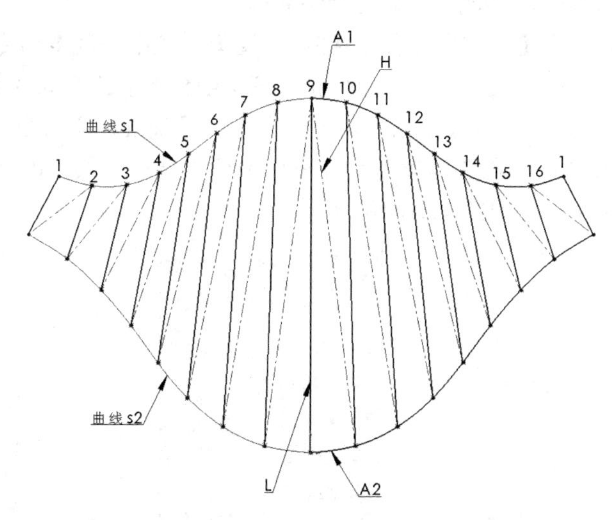

图 15.13　两端口互相垂直异径圆管平面展开图

图 15.13 中曲线 $S1$ 为 ϕ600mm 圆周展开长，$S2$ 为 ϕ800mm 圆周展开长，$A1$ 为 ϕ600mm 圆 16 等分弦长，$A2$ 为 ϕ800mm 圆 16 等分弦长。L 为两圆对应等分点的母线长，H 为 ϕ600mm 圆和 ϕ800mm 圆对角点连线长。

实例 2：两端口双偏心相交异径圆管展开放样

图 15.14 所示为一两端口双偏心相交的异径圆管，从图中可以看出，上端口直径为 ϕ150mm，下端口直径为 ϕ300mm，两端口的偏心距分别为 X= 40mm、Y=50mm，两端口平面夹角为 20°，两端口中心高 150mm。

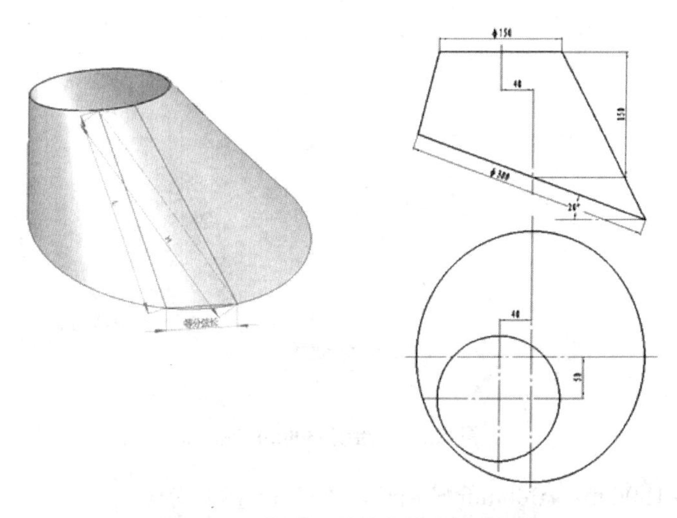

图 15.14　两端口双偏心相交异径圆管

绘制该构件的平面展开图，就要求出ϕ150mm、ϕ300mm圆的12等分弦长，母线长L，对角线H，依据三角形法则，进行绘制。

1）构建三维线架造型、各线段实长测量计算

（1）选择上视基准面，绘制2D草图ϕ150mm。

（2）退出草图，选择【草图绘制】|【3D草图】|【中心线】命令，视图切换到等轴侧，通过Tab键转换，分别沿X、Y方向绘制如图15.15所示的空间3D直线。

（3）退出草图，选择【特征】|【参考几何体】|【基准面】命令，出现如图15.16(a)所示窗口，角度输入20°，在选择参考基准窗口中分别选择直线50和上视基准面，建立ϕ300mm圆所在基准面1，如图15.16(b)所示。

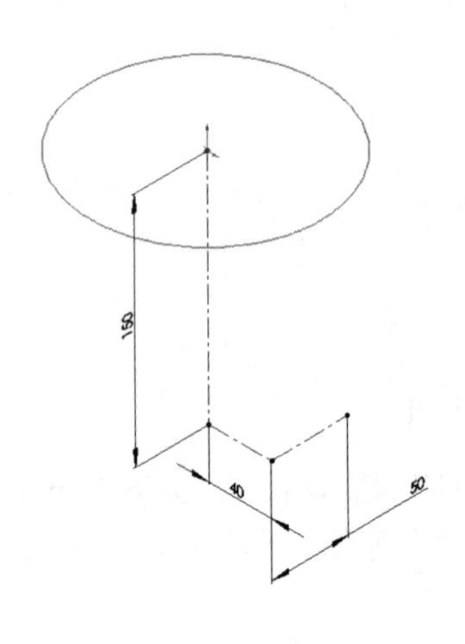

图 15.15　绘制中心线

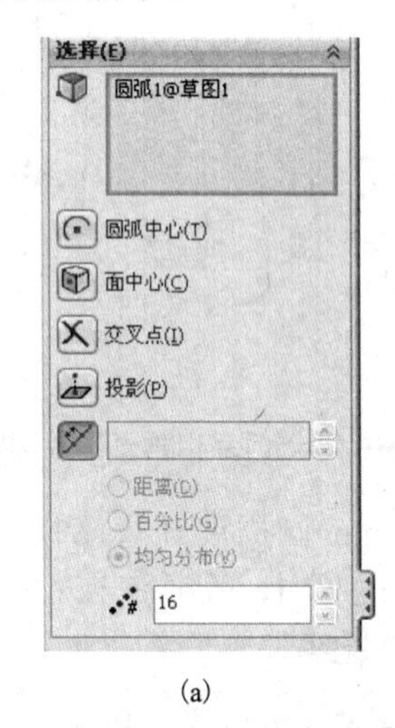

(a)

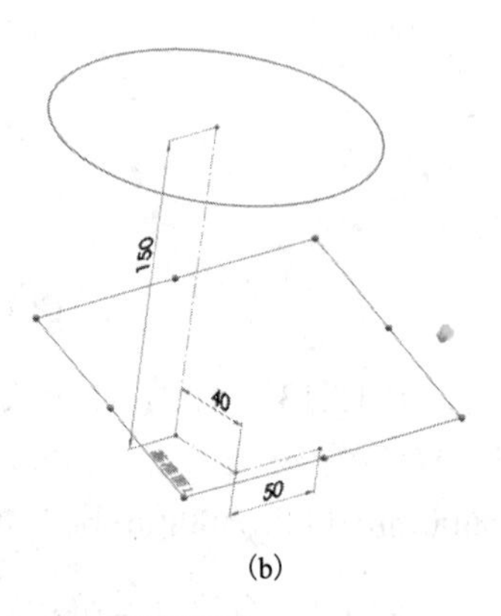

(b)

图 15.16　创建基准面1

（4）选择基准面1，在基准面1上绘制ϕ300mm圆，如图15.17所示。

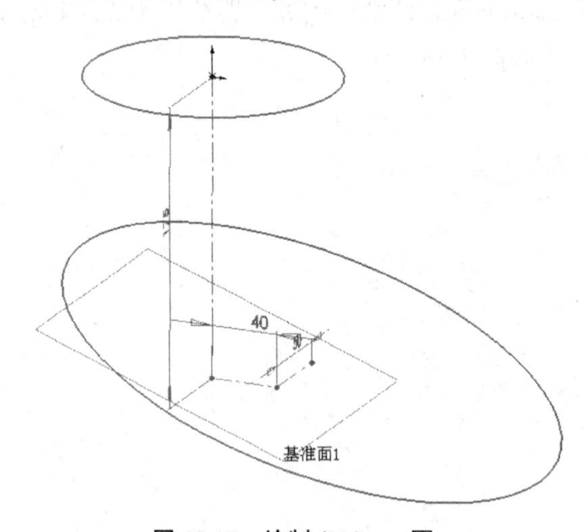

图 15.17　绘制ϕ300mm圆

（5）12等分ϕ150mm，ϕ300mm圆周长，如图15.18所示。

（6）连接对应点，如图15.19所示。

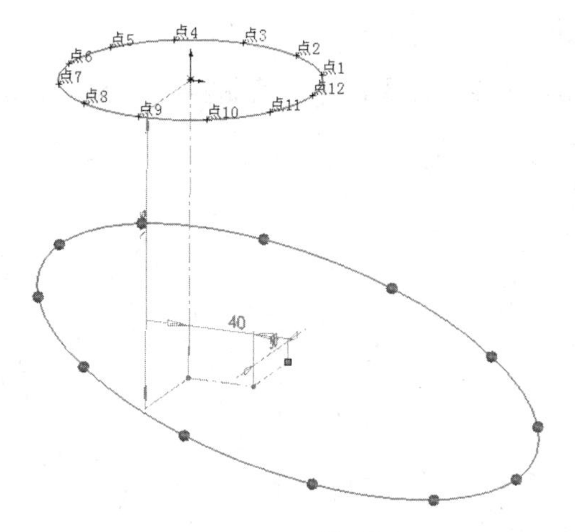

图 15.18　12 等分圆

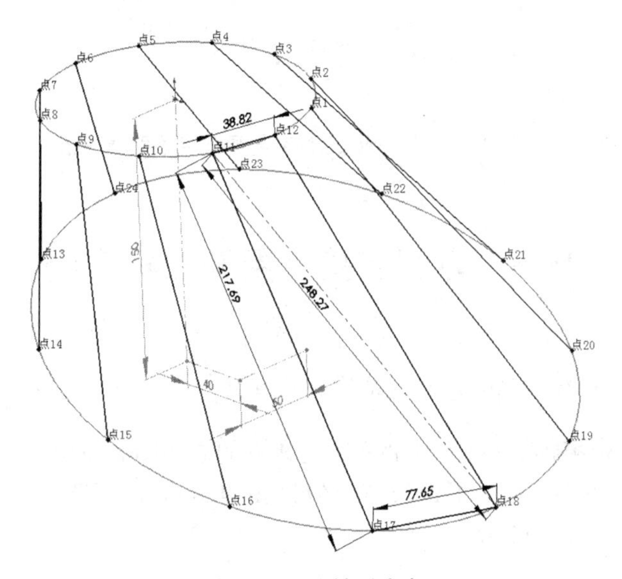

图 15.19　连接对应点

（7）测量计算各线段长度，见表 15-2。

表 15-2　各线段长度　　　　（单位：mm）

母线长	*L*1	*L*2	*L*3	*L*4	*L*5	*L*6	*L*7	*L*8	*L*9
	234.29	222.25	199.31	169.49	138.18	113.64	107.68	125.44	157.24
	*L*10	*L*11	*L*12						
	190.79	217.69	232.91						
对角长	*H*1	*H*2	*H*3	*H*4	*H*5	*H*6	*H*7	*H*8	*H*9
	230.66	201.85	165.52	129.37	105.80	108.72	135.83	172.11	207.56
	*H*10	*H*11	*H*12						
	234.34	248.27	247						
	ϕ150mm 圆 12 等分弦长 33.82				ϕ300mm 圆 12 等分弦长 77.65				

2）绘制平面展开图

根据表 15-2 的数据，依据三角形法则，绘制构件平面展开图，如图 15.20 所示。

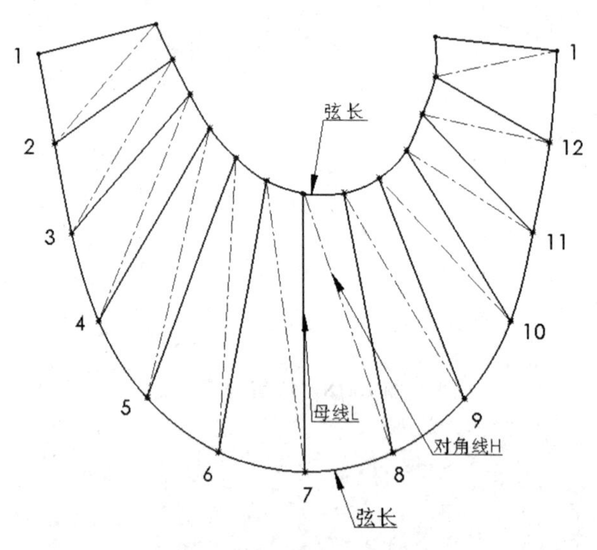

图 15.20　两端口双偏心相交异径圆管平面展开图

15.5　方圆连接管展开放样实例

实例 1：两端口平行双偏心方圆连接管展开放样

图 15.21 所示为两端口平行双偏心方圆连接管的立体图和投影视图，从图中可知，上端口直径ϕ920mm，下端口为矩形，长×宽=670mm×420mm，两端口的中心高 560mm，两端口的中心距为 180mm、150mm。

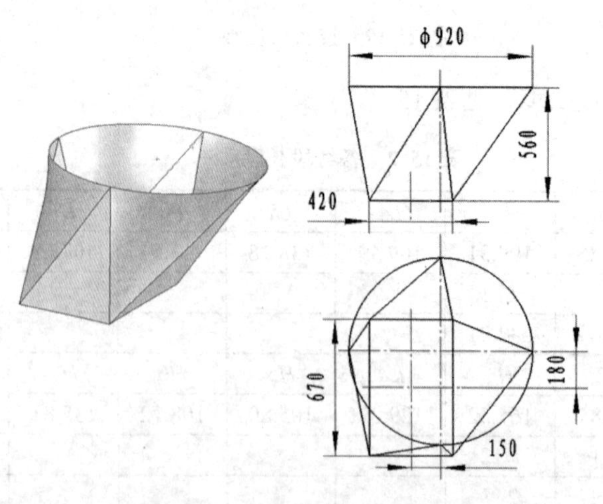

图 15.21　两端口平行双偏心方圆连接管

1）构建三维线架造型、求出各尺寸

（1）选择上视基准面，绘制草图圆ϕ920mm。

（2）退出草图，选择【参考几何体】|【基准面】命令，输入距离560mm，参考平面选择上视基准面，方向向下，生成一个距离上视基准面为560mm的基准面1，如图15.22所示。

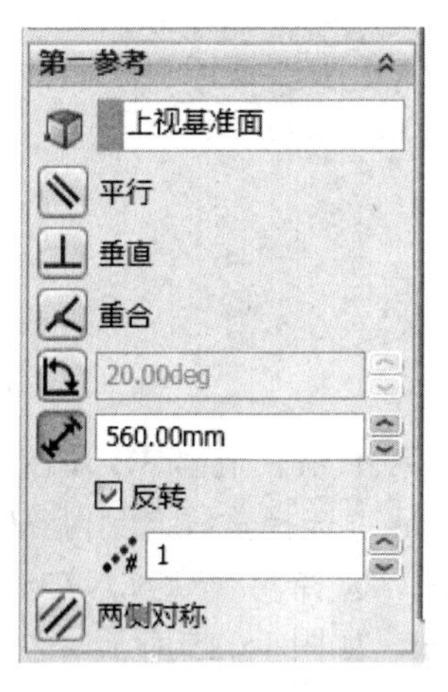

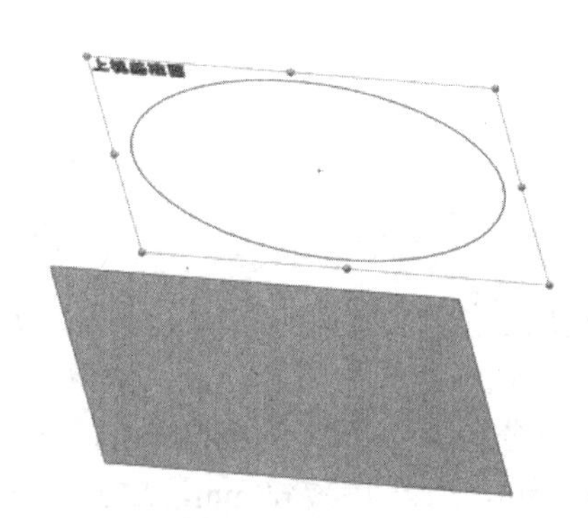

图15.22　创建基准面1

（3）选择基准面1，绘制矩形670mm×420mm，绘制矩形中心线，选择【智能尺寸】命令，标注150、180两尺寸，如图15.23所示。

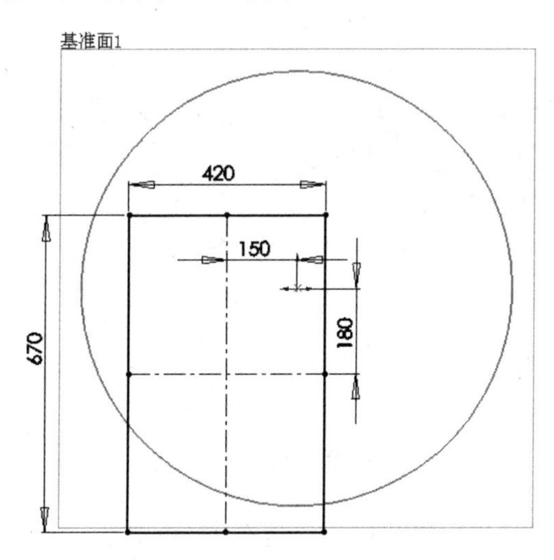

图15.23　绘制草图并标注尺寸

（4）退出草图，隐藏基准面1，选择【参考几何体】|【点】命令，选择均匀分布，输入数量16，16等分ϕ920mm圆。

（5）选择【草图绘制】|【3D草图】|【直线】命令，从矩形670mm×420mm的四个角点向ϕ920mm圆的16等分点绘制直线，从点12向矩形边420mm引直线，如图15.24(a)所示。选择【添加几何关系】命令，选择两直线并选择垂直关系，如图15.24(b)所示。

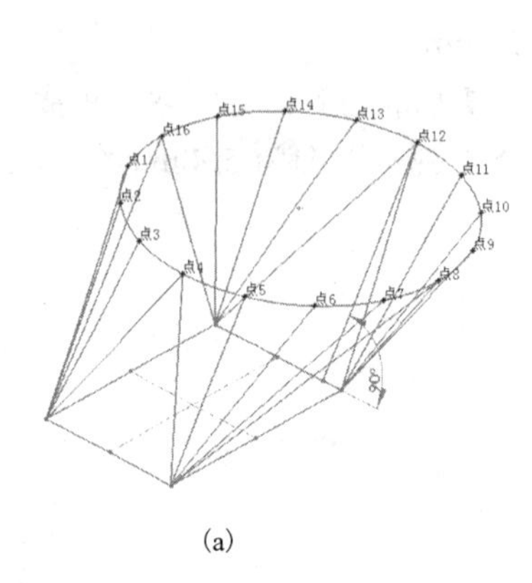

(a)

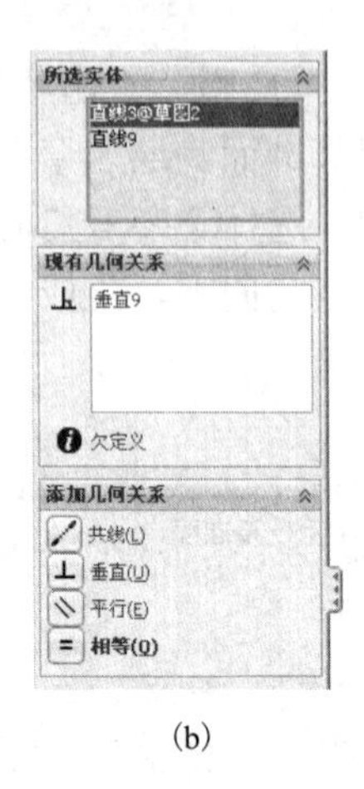

(b)

图 15.24

（6）利用智能尺寸测量母线 *L*，高 *H*，*B*1、*B*2，弦长 *A*。退出 3D 草图，选择【智能标注】命令，选择圆弧相邻等分点，测得 *A*=212.23mm；选择垂线，测得 *H*=903.44mm；选择垂线等分点，测得 *B*1=550mm，*B*2=850mm；选择母线测得 *L*3=1576.45mm，*L*3′=1328.61mm，*L*12=1057.69mm，*L*12′= 1240.44mm，如图 15.25 所示。

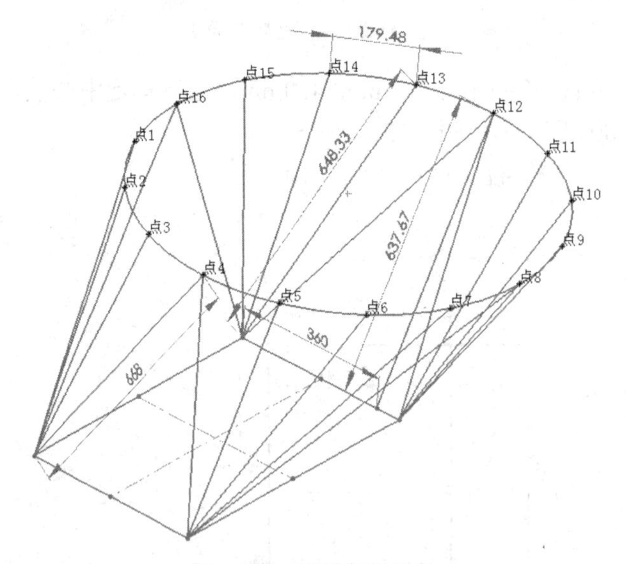

图 15.25　测量各线段长

利用同样方法，可以测得所有线段长，见表 15-3。

表 15-3　各线段长度　　　　（单位：mm）

*L*1	*L*2	*L*3	*L*4	*L*4′	*L*5	*L*6	*L*7	*L*8	*L*8′	*L*9
657.82	592.29	596.28	565.88	668	578.94	648.05	749.47	859.55	705.43	668.77
*L*10	*L*11	*L*12	*L*12′	*L*13	*L*14	*L*15	*L*16	*L*16′		
642.62	632.42	640.49	732.27	648.33	586.34	564.15	589.60	767.35		
*B*1=360，*B*2=420−360=60										

弦长 A=179.48
高 H=637.67

2）绘制平面展开图

根据表 15-3 的数据，依据三角形法则，绘制构件平面展开图，如图 15.26 所示。

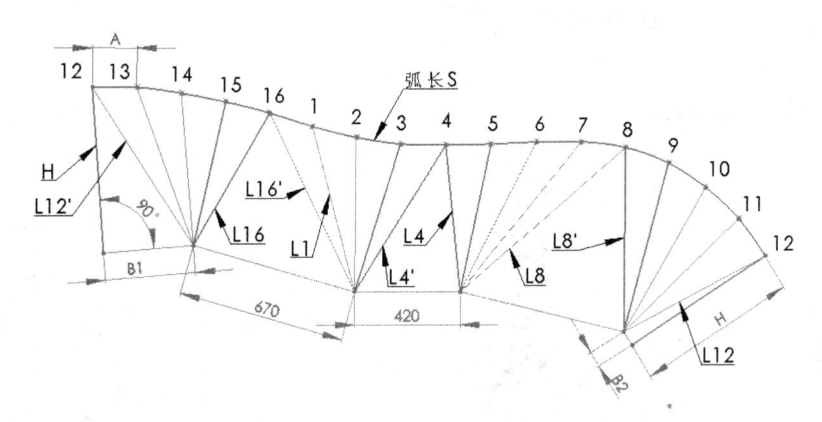

图 15.26　两端口平行双偏心方圆连接管平面展开图

图 15.26 中弧长 S 为ϕ920mm 圆周展开长，A 为ϕ920mm 圆 16 等分弦长，$L1$～$L16$($L4'$、$L8'$、$L12'$、$L16'$)为各点母线长，H 为 12 点处的高，$B1$、$B2$ 为 H 处的底边分段长，$B1$+$B2$=420mm。

实例 2：两端口垂直单偏心方圆连接管展开放样

图 15.27 所示为两端口垂直但偏心方圆连接管立体图和投影视图，从图中可知，上端口直径为ϕ514mm，下端口为矩形，长×宽=466mm×327mm，两端口的中心高 553.5mm，两端口相互垂直且距离 480mm，偏心为 120mm。

1）三维线架造型、各线段实长测量计算

(1) 选择上视基准面(水平面)，绘制ϕ514mm 圆，圆心在坐标原点，如图 15.28 所示。

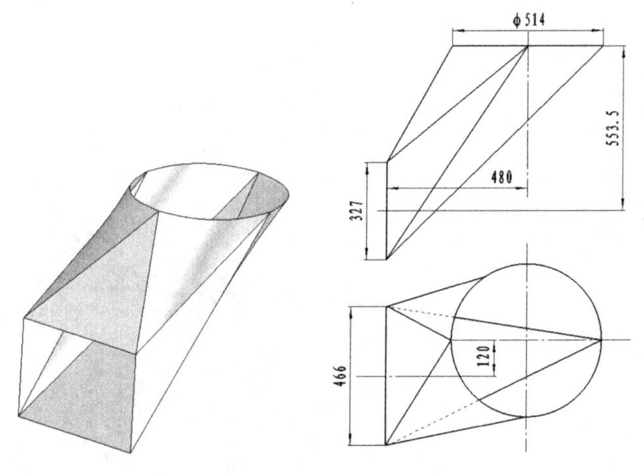

图 15.27　两端口垂直单偏心方圆连接管

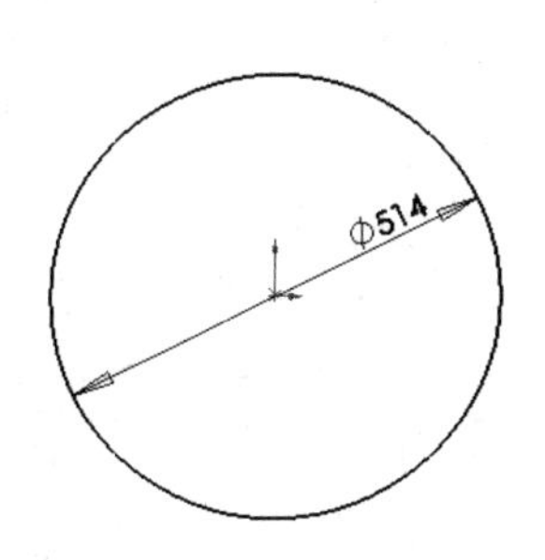

图 15.28　绘制ϕ514mm 圆

（2）退出草图，选择【参考几何体】|【基准面】命令，输入距离 480mm，平面选择右视基准面，生成一个距离右视基准面为 480mm 的基准面 1，垂直于ϕ514mm 圆所在平面，如图 15.29 所示。

（3）选择基准面 1，绘制矩形 466mm×327mm，绘制矩形中心线，选择【智能尺寸】命令，标注尺寸，如图 15.30 所示。

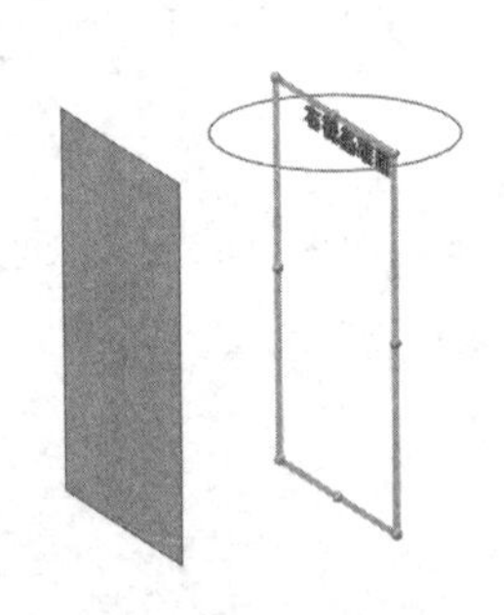

图 15.29 创建基准面 1

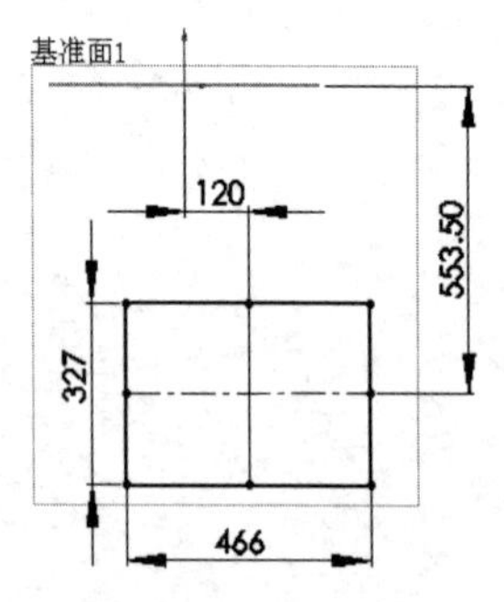

图 15.30 绘制图形并标注尺寸

（4）12 等分ϕ514mm 圆，绘制母线（3D 草图 L）、高 H。

① 退出草图，隐藏基准面 1，选择【参考几何体】|【点】命令，选择均匀分布，输入数量 12，等分ϕ514mm 圆。

② 选择【草图绘制】|【3D 草图】|【直线】命令，从矩形 466mm×327mm 的四个角点向ϕ514mm 圆的 12 等分点绘制直线，如图 15.31 所示。

③ 从点 12 向矩形边 466mm 引直线，选择【添加几何关系】命令，选择两直线，并选择垂直关系。

（5）利用智能尺寸测量母线 L，高 H，$B1$，$B2$，以及弦长 A。退出 3D 草图，选择【智能尺寸】命令，测量各线段实长：A=133.03mm，H=1028.23mm，$B1$=113mm，$B2$=353mm，$L6$=463.25mm，$L6'$=517.35mm，如图 15.32 所示。

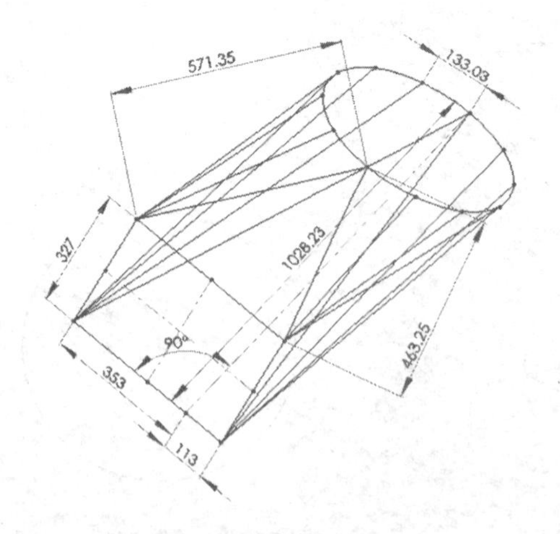

图 15.31 等分圆并连线

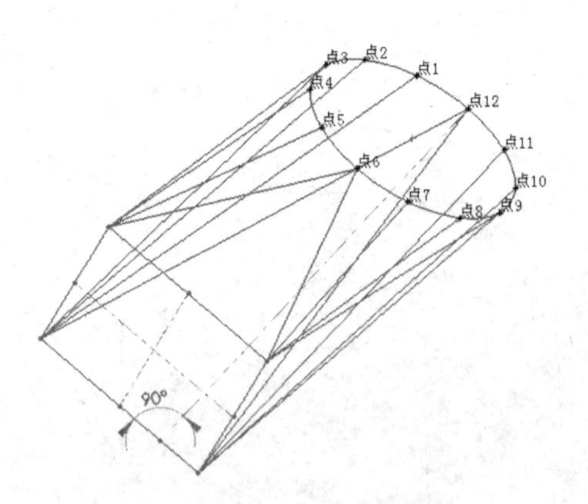

图 15.32 测量线段长度

利用同样方法，可以测得所有线段长度，见表 15-4。

表 15-4 各线段长度 (单位：mm)

*L*1	*L*2	*L*3	*L*3′	*L*4	*L*5	*L*6	*L*6′	*L*7	*L*8
1028.64	949.41	868.16	625.87	540.98	518.43	463.25	571.35	467.56	536.34
*L*9	*L*9′	*L*10	*L*11	*L*12	*L*12′				
635.01	874.77	946.77	1003.96	1034.42	1087.14				
*B*1=113， *B*2=353									
弦长 *A*=133.03									
高 *H*=1028.23									

2）绘制构件平面展开图

按照表 15-4 的数据，依据三角形法则，绘制平面展开图，如图 15.33 所示。图中，弧长 *S* 为ϕ514mm 圆周展开长，*A* 为ϕ514mm 圆 12 等分弦长，*L*1～*L*12（*L*3′、*L*6′、*L*9′、*L*12′）为各点母线长，*H* 为 12 点处的高，*B*1、*B*2 为 *H* 处的底边分段长，*B*1+*B*2=466mm。

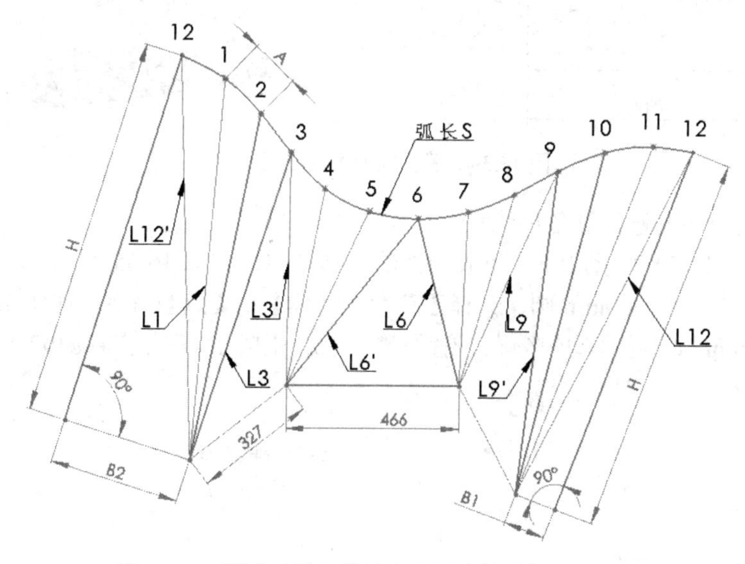

图 15.33 两端口垂直单偏心方圆连接管平面展开图

15.6 三通构件展开放样实例

三通构件是指由圆形管子相交形成的三个端口均为圆的构件。三通构件的展开放样是工程实际中一项非常重要的工作，在各种管道施工中，三通构件的制作量很大，特别是对于压力管道施工中的三通展开放样，为了保证焊接质量，其放样下料精度要求很高。因此，三通构件的展开放样在实际工作中占有很重要的位置。

前面所讲钣金件展开放样，由于构件相对简单，均采用线架造型，得到其放样所需的各轮廓线，并利用智能尺寸命令，快速实现对线段实长的求解。

三通构件是由管子相交生成，管子的直径不同，管子的相对位置不同，因此，形成了各种形状的三维空间相贯线。三通构件的展开放样，需要知道相贯线准确的坐标点尺寸，而相贯线是一空间曲线，只有管子相交时才会生成，因此，它采用线架造型是不能满足要求的，这里，我们采用实体造型，实体造型是SolidWorks软件的基本功能，利用该项功能很容易得到相贯线，为三通构件的精确放样奠定了基础。

实例1：等径同心直交三通构件展开放样

图15.34所示为一等径直交三通构件，管子直径为ϕ300mm，主管长(水平管)500mm，支管高(垂直管)300mm，需绘制支管的平面展开放样图。

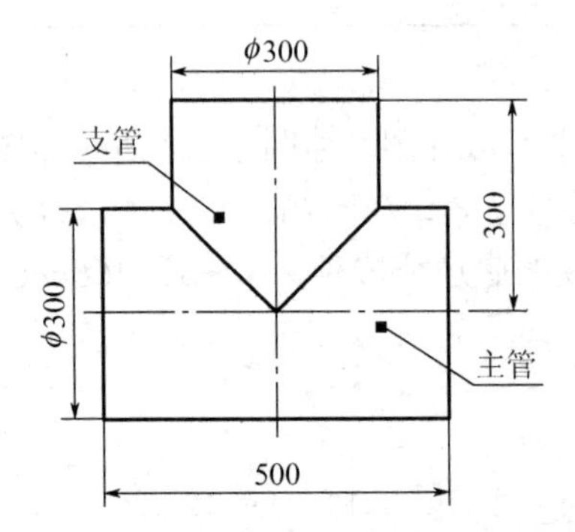

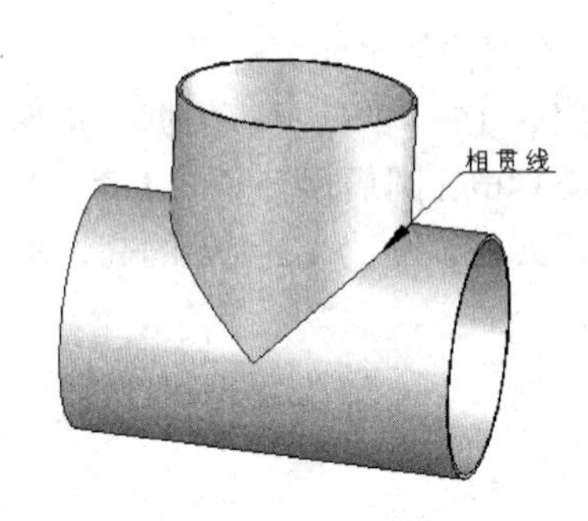

图15.34　等径同心直交三通构件

1）实体造型并测量计算各母线长

(1) 按照图15.34所示尺寸，完成构件的实体造型，如图15.35所示。

(2) 16等分支管ϕ300mm圆，选择【参考几何体】|【点】命令，如图15.36(a)所示，边线选择ϕ300mm圆，选择均匀分布，输入数量16，生成16等分支管ϕ300mm圆的点，如图15.36(b)所示。

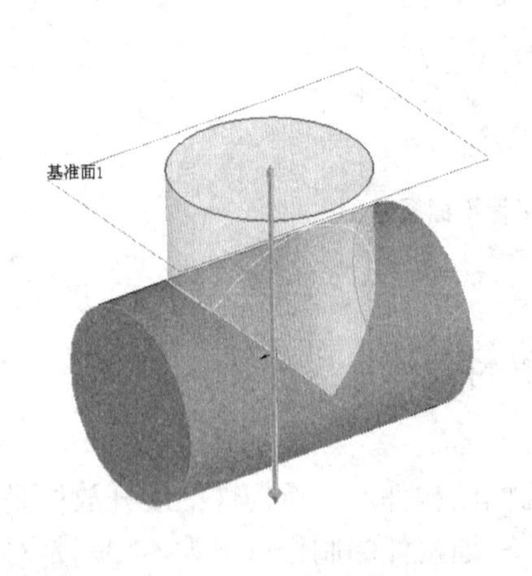

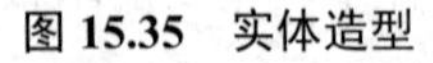
图15.35　实体造型

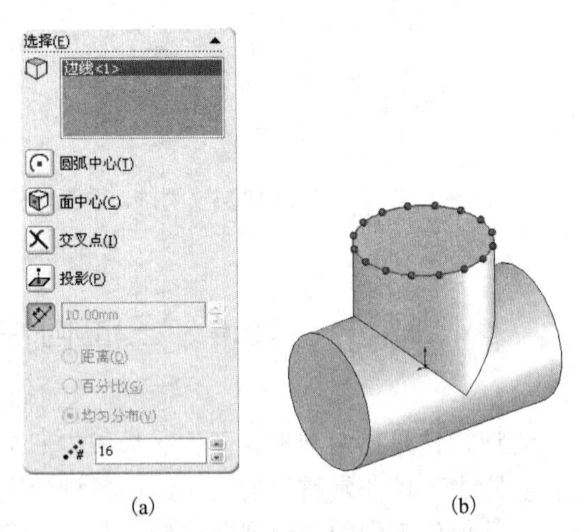

图15.36　等分支管ϕ300mm圆

(3) 生成3D相贯线。选择【草图绘制】|【3D草图】命令，按住Ctrl键选择两段相贯线，如图15.37(a)所示，选择【转换实体引用】命令[图15.37(b)]，生成3D相贯线。

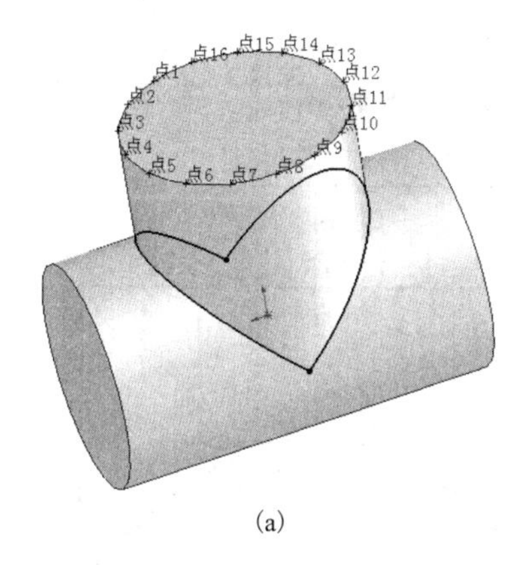
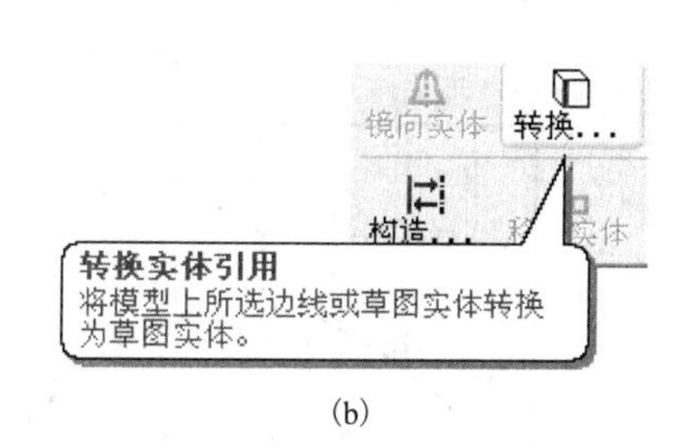

(a)　　(b)

图 15.37　生成 3D 相贯线

(4) 测量求出 *S*、*A*、*L*1～*L*5，选择【草图绘制】|【3D 草图】|【中心线】命令，由各等分点向相贯线引垂线，具体作法如下：

① 使 3D 直线垂直，即与坐标轴轴线平行(绘制时有坐标轴符号提示)。

② 使直线和相贯线相交(有捕捉到最近点符号提示，同时相贯线改变颜色)，*L*1～*L*5 母线如图 15.38 所示。

(5) 选择【重建模型】|【智能尺寸】命令，分别选择 *L*1～*L*5 母线，进行测量标注，如图 15.39 所示，具体数值见表 15-5。

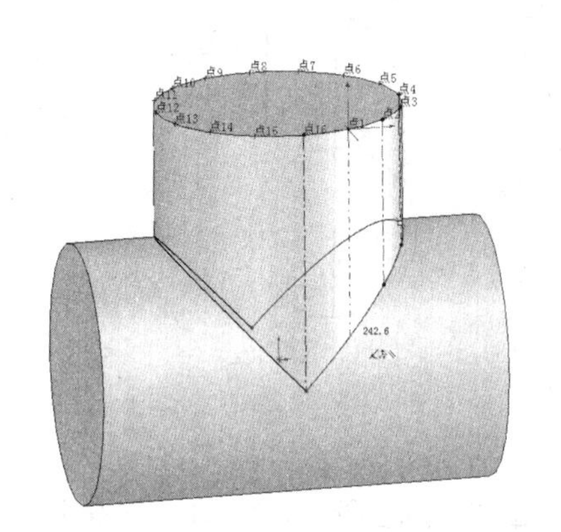

图 15.38　向相贯线引垂线

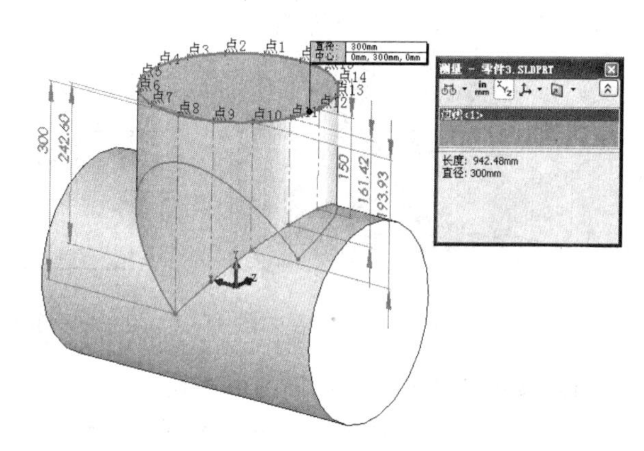

图 15.39　测量长度

表 15-5　各线段长度　　(单位：mm)

序号	名称	代号	测量结果
1	母线	*L*1	300
2	母线	*L*2	242.60
3	母线	*L*3	193.93
4	母线	*L*4	161.42
5	母线	*L*5	150
6	ϕ300mm 周长	*S*	942.48
7	16 等分弧长	*A*=*S*/12	58.91

2）绘制支管平面展开图

根据表 15-5 的数据，绘制支管平面展开图，如图 15.40 所示。

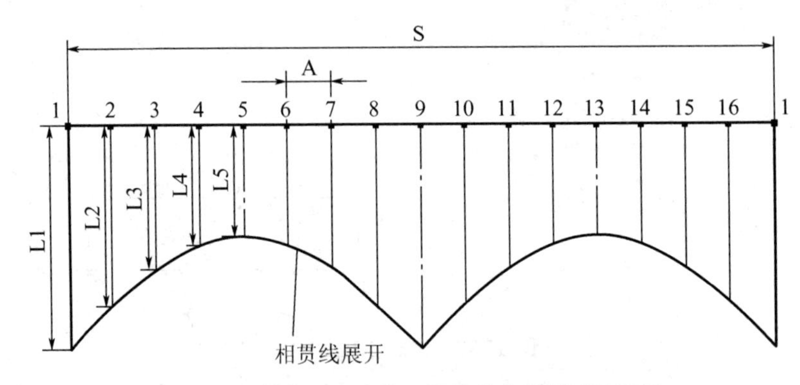

图 15.40　等径同心直交三通构件支管平面展开图

实例 2：异径同心斜交三通构件展开放样

图 15.41 所示为一异径同心斜交三通构件，主管直径为ϕ300mm，支管直径ϕ250mm，主管和支管夹角 60°，支管中心高 385mm，需绘制支管的平面展开图。

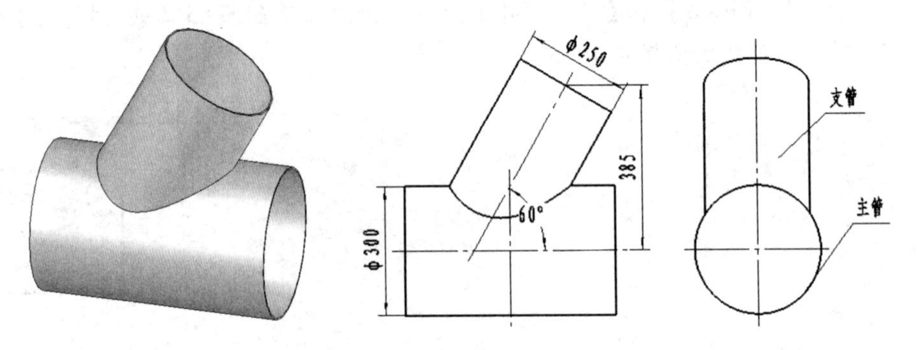

图 15.41　异径同心斜交三通构件

1）实体造型并测量计算各母线长

(1) 按照图 15.41 所示尺寸，完成构件的实体造型，如图 15.42 所示，由图可以看出，支管和主管相交生成了支管平面放样所需的相贯线。

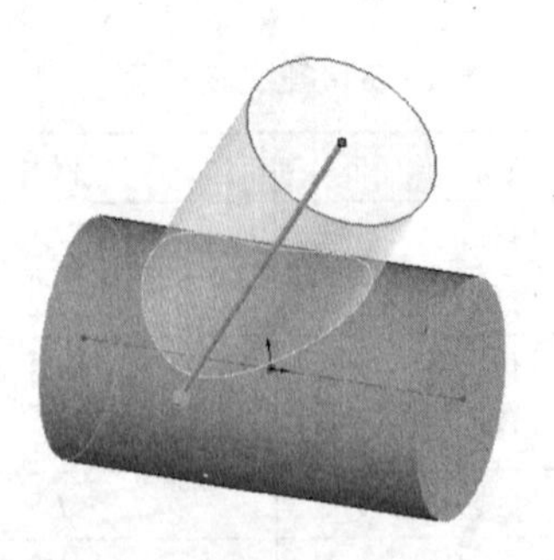

图 15.42　造型

（2）ϕ250mm 支管绕 Z 轴旋转 30°［图 15.43（a）］，使其轴线和 Y 轴平行即垂直，如图 15.43（b）所示。

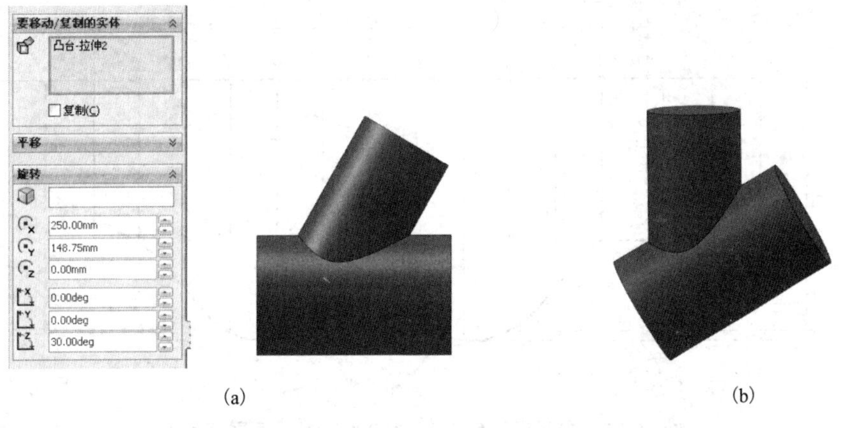

图 15.43 使支管垂直

（3）选择【草图绘制】|【3D 草图】命令，选择相贯线，选择【转换实体引用】命令，生成 3D 相贯线。

（4）12 等分支管ϕ300mm 圆，从等分点向相贯线引母线 $L1$～$L7$，测量标注尺寸 S、$L1$～$L7$，如图 15.44 所示，具体数值见表 15-6。

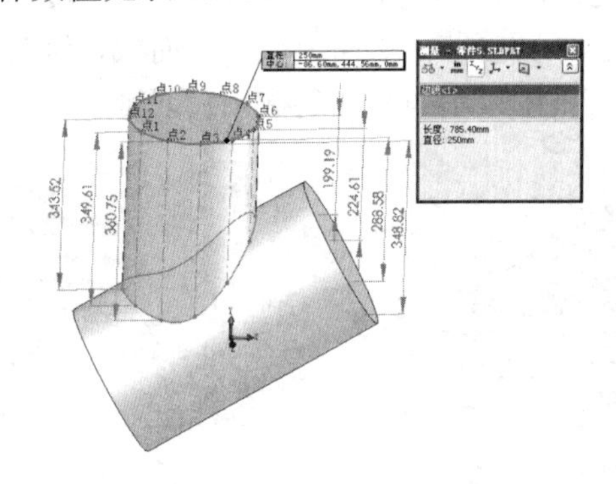

图 15.44 引母线标注尺寸

表 15-6 各线段长度 （单位：mm）

序号	名称	代号	测量结果
1	母线	$L1$	199.19
2	母线	$L2$	224.61
3	母线	$L3$	288.58
4	母线	$L4$	348.82
5	母线	$L5$	360.75
6	母线	$L6$	349.61
7	母线	$L7$	343.52
8	ϕ250mm 周长	S	785.40
9	12 等分弧长	$S/12$	65.45

2）绘制支管平面展开图

根据表 15-6 的数据，绘制支管平面展开图，如图 15.45 所示。

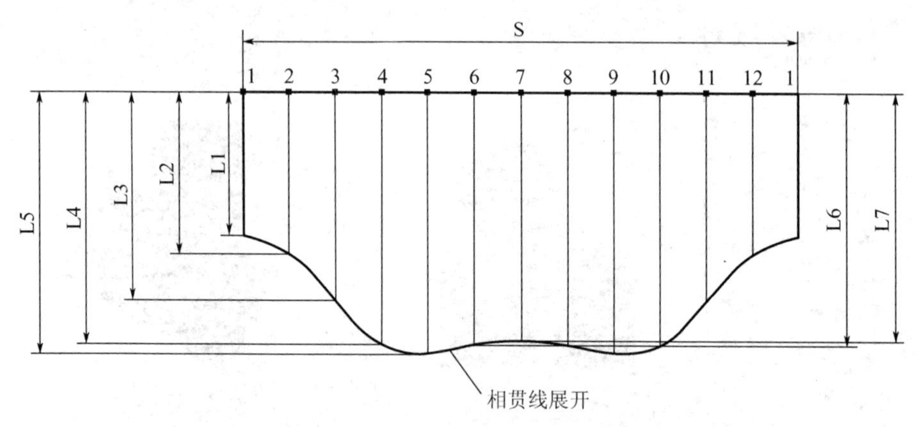

图 15.45　异径同心斜交三通构件支管平面展开图

15.7　圆管弯头展开放样实例

圆管弯头(图 15.46)是指由多节组成、有弯曲半径的旋转体弯头，包括圆管节弯头和锥管节弯头(圆管牛角弯头)。圆管节由平面斜截圆管而成，锥管节由平面斜截圆锥而成，端节为单面斜截锥管或圆管，中间节为双面斜截圆管或锥管。

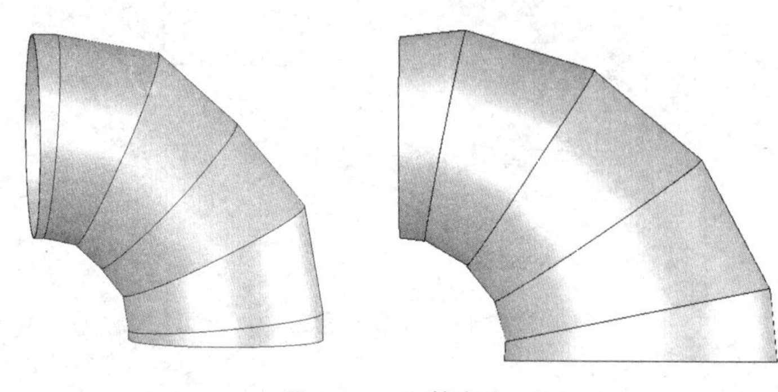

图 15.46　圆管弯头

依据有关规范，如果圆管弯头端节的夹角为中间节夹角的一半，此类弯头称为标准节角度弯头。标准节角度弯头用传统的计算法或作图法很容易完成，只要求出一个端节的平面展开图，就可绘制出其他节的平面展开图。

在实际工作中，还有非标准节弯头，即端节的夹角不是中间节夹角的一半，弯头由两个相同的端节及数个相同的中间节组成；还有一种叫任意节角度弯头，即端节的夹角和中间节的夹角是任意的，弯头由数个各不相同的端节和中间节组成。圆管牛角弯头由锥管单面斜截和双面斜截的管节组成，因此，每节的形状不同。上述弯头的共同点是由于每节的形状不同，因此，平面放样就要求出每一节的相关尺寸，此类弯头用传统的作图法或计算法进行放样，相对比较繁杂，但利用三维技术造型放样，就显得非常简单。

实例 1：非标准 90° 圆管弯头展开放样

图 15.47 所示为非标准弯头，端节夹角为 5°，中间节夹角为 20°，构件由两个端节、四个中间节组成，中间节的角度不是端节角度的 2 倍，因此，为非标准弯头，从图中可以看出，只要求出如图所示的一个端节和中间节的母线长，就可绘制出其构件的平面展开图。

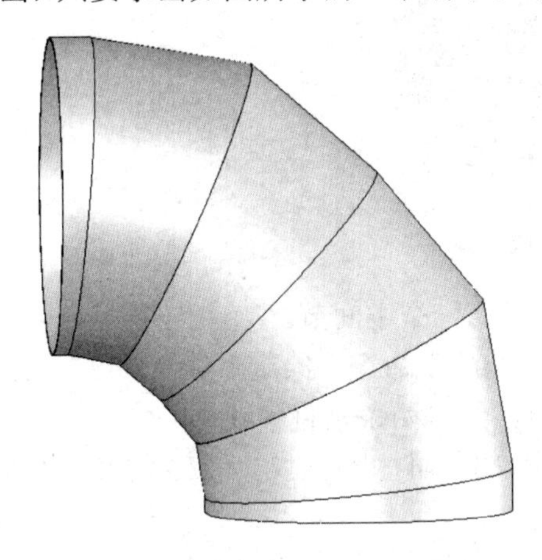

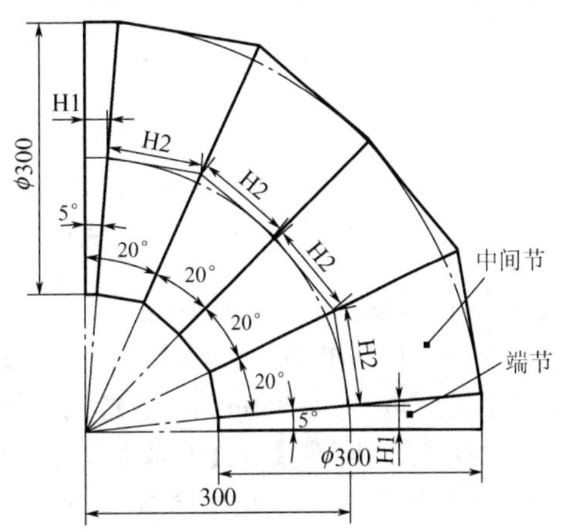

图 15.47 非标准 90° 圆管弯头

1）三维造型分别测量计算端节和中间节的母线长度

从图 15.47 可以看出，弯头中的各节，其实是由直径为ϕ300mm 的圆柱体截断形成的，因此，造型生成圆柱体，截断出各节，分别测量计算各母线即可。

按照图 15.47 所示尺寸弯头各节反向排列形成直径为ϕ300mm 的圆柱体(图 15.48)。其中圆柱总高 H=479.02mm，H=2H1+4H2，H1=300×tan5°=26.25mm，H2=H1+300×tan15°=26.25+80.38=106.63(mm)。

依据图 15.48 进行三维造型，求端节和中间节的母线实长。

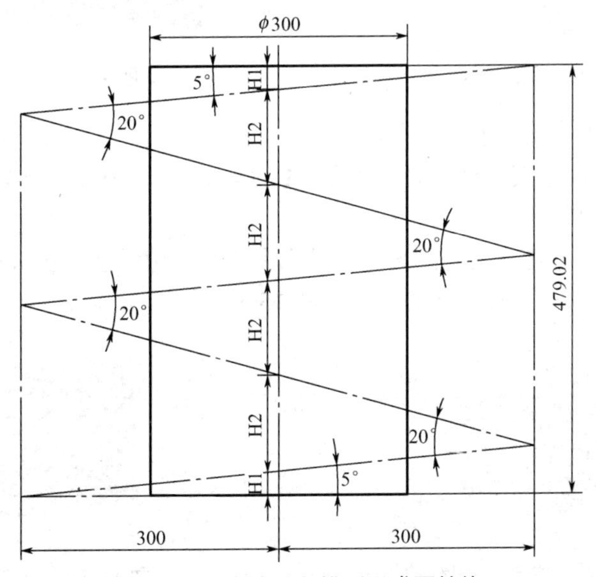

图 15.48 弯头反向排列形成圆柱体

(1) 选择上视基准面，绘制ϕ300mm 圆，拉伸凸台生成立体，如图 15.49 所示。

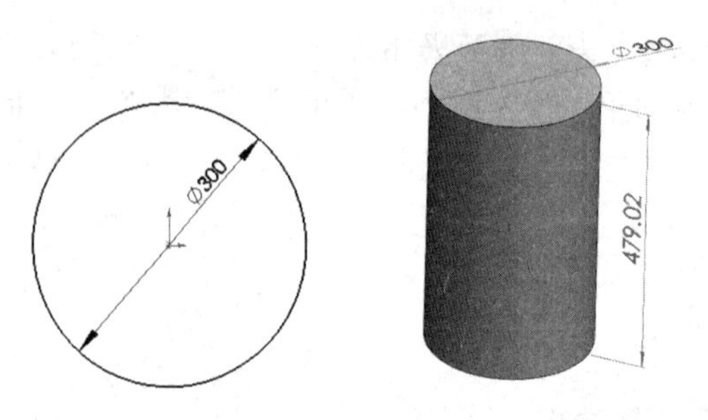

图 15.49 拉伸圆生成立体

(2) 选择前视基准面，绘制草图，拉伸切除生成第一个中间节。

① 选择前视基准面，选择【草图绘制】|【中心线】命令，绘制直线 $L1$、$L2$，距圆柱中心(坐标原点 O)为 300mm，通过两直线的端点，绘制两条垂直中线。

② 选择【草图绘制】|【直线】命令，绘制直线 $L3$、$L4$，其中，$L1$ 和 $L3$ 的夹角为 5°，$L3$ 和 $L4$ 的夹角为 20°，如图 15.50 所示。

③ 退出草图，选择【拉伸切除】命令，去除直线 L3 以下和 L4 以上的实体部分，生成图 15.51 所示的中间节的实体部分。

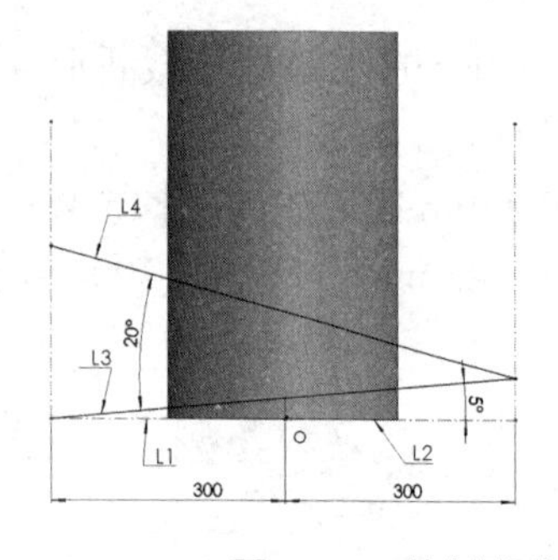

图 15.50 绘制直线

图 15.51 中间节的实体部分

(3) 求端节和中间节的母线实长。

① 选择上视基准面，选择【草图绘制】|【圆】命令，以坐标原点为圆心，绘制ϕ300mm 圆(端节截面圆)，如图 15.52 所示。

② 退出草图，选择【参考几何体】|【点】命令，边线选择ϕ300mm 圆，选择均匀分布，输入数量 12，生成 12 等分圆的点，如图 15.53 所示。

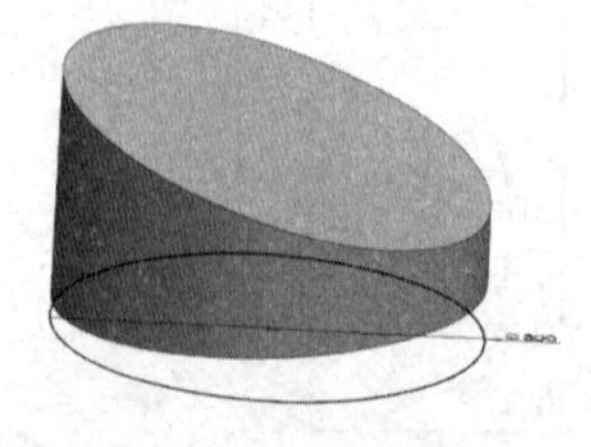

图 15.52 绘制端节截面圆

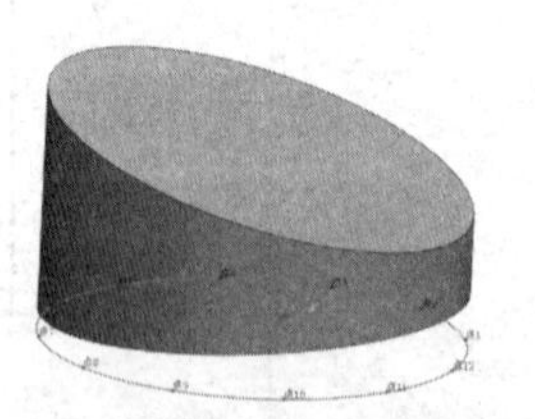

图 15.53 12 等分圆

③ 选择【草图绘制】|【3D草图】|【中心线】命令，由各等分点向下斜截线(椭圆)引垂线，再由下斜截线上的直线端点向上斜截线引垂线，生成端节和中间节的母线，如图15.54所示。

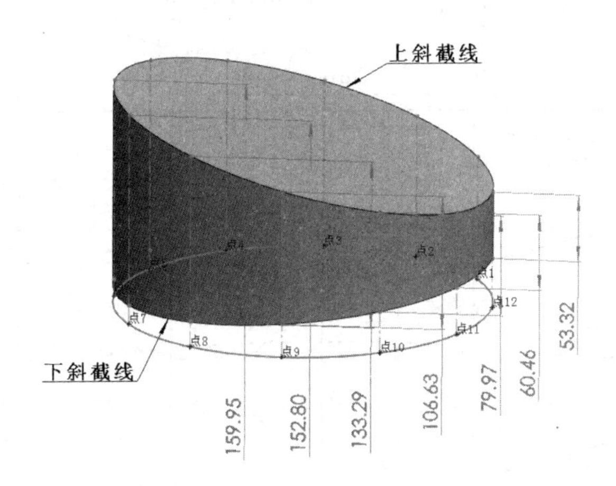

图15.54 生成端节和中间节的母线

④ 选择【重建模型】|【智能尺寸】命令，测得各等分点处的端节母线长和中间节的母线长，见表15-7，由于图形对称，我们只测出点6～点12的数值。

⑤ 选择【评估】|【测量】命令，分别选择上斜截线和下斜截线，测得数值分别为959.12、944.23，该数值可作为放样时参考。

表15-7 测量结果 (单位：mm)

序号	端节母线	测量结果实长	中间节母线	测量结果实长
1	*L*6	13.12	*L*6	159.95
2	*L*7	14.88	*L*7	152.80
3	*L*8	19.68	*L*8	133.29
4	*L*9	26.25	*L*9	106.63
5	*L*10	32.81	*L*10	79.97
6	*L*11	37.61	*L*11	60.46
7	*L*12	39.37	*L*12	53.32
上斜截线周长=959.12				
下斜截线周长=944.23				

2）绘制各节平面展开图

依据表15-7的数据，绘制弯头各节的平面展开图，如图15.55所示。

实例2：圆锥管90°弯头(圆管牛角弯头)展开放样

图15.56所示为90°圆管牛角弯头，圆管大端直径为ϕ420mm，小端直径ϕ300mm，弯头半径*R*350mm，构件由两个端节和三个中间节组成，端节的夹角为11.25°，中间节夹角为22.5°，由于圆锥的特点，因此，从图中可以看出各节的交线和通过*R*350mm圆心的角

等分线是不相同的，这一点和圆管弯头是有区别的，根据弯头的已知条件，弯头半径，两端口直径，节数及等分角度，通过绘制图 15.56 可以确定各节的交线，即可以得到各节的对应母线长，如端节 1 的短母线为 51.66mm，长母线 131.76mm，其他各节数值如图 15.57 所示。绘制该构件的平面展开图形，必须求出所有五个节等分点的母线实长，整体放样。

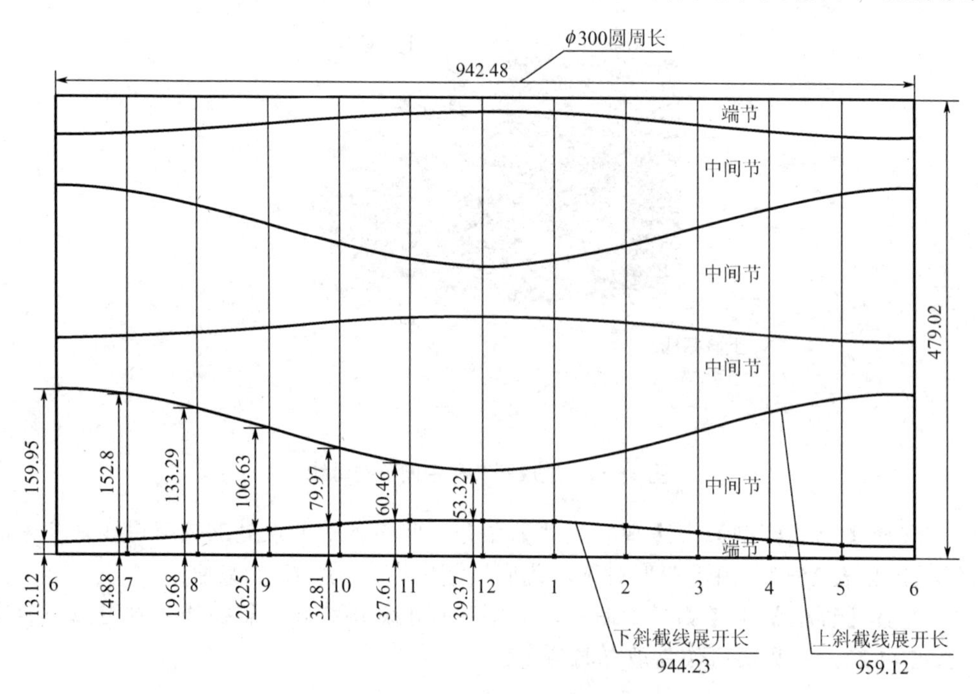

图 15.55　非标准 90° 圆管弯头展开放样图

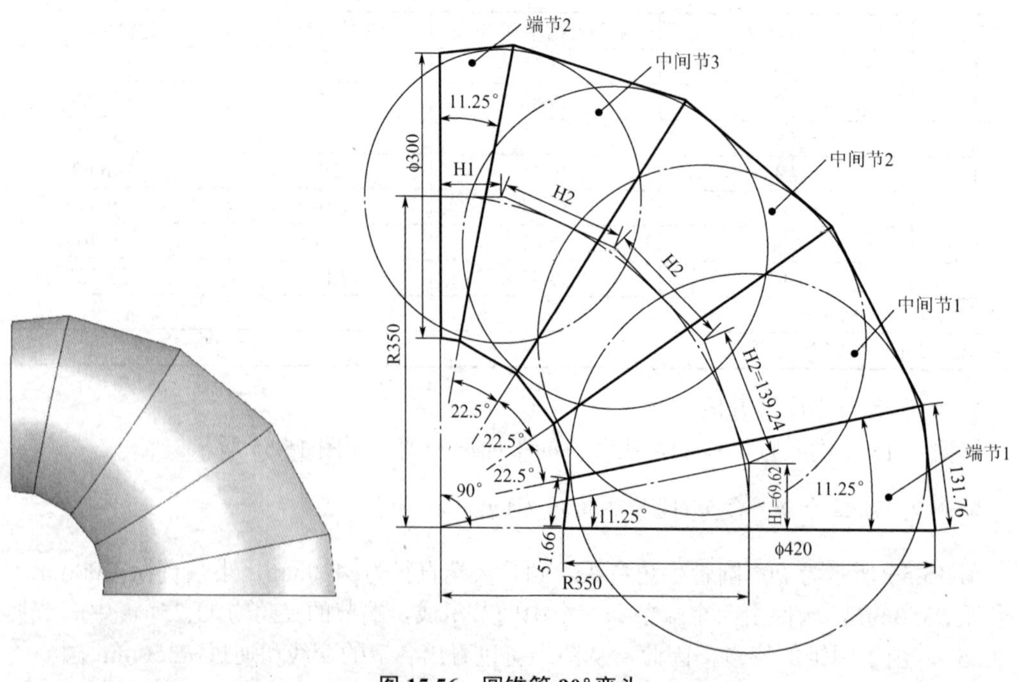

图 15.56　圆锥管 90° 弯头

图 15.57 所示为弯头各节反向排列形成的圆锥台体，底端直径为ϕ420mm，顶端直径为ϕ300mm，总高 H，由于中间节的角度是端节角度 2 倍，所以

$$H=2H1+3H2=2H1+3\times 2H1=8H1=8\times 350\times \tan 11.25^\circ=8\times 60.62=556.95\text{(mm)}$$

图 15.57 中 A 为圆锥总高，$P1$ 为顶端ϕ300mm 平面展开半径，P 为底端ϕ420mm 平面展开半径。

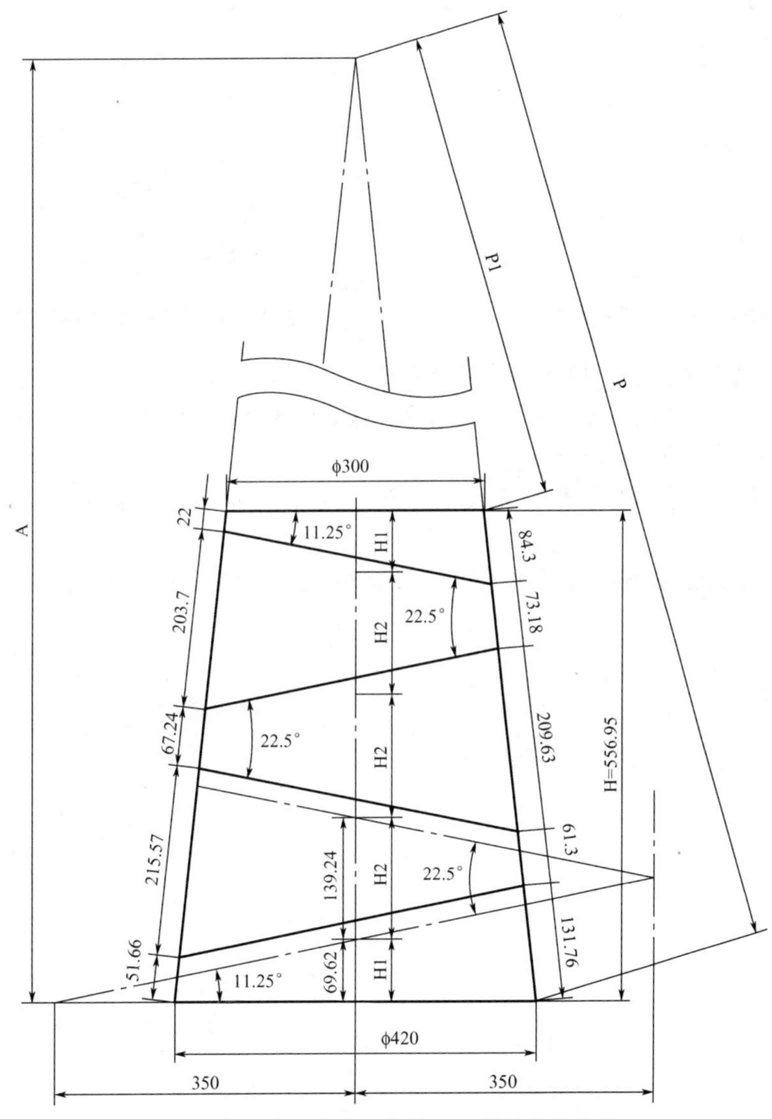

图 15.57 弯头各节反向排列形成的圆锥台体

1）依据图 15.57 进行三维造型，求各节的母线实长

(1) 选择上视基准面，绘制直角梯形，旋转凸台生成圆锥台体，如图 15.58 所示。

(2) 生成ϕ300mm、ϕ420mm 两条 3D 曲线并 12 等分。

① 选择【草图绘制】|【3D 草图】命令，分别选择圆锥台的上下两面，选择【转换实体引用】命令，生成ϕ300mm、ϕ420mm 两条 3D 曲线。

② 退出草图，选择【参考几何体】|【点】命令，边线分别选择ϕ300mm、ϕ420mm两条3D曲线，选择均匀分布，输入数量12，生成12等分的点，如图15.59所示。

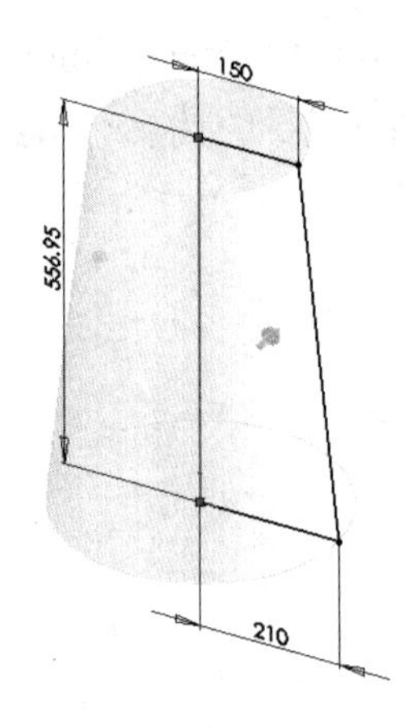

图 15.58 生成圆锥台体

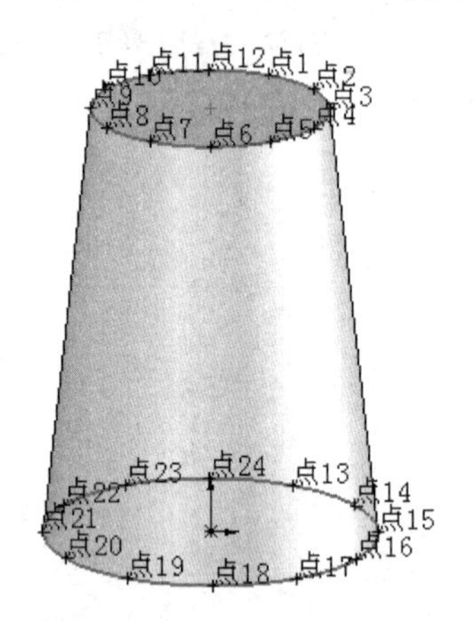

图 15.59 生成 3D 曲线并等分

(3) 按照各节的角度，拉伸切除部分实体，形成端节和中间节的上下轮廓线和母线。

① 选择前视基准面，选择【草图绘制】|【直线】命令，绘制直线，如图15.60所示。

② 拉伸切除去掉直线以下部分。

③ 选择【草图绘制】|【3D草图】命令，选择斜截面，选择【转换实体引用】命令，生成斜截线1。

④ 由圆周线ϕ300mm的等分点向圆周线ϕ420mm的对应点引3D草图直线，如图15.61所示。

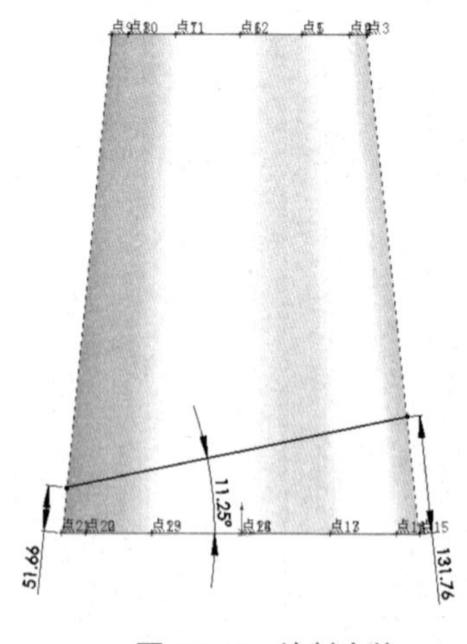

图 15.60 绘制直线

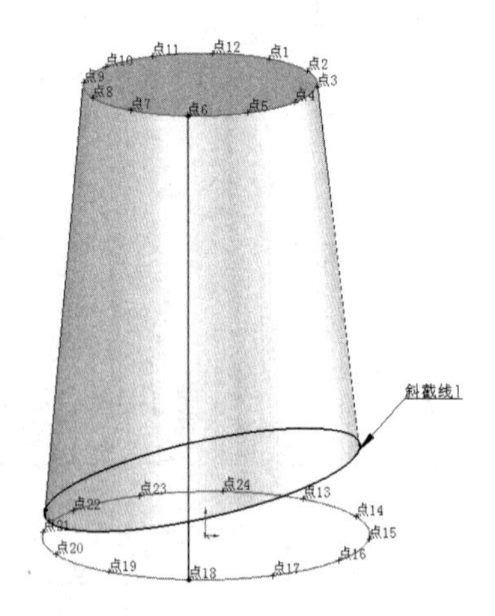

图 15.61 两圆周对应点引直线

⑤ 选择【剪裁实体】命令，裁掉斜截线1以上部分，剩下部分的长度即为端节的母线长度。

(4) 绘制所有端节和中间节的母线，并求出其长度。

① 按照步骤(3)，可得到其余端节和中间节的母线长，如图15.62所示。

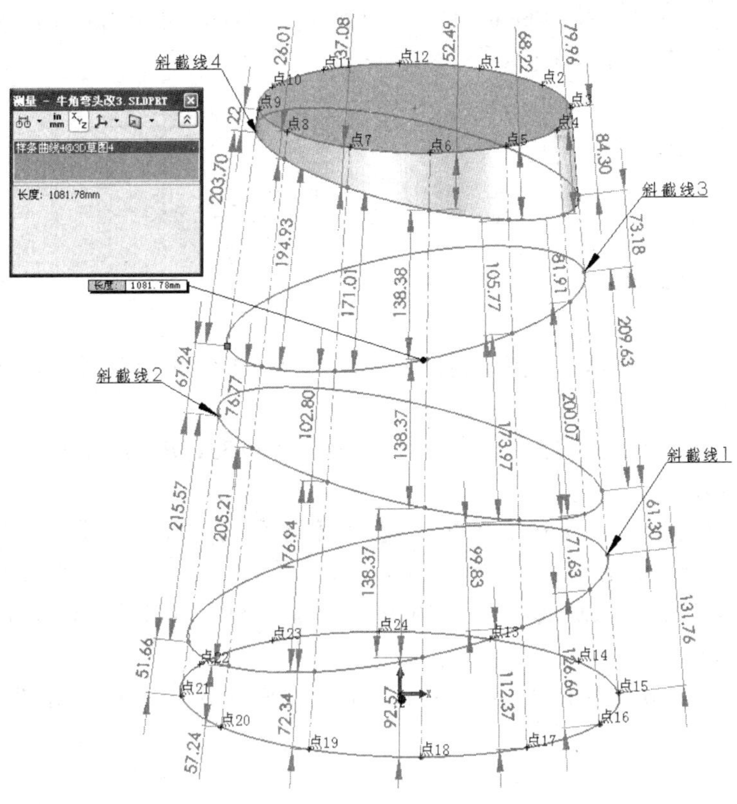

图 15.62 测量母线长度

② 选择【重建模型】|【智能尺寸】命令，测得各等分点处的端节母线长和中间节的母线长，由于图形对称只测出 1/2 点的数值，见表 15-8。

表 15-8 测量结果 （单位：mm）

	*L*9	*L*10	*L*11	*L*12	*L*1	*L*2	*L*3
端节 1 母线实长	51.66	57.24	72.34	92.57	112.37	126.6	131.76
中间节 1 母线实长	215.57	205.21	176.94	138.37	99.83	71.63	61.3
中间节 2 母线实长	67.24	76.77	102.8	138.37	173.97	200.07	209.63
中间节 3 母线实长	203.7	194.93	170.01	138.38	105.77	81.91	73.18
端节 2 母线实长	22	26.01	37.08	52.49	68.22	79.96	84.3
斜截线 1 长	1269.92						
斜截线 2 长	1175.85						
斜截线 3 长	1081.78						
斜截线 4 长	987.71						

③ 选择主菜单【评估】|【测量】命令，分别选择斜截线 1、2、3、4，测得数值分别为 1269.92、1175.85、1081.78、987.71，该数值可作为放样时参考。

2）根据各节母线实长，绘制圆管牛角弯头的整体平面展开图

(1) 草图绘制、求出圆锥的展开半径和平面展开角。根据图 15.57 可知，圆锥台的展

开放样，必须求出 $P1$(顶端ϕ300mm 平面展开半径)，P(底端ϕ420mm 平面展开半径)和平面展开角，采用计算法用以下公式

$$A=\frac{420\times H}{420-300}\quad P=\sqrt{A^2+210^2}\quad P1=\frac{300\times P}{420}$$

$$\text{平面展开夹角 }\omega=\frac{180^\circ\times 420}{P}$$

这里我们采用草图绘制求出。

① 求出 $P1$、P、A。

a．前视基准面，选择【草图绘制】命令，绘制图 15.63 所示梯形 $OBCD$，延长 CD 与 OB 相交于 A 点。

b．利用智能尺寸标注 OA、AC、AD，求出 A=1949.33，$P1$=1400.43，P=1960.60。

② 求出展开角 ω。

a．选择前视基准面，选择【草图绘制】|【圆弧”命令，以坐标原点 O 为中心，A 为起点，B 为终点，绘制圆弧。

b．利用智能尺寸，OA 即，P 为 1960.60，测得 AB 弧长为 $S=\pi\times 420=1319.47$，如图 15.64 所示。

c．退出草图，利用智能尺寸选择 OA、OB 测得夹角 $\omega=38.56^\circ$，如图 15.65 所示。

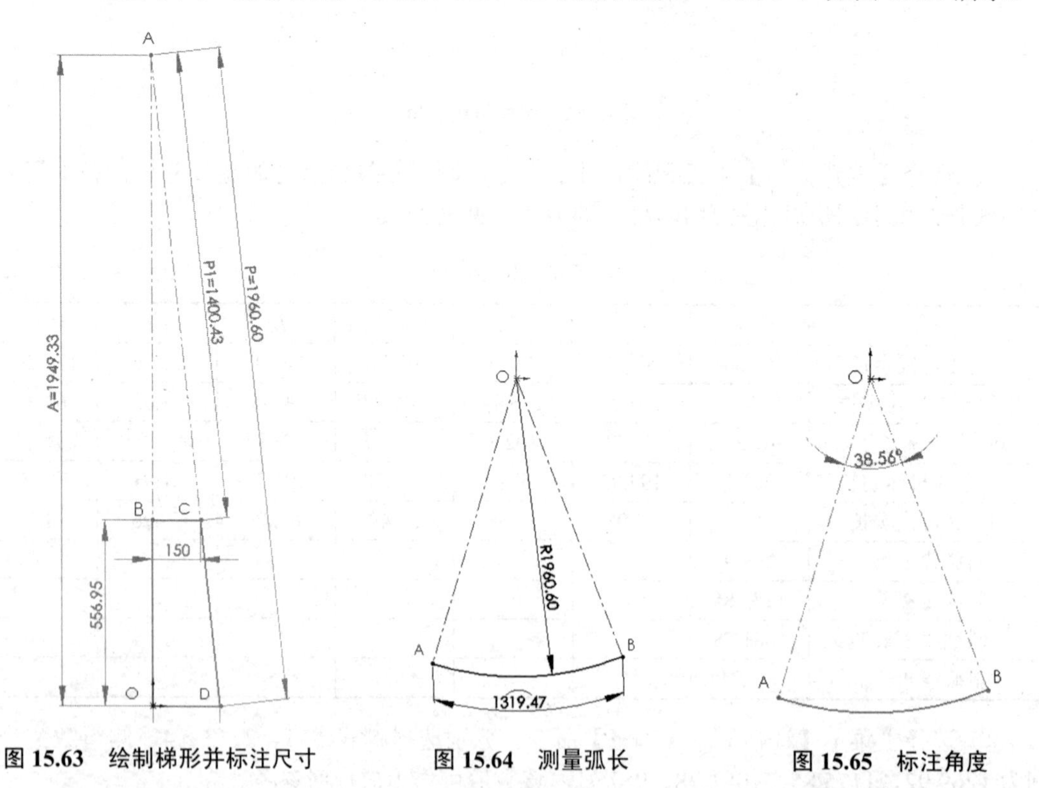

图 15.63　绘制梯形并标注尺寸　　图 15.64　测量弧长　　图 15.65　标注角度

(2) 依据表 15-8 的数据，$P1$、P 和圆锥的展开角 38.56°，绘制圆管牛角弯头的整体平面展开图如图 15.66 所示。

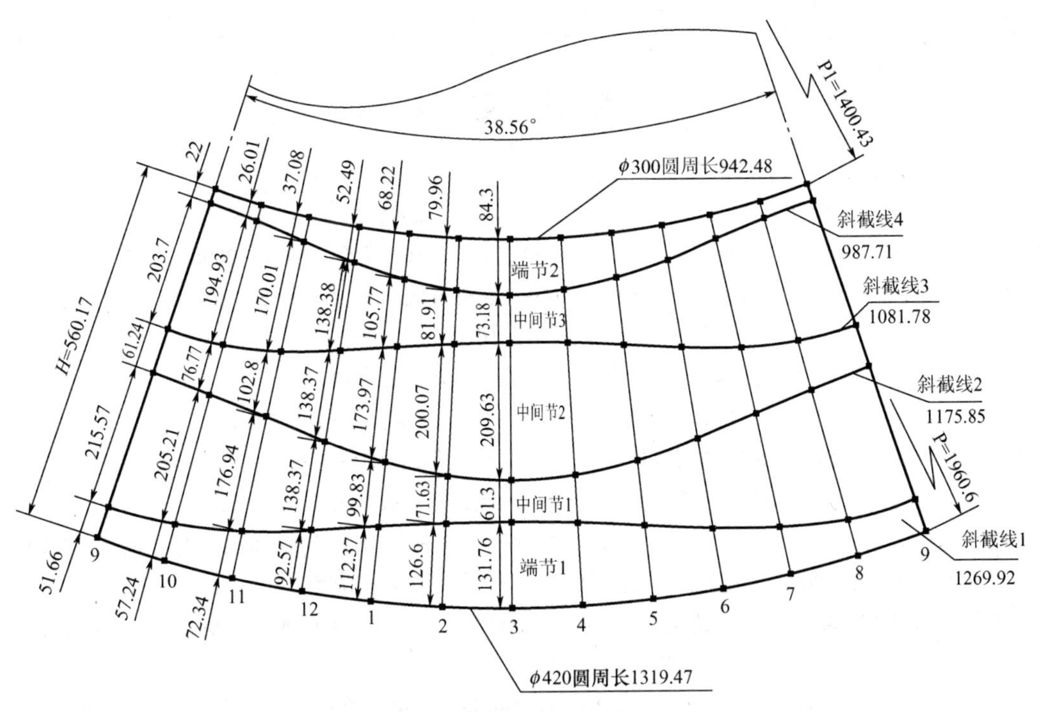

图 15.66　圆锥管 90° 弯头平面展开图

参考文献

[1] 王永跃，徐光文. 工程力学[M]. 天津：天津大学出版社，2005.

[2] 蔡乾煌，庄茁. 工程力学精要与典型例题讲解[M]. 北京：清华大学出版社，2005.

[3] [美]DS SolidWorks 公司，陈超祥，叶修梓. SolidWorks Simulation 基础教程(2010 版)[M].杭州新迪数字工程系统有限公司，译. 北京：机械工业出版社，2010.

[4] 田光辉，林红旗. 模具设计与制造[M]. 北京：北京大学出版社，2009.

[5] 牟林，胡建华. 冲压工艺与模具设计[M]. 2 版. 北京：北京大学出版社，2010.

[6] 刘文，王国辉，谭建波. SolidWorks 模具设计入门、技巧与实例[M]. 北京：化学工业出版社，2010.

[7] 魏峥. SolidWorks 2005 基础教程与上机指导[M]. 北京：清华大学出版社，2005.

[8] 魏峥，王一惠，宋晓明. SolidWorks 2008 基础教程与上机指导[M]. 北京：清华大学出版社，2010.

[9] 曹岩. SolidWorks 2008 曲面建模实例精解[M]. 北京：化学工业出版社，2008.

[10] [美]DS SolidWorks 公司，陈超祥，胡其登. SolidWorks 零件与装配体教程[M]. 杭州新迪数字系统有限公司，译. 北京：机械工业出版社，2012.

[11] [美]DS SolidWorks 公司，陈超祥，胡其登. SolidWorks 工程图教程[M]. 杭州新迪数字系统有限公司，译. 北京：机械工业出版社，2012.

[12] [美] David C Planchard, Marie P Planchard. SolidWorks 官方认证考试习题集——CSWA 考试指导[M]. 陈超祥，胡其登，译. 北京：机械工业出版社，2010.

[13] 陈霖，胡谨，张延敏. SolidWorks 习题精解[M]. 北京：人民邮电出版社，2011.

[14] 刘萍华. 钣金展开放样新技术及用用实例[M]. 北京：机械工业出版社，2009.

[15] 张云杰，等. SolidWorks 2010 中文版从入门到精通[M]. 北京：电子工业出版社，2010.

北京大学出版社教材书目

✧ 欢迎访问教学服务网站www.pup6.com，免费查阅已出版教材的电子书(PDF版)、电子课件和相关教学资源。

✧ 欢迎征订投稿。联系方式：010-62750667，童编辑，13426433315@163.com，pup_6@163.com，欢迎联系。

序号	书　名	标准书号	主　编	定价	出版日期
1	机械设计	978-7-5038-4448-5	郑　江，许　瑛	33	2007.8
2	机械设计(第2版)	978-7-301-28560-2	吕　宏　王　慧	45	2017.10
3	机械设计	978-7-301-17599-6	门艳忠	40	2010.8
4	机械设计	978-7-301-21139-7	王贤民，霍仕武	49	2014.1
5	机械设计	978-7-301-21742-9	师素娟，张秀花	48	2012.12
6	机械原理	978-7-301-11488-9	常治斌，张京辉	29	2008.6
7	机械原理	978-7-301-15425-0	王跃进	26	2013.9
8	机械原理	978-7-301-19088-3	郭宏亮，孙志宏	36	2011.6
9	机械原理	978-7-301-19429-4	杨松华	34	2011.8
10	机械设计基础	978-7-5038-4444-2	曲玉峰，关晓平	27	2008.1
11	机械设计基础	978-7-301-22011-5	苗淑杰，刘喜平	49	2015.8
12	机械设计基础	978-7-301-22957-6	朱　玉	38	2014.12
13	机械设计课程设计	978-7-301-12357-7	许　瑛	35	2012.7
14	机械设计课程设计	978-7-301-18894-1	王　慧，吕　宏	30	2014.1
15	机械设计辅导与习题解答	978-7-301-23291-0	王　慧，吕　宏	26	2013.12
16	机械原理、机械设计学习指导与综合强化	978-7-301-23195-1	张占国	63	2014.1
17	机电一体化课程设计指导书	978-7-301-19736-3	王金娥　罗生梅	35	2013.5
18	机械工程专业毕业设计指导书	978-7-301-18805-7	张黎骅，吕小荣	22	2015.4
19	机械创新设计	978-7-301-12403-1	丛晓霞	32	2012.8
20	机械系统设计	978-7-301-20847-2	孙月华	32	2012.7
21	机械设计基础实验及机构创新设计	978-7-301-20653-9	邹旻	28	2014.1
22	TRIZ理论机械创新设计工程训练教程	978-7-301-18945-0	蒯苏苏，马履中	45	2011.6
23	TRIZ理论及应用	978-7-301-19390-7	刘训涛，曹　贺等	35	2013.7
24	创新的方法——TRIZ理论概述	978-7-301-19453-9	沈萌红	28	2011.9
25	机械工程基础	978-7-301-21853-2	潘玉良，周建军	34	2013.2
26	机械工程实训	978-7-301-26114-9	侯书林，张　炜等	52	2015.10
27	机械CAD基础	978-7-301-20023-0	徐云杰	34	2012.2
28	AutoCAD工程制图	978-7-5038-4446-9	杨巧绒，张克义	20	2011.4
29	AutoCAD工程制图	978-7-301-21419-0	刘善淑，胡爱萍	38	2015.2
30	工程制图	978-7-5038-4442-6	戴立玲，杨世平	27	2012.2
31	工程制图	978-7-301-19428-7	孙晓娟，徐丽娟	30	2012.5
32	工程制图习题集	978-7-5038-4443-4	杨世平，戴立玲	20	2008.1
33	机械制图(机类)	978-7-301-12171-9	张绍群，孙晓娟	32	2009.1
34	机械制图习题集(机类)	978-7-301-12172-6	张绍群，王慧敏	29	2007.8
35	机械制图(第2版)	978-7-301-19332-7	孙晓娟，王慧敏	38	2014.1
36	机械制图	978-7-301-21480-0	李凤云，张　凯等	36	2013.1
37	机械制图习题集(第2版)	978-7-301-19370-7	孙晓娟，王慧敏	22	2011.8
38	机械制图	978-7-301-21138-0	张　艳，杨晨升	37	2012.8
39	机械制图习题集	978-7-301-21339-1	张　艳，杨晨升	24	2012.10
40	机械制图	978-7-301-22896-8	臧福伦，杨晓冬等	60	2013.8
41	机械制图与AutoCAD基础教程	978-7-301-13122-0	张爱梅	35	2013.1
42	机械制图与AutoCAD基础教程习题集	978-7-301-13120-6	鲁　杰，张爱梅	22	2013.1
43	AutoCAD 2008 工程绘图	978-7-301-14478-7	赵润平，宗荣珍	35	2009.1
44	AutoCAD实例绘图教程	978-7-301-20764-2	李庆华，刘晓杰	32	2012.6
45	工程制图案例教程	978-7-301-15369-7	宗荣珍	28	2009.6
46	工程制图案例教程习题集	978-7-301-15285-0	宗荣珍	24	2009.6
47	理论力学(第2版)	978-7-301-23125-8	盛冬发，刘　军	38	2013.9
48	材料力学	978-7-301-14462-6	陈忠安，王　静	30	2013.4
49	工程力学(上册)	978-7-301-11487-2	毕勤胜，李纪刚	29	2008.6
50	工程力学(下册)	978-7-301-11565-7	毕勤胜，李纪刚	28	2008.6
51	液压传动(第2版)	978-7-301-19507-9	王守城，容一鸣	38	2013.7
52	液压与气压传动	978-7-301-13179-4	王守城，容一鸣	32	2013.7

序号	书　　名	标准书号	主　　编	定价	出版日期
53	液压与液力传动	978-7-301-17579-8	周长城等	34	2011.11
54	液压传动与控制实用技术	978-7-301-15647-6	刘　忠	36	2009.8
55	金工实习指导教程	978-7-301-21885-3	周哲波	30	2014.1
56	工程训练(第 4 版)	978-7-301-28272-4	郭永环，姜银方	42	2017.6
57	机械制造基础实习教程(第 2 版)	978-7-301-28946-4	邱　兵，杨明金	45	2017.12
58	公差与测量技术	978-7-301-15455-7	孔晓玲	25	2012.9
59	互换性与测量技术基础(第 3 版)	978-7-301-25770-8	王长春等	35	2015.6
60	互换性与技术测量	978-7-301-20848-9	周哲波	35	2012.6
61	机械制造技术基础	978-7-301-14474-9	张　鹏，孙有亮	28	2011.6
62	机械制造技术基础	978-7-301-16284-2	侯书林　张建国	32	2012.8
63	机械制造技术基础(第 2 版)	978-7-301-28420-9	李菊丽，郭华锋	49	2017.6
64	先进制造技术基础	978-7-301-15499-1	冯宪章	30	2011.11
65	先进制造技术	978-7-301-22283-6	朱　林，杨春杰	30	2013.4
66	先进制造技术	978-7-301-20914-1	刘　璇，冯　凭	28	2012.8
67	先进制造与工程仿真技术	978-7-301-22541-7	李　彬	35	2013.5
68	机械精度设计与测量技术	978-7-301-13580-8	于　峰	25	2013.7
69	机械制造工艺学	978-7-301-13758-1	郭艳玲，李彦蓉	30	2008.8
70	机械制造工艺学(第 2 版)	978-7-301-23726-7	陈红霞	45	2014.1
71	机械制造工艺学	978-7-301-19903-9	周哲波，姜志明	49	2012.1
72	机械制造基础(上)——工程材料及热加工工艺基础(第 2 版)	978-7-301-18474-5	侯书林，朱　海	40	2013.2
73	制造之用	978-7-301-23527-0	王中任	30	2013.12
74	机械制造基础(下)——机械加工工艺基础(第 2 版)	978-7-301-18638-1	侯书林，朱　海	32	2012.5
75	金属材料及工艺	978-7-301-19522-2	于文强	44	2013.2
76	金属工艺学	978-7-301-21082-6	侯书林，于文强	32	2012.8
77	工程材料及其成形技术基础(第 2 版)	978-7-301-22367-3	申荣华	58	2016.1
78	工程材料及其成形技术基础学习指导与习题详解(第 2 版)	978-7-301-26300-6	申荣华	28	2015.9
79	机械工程材料及成形基础	978-7-301-15433-5	侯俊英，王兴源	30	2012.5
80	机械工程材料(第 2 版)	978-7-301-22552-3	戈晓岚，招玉春	36	2013.6
81	机械工程材料	978-7-301-18522-3	张铁军	36	2012.5
82	工程材料与机械制造基础	978-7-301-15899-9	苏子林	32	2011.5
83	控制工程基础	978-7-301-12169-6	杨振中，韩致信	29	2007.8
84	机械制造装备设计	978-7-301-23869-1	宋士刚，黄　华	40	2014.12
85	机械工程控制基础	978-7-301-12354-6	韩致信	25	2008.1
86	机电工程专业英语(第 2 版)	978-7-301-16518-8	朱　林	24	2013.7
87	机械制造专业英语	978-7-301-21319-3	王中任	28	2014.12
88	机械工程专业英语	978-7-301-23173-9	余兴波，姜　波等	30	2013.9
89	机床电气控制技术	978-7-5038-4433-7	张万奎	26	2007.9
90	机床数控技术(第 2 版)	978-7-301-16519-5	杜国臣，王士军	35	2014.1
91	自动化制造系统	978-7-301-21026-0	辛宗生，魏国丰	37	2014.1
92	数控机床与编程	978-7-301-15900-2	张洪江，侯书林	25	2012.10
93	数控铣床编程与操作	978-7-301-21347-6	王志斌	35	2012.10
94	数控技术	978-7-301-21144-1	吴瑞明	28	2012.9
95	数控技术	978-7-301-22073-3	唐友亮　佘　勃	45	2014.1
96	数控技术(双语教学版)	978-7-301-27920-5	吴瑞明	36	2017.3
97	数控技术与编程	978-7-301-26028-9	程广振　卢建湘	36	2015.8
98	数控技术及应用	978-7-301-23262-0	刘　军	49	2013.10
99	数控加工技术	978-7-5038-4450-7	王　彪，张　兰	29	2011.7
100	数控加工与编程技术	978-7-301-18475-2	李体仁	34	2012.5
101	数控编程与加工实习教程	978-7-301-17387-9	张春雨，于　雷	37	2011.9
102	数控加工技术及实训	978-7-301-19508-6	姜永成，夏广岚	33	2011.9
103	数控编程与操作	978-7-301-20903-5	李英平	26	2012.8
104	数控技术及其应用	978-7-301-27034-9	贾伟杰	40	2016.4
105	数控原理及控制系统	978-7-301-28834-4	周庆贵，陈书法	36	2017.9
106	现代数控机床调试及维护	978-7-301-18033-4	邓三鹏等	32	2010.11
107	金属切削原理与刀具	978-7-5038-4447-7	陈锡渠，彭晓南	29	2012.5
108	金属切削机床(第 2 版)	978-7-301-25202-4	夏广岚，姜永成	42	2015.1
109	典型零件工艺设计	978-7-301-21013-0	白海清	34	2012.8
110	模具设计与制造(第 2 版)	978-7-301-24801-0	田光辉，林红旗	56	2016.1
111	工程机械检测与维修	978-7-301-21185-4	卢彦群	45	2012.9
112	工程机械电气与电子控制	978-7-301-26868-1	钱宏琦	54	2016.3

序号	书　　名	标准书号	主　　编	定价	出版日期
113	工程机械设计	978-7-301-27334-0	陈海虹，唐绪文	49	2016.8
114	特种加工(第 2 版)	978-7-301-27285-5	刘志东	54	2017.3
115	精密与特种加工技术	978-7-301-12167-2	袁根福，祝锡晶	29	2011.12
116	逆向建模技术与产品创新设计	978-7-301-15670-4	张学昌	28	2013.1
117	CAD/CAM 技术基础	978-7-301-17742-6	刘　军	28	2012.5
118	CAD/CAM 技术案例教程	978-7-301-17732-7	汤修映	42	2010.9
119	Pro/ENGINEER Wildfire 2.0 实用教程	978-7-5038-4437-X	黄卫东，任国栋	32	2007.7
120	Pro/ENGINEER Wildfire 3.0 实例教程	978-7-301-12359-1	张选民	45	2008.2
121	Pro/ENGINEER Wildfire 3.0 曲面设计实例教程	978-7-301-13182-4	张选民	45	2008.2
122	Pro/ENGINEER Wildfire 5.0 实用教程	978-7-301-16841-7	黄卫东，郝用兴	43	2014.1
123	Pro/ENGINEER Wildfire 5.0 实例教程	978-7-301-20133-6	张选民，徐超辉	52	2012.2
124	SolidWorks 三维建模及实例教程	978-7-301-15149-5	上官林建	30	2012.8
125	SolidWorks 2016 基础教程与上机指导	978-7-301-28291-1	刘萍华	54	2018.1
126	UG NX 9.0 计算机辅助设计与制造实用教程(第 2 版)	978-7-301-26029-6	张黎骅，吕小荣	36	2015.8
127	CATIA 实例应用教程	978-7-301-23037-4	于志新	45	2013.8
128	Cimatron E9.0 产品设计与数控自动编程技术	978-7-301-17802-7	孙树峰	36	2010.9
129	Mastercam 数控加工案例教程	978-7-301-19315-0	刘　文，姜永梅	45	2011.8
130	应用创造学	978-7-301-17533-0	王成军，沈豫浙	26	2012.5
131	机电产品学	978-7-301-15579-0	张亮峰等	24	2015.4
132	品质工程学基础	978-7-301-16745-8	丁　燕	30	2011.5
133	设计心理学	978-7-301-11567-1	张成忠	48	2011.6
134	计算机辅助设计与制造	978-7-5038-4439-6	仲梁维，张国全	29	2007.9
135	产品造型计算机辅助设计	978-7-5038-4474-4	张慧姝，刘永翔	27	2006.8
136	产品设计原理	978-7-301-12355-3	刘美华	30	2008.2
137	产品设计表现技法	978-7-301-15434-2	张慧姝	42	2012.5
138	CorelDRAW X5 经典案例教程解析	978-7-301-21950-8	杜秋磊	40	2013.1
139	产品创意设计	978-7-301-17977-2	虞世鸣	38	2012.5
140	工业产品造型设计	978-7-301-18313-7	袁涛	39	2011.1
141	化工工艺学	978-7-301-15283-6	邓建强	42	2013.7
142	构成设计	978-7-301-21466-4	袁涛	58	2013.1
143	设计色彩	978-7-301-24246-9	姜晓微	52	2014.6
144	过程装备机械基础(第 2 版)	978-301-22627-8	于新奇	38	2013.7
145	过程装备测试技术	978-7-301-17290-2	王毅	45	2010.6
146	过程控制装置及系统设计	978-7-301-17635-1	张早校	30	2010.8
147	质量管理与工程	978-7-301-15643-8	陈宝江	34	2009.8
148	质量管理统计技术	978-7-301-16465-5	周友苏，杨　飒	30	2010.1
149	人因工程	978-7-301-19291-7	马如宏	39	2011.8
150	工程系统概论——系统论在工程技术中的应用	978-7-301-17142-4	黄志坚	32	2010.6
151	测试技术基础(第 2 版)	978-7-301-16530-0	江征风	30	2014.1
152	测试技术实验教程	978-7-301-13489-4	封士彩	22	2008.8
153	测控系统原理设计	978-7-301-24399-2	齐永奇	39	2014.7
154	测试技术学习指导与习题详解	978-7-301-14457-2	封士彩	34	2009.3
155	可编程控制器原理与应用(第 2 版)	978-7-301-16922-3	赵　燕，周新建	33	2011.11
156	工程光学	978-7-301-15629-2	王红敏	28	2012.5
157	精密机械设计	978-7-301-16947-6	田　明，冯进良等	38	2011.9
158	传感器原理及应用	978-7-301-16503-4	赵　燕	35	2014.1
159	测控技术与仪器专业导论(第 2 版)	978-7-301-24223-0	陈毅静	36	2014.6
160	现代测试技术	978-7-301-19316-7	陈科山，王　燕	43	2011.8
161	风力发电原理	978-7-301-19631-1	吴双群，赵丹平	33	2011.10
162	风力机空气动力学	978-7-301-19555-0	吴双群	32	2011.10
163	风力机设计理论及方法	978-7-301-20006-3	赵丹平	32	2012.1
164	计算机辅助工程	978-7-301-22977-4	许承东	38	2013.8
165	现代船舶建造技术	978-7-301-23703-8	初冠南，孙清洁	33	2014.1
166	机床数控技术(第 3 版)	978-7-301-24452-4	杜国臣	43	2016.8
167	机械设计课程设计	978-7-301-27844-4	王　慧，吕　宏	36	2016.12
168	工业设计概论(双语)	978-7-301-27933-5	窦金花	35	2017.3
169	产品创新设计与制造教程	978-7-301-27921-2	赵　波	31	2017.3